# 飞机数字化装配技术及装备

柯映林　朱伟东　王　青　曲巍崴　赵安安
董辉跃　李江雄　俞慈君　程　亮　张勇德　著

科学出版社

北　京

# 内 容 简 介

本书详细介绍了飞机数字化装配基础理论与方法、关键技术、工艺装备、集成系统及其工程应用。理论与方法主要包括数字化定位理论和结构装配协调理论；关键技术包括数字化测量、柔性定位、自动化制孔及自动化钻铆技术；工艺装备包括数控定位器、自动化调姿定位系统、机器人制孔系统、环形轨道制孔系统、专用机床制孔系统和自动钻铆机；工程应用部分介绍了飞机数字化装配系统的组成及作者研究团队完成的典型飞机组件数字化装配系统、部件数字化装配系统、大部件数字化对接装配系统和总装配生产线。

本书可供从事飞机装配技术研究和应用的相关科研人员，高等院校教师、研究生及高年级本科生使用。

**图书在版编目（CIP）数据**

飞机数字化装配技术及装备／柯映林等著. —北京：科学出版社，2022.10

ISBN 978-7-03-065632-2

Ⅰ.①飞⋯　Ⅱ.①柯⋯　Ⅲ.①飞机‐装配(机械)‐数字化　Ⅳ.①V262.4

中国版本图书馆 CIP 数据核字（2022）第 119218 号

责任编辑：孙伯元／责任校对：崔向琳
责任印制：吴兆东／封面设计：蓝正设计

科学出版社 出版
北京东黄城根北街 16 号
邮政编码：100717
http://www.sciencep.com

**北京建宏印刷有限公司** 印刷
科学出版社发行　各地新华书店经销

\*

2022 年 10 月第　一　版　开本：720×1000　B5
2023 年 1 月第二次印刷　印张：33
字数：648 000

**定价：268.00 元**
（如有印装质量问题，我社负责调换）

# 序

我在清华园出生，旧航空馆对面北坡静置的一架旧飞机曾是我童年时流连忘返之处。虽然该飞机老旧而残缺，若能从其中拆下一根管子，那天便能成为我童心得以告慰的节日。1973 年，作为一名在陕北延安老区工作的北京知青，我怀揣着一张西北工业大学航空类专业入学通知书来到古城西安，开始了延绵 46 年矢志航宇的研修生涯。求学期间，我去过几间飞机总装厂。穿行的吊车，此起彼伏的哨音，以及总装车间里围着寥寥数架飞机忙碌的铆接工、钣金工、点焊工，构成了当年飞机装配的典型场景。2004 年，我成为清华大学航天航空学院的首任执行院长。2006 年，我受命担任浙江大学校长，第二年便在该校组建了航空航天学院。但不久后即发现，在浙江大学涉足航空领域的还有一支建树颇丰的重要力量，那就是机械工程学院的柯映林教授团队。

中国航空工业、乃至中国空军的逆袭得益于一批"20"系列飞机的横空出世。其后面的科技推手有二：一是涌现了一代才华横溢的设计师，以西北工业大学5381 班的毕业生们为范例；二是浪潮式地推进了飞机的数字化技术，包括数字化设计与数字化装配。对后者来说，飞机数字化装配技术及装备是其佼佼者，而柯映林教授率领的团队就为改变我国飞机装配技术的地貌图做出了重要贡献。他们成功地把数十米长机型外廓的装配精度从数毫米提高到数十微米；做到了无论刚柔、无论金属材料还是复合材料，都能保证高装配精度。记得自己在十年前，作为浙江大学的校长，在西飞位于阎良的运 20 总装厂，看到脸上挂满汗珠和兴奋心情的年青浙大师生，看到繁忙的以数字装配技术为纲而构建的总装车间和其脉动生产线，在内心中涌起一种自豪感，感觉到他们才是为"国之大者"而奋力拼搏的一代人。

如果说关于飞机数字化装配技术及装备的科技攻关造就了"20"系列制造业革命的核心内涵，造就了数字化、信息化和产业进步的结合；把这一变革性技术的全部知识和专门技能予以全方位地展现，则同样是一件造福学科、造福产业的壮举。柯映林教授等所撰写的这本题为《飞机数字化装配技术及装备》的论著，全面地、完整地、纲举目张地展示了这门技术科学的典型分支，既为学者们提供了继续向前突击的基础，又为飞机制造工程师们提供了一本技术大全，还为所在专业的研究生们提供了一本案头必备的参考书，也为其他产业(如火箭、卫星、飞船、船舶、大型车辆等)的数字化装配奉献了借鉴方案。

冯·卡门先生曾经有一句名言——科学家发现现存的世界，工程师创造未来的世界。工程师们若得以用抽象的数字、精准的构象艺术、绵绵不绝的生产效率来表达人工自然的精妙，从而得以领略航宇的无垠与壮美，将是人类成就的辉煌展现。

感谢科学出版社的支持，为航空与宇航、机械工程、自动化等学科推出这部著作。

是为序。

2022 年 10 月于杭州西湖区求是村

# 前　　言

　　飞机制造业是反映一个国家工业发展水平、科技创新能力和综合国力的重要标志产业，同时也是拉动国民经济增长，提高国际竞争力和军事威慑力，维护国家利益的战略性产业。飞机结构复杂、零部件数量众多、协调关系复杂，飞机装配工作占飞机制造总工作量的 50%～60%，飞机装配技术与装备很大程度上决定了飞机的最终质量、制造成本和周期。20 世纪 90 年代以来，欧美发达国家在飞机装配领域取得了长足的进步，波音、空中客车等著名飞机制造企业在 B777、B787、A380、F-35 等飞机的研制过程中大量使用数字化测量、自动化定位、自动化钻铆等先进装配技术，大幅提高了飞机装配质量和效率。20 世纪后期，我国高等院校和科研院所通过对国外飞机自动化装配技术的跟踪、分析、消化和吸收，在装配工装数字化设计、装配工艺过程仿真、自动化定位、机器人制孔等关键技术和装备方面进行了探索与自主创新，取得了较大进展。2003 年以来，作者研究团队紧密结合国家重大战略需求，在国家自然科学基金、国家重大专项、科技支撑计划、工信部民机专项、重点型号工程等一系列重大项目的支持下，长期开展飞机数字化装配技术研究和应用系统开发工作。与中国航空工业集团下属西飞、成飞、陕飞、沈飞、中国商飞以及上飞等主机制造企业开展紧密合作，研制了一系列飞机数字化装配系统及飞机总装配移动生产线，成功应用于 Y-20、J-20、Y-9、ARJ21 等 10 余种型号飞机的自动化装配和批量生产，为我国新一代重点型号飞机组件、部件、大部件和整机的多层次、多类型结构装配提供了自动化高端工艺装备支撑，为国家重点型号飞机成功研制和批量生产做出了贡献。本书凝聚了作者研究团队在飞机数字化装配基础理论方法、关键技术、核心装备和工程化应用方面取得的创新研究成果，可为飞机装配技术研究和应用人员提供参考。

　　作者要感谢中国航空工业集团下属西飞、成飞、陕飞、沈飞、中国商飞以及上飞等主机厂的工程管理和技术人员，在与他们的合作中，作者对重点型号的研制和生产需求有了深刻了解，同时他们的支持和建议也使本书得到进一步完善。作者要感谢研究团队的所有研究生，本书的很多内容来源于他们的辛勤研究工作。

　　尽管作者长期在飞机装配技术领域耕耘，同时在本书撰写过程中尽量做到严谨细致，但疏漏及不足之处仍然可能存在，恳请读者批评指正。

# 目 录

# 第1章 绪 论

## 1.1 概 述

航空运输业是推动世界经济全球化发展的重要桥梁。波音、空中客车(简称"空客")等著名飞机制造企业预测,未来 20 年,全球需要 3 万~4 万架民用大型飞机,飞机总价值达 5 万多亿美元。飞机制造业不仅是支撑民用航空运输业健康发展的基石,也是建设现代化国防和带动冶金、机械、材料、化工、电子等其他行业发展的国家战略性产业。欧美发达国家为了保持技术、经济和军事领域的世界领先地位,历来十分重视飞机制造业的发展。飞机制造集中体现了空气动力学、热力学、结构力学等基础科学和冶金学、电子学、材料学、喷气推进、自动控制、计算机、微电子、激光、先进制造等技术领域的最新成就,被誉为现代科技与工业之花,从一个侧面代表了一个国家科学技术和工业发展的最高水平,对提升一个国家的综合国力和国际影响力具有决定性影响和作用[1]。

飞机制造主要由毛坯制备、零件加工、装配和综合测试等阶段组成。其中,将大量零件按照设计和工艺要求进行组合连接,逐步形成组件、部件、大部件和整机的过程称为飞机装配,占飞机制造总工作量的 50%以上。一般来说,飞机结构尺寸大,刚性弱,形状复杂,零部件数量多达几万、数十万甚至上百万。实现不同尺寸、不同材质、不同层次装配对象的精准定位、可靠连接十分困难,因此,飞机装配是飞机制造中最为复杂的技术环节。特别地,为了进一步提升飞机性能,现代飞机的结构大量采用复合材料、钛合金、不锈钢等难加工材料,进一步增加了飞机装配现场的加工难度。可见,飞机装配是一项涉及机械、控制、电气、材料、计算机、数学和力学等多个学科的新理论、新方法、新工艺、新结构、新体系的综合集成技术,属于典型的高端装备制造技术领域,是工业发达国家优先发展的战略技术高地。此外,飞机装配直接决定了飞机制造的成本和周期,也是保障飞机可靠性、使用寿命、舒适性和燃油经济性等重要性能指标的关键。因此,飞机装配技术的发展水平已经成为衡量一个国家航空制造业竞争力的重要标志。

传统飞机装配模式以模拟量传递、固定型架定位和手工装配为特征,装配质量差,效率低,严重影响飞机的性能、可靠性和寿命。在部件和整机装配中,我国长期沿用苏联时代的装配方法,即根据实物样件以模拟量形式传递零部件的形状和尺寸,采用大量的、复杂的固定型架进行定位和夹紧,采用手工操作的方式进行制孔和连接。在总装配阶段,人和设备围绕飞机在固定站位交叉进行装配,其过程管理混乱，型架和托架全部依靠手工调节，大部件对接依靠人推肩扛，通过肉眼观察实现孔与销的插配，采用风动工具制孔和人工铆接，工人劳动强度大，环境恶劣，自动化程度很低。这种过度依赖工人操作水平和经验的纯手工作业模式难以保证飞机装配质量，技术事故不可追溯，装配一架飞机需要花费数月甚至更长时间，装配生产的效率极其低下。

早在 20 世纪 80 年代，欧美发达国家就十分重视飞机装配技术的研究和战略性投入，并取得了令世人瞩目的应用成就。波音、空客、洛克希德·马丁等飞机制造企业在 B777、B787、A380、F-35 等飞机的研制中，大量采用了协同设计技术、自动化定位技术、自动化钻铆技术和移动生产线技术，建立了比较完整的飞机自动化装配技术体系和规范，大幅度提升了飞机装配质量和效率。进入 21 世纪，我国把发展航空制造业作为强军强国的重大战略举措，Y-20、J-20、C919 等一批国家重点型号相继立项，新型飞机的高速、隐身、大承载、低噪声、长寿命等特性对飞机气动外形、协调精度、连接可靠性等装配质量提出了极高要求。传统的飞机装配手段，无论是装配质量还是装配效率，都难以支撑新型号飞机的发展需求。在高等院校、科研院所和飞机制造企业的共同努力下，我国在自动化装配理论、方法、技术及高端工艺装备研究方面取得了长足的发展，突破了柔性定位、精准制孔、可靠连接等一系列飞机自动化装配核心关键技术，形成了涵盖组件、部件、大部件和整机的飞机自动化装配技术体系。通过独立自主创新，浙江大学成功研制了自动化定位、机器人制孔、环形轨道制孔、五轴联动数控机床制孔以及大型卧式双机联合钻铆机等一系列成套工艺装备，为我国飞机自动化装配技术的跨越式发展和全行业推广应用奠定了坚实基础，全面提升了我国飞机装配技术的应用水平和国际竞争力[2]。

# 1.2 飞机结构装配技术

## 1.2.1 装配对象分析

一般来说，飞机机体主要由机身、机翼、垂直尾翼、水平尾翼、襟翼、副翼、升降舵、方向舵、发动机舱、舱门、口盖等组成，具有高度层次化和模块化的结构特征。按照工艺设计程序，飞机装配分为零件-组件-部件-大部件-整机多个层次。在构成飞机的各类结构中，除了少量形状规则、刚性好的机械加工零件以外，大多数零件是形状复杂、尺寸大、刚性弱的复合构件，必须使用专门的工艺装备来制造和装配，以保证飞机产品的形状和尺寸准确度。零件是飞机结构的最基本单元，组件则由大量零件组成。典型的壁板组件主要由长桁、框、角片以及大量紧固件(铆钉或螺栓)组成，此类结构的尺寸比较大，但刚度比较弱，极易受重力、定位支撑力、温度场等外界因素影响而产生变形。典型的飞机部件有机翼、机身、水平尾翼和垂直尾翼等。其中，飞机机翼由壁板、框、肋、梁、前缘、后缘、翼尖等结构组成，中机身部件由壁板、框、地板等结构组成。在零件和组件之间，经常采用不可拆卸的连接形式，相互之间的接合面称为工艺分离面。组件和部件之间，经常采用可拆卸的连接方式，相互之间的接合面称为设计分离面[3]。工艺分离面和设计分离面在增加并行装配工作面的同时，大幅度改善了装配现场的开敞性，为提高飞机装配质量和效率创造了有利条件。

　　为了提高飞机结构强度，最大限度地降低飞机结构重量，保障设计使用寿命，现代飞机结构大量采用铝合金、碳纤维复合材料、钛合金、不锈钢等高性能航空材料(图 1.1)。铝合金材料具有易成型、加工性能好等优点，广泛应用于机身、机翼等飞机主承力结构。碳纤维复合材料具有高比强度、高比模量、抗疲劳、耐腐蚀等优异性能，不仅能显著降低飞机结构重量，并且有利于提升飞机的使用寿命。此外，通过飞机结构的整体化复合材料设计技术，可以大幅度减少飞机零部件数量，简化装配工作量，提高飞机装配生产效率。在飞机机身和机翼等主承力结构制造中，复合材料的应用比例正在逐年增加，波音 B787 和空客 A350 的复合材料用量占比均已经达到 50%以上，首次超过了铝合金的用量，实现了飞机制造的技术变革。钛合金材料具有强度高、耐腐蚀等优点，主要用于发动机吊挂接头、发动机尾喷口区域和其他关键承载结构件。高强度不锈钢具有高强度、高韧性、耐腐蚀性以及良好的抗冲击性能，主要应用于飞机起落架、大梁、大应力接头等关键承力构件的制造。由于铝合金、碳纤维复合材料、钛合金、不锈钢等材料的电势不同，在各种异类材料结构装配连接处必须采用涂胶等工艺措施防止电化学腐蚀。此外，碳纤维复合材料、钛合金和不锈钢都属于航空难加工材料，装配现场制孔和外形修配加工难度大，解决这些应用技术难题需要借助于新工艺和新装备。

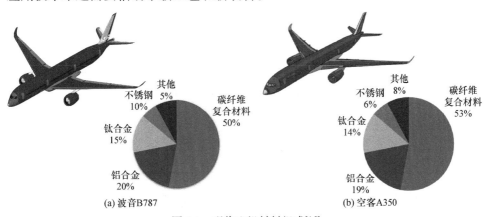

(a) 波音B787　　　　　　　　　　　　　(b) 空客A350

图 1.1　现代飞机材料组成[4,5]

### 1.2.2　装配工艺流程

　　飞机装配是根据工艺和技术规范要求，将飞机零组件定位、组合和连接成更高级别装配体或整机的过程，具体包括组件装配、部件装配、大部件装配和整机装配等多个阶段。装配工艺流程设计需要综合考虑装配单元划分、装配基准和装配定位方法、互换性和装配协调方法、装配元素供应链状态、装配工序和装配顺序、工艺装备和布局规划等因素。部件装配工艺方案包括各部件的工艺分离面图表、部件装配图表、装配指令性工艺规程、工艺装备协调图表和工艺装备品种表。装配指令性工艺规程包括各个装配阶段内容、装配基准、定位方法、装配工艺装备、设备和检验方法，以及主要零件和组件的供应状态和交付状态。装配图表以图表形式表示装配的分散程度、装配顺序、并行工作内容以及主要工艺装备等。在飞机研制阶段，采用集中装配原则，将主要装配工作集中在总装线上完成；在批量生产中，需要充分利用工艺分离面来扩大并行工作面[3]。飞机装配不仅需要满足外缘形值、外形波纹度、表面平滑度等气动外形协调准确度要求，还要保证重心位置与重量控制要求。在现代飞机制造中，外形协调主要采用数字化零件制造、数字化测量、数字化定位、自动化制孔和数控连接等数字化尺寸传递方式，在某些情况下，也会采用量规等实物样件协调方式加以补充。

　　以我国某大型运输机为例，进一步说明具体的装配工艺流程。首先，在机身壁板组件装配阶段，长桁、蒙皮、角片、框等零件，需要在满足基准轴线位置要求(表 1.1)的情况下，进行定位安装并进行工装定位夹紧调整；随后，进行长桁支架制孔、蒙皮定位孔钻制、毛刺去除、密封、壁板预连接、自动钻铆、人工制孔与补铆等工艺，铆接位置需要满足表 1.2 中的极限偏差标准。结构件之间的连接装配需要保证贴合面之间的间隙偏差控制要求。

表 1.1　基准轴线位置要求[6]

| 梁轴线允许偏差 | | 长桁位置偏差/mm | 普通肋轴线位置偏差/mm |
|---|---|---|---|
| 位置偏差/mm | 波纹度/mm | | |
| ±0.5 | ±1.0 | ±2.0 | −2.0 |

表 1.2　铆接位置极限偏差标准[7]

| 边距极限偏差/mm | 间距极限偏差/mm | | 排距极限偏差/mm |
|---|---|---|---|
| | 间距<30mm | 间距>30mm | |
| −1.0~2.0 | ±1.5 | ±2.0 | ±1.0 |

　　组件装配是飞机结构装配的最低层次，涉及海量对象，工作量巨大，全面落实组件装配工艺要求是保障飞机装配总体质量的基础。机身壁板、机翼壁板、

登机门、垂尾、襟翼、副翼、升降舵、方向舵等都是典型的飞机结构组件。在部件装配阶段，壁板与框、梁、肋、地板等骨架零件装配构成机身段、翼盒等部件。典型装配过程包括壁板吊装入位、壁板调姿对接、预连接、制孔、壁板分解、去毛刺、终连接等步骤。在大部件装配中，由前机身、中机身、后机身等装配成完整机身筒段，由左右外翼和中央翼装配成完整机翼。大型运输机的全机对接装配被形象地称之为"大十字"对接，机身和机翼通过对接装配形成完整的飞机主体结构。在系统集成阶段，发动机、起落架、液压、操纵、航电、燃油等功能子系统被陆续安装到机体结构上，然后进一步完成线缆导通测试、性能综合测试和内饰安装等工作，最后经过喷漆、涂装和地面试飞，完成飞机生产交付全部工作。

# 1.3 飞机结构装配中的关键问题

## 1.3.1 柔性定位

定位是飞机装配的首要任务，包括入位和姿态调整两个阶段。强迫入位和姿态调整过程中的拉扯行为是导致飞机定位变形和装配应力的重要原因，直接影响飞机装配可靠性和结构疲劳寿命，是飞机装配领域的一大技术难题。

在传统飞机装配中，采用固定型架对飞机部件进行定位，托架、型架全部依靠人工调节，各个部件被分别放在托架或拖车平台上，采用肉眼观察、手扶肩扛的方式进行飞机部件之间的对接装配。装配完成后，整机测量采用水平仪、经纬仪等传统光学工具，很少采用先进的数字化测量技术，测量结果的可信度比较低。此外，针对不同零件、组件和部件定位，在传统飞机装配中，会采用大量复杂的、硬性的、专用的装配工装，其可变性、可重构性差，无通用性，占地面积大，制造成本高。对于大型飞机装配来说，由于组件和部件尺寸普遍比较大、装配准确度要求比较高，人工调整复杂的工装型架更加困难，装配定位效率低且精度难以保证的问题更加突出。由此可见，通过模拟量方式传递尺寸和几何外形时，装配不协调和装配应力问题不可避免，有时甚至占到新机研制技术问题的80%，是飞机制造企业必须面对和解决的技术难题。

以产品三维数学模型为基础，通过数字化测量系统的辅助支持，采用数字化定位系统代替传统的固定型架定位系统，为多层次飞机结构的准确定位提供了一种技术途径。在数字化定位中，最常见的做法是假设飞机为一种刚体，并且按照刚体运动学原理，求解当前姿态和目标姿态之间的关系，然后按照一定的轨迹规划路线，在装配容差等工艺参数约束下，实现飞机组件、部件和大部件的姿态调整和优化。不难发现，部分国外企业在实现数字化定位和调姿时，在数控定位器上设置了一个二维浮动机构,通过数控定位器上的球窝与飞机结构上的工艺球头之间的相互挤压,实现装配对象入位,在飞机结构与多台数控定位器之间建立起由球形关节构成的多点支撑系统,类似于一种六自由度并联机构。实际上,由于飞机结构零件存在一定的加工误差和装配变形,在飞机结构吊装入位时不可避免地产生挤压变形。在飞机姿态调整过程中,如果采用最小冗余"3-2-1···-1"数控轴协调驱动,一部分定位器会被动地"跟随"运动,因此,飞机和定位器之间存在拖拽和拉扯现象,会导致一定的调姿变形和应力。

事实上,飞机结构是弱刚度柔性体,为了避免飞机结构在入位过程中产生挤压变形,可以采用力-位移混合控制技术,由数控定位器上的球窝主动寻找飞机结构上的工艺球头,实现自适应最小应力入位。在飞机部件姿态调整过程中,采用支撑点冗余、驱动冗余的"3-3-3···-3"数控轴协调驱动,多个数控定位器严格按照计算出的规划路线进行协调运动,避免飞机结构和数控定位器之间的拉扯变形和应力。这种基于力-位移混合控制的自适应入位方法和基于支点冗余、驱动冗余的协同运动控制技术是解决飞机柔性化定位和调姿问题的全新技术途径。

### 1.3.2 位姿协调

大型飞机结构尺寸大、刚性弱,装配过程中易受定位支撑力、夹持力等工艺载荷和重力场、温度场等环境因素的综合影响,因此飞机装配不同层次、不同阶段所呈现出的变形特性极其复杂。实现多个飞机部件的位姿协调是保证飞机装配准确度的一个重要前提。装配准确度涉及制造准确度和协调准确度,其中,制造准确度是指部件产品的实际尺寸与名义尺寸相符合的程度;协调准确度是指飞机零部件之间的相互配合部位实际尺寸的相符程度,或者相对位置和角度与名义值之间相符合的程度。装配准确度关注的主要内容包括气动外形准确度、部件相对位置准确度、结构件位置准确度、结构件配合准确度等(表 1.3)[8]。

表 1.3　飞机装配准确度内容

| 项目 | 内容 |
| --- | --- |
| 部件相对位置准确度 | 机翼位置、机身位置、操纵面位置、上(下)反角、后掠角、安装角、水平、扭转、对称等 |
| 结构件配合准确度 | 叉耳对接接头配合、围框式对接接头配合、配合间隙、孔同轴度等 |
| 结构件位置准确度 | 基准轴线位置,框、肋、梁、长桁轴线位置等 |
| 气动外形准确度 | 外缘型值、外缘波纹度、表面平滑度、蒙皮对缝间隙、蒙皮阶差等 |

传统的模拟量协调方法主要利用模线样板、型面标准样件、带外形或局部外形和交点的标准样件以及量规作为外形、交点和位置等空间结构的移形工具,用

来协调有关零件、组件和部件的制造和装配。数字量协调方法是指以飞机结构设计外形数模及相关基准的数字模型描述为基础，综合运用计算机技术、数控技术以及数字化测量技术，完成飞机结构或工装零件的数控加工以及精准安装，协调依据是产品的同一个数字化定义模型。数字量装配协调技术以飞机三维数字化设计模型为基础，通过追加和集成装配容差和协调规范等工艺参数信息，在装配对象、数控定位装备和加工设备之间构建一个统一的数据源，保证装配过程的数据一致性和完整性。

合理分配飞机结构之间的装配累积误差，保证飞机装配的最终准确度，是飞机结构装配协调的基本任务。建立一套完整的基于制造误差、装配误差和协调装配容差等条件约束的产品姿态评价体系是解决飞机装配协调问题的重要技术途径。在飞机结构姿态调整与协调过程中，基于刚体不变假设和有限个测量点的最佳匹配计算方法，在解决多个大尺寸、弱刚度飞机结构的姿态协调时，仍然存在协调性差、装配过程复杂等缺点。通过单个装配对象的位姿误差和多个装配对象之间的协调误差的分配与综合，加上特征点、线、面偏差和对称性偏差等约束，从理论上解决装配对象之间的位姿协调问题，仍然是飞机装配协调领域的难题。此外，建立多个装配对象之间的协调误差模型，掌握基于容差约束的单个对象位姿误差和多个对象协调误差的分配方法，是系统解决多个对象之间装配协调问题的关键。

装配变形和制造误差的互相耦合是影响飞机装配协调的重要因素。伴随飞机装配过程的逐层次推进，装配偏差逐步演变为决定飞机装配准确度的主导因素。只有充分揭示和掌握装配变形的演变规律及调和机制，才能够实现飞机无余量精准装配。装配对象之间的配合形式总体上可分为配合和接触两种形式，在配合形式中，通过预设定位点、定位面或定位孔等，利用多个接触配合约束零部件的自由度，保证零部件之间的相对位置正确，从而确定连接和定位关系。在接触形式中，零部件之间的连接和接头只对零部件起支撑作用，不对部件的位置和尺寸进行约束，依据辅助测量结果确定零部件的正确位置，从而确定连接和定位关系。通过零件数控加工、装配关系设计以及少量工装系统的支持就可以方便地解决由零件装配成组件的问题。然而，组件、部件和大部件对接装配，则需要依靠有效的装配协调技术、装备和系统支撑。其中，掌握飞机部件位姿测量与评价技术是解决多个对象之间位姿协调的前提。构建飞机数字化装配测量场，不仅需要解决公共观测点布局、转站误差抑制、任务驱动测量、数据分析及集成管理问题，而且需要系统考虑热变形等因素对测量系统精度的影响，从而保障大尺寸空间测量场的不确定度满足应用要求。此外，在解决位姿协调问题时，往往采用多个测量点进行位姿评价，并且考虑关键特性和工程约束条件。单纯的点匹配计算经常导致测量点误差存在富余，相反，部件上很多关键点的对称性、平面度和直线度等约束得不到满足。因此，飞机位姿的准确评价并非简单的点集匹配，而是一个考虑关键特征和工程约束等复杂条件的多目标约束优化问题[8]。

### 1.3.3 现场加工

机械连接是飞机装配中最常用的连接方式，涉及飞机结构件上大量连接孔的加工问题。连接孔的位置精度、法向精度、窝深精度、孔径精度、表面粗糙度等加工质量指标对飞机结构的装配质量具有十分重要的影响。位置精度不高会导致连接孔间距、边距不满足设计要求，引起连接件受载不均、局部受载过大，从而影响疲劳寿命。法向精度对疲劳寿命有重要影响，当紧固件与外载荷作用方向倾斜角度大于2°时，疲劳寿命降低约47%。窝深过大导致连接强度下降，过小则导致蒙皮表面齐平度不高，影响飞机气动性能和隐身性能。孔径精度不高会导致紧固件安装后受到附加弯曲应力和挤压应力的影响，降低连接强度和疲劳寿命。表面粗糙度过高会导致孔壁表面出现高低不平的波纹，同样会降低结构连接强度和疲劳寿命。随着碳纤维复合材料、高强度钛合金等航空难加工材料在飞机结构中大量应用，复合材料和钛合金叠层结构制孔成为飞机装配的一个难题。钛合金加工极易产生加工硬化、出口毛刺。复合材料具有断裂应变小、层间结合强度低、导热性能差及力学性能各向异性等特点，如果加工时轴向切削力较大，容易产生分层、撕裂、毛刺等缺陷，加工质量难以控制。此外，复合材料和钛合金的加工特性相差甚远，从复合材料加工进入钛合金加工的界面处，过高的加工速度容易导致刀具急剧磨损和材料烧伤，过低的加工速度虽然能够适应钛合金的加工需要，但难以满足复合材料的高质量制孔要求，孔径尺寸精度与几何精度难以控制。因此，叠层材料界面准确识别和加工参数配置是复合材料和钛合金叠层结构制孔中难以回避的问题[9]。

传统人工制孔方法存在效率低、质量不稳定、刀具磨损严重、劳动强度大等问题。而且，人工制孔要经过划线、钻初孔、扩孔和多次铰孔，工序十分复杂，效率低下。在我国某型飞机复合材料机翼螺栓孔加工中，由于人工制孔能力限制，大直径螺栓孔只能采用小切削用量多次铰削的加工工艺，机翼装配中仅螺栓孔加工这一项内容就耗时一个多月。人工制孔质量严重依赖于操作人员的技术水平和经验，尤其是对复杂曲面类零件进行法向制孔时，很难准确把握制孔的轴线方向和锪窝深度。人工制孔一般采用麻花钻刀具，制孔时轴向力比较大，容易引起出口毛刺和复合材料表层撕裂缺陷。人工制孔无法根据复合材料和钛合金的具体材料特性来调整加工参数，刀具磨损极其严重，一般加工几个或十几个孔就需要更换新刀具，导致复合材料结构装配的刀具成本很高。此外，复合材料在加工过程中会产生大量的有毒粉尘，恶劣的工作环境会严重威胁工人身体健康。

近年来，出现了一种以铣代钻的新型螺旋铣制孔工艺，在制孔过程中，具有轴向铣削加工能力的特种刀具做螺旋线运动，使得加工过程排屑条件大为改善，有效抑制了轴向切削力。这种工艺具有加工质量好、加工效率高、刀具成本低等优点，在复合材料和钛合金叠层结构制孔中显现出很大的优越性。除了螺旋铣制孔等新工艺和新方法之外，也不断涌现出新型的、成套的自动化制孔加工装备和系统。在实际应用中，可以综合考虑制孔对象、加工环境、加工成本等因素，选择机器人制孔系统、柔性轨道制孔系统、爬行机器人制孔系统、机床制孔系统等。在制孔质量和效率方面，自动化制孔技术具有人工制孔方法无法比拟的优势，将越来越广泛地应用于航空制造企业。

在飞机装配现场，实现工艺交点的精准加工是制造领域的一个特区，包括飞机部件对接装配阶段起落架安装交点、发动机吊挂点、机翼与机身对接交点的精密加工。现场加工的目的是消除飞机零部件制造累积误差和装配变形等综合偏差，满足装配协调准确度要求。例如，在某大型运输机中机身装配中，主起落架交点框的交点孔都留有一定的加工余量，在完成中机身段装配之后，通过对中机身的测量和姿态评估后，对主起落架交点孔进行现场精密加工，从而消除主起落架交点框的制造误差和部件装配变形引起的综合误差，满足机身两侧主起落架交点孔的空间位置精度、同轴度和对称性要求。飞机翼身对接交点加工是在分别完成机身筒段装配和机翼装配之后，按照理想的设计姿态，对机身或机翼上的翼身对接交点孔及端面进行精密加工，从而提高机翼与机身之间的协调准确度。一般来说，通过专用数控机床解决翼身交点、主起交点、发动机挂点的精加工是常见的现场加工方案。然而，专用机床成本高、制造周期长、适应性差等问题严重制约了这种加工方法的广泛应用。由移动平台、工业机器人和镗孔末端执行器构成的机器人加工系统，成为解决飞机装配交点精加工的一种新型低成本自动化加工技术。机器人存在结构刚度弱、定位精度低等问题，在研制低成本机器人工艺交点加工系统时，需要综合运用接触刚度增强、加工参数优化、位姿优选等方法抑制机器人加工系统的颤振现象，并通过激光测量技术的辅助，实现加工刀具位姿的在线补偿，提升机器人加工系统的定位精度，从而保证飞机装配中各类对接工艺交点的精加工质量[10,11]。

### 1.3.4 可靠连接

飞机使用寿命主要由机体结构的疲劳寿命决定，疲劳破坏是机体结构丧失工作能力的根本原因，其中，75%~80%的疲劳破坏发生在机体结构的连接部位上。因此，连接可靠性对于飞机服役寿命和安全性至关重要。机械连接是飞机结构装配的主要连接形式，包括铆钉连接(铆接)、螺栓连接(螺接)、专用紧固件连接等。铆接是一种不可拆卸连接，连接强度稳定可靠，质量检验方便，故障容易排除，是飞机装配中的主要的、不可替代的连接方法。螺接可传递大载荷，具有便于装配和拆卸的优点，在结构不开敞、密封、大曲率等情形，可采用高锁螺栓、环槽钉、锥形螺栓、单面抽钉等特殊紧固件连接。

在铆接过程中，不仅铆钉被镦粗变形，被连接件也因钉杆膨胀和镦头挤压产生不同程度的变形。铆接应变量少、压缩不充分等问题可能导致连接过程中铆钉的松动脱落。铆接残余应力超出强化连接所需的残余应力，则会导致铆钉孔周围应力集中和裂纹的出现。飞机结构应变量过大会使蒙皮局部下陷和径向伸长，形成局部波纹，影响蒙皮表面光滑性，降低飞机的气动力学性能。为了减少铆钉和被连接件的残余应力以及被连接件之间的铆接后间隙，保证飞机结构的精度、强度以及疲劳寿命，需要在铆接过程应力应变分析的基础上进行铆接工艺参数优化。传统人工铆接采用铆枪或榔头锤击铆钉，产生间隙冲击力和顶铁的反作用力，使铆钉杆镦粗而形成镦头。人工铆接容易出现钉杆膨胀不均匀问题，特别是厚夹层结构，很难保证干涉量沿整个钉杆均匀分布，从而影响了结构疲劳寿命。自动钻铆采用一套集电气、液压、气动、控制于一体的高度自动化钻铆系统，在很短时间内(3~5s)完成定位、夹紧、钻孔、锪窝、送钉、涂胶、铆接、铣平等步骤，实现飞机结构的铆接。自动钻铆利用挤压力形成铆钉镦头，铆钉杆在形成过程中膨胀均匀，对孔的填充好，钉杆端头镦粗和墩头高度可控，一般不产生鼓包、压伤、铆缝下陷及其他表面缺陷，铆接变形小，连接强度高。压铆过程中振动和噪声小，工人劳动强度低，显著改善了工人的劳动条件。自动钻铆有效减少了人为因素造成的缺陷，铆接质量容易保证，效率是人工铆接的10倍以上，广泛应用于机身、机翼壁板等组件装配。

现代大型飞机广泛应用复合材料结构，其连接装配比传统的金属结构更为困难。复合材料沿厚度方向为层状结构，层间剪切强度低、抗冲击能力差、拉脱强度低。另外，复合材料脆性大，制孔后会存在较强的孔边应力集中，降低了连接接头的效率。因此，复合材料紧固件及其连接技术是复合材料结构装配的关键。复合材料结构装配常用紧固件有钛合金铆钉、螺栓、单面紧固件等，具有高比强度和低电位差等优势，能够满足结构装配对紧固件重量轻、比强度高、抗腐蚀、有预载、带锁紧、抗疲劳、防雷击、密封性等要求。除了自动化压铆工艺以外，复合材料结构装配有时也采用电磁铆接工艺安装紧固件。电磁铆接成形时间短，钉杆膨胀和镦头成形几乎同步完成，钉杆和钉孔之间干涉量均匀。对于钉孔间隙或夹层厚度较大的情形，电磁铆接仍能实现干涉配合，紧固件安装凸瘤(安装过程中材料被挤出，在板件表面出现的凸起)较小，接头疲劳寿命长。螺栓连接是铆钉连接之外的另一种复合材料构件机械连接形式，具有方便拆卸、检修，对环境不敏感等优势。电磁铆接在安装作用力、工作空间开敞性等方面具有较大优势，同样也是干涉配合螺栓安装的重要方法[12]。

# 1.4　飞机数字化装配技术

随着计算机控制技术、激光测量技术、机器人技术、信息技术、计算机网络和应用集成技术的飞速发展，飞机装配由传统的模拟量协调装配模式逐渐发展成为数字化装配模式。飞机数字化装配以装配协调数字化、装配工装设备化、装配过程体系化为显著特征，综合应用产品数字化设计、数字化预装配、数字化测量、柔性定位、自动钻铆、移动生产线等关键技术和成套工艺装备，实现组件、部件、大部件和整机的高质量、高效率装配，以缩短飞机研制周期，提高生产效率，降低飞机制造成本。

## 1.4.1　传统模拟量协调装配技术

飞机机体结构是一种由大量形状复杂、连接面多、刚度小且在加工和装配过程中都会产生变形的钣金件或非金属薄壁零件组成的薄壁结构，几何形状与尺寸协调是飞机装配有别于一般机械装配的最明显特征。飞机装配协调性是指两个及以上相互配合或对接的飞机结构单元之间，以及结构单元与其工艺装备之间，或工艺装备之间，在相互配合处或对接部位的几何形状与尺寸的一致性程度。飞机装配协调技术是飞机装配过程中用于保证飞机产品各结构之间以及结构与系统之间安装配合时的互换和协调性的工艺技术。保证飞机零件、组件和部件的互换性，除了要保证其制造准确度外，更重要的是保证工件与工件之间以及工件与工艺装备之间的协调准确度。

### 1. 卡板与孔系协调

卡板是保证飞机部件气动外形准确度的重要定位元件，由卡板本体和卡板端头组成。卡板一般在上、下端头用轴销固定在叉形接头上，叉形接头采用快干水泥固定在型架骨架的杯座中，卡板可绕轴销转动，小型卡板也可采用悬臂式固定。有些装配型架除了使用外卡板之外，还使用内卡板，两种卡板相互配合使用。卡板的工作表面可以是飞机的蒙皮外形，也可以是骨架外形。在一些以骨架为基准的装配型架上，有时要求卡板既能定位骨架外形，又能在装配蒙皮时起到夹紧蒙皮的作用，从而又要求卡板带有蒙皮外形。为兼顾两方面需求，有时将卡板的工作表面加工成蒙皮外形，并在卡板表面上设置一些局部的活动垫板。垫板的工作面就是骨架零件的外形。垫板的侧面还有靠板，用以确定骨架零件(如隔框或翼肋)的位置。当用卡板夹紧蒙皮时，需要将靠板退出，同时把垫板置于旁边的槽内，不会与蒙皮干涉。卡板的侧平面应位于骨架零件的平面上。当连接蒙皮与骨架的铆钉钉头突出蒙皮外表面时，为了避免钉头与卡板工作表面干涉，需要在卡板与铆钉头接触处局部钻孔。当卡板用于蒙皮为基准的装配型架时，骨架零件按蒙皮内表面定位，因此，只要求卡板能确定蒙皮外表面。为了保证蒙皮能够紧靠卡板工作面，可以对蒙皮采用多种夹紧方式。对卡板的工作表面外形，经常按切面模型进行重造，或按独立制造原则进行数控加工。按照待装配的飞机结构来分，飞机装配卡板主要有机身装配卡板、机翼装配卡板、平尾装配卡板、垂尾装配卡板等；按卡板自身结构来分，主要有对称卡板和非对称卡板两类。其中机身装配卡板和垂尾装配卡板属于对称卡板，而机翼装配卡板和平尾装配卡板属于非对称卡板。卡板的工作面形状和飞机产品外形相关，工作表面不能独立设计，须通过飞机产品型面作为工具面来获得。

结构刚性好、型面精度高的飞机结构件在装配中可采用孔系定位方法，即装配时用预先在零部件上制出的装配孔来进行定位。孔系定位装配型架结构简单，不用或仅用简易的工艺装备，工装开敞性好，定位效率高，定位准确度介于划线定位与工艺装备定位之间。用装配孔确定两个零件的相对位置时，应根据零件的尺寸和刚度选择装配孔的数量，对于尺寸大、刚度小的零件，装配孔的数量应适当增多。为保证相互连接的零件之间的装配孔的协调性，可采用模线样板方法，即按 1:1 尺寸准确地画出组合件的结构模线，并在结构模线上标出装配孔，依据结构模线制造钻孔样板，用于零件上装配孔的钻模。零件上装配孔的位置是依据同一个标准确定的，保证了装配孔之间的协调。装配孔定位的准确度取决于装配孔的协调方法，累积误差随协调环节增多而增大。由于装配孔定位方法不需要使用专用夹具，在保证准确度的前提下，应在批量生产中推广装配孔定位方法的应用。装配孔定位方法常用于平板、单曲度和曲度变化不大的双曲度外形板件的装配，解决内部加强件定位、平面组合件非外形零件定位以及组合件与组合件之间的定位问题。用装配孔定位板件之前，在待装配零件的部分铆钉位置上预先按样板制出装配孔，装配时各零件之间的相对位置按装配孔来确定。当结构件区域内不允许留取装配孔时，则采取附加工艺凸台的方法，待装配完成后再将工艺凸台铣切掉。

### 2. 标准工装协调

飞机装配过程中，外形准确度、相对位置准确度等装配工艺要求需要采用多种相互协调的工艺装备来保证。在模拟量协调装配模式中，难以用一般的通用量具来测量和检查飞机零件的形状和尺寸。标准工装是用于制造、检验和协调生产的工艺装备的模拟量标准，是保证工艺装备之间、产品部件之间和组件之间的尺寸和形状协调与互换的重要依据。标准工装作为生产过程中的一种标准尺度，用于制造、协调、检验、复制满足协调准确度要求的装配工艺装备，确定有关工艺装备之间重要接头、外形、孔系定位件的相对位置，必须具备足够的刚度用于保持尺寸和形状的稳定性，具有比装配工装更高的准确度要求。标准工装以实物形式体现产品特定部位外形、对接接头、孔系之间的相对位置准确度，确定了产品部件、组件或零件各表面、接头、孔系之间正确的相对位置。标准工装包括标准样件、标准量规、标准平板等，其中标准样件又分为整体标准样件、局部标准样件、零件标准样件、表面标准样件、反标准样件、对合协调台等[3]。

标准量规用于协调制造标准工艺装备和作为厂际之间互换协调的原始依据，或者直接用来协调制造装配工艺装备。标准量规一般由骨架、接头和支承元件组成。常带有与标准工装协调一致的标高系统或在型架上的定位系统。当采用光学工具法时，标准量规须带有基准定位叉耳、目标孔和工具球等测量定位基准元件。为了协调需要，标准量规上可带有局部外形，需要时标准量规可组合使用。对于部件、段件间叉耳式的交点连接，常采用成对的标准量规来保证工艺装备交点的协调，并用以安装对应标准样件上的交点。由多个工厂生产同一机型时，标准量规用于保证厂际之间的互换。量规具有使用简便、精度高等优点，即使采用产品数字化建模和数控加工技术，其仍被广泛使用。

标准平板用于协调标准工装或安装型架定位件，是保证端面对接孔协调的原始依据。标准平板具有对接端面的全部连接孔，孔径通常是产品孔的最后尺寸。标准平板上必须有使用位置的明确标志，例如"顺航向""逆航向""上""下"等标记。对于以凸缘衬套端面为平面基准的标准平板，应在其中选定位置处均匀分布三个孔作为基准点，将衬套端面所组成的平面作为标准平板的测量和使用基准平面，以保持基准稳定性。若部件之间使用螺栓连接，则采用标准平板保证相应工艺装备对应的螺栓孔和销钉孔的协调一致。为了保证准确度，标准平板上的孔采用精密坐标镗床或数控机床进行加工。标准平板带有切面外形时，其外形按模线样板加工。

整体标准样件具有产品部件、组件的外形和交点接头，是协调制造装配工艺装备的依据。具有完整的标高定位系统，以保证样件使用状态的一致性和稳定性，具有完整的测量基准元件，具有产品主要的结构轴线、重要的零件外形线、重要螺栓孔和其他孔的位置。整体标准样件是能相互对合协调的部件、组件以及零件的全套标准样件，作为制造和协调各类装配工艺装备的主要依据。整体标准样件协调互换性好，可提前发现不协调问题，便于过程协调与工艺装备复制，但其制造周期长，成本高，大型样件使用不便，因此不适用于新机研制和小批量生产。

局部标准样件用于飞机部件局部结构与外形的复杂协调，可以制成局部切面外形，也可以制成全型面外形。一般带有交点接头和对接孔，有完整的标高定位和测量基准系统。与整体标准样件法相比，采用局部标准样件、量规、样板配合型架装配机和光学工具的综合协调法具有结构简单、标准工装数量少等特点。因此，其生产准备周期较短，成本较低，但协调环节多，难以预先发现不协调问题，工艺装备的检修复制比较困难。采用局部标准样件的协调方法，适用于各类机型的新机研制和小批量生产以及大、中型飞机的批量生产。

尽管标准工装在保证装配工装、产品部件和组件之间的尺寸和形状互换协调方面起到了重要作用，但是标准工装在生产制造过程中面临着诸多问题。标准工装的协调路线长，移形环节多，工装数量大、品种多，累积误差较大，容易产生不协调问题。标准工装可能会因为自身重量问题在生产过程中产生变形，此类误差的预防比较困难。一件标准工装很难同时用于多个工作场所，可使用性受到很大限制。在不同工作地点同时使用标准工装的唯一方法是复制标准工装，但是复制过程中产生的误差会降低零部件之间的协调准确度。当装配工装与标准工装之间存在不协调时，须在维修工作中检测所有相关工装，难度大、维护成本高。大量标准工装影响并行工作效率，其中，标准工装的设计更改对生产效率的影响尤为显著。为了防止标准工装变形，需要严格控制保存标准工装的环境和条件。

3. 钻模板制孔

人工制孔的最常用工具是风钻，划线、钻孔、扩孔、铰孔等环节是完成制孔和紧固件安装的基本工艺。对孔的精度要求不高时，可采用划线、钻孔等简便的制孔工艺。对孔的精度要求比较高时，往往需要提前在产品上固定钻模板，将钻模板在飞机零件上定位后，再依据钻模板上的孔位引导刀具在产品上制孔(钻孔、扩孔、铰孔等)，以减少人为因素对制孔质量的影响。钻模板上一般设有销钉孔，通过定位销夹紧，保证钻模板与飞机结构表面贴合，钻模板上开有相对应的孔，孔内设有衬套，衬套内孔是钻孔时的导向孔，导向孔中心线要求与对应处产品表面的法线一致，以保证装配制孔的位置和法向精度。钻模板安装过程中，定位销不仅要与钻模板的钻模孔匹配，还要与零件的定位孔匹配，零件的定位孔必须与钻模板的钻模孔同轴。有些钻模板上设有产品定位器，在钻安装孔时定位器和飞机结构连接，保证钻模板安装的位置精度。制孔时钻头沿钻模板上的导向孔进入工件上进行制孔，钻模板起着良好的导向和定位作用，能够保证制孔时的孔位精度、孔垂直度等精度指标和制孔过程的稳定性，提升制孔质量和制孔效率。

常见钻模板由底板、插销、定位销、钻套、钻孔衬套、销钉衬套等组成，具有结构简单、调整可靠、组装方便等优点。钻模板有偏头条形钻模板、手柄翻开式钻模板、直条形钻模板、法向钻模板、沉孔钻模板、纵槽钻模板、十字槽钻模板、中心钻模板、十字槽一字形钻模板等类型。钻模板并不一定独立存在，往往附属于装配型架或安装夹具，作为其结构的重要组成部分。一般钻模板使用相互平行的平面基板与钻模块，不能运用在变曲率壁板的制孔加工中，并且不同飞机结构需要使用不同的钻模板。在复杂、狭小的装配工作空间制孔时，平板类的钻模板会产生安装不便、进出干涉等问题。在给弱刚度钣金类零件制孔时，支架零件形状比较复杂，拱形翻边干涉，无法直接配孔安装。钣金件支架具有一定回弹余量，无法制造单一固定钻模板进行配孔，需要采用组合式钻模板并根据产品调节孔位，以解决制安装孔时钣金类零件回弹偏差、零件尺寸不稳定、狭小空间操作困难等问题。为了提高钻模板的通用性，以适应大曲率复杂形状壁板，需要采用可调整钻模板。此类钻模板的钻套位置在制孔时可单独调整，也可通过调整环调整。柔性钻模板根据壁板制孔区域曲率变化情况将钻模板底板表面划分为多块区域，每块区域设计为与制孔轴线法向垂直，每个柔性钻模块通过微调机构进行位置调整，通过多层引导导轨实现横向和纵向两个方向上的位置微调，通过钻头头部夹紧机构进行钻头制孔前的锁紧，保证制孔精度和稳定性。

### 1.4.2　数字化预装配技术

设计变更、错误和返工现象是导致飞机制造成本增加的主要因素之一，数字化预装配是飞机制造中减少零件干涉、配合面不协调等设计错误的重要方法。数字化预装配是指在计算机系统中建立具有几何拓扑信息、公差信息和装配层次信息的产品数字化装配模型，通过模拟仿真在计算机内全面地描述产品的装配过程，分析产品的可装配性，并进行装配规划和装配质量性能验证，指导结构与系统布局、管路安装、导线走向等设计。数字化预装配主要内容包括装配公差综合与分析,装配过程规划和仿真。数字化预装配可用来检验零部件与工装的配合、定位情况，检查零件与工装的干涉以及产品装配过程中工艺性问题，模拟安装工具与物流通路以及人工操作的可到达性,有效地解决装配工艺设计中的工装系统设计不合理、装配不协调、超差等问题。通过预装配可以生成和优化装配顺序，确定零部件相互装配关系及其在工装上的位置，便于规划和优化装配路径，进行合理的误差分析与容差分配。数字化预装配还可以生成可视化的装配图解，便于指导现场工人操作。通过数字化预装配技术评价产品的可装配性，以及整个装配工艺过程的合理性，能够在实际装配前及时发现问题并在设计阶段更改，有利于优化资源配置，提高工作效率，缩短装配周期，降低成本。例如，B777飞机采用数字化设计和数字化预装配技术之后，设计更改和返工率减少50%以上，装配干涉问题和风险减少50%～80%，大幅度降低了产品设计成本，提高了设计效率，缩短了设计周期，进而大大提高了波音公司的产品市场竞争力[7]。

### 1.4.3　数字化测量技术

数字化测量是装配工装和设备标定、配置与定检的基础，也是建立工艺装备与产品关联关系，评价飞机结构尺寸和外形的重要手段。飞机装配测量具有范围大、精度要求高、任务多的特点，必须采用大尺寸空间、非接触式数字化测量技术。常见的数字化测量设备有激光跟踪仪、电子经纬仪、室内全球定位系统(global position system，GPS)、照相测量系统等。总体说来，电子经纬仪测量精度较低，难以满足飞机装配的高精度测量需求。室内 GPS 需要在每个测量位置都有三个发射器的信号可同时到达，导致在飞机装配现场配置和布局发射器比较困难，成本比较高。激光跟踪仪技术最为成熟，在飞机装配中应用最为广泛，测量覆盖的区域大，而且配置非常灵活，不足之处是转站过程会导致测量精度的损失，容易受到装配工装遮挡而造成断光，为此，需要科学规划和优化布局激光跟踪仪的测量站位[13]。

电子经纬仪是 20 世纪 80 年代发展起来的一种集光、机、电为一体的高技术测量仪器。利用两台电子经纬仪的光学视线在前方空间进行交汇形成测量角，再通过观测已知长度的标尺的两个端点，便可计算出目标点的空间位置。电子经纬仪集自动记录、存储、计算、数据通信等功能为一体，提高了测量的自动化程度。虽然电子经纬仪的精度比较低，但曾经也是大型飞机装配中唯一可选的大范围测量设备。

室内 GPS 是 20 世纪 90 年代借鉴 GPS 原理开发出的一种坐标测量系统。该系统使用红外脉冲激光发射器代替 GPS 卫星，以旋转的方式通过脉冲激光信号覆盖整个工作区域，监测工作区域内物体的几何位置。室内 GPS 信号接受器根据发射器投射来的光线时间特征参数计算接受器所在点的角度和位置，并通过无线网络传送给控制计算机。室内 GPS 技术为大尺寸结构件的精密测量提供了一种新的技术手段。波音公司已成功将室内 GPS 技术应用于 B747、B777、B787、F/A18 等机型的部件对接装配和全机总装配。

激光跟踪测量技术是 20 世纪 90 年代发展起来的集精密加工、计算机控制、光电检测、激光干涉测距、数值计算为一体的大尺寸精密测量技术。由激光跟踪目标反射器标记被测点位置，通过跟踪仪的水平和垂直测角系统及激光绝对测距系统来测量空间点的坐标，并通过跟踪仪自身的校准参数和气象补偿参数对测量过程中产生的各种误差进行补偿，最后得到空间点坐标的精确测量结果。利用激光跟踪仪对笛卡儿空间内的静态目标进行三维坐标检测和实时跟踪测量，具有操作简便、测量精度高等优点，可配合多种附件实现不同要求的测量。例如，配合可移动手持测量头可实现隐藏点的测量，配合手持式扫描仪可实现非接触扫描测量，配合六自由度靶镜系统可进行六自由度测量。此外，跟踪仪通过固定测量点转站，可进一步扩大测量范围，并可实现多台跟踪仪协同测量。

### 1.4.4　柔性定位技术

柔性定位系统主要由数控定位器、协同运动控制系统和数字化测量系统等组成，具有模块化、可重构、可重用等特点。采用柔性定位技术不仅可以有效抑制装配应力，提高装配质量和装配效率，而且还可以通过更改系统配置，适应一类飞机多个型号的装配应用需求，从而大幅度减少工装数量和工装制造成本，缩短工装准备周期。数控定位器是实现飞机部件姿态调整和精准定位的执行机构。在柔性定位系统中，飞机部件上的工艺球头和数控定位器末端球窝构成球铰副，由若干个定位器在不同点支撑定位飞机部件，构成一种 n-PPPS(n 为支链数量、P 为移动副，S 为球面副)型并联机构。协同运动控制系统基于网络总线技术，协调几个数控定位器，甚至几十个数控定位器(近百个伺服驱动轴)，按照预定的轨迹规划完成插补运动，保证定位、调姿和对接过程中飞机部件位置和姿态的数字化可调整、可控制。在实际应用中，根据装配工艺过程设计，数字化测量系统对装配对象进行测量和姿态评价计算，依据当前位姿和目标姿态，优化计算并规划出调姿路径，然后通过柔性定位系统，协调数控定位器各个数控轴的同步运动，将飞机部件平滑、准确地调整至目标位姿。目前，这种柔性定位系统已经广泛用于国内外航空制造企业的飞机部件装配和总装配，解决了机身、机翼、平垂尾、发动机、起落架及雷达罩等复杂飞机部件的自动化定位和精准对接问题[14]。

三坐标数控定位器具有三个相互垂直方向的平移运动和精确定位功能，其刚度对负载能力、定位精度等主要性能指标有重要影响。定位器设计中须计算定位器结构刚度和传动系统刚度，建立反映定位器负载与变形关系的末端柔度矩阵，在空间、重量和成本约束条件下寻求数控定位器的适度刚度设计。飞机部件入位过程中工艺球头与球窝的位置偏差会导致定位系统对飞机部件的挤压或拉扯，需要融合视觉、触觉等在线检测数据引导工艺球头自动入位，实现飞机入位过程的自适应主动控制，避免入位过程中飞机结构与定位系统之间产生冲击和挤压。数控定位器应具备力检测和位置检测功能，在飞机部件入位、调姿和对接过程中须实时监控定位器承载，防止定位系统故障或与产品发生干涉造成的破坏。定位器一般还应具备工艺球头锁紧功能，确保飞机部件在对接和加工过程中的稳定性。为了避免调姿过程中出现定位系统拉扯飞机部件的行为，可将定位系统设计成支点冗余、驱动冗余的新型调姿机构，采用单轴跟踪误差与多轴协同运动误差的协调控制实现驱动冗余位姿调整。飞机部件调姿过程的位置变动量和运动速度较小，但其尺寸及重量较大，支撑点较少，有时也会造成对定位器的冲击。为了保证调姿定位过程的平稳可控，减小定位系统的振动和冲击，并保证部件安全，需要合理规划各台定位器的运动轨迹，保证其位置、速度和加速度的平稳过渡。此外，为了进一步提升定位系统柔性，可以通过控制网络拓扑节点动态编辑和修改、识别和匹配，实现定位器动态重组和控制，适应一个装配系统中不同装配阶段多种飞机部件的数字化柔性定位的要求。

### 1.4.5 自动钻铆技术

自20世纪80年代以来，随着数控技术的快速发展，半自动、全自动数控托架系统和自动钻铆机系统逐渐在航空工业中得到广泛应用。自动化钻铆机是一个集机械、电气、气动、液压和自动控制技术为一体的高端航空制造工艺装备，可自动地完成待加工零组件定位以及加工位置的误差补偿，一次性完成定位、压紧、制孔、涂胶、锪窝、送钉、插钉、顶紧、连接和端头铣平等工序，大幅度降低工人劳动强度，提升制孔和连接效率，降低制孔和连接成本。常见钻铆机有C型、D型和龙门式等，可在大负载工况下完成高速、高精、高可靠智能化钻铆工艺过程，已经成为机身、机翼壁板等飞机结构的高效率、高质量、高可靠自动化装配不可或缺的高端装备。自动化钻铆机结构尺寸大、功能复杂，涉及钻孔、插钉、检测一体化执行器设计制造，自动铆接执行器设计与制造，多轴协同运动控制，结构惯量和刚性优化设计，钻铆过程力和位移协调控制，末端运动特性综合分析、精度分析及补偿，钻铆工艺参数在线检测与智能控制，无头铆钉平衡铆接过程控制及铝合金、钛合金、复材制孔和连接工艺参数优化等多项关键技术，是飞机装配领域最具有代表性的高端工艺装备。自动钻铆机投资大，需要较开敞的工作空间，不同形式的钻铆机都有其适用范围。例如，采用龙门式钻铆机和柔性托架组合可实现水平尾翼前缘的钻孔和铆接，采用C型钻铆机可完成机身段环形对缝区域制孔和相邻机身段的铆接装配[15]。

五坐标机床制孔、机器人制孔、柔性轨道制孔、爬行机器人制孔等自动化制孔技术也广泛应用于组件、部件、大部件和整机等各个层次的装配。机床制孔技术具有工艺负载能力强、行程范围大、定位精度高、重复性好等优点，但其灵活性较差，设备投资大，占地面积大，主要用于大型飞机翼盒部件装配、小型飞机钛合金/复合材料机翼装配等加工载荷大、制孔质量要求高的场合。机器人制孔技术采用工业机器人和多功能制孔末端执行器构建制孔系统，具备较好的工作空间拓展能力，在制孔质量、效率、可达性、灵活性、成本等方面具有综合优势，通过双机器人协同工作甚至能完成自动钻孔、插钉和铆接。工业机器人结构刚度弱、定位精度不高，需要采用精度补偿、工艺刚度增强和工艺参数优化等方法提高制孔精度和稳定性，常用于机翼、尾翼等翼面类结构装配以及机身壁板拼接装配。柔性轨道制孔技术通过在产品表面吸附柔性轨道，末端执行器沿轨道移动到制孔位置进行自动化制孔，具有低成本、柔性好和尺寸小等优点，适用于机身筒段对接、机翼壁板拼接等装配。爬行机器人制孔技术具有高柔性、低成本、高效率、自主移动和安装方便等优点，通过在零件表面直接定位和自主行走，实现对多种结构形式的飞机部件进行制孔，便于多机协同作业提高装配效率，可用于机身筒段对接、机翼壁板拼接等[16]。

### 1.4.6 移动式总装配生产线技术

移动式总装配生产线是飞机高效率精益生产的一项关键技术，运用价值流图进行简单、直观、半定量化的分析和扩展，改进装配过程，消除移动装配过程中的大量非增值作业，使产品在整个装配线的移动过程中处于增值状态，最大化减少装配工时和成本。移动装配线要求均衡生产，标准化作业，工作地可视化，零件、工具、辅料完全配套，一般可分为脉动和连续移动两种形式。脉动生产线允许存在非增值缓冲时间，在问题处理完之前生产线不移动或者将问题留给下一个站位去完成。连续移动生产线由带导向的牵引车将飞机从一个站位以平稳缓慢的速度移至另一个站位，移动速度根据客户需求确定。移动装配线上飞机首尾相接地移动，让所有现场工作人员都感受到生产节拍，随着移动线的节拍工作。

飞机移动式总装配生产线一般包含多个站位，每个装配站位由一系列柔性工装组成，涵盖数字化测量、柔性装配工装、自动钻铆、集成控制等飞机数字化装配技术，生产按一定的速度和节拍进行，将传统的飞机批量装配生产方式变革为单件拉动式生产方式。配套和配送是生产线移动的必要条件，起着关键作用。要求作业指导书、零件、工具、工作指令都能用工具箱准时配送到装配工人所在位置，消除工人寻找工具材料的时间消耗。工人在飞机内部安装液压系统、导航系统等设施，并在一体化工作台上借助柔性工装完成起落架、活动翼面、发动机的安装和测试，装配周期显著缩短，工作流程产品存货显著减少。动力源系统为飞机装配和功能测试提供压缩空气、液压油、电源以及通信等。装配线附近应设置生产准备/紧急支援车间，包括快速响应的零件返修车间、紧急设备维修、临时工装制造、配套和配送基础设施等。移动生产线的应用可大大缩短飞机总装时间，提高装配质量，降低飞机制造成本[17]。

## 1.5 飞机数字化装配工艺装备及系统集成

### 1.5.1 数控定位装备

数控定位器是构建飞机自动化柔性定位系统的基础工艺装备，在定位精度、可靠性、安全防护等级等方面堪比精密数控机床。常见的三坐标数控定位器是一种可实现三个相互垂直方向运动的设备单元，也可看作是一个 PPPS 型串联机构，每一台定位器对应着飞机部件上的一个支撑点，通过球铰、吸附等方式与飞机部件进行连接，既是调姿、定位的执行机构也是装配系统的夹具单元，在自动化柔性定位系统中起着运动支链的功能。飞机自动化定位系统一般包括多台数控定位器(不少于 3 台)，共同构成一个 $n$-PPPS 型并联机构，通过多台定位器的协同运动使飞机部件按照规划的轨迹路径进行运动，完成飞机部件的姿态调整和精确定位[18]。

图 1.2　典型三坐标数控定位器

典型的三坐标数控定位器主要由 $X$、$Y$、$Z$ 方向底座，滑台和传动系统等零部件组成。$X$ 向滑台安装在固定底座上，可沿着固定底座上的导轨运动；$Z$ 向滑台安装在 $X$ 向滑台上，可沿着 $Z$ 向滑台上的导轨运动；$Y$ 向滑台能沿着安装在 $Y$ 向滑台上的导轨运动。各向传动系统均由伺服电机、减速器、丝杠-螺母(或齿轮-齿条)、导轨滑块等组成，通过电机驱动实现定位器在 $X$、$Y$、$Z$ 方向的进给(图 1.2)。针对不同机型、不同装配阶段的差异化应用需求，在数控定位器及其核心功能部件设计中，引入模块化、标准化设计管理方法是有效控制飞机装配系统工艺装备制造成本的技术途径之一。一般来说，在飞机自动化柔性装配系统中，数控定位器的应用需求规模比较大，形成多品种、多序列的规格化数控定位器产品，对于提高系统可靠性、可维护性具有重要意义。按承载能力来分，数控定位器可分为轻型、中型、重型三种类型，按结构形式又可分为立式、卧式、双联式等。在不断追求精益化生产中，飞机装配流程更加灵活多变，进一步优化装配系统布局、整合工艺装备资源非常关键，更加强调数控定位器等飞机装配基础工艺装备向着可移动、可重组、可重用的方向发展。

### 1.5.2　自动化制孔装备

#### 1. 机器人制孔

工业机器人具有灵活性好、工作范围大、成本低等显著特点，在飞机装配领域的应用发展潜力巨大。随着工业机器人位置精度、负载能力的提高，以及误差补偿技术、实时仿真技术、软件技术的发展，工业机器人已经成为一种高效的自动化作业平台。工业机器人可与高速钻孔执行器、螺旋铣制孔执行器、精密镗孔执行器、异形结构制孔执行器等多种类型的加工设备单元进行集成，通过移动平台、气垫车或自动引导运输车(automated guided vehicle，AGV)进一步拓展工作范围，构成移动式机器人制孔系统。这一类移动机器人制孔系统可用于飞机壁板、尾翼、垂翼、舵板等复杂曲面的高精度、高效率制孔(图 1.3)。机器人自动制孔系统工作过程中由移动平台、气垫车或 AGV 切换加工站位，在进行制孔加工前，机器人将末端执行器快速移动到指定位姿，调整刀具与工件的相对姿态，从而保证刀具与工件之间的垂直度，由末端执行器的压脚装置与被加工工件接触，并施加一定压紧力，消除叠层材料层与层之间的间隙，防止加工毛刺进入，而且可以增加系统的动态刚度。机器人制孔的质量容易受到加工负载、结构刚度、运动姿态、末端执行器功能特性、刀具磨损、热变形等因素影响，通常需要采用孔位自动修正、法向自动调整、窝深精准控制、接触刚度自主增强、位姿优选和工艺参数优化等方法来提高机器人制孔系统的定位精度和制孔过程的稳定性。通过增加二级编码器的方式对机器人控制系统和硬件系统进行改造，是有效提升机器人定位精度的另一种技术途径，但该方法涉及机器人研发的核心知识产权，会大幅度增加机器人制孔系统的研制成本，失去机器人制孔系统性价比高这一技术优势。将机器人空间作业区域划分成网格，采用激光跟踪测量技术，建立机器人在工作空间的定位误差补偿机制，也是提高机器人加工系统定位精度的有效方法，但存在数据采集工作量大、耗时长等缺点。基座位姿在线标定和区域孔位线性插值补偿方法是在分析机器人制孔系统误差传递规律基础上提出的一种在线误差综合补偿方法，在机器人制孔系统中实现难度较小、投入成本不高，近年来得到了大量应用。在机器人制孔系统加工稳定性方面，可在确定系统动态特性和切削力模型的基础上构建加工系统物理模型，根据系统稳定性判据，分析动力学参数和切削工艺参数对机器人加工系统稳定性的影响规律，并对机器人位姿、压脚压力和工艺参数进行优化，获得系统稳定切削条件。通过提升机器人制孔系统定位精度和制孔稳定性，机器人制孔系统可实现铝合金、钛合金、碳纤维复合材料等常用航空材料的钻、锪一体化精准制孔。

(a) 移动平台式　　　　　(b) 气垫车载式　　　　　(c) AGV 车载式

图 1.3　移动机器人制孔系统

2. 机床制孔

五坐标机床制孔系统主要由多轴联动数控机床和多功能制孔末端执行器组成，典型的五坐标数控机床通过 $X$、$Y$、$Z$ 方向的直线运动和 $A$、$B$ 两个摆角运动，将多功能末端执行器送到飞机结构待制孔位置，由末端执行器完成自动制孔(图 1.4)。机床制孔系统具有结构刚性好、负载能力强、行程范围大、定位精度高、重复性好等优势，但存在灵活性较差、设备投资大、占地面积大等不足。为了保证大尺寸、厚叠层难加工材料(钛合金、复合材料等)复杂飞机结构件的制孔质量和效率，需要优化机床主体结构、筋条、减重孔的外形尺寸和布局，以减轻机床结构的重量，满足大型机床的高速运动特性和动态稳定性需求。其次，需要对长行程、悬臂式加工进给轴进行重力反变形设计，以提高大型机床末端的抗弯变形和抗扭变形能力。此外，还需解决装配对象、定位工装和加工设备之间的热变形补偿和协调问题。例如，机床制孔系统用于大型飞机机翼翼盒超大尺寸壁板的制孔时，装配空间温度场的变化导致飞机结构产生较大热变形，需要建立综合热变形、重力变形等多要素的超长行程制孔机床的位置误差模型，通过飞机结构、定位工装和制孔机床之间的变形不协调性计算和分析，基于多个基准点进行机床坐标系标定和校准，采用基于视觉测量的制孔区域孔位修正方法有效控制大型飞机机翼翼盒装配的制孔加工误差。除了制孔功能以外，还可以在机床制孔系统中集成具有紧固件筛选、输送、插入及安装功能的紧固件安装系统，通过预紧固件自动定向、旋紧扭矩精确控制实现紧固件的自动化安装，提升紧固件安装效率和质量。此外，在机床制孔系统中集成螺旋铣孔、椭圆锪窝等多功能末端执行器，可用于复合材料/钛合金叠层飞机结构的自动化制孔。

图 1.4　五坐标机床制孔系统

### 3. 柔性轨道制孔

柔性轨道制孔系统是一种安装于飞机结构表面的轻量化自动制孔设备，由型面自适应柔性轨道、多功能制孔末端执行器等单元组成，避免了大型制孔设备投资大、安装基础要求高等缺点。柔性轨道是制孔过程中末端执行器运动的基础平台，通过真空吸盘牢固地吸附于飞机结构表面，一定程度上可适应飞机结构外形曲率变化。柔性轨道制孔系统包含 $X$、$Y$、$Z$ 三个直线运动轴和 $A$、$C$ 两个旋转运动轴，实现制孔末端执行器的空间定位和姿态调整。末端执行器具有孔位自动修正、法向自动调整、切屑自动收集等功能，适用于大型飞机机身、机翼对接装配中飞机结构表面的自动化制孔。例如，在大型飞机机身大部件对接装配阶段，需要在环形对接区域加工数以千计的连接孔，人工操作可及性差，制孔质量难以保证。柔性轨道制孔系统能够适应飞机机身对接区域 360° 环向制孔范围、制孔位置以及法矢变化，广泛用于解决 B777、B787 等飞机等直机身段对接区域的自动化制孔[19](图 1.5)。

环形轨道制孔系统是另外一类用于机身对接装配的柔性制孔设备，采用分段模块式环形轨道结构，每一段环形轨道具有快速插拔式接口，可实现轨道的快速拼装和拆卸。环形轨道采用阵列式支撑脚结构，可实现轨道与机身蒙皮之间多点接触定位。通过气动控制支撑脚伸缩主动适应飞机外形曲率变化，实现环形轨道与双曲度蒙皮外形的多点自适应接触。通过末端执行器、弧形框架和环形轨道三者之间的动态组合和相对运动，末端执行器可在各个加工站位之间自动切换，使加工范围能够覆盖机身 360°环形对接区域。除了等直机身段制孔以外，环形轨道制孔系统还能适应机身前段、机身尾段等大曲率非等直段机身对接区域的自动化制孔(图 1.6)。

图 1.5 柔性轨道制孔系统及应用

图 1.6 环形轨道制孔系统及应用

### 4. 螺旋铣制孔

螺旋铣制孔是一个钻铣复合加工过程，与传统钻削刀具仅在二维平面内运动相比，螺旋铣刀具沿三维空间轨迹进给，能有效解决传统钻孔工艺轴向切削力大、切削热难以排出等问题。螺旋铣制孔对加工设备平台和环境的要求不高，易于实现自动化、模块化，在制孔质量和效率方面均有优势。采用螺旋铣孔技术对钛合金/复合材料叠层进行制孔时具有显著的优势，可避免复合材料出现分层、毛刺等缺陷，单次制孔操作就能获得较高的制孔质量，减少了传统制孔工艺中的去毛刺步骤，可大大提高制孔效率。螺旋铣制孔设备的核心是螺旋铣制孔末端执行器，可与机器人、机床等运动平台集成，形成完整的螺旋铣制孔系统。此外，手持便携式螺旋铣制孔设备在灵活性和成本方面有较大优势，可用于狭小装配工作空间复合材料/钛合金叠层结构的制孔，已在 B787 等新型飞机装配中得到应用。螺旋铣制孔末端执行器通过多个运动轴(不少于三个)的联动，实现螺旋铣刀具沿着螺旋轨迹进给，一般具有钻孔、铰孔、扩孔和螺旋铣孔等功能，有些专用执行器甚至具备椭圆锪窝功能，以满足单侧安装紧固件的装配安装需求(图 1.7)。利用偏心轴长度计测量刀具的偏置量，采用偏心滚珠丝杆传动高精度调节刀具偏置量，实现螺旋铣偏置量闭环控制和自动调整。通过进给轴长度计、直线光栅、摆动轴编码器等测量元件的位置反馈，保证制孔和椭圆锪窝的精度。将传统立铣刀直接用于螺旋铣制孔加工存在许多问题，螺旋铣制孔中宜采用基于自由切削和分屑原理的分布式多点阵端部切削刃的专用刀具，以增加切削部分的强度，增大散热面积。在复合材料/钛合金叠层结构制孔中，为了抑制钛合金加工碎屑对复合材料孔壁的损伤，可以利用螺旋铣变偏心距加工的特点，在原有正向加工的基础上，采用增加回程精加工工序的工艺改进措施，并在刀具切削刃末端增加回程切削刃，以减弱甚至消除钛合金层加工对复合材料制孔质量的影响。

图 1.7　螺旋铣制孔末端执行器

### 1.5.3　自动化钻铆机

自动化钻铆技术是实现飞机机身、机翼壁板类组件高质量装配的一项核心技术，体现了飞机装配数字化、柔性化、智能化和集成化的发展方向。自动钻铆机是功能集成度和技术复杂度最高的航空制造工艺装备，主要由设备本体、制孔末端执行器、铆接末端执行器等组成，可一次性完成夹紧、钻孔、锪窝、注胶、压铆、铣平等全部工序，适用于铝合金、钛合金、碳纤维复合材料叠层的自动化钻铆。从结构形式来分类，自动化钻铆机有龙门卧式钻铆机、龙门立式钻铆机、C型钻铆机、卧式双机联合钻铆机等，可实现铝合金、钛合金和复合材料等飞机结构的自动化铆接装配(图 1.8)。自动钻铆机工作时每分钟完成钻孔、送钉、插钉、注胶、连接的钻铆循环次数一般在 10 次以上。其中，龙门卧式、龙门立式和 C型自动钻铆机一般需要配置围框式托架或专用工装，对产品进行预先定位，吊装上架，产品上架过程较为复杂，准备工作周期长，降低了综合工作效率。卧式双机联合钻铆机工作时不需要工装托架，提供开敞的产品进出通道，适用于流水式壁板装配生产线。卧式双机联合钻铆机是在突破大型高速机电装备的结构刚度优化设计、末端位姿协调定位、压铆过程力-位置混合控制等关键技术的基础上发展起来的一种高端工艺装备。通过直线轴、旋转轴和功能执行器等关键串联传力结构的综合刚度优化和匹配设计，可以降低末端重载作用下系统结构变形。在建立钻铆机末端位姿协调运动学模型时，需要考虑末端距离固定和轴向重合约束，通过钻铆机双五轴定位设备运动学参数统一标定，可以提升末端位置和姿态协调精度。压铆过程中钻铆机系统呈现动力学强耦合和复杂非线性特征，可采用梯度在线自适应方法进行控制器参数识别，采用非线性鲁棒反馈控制，抑制外部条件对控制器的影响和干扰。通过力-位置混合控制，可实现卧式双机联合钻铆机的压铆过程力平衡，保障铆钉的内侧可控塑性成型和外侧钉头平齐度。

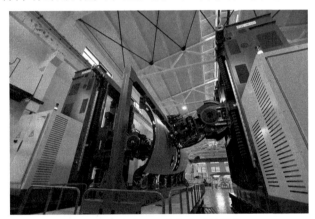

图 1.8　卧式双机联合自动钻铆机

### 1.5.4　装配系统集成

科学地组织和有序地调度定位系统、测量系统、制孔系统、钻铆系统等众多飞机装配子系统进行协同工作，才能够高效、精准、安全地完成各项飞机装配任务。先进的自动化装配系统具有环境实时感知能力，通过多层次、多类型、多状态数据相容和管理，工装、设备和仪器动态成组和协同管控，实现复杂装配系统中环境参数、设备状态、产品数据、装配工艺等静态和动态数据的高效集成应用。装配过程数字化仿真可优化装配工艺流程，模块化工装可实现装配工作柔性化，激光测量技术、多轴协同运动控制技术可实现调姿、对合、检测等复杂过程的高度自动化和集成化，实现飞机装配的流水线式作业。飞机自动化装配系统中的调姿定位子系统、激光跟踪测量子系统、自动化制孔子系统、操作平台及工作梯需要在工艺流程指导下有机集成，互连互锁，保障每一步操作安全可靠，形成一个完整的数字化装配系统。建立飞机数字化装配大系统集成框架可打通各个装配子系统之间的数据壁垒，实现各个孤立数控装备和装配子系统的快速有效集成，保证各个装配子系统之间数据来源的统一性和唯一性，建立飞机装配精度评价的唯一性判据，同时便于从各个子系统采集设备位置、设备状态以及检测点空间位置等数据信息，统一分析、决策，保障飞机装配过程的高效和安全。

飞机自动化装配系统开发是一项庞大的系统工程，不同型号飞机的组件、部件、大部件和整机装配层次的自动化装配系统在功能需求、性能指标、经费预算等方面存在很大差异，创建涵盖组件、部件、大部件和整机的自动化装配系统高效开发平台和集成应用技术体系(图1.9)是实现飞机自动化装配系统高效开发和推广应用的基础，也是提升自动化装配系统应用可靠性的根本保证。开放式、组件化、网络化的软硬件集成开发平台是一种支撑自动化定位系统、移动机器人制孔系统、环形轨道制孔系统、数控制孔机床和卧式双机联合钻铆机等成套工艺装备的先进开发平台，模块化设计、功能化成组和一体化系统集成是飞机自动化装配系统快速开发的常用手段。数字化测量系统、调姿定位控制系统、离线编程及仿真系统、自动化制孔控制系统、装配工艺集成管理系统以及装配数据库等功能组件是姿态综合评价、调姿路径规划、多轴同步控制、视觉测量配准、孔位偏差修正、法向偏差调整、空间位姿优化等核心关键技术和算法的模块化设计和成组应用。通过企业内部网络和企业信息系统连接，集成管理系统可通过企业数据库与企业资源规划(enterprise resource planning，ERP)系统和计算机辅助工艺规划

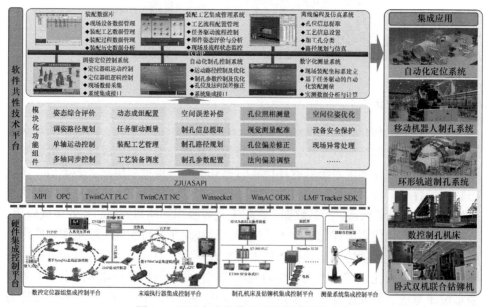

图1.9　飞机自动化装配系统集成开发平台

(computer aided process planning，CAPP)系统进行数据集成，实现装配指令(assembly order，AO)的查询和修改，测量系统可以直接将产品装配质量检测数据保存到企业数据库，供 ERP 系统和 CAPP 系统分析和存档，保证数据实时性和真实性。

## 1.6  本书总体框架与内容

本书结合浙江大学飞机数字化装配技术团队 15 年的研究成果，围绕飞机数字化装配理论、方法、技术、装备、集成与应用多个主题进行论述，全书共十一章，总体框架如图 1.10 所示。

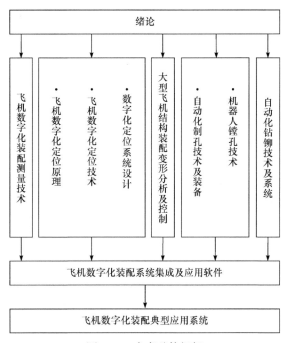

图 1.10  本书总体框架

第 1 章绪论主要介绍飞机装配的基本内容、涉及的关键技术难题、飞机数字化装配技术涵盖的技术分支、典型数字化装配工艺装备及其集成方法。

第 2 章主要介绍飞机数字化测量技术及其应用情况，阐述飞机装配测量场、转站测量技术和测量精度评价方法，提出增强参考系统点空间布局设计准则、测量仪器工作位置的配置以及优化方法。

第 3 章～第 5 章围绕飞机装配柔性定位技术，分别介绍飞机数字化定位理论、技术和定位系统设计。第 3 章介绍飞机数字化定位并联机构原理，建立定位系统运动学和动力学模型，阐述定位系统内力产生的原因以及消除方法，详细分析定位系统的静刚度和动刚度，为定位系统精度和可靠性设计提供理论依据。第 4 章主要介绍定位系统支撑点布局设计方法、单对象和多对象位姿协调计算方法、调姿路径轨迹规划方法和飞机机身壁板定位变形预测及控制方法。第 5 章介绍数控定位器结构，提出定位器精度设计方法，介绍自适应入位机构组成、工作原理和自适应入位算法，给出数字化定位控制系统设计方法。

第 6 章针对大型飞机装配协调问题，分析大型飞机结构装配变形的产生机理，描述装配偏差来源，构建装配偏差模型，提出装配偏差计算及其协调控制方法；建立装配系统热变形模型，阐述热变形相容性理论，提出产品热变形自适应工装设计方法。

第 7 章介绍自动化制孔技术及其发展趋势，给出制孔系统各类坐标系的标定方法，提出位置修正、法向修正、锪窝深度补偿等精准制孔技术；介绍传统自动化钻孔技术，详细阐述螺旋铣专用刀具、叠层界面在线识别技术和螺旋铣制孔工艺的螺旋铣制孔技术；介绍机器人制孔系统、环形轨道制孔系统等常见的自动化制孔设备。

第 8 章介绍机器人镗孔技术，提出面向刚度的机器人位姿优化方法和基于激光跟踪测量的位姿误差补偿方法，建立机器人镗孔系统的动力学模型，详细分析机器人镗孔过程的稳定性，阐明低频、高频振动机理及抑制方法。

第 9 章针对飞机装配可靠连接问题，介绍一种新型卧式双机联合钻铆机。建立该钻铆机的运动学模型，提出基于位姿协调的运动学参数联合标定方法，分析并优化钻铆机结构刚度，给出铆接过程仿真建模与工艺优化方法，建立压铆单元动力学模型，设计压铆单元控制系统。

第 10 章介绍飞机数字化装配系统的组成和集成框架，介绍数字化测量软件、调姿对接集成控制软件、离线编程及仿真软件、自动化制孔控制软件和工艺集成管理软件的设计方法，提出基于数据和任务驱动的自动化装配系统集成方法，阐述飞机数字化装配系统数据集成技术。

第 11 章以 Y-20、ARJ21 等飞机装配为例，介绍若干典型的飞机组件数字化装配系统、部件数字化装配系统、大部件数字化对接装配系统和总装配生产线。

## 参 考 文 献

[1] 范玉青, 梅中义, 陶剑. 大型飞机数字化制造工程[M]. 北京: 航空工业出版社, 2011.

[2] 冯人綦, 曹昆. 浙江大学科研团队潜心十五载——飞机装配, 有了国产自动化设备[EB/OL]. http://edu.people.com.cn/n1/2018/0619/c1006-30064780.html. [2018-9-1].

[3] 范玉青. 现代飞机制造技术[M]. 北京: 北京航空航天大学出版社, 2001.

[4] Justin H. Boeing 787 from the ground up. AERO magazine[EB/OL]. https://www.boeing.com/commercial/aeromagazine/articles/qtr_4_06/article_04_1.html. [2018-12-20].

[5] Airbus. Less fuel burn and main tenance. More savings[EB/OL]. https://aircraft.airbus.com/en/aircraft/a350/a350-less-operating-cost-more-capabilities. [2018-12-20].

[6] 航空制造工程手册总编委会. 航空制造工程手册: 飞机装配[M]. 北京: 航空工业出版社, 2010.

[7] 王海宇. 飞机装配工艺学[M]. 西安: 西北工业大学出版社, 2012.

[8] 程亮. 基于关键特性的大型飞机数字化装配偏差建模与协调关键技术研究[D]. 杭州: 浙江大学, 2014.

[9] 潘泽民. CFRP/Ti 复合结构螺旋铣孔自动控制技术研究[D]. 杭州: 浙江大学, 2016.

[10] 刘楚辉, 李江雄, 董辉跃, 等. 飞机机身-机翼接头精加工条件评价技术[J]. 航空学报, 2010, 31(6): 1272-1279.

[11] 郭英杰. 基于工业机器人的飞机交点孔精镗加工关键技术研究[D]. 杭州: 浙江大学, 2016.

[12] 曹增强. 电磁铆接技术在大飞机制造中的应用初探[J]. 航空学报, 2008, 29(3): 716-720.

[13] 金涨军. 飞机装配中大尺寸测量场建立及优化技术[D]. 杭州: 浙江大学, 2015.

[14] 严伟苗. 大型飞机壁板装配变形控制与校正技术研究[D]. 杭州: 浙江大学, 2015.

[15] 王珉, 陈文亮, 郝鹏飞, 等. 飞机数字化自动钻铆系统及其关键技术[J]. 航空制造技术, 2013, 421(1): 80-83.

[16] 王珉, 陈文亮, 张得礼, 等. 飞机轻型自动化制孔系统及关键技术[J]. 航空制造技术, 2012, (19): 40-43.

[17] 张平, 罗水均. 民用飞机自动化装配系统与装备[M]. 上海: 上海交通大学出版社, 2016.

[18] 盖宇春. 飞机数字化装配调姿工装系统设计[D]. 杭州: 浙江大学, 2013.

[19] Thompson P, Oberoi H, Draper A. Development of a multi spindle flexible drilling system for circumferential splice drilling applications on the 777 airplane[C]//Aerospace Manufacturing and Automated Fastening Conference & Exhibition, North Charleston, 2008.

# 第2章　飞机数字化装配测量技术

## 2.1　概　　述

飞机数字化装配是支撑现代飞机制造业高速发展的关键技术，主要技术特征是数字量协调取代传统的模拟量协调，实现飞机零件、组件、部件等结构和各类工艺装备在统一基准下的精确描述。其中，数字化测量技术是建立数控定位器、数控加工机床、机器人辅助装配系统、自动化钻铆机、各类工装结构以及飞机零部件之间关系的不可或缺的手段，很明显，基于单一产品数据源和数字化测量技术的数字量协调体系是构建飞机数字化装配应用系统的重要基础[1]。

从应用角度看，飞机装配测量系统主要有室内 iGPS 测量系统[2-4]和激光跟踪仪测量系统[5-7]等。美国波音公司从 1998 年开始研究 iGPS 测量系统，并将其成功应用于 B747、B787、F/A-18 飞机整机的装配线中，测量长度达 30.5m，测量精度为±0.127mm，飞机的装配精度达到±0.25mm，解决了大尺寸构件测量、评价及分析问题。此外，美国洛克希德·马丁公司于 2004 年运用 iGPS 系统对 JSF 战斗机进行了检测，取得了比较成功的应用效果。然而，激光跟踪仪才是目前飞机制造领域应用最为广泛的空间尺寸测量设备。波音公司在研制 X-32 样机和无人机 X-45 时，提出了基于零件关键特征驱动的、可实现零件快速定位的确定性装配技术(determinant assembly)，取消了尺寸庞大的装配型架，利用离散布局的通用台架来支撑飞机部件，通过 4 台 Zeiss 激光跟踪仪对部件的空间位姿进行检测，指导完成部件的空间定位和其他装配工作，大大提高了飞机装配效率和精度。德国不来梅工厂是空客公司的重要飞机组件制造基地，在生产过程中大量采用 Leica 激光跟踪仪来保证整个装配过程的精度。空客公司在 A400M 的总装配中也广泛使用激光跟踪仪来检测飞机部件的空间位置，支持数字化调姿定位和对接系统完成大部件对接装配。在国内，C919、Y-20 和 J-20 等一批新型号飞机在研制和批量生产中，也大量使用激光跟踪仪作为测量仪器。

从飞机数字化装配技术的大量成功案例来看，大量程、高精度的测量仪器是实现飞机数字化装配的最基本条件，如何高效率用好这些检测仪器和设备，并保证飞机装配测量的数据可靠性，成了飞机数字化装配技术领域需要解决的首要问题。本章从飞机装配测量场构建、测量精度评价、转站测量站位优化以及增强参考系统(enhanced reference system，ERS)点空间布局设计等多个方面进行论述，形成比较完整的飞机数字化装配测量场建立、计算和应用体系。

## 2.2　飞机装配测量场

在飞机数字化装配系统中，为了实现各种数字化定位设备、数控加工机床、自动化钻铆机和各类工装之间的协同工作，需要准确地建立设备、工装和飞机结构之间的相对位置关系。具体而言，在飞机对接装配中，通过测量仪器测量飞机部件上的光学工具点(optical tooling point，OTP)的实际坐标，并将其与飞机理论模型进行比较，评价飞机部件的位姿精度和部件之间的对接精度。由于飞机装配空间尺寸大，工装种类繁多且结构复杂，三坐标测量仪的测量可达性在一定程度上会受到影响，因此，多台测量仪器的协同工作才能完成对参与装配的所有对象的完整测量。为了融合不同测量仪器对同一个装配对象的测量数据，或一台测量仪在不同测量位置对装配对象的测量数据，需要建立覆盖整个飞机装配空间的测量场，以实现多组测量数据向同一个坐标系统的转换、规范和统一。

飞机装配测量场包含多项功能要素：①测量范围全面覆盖装配对象；②ERS点位稳定可靠；③任务和特征驱动的自动化测量；④三维数模与测量结果一一对应；⑤测量结果的偏差计算和统计分析。此外，在测量场建立中，转站测量也成为衡量测量场建立水平的重要功能指标，也就是说，在满足生产效率和测量精度的同时，需要尽量减少跟踪测量仪的使用数量，如果一台跟踪仪的转站测量就可以满足生产需求，就不应该采用两台或多台跟踪仪，从而有效减少飞机装配测量场的建设成本，这在控制飞机装配系统总固定资产投入上具有重要意义。

### 2.2.1　飞机装配测量场的主要组成要素

ERS 是飞机装配测量场的核心，一旦建立了 ERS，就可以严格地描述和协同数字化定位设备、数控加工设备、自动化钻铆设备、各种装配工装、数字化测量仪器、飞机部件的相互关系。这些设备、工装、仪器和产品都有自身独立的坐标系。为了便于描述，将飞机数字化装配系统的坐标系分为四类：装配坐标系、测量坐标系、设备(工装)坐标系、部件坐标系(图 2.1)。

装配坐标系是飞机装配系统的基础坐标系，测量坐标系、设备(工装)坐标系、部件坐标系都在装配坐标系下统一表示。测量仪器通过 ERS 点建立测量坐标系与装配坐标系的相对关系，将测量结果直接转换到装配坐标系下进行输出。统一的装配坐标系可建立各个数字化定位设备之间的相对关系，保障多个数字化定位设备之间的协同工作。通过比较飞机部件在装配坐标系下的实际位姿和理论位姿，完成飞机部件定位精度和飞机部件之间对接精度的分析和评价。一般来说，要求装配坐标系与飞机设计坐标系重合，或者具有明确的相对关系。这样，测量数据可以直接和飞机设计三维 CAD 数据进行比较。

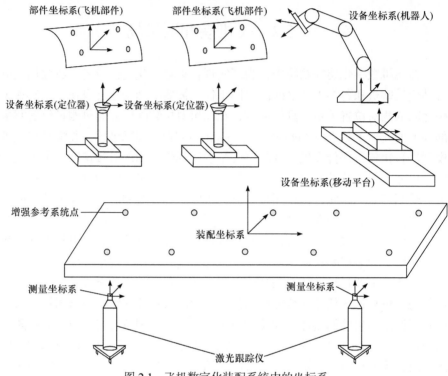

图 2.1　飞机数字化装配系统中的坐标系

测量坐标系是在装配过程中每台测量仪器自身的坐标系，每一台测量仪器自身都定义了一个测量坐标系。以激光跟踪仪为例，其测量坐标系的原点定义在测量仪器的头部中心位置，其坐标轴的方向如图 2.2 所示。测量坐标系随着测量仪器位置的变化而变化，其在装配坐标系下的初始位置是不确定的。此时，测量仪器的测量数据只是在自身测量坐标系下的坐标值，不同测量仪器的测量数据也是不相关的。为了融合不同的测量数据，可以通过测量 ERS 点实际位置来建立每个测量坐标系与装配坐标系之间的相对关系，将测量坐标系下的测量值最终统一转换到装配坐标系。

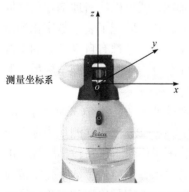

图 2.2　测量仪器(激光跟踪仪)的测量
坐标系

设备(工装)坐标系是用来描述装配现场的数字定位设备、工业机器人、精密机床、移动平台等设备和工装的位置和姿态。部件坐标系是用来描述飞机装配部件的位置和姿态。为了实现飞机部件的自动化装配，必须首先建立各个设备坐标系和飞机部件坐标系相对于装配坐标系的关系。在飞机装配现场，测量仪器是可移动的测量设备，其工作位置是可以变化的，当测量仪器被移动到一个新的工作位置时，其测量坐标系相对于装配坐标系的关系同样发生改变。事先布置在现场地面或装配工装上的 ERS 点，可以方便地建立测量仪器的测量坐标系和装配坐标系之间的相对关系。

　　ERS 点是装配坐标系的参考基准，主要布置在装配现场的地基或者工装上。ERS 点需要稳定的基础，不易受到振动、热变形等因素的影响。一旦 ERS 点发生位移，整个测量场的测量精度就会受到影响。ERS 点应具有一定的数量，能够覆盖整个装配空间，并且应避免布置在一条直线上。ERS 点应分散布置，以便测量仪器在装配空间的任意位置都能测量到足够数量的 ERS 点。此外，ERS 点相对于装配坐标系应保持固定的位置关系，其在装配坐标系下的坐标值是固定不变的，或可以通过某种方式被准确计算。显然，ERS 点代替了装配坐标系的原始基准，成为规范化的装配系统测量基准，也是装配坐标系的物化显示。在飞机装配系统正常工作之前，测量仪器通过测量 ERS 点的实际位置来确定自身在装配坐标系下的位置和姿态，然后将自身测量坐标系下的测量结果转换到装配坐标系下输出给用户。ERS 点作为测量的基准，其优点主要体现在以下几方面。

　　(1) 减少了测量点数，简化了测量步骤，提高了测量效率。

　　确定一个坐标系至少需要测量 2 个方向和 1 个原点，每个方向的测量需要一系列测量点，并且需要一系列的数据处理才能确定测量坐标系和装配坐标系的相对关系。而使用 ERS 点只需要测量 3 个不在同一平面上的点，就能通过点匹配计算获得测量坐标系和装配坐标系的相对关系。

　　(2) 降低了测量系统布局的难度。

　　一般来说，受测量仪器测量原理和测量范围的限制，平面、直线等测量基准往往不能和测量目标一起被同一台测量仪器同时测量到，而 ERS 点布置方式灵活多样，在空间不同的布局可以构成各种不同的空间几何形状，如三棱柱、双-四棱锥、立方体、长方体、四面体、四棱锥等，不同的空间几何布局其对应的 ERS 点的配置矩阵都是有区别的，因此也具有各不相同的位置误差灵敏系数和角度误差灵敏系数，若通过适当的设计，可以满足各种复杂对象的测量要求。

　　(3) 降低了测量评价的难度。

　　基准变形是大尺寸测量的主要难点，在飞机装配现场，存在变数的事情很多，比如：产品会变形，工装会变形，甚至是地面也会由于温度、负载等因素产生不均匀沉降。基准变形会导致测量结果发生巨大变化，使测量评价变得异常困难。如果采用 ERS 点作为测量基准，点匹配计算结果能明确给出点与点之间相对位置变化关系，这与比较平面或直线的变化更为简单直接。

## 2.2.2　飞机装配测量场构建与使用

在飞机数字化装配中，飞机装配测量场的实际建立过程可以通过图 2.3 所示的工艺流程进行说明。一般分为 ERS 点标定、转站测量(仪器定位)和对象测量 3 个步骤。ERS 点的标定过程即为飞机装配测量场的构建过程。

1. 飞机装配测量场的构建(ERS 点标定)

首先，进行装配坐标系基准和 ERS 点测量工作。装配坐标系基准一般为 2 个相互垂直的方向和 1 个参考原点。在飞机装配系统中，水平面通常是竖直方向的基准，也是主基准。另一个方向基准为系统中水平面上最长的一个轴。装配坐标系构建完成后，把测量好的 ERS 点坐标值转换到装配坐标系下，就获得了 ERS 点的理论值和 ERS 点不确定度。为稳定起见，测量标定的温度必须接近飞机装配的工作温度。一般需要测量 3 遍以上，取平均值作为标定结果。ERS 点根据其稳定性进行定检，一般每年定检一次。

2. 转站测量

转站测量又称为仪器定位，测量仪器通过测量 ERS 点，并把 ERS 点的测量值与标定值进行匹配，最终获得测量仪器在装配坐标系下的位置。这样，测量坐标系就能够与装配坐标系统一起来，测量坐标系下的测量值就能够转化为装配坐标系下的测量值显示给用户，不同站位的仪器、不同时间的测量数据、甚至不同类型的测量仪器的测量结果都能在同一个坐标系下进行表达，使测量结果易于分析和比较。

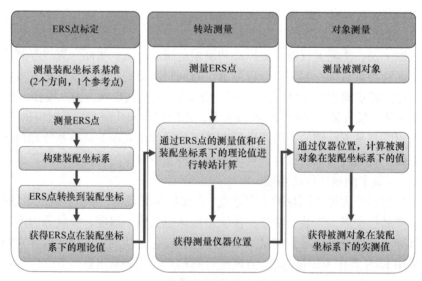

图 2.3　测量场的构建和使用工艺流程

3. 对象测量

对象测量是在完成转站测量后，通过测量仪器去测量待装配的对象，获得其实测值的过程。装配对象测量时，仪器坐标系下的测量结果，通过测量坐标系和装配坐标系的转换关系统一转换到装配坐标系下。因此，测量结果会受到转站测量的影响。

### 2.2.3　飞机装配测量场的作用

测量场是实现飞机装配过程数字化和自动化的基础，在保证飞机装配精度和效率上发挥着重要的作用，概括为以下五个方面。

1. 装配系统数字化集成

在飞机装配系统中，各种数字化设备具有自身独立的坐标系，测量仪器本身也是如此。如果没有统一的坐标系基准，各个设备之间的位置和姿态就无法关联，各设备只能独立运行，不能相互协同工作。建立了大尺寸测量场之后，所有的数字化设备可以在统一的装配坐标系下实现定位和标定，确立数字化设备之间准确的相对几何关系和相对运动关系，为整个飞机数字化装配系统的集成提供可靠的测量数据。

2. 装配系统数字化定位

装配过程中装配对象和装配工装设备的定位问题十分复杂，传统的定位方法代价很大。首先需要制作标准样板、装配型架、标准工装等辅助工艺装备，经过人工测量和校准，才能实现设备与装配对象之间的准确定位。而在数字化装配系统中，传统定位工装被数字化定位工装及系统代替，先进的数字化测量仪器和高度自动化的定位工装及系统保证了定位的快捷性、准确性和产品适应能力，大大降低了工人的劳动强度。

3. 飞机装配误差评价与分析

传统的飞机装配精度依赖于标准样板、装配型架和大量标准工装的制造精度和安装精度，很难控制最终产品的装配误差。大尺寸测量场建立后，可形成一种误差传递链最短的测量方法，从而解决装配系统误差传递过程复杂、分析困难等问题，为装配系统误差分析和补偿奠定基础。在装配过程中，大尺寸测量场可以用来分析飞机部件对接装配的误差，并为飞机装配容差的合理分配提供实际测量数据支撑。

4. 装配变形监控和可装配性评价

通过建立大尺寸测量场，飞机的实际测量模型和理论模型之间就建立了明确的关系，测量结果也可以直接转化到统一装配坐标系下，据此可以对飞机部件的状态进行计算、分析和评价。通过比较飞机上 OTP 的实际坐标和理论坐标，可以对飞机部件的实际位置和姿态以及是否发生变形等状态进行检测和分析，并可以在装配工作进行前预先对飞机部件的可装配性进行评价。此外，通过比较装配前后飞机上 OTP 实际位置的变化，还可以分析整个装配系统对飞机部件变形的影响规律。

### 5. 设备检测和标定

大尺寸测量场的构建可以方便地建立各种测量设备和其他数字化设备之间的相对关系，也可以方便地对定位器等设备进行标定和日常检测，建立设备实际运动方向与装配坐标系的偏差关系，为实现定位设备的定位误差补偿提供实际测量数据。

## 2.3　转站测量技术

实际上，大尺寸测量场的使用是通过测量仪器转站来实现的，即通过测量 ERS 点的实际坐标，并与 ERS 点的理论值进行点匹配计算，获得测量仪器的测量坐标系到装配坐标系的转换关系。因此，需要解决转站 ERS 点理论值标定问题、转站测量原理以及转站测量算法问题。

### 2.3.1　ERS 点理论值标定

ERS 点是整个装配系统的参考基础，也是定义所有工艺设备位姿、装配部件位姿和测量仪器位姿的基础。装配坐标系的位置和方向可以通过 ERS 点进行确定。理论上，装配坐标系的位置和方向是可以任意选择的，一旦选定装配坐标系，便可以确定 ERS 点在装配坐标系下的位置。实际操作中，为了减小系统误差并方便用户理解，装配坐标系通常以装配系统中最长的运动轴线方向作为参考方向。建立装配坐标系的方法如下。

#### 1. 确定 ERS 点的位置

使用测量仪器测量所有 ERS 点的当前位置，记为 $P_{n\times3}$，其中 $n$ 是 ERS 点的数量。

#### 2. 确定装配坐标系的参考方向和参考原点

通常利用电子水平仪确定一个水平基准面，然后选择装配系统中最长运动轴线的方向在水平基准面上的投影方向作为 $x$ 轴参考方向 $V_x$，选择水平基准面的方向作为 $z$ 轴参考方向 $V_z$。最后选择系统中某一个 ERS 点的位置作为装配坐标系原点。

3. 建立装配坐标系

通过装配坐标系的参考方向和参考原点位置建立装配坐标系，根据坐标轴之间的关系，可以确定装配坐标系方向矩阵为

$$\boldsymbol{R} = \begin{bmatrix} V_x \\ V_z V_x \\ V_z \end{bmatrix} \tag{2-1}$$

$$\boldsymbol{T} = \begin{bmatrix} O_x, & O_y, & O_z \end{bmatrix}^{\mathrm{T}} \tag{2-2}$$

式中，$\boldsymbol{R}$ 和 $\boldsymbol{T}$ 分别是从测量坐标系到装配坐标系的旋转矩阵和平移矩阵；$V_x$ 与 $V_z$ 分别表示旋转轴单位向量的 $x$ 方向与 $z$ 方向分量；$O_x O_y O_z$ 分别表示装配坐标系原点在测量坐标系中 $xyz$ 方向的分量。

4. 计算 ERS 点的理论位置

把 ERS 点的坐标转换到装配坐标系下，并记录下来作为 ERS 点的理论值。这些理论坐标确定了装配坐标系的位置和方向。

$$\boldsymbol{P}_{n\times 3}^{A} = \left( \boldsymbol{P}_{n\times 3} - \begin{bmatrix} \boldsymbol{O}^{\mathrm{T}} \\ \vdots \\ \boldsymbol{O}^{\mathrm{T}} \end{bmatrix} \right) \boldsymbol{R}^{\mathrm{T}} \tag{2-3}$$

式中，$\boldsymbol{P}_{n\times 3}^{A}$ 表示所有 ERS 点在装配坐标系中的位置；$\boldsymbol{P}_{n\times 3}$ 表示使用测量仪器测量所有 ERS 点的当前位置；$\boldsymbol{R}$ 表示从测量坐标系到装配坐标系的旋转矩阵。

### 2.3.2　转站测量原理

在飞机装配现场，装配坐标系是固定不变的。测量仪器根据测量任务的需要，被放置在合理的工作位置，所以，测量仪器相对于装配坐标系的位置和方向是未知的，即旋转矩阵 $\boldsymbol{R}$ 和平移矩阵 $\boldsymbol{T}$ 是待求解的。确定坐标变换矩阵 $\boldsymbol{R}$ 和 $\boldsymbol{T}$ 的最佳估计值的过程称为转站，旋转矩阵 $\boldsymbol{R}$ 和平移矩阵 $\boldsymbol{T}$ 称为转站参数。测量仪器转站的目的是获得测量坐标系相对于装配坐标系的转换关系，然后通过设置测量仪器的内部站位参数，使得测量坐标系和装配坐标系保持一致。

经过转站后，测量仪器可以直接输出在装配坐标系下的测量值：

$$\boldsymbol{P}_{\text{assembly}} = f(\boldsymbol{P}_{\text{instrument}}) = \boldsymbol{R}\boldsymbol{P}_{\text{instrument}} + \boldsymbol{T} \tag{2-4}$$

式中，$\boldsymbol{P}_{\text{instrument}}$ 表示检测点在测量仪器自身测量坐标系下的测量值；$\boldsymbol{P}_{\text{assembly}}$ 表示检测点在装配坐标系下的测量值；$\boldsymbol{R}$ 和 $\boldsymbol{T}$ 分别是从测量坐标系到装配坐标系的旋转矩阵和平移矩阵。

多站位测量仪器转站测量示意图如图 2.4 所示。圆点表示 ERS 点，由 20 个

ERS 点包络形成了一个长方体的空间，装配坐标系定义在这个长方体的中心。左右两台测量仪器分别通过测量 ERS 点的位置进行转站。假设 ERS 点 $\boldsymbol{P}_i$ 在装配坐标系下的理论参考坐标为 $\boldsymbol{P}_{\text{assembly}}^i$ ，在测量仪器的测量坐标系下的坐标为 $\boldsymbol{P}_{\text{instrument}}^i$ ，则根据坐标转换原则，$\boldsymbol{P}_{\text{instrument}}^i$ 和 $\boldsymbol{P}_{\text{assembly}}^i$ 之间存在如下关系：

$$\boldsymbol{P}_{\text{assembly}}^i = \boldsymbol{R}\boldsymbol{P}_{\text{instrument}}^i + \boldsymbol{T} + \boldsymbol{e}_i \tag{2-5}$$

式中，$\boldsymbol{R}$ 和 $\boldsymbol{T}$ 是待求的转站参数；$\boldsymbol{e}_i$ 是由测量仪器的测量误差引起的 ERS 点的转站误差。不在同一直线上的三个点即可确认一个刚体的位置和姿态，因此转站需要至少三个 ERS 点。在实际转站过程中，为了更好地控制转站误差，提供转站测量精度，往往采用多个 ERS 点进行转站。假设有 $N$ 个 ERS 点参与转站，那么必然存在 $N$–3 个冗余的测量点数据。对于带冗余测量数据的最佳转站参数估计问题，可通过最小二乘法计算转站参数 $\boldsymbol{R}$ 和 $\boldsymbol{T}$ 的最佳估计值。

$$\text{RE}^2 = \frac{1}{N}\sum_{i=1}^{N}\left\| \boldsymbol{P}_{\text{assembly}}^i - (\boldsymbol{R}\boldsymbol{P}_{\text{instrument}}^i + \boldsymbol{T}) \right\|^2 \tag{2-6}$$

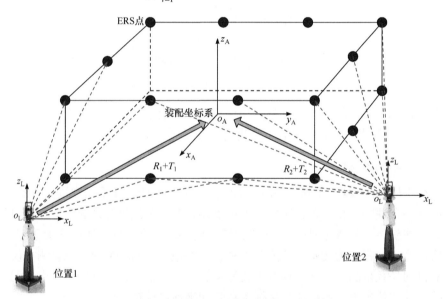

图 2.4　多站位测量仪器转站测量示意图

### 2.3.3　转站测量算法

仪器转站测量是一个三维数据点的匹配问题，即通过匹配两组对应点集之间的位置来确定两个坐标系之间的相对位置关系。数据匹配是计算机视觉与图像领域的一个典型问题，它广泛地应用于卫星数据计算、图像分析、外科手术定位等领域。数据匹配的求解已经有很多成熟的算法，目前最为常用的是奇异值分解法。

假设在点组 $x_i$ 和 $y_i$ 进行匹配时，点组 $x_i$ 在经过相应的变换后得到的点组 $Rx_i + T$ 的质心与点组 $y_i$ 的质心是重合的。若分别用 $\bar{x}$ 和 $\bar{y}$ 来表示 $x_i$ 和 $y_i$ 的质心：

$$\bar{x} = \frac{1}{N}\sum_{i=1}^{N} x_i \tag{2-7}$$

$$\bar{y} = \frac{1}{N}\sum_{i=1}^{N} y_i \tag{2-8}$$

则根据质心重合的假设，可以得到如下的等式：

$$\bar{y} = \frac{1}{N}\sum_{i=1}^{N}(Rx_i + T) = R \cdot \frac{1}{N}\sum_{i=1}^{N}(x_i) + T = R\bar{x} + T \tag{2-9}$$

具体求解过程如下。

首先，令

$$y_i' = y_i - \bar{y} \tag{2-10}$$

$$x_i' = x_i - \bar{x} \tag{2-11}$$

将式(2-10)和式(2-11)代入最小二乘目标函数，可以得到转站误差为

$$\begin{aligned} RE^2 &= \frac{1}{N}\sum_{i=1}^{N}\left\| y_i' + \bar{y} - \left[R(x_i' + \bar{x}) + T\right]\right\|^2 \\ &= \frac{1}{N}\sum_{i=1}^{N}\left\| (y_i' - Rx_i') + \bar{y} - (R\bar{x} + T)\right\|^2 \end{aligned} \tag{2-12}$$

将式(2-9)代入上式，于是转站误差可以简化为

$$RE^2 = \frac{1}{N}\sum_{i=1}^{N}\left\| y_i' - Rx_i'\right\|^2 \tag{2-13}$$

展开式(2-13)可得

$$\begin{aligned} RE^2 &= \frac{1}{N}\sum_{i=1}^{N}(y_i' - Rx_i')^{\mathrm{T}}(y_i' - Rx_i') \\ &= \frac{1}{N}\sum_{i}^{N}(y_i'^{\mathrm{T}}y_i' + x_i'^{\mathrm{T}}R^{\mathrm{T}}Rx_i' - y_i'Rx_i' - x_i'^{\mathrm{T}}R^{\mathrm{T}}y_i') \\ &= \frac{1}{N}\sum_{i}^{N}(y_i'^{\mathrm{T}}y_i' + x_i'^{\mathrm{T}}x_i' - 2y_i'^{\mathrm{T}}Rx_i') \end{aligned} \tag{2-14}$$

求解式(2-14)的最小值问题可以转化为求解式(2-15)的最大值问题：

$$\begin{aligned} \xi &= \sum_{i}^{N}(y_i'^{\mathrm{T}}Rx_i') \\ &\leqslant \mathrm{Trace}\left(\sum_{i}^{N}Rx_i'y_i'^{\mathrm{T}}\right) = \mathrm{Trace}(RH) \end{aligned} \tag{2-15}$$

式中，$H = \sum_{i}^{N} x'_i y'^{T}_i$；Trace($RH$) 即为求矩阵 $R$ 和矩阵 $H$ 乘积的迹。

为了求解旋转矩阵 $R$，首先需要对矩阵 $H$ 进行奇异值分解：

$$H = U\Lambda V^{T} \tag{2-16}$$

式中，$\Lambda$ 是一个对角矩阵；$U$ 和 $V$ 是正交单位矩阵。

接着计算判别矩阵 $X$：

$$X = VU^{T} \tag{2-17}$$

此时，存在三种可能的情况。

(1) 若 $\det(x) = 1$，则矩阵 $X$ 就是所求的旋转矩阵：

$$R = X \tag{2-18}$$

(2) 若 $\det(x) = -1$，且对角矩阵 $\Lambda$ 的三个特征值存在零值，则对矩阵 $V$ 中相对应的列取负数。例如，当 $\Lambda$ 的第三个主元素为 0 时，则

$$V' = [v_1, v_2, -v_3] \tag{2-19}$$

式中，$v_i$ 为矩阵 $V$ 的第 $i$ 列。

此时，旋转矩阵 $R$ 的计算方法为

$$R = V'U^{T} \tag{2-20}$$

(3) 若 $\det(x) = -1$，且对角矩阵 $\Lambda$ 中不存在值为 0 的主元素，则无法找到最佳匹配值。该情形只有在测量误差很大时才会出现，此时测量点之间的相对位置关系相对于 ERS 点的布局已经发生了很大的变化，无法匹配。

在求得旋转矩阵的最佳估计 $R$ 后，根据式(2-9)，平移矩阵估计值 $T$ 可以通过下面的公式求解得到：

$$T = \bar{y} - R\bar{x} \tag{2-21}$$

## 2.4　飞机装配测量精度评价方法

### 2.4.1　不确定度类型

在飞机装配中，测量技术人员通常采用测量不确定度来表征测量精度，包括绝对不确定度、相对不确定度等。测量不确定度反映了测量结果中真值所在的定量区间及其出现的概率。对测量不确定度的评定方法主要有两种，分别是 A 类不确定度评定和 B 类不确定度评定。

A 类不确定度评定是指对观测列用统计分析的方法进行评定。通过重复测量得到一系列相差很小的数据(随机不确定度的影响)，然后计算出其平均值，再分

析每个测量值与平均值的差值，差值的分布范围是不确定度的一个粗略估计。差值分布范围越大，不确定度也越大。因此，测量值在平均值附近的分散性造成了平均值的 A 类不确定度。

B 类不确定度评定是指采用不同于统计分析的方法对观测列进行的评定。因此可以认为所有与 A 类评定不同的其他方法均称为 B 类评定。B 类评定可以根据经验或其他信息的假定概率分布来估算，或通过查阅标定报告、数据手册等资料中给出的被测量的特定信息来估计其不确定度。

1. 标准不确定度

对某个量进行多次等精度的独立测量获得一个测量结果序列 $x_1, x_2, \cdots, x_n$，称为基本测量列。其样本标准差 $s$ 由下面的公式计算得到：

$$s = \sqrt{\frac{\sum_{i=1}^{n}(x_i - \bar{x})^2}{n-1}} \tag{2-22}$$

式中，$s$ 的平方是样本的无偏方差，是包含样本 $x$ 的总体方差的无偏估计。测量值的分散性是最终测量结果不确定度的根源，而标准差是对这种分散性的一种度量。在计量学中把标准差叫作"标准不确定度"，通常用小写字母 $u$ 来表示。即

$$u(x) = s = \sqrt{\frac{\sum_{i=1}^{n}(x_i - \bar{x})^2}{n-1}} \tag{2-23}$$

2. 合成标准不确定度

测量结果有多个不确定度来源，对各个来源按 A 类评定方法或 B 类评定方法得到标准不确定度后，需要合成标准不确定度作为测量结果的标准不确定度。

一个被测量 $y$ 可能是通过对一些输入变量的测量值而间接得到的。如果被测量 $y$ 和输入变量 $x_1, x_2, \cdots, x_n$ 之间满足关系 $y = f(x_1, x_2, \cdots, x_n)$，则 $y$ 的标准不确定度 $u(y)$ 可以由输入变量的标准不确定度 $u(x_1), u(x_2), \cdots, u(x_n)$ 通过下式计算得到：

$$\begin{aligned} u_c^2(y) &= \sum_{i=1}^{N}\left(\frac{\partial f}{\partial x_i}\right)^2 u^2(x_i) + 2\sum_{i=1}^{N-1}\sum_{j=i+1}^{N}\frac{\partial f}{\partial x_i}\frac{\partial f}{\partial x_j}u(x_i, x_j) \\ &= \sum_{i=1}^{N}\left(\frac{\partial f}{\partial x_i}\right)^2 u^2(x_i) + 2\sum_{i=1}^{N-1}\sum_{j=i+1}^{N}\frac{\partial f}{\partial x_i}\frac{\partial f}{\partial x_j}r(x_i, x_j)u(x_i)u(x_j) \end{aligned} \tag{2-24}$$

式(2-24)称为不确定度传播定律。式中，$u(x_i, x_j)$ 是 $x_i$ 和 $x_j$ 的协方差估计值；$r(x_i, x_j)$ 是 $x_i$ 和 $x_j$ 之间的相关系数。偏导数 $\partial f / \partial x_i$ 是当其他变量保持不变时，$x_i$ 变化单位量时引起的 $y$ 的变化值，称为不确定度的传播系数，记为

$$c_i = \frac{\partial f}{\partial x_i} \tag{2-25}$$

当各输入变量之间互不相关时，上式可以简化为

$$u_c^2(y) = \sum_{i=1}^{n} c_i^2 u^2(x_i) \tag{2-26}$$

当目标被测量 $y$ 是一个多维向量时：

$$\begin{bmatrix} y_1 \\ \vdots \\ y_t \end{bmatrix} = \begin{bmatrix} f_1(x_1, x_2, \cdots, x_n) \\ \vdots \\ f_t(x_1, x_2, \cdots, x_n) \end{bmatrix} \tag{2-27}$$

则多维向量 $y$ 的合成标准不确定度可表示为

$$U(y) = K U(x) K^{\mathrm{T}} \tag{2-28}$$

式中，$U(x)$ 和 $U(y)$ 是输入变量 $x$ 和被测量 $y$ 的不确定度对角矩阵；对角线上元素为相应变量的不确定度值的平方；$K$ 是一个 $t$ 行 $n$ 列的灵敏度系数矩阵：

$$K = \begin{bmatrix} \dfrac{\partial f_1}{\partial x_1} & \dfrac{\partial f_1}{\partial x_2} & \cdots & \dfrac{\partial f_1}{\partial x_n} \\ \dfrac{\partial f_2}{\partial x_1} & \dfrac{\partial f_2}{\partial x_2} & \cdots & \dfrac{\partial f_2}{\partial x_n} \\ \vdots & \vdots & & \vdots \\ \dfrac{\partial f_t}{\partial x_1} & \dfrac{\partial f_t}{\partial x_2} & \cdots & \dfrac{\partial f_t}{\partial x_n} \end{bmatrix} \tag{2-29}$$

**3. 扩展不确定度**

尽管合成不确定度可以广泛用于表示测量结果的不确定度，然而，在一些商业、工业、规范、健康和安全等应用领域，经常需要提供一个不确定度的测度，以给出测量结果的区间，合理赋予被测量之值分布的大部分可望包含于其中。这一不确定度的测度称为扩展不确定度。

扩展不确定度 $U$ 由合成标准不确定度 $u_c(y)$ 乘以包含因子 $k$ 得到：

$$U = k u_c(y) \tag{2-30}$$

于是测量结果可以表示为

$$Y = y \pm U \tag{2-31}$$

式(2-31)的含义是赋予被测量 $Y$ 的最佳值为 $y$，$y-U \sim y+U$ 可望包含合理赋予 $Y$ 的值分布的大部分。

根据统计理论给定置信概率 $p$，取 $t$ 分布临界值可得包含因子 $k$：

$$k = t_p(v) \tag{2-32}$$

式中，$v$ 为合成标准不确定度的有效自由度：

$$v = v_{\text{eff}} = \frac{u_c^4}{\displaystyle\sum \frac{c_i^2 u^2(x_i)}{v_i}} \tag{2-33}$$

### 2.4.2　飞机装配测量不确定度分析

测量误差是普遍存在的，随着测量仪器精度的不断提高和使用者操作技能的不断熟练，测量误差可以有效控制并逐渐减小，但始终不能消除。因此，如何正确评估测量误差在生产实践和科学研究中极为重要。20 世纪中期，各国对误差理论、设计误差表示、误差性质和误差合成问题存在不同的意见，这给测量结果在质量评定和各国测量结果的相互认可方面造成了极大困难。国际不确定度工作组经过多年的讨论和研究，并广泛征求各国及国际专业组织的意见，经过反复修改，于 1993 年制定了《测量不确定度表示指南》(Guide to the Uncertainty in Measurement，GUM)。GUM 得到了众多国际权威组织的批准和认可，已经在世界上大部分国家及国际组织中应用，我国也采用了 GUM 并制定了相应规范。

不确定度用于表征合理地赋予被测量之值的分散性，是一个与测量结果相联系的参数。根据定义，测量不确定度表示被测量之值的分散性，因此不确定度表示一个区间，即被测量之值可能的分布区间。而测量误差是一个差值，这是测量不确定度和测量误差之间的最根本区别。在数轴上，误差表示为一个"点"，而不确定度表示为一个"区间"。测量不确定度是测量者合理赋予测量结果的，因此，测量不确定度或多或少与评定者有关，如评定者的经验、知识范围和认识水平等。定义中的"合理"是指应该考虑对测量中的各种系统效应是否进行了修正，并估计它们对测量不确定度的影响，特别是，测量应处于统计控制状态下，也就是说测量应该在重复性条件下进行。

坐标系建立的主要目的是标定 ERS 点在装配坐标系下的坐标值，所以又可以称为 ERS 点标定。由图 2.5 可知，测量不确定度的来源主要包括仪器测量不确定度和转站不确定度两个方面。

仪器测量不确定度是指装配测量场建立过程中包含对 ERS 点、设备参考原点、运动方向等的测量，测量过程引入测量不确定度。测量不确定度来源于三个方面：测量设备、测量条件和观测者。不同的测量设备对环境影响的敏感程度也不同，但无论如何，采用先进的测量设备和良好的装配环境能够有效抑制这三个方面的不确定度。

以激光跟踪仪为例，测量设备本身造成的不确定度主要包括以下几方面。

1. 激光干涉仪(laser interferometer，IFM)的测距不确定度

激光跟踪仪利用激光干涉原理，测量空间点到激光发射点的距离。AT901-LR型和 AT901-B 型激光跟踪仪内部的激光干涉仪采用的是波长为 633nm 的激光束，其分辨率为 1.26μm，在长度方向上的不确定度 $a \leqslant 0.5\mu m/m$。

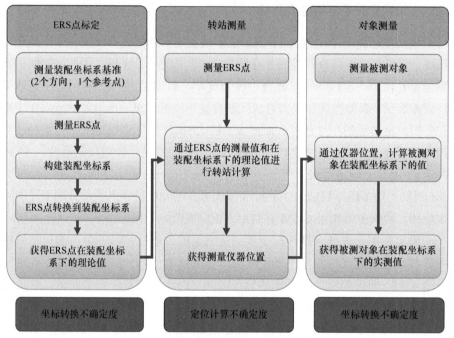

图 2.5　装配测量不确定度来源分析

2. 绝对测距仪(absolute distance meter，ADM)的测距不确定度

ADM 可以进行断光续接，使得测量过程中靶球不需要从鸟巢一直跟踪到测量位置。ADM 利用 Fizeau 原理计算靶球到激光发射点的距离，AT901-LR 型和 AT901-B 型激光跟踪仪内部的绝对测距仪在全量程范围内，其测量不确定度 $b \leqslant 25\mu m$。

3. 角度编码器的角度不确定度

Leica 跟踪仪在其产品手册上给出的角度分辨率为 0.14 角秒，据此可计算其旋转分辨率为 0.68μm/m，而同样在这个产品手册上，给出的全量程下，角度精度为 15μm+6μm/m，与激光跟踪仪的整体不确定度值一致，表明激光跟踪仪厂商认为激光跟踪仪的不确定度主要来源于角度编码器的测量不确定度，而角度不确定度来源比较复杂。

### 4. 鸟巢基距不确定度

在跟踪测量时，鸟巢基距对测量结果有一定影响，鸟巢的基距不确定度 $d \leqslant$ 10μm。而在使用 ADM 绝对测距时，鸟巢基距不确定度对测量没有影响，新型激光器跟踪仪已不使用鸟巢。

### 5. 靶球制造不确定度

在激光测量时，依靠的是靶球反射激光光线，靶球的圆度不确定度和靶球中心的位置度不确定度会影响测量精度。不同类型的靶球，其制造不确定度也不同。常见的红圈反射镜(red-ring reflector, RRR)的制造不确定度 $e \leqslant 2.5$μm，工具球反射镜(tooling ball reflector, TBR)和猫眼反射镜(cateye reflector, CER)的制造不确定度 $e \leqslant 10$μm。

测量条件不确定度包括以下几个方面。

### 1. 环境补偿不确定度

由于大气压强、温度、空气湿度等因素会影响激光的传播，所以激光跟踪仪的测量不确定度会受到环境条件的影响，如温度变化 1℃，气压变化 3mmHg，就会引起 2.5μm 的不确定度。尽管激光跟踪仪自带有专门的气象工作站，可以通过内部程序对环境因素进行补偿，但是当环境条件不符合要求时，测量也会产生较大的不确定度。激光跟踪仪可以工作的环境温度为 0~40℃，空气湿度为 10%~90%(无尘雾)，海拔为 0~5000m。

### 2. 地基震动不确定度

地基震动会给测量造成一定的干扰，假设地基有一个固有频率为 $f$ 的震动，其位移表达式为

$$s = A\sin(wt + \varphi) \tag{2-34}$$

则加速度为

$$a = s'' = -Aw^2\sin(wt + \varphi) \tag{2-35}$$

而 $w = 2\pi f$，则振幅为

$$A = \frac{a}{(2\pi f)^2} \tag{2-36}$$

工厂环境中，外部激震加速度：$a = 1 \times 10 - 4g$，激震频率 $f$=2Hz，则 $g \leqslant A$=6μm。

测量操作不确定度主要是指靶球安装座的安装定位不确定度 $h$。靶球通过靶球安装座定位在被测孔上，靶球安装座的制造和安装不确定度会影响最终的测量结果。不同的靶球安装座结构存在差异，所以安装定位不确定度也略有差异。在

正确安装的前提下，可认为靶球安装座的不确定度主要由制造不确定度引起，以Leica公司提供的普通靶球安装座为例，其不确定度 $h \leqslant 12.7\mu m$。

综上所述，Leica激光跟踪仪的精度指标是空间坐标测量不确定度，厂商给定在全量程内，激光跟踪仪的不确定度值 $U_{xyz} = 15\mu m + 6\mu m/m$。

转站不确定度是指在获得测量设备坐标系相对于装配坐标系的位置关系的过程中引入的不确定度。如果被测对象的实际测量值和名义值都没有不确定度，则采用任意一种方法对数字化设备和测量设备进行转站计算时都不会引入不确定度。而实际情况是测量总是存在不确定性，而被测对象由于发生各种变形，其名义模型常常不能反映实际情况。定位计算结果总是表现为各ERS点具有不同的不确定度，是测量不确定度、被测对象变形不确定度和定位计算姿态不确定度等所有不确定度的综合反映。因为定位计算得到的姿态与实际姿态总是有差异，所以需要评定姿态计算可能带来的位姿不确定性，从而评价姿态计算结果的优劣。在已知被测对象位姿不确定度的情况下，可以进一步推断被测对象其他未参与姿态评价的点的不确定度，从而验证被测对象姿态评价点的分布是否符合系统的精度要求。在已知测量设备位姿不确定度的情况下，可以推断在测量空间内测量设备位姿的不确定度可能导致的被测点的不确定度，从而验证ERS点的布置能否达到系统的精度要求。可见，分析转站不确定度，可以为评价姿态计算提供依据，也是ERS点和姿态测量点布局优化的理论分析基础。

### 2.4.3　测量不确定度建模

1. 激光跟踪仪测量不确定度建模

三坐标测量仪器种类很多，这里以激光跟踪仪为例，建立仪器测量不确定度模型。从仪器不确定度来源可知，虽然激光跟踪仪的不确定度来源十分复杂，但主要来源于两个角度测量传感器和一个距离测量传感器。激光跟踪仪是一个球坐标测量系统，其测量值取决于跟踪仪传感器变量 $[\theta, \phi, r]^{T}$ 的复合函数，而每一个测量值都有一个对应在主轴坐标系下的不确定度椭球，如图2.6所示。不确定度椭球用来估计测量点真实值的分布区域，它包含了测量真值存在的最小范围。通常不确定度椭球的中心为测量的均值，而椭球表面围成的区域就是测量真值以一定置信概率分布的置信区

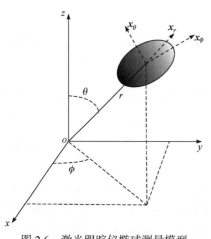

图2.6　激光跟踪仪椭球测量模型

间。通常使用的置信区间有 $1\sigma$、$2\sigma$ 和 $3\sigma$，分别表示测量真值有 68%、95% 和 99% 的概率分布在对应的区间内。

在椭球模型中，对于第 $k$ 个检测点对应的各个传感器的测量不确定度为

$$\begin{cases} u_d = \hat{\boldsymbol{x}}_r(u_{r_{\min}} + r_k u_r) \\ u_\phi = \hat{\boldsymbol{x}}_\phi(r_k u_\phi) \\ u_\theta = \hat{\boldsymbol{x}}_\theta(r_k u_\theta) \end{cases} \tag{2-37}$$

式(2-37)反映的是椭球的主坐标轴长度，$r_k$ 是指测量点 $k$ 与激光跟踪仪测量坐标系原点之间的距离；$u_{r_{\min}}$、$u_r$、$u_\phi$ 和 $u_\theta$ 是激光跟踪仪的特性参数，反映的是激光跟踪仪的测量精度特性，其值取决于激光波长和传感器的测量精度等因素。

在主轴坐标系下，各个传感器测量方差-协方差矩阵表示为

$$^p\boldsymbol{U}_k = \begin{bmatrix} (u_{r_{\min}} + r_k u_r)^2 & 0 & 0 \\ 0 & r_k^2 u_\phi^2 & 0 \\ 0 & 0 & r_k^2 u_\theta^2 \end{bmatrix} \tag{2-38}$$

因此，对于测量点 $k$，其在激光跟踪仪测量坐标系下的测量不确定度矩阵可以表示为

$$\boldsymbol{U}_k = \boldsymbol{R}_k\,{}^p\boldsymbol{U}_k\boldsymbol{R}_k^{\mathrm{T}} \tag{2-39}$$

式中，$\boldsymbol{R}_k$ 是从主轴坐标系到激光跟踪仪测量坐标系的旋转变换矩阵：

$$\boldsymbol{R}_k = \begin{bmatrix} s\theta_k c\phi_k & -s\phi_k & -c\theta_k c\phi_k \\ s\theta_k s\phi_k & c\phi_k & -c\theta_k s\phi_k \\ c\theta_k & 0 & s\theta_k \end{bmatrix} \tag{2-40}$$

显然，检测点的测量不确定度取决于激光跟踪仪本身的测量精度特性和对该检测点的测量参数 $(\theta,\phi,r)$。假设激光跟踪仪的测量坐标系方向和装配坐标系的方向是一致的，则测量点对应的理论测量参数可以通过测量点理论坐标 $x_k$ 和激光跟踪仪位置 $x$ 计算得到：

$$\begin{cases} \theta_k = \arctan\left(\dfrac{\Delta x_2}{\Delta x_1}\right) \\[3mm] \phi_k = \arctan\left(\dfrac{\Delta x_3}{r_k}\right) \\[3mm] r_k = \|\Delta x\| = \|x - x_k\| \end{cases} \tag{2-41}$$

式中，$\Delta x_1$、$\Delta x_2$、$\Delta x_3$ 表示测量点相对激光跟踪仪的位置。

结合式(2-39)、式(2-40)和式(2-41)，可以得到测量点的测量不确定度具体表达式为

$$\begin{cases} U_{k,1} = \Delta x_2^2 \left( \dfrac{u_{r_{\min}}}{d_k} + u_r \right)^2 + \Delta x_3^2 u_\phi^2 + \Delta x_1^2 u_\theta^2 \\[3mm] U_{k,2} = \dfrac{(\Delta x_2 \Delta x_3)^2}{\Delta x_1^2 + \Delta x_2^2} \left( \dfrac{u_{r_{\min}}}{d_k} + u_r \right)^2 + (\Delta x_1^2 + \Delta x_2^2) u_\phi^2 + \dfrac{(\Delta x_1 \Delta x_3)^2}{\Delta x_1^2 + \Delta x_2^2} u_\theta^2 \\[3mm] U_{k,3} = \dfrac{\Delta x_1^2}{\Delta x_1^2 + \Delta x_2^2} (u_{r_{\min}} + d_k u_r)^2 + \dfrac{(\Delta x_2 d_k)^2}{\Delta x_1^2 + \Delta x_2^2} u_\theta^2 \end{cases}$$

$$(2\text{-}42)$$

式中，$d_k = \sqrt{\Delta x^2 + \Delta y^2 + \Delta z^2}$。

从以上公式可知，跟踪仪测量不确定度与跟踪仪不确定度特性 $u_{r_{\min}}$、$u_r$、$u_\phi$、$u_\theta$ 以及测量点相对激光跟踪仪的位置 $\Delta x_1$、$\Delta x_2$、$\Delta x_3$ 相关。

**2. 转站不确定度建模**

定位计算需要确定几个跟踪仪的测量坐标系在装配坐标系下的位置和姿态，下面对位置和姿态参数分别进行分析。位置参数不确定度表示测量坐标系的平移不确定度。如图 2.7 所示，假设向量 $T_0$ 表示激光跟踪仪相对于装配坐标系的理论位置(用坐标系 $\{o_{L1}\}$ 表示)，向量 $T$ 表示激光跟踪仪相对于装配坐标系的实际测量位置(用坐标系 $\{o_{L2}\}$ 表示)，则位置参数不确定度可以描述为

$$\Delta T = T - T_0 = \begin{bmatrix} x - x_0, & y - y_0, & z - z_0 \end{bmatrix}^{\mathrm{T}} \tag{2-43}$$

式中，$\Delta T = \begin{bmatrix} \Delta x, & \Delta y, & \Delta z \end{bmatrix}^{\mathrm{T}}$。

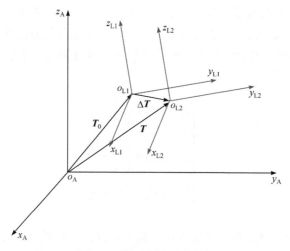

图 2.7　位置参数不确定度

姿态参数不确定度表示测量坐标系的旋转不确定度。如图 2.8 所示，坐标系 $\{o_{L1}\}$ 表示激光跟踪仪在装配坐标系下的理论姿态，对应的旋转矩阵为 $\boldsymbol{R}_0$；坐标系 $\{o_{L2}\}$ 表示激光跟踪仪在装配坐标系下实际测量得到的姿态，对应的旋转矩阵为 $\boldsymbol{R}$。根据刚体变换理论，坐标系 $\{o_{L2}\}$ 可以看作是坐标系 $\{o_{L1}\}$ 经过旋转矩阵 $\Delta\boldsymbol{R}$ 变换后得到的。因此这些旋转变换矩阵之间满足如下关系：

$$\Delta\boldsymbol{R}\boldsymbol{R}_0 = \boldsymbol{R} \tag{2-44}$$

于是姿态参数误差矩阵 $\Delta\boldsymbol{R}$ 可以定义为

$$\Delta\boldsymbol{R} = \boldsymbol{R}\boldsymbol{R}_0^{-1} = \boldsymbol{R}\boldsymbol{R}_0^{\mathrm{T}} \tag{2-45}$$

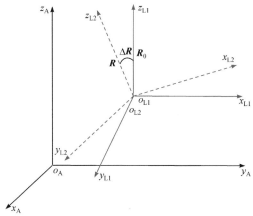

图 2.8  姿态参数误差

若用 RPY 角来表示姿态参数误差，则 $\Delta\boldsymbol{R}$ 可以表示为

$$\Delta\boldsymbol{R} = \begin{bmatrix} c\Delta\gamma c\Delta\beta & c\Delta\gamma s\Delta\beta s\Delta\alpha - s\Delta\gamma c\Delta\alpha & c\gamma s\Delta\beta c\Delta\alpha + s\Delta\gamma s\Delta\alpha \\ s\Delta\gamma c\Delta\beta & s\Delta\gamma s\Delta\beta s\Delta\alpha + c\Delta\gamma c\Delta\alpha & s\Delta\gamma s\Delta\beta c\Delta\alpha - c\Delta\gamma s\Delta\alpha \\ -s\Delta\beta & c\Delta\beta s\Delta\alpha & c\Delta\beta c\Delta\alpha \end{bmatrix} \tag{2-46}$$

在转站过程中，位姿参数误差对应的 RPY 角是非常小的量，因此对矩阵中各个三角函数进行泰勒展开并取一阶近似，于是姿态误差矩阵 $\Delta\boldsymbol{R}$ 可以近似表示为

$$\Delta\boldsymbol{R} \approx \begin{bmatrix} 1 & -\Delta\gamma & \Delta\beta \\ \Delta\gamma & 1 & -\Delta\alpha \\ -\Delta\beta & \Delta\alpha & 1 \end{bmatrix} = \begin{bmatrix} 1 & 0 & 0 \\ 0 & 1 & 0 \\ 0 & 0 & 1 \end{bmatrix} + \begin{bmatrix} 0 & -\Delta\gamma & \Delta\beta \\ \Delta\gamma & 0 & -\Delta\alpha \\ -\Delta\beta & \Delta\alpha & 0 \end{bmatrix} \tag{2-47}$$

因此，姿态参数不确定度矩阵 $\Delta\boldsymbol{R}$ 可以通过 RPY 角误差 $\Delta\alpha$、$\Delta\beta$ 和 $\Delta\gamma$ 来近似表示。

若用 $\boldsymbol{y}_i$ 表示 ERS 点在装配坐标系下的理论真值，用 $\boldsymbol{x}_i$ 和 $\Delta\boldsymbol{x}_i$ 分别表示 ERS 点在

激光跟踪仪测量坐标系下的实际测量均值和测量不确定度，并且假设测量不确定度 $\Delta \boldsymbol{x}_i$ 服从均值为零，协方差矩阵为 $\boldsymbol{\Sigma}_{\boldsymbol{x}_i}$ 的正态分布。于是定位不确定度可以表示为

$$\mathrm{RE}^2 = \frac{1}{N}\sum_{i=1}^{N}\left|\boldsymbol{R}(\boldsymbol{x}_i + \Delta \boldsymbol{x}_i) + \boldsymbol{T} - \boldsymbol{y}_i\right|^2 = \frac{1}{N}\sum_{i=1}^{N}\left|\boldsymbol{R}\boldsymbol{x}_i + \boldsymbol{T} - \boldsymbol{y}_i + \Delta \boldsymbol{\varepsilon}_i\right|^2 \qquad (2\text{-}48)$$

式中，$\Delta \boldsymbol{\varepsilon}_i = \boldsymbol{R}\Delta \boldsymbol{x}_i$ 也服从正态分布 $\Delta \boldsymbol{\varepsilon}_i \sim N(0, \boldsymbol{\Sigma}_i)$；$\boldsymbol{\Sigma}_i = \boldsymbol{R}\boldsymbol{\Sigma}_{\boldsymbol{x}_i}\boldsymbol{R}^{\mathrm{T}}$。

理论上当测量系统不存在测量误差时，两组 ERS 点之间可以完美匹配，其坐标位置之间具有如下的一一对应关系：

$$\boldsymbol{y}_i = \boldsymbol{R}_0 \boldsymbol{x}_i + \boldsymbol{T}_0 \qquad (2\text{-}49)$$

将式(2-49)代入式(2-48)中，可以进一步得到定位不确定度的表达式为

$$\begin{aligned}
\mathrm{RE}^2 &= \frac{1}{N}\sum_{i=1}^{N}\left|\boldsymbol{R}(\boldsymbol{x}_i + \Delta \boldsymbol{x}_i) + \boldsymbol{T} - (\boldsymbol{R}_0\boldsymbol{x}_i + \boldsymbol{T}_0)\right|^2 \\
&= \frac{1}{N}\sum_{i=1}^{N}\left|\boldsymbol{R}\boldsymbol{R}_0^{\mathrm{T}}\boldsymbol{R}_0\boldsymbol{x}_i - \boldsymbol{R}_0\boldsymbol{x}_i + (\boldsymbol{T} - \boldsymbol{T}_0) + \boldsymbol{R}\Delta \boldsymbol{x}_i\right|^2 \\
&= \frac{1}{N}\sum_{i=1}^{N}\left|(\Delta \boldsymbol{R} - \boldsymbol{I})\boldsymbol{R}_0\boldsymbol{x}_i + \Delta \boldsymbol{T} + \Delta \boldsymbol{\varepsilon}_i\right|^2 \\
&= \frac{1}{N}\sum_{i=1}^{N}\left|\overline{\Delta \boldsymbol{R}}\boldsymbol{X}_i + \Delta \boldsymbol{T} + \Delta \boldsymbol{\varepsilon}_i\right|^2
\end{aligned} \qquad (2\text{-}50)$$

式中，

$$\overline{\Delta \boldsymbol{R}} = \Delta \boldsymbol{R} - \boldsymbol{I} = \begin{bmatrix} 0 & -\Delta\gamma & \Delta\beta \\ \Delta\gamma & 0 & -\Delta\alpha \\ -\Delta\beta & \Delta\alpha & 0 \end{bmatrix} \qquad (2\text{-}51)$$

$$\boldsymbol{X}_i = \boldsymbol{R}_0\boldsymbol{x}_i = \boldsymbol{y}_i - \boldsymbol{T}_0 \qquad (2\text{-}52)$$

从式(2-50)可以看出，定位不确定度表达式的第一项表示由角度参数误差引起的定位不确定度，第二项表示由位置参数误差引起的定位不确定度，而第三项表示由激光跟踪仪测量误差引起的定位不确定度。因此，定位不确定度的大小是由角度参数误差、位置参数误差和 ERS 点的测量误差共同决定的。

求解式(2-50)的最小化问题可以转化为求解下列方程组的最小二乘解问题：

$$\begin{cases} \overline{\Delta \boldsymbol{R}}\boldsymbol{X}_1 + \Delta \boldsymbol{T} = -\Delta \boldsymbol{\varepsilon}_1 \\ \qquad\vdots \\ \overline{\Delta \boldsymbol{R}}\boldsymbol{X}_i + \Delta \boldsymbol{T} = -\Delta \boldsymbol{\varepsilon}_i \\ \qquad\vdots \\ \overline{\Delta \boldsymbol{R}}\boldsymbol{X}_N + \Delta \boldsymbol{T} = -\Delta \boldsymbol{\varepsilon}_N \end{cases} \qquad (2\text{-}53)$$

式中，$i=1, 2, \cdots, N$。

将上述方程组展开后即可得到一共包含 $3N$ 个方程的线性方程组：

$$
\left\{
\begin{array}{l}
-\boldsymbol{X}_{12}\Delta\gamma + \boldsymbol{X}_{13}\Delta\beta + \Delta t_1 = -\Delta\varepsilon_{11} \\
\boldsymbol{X}_{11}\Delta\gamma - \boldsymbol{X}_{13}\Delta\alpha + \Delta t_2 = -\Delta\varepsilon_{12} \\
-\boldsymbol{X}_{11}\Delta\beta + \boldsymbol{X}_{12}\Delta\alpha + \Delta t_3 = -\Delta\varepsilon_{13} \\
\qquad\qquad\vdots \\
-\boldsymbol{X}_{i2}\Delta\gamma + \boldsymbol{X}_{i3}\Delta\beta + \Delta t_1 = -\Delta\varepsilon_{i1} \\
\boldsymbol{X}_{i1}\Delta\gamma - \boldsymbol{X}_{i3}\Delta\alpha + \Delta t_2 = -\Delta\varepsilon_{i2} \\
-\boldsymbol{X}_{i1}\Delta\beta + \boldsymbol{X}_{i2}\Delta\alpha + \Delta t_3 = -\Delta\varepsilon_{i3} \\
\qquad\qquad\vdots \\
-\boldsymbol{X}_{N2}\Delta\gamma + \boldsymbol{X}_{N3}\Delta\beta + \Delta t_1 = -\Delta\varepsilon_{N1} \\
\boldsymbol{X}_{N1}\Delta\gamma - \boldsymbol{X}_{N3}\Delta\alpha + \Delta t_2 = -\Delta\varepsilon_{N2} \\
-\boldsymbol{X}_{N1}\Delta\beta + \boldsymbol{X}_{N2}\Delta\alpha + \Delta t_3 = -\Delta\varepsilon_{N3}
\end{array}
\right.
\tag{2-54}
$$

式中，$\boldsymbol{X}_{ik}$ 表示 $\boldsymbol{X}_i$ 的第 $k$ 个分量；$\Delta\varepsilon_{ik}$ 表示 $\Delta\varepsilon_i$ 的第 $k$ 个分量，$k=1, 2, 3$。

定义定位参数不确定度矩阵如下：

$$
\boldsymbol{q} = [\Delta\alpha, \quad \Delta\beta, \quad \Delta\gamma, \quad \Delta t_1, \quad \Delta t_2, \quad \Delta t_3]
\tag{2-55}
$$

ERS 点测量误差矩阵：

$$
\boldsymbol{e} = \left[ -\Delta\varepsilon_{11}, \ -\Delta\varepsilon_{12}, \ -\Delta\varepsilon_{13}, \ \cdots, \ -\Delta\varepsilon_{i1}, \ -\Delta\varepsilon_{i2}, \ -\Delta\varepsilon_{i3}, \ \cdots, \ -\Delta\varepsilon_{N1}, \ -\Delta\varepsilon_{N2}, \ -\Delta\varepsilon_{N3} \right]^{\mathrm{T}}
\tag{2-56}
$$

则方程组(2-54)可以表示为如下的矩阵形式：

$$
\boldsymbol{C}\boldsymbol{q} = \boldsymbol{e}
\tag{2-57}
$$

式中，矩阵 $\boldsymbol{C}$ 称为 ERS 点布局的配置矩阵，其定义为

$$
\boldsymbol{C} = \begin{bmatrix}
\boldsymbol{Z}_1 & \boldsymbol{I}_3 \\
\vdots & \vdots \\
\boldsymbol{Z}_i & \boldsymbol{I}_3 \\
\vdots & \vdots \\
\boldsymbol{Z}_N & \boldsymbol{I}_3
\end{bmatrix}_{3N\times 6}
\tag{2-58}
$$

式中，

$$
\boldsymbol{Z}_i = \begin{bmatrix}
0 & \boldsymbol{X}_{i3} & -\boldsymbol{X}_{i2} \\
-\boldsymbol{X}_{i3} & 0 & \boldsymbol{X}_{i1} \\
\boldsymbol{X}_{i2} & -\boldsymbol{X}_{i1} & 0
\end{bmatrix}
\tag{2-59}
$$

ERS 点的布局要求是不共线的，因此 ERS 点配置矩阵 $C$ 的各列之间相互独立。通过对矩阵 $C$ 进行奇异值分解可得

$$C = UAV \tag{2-60}$$

式中，$U$ 和 $V$ 分别是维数为 $3N$ 和 6 的正交矩阵；$\Lambda$ 是 $3N$ 行 6 列的对角矩阵，其对角元素 $\Lambda_{ii}$ ($i=1, 2, \cdots, 6$)是矩阵 $C$ 的特征值。

于是，可以得到式(2-57)的有效解为

$$q_{\min} = C^+ e \tag{2-61}$$

式中，$C^+$ 是矩阵 $C$ 的广义逆矩阵，其计算方式为

$$C^+ = V\Lambda^+ U^{\mathrm{T}} \tag{2-62}$$

式中，$\Lambda^+$ 是一个 6 行 $3N$ 列的矩阵，其元素满足：

$$\begin{cases} \Lambda_{ii}{}^+ = \Lambda_{ii}{}^{-1}, & i=1,2,\cdots,6 \\ \Lambda_{ij} = 0, & \text{其他} \end{cases} \tag{2-63}$$

式(2-61)即为转站参数不确定度的理论表达式，其描述了转站参数不确定度与 ERS 点配置矩阵的广义逆矩阵、ERS 点的测量误差矩阵之间的数学关系。

在得到定位参数不确定度后，将其代入式(2-57)，可以进一步得到定位不确定度的矩阵表达形式：

$$f_{\min} = e - Cq_{\min} = \left( I - CC^+ \right) e \tag{2-64}$$

将式(2-60)和式(2-62)代入式(2-64)可得

$$f_{\min} = \left( I - U\Lambda\Lambda^+ U^{\mathrm{T}} \right) e = U\left( I - \Lambda\Lambda^+ \right) U^{\mathrm{T}} e \tag{2-65}$$

由于

$$(\Lambda\Lambda^+)_{ij} = \sum_{k=1}^{6} \Lambda_{ik} \Lambda^+{}_{kj} = \sum_{k=1}^{6} \Lambda_{ik} \Lambda^{-1}{}_{kj} \tag{2-66}$$

所以，矩阵 $\Lambda\Lambda^+$ 是一个对角矩阵，其前 6 个对角元素为 1，其他对角元素为 0；故 $I - \Lambda\Lambda^+$ 也是对角元素，其前 6 个对角元素为 0，而其他对角元素为 1。因此，定位不确定度的矩阵表达式为

$$f_{\min} = U \begin{bmatrix} 0 & 0 \\ 0 & I_{3N-6} \end{bmatrix} U^{\mathrm{T}} e \tag{2-67}$$

式(2-67)为定位不确定度的估计公式，其描述了定位不确定度与 ERS 点的测量误差矩阵和正交矩阵 $U$ 的数学关系。矩阵 $U$ 是通过 ERS 点的配置矩阵经过奇异值

分解而计算得到的，因此与定位参数不确定度一致，定位不确定度的大小实际上取决于 ERS 点配置矩阵和 ERS 点的测量误差矩阵。

通过对转站过程中误差传递过程的分析，得到了对定位参数不确定度和定位不确定度的估计方法。首先从式(2-61)和式(2-67)可以看出，无论是定位不确定度还是定位参数不确定度，它们的大小只取决于两个因素，即参与转站的 ERS 点的测量误差矩阵 $e$ 和 ERS 点配置矩阵 $C$。在 ERS 点配置保持不变的情况下，定位参数不确定度和定位不确定度随着激光跟踪仪对 ERS 点的测量误差的变大而变大。当激光跟踪仪对 ERS 点的测量误差不变时，定位参数不确定度和定位不确定度取决于 ERS 点的布局和配置。ERS 点的布局和配置对定位不确定度的影响是通过配置矩阵 $C$ 的广义逆矩阵对 ERS 点的测量误差进行加权实现的。因此，不同布局的 ERS 点配置对定位参数不确定度和定位不确定度的影响都是不一样的。其次，定位不确定度和定位参数不确定度是同时取得最小值的，也就是说当定位参数不确定度取得最小值时相应的定位不确定度也必然是最小的。因此，在转站参数无法直接测量的情况下，使用定位不确定度来定性评价转站精度是合理的。

### 2.4.4　飞机装配测量场的误差估计

大尺寸测量场的精度直接关系到飞机部件位置和姿态的评价精度，是影响飞机装配质量的重要因素。因此，在飞机装配测量过程中，需要考虑装配空间中任意测量点在装配坐标系下的测量精度。

在装配坐标系下，大尺寸测量场的测量误差定义为测量点的实际测量值和理论值之间的差值，即

$$
\begin{aligned}
\text{FE} &= R(r + \Delta r) + T - r_0 \\
&= R(r + \Delta r) + T - (R_0 r + T_0)
\end{aligned}
\tag{2-68}
$$

式中，$r$ 为测量场中任意测量点在激光跟踪仪坐标系下的测量真值；$\Delta r$ 是该点的测量误差。

参考式(2-51)，测量误差可以描述为如下形式：

$$
\begin{aligned}
\text{FE} &= (RR_0^T R_0 r - R_0 r) + (T - T_0) + R\Delta r \\
&= \Delta R R_0 r + \Delta T + R\Delta r \\
&= Dq + R\Delta r
\end{aligned}
\tag{2-69}
$$

式中，$D = \begin{bmatrix} 0 & X_3 & -X_2 & 1 & 0 & 0 \\ -X_3 & 0 & X_1 & 0 & 1 & 0 \\ X_2 & -X_1 & 0 & 0 & 0 & 1 \end{bmatrix}$；$R_0 r = X$。

$D$ 是测量点的位置矩阵，描述了测量点在大尺寸测量场中的相对位置。

当 $q = q_{\min}$，大尺寸测量场的测量误差可以进一步表示为

$$\mathrm{FE} = Dq_{\min} + R\Delta r$$
$$= DV\Lambda U^{\mathrm{T}}e + R\Delta r \tag{2-70}$$

可以看出，大尺寸测量场的误差主要包括两个部分，即

$$\mathrm{FE}_q = Dq_{\min} \tag{2-71}$$

$$\mathrm{FE}_r = R\Delta r \tag{2-72}$$

式(2-71)中，$\mathrm{FE}_q$ 表示的是定位参数不确定度和测量点的位置对测量场误差的影响。当测量点在装配坐标系下的位置确定时，大尺寸测量场的精度主要取决于定位参数不确定度的大小。式(2-72)中，$\mathrm{FE}_r$ 表示的是激光跟踪仪对测量点本身的测量误差 $\Delta r$ 对大尺寸测量场精度的影响，并且还受到实测转站参数 $R$ 的影响。

综上所述，大尺寸测量场的误差分布主要取决于转站参数的误差和激光跟踪仪对测量点的测量误差。

### 2.4.5 飞机装配测量场的不确定度评定

为了保证飞机装配质量，必须控制测量误差满足规定的容差要求。国际不确定度工作组经过对测量误差的表示、性质和合成等关键问题的多年研究，提出了采用测量不确定度来科学表示测量误差的方法。不确定度用于表征赋予被测量之值的分散性，是一个与测量结果相联系的参数。测量不确定度表示被测量之值的分散性，因此不确定度表示一个区间，即被测量之值可能的分布区间。定位参数不确定度和大尺寸测量误差的不确定度可以根据不确定度传播定律进行合成计算得到。

如果被测量 $y$ 是通过对一些输入变量 $x_1, x_2, \cdots, x_n$ 的测量值而间接得到的，且被测量 $y$ 和输入变量 $x_1, x_2, \cdots, x_n$ 满足关系 $y = f(x_1, x_2, \cdots, x_n)$，则 $y$ 的标准不确定度 $u(y)$ 可以由输入变量的标准不确定度 $u(x_1), u(x_2), \cdots, u(x_n)$ 通过下式计算得到：

$$u_c^2(y) = \sum_{i=1}^{N}\left(\frac{\partial f}{\partial x_i}\right)^2 u^2(x_i) + 2\sum_{i=1}^{N-1}\sum_{j=i+1}^{N}\frac{\partial f}{\partial x_i}\frac{\partial f}{\partial x_j}u(x_i, x_j)$$
$$= \sum_{i=1}^{N}\left(\frac{\partial f}{\partial x_i}\right)^2 u^2(x_i) + 2\sum_{i=1}^{N-1}\sum_{j=i+1}^{N}\frac{\partial f}{\partial x_i}\frac{\partial f}{\partial x_j}r(x_i, x_j)u(x_i)u(x_j) \tag{2-73}$$

式中，$u(x_i, x_j)$ 是 $x_i$ 和 $x_j$ 协方差估计值；$r(x_i, x_j)$ 是 $x_i$ 和 $x_j$ 之间的相关系数。

当各输入变量之间互不相关时，上式可以简化为

$$u_c^2(y) = \sum_{i=1}^{n}c_i^2 u^2(x_i) \tag{2-74}$$

当目标被测量 $y$ 是一个多维向量时：

$$
\begin{bmatrix} y_1 \\ \vdots \\ y_t \end{bmatrix} = \begin{bmatrix} f_1(x_1, x_2, \cdots, x_n) \\ \vdots \\ f_t(x_1, x_2, \cdots, x_n) \end{bmatrix} \tag{2-75}
$$

则 $y$ 合成标准不确定度：

$$
U(y) = KU(x)K^{\mathrm{T}} \tag{2-76}
$$

式中，$U(x)$ 和 $U(y)$ 是输入变量 $x$ 和被测量 $y$ 的不确定度对角矩阵，其对角线上元素为相应变量的不确定度值的平方；$K$ 是一个 $t$ 行 $n$ 列的灵敏度系数矩阵：

$$
K = \begin{bmatrix} \dfrac{\partial f_1}{\partial x_1} & \dfrac{\partial f_1}{\partial x_2} & \cdots & \dfrac{\partial f_1}{\partial x_n} \\ \dfrac{\partial f_2}{\partial x_1} & \dfrac{\partial f_2}{\partial x_2} & \cdots & \dfrac{\partial f_2}{\partial x_n} \\ \vdots & \vdots & & \vdots \\ \dfrac{\partial f_t}{\partial x_1} & \dfrac{\partial f_t}{\partial x_2} & \cdots & \dfrac{\partial f_t}{\partial x_n} \end{bmatrix} \tag{2-77}
$$

根据不确定度传播定律，可以对定位参数不确定度和大尺寸测量误差的不确定度进行估计。

**1. 定位参数不确定度评定**

根据式(2-61)，可以得到定位参数不确定度的分量表达式为

$$
(q_{\min})_k = \sum_{j=1}^{3N} C^+_{kj} e_j, \quad k=1, 2, \cdots, 6 \tag{2-78}
$$

对应的每个定位参数不确定度分量之间的协方差估计为

$$
\Sigma(q)_{kl} = \left\langle (q_{\min})_k, (q_{\min})_l \right\rangle = \sum_{j,j'=1}^{3N} C^+_{kj} C^+_{lj'} \Sigma(e)_{jj'} \tag{2-79}
$$

式中，$\Sigma(e)$ 是误差矩阵 $e$ 的协方差矩阵。

因此，定位参数不确定度的协方差矩阵估计为

$$
\Sigma(q) = \left[ \Sigma(q)_{kl} \right]_{6\times6} \tag{2-80}
$$

当 ERS 点误差矩阵 $e$ 的测量不确定度已知时，根据不确定度合成原理，转站参数 $q$ 的不确定度矩阵为

$$
U(q) = C^+ U(e) \left( C^+ \right)^{\mathrm{T}} \tag{2-81}
$$

定位不确定度是由所有参与转站的 ERS 点的匹配误差组成的，第 $i$ 个 ERS 点的参与匹配误差表示为如下形式：

$$\mathrm{RE}_{ij} = \left(f_{\min}\right)_{3(i-1)+j}, \quad i = 1,2,\cdots,N; \; j = 1,2,3 \tag{2-82}$$

根据式(2-67)，可以得到 $f_{\min}$ 的第 $k$ 个分量为

$$\left(f_{\min}\right)_k = \sum_{j=7}^{3N} \boldsymbol{U}_{kj} \boldsymbol{U}^{\mathrm{T}} \boldsymbol{e} \tag{2-83}$$

于是，$f_{\min}$ 各个分量之间的不确定度估计为

$$
\begin{aligned}
\left(\boldsymbol{\Sigma}_{\mathrm{RE}}\right)_{kl} &= \left\langle \left(f_{\min}\right)_k, \left(f_{\min}\right)_l \right\rangle \\
&= \sum_{j,j'=7}^{3N} \boldsymbol{U}_{kj} \boldsymbol{U}_{lj'} \left(\boldsymbol{U}\boldsymbol{\Sigma}(e)\boldsymbol{U}^{\mathrm{T}}\right)_{jj'}
\end{aligned}
\tag{2-84}
$$

因此，定位不确定度的估计值为

$$
\begin{aligned}
\left\langle \mathrm{RE}^2 \right\rangle &= \frac{1}{N} \sum_{k=1}^{3N} \left(\boldsymbol{\Sigma}_{\mathrm{RE}}\right)_{kk} \\
&= \frac{1}{N} \sum_{j,j'=7}^{3N} \sum_{k=1}^{3N} \boldsymbol{U}_{kj} \boldsymbol{U}_{kj'} \left(\boldsymbol{U}\boldsymbol{\Sigma}(e)\boldsymbol{U}^{\mathrm{T}}\right)_{jj'} \\
&= \frac{1}{N} \sum_{j=7}^{3N} \left(\boldsymbol{U}\boldsymbol{\Sigma}(e)\boldsymbol{U}^{\mathrm{T}}\right)_{jj}
\end{aligned}
\tag{2-85}
$$

### 2. 大尺寸测量场的测量不确定度评定

大尺寸测量场的测量不确定度评定也可以根据不确定度传播定律合成得到。首先，可以获得 $\mathrm{FE}_q$ 的不确定度估计值。展开式(2-71)，则可以得到 $\mathrm{FE}_q$ 的第 $k$ 个分量为

$$\left(\mathrm{FE}_q\right)_k = \sum_{j=1}^{6} \sum_{l=1}^{3N} (\boldsymbol{DV})_{kj} \boldsymbol{\Lambda}_{jl}^+ \boldsymbol{E}_l = \sum_{j=1}^{6} (\boldsymbol{DV})_{kj} \boldsymbol{\Lambda}_{jj}^+ \boldsymbol{E}_l \tag{2-86}$$

于是，$\mathrm{FE}_q$ 的第 $k$ 个分量和第 $l$ 个分量之间的协方差矩阵为

$$\left(\boldsymbol{\Sigma}_{\mathrm{FE}_q}\right)_{kl} = \left\langle \left(\mathrm{FE}_1\right)_k, \left(\mathrm{FE}_1\right)_l \right\rangle = \sum_{j,j'=1}^{6} (\boldsymbol{DV})_{kj} (\boldsymbol{DV})_{kj'} \frac{\left(\boldsymbol{U}^{\mathrm{T}}\boldsymbol{\Sigma}(e)\boldsymbol{U}\right)_{jj'}}{\boldsymbol{\Lambda}_{jj}\boldsymbol{\Lambda}_{j'j'}} \tag{2-87}$$

$\mathrm{FE}_q$ 的测量误差的不确定度估计值为

$$\left\langle \mathrm{FE}_q \right\rangle = \sum_{k=1}^{3} \left(\boldsymbol{\Sigma}_{\mathrm{FE}_1}\right)_{kk} = \sum_{k=1}^{3} \sum_{j,j'=1}^{6} (\boldsymbol{DV})_{kj} (\boldsymbol{DV})_{kj'} \frac{\left(\boldsymbol{U}^{\mathrm{T}}\boldsymbol{\Sigma}(e)\boldsymbol{U}\right)_{jj'}}{\boldsymbol{\Lambda}_{jj}\boldsymbol{\Lambda}_{j'j'}} \tag{2-88}$$

可以得到大尺寸测量场误差的不确定度估计为

$$
\begin{aligned}
\langle \text{FE} \rangle &= \langle \text{FE}_q \rangle + \langle \text{FE}_r \rangle \\
&= \sum_{k=1}^{3} \left( \boldsymbol{\Sigma}_{\text{FE}_q} \right)_{kk} \sum_{k=1}^{3} \sum_{j,j'=1}^{6} (\boldsymbol{DV})_{kj} (\boldsymbol{DV})_{kj'} \frac{(\boldsymbol{U}^{\text{T}} \boldsymbol{\Sigma}(\boldsymbol{e}) \boldsymbol{U})_{jj'}}{\boldsymbol{\Lambda}_{jj} \boldsymbol{\Lambda}_{j'j'}} + \boldsymbol{R} \boldsymbol{\Sigma}_r \boldsymbol{R}
\end{aligned}
\tag{2-89}
$$

当定位参数不确定度已知时，大尺寸测量场误差的不确定度可以通过下式计算得到：

$$
\boldsymbol{U}(\text{FE}) = \boldsymbol{D} \boldsymbol{U}(\boldsymbol{q}) \boldsymbol{D}^{\text{T}} + \boldsymbol{R} \boldsymbol{U}(\boldsymbol{r}) \boldsymbol{R}
\tag{2-90}
$$

# 2.5　ERS 点空间布局设计与优化

在飞机装配系统的设计阶段，应该统筹考虑测量系统的布局和配置，以提高大尺寸测量场的测量精度。测量系统配置主要包括 ERS 点的配置和激光跟踪仪的工作位置配置两个方面。ERS 点是装配坐标系的参考基准，其布局配置是影响转站参数不确定度的主要因素。ERS 点的配置主要包括空间几何布局、空间包络形状、空间包络体积、点的数量以及 ERS 点布局相对于装配坐标系的位置和姿态。通过调整和优化 ERS 点的配置可以提高激光跟踪仪的转站精度。除 ERS 点配置之外，激光跟踪仪工作位置也是影响大尺寸测量场精度的主要因素。由于现场工装设备的阻碍和本身激光测量范围的限制，激光跟踪仪工作位置往往被限制在特定的区域内。在不同的工作位置，激光跟踪仪对 ERS 点的测量精度是不同的，由此产生的转站参数不确定度也是不同的。因此，可以通过配置跟踪仪的工作位置来提高转站的精度[8]。

## 2.5.1　ERS 点布局基本原则

ERS 点作为激光跟踪仪转站的参考基准，在装配空间内的分布和配置需要遵循以下原则。

### 1. 统一基准原则

所有 ERS 点的名义坐标值都必须参考唯一的装配坐标系并予以定义，才能保证所有的 ERS 点具有统一的基准。为了保持参考基准的一致性，所有 ERS 点的标定应该一次完成，不能一次完成时应尽量减少标定次数。此外，ERS 点应该布置在稳定的基础上，以减少震动、漂移和温度变化对其位置的影响。

### 2. 3-2-1 原则

3-2-1 原则是确定一个坐标系空间位置的基本原则。一个坐标系拥有 6 个自由度，分别是 3 个沿坐标轴方向的平移自由度和 3 个绕坐标轴的转动自由度。因此，确定一个坐标系需要限制其 6 个自由度。例如，在 $z$ 方向限定 3 个自由度：沿 $z$ 方向的移动以及绕 $x$ 轴和 $y$ 轴的转动；然后在 $y$ 方向限定 2 个自由度：沿 $y$ 方向的移动和绕 $z$ 轴的转动；最后在 $x$ 方向限定 1 个自由度：沿 $x$ 方向的移动。ERS 点的布局需要完全限定坐标系的 6 个自由度，不能布置在一条直线上。

### 3. 冗余设计原则

根据刚体匹配原理，理论上激光跟踪仪只需要测量不在同一直线上的 3 个 ERS 点即可完成转站。但是为了提高转站精度，一般取远大于 3 个点进行转站。同时，为了方便激光跟踪仪在任意工作位置都能测量到足够多的 ERS 点进行转站，在装配现场，ERS 点往往采用冗余设计，广泛分布在整个装配空间内，其数量可达数十个甚至上百个。

### 4. 空间包络原则

空间包络原则是指所有测量点必须位于 ERS 点所构成的包络空间内。因为处于 ERS 点包络空间内的测量点，其测量不确定度必然小于所有 ERS 点中的最大测量不确定度。下面以满足二维空间包络条件的 ERS 点为例进行详细论证。

如图 2.9 所示，假设激光跟踪仪转站完成后，单个 ERS 点最大转站不确定度出现在 $P_m$ 处：

$$\Delta y_m = D_m q + R \Delta r_m \tag{2-91}$$

式中，$q$ 是转站参数不确定度；$R$ 是姿态参数矩阵；$\Delta r_m$ 为激光跟踪仪对 ERS 点 $m$ 的测量不确定度。

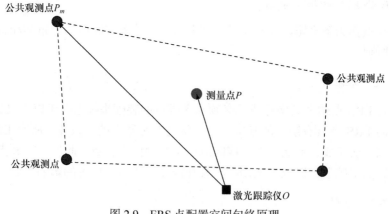

图 2.9　ERS 点配置空间包络原理

同时在 ERS 点的包络空间内，任意测量点 $P$ 的测量不确定度为

$$\Delta y = Dq + R\Delta r \tag{2-92}$$

测量点 $P$ 到激光跟踪仪的距离必然小于 ERS 点 $P_m$ 的距离，因此有 $\Delta r \leqslant \Delta r_m$；并且位置矩阵 $D$ 中对应的坐标小于矩阵 $D_m$ 中坐标，因此 $\Delta y \leqslant \Delta y_m$。

### 2.5.2  ERS 点布局对转站精度的影响

#### 1. ERS 点布局评价指标

由转站参数不确定度传递模型可知，ERS 点的空间布局会影响转站参数不确定度，不同空间布局所对应的转站参数不确定度并不相同。ERS 点的布局对转站参数的影响是通过 ERS 点配置矩阵 $C$ 来实现的。根据式(2-81)，得到每个转站参数不确定度的表达式为

$$U(\Delta\alpha) = \sum_{j=1}^{3N}\left(C_{1j}^{+}\right)^{2}U(e_j), \quad U(\Delta\beta) = \sum_{j=1}^{3N}\left(C_{2j}^{+}\right)^{2}U(e_j), \quad U(\Delta\gamma) = \sum_{j=1}^{3N}\left(C_{3j}^{+}\right)^{2}U(e_j)$$

$$\tag{2-93}$$

$$U(\Delta x) = \sum_{j=1}^{3N}\left(C_{4j}^{+}\right)^{2}U(e_j), \quad U(\Delta y) = \sum_{j=1}^{3N}\left(C_{5j}^{+}\right)^{2}U(e_j), \quad U(\Delta z) = \sum_{j=1}^{3N}\left(C_{6j}^{+}\right)^{2}U(e_j)$$

$$\tag{2-94}$$

记

$$K_\alpha = \sum_{j=1}^{3N}\left(C_{1j}^{+}\right)^{2}, \quad K_\beta = \sum_{j=1}^{3N}\left(C_{2j}^{+}\right)^{2}, \quad K_\gamma = \sum_{j=1}^{3N}\left(C_{3j}^{+}\right)^{2} \tag{2-95}$$

$$K_x = \sum_{j=1}^{3N}\left(C_{4j}^{+}\right)^{2}, \quad K_y = \sum_{j=1}^{3N}\left(C_{5j}^{+}\right)^{2}, \quad K_z = \sum_{j=1}^{3N}\left(C_{6j}^{+}\right)^{2} \tag{2-96}$$

式(2-95)中，$K_\alpha$ 为 $\alpha$ 角不确定度灵敏系数；$K_\beta$ 为 $\beta$ 角不确定度灵敏系数；$K_\gamma$ 为 $\gamma$ 角不确定度灵敏系数。式(2-96)中，$K_x$ 为 $x$ 位置不确定度灵敏系数；$K_y$ 为 $y$ 位置不确定度灵敏系数；$K_z$ 为 $z$ 位置不确定度灵敏系数。

$K_\alpha$、$K_\beta$、$K_\gamma$、$K_x$、$K_y$、$K_z$ 分别表示当 ERS 点的测量不确定度矩阵 $U(e)$ 变化单位量时所引起的转站参数不确定度的变化量，反映了 ERS 点的配置对转站参数不确定度的影响。显然，当 ERS 点的测量不确定度固定时，不确定度灵敏系数越小，引起的转站参数不确定度也越小，此时对应的 ERS 点的配置更优越。

进一步，记

$$K_P = K_x + K_y + K_z \tag{2-97}$$

$$K_A = K_\alpha + K_\beta + K_\gamma \qquad\qquad (2\text{-}98)$$

式(2-97)中，$K_P$ 为位置不确定度灵敏系数。式(2-98)中，$K_A$ 为角度(或姿态)不确定度灵敏系数。

因此，可以用灵敏系数$\{ K_\alpha, K_\beta, K_\gamma, K_x, K_y, K_z \}$或$\{ K_A, K_P \}$来对ERS点空间布局的优劣进行评价。

**2. ERS点空间布局对转站精度的影响**

在飞机装配现场，ERS点需要分散布置以包络整个装配空间。ERS点在空间不同的布局构成各种不同的空间几何形状。不同的空间几何布局对应不同的ERS点配置矩阵，则具有不同的位置不确定度灵敏系数和角度不确定度灵敏系数。为了分析不同布局形成的包络形状对转站精度的影响，分别对三棱柱、双四棱锥、立方体、长方体、四面体和四棱锥等6种常见的ERS点空间几何布局所对应的位置和姿态不确定度灵敏度系数进行分析。图2.10所示是上述6种典型的空间几何布局的示意图，图中黑色圆点表示ERS点，分别布置在各个空间几何图形的顶点。

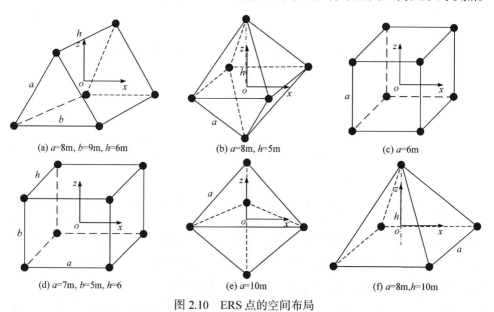

(a) $a$=8m, $b$=9m, $h$=6m　　　(b) $a$=8m, $h$=5m　　　(c) $a$=6m

(d) $a$=7m, $b$=5m, $h$=6　　　(e) $a$=10m　　　(f) $a$=8m, $h$=10m

图2.10　ERS点的空间布局

为了分析ERS点的空间包络形状对灵敏系数的影响，通过合理设计保证图中6种布局构成的包络空间具有相近的体积，体积大小均在$210m^3$左右。因此，可在相近的体积空间内对不同的ERS点对应的灵敏系数进行比较。

图2.10中6种布局所具有的ERS点数量不同，可以分为3组，其中布局(a)和(b)具有6个ERS点，布局(c)和(d)具有8个ERS点，布局(e)和(f)具有5个ERS

点，这样就可以在相同数量 ERS 点的前提下比较不同 ERS 点布局对灵敏系数的影响。图 2.10 中装配坐标系的原点设置在每个 ERS 点布局的质心处，对装配坐标系的方向不做明确规定，采用布局的主要尺寸方向来确定装配坐标系的方向。

表 2.1 是最终得到的在近似相同体积下 8 种不同的 ERS 点布局对应的角度不确定度灵敏系数和位置不确定度灵敏系数。从表中可以看出，对于不同的 ERS 点布局，对应的位置灵敏系数和角度灵敏系数存在差异。

表 2.1　不同 ERS 点对应的灵敏系数

| ERS 点布局 | 角度不确定度灵敏系数 | | | | 位置不确定度灵敏系数 | | | |
| --- | --- | --- | --- | --- | --- | --- | --- | --- |
| | $K_\alpha$ | $K_\beta$ | $K_\gamma$ | $K_A$ | $K_x$ | $K_y$ | $K_z$ | $K_P$ |
| (a) | 0.0080 | 0.0069 | 0.0052 | 0.0200 | 0.1667 | 0.1667 | 0.1667 | 0.5000 |
| (b) | 0.0088 | 0.0088 | 0.0078 | 0.0254 | 0.1667 | 0.1667 | 0.1667 | 0.5000 |
| (c) | 0.0069 | 0.0069 | 0.0069 | 0.0208 | 0.1250 | 0.1250 | 0.1250 | 0.3750 |
| (d) | 0.0082 | 0.0059 | 0.0068 | 0.0208 | 0.1250 | 0.1250 | 0.1250 | 0.3750 |
| (e) | 0.0055 | 0.0055 | 0.0100 | 0.0209 | 0.2000 | 0.2000 | 0.2000 | 0.6000 |
| (f) | 0.0069 | 0.0069 | 0.0078 | 0.0217 | 0.2000 | 0.2000 | 0.2000 | 0.6000 |

通过比较布局(a)和(b)、(c)和(d)以及(e)和(f)的不确定度灵敏系数可以看到，具有相同包络体积和相同 ERS 点数量但是空间几何分布不同的 ERS 点配置对应的不确定度灵敏系数是不同的。

在相近的包络体积下，棱柱状的 ERS 点布局的位置不确定度灵敏系数和角度不确定度灵敏系数要比锥形布局的小：棱柱状布局的位置不确定度灵敏系数最大值为 0.5000，角度不确定度灵敏系数最大值为 0.0208；锥状布局的位置不确定度灵敏系数最大值为 0.6000，角度不确定度灵敏系数最大值为 0.0254。因此，棱柱状的 ERS 点布局要优于锥状的布局。

对于角度不确定度灵敏系数而言，正方体布局的 ERS 点配置对应的 $\alpha$、$\beta$ 角不确定度灵敏系数和 $\gamma$ 角度不确定度灵敏系数是完全相等的。也就是说正方体布局的角度不确定度灵敏系数是各向同性的，而其他布局的角度不确定度灵敏系数是各向异性的。对于长方体，越长的边对应的角度不确定度灵敏系数越小。由于设定的装配坐标系原点和 ERS 点的质心重合，所有布局的位置不确定度灵敏系数都是各向同性的。

3. ERS 点空间包络体积对转站精度的影响

ERS 点布局所构成的包络空间的大小也会影响不确定度灵敏系数。对于相同几何形状布局的 ERS 点配置，其包络的空间体积大小不同，对应的不确定度灵敏系数也不相同。假设 ERS 点布局的空间包络形状保持不变，通过增加 ERS 点之间的距离来改变包络空间的体积大小，观测其对应的不确定度灵敏系数的变化情况。在这一过程中，装配坐标系的原点始终设置在 ERS 点的质心处，ERS 点的数量也保持不变，因此每一种 ERS 点配置的位置不确定度灵敏系数是固定不变的。图 2.10 所示 6 种几何布局中，不同的 ERS 点配置下的角度不确定度灵敏系数的变化曲线如图 2.11 所示，横坐标表示 ERS 点包络空间几何形状的棱长尺寸，从 2m 增加到 10m。从图 2.11 中可以看出，对于每一种 ERS 点布局其角度不确定度灵敏系数的整体变化趋势是一致的，即角度不确定度灵敏系数均随着 ERS 点包络空间体积的增大而减小。当 ERS 点包络空间的体积比较小时，角度不确定度灵敏系数变化曲线非常陡峭，$\alpha$、$\beta$、$\gamma$ 角度不确定度灵敏系数随着体积的增大迅速减小；当 ERS 点包络空间的体积比较大时，角度不确定度灵敏系数变化曲线变得比较平缓，$\alpha$、$\beta$、$\gamma$ 角度不确定度灵敏系数随着体积的增大而缓慢减小。

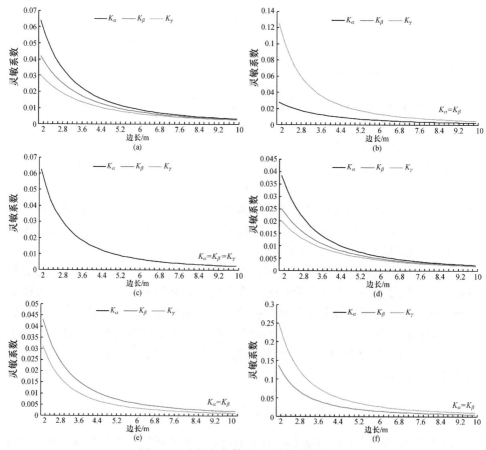

图 2.11　空间包络体积对灵敏系数的影响

**4. ERS 点数量对转站精度的影响**

ERS 点的数量也是影响不确定度灵敏系数的一个重要因素。在相同的空间几何形状、相同包络体积的 ERS 点布局的情况下，构成增强参考系统布局的点数量不同，其角度不确定度灵敏系数和位置不确定度灵敏系数也不同。针对之前的 6 种 ERS 点布局，在保持 ERS 点空间布局形状和体积不变的前提下，在每种布局的棱边均匀增加 ERS 点数量，观察每种布局的角度不确定度灵敏系数和位置不确定度灵敏系数的变化情况。比如，对于相同包络体积的正方体布局，最少只需要 8 个 ERS 点；如果在正方体的每条棱的中点各增加 1 个 ERS 点，则一共需要 20 个 ERS 点；若是在正方体的每条棱边均匀地增加 2 个点，则一共需要 32 个 ERS 点；若是在正方体的每条棱边各增加 $k$ 个点，则一共需要 $12k+8$ 个 ERS 点。显然，无论是 8 个点的正方体布局还是 $12k+8$ 个点的正方体布局，空间包络形状和体积是不变的，只是 ERS 点的分布疏密程度不同。

图 2.12 所示是 6 种 ERS 点布局的角度不确定度灵敏系数和位置不确定度灵敏系数关于 ERS 点数量的变化趋势。从图中可以看出，随着 ERS 点数量的增加，

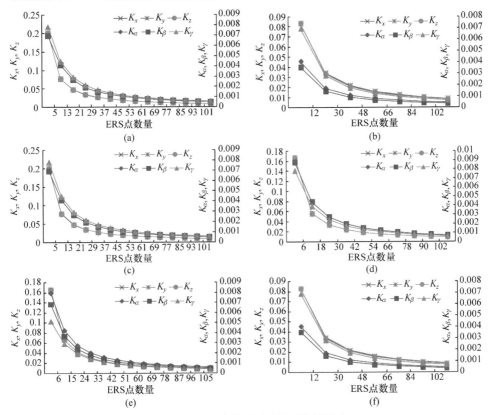

图 2.12　ERS 点数量对灵敏系数的影响

每一种 ERS 点配置的位置不确定度灵敏系数都相应减小。在实际转站过程中，过多的 ERS 点参与转站，会增加对 ERS 点的测量任务，一定程度上影响测量效率，因此在满足测量不确定度要求的前提下尽量少布置 ERS 点。

### 2.5.3　ERS 点布局相对于装配坐标系的位置和姿态对转站精度的影响

根据转站参数不确定度模型可知，装配坐标系的位置和姿态会对 ERS 点配置矩阵产生影响。因此，需要分析 ERS 点布局相对于装配坐标系的位置和姿态的变化对灵敏系数的影响。以 6 种典型 ERS 点布局为样本，对不同的装配坐标系位置和姿态下的灵敏系数进行分析。关注 ERS 点布局相对于装配坐标系位置变化的影响时，保持装配坐标系的方向不变，通过改变装配坐标系原点和 ERS 点的质心之间的距离来观察灵敏系数的变化。同样地，当关注 ERS 点相对于装配坐标系姿态变化的影响时，保持装配坐标系原点始终和 ERS 点的质心重合，然后通过改变装配坐标系的方向来观测灵敏系数的变化。

通过分析发现，当单独改变装配坐标系的位置时，所有 ERS 点布局对应的位置不确定度灵敏系数均发生改变，而角度不确定度灵敏系数却保持不变。图 2.13 所示为装配坐标系位置变化时对应的位置不确定度灵敏系数的变化，横坐标为装配坐标系原点和 ERS 点质心之间的距离。从图中可以明显看出，当装配坐标系原点和 ERS 点质心之间的距离变大时，位置不确定度灵敏系数也随之增大；而且灵敏系数曲线的斜率随着距离的增大而变得更加陡峭，也就是说随着距离的增大，灵敏系数单位距离的增加值也越大。此外，当装配坐标系的原点和 ERS 点质心重合时，$x$、$y$、$z$ 的位置不确定度灵敏系数是相同的，即 ERS 点布局对位置不确定

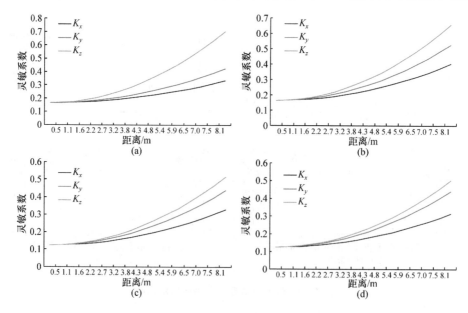

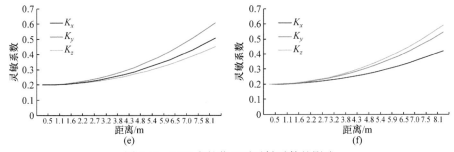

图 2.13　ERS 点的位置对灵敏系数的影响

度灵敏系数是各向同性的；而随着装配坐标系原点和 ERS 点质心之间距离的增大，ERS 点布局对应的位置不确定度灵敏系数变成各向异性的，且随着距离的增大，$x$、$y$、$z$ 的位置不确定度灵敏系数之间的差异也越大。

同样地，当单独改变装配坐标系的姿态时，所有 ERS 点布局对应的位置不确定度灵敏系数均保持不变，而角度不确定度灵敏系数随之改变。图 2.14 所示为装配坐标系方向变化时对应的角度不确定度灵敏系数的变化情况，横坐标为装配坐标系的旋转角度。对于正方体布局，当装配坐标系的姿态改变时，$\alpha$、$\beta$、$\gamma$ 的角度不确定度灵敏系数始终是相等的，并且不会随着姿态的改变而改变。对于其他布局，当装配坐标系的姿态改变时，角度不确定度灵敏系数随之发生改变。对于不同的 ERS 点布局，对应的 $\alpha$、$\beta$、$\gamma$ 的角度不确定度灵敏系数的变化趋势是不

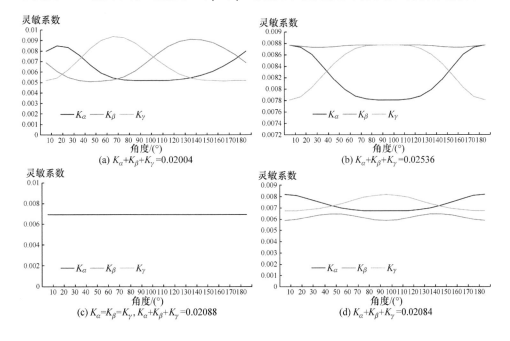

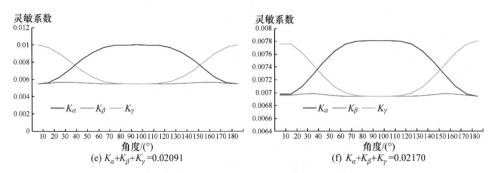

图 2.14　ERS 点相对装配坐标系的姿态对灵敏系数的影响

一样的，有的是减少，有的是增加，但是均在一定的范围内波动。对于每一种布局，无论 $\alpha$ 、$\beta$ 、$\gamma$ 的角度不确定度灵敏系数如何变化，对应的 $K_A$ 保持不变，即 $K_\alpha + K_\beta + K_\gamma$ 的值是固定不变的。

对于每一种布局，$\alpha$ 、$\beta$ 、$\gamma$ 的角度不确定度灵敏系数的变化规律都是周期性的，变化周期为 $180°$。

综上所述，ERS 点配置的不确定度灵敏系数除了取决于 ERS 点的空间布局之外，还受到装配坐标系的位置和姿态的影响。装配坐标系位置对 ERS 点配置的位置不确定度灵敏系数的影响主要体现在改变装配坐标系原点和 ERS 点质心之间距离的时候。当装配坐标系的原点和 ERS 点质心重合时，位置不确定度灵敏系数是各向同性的，并且取得最小值；当装配坐标系的原点和 ERS 点质心之间的距离从零开始逐渐增大时，位置不确定度灵敏系数逐渐增大，并且表现出各向异性特征。装配坐标系姿态对 ERS 点配置的角度不确定度灵敏系数的影响主要体现在当改变装配坐标系和 ERS 点之间的相对姿态时，ERS 点配置对应的 $\alpha$ 、$\beta$ 、$\gamma$ 的角度不确定度灵敏系数随之发生变化，呈现周期性的波动现象。对于一些特定的 ERS 点布局，比如正方体布局，$\alpha$ 、$\beta$ 、$\gamma$ 的角度不确定度灵敏系数是一个固定的值，可以看作是周期性波动的一种特例现象。虽然对于不同的装配坐标系姿态，ERS 点配置对应的 $\alpha$ 、$\beta$ 、$\gamma$ 的角度不确定度灵敏系数是变化的，但是对于一种特定的 ERS 点配置，其对应的 $K_A$ 却是固定不变的。也就是说，ERS 点配置的 $K_A$ 只取决于 ERS 点的布局，而与装配坐标系无关。

### 2.5.4　ERS 点布局设计原则

ERS 点作为现场装配坐标系的参考基准，其在装配空间的合理布局是大尺寸测量系统配置的最重要内容。ERS 点的空间布局不仅会影响飞机装配中转站测量的可操作性，还会影响到整个装配测量场的精度。为了提高激光跟踪仪的转站精度和测量精度，ERS 点的布局和配置应该满足以下要求。

**1. ERS 点空间布局应采用对称结构**

棱柱结构优于棱锥结构，棱柱结构布局的不确定度灵敏系数要普遍小于棱锥结构的布局，正方体结构布局最优（$K_A + K_P$ =0.3958），长方体结构布局次之（$K_A + K_P$ =0.3958），再者是三棱柱结构布局（$K_A + K_P$ =0.5052）。虽然正方体布局的不确定度灵敏系数与长方体是一致的，但是正方体布局的角度不确定度灵敏系数是固定值，不会随着 ERS 点相对于装配坐标系姿态的变化而变化，而长方体布局的角度不确定度灵敏系数是随着 ERS 点相对于装配坐标系姿态的变化而呈现周期性波动的。

**2. ERS 点布局要有适当大小的包络空间**

在其他条件不变的情况下，旋转参数不确定度灵敏系数整体上是随着 ERS 点空间包络体积的增大而减小。由此可见，ERS 点空间布局构成包络空间越大则转站精度越高。同时，旋转参数不确定度灵敏系数曲线的梯度随着空间包络体积的增大而减小。当 ERS 点包络体积较小时，不确定度灵敏系数会随着 ERS 点包络体积的增加而快速变小；而当 ERS 点包络体积较大时，不确定度灵敏系数减小的速度会变得缓慢。考虑到激光跟踪仪的测量特性，其对测量目标的测量精度是随着测量距离的增大而降低，因此在设计 ERS 点布局时，不能盲目地增加包络空间体积，因为随着包络体积的增加，激光跟踪仪对 ERS 点的测量不确定度会变大，而且当包络体积比较大时，不确定度灵敏系数对包络体积的敏感性会大幅下降。所以综合考虑，ERS 点的包络空间对应的棱长保持在 5～8m 的范围内是比较合适的。

**3. ERS 点的布局应保持足够多数量参考点**

在相同的空间几何形状布局下，增加 ERS 点的数量可以减小不确定度灵敏系数，提高转站精度。类似地，不确定度灵敏系数曲线的梯度也随着 ERS 点数量的增加而减小。当 ERS 点数量较少时，通过增加 ERS 点的数量可以显著减小不确定度灵敏系数，而当 ERS 点数量比较多时，继续增加 ERS 点的数量对于减小不确定度灵敏系数的作用不明显。同时 ERS 点的数量增加，也会影响测量系统布置的成本以及激光跟踪仪转站所需要消耗的时间。一般而言，装配系统中 ERS 点的数量也是有限的。

**4. ERS 点的质心应与装配坐标系的原点重合**

ERS 点相对于装配坐标系的位置会影响到位置不确定度灵敏系数。位置不确定度灵敏系数随着 ERS 点质心到装配坐标系原点之间距离的增加而增大。因此，在大尺寸测量场的构建过程中,应将装配坐标系原点设置在 ERS 点的质心处。由于 ERS 点相对于装配坐标系姿态对旋转不确定度灵敏系数的影响是周期性的,因此对装配坐标系的方向不作要求,可根据需要合理选择。

### 2.5.5 ERS 点选择优化方法

在飞机装配过程中,由于装配工装(比如定位设备、托架等)和装配对象的遮挡,激光跟踪仪转站时无法对所有的 ERS 点进行测量。操作人员只能凭借视觉观察,根据操作经验选择部分激光跟踪仪可测范围内的 ERS 点进行转站。在这种情况下,往往存在多种 ERS 点布局可供选择,但空间布局各不相同、没有规则,其所构成的空间也可能没有包络测量目标。此外,激光跟踪仪的转站精度不仅仅取决于 ERS 点的布局,还取决于对应的 ERS 点的测量不确定度。因此,最优的 ERS 点布局未必具有最优的 ERS 点测量不确定度。若想提高激光跟踪仪的转站精度,应在考虑 ERS 点测量不确定度的基础上,合理选择 ERS 点的布局,使转站测量不确定度取得最小值。

为了提高激光跟踪仪的转站测量精度,在实际转站过程中,ERS 点数量和布局需要进行优选。不同的优化目标,可选择基于转站参数不确定度最小的优选模型或基于多目标点测量不确定度最小的优选模型。

采用基于转站参数不确定度最小的 ERS 点优选模型时,对于一组事先给定的增强参考系统布局的点集 $A$,对应的测量点集和测量不确定度为 $B$ 和 $e$,寻找一组最优的 ERS 点布局子集 $A^*$ 使转站不确定度达到最小:

$$A^* = \underset{\substack{A' \subseteq A \\ B' \subseteq B}}{\arg\min} RE(A', B', e) \tag{2-99}$$

式中,$A'$ 和 $B'$ 分别是 ERS 点集 $A$ 和 $B$ 的子集。

采用基于多目标点测量不确定度最小的 ERS 点优选模型时,对于一组事先给定的增强参考系统布局的点集 $A$,对应的测量点集和测量不确定度为 $B$ 和 $e$,寻找一组最优的 ERS 点布局子集 $A^*$ 使转站后目标测量点集合 $A_t$ 的测量不确定度达到最小。

$$A^* = \underset{\substack{A' \subseteq A \\ B' \subseteq B}}{\arg\min} FE(A_t, A', B', \boldsymbol{R}, \boldsymbol{T}, e) \tag{2-100}$$

式中,$\boldsymbol{R}$ 和 $\boldsymbol{T}$ 是对应的 ERS 点集 $A'$ 和 $B'$ 之间的旋转矩阵和平移矩阵。

由于参与转站的 ERS 点的数量有限,可采用枚举法求解上述模型。

## 2.6 测量仪器工作位置的配置与优化

由大尺寸测量场不确定度模型可知,除了 ERS 点布局和配置之外,激光跟踪仪工作位置也是影响转站参数不确定度和大尺寸测量场测量不确定度的主要因素。合理的工作位置必须保证所有的目标点和尽可能多的 ERS 点在激光跟踪仪的可测范围内，并具有一定的测量精度。但是在实际装配现场，由于装配工装、平台和其他设备的阻碍，以上要求不可能同时得到满足，激光跟踪仪的工作位置也往往是受限制的。因此，优化激光跟踪仪的工作位置来提高大尺寸测量场的测量精度，也是大尺寸测量系统的一项重要研究内容。

### 2.6.1　激光跟踪仪工作位置优化方法

大尺寸测量场的测量精度主要取决于转站参数不确定度大小，在已经选定 ERS 点的前提下，转站参数不确定度只取决于 ERS 点的测量不确定度。激光跟踪仪是一个非接触式球坐标测量系统，其测量不确定度取决于检测点相对于激光跟踪仪测量坐标系的相对位置和方向。在不同的工作站位，ERS 点在激光跟踪仪坐标系下具有不同的位置和方向，因此 ERS 点的测量不确定度也是各不相同的。合理选择激光跟踪仪的工作位置，可以降低转站参数不确定度。为了实现激光跟踪仪工作位置的优化，首先需要建立激光跟踪仪对 ERS 点的测量不确定度模型。

以转站参数不确定度最小为目标，建立激光跟踪仪的位置优化模型：

$$f = \sum_{kk=1}^{6} \left( \boldsymbol{U}_q \right)_{kk} \tag{2-101}$$

式中，$\left( \boldsymbol{U}_q \right)_{kk}$ 是转站参数不确定度协方差矩阵的对角线元素，表示转站参数不确定度。

该模型通过对激光跟踪仪的工作位置进行合理的配置，使激光跟踪仪转站过程中转站参数不确定度达到最小。当转站参数不确定度最小时，所构建的大尺寸测量场的测量精度最优。为了求解上述优化模型，需要获得转站参数不确定度模型。激光跟踪仪转站的实质是装配坐标系到测量坐标系的匹配过程。因此，在装配坐标系和测量坐标系的匹配过程中，转站不确定度又可以表示为

$$\mathrm{RE}^2 = \frac{1}{N} \sum_{i=1}^{N} \left| \boldsymbol{R}' \boldsymbol{y}_i + \boldsymbol{T}' - \left( \boldsymbol{x}_i + \Delta \boldsymbol{x}_i \right) \right|^2 \tag{2-102}$$

式中，$\boldsymbol{R}'$ 和 $\boldsymbol{T}'$ 是从装配坐标系到激光跟踪仪测量坐标系的坐标变换矩阵。

显然，公式(2-102)是转站不确定度模型(2-48)的等效模型，根据转站参数不确定度传递模型，可以计算新的 ERS 点配置矩阵 $\boldsymbol{C}$：

$$\boldsymbol{C} = \begin{bmatrix} \boldsymbol{Z}_1 & \boldsymbol{I}_3 \\ \vdots & \vdots \\ \boldsymbol{Z}_i & \boldsymbol{I}_3 \\ \vdots & \vdots \\ \boldsymbol{Z}_N & \boldsymbol{I}_3 \end{bmatrix}_{3N \times 6} \tag{2-103}$$

式中，$Z_i = \begin{bmatrix} 0 & Y_{i3} & -Y_{i2} \\ -Y_{i3} & 0 & Y_{i1} \\ Y_{i2} & -Y_{i1} & 0 \end{bmatrix}$；$Y_i = R_0 y_i$；$I_3$ 是三阶单位矩阵。

ERS 点测量不确定度向量 $e$：

$$e = [\cdots, \quad \Delta x_{i1}, \quad \Delta x_{i2}, \quad \Delta x_{i3}, \quad \cdots]^{\mathrm{T}} \tag{2-104}$$

此时，ERS 点配置矩阵中的元素值是 ERS 点在装配坐标系下的理论值。将式(2-26)和式(2-103)代入式(2-101)，激光跟踪仪位置优化模型可以进一步表示为

$$f = \sum_{k=1}^{6}(U_q)_{kk} = \sum_{k=1}^{6}\sum_{i=1}^{N}\left[\left(C_{k,3i-2}^{+}\right)^2 U_{k,3i-2} + \left(C_{k,3i-1}^{+}\right)^2 U_{k,3i-1} + \left(C_{k,3i}^{+}\right)^2 U_{k,3i}\right] \tag{2-105}$$

式中，$U_{k,i}$ 是第 $k$ 个 ERS 点的测量不确定度。

### 2.6.2　激光跟踪仪工作位置约束

飞机装配过程复杂，装配现场被大量的工装、设备和平台占据，激光跟踪仪的可工作范围被限制在多个较小区域内。为了提高转站精度和测量精度，激光跟踪仪需要测量尽可能多的 ERS 点来转站，并且在一个站位内完成所有检测点的测量任务。

一般地，限制激光跟踪仪位置的函数可以表示为

$$g(x) = \begin{cases} g_1(x) \leqslant 0 \\ g_2(x) \leqslant 0 \\ g_3(x) \leqslant 0 \end{cases} \tag{2-106}$$

式中，函数 $g_1(x)$、$g_2(x)$、$g_3(x)$ 分别限制激光跟踪仪的 $x$、$y$、$z$ 方向的位置。

当激光跟踪仪被限制在一个矩形的工作范围内，其位置限制函数表示为

$$g(x) = \begin{cases} x_{i1l} \leqslant x_{i1} \leqslant x_{i1u} \\ x_{i2l} \leqslant x_{i2} \leqslant x_{i2u} \\ x_{i3} = x_{isf} \end{cases} \tag{2-107}$$

式中，$(x_{i1}, x_{i2}, x_{i3})$ 表示激光跟踪仪的位置坐标；$[x_{i1l}, x_{i1u}]$ 表示跟踪仪位置 $x$ 坐标范围的上下限；$[x_{i2l}, x_{i2u}]$ 表示跟踪仪位置 $y$ 坐标范围的上下限；$x_{isf}$ 表示激光跟踪仪工作平台的高度。

### 2.6.3　测量优化模型求解算法

求解激光跟踪仪工作位置是一个带有约束条件的优化问题，其优化模型可以表示为如下形式：

$$\begin{cases} \min f(x) \\ \text{s.t.} \quad \begin{aligned} g_i(x) \geqslant 0, & \quad i=1,2,\cdots,m \\ h_i(x) = 0, & \quad i=1,2,\cdots,l \end{aligned} \end{cases} \tag{2-108}$$

对于上述优化问题，可以采用拉格朗日乘子法将带约束的最优化问题转换为无约束的最优化问题。基本思想是从原问题的拉格朗日函数出发，再加上适当的罚函数，从而将问题转化为求解一系列的无约束优化问题。拉格朗日乘子法需要引入拉格朗日乘子向量 $\boldsymbol{\mu}$、$\boldsymbol{\lambda}$ 和惩罚因子 $\delta$，构建增广拉格朗日函数 $\psi$：

$$\psi(x,\boldsymbol{\mu},\boldsymbol{\lambda},\delta) = f(x) - \sum_{i=1}^{l} \mu_i h_i(x) + \frac{\delta}{2}\sum_{i=1}^{l} h_i^2(x) + \frac{1}{2\delta}\sum_{i=1}^{m}[(\min\{0,\delta g_i(x)-\lambda_i\})^2 - \lambda_i^2] \tag{2-109}$$

其中，拉格朗日辅助变量的迭代公式为

$$(\boldsymbol{\mu}_{k+1})_i = (\boldsymbol{\mu}_k)_i - \delta h_i(x_k), \quad i=1,2,\cdots,l \tag{2-110}$$

$$(\boldsymbol{\lambda}_{k+1})_i = \max\{0,(\boldsymbol{\lambda}_k)_i - \delta g_i(x_k)\}, \quad i=1,2,\cdots,m \tag{2-111}$$

迭代终止条件为

$$\beta_k = \left[\sum_{i=1}^{l} h_i^2(x_k) + \sum_{i=1}^{m}\left(\min\left\{g_i(x_k),\frac{(\lambda_k)_i}{\delta}\right\}\right)^2\right]^{1/2} \leqslant \varepsilon \tag{2-112}$$

拉格朗日乘子法的具体求解步骤如下。

第一步：选取初始值。给定 $x_0 \in R^n$，$\boldsymbol{\mu}_1 \in R^l$，$\boldsymbol{\lambda}_1 \in R^m$，$\delta_1 > 0$，$0 \leqslant \varepsilon \leqslant 1$，$\varsigma \subset (0,1)$，$\eta > 1$。令 $k=1$。

第二步：求解子问题。以 $x_{k-1}$ 为初始点求解无约束优化问题 $\min\psi(x,\boldsymbol{\mu}_k,\boldsymbol{\lambda}_k,\delta_k)$，求得极小点 $x_k$。

第三步：检验终止条件。若 $\beta_k \leqslant \varepsilon$，则停止迭代运算，输出 $x_k$ 作为原问题的近似极小值，否则转第四步。

第四步：更新罚函数。若 $\beta_k \geqslant \varsigma\beta_{k-1}$，令 $\delta_{k+1} = \eta\delta_k$；否则 $\delta_{k+1} = \delta_k$。

第五步：更新拉格朗日乘子向量。

第六步：令 $k=k+1$，转第二步。

通过使用拉格朗日乘子法，带约束的最优化问题被转换为无约束的最优化问题。无约束最优化问题可采用拟牛顿法求解，采用近似矩阵 $\boldsymbol{B}_k$ 取代二阶导数 Hessian 矩阵 $\boldsymbol{G}_k$，克服了牛顿法中当二阶导数 Hessian 矩阵不正定时无法准确获得目标函数下降方向的缺点，具有较快的收敛速度。

令 $\boldsymbol{s}_k = \boldsymbol{x}_{k+1} - \boldsymbol{x}_k$，$\boldsymbol{y}_k = \boldsymbol{g}_{k+1} - \boldsymbol{g}_k$，$\boldsymbol{g}_k$ 是优化函数 $f(x)$ 的梯度函数，则近似矩阵 $\boldsymbol{B}_k$ 的迭代公式为

$$\boldsymbol{B}_{k+1} = \boldsymbol{B}_k + \frac{(\boldsymbol{y}_k - \boldsymbol{B}_k\boldsymbol{s}_k)(\boldsymbol{y}_k - \boldsymbol{B}_k\boldsymbol{s}_k)^{\mathrm{T}}}{(\boldsymbol{y}_k - \boldsymbol{B}_k\boldsymbol{s}_k)^{\mathrm{T}}\boldsymbol{s}_k} \tag{2-113}$$

令 $\boldsymbol{H}_{k+1} = \boldsymbol{B}_{K+1}^{-1}$，则 $\boldsymbol{H}_k$ 的迭代公式为

$$H_{k+1} = H_{k+1} + \frac{\left(s_k - H_k y_k\right)\left(s_k - H_k y_k\right)^{\mathrm{T}}}{\left(s_k - H_k y_k\right)^{\mathrm{T}} y_k} \tag{2-114}$$

拟牛顿法的基本求解步骤如下。

第一步：给定初始点 $x_0 \in R^n$，终止不确定度 $0 \leqslant \varepsilon \leqslant 1$，以及初始正定矩阵 $H_0 = I_n$，$I_n$ 为单位矩阵。令 $k=1$。

第二步：若 $\|g_k\| \leqslant \varepsilon$，则终止迭代，输出 $x_k$ 作为近似极小点。否则，转第三步。

第三步：计算搜索方向 $d_k = -H_k g_k$。

第四步：用线搜索技术求搜索步长 $\alpha_k$。

第五步：令 $x_{k+1} = x_k + \alpha_k d_k$，并由公式更新 $H_{k+1}$。

第六步：令 $k=k+1$，转第二步。

综上所述，激光跟踪仪位置优化模型的整体求解过程如图 2.15 所示。

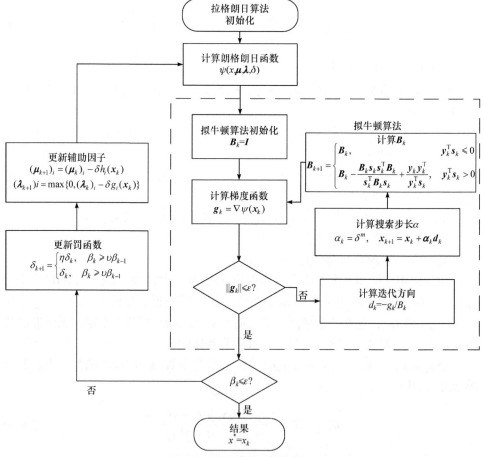

图 2.15 优化问题求解流程图

# 参 考 文 献

[1] 梅中义, 朱三山, 杨鹏. 飞机数字化柔性装配中的数字测量技术[J]. 航空制造技术, 2011, 389(17); 44-49.

[2] van Diggelen F. Indoor GPS theory & implementation[C]//Position Location and Navigation Symposium IEEE, Palm Springs, 2002.

[3] Dedes G, Dempster A G. Indoor GPS positioning[C]//Proceedings of the IEEE Semiannual Vehicular Technology Conference, Dallas, 2005.

[4] 陈登海. 基于室内 GPS 的飞机数字化水平测量技术研究[D]. 南京: 南京航空航天大学, 2010.

[5] 赵伟. 基于激光跟踪仪测量的机器人定位精度提高技术研究[D]. 杭州: 浙江大学, 2013.

[6] 梁益平. 激光跟踪测量中增强参考系统仿真方法研究[D]. 杭州: 浙江大学, 2013.

[7] 金正琪. 提高激光跟踪仪转站测量精度的技术研究[D]. 杭州: 浙江大学, 2013.

[8] 金涨军. 飞机装配中大尺寸测量场建立及优化技术[D]. 杭州: 浙江大学, 2016.

# 第3章 飞机数字化定位原理

## 3.1 概　述

定位是飞机装配的最基本任务，借助多自由度机械系统(串联或并联机构)实现飞机装配对象在装配空间的六自由度定位是解决飞机装配定位问题的技术途径。并联机构与串联机构相比，具有误差小、精度高[1]、承载能力大、刚性好、结构稳定等特点[2]，更加适用于飞机部件、大部件的调姿定位。并联机构主要由运动平台、固定平台以及连接两者的运动分支组成，运动分支的数量不能少于两个[3]。整个机构具有两个或两个以上的自由度，并且驱动器分布在不同的运动分支上。并联机构的每个运动分支都具有相同的运动链，称为机构对称的并联机构，若并联机构的输入副在各分支上具有相同的分布，则称为完全对称的并联机构[4]。典型的并联机构如著名的 Stewart 平台、Tricept 机构[5,6]等。

单个无约束物体在三维空间具有 6 个自由度，很显然，定位系统的自由度不能少于 6。在对飞机部件进行定位时，飞机部件一般作为并联机构中的运动平台，同时由若干运动分支将其与固定平台连接，运动分支还起着支撑作用。由于至少不共线的三点才能确定飞机部件位置和姿态，因此，定位系统的运动分支数量不少于 3。常见的飞机数字化装配定位系统选用 3 自由度的 PPPS 串联机构作为运动分支，其中 P 表示移动副(prismatic pair)，S 表示球面副(spherical pair)，为了保证该支链具有足够的自由度，3 个移动副的移动方向两两不共线。$n$ 条运动分支与飞机部件构成 $n$-PPPS 并联机构，图 3.1 所示的机构具有 4 条运动分支，为 4-PPPS 并联机构。

空间机构自由度可采用 Kutzbach-Grubler 公式进行计算[7]

$$M = 6(m - g - 1) + \sum_{i=1}^{g} f_i \tag{3-1}$$

式中，$M$ 为运动机构的自由度；$m$ 为运动构件总数；$g$ 为运动副的总数；$f_i$ 为第 $i$ 个运动副相对应的相对自由度。P 的相对自由度为 1；S 的相对自由度为 3。

根据式(3-1)计算定位系统本身的自由度如下：

$$m = 2 + 3n \tag{3-2}$$

$$g = 4n \tag{3-3}$$

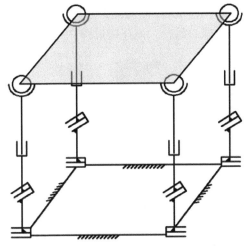

图 3.1　4-PPPS 并联调姿结构原理示意图

$$\sum_{i=1}^{g} f_i = n(1+1+1+3) = 6n \tag{3-4}$$

$$M = 6(2 + 3n - 4n - 1) + 6n = 6 \tag{3-5}$$

可见，$n$-PPPS 并联机构具有 6 个自由度，满足飞机部件数字化定位的需求。

### 3.1.1　数控定位器

三坐标数控定位器是实现飞机部件调姿定位的核心装置，也是构成并联调姿定位系统的运动支链和基础结构单元，典型的三坐标数控定位器主要由 $y$ 向拖板、$x$ 向拖板与 $z$ 向伸缩杆三部分组成[8](图 3.2)。$y$ 向拖板安装在固定平台上，能够沿着固定平台上的直线导轨运动；$x$ 向拖板安装在 $y$ 向拖板上，可以沿着 $y$ 向托板上的直线导轨运动；$z$ 向伸缩杆能沿着安装在 $x$ 向托板上的直线导轨运动。三条直线导轨相互垂直，导轨的一侧均安装高精度光栅尺，用于实时获取定位器各运动轴的位置，实现数控定位器的全闭环反馈控制。伸缩杆顶部的半球形球窝与支撑运动平台的工艺球头相连接，形成一个球铰机构。数控定位器的每个运动轴都可以根据需要安装伺服电机、减速器、丝杆螺母等动力或传动装置，使其成为驱动轴。

### 3.1.2　定位系统结构类型

根据飞机部件与定位系统的连接方式的不同，定位系统可分为直接支撑式调姿定位系统和过渡托架式调姿定位系统。在直接支撑式调姿定位系统中，飞机部件上安装支撑用的工艺球头，数控定位器直接支撑飞机部件，因此，系统结构较为简单。

但是当飞机部件与定位器相连接时，需要额外的工序或工装才能保证数控定位器顶部的球窝中心与工艺球头球心重合，该连接过程称为飞机部件的入位[9]。

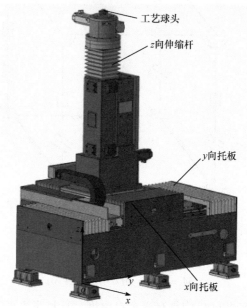

工艺球头

z向伸缩杆

y向托板

x向托板

图 3.2　数控定位器结构示意图

直接支撑式调姿定位系统主要包括以下四种类型。

**1. 冗余驱动三定位器定位系统**

由三台定位器和飞机部件组成的调姿定位系统如图 3.3 所示。该系统中每台数控定位器的运动轴都有驱动能力，一共具有 9 个驱动轴，整个系统的自由度为 6，驱动轴数量超过系统的自由度数量，是一个具有冗余驱动的并联机构[10,11]。驱动冗余的定位系统在整体刚度、输出力均匀性等方面具有很大优势，但是由于此

图 3.3　三台定位器组成的调姿定位系统

类系统在调姿过程中各个驱动关节不能独立运动,必须考虑其他运动轴的位移量,因此协调运动的几何约束比较复杂,为此增加了调姿定位系统的控制复杂度。

### 2. 非冗余驱动三定位器定位系统

与冗余驱动三定位器定位系统相比,非冗余驱动三定位器定位系统将其中三个驱动轴改为没有驱动功能的跟随运动轴,使驱动轴的数量与系统的自由度数量相同,消除驱动冗余情况。比如,将其中一台数控定位器的 $x$ 向与 $y$ 向驱动轴改为被动跟随运动轴,同时,将另一台数控定位器的 $x$ 向驱动轴也改为被动跟随运动轴,就形成了非冗余驱动三定位器定位系统。采用非冗余定位系统,可以在调姿过程中避免因为定位器运动不同步带来的调姿运动控制风险,减小了调姿定位控制的技术难度,但是,此类系统在实际调姿运动中,飞机部件或大部件会承受较大的推力或拉力,增加了飞机装配过程产生变形的风险,定位精度和稳定性明显低于冗余驱动定位系统。

### 3. 四定位器定位系统

由四台定位器组成的调姿定位系统如图 3.4 所示。一般来说,四台数控定位器采用对称布局,每台定位器的移动关节均为驱动关节,驱动轴数量多达 12 个,属于比较复杂的冗余支链并联机构。与三定位器定位系统相比,该系统多了一个运动分支,进一步增加了运动控制难度,优点是除了提高系统刚度之外,进一步增强了调姿过程的安全性。比如,当三定位器定位系统中一台定位器出现故障,失去支撑功能时,两台定位器无法支撑起飞机部件,容易发生飞机部件跌落的风险。在四定位器定位系统中,如果一台定位器出现故障,其余三台定位器可以正常工作,能够为飞机部件提供三点支撑,保证飞机部件的安全,因而四定位器定位系统在飞机装配中更为常见[12]。

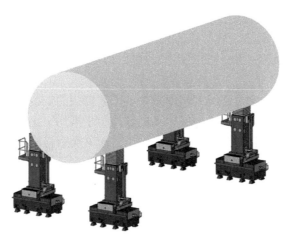

图 3.4 四定位器定位系统

4. 多定位器定位系统

三定位器和四定位器定位系统适用于尺寸和重量较小、刚性较好的飞机部件。当调姿对象尺寸和重量较大、刚性相对较差时，则需要增加数控定位器的数量，图 3.5 为大型飞机整个机身段装配中采用的多定位器定位系统。

图 3.5　多定位器调姿定位系统

在多定位器调姿定位系统设计中，需要充分考虑飞机部件结构外形和装配工作可达空间预留，需要通过优化支撑点布局抑制重力导致的支撑变形。由于此类定位系统的数控定位器数量较多，可以有效降低每台定位器所需提供的驱动力，同时飞机部件上相应支撑点的受力也会减小，可以有效防止调姿过程中因支撑点受力过大而导致飞机部件的局部损伤情况发生。可见，多定位器支撑的结构布局形式提供了保型功能，最大限度降低了飞机部件的变形量，有利于飞机部件姿态的准确评估以及后续的对接、加工等工艺操作。

除了上述基于并联机构原理的多定位器调姿定位系统之外，还有一种基于过渡托架的调姿定位系统。首先设计制造一个通用的平台工装，定位器与平台通过球形铰链进行连接，然后将飞机部件直接放置于平台工装上，避免与定位器进行直接的连接。调姿过程中，只需要保证飞机部件与平台的相对位置保持不变，即视为一个刚体，就可以实现对飞机部件的姿态调整，这一类调姿定位系统具有明显的优点，即一个工装平台可以适应不同结构、不同尺寸飞机部件的调姿定位。

基于过渡托架的定位系统大幅度减少了工艺接头的安装复杂度，工人操作简单，此外，过渡托架可以有效地保护飞机部件免于损伤。比如，当数控定位器出现故障时，先由过渡托架承受破坏力的作用，而不会直接损坏飞机部件。然而，过渡托架的使用也会增加整个定位系统的开发复杂度，由现场测量数据计算调姿和对接路径的复杂性。

### 3.1.3　位姿调整特性及其描述

在飞机部件对接和精加工之前，需要通过定位系统将各个飞机部件的位姿调整到理论目标值。飞机部件位姿调整过程中具有姿态叠加特性和受力状态叠加特性，是定位系统设计和调姿路径规划时需要考虑的重要因素。

1. 姿态叠加特性

飞机部件空间位姿调整可以分为位置调整和姿态调整两个部分。设部件在参考基 $e^r$ 的三维空间 $\pmb{R}^3$ 内，固结一连体基 $e^b$，则部件相对于参考空间的位置和姿态是指连体基 $e^b$ 的基点相对于参考基 $e^r$ 的位置和姿态，可以表示为

$$O(t) = (P(t), Q(t)) \tag{3-6}$$

式中，$O(t)$ 为部件在 $t$ 时刻的位姿；$P(t)$ 为部件在 $t$ 时刻的位置；$Q(t)$ 为部件在 $t$ 时刻的姿态。

当通过尺度综合确定了调姿机构各构件的形状和尺寸之后，其工作空间 $U$ 也随之确定。位姿调整只能在工作空间 $U$ 内进行，实质上 $U$ 是部件位姿变化的包围盒，即位姿调整空间 $O$ 满足

$$O \subseteq U \tag{3-7}$$

由以上分析可得

$$O = P + Q \subseteq U \tag{3-8}$$

式中，$P$ 为位置调整空间；$Q$ 为姿态调整空间。

位置调整通过所有定位器的相应坐标的协调运动来实现，定位器结构设计的精度保证了调姿系统在进行位置调整时姿态保持不变，也就是说位置调整和姿态调整可以分别按照规划路径进行。然而，位置调整和姿态调整在几何上存在耦合关系，即每个方向位置调整时的平移距离与姿态调整过程中相应方向上移动的距离之和必须小于机构在该方向上的设计行程。

部件的姿态通常采用方向余弦、欧拉角、四元数等表达形式，不同表达形式之间的主要区别在于运动学与动力学分析过程中数值性态的差异[13]。无论何种描述方法，基于三坐标定位器多点支撑的姿态调整过程都是通过绕连体基 $e^b$ 坐标轴的有限转动而实现的。根据欧拉定理，刚体绕定点的任意有限转动可由绕过该点某个坐标轴的一次有限转动实现。而刚体绕任意轴的一次有限转动，可以分解为依次通过绕连体基 $e^b$ 的 3 个坐标轴 $x$、$y$、$z$ 转过有限角度 $\alpha$、$\beta$、$\gamma$ 来实现。也就是说，部件由 $t-1$ 时刻的姿态 $Q(t-1)$ 到 $t$ 时刻姿态 $Q(t)$ 之间的调整过程 $Q(t-1,t)$ 可以等效为分别绕其连体基 $e^b$ 的 $x$、$y$、$z$ 3 个轴转动一定角度的和，即

$$Q(t-1,t) = Q_x(t-1,t) + Q_y(t-1,t) + Q_z(t-1,t) \tag{3-9}$$

式中，$Q_m = (t-1,t)(m=x,y,z)$ 为部件姿态从 $t-1$ 时刻到 $t$ 时刻绕 $m$ 轴单轴转动的调整过程。该式表明，调姿过程可以叠加，也就是姿态具有可叠加特性。

## 2. 受力状态叠加特性

在姿态调整过程中，部件处于不同姿态时定位器的受力情况各不相同，具体受力的大小还与部件本身的重量分布有关。三坐标定位器与部件之间是一种球铰运动副的连接方式，在姿态调整过程中可以产生任意的转动。因此，在定位器的精确进给和球铰连接自由转动的前提下，对于结构对称的部件，定位器在调姿过程中的受力可以认为只发生在竖直方向上，即只在 $z$ 向受力；对于结构不对称的部件，其重量分布不均匀，多点支撑时会产生一定的侧移，此时定位器受力除受 $z$ 向力外，还在侧移的方向上受力。然而，在角度调整范围不大的情况下，部件在定位器支撑作用下重量分布的变化并不大，即每个定位器所受外力的合力方向基本不变。

根据调姿定位系统的布局和受力特点，在工作载荷不超过额定载荷的情况下，定位器的结构设计确保了其变形处于弹性范围之内，即满足材料在线弹性范围内的应力应变关系 $\sigma = E\varepsilon$。定位器结构刚度经过优化，在相同载荷作用下，$z$ 向伸缩柱处于工作行程内的任意位置时，定位器的变形大致保持恒定，即 $z$ 向行程的变化对定位器受力变形的影响可以忽略[14]。因此，在调姿过程中，定位器所受外力的作用方向不变，部件处于不同姿态时每个定位器的受力变形 $S$ 可以表示为

$$S = \sum_k S_k \tag{3-10}$$

式中，$S_k$ 为处于 $k$ 姿态时定位器的变形；$k$ 姿态为调姿过程中第 $k$ 次调姿后的姿态。该式表明，调姿过程中定位器受力状态具有可叠加特性。

# 3.2 定位系统运动学和动力学

## 3.2.1 定位系统运动学

### 1. 位姿描述

如图 3.6 所示，在对接平台的上表面中心位置固连一参考标架{Fixed}。当飞机部件处于理想位姿时，其航行方向的反方向即为{Fixed}的 $y_F$ 坐标轴正向。$z_F$ 轴竖直向上，$x_F$ 轴与 $y_F$、$z_F$ 轴符合三维空间坐标系的右手定则。

1) 部件的位姿描述

在部件上固连一活动标架{Moving}。标架{Moving}的确定方法如下。

在部件上找出一些具有代表性的点，在这些点上安装激光跟踪测量用的靶标

反射镜。使用激光跟踪测量设备对这些点的空间位置进行测量之后，根据这些点在部件理论模型中的位置，创建相应的约束条件：如部件左侧点集应与右侧点集对称，同一框面上的点应处于同一平面，某些点应共线等。从而可以找出部件的左右对称中心面、水平对称中心面，再选取与两面正交并经过部件航向中点的平面作为第三坐标平面。取三个坐标平面的交点为活动标架的原点，交线为坐标轴。其中，$y_M$ 轴的正向为部件航向的反方向；$z_M$ 轴指向部件的背部；$x_M$ 轴采用右手定则确定。

在欧氏空间 $\boldsymbol{R}^3$ 中，部件在时刻 $t$ 的位姿状态 **Location**$(t)$ 可用 {Moving} 相对于 {Fixed} 原点的平移和定点旋转[15]表达：

$$\textbf{Location}(t) = (\boldsymbol{P}_M(t), \boldsymbol{Q}_M(t)) \tag{3-11}$$

式中，$\boldsymbol{P}_M(t)$ 为 {Moving} 的原点 $o_M$ 在 {Fixed} 中的坐标值；$\boldsymbol{Q}_M(t)$ 为单位四元数，表达 {Moving} 绕经过 {Fixed} 原点的轴 $\xi$ 旋转角度 $\theta$。

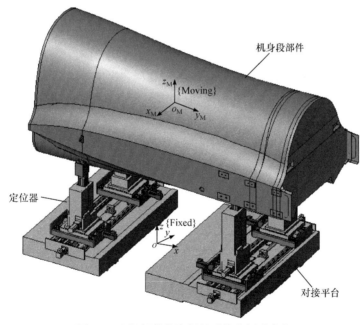

图 3.6　飞机部件位姿调整系统坐标系定义

2) 定位器的位姿描述

定位器共由 4 个部分组成：底座、$x$ 向运动轴、$y$ 向运动轴及 $z$ 向运动轴，各运动方向皆与标架 {Fixed} 的坐标轴方向平行。因此，定位器各支链相对于标架 {Fixed} 只存在位置偏置，并无姿态变化，即姿态的属性值为 0，仅采用

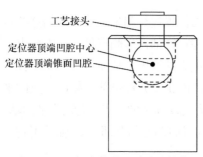

工艺接头
定位器顶端凹腔中心
定位器顶端锥面凹腔

图 3.7 三坐标定位器顶端球铰结构

顶端球窝中心在{Fixed}下的坐标即可表达定位器的位置，如图 3.7 所示。

设定位器各运动轴处于零位(home)时，其顶端球窝中心在{Fixed}下的坐标为

$$P_{home*} = \begin{bmatrix} x_{home*}, & y_{home*}, & z_{home*} \end{bmatrix}^T \quad (3\text{-}12)$$

在时刻 $t$ ，定位器在 $x$ 、 $y$ 及 $z$ 向的运动量为 $\Delta x(t)$ 、 $\Delta y(t)$ 和 $\Delta z(t)$ ，则各定位器的当前位置为

$$P_*(t) = \begin{bmatrix} x_{home*} + \Delta x_*(t), & y_{home*} + \Delta y_*(t), & z_{home*} + \Delta z_*(t) \end{bmatrix}^T \quad (3\text{-}13)$$

**2. 位置约束方程**

部件入位之后，与 4 台定位器构成了运动学闭合链式结构。各定位器之间、定位器与部件之间已不再相互独立，定位器顶端球窝中心任意时刻的位置必须满足部件的刚体特性，即任意两个球窝中心之间的空间距离保持为常值，并等于部件上对应两工艺球头球心的空间距离。部件与定位器之间以球铰形式连接，可绕球窝中心相对于定位器 $z$ 轴部件进行旋转运动，在定位器顶端球窝的限定角度范围内，可认为部件与定位器之间并无角度约束，只有位置约束[16]。

以飞机部件采用 A、B、C、D 四点支撑为例，假设部件上各工艺球头球心在{Moving}下的坐标分别为 $P_{MA}$ 、 $P_{MB}$ 、 $P_{MC}$ 和 $P_{MD}$ ，则部件上工艺球头 A、B、C、D 在{Fixed}下的坐标为

$$P_{M*}(t) = Q_M(t) P_{M*} Q_M^{-1}(t) + P_M(t) \quad (3\text{-}14)$$

式中， $P_{M*}(t)$ 应当与对应定位器顶端球窝中心的坐标值相等，即位置约束方程为

$$P_*(t) = P_{M*}(t) \quad (3\text{-}15)$$

**3. 速度约束方程**

部件与定位器之间并无角速度约束，只有线速度约束。

以部件上工艺球头 A 为例， $t$ 时刻的球心坐标如式(3-14)所示，则在该时刻球心的线速度为

$$\frac{d(P_{MA}(t))}{dt} = \frac{d(Q_M(t) P_{MA} Q_M^{-1}(t))}{dt} + \frac{d(P_M(t))}{dt} \quad (3\text{-}16)$$

根据四元数的求导运算法则[17]，式(3-16)右边第一项可写为

$$\frac{\mathrm{d}(\boldsymbol{Q}_\mathrm{M}(t)\boldsymbol{P}_\mathrm{MA}\boldsymbol{Q}_\mathrm{M}^{-1}(t))}{\mathrm{d}t} = \dot{\boldsymbol{Q}}_\mathrm{M}(t)\boldsymbol{P}_\mathrm{MA}\boldsymbol{Q}_\mathrm{M}^{-1}(t)$$
$$+ \boldsymbol{Q}_\mathrm{M}(t)\dot{\boldsymbol{P}}_\mathrm{MA}\boldsymbol{Q}_\mathrm{M}^{-1}(t) + \boldsymbol{Q}_\mathrm{M}(t)\boldsymbol{P}_\mathrm{MA}\dot{\boldsymbol{Q}}_\mathrm{M}^{-1}(t) \tag{3-17}$$

因为 $\boldsymbol{P}_\mathrm{MA}$ 为常数，式(3-17)可简化为

$$\frac{\mathrm{d}(\boldsymbol{Q}_\mathrm{M}(t)\boldsymbol{P}_\mathrm{MA}\boldsymbol{Q}_\mathrm{M}^{-1}(t))}{\mathrm{d}t} = \dot{\boldsymbol{Q}}_\mathrm{M}(t)\boldsymbol{P}_\mathrm{MA}\boldsymbol{Q}_\mathrm{M}^{-1}(t) + \boldsymbol{Q}_\mathrm{M}(t)\boldsymbol{P}_\mathrm{MA}\dot{\boldsymbol{Q}}_\mathrm{M}^{-1}(t) \tag{3-18}$$

将式(3-18)代入式(3-16)可得球头 A 的球心速度为

$$\dot{\boldsymbol{P}}_\mathrm{MA}(t) = \dot{\boldsymbol{Q}}_\mathrm{M}(t)\boldsymbol{P}_\mathrm{MA}\boldsymbol{Q}_\mathrm{M}^{-1}(t) + \boldsymbol{Q}_\mathrm{M}(t)\boldsymbol{P}_\mathrm{MA}\dot{\boldsymbol{Q}}_\mathrm{M}^{-1}(t) + \dot{\boldsymbol{P}}_\mathrm{M}(t) \tag{3-19}$$

部件上工艺球头 A 的球心速度应与定位器 A 顶端球窝中心的速度相等，可得
速度约束为

$$\dot{\boldsymbol{P}}_*(t) = \dot{\boldsymbol{Q}}_\mathrm{M}(t)\boldsymbol{P}_{\mathrm{M}^*}\boldsymbol{Q}_\mathrm{M}^{-1}(t) + \boldsymbol{Q}_\mathrm{M}(t)\boldsymbol{P}_{\mathrm{M}^*}\dot{\boldsymbol{Q}}_\mathrm{M}^{-1}(t) + \dot{\boldsymbol{P}}_\mathrm{M}(t) \tag{3-20}$$

### 3.2.2　定位系统动力学

1. 多体系统动力学建模方法

1) 刚性多体动力学建模方法

由多体系统动力学分析可知，某一质量为 $m$ 刚体，作用在质心的力为 $\boldsymbol{F}$，质心加速度为 $\boldsymbol{a}$，那么根据牛顿第二定律有

$$\boldsymbol{F} = m\boldsymbol{a}$$

若刚体的惯性张量为 $\boldsymbol{I}$，角速度为 $\boldsymbol{\omega}$，作用在刚体上的力矩为 $\boldsymbol{M}$，则欧拉方程为

$$\boldsymbol{M} = \boldsymbol{I}\dot{\boldsymbol{\omega}} + \boldsymbol{\omega} \times \boldsymbol{I}\boldsymbol{\omega} \tag{3-21}$$

2) 柔性多体动力学约束建模方法

在柔性多体动力学中，一般需要定义一个惯性坐标系作为全局坐标系。此外，为了描述构件在空间的位姿，可以采用中间坐标系，中间坐标系一般分为两种，浮动坐标系与旋转坐标系[18]。浮动坐标系用于描述运动构件在空间中的位姿，每个运动构件都定义了其自身的浮动坐标系，该坐标系从多刚体动力学中扩展而来，可用于小挠度与小应变情况，适用于低速运动的柔性体(图 3.8)。旋转坐标系用于描述变形体内每个单元的空间位姿，可用于大挠度和大应变情况，适用于处理大变形的柔性体与大型高速的刚体运动(图 3.9)。

在不考虑冲击与接触的情况下，柔性多体动力学约束分为两种，即指定运动约束(prescribed constraint)与关节约束(joint constraint)，表达式分别为

$$C(\boldsymbol{q}, t) = 0 \tag{3-22}$$

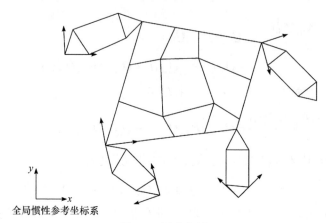

全局惯性参考坐标系

图 3.8　浮动坐标

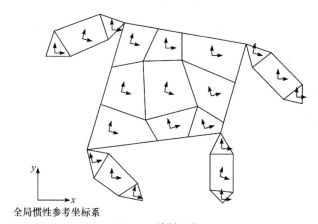

全局惯性参考坐标系

图 3.9　旋转坐标

$$C(\boldsymbol{q}) = 0 \tag{3-23}$$

式中，$\boldsymbol{q}$ 为广义坐标；$t$ 为时间；$C$ 为约束方程。从式中可以看出，指定运动约束与关节约束用于建立广义坐标之间的关系。为了能够在仿真计算过程中考虑约束的影响，需要将约束方程嵌入到微分方程中，一般有六种方法[19]：拉格朗日乘子法、惩罚函数法、增广拉格朗日法、相对坐标、旋转铰关节的特殊方法与内部单元约束法。

(1) 拉格朗日乘子法。

使用拉格朗日乘子法，其约束力与约束方程关系描述为

$$\boldsymbol{F}_R = -\boldsymbol{C}_q^{\mathrm{T}} \boldsymbol{\lambda}$$
$$\boldsymbol{C}_q = \frac{\partial C}{\partial \boldsymbol{q}} \tag{3-24}$$

式中，$\boldsymbol{F}_R$ 为约束反力；$\boldsymbol{C}_q$ 为约束方程的雅可比矩阵；$\boldsymbol{\lambda}$ 为拉格朗日乘子向量。

通过约束反力将约束添加到运动方程中。该方法的优点是可以精确地满足约束条件，系统地构建完整及非完整约束的运动方程，缺点是需要求解微分方程。

(2) 惩罚函数法。

惩罚函数法中约束力与约束方程的关系描述为

$$F_R = C_q^{\mathrm{T}} \alpha C_q \tag{3-25}$$

式中，$\alpha$ 为一个对角矩阵，每个元素都是约束方程的惩罚因子。其他符号的含义与式(3-24)相同。该方法的缺点是不能非常精确地满足约束条件，优点是可以避免求解微分代数方程。

(3) 增广拉格朗日法。

增广拉格朗日法综合了拉格朗日乘子法与惩罚函数法，通过引入一种与其他部件刚性相当的惩罚弹簧来降低微分代数方程的求解难度，并且在每次迭代计算的最后，保证精确满足约束条件。

(4) 相对坐标。

对于开环系统，在使用浮动坐标系与相对坐标的时候，能够自动满足关节约束条件。开环系统中的构件可以被认为是采用树状结构组织起来，每个构件都可以采用关节约束与其父构件关联起来，因此，关节约束可以从根构件到顶端构件自动连接起来。然而，对于闭环系统或是指定运动约束，则还需要引入拉格朗日乘子进行求解。

(5) 旋转铰关节的特殊方法。

限制两个构件之间平移运动的旋转铰关节包括球铰、万向铰和转动铰。如果采用旋转关节，则可以使两个构件共用一个节点，并且根据不同关节的要求约束旋转运动。也可以采用拉格朗日乘子法或惩罚函数法构造旋转运动约束，而无须考虑其移动运动的约束。

(6) 内部单元约束法。

内部单元约束法不需要拉格朗日乘子与惩罚因子。直接在单元序列与时间积分过程中建立约束，此方法无需额外添加变量与代数方程，但是需要重新构建已经存在的单元公式。

**2. 牛顿-欧拉法建立动力学模型**

1) 单个定位器动力学模型

以三个定位器的定位系统为例，调姿过程中定位器 $i$ ($i=1,2,3$)的 3 个关节驱动力构成的力矢量为 $F_i = \begin{bmatrix} F_{ix}, F_{iy}, F_{iz} \end{bmatrix}^{\mathrm{T}}$，其对飞机部件的作用力矢量为 $f_i = \begin{bmatrix} f_{ix}, f_{iy}, f_{iz} \end{bmatrix}^{\mathrm{T}}$。纵横拖板及其附件的质量为 $m_1$，上拖板及其附件的质量为 $m_2$，$Z$

向伸缩柱的质量为 $m_3$。三个关节摩擦力矢量为 $\boldsymbol{\eta}_i = \left[ \eta_{ix}, \eta_{iy}, \eta_{iz} \right]$。根据定位器的结构与工作原理，忽略球铰摩擦力影响，其动力学方程为

$$F_i = M\ddot{q}_i + Rf_i + \eta_i - m_3g \tag{3-26}$$

式中，$M = \mathrm{diag}\left[ m_2 + m_3, m_1 + m_2 + m_3, m_3 \right]$；$\eta_{ix} = \mu[(m_2 + m_3)g + f_{ix}]$；$\eta_{iz} = \mu(+m_3g + f_{iz})$；$\eta_{iy} = \mu[(m_1 + m_2 + m_3)g + f_{iy}]$；$\mu$ 为导轨摩擦系数。

2) 飞机部件动力学模型

设飞机部件质量为 $m_B$，在连体坐标系 $S'$ 下的惯量矩阵为 $I_B$、角速度矢量为 $\boldsymbol{\omega}$，除了飞机部件重力外，调姿过程中大部件不受其他外力作用，则根据牛顿-欧拉方程有

$$\begin{cases} m_B I_3 \ddot{X} - m_B g = \sum_{i=1}^{3} R_i f_i \\ I_B \dot{\omega} + [\tilde{\omega}] I_B \omega = \sum_{i=1}^{3} [\tilde{r}_i] f_i \end{cases} \tag{3-27}$$

式中，$I_3$ 是 3×3 单位矩阵；$[\tilde{\omega}]$、$[\tilde{r}_i]$ 分别是 $\omega$ 和 $r$ 的反对称坐标方阵；$g$ 是重力加速度矢量[20]。

位姿调整过程实际上可以看作由姿态调整和位置调整两个环节构成。其中，姿态调整是飞机部件相对于固定坐标系 $S$ 分别绕连体坐标系 $S'$ 的 $z'$ 轴、$x'$ 轴、$y'$ 轴依次转 $\psi$ 角、$\theta$ 角、$\varphi$ 角，相当于绕坐标系 $S'$ 原点 $o'$ 的定点运动，按照刚体定点运动角度速度合成规则，部件的角速度 $\boldsymbol{\omega}$ 为

$$\boldsymbol{\omega} = \dot{\boldsymbol{\psi}} + \dot{\boldsymbol{\theta}} + \dot{\boldsymbol{\varphi}} \tag{3-28}$$

将上式在连体坐标系 $S'$ 中分解，得到其角速度 $\boldsymbol{\omega}$ 在连体坐标系 $S'$ 上的投影为

$$\boldsymbol{\omega} = \begin{bmatrix} \dot{\psi}s\theta s\varphi + \dot{\theta}c\varphi \\ \dot{\psi}s\theta c\varphi - \dot{\theta}s\varphi \\ \dot{\psi}c\theta + \dot{\varphi} \end{bmatrix} \tag{3-29}$$

对式(3-29)求导可得角加速度矢量 $\dot{\boldsymbol{\omega}}$ 为

$$\dot{\boldsymbol{\omega}} = \begin{bmatrix} \ddot{\psi}s\theta s\varphi + \dot{\psi}\dot{\theta}c\theta s\varphi + \dot{\psi}\dot{\varphi}s\theta c\varphi + \ddot{\theta}c\varphi - \dot{\theta}\dot{\varphi}s\varphi \\ \ddot{\psi}s\theta c\varphi + \dot{\psi}\dot{\theta}c\theta c\varphi - \dot{\psi}\dot{\varphi}s\theta s\phi - \ddot{\theta}s\varphi - \dot{\theta}\dot{\varphi}c\varphi \\ \ddot{\psi}c\theta - \dot{\psi}\dot{\theta}s\theta + \ddot{\varphi} \end{bmatrix} \tag{3-30}$$

3) 定位系统动力学模型

定位系统是由三个定位器和飞机部件共同组成，联立求解定位器动力学方程式(3-24)和飞机部件动力学方程式(3-25)并化简，可以得到定位系统的动力学方程：

$$P = WF \tag{3-31}$$

式中，

$$F = \begin{bmatrix} F_1^{\mathrm{T}}, & F_2^{\mathrm{T}}, & F_3^{\mathrm{T}}, \end{bmatrix}$$

$$W = \begin{bmatrix} I_3 & I_3 & I_3 \\ [\tilde{r}_1] R^{-1} & [\tilde{r}_2] R^{-1} & [\tilde{r}_3] R^{-1} \end{bmatrix}$$

$$P = \begin{bmatrix} m_B I_3 \ddot{X} - m_B g + \sum_{i=1}^{3} (M\ddot{q}_i + \eta_i - m_{i3} g) \\ I_B \dot{\omega} + [\tilde{\omega}] I_B \omega + \sum_{i=1}^{3} [\tilde{r}_i] R^{-1} (M\ddot{q}_i + \eta_i - m_{i3} g) \end{bmatrix}$$

### 3. 拉格朗日法建立动力学模型

1) 各部件坐标系的建立

以四定位器定位系统为例，构建柔性多体动力学模型。根据定位系统本身结构特点，假设定位器支撑杆的刚度小于其他部件。为了计算方便，只将四根支撑杆视为柔性体，其余部件均视为刚体。由于输入的仿真参数为定位器位移与时间的关系，可进一步将调姿机构简化为四根支撑杆与飞机部件组成的机构，采用浮动坐标系法，其结构与坐标系如图 3.10 所示。坐标系 $xyz$ 表示全局坐标系，坐标系 $x^i y^i z^i$（$i=1$，2，3，4，符号 $i$ 表示支撑杆的编号）固结在支撑杆上，表示每根支撑杆的标架，坐标原点建立在支撑杆的底端，所以，定位器在 $xyz$ 下的位置可以用坐标系 $x^i y^i z^i$ 在 $xyz$ 下的位置表示。坐标系 $x^{\mathrm{part}} y^{\mathrm{part}} z^{\mathrm{part}}$ 固结在飞机部件上，表

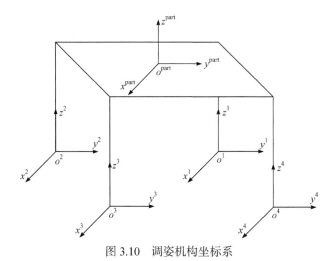

图 3.10　调姿机构坐标系

示飞机部件标架，为了计算方便，使 $o^{part}$ 与飞机部件质心重合。由于通过检测点数据拟合出的飞机部件坐标系原点并不能与其质心真正重合，需要将拟合出的坐标系沿着自身的坐标轴平移一个量，使其原点与测量得到的质心重合，并且修改球头在飞机部件坐标下的位置等参数[21]。

2）单根支撑杆的动力学模型的建立

利用瑞利-里兹 (Rayleigh-Ritz) 法描述杆上任意点 $p$ 的变形向量 $\boldsymbol{u}_f^i$：

$$\boldsymbol{u}_f^i = \boldsymbol{\Phi}^i \boldsymbol{q}_f^i \tag{3-32}$$

$\boldsymbol{\Phi}^i$ 为支撑杆 $i$ 的里兹基函数[22]

$$\left(\boldsymbol{\Phi}^i\right)^{\mathrm{T}} = \begin{bmatrix} 3\varepsilon^2 - 2\varepsilon^3 & 0 & 6(-\varepsilon + \varepsilon^2)\eta \\ 0 & 3\varepsilon^2 - 2\varepsilon^3 & 6(-\varepsilon + \varepsilon^2)\xi \\ 0 & 0 & \varepsilon \\ 0 & (\varepsilon^2 - \varepsilon^3)l & (-2\varepsilon + 3\varepsilon^2)l\xi \\ (-\varepsilon^2 + \varepsilon^3)l & 0 & (-2\varepsilon + 3\varepsilon^2)l\eta \end{bmatrix} \tag{3-33}$$

式中，$\xi = x^i / l$；$\eta = y^i / l$；$\varepsilon = z^i / l$。$l$ 为支撑杆的长度；$x^i$，$y^i$，$z^i$ 为 $p$ 点在支撑杆 $i$ 坐标系下的坐标分量。

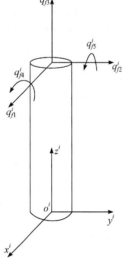

图 3.11　支撑杆广义坐标

$\boldsymbol{q}_f^i = \begin{bmatrix} q_{f1}^i & q_{f2}^i & q_{f3}^i & q_{f4}^i & q_{f5}^i \end{bmatrix}^{\mathrm{T}}$ 为支撑杆 $i$ 的弹性变形广义坐标向量，分别表示支撑杆 $i$ 顶端的 $x^i$ 向、$y^i$ 向、$z^i$ 向的位移与绕 $x^i$ 轴的旋转、绕 $y^i$ 轴的旋转，如图 3.11 所示。

$p$ 点在全局坐标系下的位置向量可以表示为

$$\boldsymbol{r}_p^i = \boldsymbol{R}^i + \boldsymbol{u}^i + \boldsymbol{u}_f^i = \boldsymbol{R}^i + \boldsymbol{u}^i + \boldsymbol{\Phi}^i \boldsymbol{q}_f^i \tag{3-34}$$

式中，$\boldsymbol{R}^i$ 为支撑杆 $i$ 坐标系原点在全局坐标系下的位置向量；$\boldsymbol{u}^i$ 为支撑杆 $i$ 未变形时 $p$ 点在局部坐标系中的位置向量。

$p$ 点的速度向量可以表示为

$$\dot{\boldsymbol{r}}_p^i = \dot{\boldsymbol{R}}^i + \dot{\boldsymbol{u}}^i = \dot{\boldsymbol{R}}^i + \boldsymbol{\Phi}^i \dot{\boldsymbol{q}}_f^i \tag{3-35}$$

则支撑杆 $i$ 的动能为

$$T^i = \frac{1}{2}\int_v \rho^i (\dot{\boldsymbol{r}}_p^i)^{\mathrm{T}} \dot{\boldsymbol{r}}_p^i \mathrm{d}V = \frac{1}{2}(\dot{\boldsymbol{q}}^i)^{\mathrm{T}} \boldsymbol{M}^i \dot{\boldsymbol{q}}^i \tag{3-36}$$

式中，$\boldsymbol{M}^i$ 为质量矩阵；$\rho^i$ 为质量密度，$\dot{\boldsymbol{q}}^i = \begin{bmatrix} (\dot{\boldsymbol{R}}^i)^{\mathrm{T}}, & (\dot{\boldsymbol{q}}_f^i)^{\mathrm{T}} \end{bmatrix}^{\mathrm{T}}$ 为支撑杆 $i$ 的广义

坐标。

$$M^i = \begin{bmatrix} m_{RR}^i & m_{Rf}^i \\ m_{Rf}^i & m_{ff}^i \end{bmatrix} \qquad (3\text{-}37)$$

式中，

$$m_{RR}^i = \int_v \rho^i \boldsymbol{I} \mathrm{d}V = \mathrm{diag}[m^i, \quad m^i, \quad m^i] \qquad (3\text{-}38)$$

$m^i$ 表示支撑杆 $i$ 的质量：

$$m_{Rf}^i = \int_v \rho^i \boldsymbol{\Phi}^i \mathrm{d}V \qquad (3\text{-}39)$$

$$m_{ff}^i = \int_v \rho^i (\boldsymbol{\Phi}^i)^{\mathrm{T}} \boldsymbol{\Phi}^i \mathrm{d}V \qquad (3\text{-}40)$$

由弹性变形引起的应变能 $U^i$ 可以表示为

$$U^i = \frac{1}{2}\int_0^l \left\{ EI\left[\frac{\partial^2\left(u_{fx}^i\right)}{\partial z^2}\right]^2 + EI\left[\frac{\partial^2\left(u_{fy}^i\right)}{\partial z^2}\right]^2 + EA\left[\frac{\partial\left(u_{fz}^i\right)}{\partial z}\right]^2 \right\} \mathrm{d}z \qquad (3\text{-}41)$$

$$U^i = \frac{1}{2}(\boldsymbol{q}_f^i)^{\mathrm{T}} \boldsymbol{K}_{ff}^i \boldsymbol{q}_f^i \qquad (3\text{-}42)$$

根据以上两式可以计算得到支撑杆 $i$ 的刚度矩阵 $\boldsymbol{K}_{ff}^i$：

$$\boldsymbol{K}_{ff}^i = \begin{bmatrix} \dfrac{12EI}{l^3} & 0 & 0 & 0 & -\dfrac{6EI}{l^2} \\[3mm] 0 & \dfrac{12EI}{l^3} & 0 & \dfrac{6EI}{l^2} & 0 \\[3mm] 0 & 0 & \dfrac{EA}{l} & 0 & 0 \\[3mm] 0 & \dfrac{6EI}{l^2} & 0 & \dfrac{4EI}{l} & 0 \\[3mm] -\dfrac{6EI}{l^2} & 0 & 0 & 0 & \dfrac{4EI}{l} \end{bmatrix} \qquad (3\text{-}43)$$

式中，$E$ 表示弹性模量；$A$ 表示截面积；$I$ 表示面积二次矩。

将式(3-34)与式(3-40)代入拉格朗日方程得

$$\frac{\mathrm{d}}{\mathrm{d}t}\left(\frac{\partial T^i}{\partial \dot{\boldsymbol{q}}^i}\right) - \frac{\partial T^i}{\partial \boldsymbol{q}^i} = \boldsymbol{Q}^i \qquad (3\text{-}44)$$

式中，$\boldsymbol{Q}^i = \boldsymbol{Q}_F^i - \boldsymbol{K}^i \boldsymbol{q}^i$，化简式(3-42)得到支撑杆 $i$ 的自由状态动力学控制方程：

$$M^i \ddot{q}^i + K^i q^i = Q_F^i \tag{3-45}$$

$$K^i = \begin{bmatrix} 0 & 0 \\ 0 & K_{ff}^i \end{bmatrix}$$

式中，$Q_F^i$ 为作用在支撑杆 $i$ 上的所有广义力。除去所受的约束力，支撑杆 $i$ 只受到重力的作用。根据虚功原理可以得到重力的广义力：

$$Q_F^i = [(m^i g)^{\mathrm{T}}, \quad (m^i g)^{\mathrm{T}} \boldsymbol{\Phi}_{x=0,y=0,z=l/2}^i]^{\mathrm{T}} \tag{3-46}$$

3）飞机部件动力学模型建立

选用欧拉参数 $\boldsymbol{P} = [E_0, \quad E_1, \quad E_2, \quad E_3]$ 描述飞机部件的位姿，旋转变换矩阵 $A$ 为

$$\boldsymbol{A} = \hat{\boldsymbol{E}} \hat{\boldsymbol{G}}^{\mathrm{T}} \tag{3-47}$$

式中，

$$\hat{\boldsymbol{E}} = \begin{bmatrix} -E_1 & E_0 & -E_3 & E_2 \\ -E_2 & E_3 & E_0 & -E_1 \\ -E_3 & -E_2 & E_1 & E_0 \end{bmatrix} \tag{3-48}$$

$$\hat{\boldsymbol{G}} = \begin{bmatrix} -E_1 & E_0 & E_3 & -E_2 \\ -E_2 & -E_3 & E_0 & E_1 \\ -E_3 & E_2 & -E_1 & E_0 \end{bmatrix} \tag{3-49}$$

飞机部件上任意点的速度可以表示为

$$\dot{\boldsymbol{r}}_p^{\mathrm{part}} = \dot{\boldsymbol{R}}^{\mathrm{part}} + \dot{\boldsymbol{A}} \boldsymbol{u}^{\mathrm{part}} \tag{3-50}$$

导出其质量矩阵为

$$\boldsymbol{M}^{\mathrm{part}} = \begin{bmatrix} \boldsymbol{m}_{RR}^{\mathrm{part}} & \boldsymbol{m}_{R\theta}^{\mathrm{part}} \\ \boldsymbol{m}_{R\theta}^{\mathrm{part}} & \boldsymbol{m}_{f\theta}^{\mathrm{part}} \end{bmatrix} \tag{3-51}$$

$$\boldsymbol{m}_{RR}^{\mathrm{part}} = \mathrm{diag}[m^{\mathrm{part}}, \quad m^{\mathrm{part}}, \quad m^{\mathrm{part}}] \tag{3-52}$$

$$\boldsymbol{m}_{R\theta}^{\mathrm{part}} = 0 \tag{3-53}$$

$$\boldsymbol{m}_{\theta\theta}^{\mathrm{part}} = 4\hat{\boldsymbol{G}}^{\mathrm{T}} \boldsymbol{I}^{\mathrm{part}} \hat{\boldsymbol{G}} \tag{3-54}$$

式中，$m^{\mathrm{part}}$ 为飞机部件质量；$I^{\mathrm{part}}$ 为飞机惯性张量。

代入拉格朗日方程，可以得到其自由状态动力学控制方程：

$$\boldsymbol{M}^{\mathrm{part}} \ddot{\boldsymbol{q}}^{\mathrm{part}} = \boldsymbol{Q}_F^{\mathrm{part}} + \boldsymbol{Q}_v^{\mathrm{part}} \tag{3-55}$$

式中，$\boldsymbol{q}^{\mathrm{part}} = [(\boldsymbol{R}^{\mathrm{part}})^{\mathrm{T}}, \quad \boldsymbol{P}^{\mathrm{T}}]^{\mathrm{T}}$ 为飞机部件广义坐标，$\boldsymbol{R}^{\mathrm{part}}$ 为飞机部件的移动向量；

$Q_F^{\text{part}}$ 为作用在飞机部件上的广义力，$Q_F^{\text{part}} = m^{\text{part}} g$ ；$Q_v^{\text{part}} = [(Q_{vR}^{\text{part}})^{\text{T}}, \quad (Q_{v\theta}^{\text{part}})^{\text{T}}]^{\text{T}}$ 为与速度二次方有关的项，$Q_{vR}^{\text{part}} = 0$ ，$Q_{v\theta}^{\text{part}} = -8\dot{\hat{G}}^{\text{T}} I^{\text{part}} \hat{G} \dot{P}$ 。

4) 定位系统约束方程

定位系统具有 4 个球面副约束，每个球面副包含了 3 组运动约束方程，支撑杆的空间位置采用驱动约束的形式表示，每根支撑杆包含 3 组驱动约束方程，加上欧拉参数自身的正则化约束方程共有 25 组约束方程 $C(q,t) = 0$ 。其具体形式如式(3-56)、式(3-57)、式(3-58)所示。

$$R^i + \Phi_{x=0,y=0,z=l}^i q_f^i = R^{\text{part}} + A u_i^{\text{part}} \tag{3-56}$$

$$R^i = R^i(t) \tag{3-57}$$

$$\left(P^{\text{part}}\right)^{\text{T}} P^{\text{part}} - 1 = 0 \tag{3-58}$$

式中，$q = [(q^1)^{\text{T}}, \quad (q^2)^{\text{T}}, \quad (q^3)^{\text{T}}, \quad (q^4)^{\text{T}}, \quad (q^j)^{\text{T}}]^{\text{T}}$ 为系统广义坐标；$u_i^{\text{part}}$ 表示球面副中心即工艺球头中心在飞机部件坐标下的位置向量。将 $C(q,t)$ 对广义坐标 $q$ 求导可以得到系统的雅可比矩阵 $C_q$ 。

5) 定位系统动力学控制方程

将支撑柱与飞机部件的自由状态动力学控制方程式(3-43)、式(3-44)与约束方程式(3-55)、式(3-56)、式(3-57)组合起来便得到定位系统动力学控制方程：

$$\begin{cases} M\ddot{q} + Kq + C_q^{\text{T}} \lambda = Q_F + Q_v \\ C(q,t) = 0 \end{cases} \tag{3-59}$$

式中，

$$M = \text{diag}[M^1, \quad M^2, \quad M^3, \quad M^4, \quad M^{\text{part}}] \tag{3-60}$$

$$K = \text{diag}[K^1, \quad K^2, \quad K^3, \quad K^4, \quad 0] \tag{3-61}$$

$$Q_F = [(Q_F^1)^{\text{T}}, \quad (Q_F^2)^{\text{T}}, \quad (Q_F^3)^{\text{T}}, \quad (Q_F^4)^{\text{T}}, \quad (Q_F^{\text{part}})^{\text{T}}]^{\text{T}} \tag{3-62}$$

$$Q_v = [0, \quad 0, \quad 0, \quad 0, \quad (Q_v^{\text{part}})^{\text{T}}]^{\text{T}} \tag{3-63}$$

$\lambda$ 为拉格朗日乘子向量，其中 $[-\lambda_1, -\lambda_2, -\lambda_3]^{\text{T}}$、$[-\lambda_7, -\lambda_8, -\lambda_9]^{\text{T}}$、$[-\lambda_{13}, -\lambda_{14}, -\lambda_{15}]^{\text{T}}$ 与 $[-\lambda_{19}, -\lambda_{20}, -\lambda_{21}]^{\text{T}}$ 分别为各个球铰的约束反力。

6) 动力学控制方程数值求解

式(3-59)是一个典型的微分代数方程组(differential-algebraic equations，DAE)。为了将该方程组化成纯微分方程，对式中的约束方程关于时间变量求二阶导数：

$$\ddot{C} = C_q \ddot{q} + \left(C_q \dot{q}\right)_q \dot{q} + 2C_{qt} \dot{q} + C_{tt} = 0 \tag{3-64}$$

定义一个变量 $\gamma$ ：

$$\gamma = C_q \ddot{q} = -\left(C_q \dot{q}\right)_q \dot{q} - 2C_{qt}\dot{q} - C_{tt} \tag{3-65}$$

根据式(3-65)可以将式(3-59)转化为

$$\begin{bmatrix} M & C_q^{\mathrm{T}} \\ C_q & 0 \end{bmatrix}\begin{bmatrix} \ddot{q} \\ \lambda \end{bmatrix} = \begin{bmatrix} Q_F + Q_v - Kq \\ \gamma \end{bmatrix} \tag{3-66}$$

将上式两端同时乘以左端的系数矩阵的逆矩阵，可得

$$\ddot{q} = f(q,\dot{q},t) \tag{3-67}$$

$$\lambda = g(q,\dot{q},t) \tag{3-68}$$

式(3-67)为非线性微分方程，系数矩阵 $M$ 、 $K$ 、 $C_q$ 、 $C_{qt}$ 与 $C_{tt}$ 在一个极小的时间间隔内变化很小，可以近似地将其视为常量，因此在该间隔时间内，式(3-67)可以当作常微分方程。将整个调姿时间分成若干段积分时间，然后使用变步长的四阶 Runge-Kutta 法[23]求解每个时间段的常微分方程。然而，在求解式(3-67)过程中，是在加速度层面上进行的，数值积分中存在舍入误差等因素会破坏系统的位置约束与速度约束，造成求解发散，为了避免该情况的发生，采用违约修正法[24]来保证数值解的稳定性。在求解过程中，可解代入约束方程与其关于时间的一阶导数，由于一般不满足约束，得到一个非零值：

$$C = \varepsilon_1 \neq 0 \tag{3-69}$$

$$\dot{C} = C_q\dot{q} - C_t \neq \varepsilon_2 \tag{3-70}$$

利用反馈控制的原理抑制误差，将式(3-66)改写为

$$\begin{bmatrix} M & C_q^{\mathrm{T}} \\ C_q & 0 \end{bmatrix}\begin{bmatrix} \ddot{q} \\ \lambda \end{bmatrix} = \begin{bmatrix} Q_F + Q_v - Kq \\ \gamma - 2\alpha\varepsilon_2 - \beta^2\varepsilon_1 \end{bmatrix} \tag{3-71}$$

式中， $\alpha$ 、 $\beta$ 为 1～50 的数，当 $\alpha = \beta$ 时，为临界阻尼，此时，数值解能很快达到稳定。

## 3.3　定位系统内力分析

基于三个及以上定位器支撑的飞机大部件定位系统，通过定位器在三个正交方向的运动合成大部件空间六自由度位置和姿态，本质上是一个冗余驱动的并联机构。通常在冗余驱动的情况下，各定位器之间可能产生很大的相互制约力，形成调姿内力。调姿内力会引起大部件附加装配变形。如果调姿过程中内力控制不

好,附加变形增大到一定程度(超过大部件的许可极限)将会造成飞机大部件破坏。此外,调姿内力的释放会引起飞机大部件变形,对后续装配工艺过程产生不良影响,难以保证飞机装配质量,甚至会导致交点孔位误差超差等严重后果。为保证调姿定位过程中系统的安全,尤其是飞机大部件安全,必须采用关节驱动力优化与控制、增加随动装置等方法避免冗余驱动引起的调姿内力。

### 3.3.1　同步误差引起的内力

同步误差引起的内力,存在于冗余驱动定位系统中,非冗余驱动不存在此问题。

如图 3.12 所示,固定坐标系 $S[oxyz]$ 坐标轴方向与定位器的移动方向一致,以飞机部件的惯性主轴建立连体坐标系 $S'[o'x'y'z']$。飞机部件位姿用矢量 $U = \left[p_x, p_y, p_z, \psi, \theta, \varphi\right]^{\mathrm{T}}$ 表示,其中 $p_x, p_y, p_z$ 表示 $o'$ 在坐标系 $S$ 中的坐标位置,$\psi, \theta, \varphi$ 表示连体坐标系 $S'$ 相对于固定坐标系 $S$ 的 RPY 角。

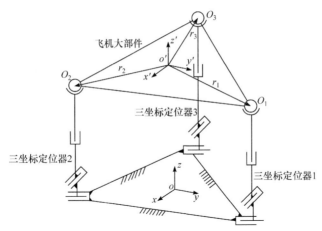

图 3.12　飞机部件调姿原理示意图

对于定位器 $i$ ($i$ =1,2,3),其顶部工艺球头球心 $O_i$ 在固定坐标系 $S$ 内的位置矢量为 $q_i = \left[q_{ix}, q_{iy}, q_{iz}\right]^{\mathrm{T}}$,在连体坐标系 $S'$ 内的位置矢量为 $r_i = \left[r_{ix}, r_{iy}, r_{iz}\right]^{\mathrm{T}}$。实际上,$q_{ix}$、$q_{iy}$、$q_{iz}$ 也可以分别表示定位器三个移动关节的坐标位置,即

$$q_i = Rr_i + X \tag{3-72}$$

对式(3-72)求导,即可得到定位器 $i$ 的关节速度矢量 $\dot{q}$ 与物体位姿之间的关系:

$$\dot{q}_i = \dot{R}r_i + \dot{X} \tag{3-73}$$

上式用矩阵形式表示为

$$\dot{q} = H\dot{U}$$

　　该式反映了操作空间的广义速度与关节空间运动速度的关系。其中，$\dot{\boldsymbol{q}}=[\dot{\boldsymbol{q}}_1^{\mathrm{T}},$
$\dot{\boldsymbol{q}}_2^{\mathrm{T}},\dot{\boldsymbol{q}}_3^{\mathrm{T}}]^{\mathrm{T}}$，系数矩阵 $\boldsymbol{H}$ 为逆雅可比矩阵。

　　对式(3-73)求导，可得关节加速度矢量 $\ddot{\boldsymbol{q}}$ 与物体位姿之间的关系：

$$\ddot{\boldsymbol{q}}_i = \ddot{\boldsymbol{R}}\boldsymbol{r}_i + \ddot{\boldsymbol{X}} \tag{3-74}$$

　　由式(3-29)可知，驱动力矢量 $\boldsymbol{F}$ 有 9 个分量，其个数多于方程个数，很明显是一个多解的冗余驱动问题，应用广义逆方法可得式(3-29)的通解：

$$\boldsymbol{F} = \boldsymbol{W}^+ \boldsymbol{P} + (\boldsymbol{I}_{9\times9} - \boldsymbol{W}^+ \boldsymbol{W})\boldsymbol{\varepsilon} \tag{3-75}$$

式中，$\boldsymbol{W}^+ = \left(\boldsymbol{W}^{\mathrm{T}}\boldsymbol{W}\right)^{-1}\boldsymbol{W}^{\mathrm{T}}$ 是 $\boldsymbol{W}$ 的 Moore-Penrose 广义逆矩阵；$\boldsymbol{\varepsilon}$ 是一个可以任意选取的 9×1 矢量，它决定了 $\boldsymbol{F}$ 可以有多组解。式中等号右边第一项 $\boldsymbol{W}^+ \boldsymbol{P}$ 所对应的力是调姿过程中定位器驱使飞机大部件运动所需的动力，第二项 $\left(\boldsymbol{I}_{9\times9} - \boldsymbol{W}^+ \boldsymbol{W}\right)\boldsymbol{\varepsilon}$ 对应的就是使飞机大部件产生内力的项，其满足：

$$\boldsymbol{W}(\boldsymbol{I} - \boldsymbol{W}^+ \boldsymbol{W})\boldsymbol{\varepsilon} = (\boldsymbol{W} - \boldsymbol{W}\boldsymbol{W}^+ \boldsymbol{W})\boldsymbol{\varepsilon} = (\boldsymbol{W} - \boldsymbol{W})\boldsymbol{\varepsilon} = 0 \tag{3-76}$$

　　因此，它对部件的运动不产生任何影响。

　　在调姿过程中，可以通过选取一定 $\boldsymbol{\varepsilon}$ 来获得系统的某些性能要求[25-27]，但会使部件受到一定的内力。为了保证调姿过程中飞机部件安全，应尽量减小部件因受内力而产生的变形，因此取 $\boldsymbol{\varepsilon} = \boldsymbol{0}$，可得到驱动力 $\boldsymbol{F}$ 的最小范数解：

$$\boldsymbol{F}_m = \boldsymbol{W}^+ \boldsymbol{P} \tag{3-77}$$

　　由式(3-20)、(3-21)、(3-29)、(3-72)、(3-74)、(3-77)求得三坐标定位器各向驱动力的最小范数解，能够有效避免调姿过程中由冗余驱动造成的调姿内力。

### 3.3.2　定位误差引起的内力

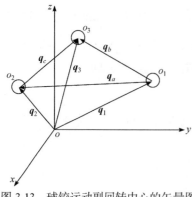

图 3.13　球铰运动副回转中心的矢量图

　　根据飞机部件定位系统，建立定位器球窝与工艺球头形成的球铰运动副回转中心的矢量图(图 3.13)，其中 $\boldsymbol{q}_i$ 表示定位器 $i$($i$=1,2,3)的球铰中心 $o_i$ 在固定坐标系中的位置矢量。令

$$\boldsymbol{q}_a = \boldsymbol{q}_2 - \boldsymbol{q}_1$$
$$\boldsymbol{q}_b = \boldsymbol{q}_3 - \boldsymbol{q}_1 \tag{3-78}$$
$$\boldsymbol{q}_c = \boldsymbol{q}_3 - \boldsymbol{q}_2$$

式中，矢量 $\boldsymbol{q}_a$、$\boldsymbol{q}_b$、$\boldsymbol{q}_c$ 分别表示球铰中心 $o_1$、$o_2$、$o_3$ 相互之间的距离。基于定位器支撑的

飞机大部件调姿过程实质上是通过控制三坐标定位器的运动使得 $o_1$、$o_2$、$o_3$ 从初始位置协同运动到各自的理想目标位置，从而实现大部件位姿调整。运动轨迹由位姿调整路径规划算法生成，而协同运动的约束条件是保证球铰中心 $o_1$、$o_2$、$o_3$ 相互之间距离不变，即满足：

$$\left| \boldsymbol{q}_a \right| = \left| \boldsymbol{q}_b \right| = \left| \boldsymbol{q}_c \right| = \text{const} \tag{3-79}$$

实际上，定位器不可避免地存在控制误差和机械系统误差，使得球铰中心位置矢量在 $q_1$、$q_2$、$q_3$ 调姿运动过程中产生运动误差，假设定位器 $i$（$i=1,2,3$）在 3 个方向上的运动误差分别为 $\Delta q_{ix}$、$\Delta q_{iy}$、$\Delta q_{iz}$，则位置误差矢量 $\Delta q_i$ 可以表示为

$$\Delta \boldsymbol{q}_i = \begin{bmatrix} \Delta q_{ix} & \Delta q_{iy} & \Delta q_{iz} \end{bmatrix}^{\mathrm{T}}, \quad i=1,2,3 \tag{3-80}$$

则调姿过程中球铰中心的实际位置矢量可以表示为

$$\boldsymbol{q}_i' = \boldsymbol{q}_i + \Delta \boldsymbol{q}_i, \quad i=1,2,3 \tag{3-81}$$

代入式(3-20)并化简，得到

$$\begin{cases} \delta \boldsymbol{q}_a = \Delta \boldsymbol{q}_2 - \Delta \boldsymbol{q}_1 \\ \delta \boldsymbol{q}_b = \Delta \boldsymbol{q}_3 - \Delta \boldsymbol{q}_1 \\ \delta \boldsymbol{q}_c = \Delta \boldsymbol{q}_3 - \Delta \boldsymbol{q}_2 \end{cases} \tag{3-82}$$

式中，$\delta \boldsymbol{q}_j ( j=a,b,c)$ 表示距离矢量 $\boldsymbol{q}_a$、$\boldsymbol{q}_b$、$\boldsymbol{q}_c$ 在实际调姿过程中产生的误差，这与式(3-79)产生矛盾。因此，在实际调姿过程中，三坐标定位器的定位误差会造成飞机部件上工艺球头之间(即球铰中心之间)的距离改变，使得协调运动的约束条件不能精确满足。所以，距离矢量误差 $\delta \boldsymbol{q}_j ( j=a,b,c)$ 需要通过三坐标定位器与飞机部件之间的协调变形来补偿。若定位器的刚度远大于部件的刚度，则飞机部件产生变形；反之，则定位器产生变形；当两者刚度相近时飞机部件和定位器均产生变形。由于定位器结构经过优化设计，可以认为其结构刚度远大于飞机部件的刚度，误差由飞机部件变形来补偿。因此，调姿过程中定位器的定位误差可使大部件内部产生应变，即引起调姿内力[28,29]。由于位姿调整只改变物体的空间位姿，并不影响物体的形状与尺寸，距离矢量误差在固定坐标系和在部件连体坐标系中的模相等，飞机部件产生的绝对变形可由式(3-82)求模得到：

$$\begin{cases} \left| \delta \boldsymbol{q}_a \right| = \left| \Delta \boldsymbol{q}_2 - \Delta \boldsymbol{q}_1 \right| \leqslant \left| \Delta \boldsymbol{q}_2 \right| + \left| \Delta \boldsymbol{q}_1 \right| \\ \left| \delta \boldsymbol{q}_b \right| = \left| \Delta \boldsymbol{q}_3 - \Delta \boldsymbol{q}_1 \right| \leqslant \left| \Delta \boldsymbol{q}_3 \right| + \left| \Delta \boldsymbol{q}_1 \right| \\ \left| \delta \boldsymbol{q}_c \right| = \left| \Delta \boldsymbol{q}_3 - \Delta \boldsymbol{q}_2 \right| \leqslant \left| \Delta \boldsymbol{q}_3 \right| + \left| \Delta \boldsymbol{q}_2 \right| \end{cases} \tag{3-83}$$

三坐标定位器的定位精度主要受零部件制造误差、结构装配误差、伺服控制误差等因素影响，由误差分布的随机性可知，定位器处于不同工作位置时产生的球心位置偏差各不相同。根据定位器结构设计的精度指标，可以获得其在 $x$、$y$、

$z$ 方向上的定位误差值 $\Delta x$ 、 $\Delta y$ 、 $\Delta z$ ，则产生的最大空间定位误差为

$$\Delta q = \sqrt{\Delta x^2 + \Delta y^2 + \Delta z^2} \tag{3-84}$$

假设最大空间定位误差矢量方向与部件上工艺球头中心点之间的连线方向相同，由式(3-83)可知此时产生的距离误差最大，其值为

$$\delta \boldsymbol{q}_{\max} = 2\Delta \boldsymbol{q} \tag{3-85}$$

因此，最大调姿内力为

$$f_{\max} = K\Delta \boldsymbol{q}_{\max} \tag{3-86}$$

式中， $K$ 为飞机部件的刚度。

然而，实际调姿过程中飞机部件上工艺球头球心之间的距离误差不会达到以上所述的最大值。首先，定位器在三个方向均达到最大定位误差时，顶部球心的位置误差方向与工艺球头球心之间的连线方向通常不共线。其次，调姿过程并不需要定位器在全行程范围内运行。故定位器在三个方向上的定位误差通常不会同时达到最大值，且它们之间的定位误差有一定的相互抵消作用。此外，定位器与工艺球头之间的球铰连接使得一部分误差用来引起飞机部件的姿态误差；另一部分产生内力的误差。定位器与飞机部件之间存在一定的变形协调关系，调姿内力使定位器产生一定变形的同时，也减小了部件的变形。综上所述，实际调姿过程中飞机部件的变形 $\varepsilon < \delta \boldsymbol{q}_{\max}$ 。

### 3.3.3　内力消除及控制方法

1. 非冗余驱动方法

当定位系统外部驱动力的数目与大部件位姿调整的自由度数相同时，驱动力方程式(3-31)中， $W$ 退化为 6×6 方阵，此时为非冗余驱动机构。由于调姿过程中机构均处于非奇异位置， $W$ 非奇异，即 $W^{-1}$ 存在，则

$$F = W^{-1}P \tag{3-87}$$

由此可得， $P$ 和 $F$ 为一一对应关系。对于系统内力，满足

$$WF = 0 \tag{3-88}$$

此时方程只有唯一零解，表明非冗余驱动调姿机构在非奇异位姿下不存在调姿内力。

2. 随动装置法

随动装置是在球头夹紧机构与定位器伸缩柱之间设置的能够在外力作用下产生一定随动位移的机械装置。根据系统约束完备性的需要，有一维和二维两种结

构形式。

1) 一维随动装置

一维随动装置能够在很小外力作用下沿设定方向运动, 运动范围根据具体要求设计, 结构形式如图 3.14 所示。采用两套滚动导轨导向, 通过滚动摩擦提高对外力作用响应的灵敏度, 从而减小摩擦死区。工作时液压缸将锁紧锥销拔出, 夹具体连接板在外力作用下可以与导杆连接板产生相对运动(定位器及导杆连接板固定不动), 位移传感器测出随动的位移; 同理, 导杆连接板也可以在外力作用下与夹具体连接板产生相对滑动(夹具体连接板不动, 定位器复位)补偿随动的位移, 然后液压缸推动锥销而锁紧。

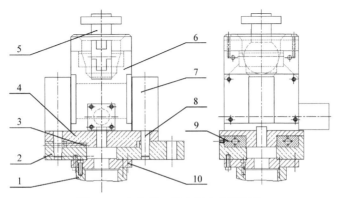

图 3.14　定位器一维自适应夹紧机构

1-定位器伸缩柱; 2-导杆连接板; 3-位移传感器; 4-夹具体连接板; 5-工艺球头; 6-夹紧机构; 7-液压缸; 8-圆锥销钉; 9-滚动导轨; 10-连接法兰

2) 二维随动装置

二维随动装置可以在很小外力作用下沿 $x$、$y$ 方向运动, 相当于一个由滚动实现的平面副, 运动范围根据要求设定, 结构形式如图 3.15 所示。在一维随动装置的基础上增加了中间随动板、滚动导轨及相应的位移传感器。基于滚动导轨的随动结构在功能上可以满足随动的要求, 但是在定位器与球头夹紧机构之间引入了额外的随动环节, 增加了结构的复杂程度, 在一定程度上降低了支撑刚度, 增加了系统的复杂性。

采用随动装置进行应力释放时系统的布局如图 3.16 所示。部件由定位器支撑, 其在 $x$、$y$、$z$ 方向的运动分别由伺服电机驱动。在夹紧机构上设计具有自动跟随功能的随动装置, 可以在外力作用下产生一定随动位移, 并由高精度位移传感器测出该位移值。为保证约束的完备性并避免刚体位移, 采用 3-2-1 自由度约束方法。在三个定位器支撑的布局中, 定位器 1 上采用固定夹紧机构, 不具有随动特性; 定位器 2 上的夹紧机构设有二维随动装置; 定位器 3 上的夹紧机构设有一维随动装置。而在四个定位器支撑的布局中，需增加一台具有二维随动装置的定位器。

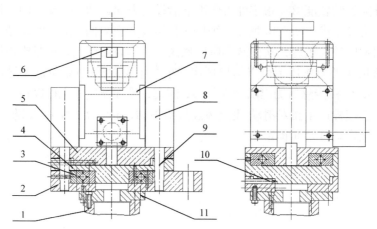

图 3.15 定位器二维自适应夹紧机构

1-定位器伸缩柱；2-导杆连接板；3-滚动导轨；4-中间随动板；5-夹具体连接板；6-工艺球头；7-夹紧机构；8-液压缸；9-圆锥销钉；10-位移传感器；11-连接法兰

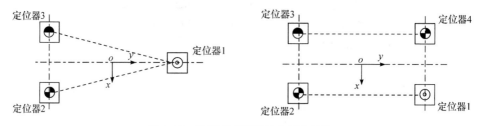

图 3.16 采用随动装置的布局和结构

◑ $x$、$y$向随动夹紧；◐ $y$向随动夹紧；◎ 固定夹紧

工作过程中，飞机部件调整到目标姿态以后，须打开随动装置使部件自由放置在定位器上进行应力释放。应力释放完成以后，首先根据随动装置上位移传感器的测量值，由三坐标定位器相应方向的运动进行补偿，以保证工艺球头球心在定位器上的相对位置不变。然后锁紧随动装置，完成应力释放过程。随动装置的随动特性通过结构间的相对滚动实现，因此在随动及补偿过程中，摩擦力的影响可以忽略不计。

### 3. 内力消除方法对比分析

减少外部驱动轴数目的方法是根据冗余驱动的工作特性提出的，旨在从原理上避免调姿内力。通过释放定位器部分移动关节的外部驱动，将其转化为被动跟随的方式运动，以避免协调运动过程中同步控制误差造成的调姿内力。被动跟随特性可以自适应位姿要求，一定程度上可以避免严格的协调运动控制原则。然而，非冗余驱动方法给飞机部件吊装入位带来一定困难，部件入位时需要借助外力(如人力)来配置定位器无外部驱动方向上的位置参数，尤其是在对不同部件进行调姿时，无法进行自动配置，降低了调姿系统的柔性和自动化程度。此外，调姿时的跟随特性要求飞机部件始终传递定位器被动关节运动所需的驱动力，力的传递过程中会引起飞机部件产生调姿应力和变形。

采用随动装置的方法在姿态调整完成以后进行内力释放，是一种补偿、修正的解决方法。该方法在不改变原有调姿工作原理的基础上，在夹紧机构中引入随动装置，并通过专门的工艺过程释放调姿内力。对于控制系统较为复杂的冗余驱动模式来说，当前控制系统的发展水平对解决具有一定复杂性和逻辑性要求的系统并不困难。当前控制系统能够达到较高的同步控制精度，并且采用式(3-77)求得的定位器各向驱动力的最小范数解可以有效避免调姿内力。优化调姿内力和定位器进给顺序，可以使定位器定位误差在一定程度上互相补偿，减小调姿内力，而且定位器在三个方向上的自动化配置便于机型调整，有利于实现多机型共平台装配，提高系统的柔性和自动化程度。

## 3.4　定位系统刚度分析

在飞机结构装配过程中，定位系统不仅要求具有高的调姿精度，而且要求具有良好的姿态保持特性。根据装配工艺要求，姿态保持特性在调姿、对接和精加工过程中衡量的指标并不相同。调姿过程中的姿态保持特性主要表现为系统的调姿刚度，即在外力或内力作用下系统输入与姿态变化的关系。系统外力是指调姿过程中作用在飞机部件上的力，主要包括飞机大部件自身的重力、可能增加的配重或环境干扰力；系统内力是指调姿过程中由定位器空间误差引起支撑点间距离变化产生的应力或由冗余驱动特性使各定位器彼此之间相互制约力而形成的调姿内力[31]。定位系统除了应具有高调姿精度外，还必须具有良好的姿态保持特性，即较高的调姿刚度，才能保证调姿过程中的稳定性。定位系统的类型对调姿刚度有重要影响，针对冗余驱动定位系统、非冗余定位系统(图 3.17)以及冗余支链定位系统，需要分别建立刚度模型并进行对比分析，确定各类系统的工作特性。

### 3.4.1　定位系统静刚度

定位系统静刚度是影响系统对接和精加工过程稳定性的重要指标，可采用解析法建立系统的静刚度模型和单向静刚度模型对静刚度进行分析，并采用有限元软件和解析刚度模型分别对实例系统静刚度进行计算，从而获得系统刚度设计时需要遵循的原则[31]。

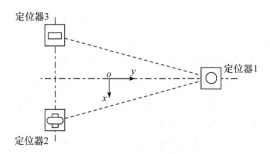

图 3.17　非冗余系统的布局和结构

$x$、$y$向浮动/夹紧；　$y$向浮动/夹紧；　伺服驱动/夹紧

### 1. 静刚度影响因素

由定位系统组成及其工作原理可知，定位系统的静态刚度主要与以下因素有关。

(1) 三坐标定位器的结构刚度。

(2) 调姿系统的几何构形，即定位器支撑大部件的位置、高度等。

(3) 大部件位姿。

(4) 定位器与大部件之间构成的球铰连接刚度。

(5) 大部件的刚度。

(6) 安装平台与基础地基的刚度。

### 2. 定位器静刚度

基于模块化设计理念，三坐标定位器均采用相似结构，不同之处主要在于其 $z$ 向行程。通过有限元计算可知，系统中不同行程的定位器结构刚度基本相同。根据有限元计算结果，并考虑定位器对称结构，定位器在 $x$、$y$、$z$ 方向上的刚度计算模型可以简化为

$$k_{Dx} = k_{Dy} = \frac{3E_D I_D}{h^3}, \quad k_{Dz} = \frac{EA_D}{h} \tag{3-89}$$

式中，$E_D$ 为定位器材料的弹性模量；$h$ 为有效高度(球窝中心到外缸体安装法兰的高度)；$A_D$ 为外缸体截面积；$I_D$ 为外缸体惯性矩。结构优化后的定位器静刚度可以通过计算式(3-92)求得。

### 3. 系统静刚度建模

典型数控定位器在 $x$ 和 $y$ 轴的直线导轨上设有锁紧滑块，$z$ 轴的伸缩柱上选

用具有自锁功能的蜗轮蜗杆传动。在部件位姿调整完成以后，要求定位器各运动轴导轨上的锁紧装置锁定其当前工作位置；同时夹紧机构夹紧工艺球头，防止部件位姿发生变化，从而保证支撑的稳定性[32]。此时定位系统的所有关节均不能运动，调姿机构转化为固定结构。

1) 部件受力分析

以调姿部件为研究对象，以 4 个工艺球头球心连线的交点为原点建立坐标系，其受力分析如图 3.18 所示。图中 $F = \left[ F_x, F_y, F_z \right]^{\mathrm{T}}$ 表示所有外部作用力(包括重力)向坐标原点简化的主矢，$M = \left[ M_x, M_y, F_M \right]^{\mathrm{T}}$ 为主矩，$T_i$、$S_i$、$R_i$ ($i = 1,2,3,4$)分别表示定位器 $i$ 在 $x$、$y$、$z$ 方向对大部件的约束反力，$B$、$L$ 分别为工艺球头之间的距离。

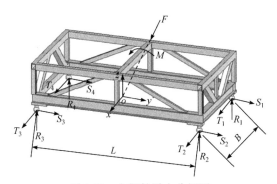

图 3.18　大部件受力分析图

根据空间一般力系的平衡条件，可以得到以下方程组：

$$\begin{cases} R_1 + R_2 + R_3 + R_4 + F_z = 0 \\ S_1 + S_2 + S_3 + S_4 + F_y = 0 \\ T_1 + T_2 + T_3 + T_4 + F_x = 0 \\ \dfrac{L}{2}(R_1 + R_2 - R_3 - R_4) + M_x = 0 \\ \dfrac{B}{2}(R_1 + R_4 - R_2 - R_3) + M_y = 0 \\ \dfrac{B}{2}(S_2 + S_3 - S_1 - S_4) + \dfrac{L}{2}(T_3 + T_4 - T_1 - T_2) + M_z = 0 \end{cases} \tag{3-90}$$

式(3-90)中有 6 个方程，12 个未知量，为超静定问题，需要根据系统的变形协调条件找出 6 个补充方程才可以求解。

假设部件为刚体，$z$ 向的位移如图 3.19 所示，位姿变换前后 2、0、4 点始终在一条直线上，1、0、3 三点始终共线，故有

$$\delta_{z0} = \frac{\delta_{z2} + \delta_{z4}}{2}, \quad \delta_{z0} = \frac{\delta_{z1} + \delta_{z3}}{2} \tag{3-91}$$

那么 $\delta_{z2} + \delta_{z4} = \delta_{z1} + \delta_{z3}$。式中，$\delta_{zi}(i=1,2,3,4)$ 表示定位器 $i$ 在 $z$ 向的位移；$\delta_{z0}$ 表示中心点处的 $z$ 向位移。

定位器结构经过优化，在额定载荷作用下变形小，认为其变形关系是线性的，即刚度 $k_x = k_y = C_1$，$k_z = C_2$（$C_1$，$C_2$ 为常数)。由定位器的线性变形条件有

$$R_2 + R_4 = R_1 + R_3 \tag{3-92}$$

大部件在 $xy$ 平面上的位移如图 3.20 所示。1、2、3、4 分别为刚体上的点，相互之间的距离在位姿变化前后保持不变，即

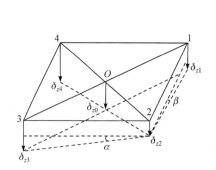

图 3.19　大部件在 $z$ 向的位移图

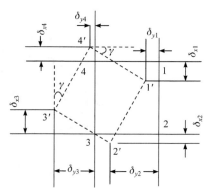

图 3.20　大部件在 $xy$ 平面的位移图

$$\begin{cases} \delta_{x1} = \delta_{x2}, \quad \delta_{x3} = \delta_{x4} \\ \delta_{y1} = \delta_{y4}, \quad \delta_{y2} = \delta_{y3} \\ \delta_{x1} + \delta_{y1} = \delta_{x3} + \delta_{y3} \end{cases} \tag{3-93}$$

式中，$\delta_{xi}$、$\delta_{yi}(i=1,2,3,4)$ 分别表示定位器 $i$ 在 $x$、$y$ 向的位移。根据定位器线性变形条件有

$$\begin{cases} T_1 = T_2, \quad T_3 = T_4 \\ S_1 = S_4, \quad S_2 = S_3 \\ T_1 + S_1 = T_3 + S_3 \end{cases} \tag{3-94}$$

由式(3-90)、式(3-92)、式(3-94)可以解得

$$
\begin{cases}
R_1 = -\dfrac{F_z}{4} - \dfrac{M_y}{2B} - \dfrac{M_x}{2L} \\[2mm]
R_2 = -\dfrac{F_z}{4} + \dfrac{M_y}{2B} - \dfrac{M_x}{2L} \\[2mm]
R_3 = -\dfrac{F_z}{4} + \dfrac{M_y}{2B} + \dfrac{M_x}{2L} \\[2mm]
R_4 = -\dfrac{F_z}{4} - \dfrac{M_y}{2B} + \dfrac{M_x}{2L} \\[2mm]
S_1 = S_4 = -\dfrac{F_y}{4} - \dfrac{M_z}{2(L-B)} \\[2mm]
S_2 = S_3 = -\dfrac{F_y}{4} + \dfrac{M_z}{2(L-B)} \\[2mm]
T_1 = T_2 = -\dfrac{F_x}{4} + \dfrac{M_z}{2(L-B)} \\[2mm]
T_3 = T_4 = -\dfrac{F_x}{4} - \dfrac{M_z}{2(L-B)}
\end{cases}
\tag{3-95}
$$

2) 部件位姿误差

结构刚度是定位器重要的设计指标，一般在设计阶段采用结构优化方法提升系统刚度，因此在额定外力作用下系统位姿变化很小。由图 3.14、图 3.15 所示的变形关系，可以得到

$$
\begin{cases}
\sin\alpha = \dfrac{\delta_{z3} - \delta_{z2}}{L} = \dfrac{\delta_{z4} - \delta_{z1}}{L} = \dfrac{R_1 - R_4}{k_z L} = \alpha \\[2mm]
\sin\beta = \dfrac{\delta_{z1} - \delta_{z2}}{B} = \dfrac{\delta_{z4} - \delta_{z3}}{B} = \dfrac{R_3 - R_4}{k_z B} = \beta \\[2mm]
\sin\gamma = \dfrac{\delta_{y3} - \delta_{y4}}{B} = \dfrac{\delta_{x1} + \delta_{x4}}{L} = \dfrac{S_4 - S_3}{k_y B} = \gamma \\[2mm]
\Delta x = \dfrac{\delta_{x1} + \delta_{x4}}{2} = \dfrac{\delta_{x2} + \delta_{x3}}{2} = \dfrac{-T_2 - T_3}{2k_x} \\[2mm]
\Delta y = \dfrac{\delta_{y1} + \delta_{y2}}{2} = \dfrac{\delta_{y3} + \delta_{y4}}{2} = \dfrac{-S_3 - S_4}{2k_y} \\[2mm]
\Delta z = \dfrac{\delta_{z1} + \delta_{z3}}{2} = \dfrac{\delta_{z2} + \delta_{z4}}{2} = \dfrac{-R_2 - R_4}{2k_z}
\end{cases}
\tag{3-96}
$$

式中，$\alpha$、$\beta$、$\gamma$ 分别表示大部件绕 $x$、$y$、$z$ 轴转动的角度误差；$\Delta x$、$\Delta y$、$\Delta z$ 表示原点 $o$ 在 3 个方向上的位移误差。

3) 系统静刚度模型

用 $\boldsymbol{\tau}=\left[F_x,F_y,F_z,M_x,M_y,M_z\right]^\mathrm{T}$ 表示大部件上作用的广义力，$\Delta\boldsymbol{U}=\left[\Delta x,\Delta y,\Delta z,\alpha,\beta,\gamma\right]^\mathrm{T}$ 表示部件位姿变化矢量,则调姿系统的刚度 $K$ 定义为在驱动关节固定时，作用在部件上的力 $\boldsymbol{\tau}$ 与产生的位姿变化矢量 $\Delta\boldsymbol{U}$ 之比[33]，可表示为

$$K=\sqrt{\frac{\boldsymbol{\tau}^\mathrm{T}\boldsymbol{\tau}}{\Delta\boldsymbol{U}^\mathrm{T}\Delta\boldsymbol{U}}} \tag{3-97}$$

在已知外部作用力 $\boldsymbol{\tau}$ 的情况下，将式(3-96)代入上式计算系统刚度。

4) 系统单向静刚度模型

单向刚度是指外力作用下引起部件位姿变换时，外部作用力与其作用方向上产生的位姿变化分量之比。在外力作用方向上产生的位姿变化分量可以通过将部件位姿变化矢量 $\Delta\boldsymbol{U}$ 投影到该方向求得

$$\frac{\Delta\boldsymbol{U}\boldsymbol{\tau}}{\|\boldsymbol{\tau}\|_2}=\frac{\Delta\boldsymbol{U}^\mathrm{T}\boldsymbol{\tau}}{\sqrt{\boldsymbol{\tau}^\mathrm{T}\boldsymbol{\tau}}} \tag{3-98}$$

将式(3-98)代入式(3-97)可得到外力作用方向上的单向刚度：

$$K_\mathrm{m}=\sqrt{\frac{\boldsymbol{\tau}^\mathrm{T}\boldsymbol{\tau}}{\dfrac{\Delta\boldsymbol{U}^\mathrm{T}\boldsymbol{\tau}}{\sqrt{\boldsymbol{\tau}^\mathrm{T}\boldsymbol{\tau}}}\dfrac{\Delta\boldsymbol{U}^\mathrm{T}\boldsymbol{\tau}}{\sqrt{\boldsymbol{\tau}^\mathrm{T}\boldsymbol{\tau}}}}}=\frac{\boldsymbol{\tau}^\mathrm{T}\boldsymbol{\tau}}{\Delta\boldsymbol{U}^\mathrm{T}\boldsymbol{\tau}} \tag{3-99}$$

当外力作用在 $x$、$y$、$z$ 方向上时，利用上式可以计算系统在这 3 个方向上的刚度。

### 3.4.2 定位系统动刚度

1. 定位器动刚度模型

1) 滚珠丝杠的轴向刚度

在驱动力矩的作用下，丝杠受轴向载荷作用产生的轴向拉压变形占整个传动系统误差的 30%～50%,此外丝杠也会发生一定的扭转变形，从而导致丝杠出现轴向动态导程误差，误差大小与支承方式和螺母位置有关。通常定位器在 $X$、$Y$ 两个方向的传动系统采用两端固定的安装方式，而 $Z$ 向传统系统采用一端固定另一端自由的安装方式,以下是定位器三个方向上的轴向刚度模型。

(1) $x$ 向滚珠丝杠的轴向刚度。

$x$ 向丝杠在螺母移动到任意位置 $x$ 处时的受力如图 3.21 所示，其中 $F_X$ 为丝杠轴向载荷；$L_X$ 为 $X$ 向丝杠两端支撑间的距

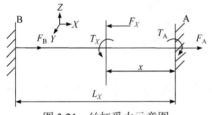
图 3.21　丝杠受力示意图

离；$F_A$ 为丝杠 A 端轴承反力；$F_B$ 为丝杠 B 端轴承反力；$A$ 为丝杠截面面积；$T_X$ 为丝杠扭矩载荷；$T_A$ 为驱动扭矩。

由力平衡条件和变形协调关系可得下列方程组：

$$\begin{cases} F_A + F_B = F_X \\ \dfrac{F_A x}{EA} = \dfrac{F_B(L_X - x)}{EA} \end{cases} \tag{3-100}$$

解得

$$F_A = \frac{L_X - x}{L_X} F_X, \quad F_B = \frac{x}{L_X} F_X \tag{3-101}$$

根据材料力学轴向拉压变形公式可得在位移 $x$ 处由轴向力引起的变形 $\lambda_{XS1}\big|_x$ 为

$$\lambda_{XS1}\big|_x = \frac{4F_X x(L_X - x)}{\pi E d_X^2 L_X} \tag{3-102}$$

式中，$d_X$ 为丝杠底径。

由扭矩引起的扭转变形 $\varphi_X$ 为

$$\varphi_X = \frac{32 T_X L_X}{G \pi d_X^4} \tag{3-103}$$

式中，$G$ 为丝杠材料的切变模量。

相应的轴向变形 $\lambda_{XS2}\big|_x$ 为

$$\lambda_{XS2}\big|_x = \frac{\varphi_X}{2\pi} P_X = \frac{16 T_X x P_X}{\pi^2 G d_X^4} \tag{3-104}$$

式中，$P_X$ 为丝杠螺距。

故在位移 $x$ 处丝杠的轴向变形 $\lambda_{XS}\big|_x$ 为

$$\lambda_{XS}\big|_x = \lambda_{XS1}\big|_x + \lambda_{XS2}\big|_x = \frac{4F_X x(L_X - x)}{\pi E d_X^2 L_X} + \frac{16 T_X x P_X}{\pi^2 G d_X^4} \tag{3-105}$$

式中，等号右边的第 2 项远小于第 1 项，可以忽略不计。因此，丝杠在位移 $x$ 处的轴向刚度 $K_{XS}\big|_x$ 为

$$K_{XS}\big|_x = \frac{F_A}{\lambda_{XS}\big|_x} = \frac{\pi E d_X^2 L_X}{4x(L_X - x)} \tag{3-106}$$

由式(3-106)可知，当 $x = L_X / 2$ 时，即螺母处于两支撑的中间时刚度 $K_{XS}\big|_x$ 最小，而处于行程两端时刚度最大。

$$K_{XS}\big|_{\min} = \frac{F_A}{\lambda_{XS}\big|_x} = \frac{\pi E d_X^2}{L_X} \tag{3-107}$$

(2) $y$ 向滚珠丝杠的轴向刚度。

同理，定位器 $y$ 向丝杠在位移 $y$ 处的轴向变形 $\lambda_{YS}|_y$ 和轴向刚度 $K_{YS}|_y$ 为

$$\begin{cases} \lambda_{YS}|_y = \dfrac{4F_Y y(L_Y - y)}{\pi E d_Y^{\ 2} L_Y} \\[3mm] K_{YS}|_y = \dfrac{F_A}{\lambda_{YS}|_y} = \dfrac{\pi E d_Y^{\ 2} L_Y}{4x(L_Y - y)} \end{cases} \tag{3-108}$$

式中各符号意义与式(3-105)类似。

(3) $z$ 向滚珠丝杠的轴向刚度。

在位移 $z$ 处时丝杠的轴向变形 $\lambda_{ZS}|_z$ 和轴向刚度 $K_{ZS}|_z$ 为

$$\lambda_{ZS}|_z = \frac{4F_Z z}{\pi E d_Z^{\ 2}}, \quad K_{ZS}|_z = \frac{\pi E d_Z^{\ 2}}{4z} \tag{3-109}$$

2) 丝杠与螺母的接触刚度

在轴向载荷作用下，滚珠与螺纹滚道面的接触点处会产生一定量的弹性接触变形。设计中选用双螺母预紧结构，使得接触点处产生一定量的预变形，以消除轴向间隙并提高轴向接触刚度，要求的预紧力为最大轴向工作载荷的 1/3，则滚珠丝杠螺母的接触刚度 $K_C$ 为

$$K_C = K_{b0} \sqrt[3]{\frac{F_{a0}}{0.1Ca}} \times 0.8 \tag{3-110}$$

式中，$K_{b0}$ 为产品手册中的刚度值；$F_{a0}$ 为预紧力；Ca 为基本额定动载荷。

3) 丝杠支承轴承的刚度

定位器设计中，$x$、$y$、$z$ 向丝杠支撑一般选用滚珠丝杠专用轴承并要求预紧。其中，$x$、$y$ 向采用两端固定支撑方式，安装时要求通过两端轴承预紧丝杠。$z$ 向采用一端固定，另一端自由的安装方式。$z$ 向轴承的轴向刚度 $K_{Zb}$ 一般由产品手册给出，而 $x$、$y$ 向轴承的刚度为[34]

$$K_{Xb} = K_{Yb} = 2K_{C0} \tag{3-111}$$

式中，$K_{C0}$ 为产品手册给出的刚度值。

4) 定位器的结构刚度

定位器的结构刚度可由式(3-92)计算得到，即

$$k_{DX} = k_{DY} = \frac{3E_D I_D}{h^3}, \quad k_{DZ} = \frac{E A_D}{h} \tag{3-112}$$

式中，$E_D$ 为定位器材料的弹性模量；$h$ 为有效高度(指球窝中心到外缸体安装法兰的高度)；$A_D$ 为外缸体截面积；$I_D$ 为外缸体惯性矩。

5) 定位器的运动刚度模型

由于伺服电机和减速器的刚度与滚珠丝杠轴向刚度相比较大，可以忽略不计，则定位器在 $x$、$y$、$z$ 向的运动刚度 $k_X$、$k_Y$、$k_Z$ 分别为

$$\begin{cases} \dfrac{1}{k_X} = \dfrac{1}{K_{XS}\big|_x} + \dfrac{1}{K_{Xb}} + \dfrac{1}{K_C} + \dfrac{1}{k_{DX}} \\[2mm] \dfrac{1}{k_Y} = \dfrac{1}{K_{YS}\big|_y} + \dfrac{1}{K_{Yb}} + \dfrac{1}{K_C} + \dfrac{1}{k_{DY}} \\[2mm] \dfrac{1}{k_Z} = \dfrac{1}{K_{ZS}\big|_z} + \dfrac{1}{K_{Zb}} + \dfrac{1}{K_C} + \dfrac{1}{k_{DZ}} \end{cases} \tag{3-113}$$

**2. 系统动刚度模型**

1) 定位系统雅可比矩阵

定位系统的逆运动学位置求解方程可以表示为

$$\boldsymbol{q}_i = \boldsymbol{g}_i(\boldsymbol{R}, \boldsymbol{X}) = \boldsymbol{R}\boldsymbol{r}_i + \boldsymbol{X} \tag{3-114}$$

将式(3-114)用泰勒级数展开，忽略高阶项，可以得到三坐标定位器各主动关节位移 $\Delta \boldsymbol{q}_i$ 与姿态变化矢量 $\Delta \boldsymbol{U}$ 之间的关系：

$$\Delta \boldsymbol{q}_i = \boldsymbol{J}_i \Delta \boldsymbol{U}, \quad i=1,2,3 \tag{3-115}$$

式中，$\boldsymbol{J}_i = \left[ \dfrac{\partial \boldsymbol{g}_i}{\partial px}, \dfrac{\partial \boldsymbol{g}_i}{\partial py}, \dfrac{\partial \boldsymbol{g}_i}{\partial pz}, \dfrac{\partial \boldsymbol{g}_i}{\partial \psi}, \dfrac{\partial \boldsymbol{g}_i}{\partial \theta}, \dfrac{\partial \boldsymbol{g}_i}{\partial \varphi} \right]$；$\Delta \boldsymbol{U} = \left[ \Delta p_x, \Delta p_y, \Delta p_z, \Delta \psi, \Delta \theta, \Delta \varphi \right]^{\mathrm{T}}$，$\Delta p_x$，$\Delta p_y, \Delta p_z$ 分别表示部件在 $x$、$y$、$z$ 方向上的位置变化，$\Delta \psi, \Delta \theta, \Delta \varphi$ 表示分别绕 $x$、$y$、$z$ 轴的姿态变换。

式(3-115)用矩阵的形式可表示为

$$\Delta \boldsymbol{q} = \boldsymbol{J} \Delta \boldsymbol{U} \tag{3-116}$$

式中，$\boldsymbol{J}$ 为雅可比矩阵；$\Delta \boldsymbol{q}$ 为定位器所有主动关节位移构成的向量。当系统非冗余驱动时 $\boldsymbol{J} \in R^{6\times6}$，$\Delta \boldsymbol{q} = \left[ \Delta q_{1x}, \Delta q_{1y}, \Delta q_{1z}, \Delta q_{2x}, \Delta q_{2y}, \ \Delta q_{2z} \right]^{\mathrm{T}}$；当系统为冗余驱动时 $\boldsymbol{J} \in R^{9\times6}$，$\Delta \boldsymbol{q} = \left[ \Delta q_1^{\mathrm{T}}, \Delta q_2^{\mathrm{T}}, \Delta q_3^{\mathrm{T}} \right]^{\mathrm{T}}$；当系统具有冗余支链时 $\boldsymbol{J} \in R^{12\times6}$，$\Delta \boldsymbol{q} = \left[ \Delta q_1^{\mathrm{T}}, \Delta q_2^{\mathrm{T}}, \Delta q_3^{\mathrm{T}}, \Delta q_4^{\mathrm{T}} \right]^{\mathrm{T}}$。

由速度映射与力映射之间的对偶关系[35]可得

$$\boldsymbol{\tau} = \boldsymbol{J}^{\mathrm{T}} \boldsymbol{f} \tag{3-117}$$

式中，$\boldsymbol{\tau} = \left[ F_x, F_y, F_z, M_x, M_y, M_z \right]^{\mathrm{T}}$ 是计及飞机大部件自重及其质量分布特点的系

统负载；$f$ 为定位器驱动力矢量。当系统为非冗余驱动时 $f = [f_{1x}, f_{1y}, f_{1z}, f_{2x},$ $f_{2z}, f_{3z}]^T$；当系统为冗余驱动时 $f = \left[ f_1^T, f_2^T, f_3^T \right]^T$；当系统具有冗余支链时 $f = \left[ f_1^T, f_2^T, f_3^T, f_4^T \right]^T$，$f_i = \left[ f_{ix}, f_{iy}, f_{iz} \right]^T$ 为定位器对大部件的作用力。$f^T$ 是力雅可比矩阵，即速度雅可比矩阵 $J$ 的转置。

2) 外力与部件位姿变化的关系

对于定位系统中的一台定位器 $i$，忽略摩擦力的影响，有以下关系：

$$f_i = k_i \Delta q_i \tag{3-118}$$

式中，$f_i$ 为定位器对部件作用力的反力；$\Delta q_i$ 为力 $f_i$ 作用下定位器 $i$ 顶部的位移误差；$k_i = \mathrm{diag}\left[ k_{ix}, k_{iy}, k_{iz} \right]$ 为单个定位器的进给刚度矩阵。将上式用矩阵形式表示：

$$f = k \Delta q \tag{3-119}$$

式中，$k = \mathrm{diag}\left[ k_1, \cdots, k_2 \right]$。

由式(3-116)、(3-117)和(3-119)可得系统负载力 $\tau$ 与姿态变化矢量 $\Delta U$ 之间的关系

$$\tau = J^T k J \Delta U \tag{3-120}$$

3) 定位系统刚度模型

系统的调姿刚度是指定位系统处于某个位姿时，定位器驱使飞机部件产生单位姿态变化量 $\Delta U$ 所需要的广义驱动力 $\tau$。其中，广义驱动力 $\tau$ 是指系统负载大小相等，方向相反的反作用力。系统调姿刚度 $K'$ 可以表示为

$$K' = \sqrt{\frac{\tau^T \tau}{\Delta U^T \Delta U}} \tag{3-121}$$

将式(3-120)代入上式有

$$K' = \sqrt{\frac{\Delta U^T J^T k J J^T k J \Delta U}{\Delta U^T \Delta U}} \tag{3-122}$$

式中，$k^T = k$。

因 $\Delta U$ 是单位矢量，则

$$K' = \sqrt{\Delta U^T J^T k J J^T k J \Delta U} \tag{3-123}$$

在实际应用中，定位系统处于非奇异调姿空间，则矩阵 $J^T k J$ 是正定的，用 $v_j (j = 1, 2, 3, 4, 5, 6)$ 表示它的单位正交特征向量，$\lambda_j$ 表示特征向量对应的特征值，则系统调姿刚度模型[36]为

$$K' = \sqrt{\sum_{j=1}^{6} (\lambda_j w_j)^2} \qquad (3\text{-}124)$$

式中，$w_j = \Delta U v_j$。

## 参 考 文 献

[1] 黄真, 孔令富, 方跃法. 并联机器人机构学理论及控制[M]. 北京: 机械工业出版社, 1997.

[2] Zuo K C, Xie L Y, Zhang M, et al. Error modeling and accuracy analysis of a novel 3-DOF parallel machine tool[C]//Proceeding of the 6th World Congress on Intelligent Control and Automation, Dalian, 2006.

[3] Tsai L W. Robot Analysis: The Mechanics of Serial and Parallel Manipulators[M]. New York: Wiley-Interscience Publication, 1999.

[4] Mohamed M G, Duffy J. A direct determination of instantaneous kinematics of fully parallel robot manipulators[J]. ASME Journal of Mechanisms Transmissions and Automation in Design, 1986, (107): 226-229.

[5] Neumann K E. Robot[P]. US Patent No.4732525, 1988.

[6] Neumann K E. System and Method for Controlling a Robot[P]. US Patent No.6301525, 2001.

[7] Grübler M. Allgemeine eigenschaften der zwangläufigen ebenen kinematische[J]. Civilingenieur, 1883, (29): 167-200.

[8] 张洪双, 蒋君侠, 柯映林, 等. 用于大部件调姿的数控定位器布局及行程优化[J]. 计算机集成制造系统, 2013, (11): 2743.

[9] Yu J H, Fang Q, Ke Y L. Trajectory planning of multi-robot coordination platform for locating large subassembly[J]. International Journal of Modelling Identification and Control, 2009, 6(4): 357-366.

[10] Le B N, Sangwine S J. Jacobin method for quaternion matrix singular value decomposition. Applied Mathematics and Computation[J]. 2007, 187(2): 1265-1271.

[11] Rathod C, Shabana A A. Rail geometry and Euler angles[J]. Journal of Computational and Nonlinear Dynamics, 2006, (1): 264-268.

[12] Cheng L, Wang Q, Ke Y L, et al. A posture evaluation method for a large component with thermal deformation and its application in aircraft assembly[J]. Assembly Automation, 2014, 34(3): 275-284.

[13] 洪嘉振. 计算多体系统动力学[M]. 北京: 高等教育出版社, 1999.

[14] 郭志敏, 蒋君侠, 柯映林. 基于 POGO 柱三点支撑的飞机大部件调姿方法[J]. 航空学报 2009, (7): 1320-1323.

[15] Denavit J, Hartenberg R S. A kinematic notation for lower pair mechanisms based on matrices[J]. ASME Journal of Applied Mechanics, 1955, (22): 215-221.

[16] 王青, 程亮, 程志彬, 等. 基于容差约束的机翼最优位姿评价算法[J]. 机械工程学报, 2015, (10): 125-129.

[17] Chou J C K. Quaternion kinematic and dynamic differential equations[J]. IEEE Transactions on Robotics and Automation, 1992, (8): 53-64.

[18] 应征, 黄浦缙, 王青, 等. 飞机大部件调姿机构柔性多体动力学建模与仿真[J]. 计算机集成制造系统, 2012, (11): 2471-2475.

[19] Wasfy T M, Noor A K. Computational strategies for flexible multibody systems[J]. Applied Mechanics Reviews, 2003, (56): 553-613.

[20] 黄鹏, 王青, 李江雄, 等. 基于动力学模型的飞机大部件调姿轨迹规划[J]. 航空学报, 2014, (9): 2673-2680.

[21] Cheng L, Wang Q, Li J X, et al. Variation modeling for fuselage structures in large aircraft digital assembly[J]. Assembly Automation, 2015, 35(2): 172-182.

[22] 陆佑方. 柔性多体系统动力学[M]. 北京: 高等教育出版社, 1986.

[23] Dormand J R, Prince P J. A family of embedded Runge-Kuttaformulae[J]. Journal of Computational and Applied Mathematics, 1980, (6): 19-26.

[24] Baumgarte J. Stabilization of constraints and integrals of motion in dynamical systems[J]. Computer Methods in Applied Mechanics and Engineering, 1972, (1): 1-6.

[25] 郭志敏, 蒋君侠, 柯映林. 基于定位器的飞机大部件调姿系统静刚度[J]. 浙江大学学报(工学版), 2010, (11): 2078-2080.

[26] Nahon M, Angeles J. Force optimization in redundantly actuated closed kinematic chains[C]// Proceedings of the 1989 IEEE International Conference on Robotics and Automation, Scottsdale, 1989.

[27] 黄真, 赵永生, 赵铁石. 高等空间机构学[M]. 北京: 高等教育出版社, 2006.

[28] 李晨, 方强, 李江雄. 基于三坐标定位器的大部件调姿机构误差分析[J]. 机电工程, 2010, 27(3): 6-12.

[29] Gai Y C, Zhu W D, Ke Y L, et al. Locating error analysis for cartesian positioner[J]. Applied Mechanics and Materials, 2013, 419: 157-162.

[30] 盖宇春, 朱伟东, 柯映林. 三坐标定位器部件刚度配置方法[J]. 浙江大学学报(工学版), 2014, (8): 1434-1441.

[31] 郭志敏, 蒋君侠, 柯映林. 基于定位器的飞机大部件调姿系统静刚度[J]. 浙江大学学报(工学版), 2010, (11): 2078-2080.

[32] Bi Y B, Yan W M, Ke Y L. Numerical study on predicting and correcting assembly deformation of a large fuselage panel during digital assembly[J]. Assembly Automation, 2014, 34(2): 204-216.

[33] 白志富, 陈五一. 球铰刚度计算模型及靠冗余支链实现并联机床刚度的改善[J]. 机械工程学报, 2006, (42): 142-145.

[34] 黄其圣, 胡鹏浩. 滚珠螺旋传动系统的刚度计算[J]. 工具技术, 2000, (34): 29-32.

[35] Waldron K, Hunt K. Series-parallel dualities in actively coordinated mechanisms[J]. The International Journal of Robotics Research, 1991, (10): 473-480.

[36] Bashar S E, Placid M F. Computation of stiffness and stiffness bounds for parallel link manipulators[J]. International Journal of Machine Tools & Manufacture, 1999, (39): 321-342.

# 第4章　飞机数字化定位技术

## 4.1　概　　述

赋予工装结构的可调整性、可操控性，是飞机数字化定位硬件设计和系统开发的前提条件，一旦实现了装配定位基准和设计基准的数字量统一，定位工装的形状与数字模型达到高精度匹配，同时产品与工装的位置信息全由数字量定义，加上数字化测量技术的支持，就可以通过全数字量来评价和分析装配准确度。数控定位器是一类最为常见的柔性可调、可控工装，由数控定位器构成的数字化定位系统具有简单、开敞、定位精度高等优点，且通过改变数控定位器的布局，定位系统能够适应不同的机型，有效减少定位工装的数量，降低飞机装配的总成本。飞机结构的准确定位不仅要求数字化定位系统具有高精度和高可靠性，而且必须解决支撑点布局设计、装配对象位姿计算、调姿路径轨迹规划、复杂装配约束处理和定位变形预测与控制等一系列复杂技术问题。

在飞机数字化定位中，数控定位器对飞机结构的离散支撑容易导致飞机结构在重力载荷等因素作用下产生变形，影响飞机装配的准确度。支撑点布局优化设计是解决和抑制离散支撑条件下飞机结构变形的重要手段。因此，需要研究不同支撑条件下飞机的变形情况，分析支撑点数量、布局等因素对飞机结构变形的影响规律，确定合理的支撑点数量和位置。由于飞机结构尺寸大、形状复杂，实际装配中需要采用工艺接头来实现数控定位器对飞机结构的可靠支撑，工艺接头设计参数对飞机结构(尤其是壁板类组件)定位变形有重要影响，同样需要进行优化设计。

在飞机结构对接装配中，零件加工和前序装配累积的误差会导致飞机部件实际尺寸与数模产生偏差。因此，需要通过调整实际部件与其数模之间的相对位姿来调整偏差的分布，以满足对接装配工艺的要求。在工程应用中，常见做法是对大部件上特征点同数模上对应点之间的相对位置加以限制，即控制特征点的三维容差。部件的相对定位就是将特征点的测量数据与数模上理论数据进行比较，通过调整部件的刚体平移量和旋转量，重新分配各个特征点的偏差，使部件上的关键特征点能同时满足三维容差要求，并且总体误差尽可能小，从而提高装配精度。就飞机部件空间定位来说，特征点数量有限且对应关系可以完全确定，重点在于解决容差约束条件下的装配对象的位姿评价和多对象位姿协调问题。

轨迹规划是飞机部件调姿对接的关键技术之一，动力学特性良好的轨迹规划不仅能使数字化定位系统的运动满足基本的工艺需求，更能够充分发挥定位系统的结构功能特性，比如时间、能量消耗、驱动力(力矩)等。因此，在大多数情况下，轨迹规划是一个最优化求解问题。由于驱动器性能和物理系统的动态特性限制，轨迹规划时需要科学施加关节驱动速度和驱动力(力矩)等物理约束条件，从而保障轨迹跟踪精确控制。飞机数字化定位系统通常属于并联机构，其逆运动学求解(已知操作空间的输出参数求解关节空间的输入参数)比正运动学求解(已知关节空间的输入参数求解操作空间的输出参数)简单，因此，轨迹规划一般都是先在操作空间上对末端动平台的运动轨迹进行规划，然后再进行逆运动学求解得到关节空间的运动轨迹。飞机部件的初始位姿和目标位姿是已知条件，而中间运动过程的时间和路径完全不确定，可在考虑关节电机输出力矩、输出转速约束及调姿稳定性的基础上，采用非线性优化获得最优时间轨迹。

飞机壁板是构成机身和机翼的基础组件，其特点是结构组成和装配工艺复杂，结构刚度一般比较弱。壁板装配完成之后，往往存在不同程度的变形，因此，如何准确预测并安全校正壁板装配变形是飞机装配中的一个难题。为了控制壁板装配变形，传统方法是采用全尺寸保形架来提高装配过程中壁板的工艺刚度。然而，全尺寸保形架不仅制造成本高，而且显著降低了装配系统的开敞性，增加了装配工作难度和复杂度。在壁板刚度、强度及后屈曲特性、装配变形等研究工作基础上，提出了一种基于局部刚度加强的壁板装配变形控制方法，即通过外加工艺接头对壁板应变能的作用效应进行分析，对工艺接头的布局进行优化，并通过支点位移、转角的反演计算和协调控制，实现大型壁板的变形恢复。局部刚度加强的壁板装配变形控制方法保留了数字化定位系统简洁、开敞的特点，并且变形控制效果与全尺寸保形架相当，成为飞机壁板类组件装配中广泛采用的变形控制方法。

# 4.2　支撑点布局设计

## 4.2.1　组件支撑点布局设计

### 1. 工艺接头结构

飞机壁板自身结构中通常未预留用于连接数控定位器的接头结构，因此，在壁板与数控定位器之间需要设置专用的工艺接头实现过渡连接。如图 4.1 所示，工艺接头一般由接头本体、连接球头组成。接头本体上制有多个精制螺栓孔和吊装孔，其中螺栓孔的位置通常与角片等壁板零件的连接孔位相对应，用于安装高强度抗剪螺栓，实现工艺接头的准确定位以及与壁板外表面的紧密贴合；吊装孔主要用于安装吊装销轴，实现壁板吊装及其在各个装配站位之间的转移。工艺接头上的连接球头功能是实现飞机部件与数控定位器球托之间的球铰连接[1]。数控定位器通过工艺接头将作用载荷传递至壁板，因此在工艺接头与壁板的连接区域应力通常较大，为避免壁板在装配过程中产生过大的局部应力，工艺接头在壁板上的安装位置通常选择在刚性较好的一组隔框零件之间的区域上。接头本体与蒙皮的连接面沿航向横跨至少 2 个隔框，沿周向的跨度一般为 4～5 个长桁。

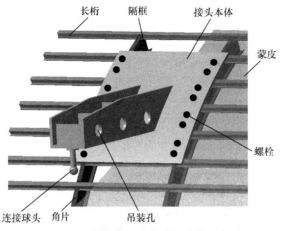

图 4.1 工艺接头与机身壁板连接示意图

2. 能量原理

由能量原理[2]可知，机身壁板在由工艺接头实现定位支撑后，壁板上的外力(包括体力和面力)所做的功都将以应变能的形式存储，即

$$W = W_\Omega + W_S \tag{4-1}$$

$$W_\Omega = \int_\Omega (F_x u_x + F_y u_y + F_z u_z) \mathrm{d}\Omega \tag{4-2}$$
$$= F \cdot \Delta u$$

$$W_S = \int_\Omega (\overline{T}_x u_x + \overline{T}_y u_y + \overline{T}_z u_z) \mathrm{d}S \tag{4-3}$$

式(4-1)～式(4-3)中，$W$ 为壁板的总应变能；$W_\Omega$ 为整个壁板区域 $\Omega$ 上的体力所做的功；$F_i(i = x, y, z)$ 为单位体积上的体力分量；$F$ 为总的体力矢量；$\Delta u$ 为总的变形矢量；$W_S$ 为壁板的力边界 $S$ 上的面力所做的功；$\overline{T}_i(i = x, y, z)$ 为单位面积上的面力分量；$u_i(i = x, y, z)$ 为壁板的位移状态。

工艺接头的设计刚度通常远大于壁板自身刚度，因此，可将工艺接头视为刚体，其在壁板的力边界 $S$ 上所产生的应变能应为零，即式(4-1)中右边第二项

$W_S$ 为零。在由数字化调姿定位系统实现壁板的定位支撑过程中，壁板的自身重力作用是造成其变形的主要因素，因此，仅考虑壁板因自身重力造成的装配变形问题。此时，式(4-1)中右边第一项 $W_\Omega$ 是由重力做功所产生的应变能，可进一步简化为

$$W = W_\Omega = G \cdot \Delta u \tag{4-4}$$

式中，$G$ 为整个壁板区域 $\Omega$ 上所受的重力载荷；$\Delta u$ 为壁板的变形位移矢量。可见，壁板应变能 $W$ 与壁板变形位移 $\Delta u$ 呈线性关系，即当壁板产生的变形位移 $\Delta u$ 达到最小时，壁板自身所存储的应变能也同时达到最小，因此可以把壁板应变能 $W$ 作为衡量工艺接头支撑参数优化的一个关键技术指标。

3. 变形分析有限元建模

1) 壁板模型

对飞机壁板实际结构进行合理简化，利用 ABAQUS 分析软件[3]的前处理器进行建模处理，最终得到壁板的有限元模型(图 4.2)。

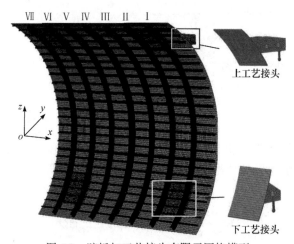

图 4.2 壁板与工艺接头有限元网格模型

模型中的隔框数为 7，沿航向的编号依次为 Ⅰ～Ⅶ；长桁数为 26，沿周向由上至下的编号依次为 1～26。飞机壁板属于典型的薄壁结构，因此，一些学者在进行有限元建模时，将其简化为壳单元与梁单元的组合模型[4,5]，然而，壳单元在沿其厚度方向的模拟效果较差，梁单元通常不能真实地模拟零件的截面形状，因此导致计算结果不理想甚至失败。为了能够准确地反映工艺接头各个支撑参数对壁板变形的影响，壁板的组成零件如蒙皮、隔框、长桁等均采用 8 节点六面体非协调实体单元 C3D8I 进行建模。

壁板的各个零件之间通常采用铆钉或螺栓进行可靠连接，从而确保在吊装、调姿、对接等装配过程中其相对位置关系保持不变。而在 ABAQUS 分析软件中，绑定约束可通过绑定两个零件之间的接触面来消除零件之间的相对运动。因此，根据壁板的实际装配关系，在零件之间施加多个绑定约束。此外，机身壁板主要零件的材料物理属性参数[6]见表 4.1。

表 4.1　材料物理属性参数

| 零件 | 材料 | 密度/(g/cm³) | 屈服极限/MPa | 弹性模量/GPa | 泊松比 |
| --- | --- | --- | --- | --- | --- |
| 蒙皮 | 2024-T4 | 2.78 | 325 | 73 | 0.33 |
| 隔框 | 7050-T7651 | 2.83 | 470 | 72 | 0.33 |
| 桁条 | 7050-T7651 | 2.83 | 470 | 72 | 0.33 |
| 角片 | 7050-T7651 | 2.83 | 470 | 72 | 0.33 |
| 工艺接头 | 38CrMoAlA | 7.80 | 835 | 199 | 0.30 |

2) 工艺接头有限元模型

如图 4.2 所示，工艺接头的实际结构相对于模型中的其他零件要复杂得多，因此采用修正的二阶四面体单元 C3D10M 对其进行网格划分，其材料参数见表 4.1。

工艺接头与机身壁板之间通过高强度抗剪螺栓实现紧密贴合和可靠连接，从而保证在装配过程中相对位置关系保持不变。因此，同壁板模型一样，在工艺接头与壁板之间也需要施加绑定约束。

3) 载荷及边界条件

考虑到飞机壁板在自身重力作用下的装配变形情况，有限元计算模型只是施加重力载荷。假设各个工艺接头为刚体，并对其实施刚体约束。同时，在其球心位置建立参考点，约束该参考点在 $x$、$y$、$z$ 方向上的平移自由度，模拟连接球头与数控定位器球托之间的球铰连接关系。

4. 混合均匀设计

均匀设计是我国数学家利用数论在多维数值积分中的作用原理构造均匀设计表来进行均匀试验设计的科学方法，它是继优选法和正交法之后，由 Fang 等在 20 世纪 70 年代末提出的一种试验设计方法[7]。均匀设计是通过一套精心设计的表格来进行试验设计，可指导如何从均匀设计表中选用适当的列来安排试验。均匀设计表适用于因素水平数较多的试验，但在具体的试验中，往往很难保证不同因素的水平数相等。因此，相关学者对均匀设计法进行了改进，提出了混合均匀设计法[8]。

混合均匀设计法是一种针对试验中既有定量型因素又有定性型因素的改进型均匀设计方法，适用于多因素、多水平系统模型完全未知的情况。假设系统中有

$k$ 个定量型因素，其水平数分别为 $q_1,q_2,\cdots,q_k$；有 $t$ 个定性型因素，其水平数分别为 $d_1,d_2,\cdots,d_t$，而试验总数为 $n$，则混合均匀设计表应满足以下条件：

$$n \geq k + \sum_{i=1}^{t} d_i - t + 1 \tag{4-5}$$

机身壁板工艺接头的支撑优化参数(图 4.3)包括工艺接头在壁板上的航向跨度 $l$、支撑轴线与飞机中心线的距离 $s$、工艺接头航向布局 $f$、上工艺接头周向跨度 $u$ 和下工艺接头周向跨度 $d$。工艺接头作为飞机壁板的定位与支撑元件，其布局的正确性和合理性对于增强壁板在装配过程中的支撑稳定性、抑制变形情况、提升系统开敞性和操作灵活性、缩减维护成本等方面具有重要意义。在工艺接头的支撑参数 $(l,s,f,u,d)$ 中，参数 $l$、$s$ 为定量型变化因素，而参数 $f$、$u$、$d$ 为定性型变化因素。

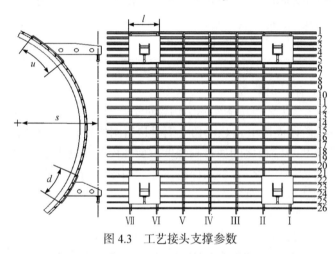

图 4.3　工艺接头支撑参数

结合实际工艺需求，确定了表 4.2 所示的混合均匀设计表，该表需满足以下约束条件。

(1) 同一框位上安装的工艺接头个数只能为 0 或 2。

(2) 同一框位上安装的工艺接头的支撑轴线互相重合。

(3) 同一布局中的各个工艺接头航向跨度相同。

(4) 同一布局中的上工艺接头或下工艺接头的尺寸相同。

在表 4.2 中，$n:\{F(a\text{-}b;c\text{-}d)\}$ 表示工艺接头在壁板航向的布局方式为 $n$，且安装了 4 个工艺接头，其中 2 个与隔框 $a$ 和 $b$ 连接，另 2 个与隔框 $c$ 和 $d$ 连接。同理，$n:\{F(a\text{-}b;c\text{-}d;e\text{-}f)\}$ 表示机身壁板由 6 个工艺接头进行支撑，其中 2 个与隔框 $a$ 和 $b$ 连接，2 个与隔框 $c$ 和 $d$ 连接，另 2 个与隔框 $e$ 和 $f$ 连接。$n:\{U(a\text{-}b)\}$ 表示上工艺接头的周向跨度为从长桁 $a$ 到长桁 $b$。$n:\{D(a\text{-}b)\}$ 表示下工艺接头的周向跨度为长桁 $a$ 到长桁 $b$。

**表 4.2 壁板工艺接头支撑参数混合均匀设计表**

| 编号 | $l$/mm | $s$/mm | $f$ | $u$ | $d$ | $W$/J |
|---|---|---|---|---|---|---|
| 1 | 2:{610} | 3:{2150} | 4:{$F$(Ⅰ-Ⅱ;Ⅳ-Ⅴ;Ⅵ-Ⅶ)} | 8:{$U$(5-9)} | 2:{$D$(21-25)} | 916.922 |
| 2 | 2:{610} | 2:{2100} | 1:{$F$(Ⅰ-Ⅱ;Ⅵ-Ⅶ)} | 1:{$U$(2-5)} | 4:{$D$(20-24)} | 537.979 |
| 3 | 1:{590} | 1:{2050} | 3:{$F$(Ⅰ-Ⅱ;Ⅲ-Ⅳ;Ⅵ-Ⅶ)} | 2:{$U$(2-6)} | 1:{$D$(22-25)} | 1283.02 |
| 4 | 1:{590} | 1:{2050} | 4:{$F$(Ⅰ-Ⅱ;Ⅳ-Ⅴ;Ⅵ-Ⅶ)} | 5:{$U$(4-7)} | 4:{$D$(20-24)} | 380.59 |
| 5 | 2:{610} | 4:{2200} | 2:{$F$(Ⅱ-Ⅲ;Ⅴ-Ⅵ)} | 5:{$U$(4-7)} | 1:{$D$(22-25)} | 1223.89 |
| 6 | 1:{590} | 3:{2150} | 2:{$F$(Ⅱ-Ⅲ;Ⅴ-Ⅵ)} | 3:{$U$(3-6)} | 3:{$D$(21-24)} | 760.605 |
| 7 | 3:{630} | 3:{2150} | 1:{$F$(Ⅰ-Ⅱ;Ⅵ-Ⅶ)} | 2:{$U$(2-6)} | 2:{$D$(21-25)} | 1121.87 |
| 8 | 4:{650} | 3:{2150} | 1:{$F$(Ⅰ-Ⅱ;Ⅵ-Ⅶ)} | 5:{$U$(4-7)} | 7:{$D$(19-22)} | 425.548 |
| 9 | 1:{590} | 4:{2200} | 1:{$F$(Ⅰ-Ⅱ;Ⅵ-Ⅶ)} | 7:{$U$(5-8)} | 5:{$D$(20-23)} | 642.887 |
| 10 | 1:{590} | 4:{2200} | 4:{$F$(Ⅰ-Ⅱ;Ⅳ-Ⅴ;Ⅵ-Ⅶ)} | 4:{$U$(3-7)} | 6:{$D$(19-23)} | 671.914 |
| 11 | 4:{650} | 1:{2050} | 2:{$F$(Ⅱ-Ⅲ;Ⅴ-Ⅵ)} | 6:{$U$(4-8)} | 3:{$D$(21-24)} | 470.076 |
| 12 | 3:{630} | 1:{2050} | 2:{$F$(Ⅱ-Ⅲ;Ⅴ-Ⅵ)} | 3:{$U$(3-6)} | 6:{$D$(19-23)} | 234.776 |
| 13 | 4:{650} | 2:{2100} | 4:{$F$(Ⅰ-Ⅱ;Ⅳ-Ⅴ;Ⅵ-Ⅶ)} | 2:{$U$(2-6)} | 8:{$D$(18-22)} | 374.122 |
| 14 | 2:{610} | 1:{2050} | 1:{$F$(Ⅰ-Ⅱ;Ⅵ-Ⅶ)} | 4:{$U$(3-7)} | 8:{$D$(18-22)} | 187.462 |
| 15 | 2:{610} | 3:{2150} | 3:{$F$(Ⅰ-Ⅱ;Ⅲ-Ⅳ;Ⅵ-Ⅶ)} | 1:{$U$(2-5)} | 7:{$D$(19-22)} | 527.383 |
| 16 | 2:{650} | 2:{2100} | 3:{$F$(Ⅰ-Ⅱ;Ⅲ-Ⅳ;Ⅵ-Ⅶ)} | 4:{$U$(3-7)} | 2:{$D$(21-25)} | 1019.17 |
| 17 | 2:{630} | 2:{2100} | 1:{$F$(Ⅰ-Ⅱ;Ⅵ-Ⅶ)} | 7:{$U$(5-8)} | 1:{$D$(22-25)} | 739.245 |
| 18 | 2:{650} | 3:{2150} | 3:{$F$(Ⅰ-Ⅱ;Ⅲ-Ⅳ;Ⅵ-Ⅶ)} | 8:{$U$(5-9)} | 4:{$D$(20-24)} | 747.407 |
| 19 | 2:{610} | 2:{2100} | 3:{$F$(Ⅰ-Ⅱ;Ⅲ-Ⅳ;Ⅵ-Ⅶ)} | 6:{$U$(4-8)} | 6:{$D$(19-23)} | 385.364 |
| 20 | 2:{630} | 4:{2200} | 3:{$F$(Ⅰ-Ⅱ;Ⅲ-Ⅳ;Ⅵ-Ⅶ)} | 6:{$U$((4-8)} | 8:{$D$(18-22)} | 536.472 |
| 21 | 2:{630} | 4:{2200} | 4:{$F$(Ⅰ-Ⅱ;Ⅳ-Ⅴ;Ⅵ-Ⅶ)} | 3:{$U$((3-6)} | 3:{$D$(21-24)} | 1344.17 |
| 22 | 1:{590} | 2:{2100} | 2:{$F$(Ⅱ-Ⅲ;Ⅴ-Ⅵ)} | 8:{$U$((5-9)} | 7:{$D$(19-22)} | 255.117 |
| 23 | 2:{630} | 1:{2050} | 4:{$F$(Ⅰ-Ⅱ;Ⅳ-Ⅴ;Ⅵ-Ⅶ)} | 7:{$U$((5-8)} | 5:{$D$(20-23)} | 324.27 |
| 24 | 2:{650} | 4:{2200} | 2:{$F$(Ⅱ-Ⅲ;Ⅴ-Ⅵ)} | 1:{$U$((2-5)} | 5:{$D$(20-23)} | 828.065 |

由表 4.2 可知，混合均匀设计的试验次数 $n = 24$ ，参数 $l, s$ 的水平数为 $q_1 = q_2 = 4$ ；参数 $f$ 的水平数为 $d_1 = 4$ ；参数 $u, d$ 的水平数为 $d_2 = d_3 = 8$ 。显然，参数 $n, q_1, q_2, d_1, d_2, d_3$ 满足式(4-5)。

5. 多元回归模型

以机身壁板的应变能 $W$ 为因变量，参数 $(l, s, f, u, d)$ 为自变量，考虑到 $W \geqslant 0$ ，建立因变量与自变量之间的多元指数回归模型：

$$\ln W = b_0 + b_1 l + b_2 s + b_3 f + b_4 u + b_5 d \tag{4-6}$$

将式(4-6)进一步写为如下形式：

$$W = e^{b_0 + b_1 l + b_2 s + b_3 f + b_4 u + b_5 d} \tag{4-7}$$

在式(4-6)～式(4-7)中，$b_0$ 为常数项，$b_i(i=1,2,\cdots,5)$ 为各个自变量对应的回归系数。通过求解式(4-6)或式(4-7)，可获取一组最优的工艺接头支撑参数，满足壁板应变能 $W$ 最小化，实现壁板工艺接头支撑布局优化，使壁板整体变形趋于最小。

参数 $l,s$ 为定量型变化因素，其值可直接取表 4.2 中第 2、3 列的数据；而参数 $f,u,d$ 均为定性型变化因素，不能直接将表 4.2 中对应列的数据代入式(4-6)或式(4-7)进行计算。为此，书中采用虚拟变量来表示定性型变化因素。

对于水平参数 $f$，可将其编码成 4 个 0/1 化的虚拟变量 $f_{1,j}$、$f_{2,j}$、$f_{3,j}$、$f_{4,j}$[9]，每个虚拟变量的维数为定性型变化因素水平数的最小公倍数 24，且满足以下约束条件：

$$\begin{cases} f_{i,j}=1, & j=i \\ f_{i,j}=0, & j\neq i \\ \sum_{i=1}^{4} f_{i,j}=1 \\ i=1,2,3,4; & j=1,2,\cdots,24 \end{cases} \tag{4-8}$$

从式(4-8)中可以看出，任意一个参数 $f_i(i=1,2,3,4)$ 可通过其余的三个参数来表示，因此，只需要其中的 3 个虚拟变量就足以表达定性型变化因素 $f$，书中选取了 $f_{1,j}$、$f_{2,j}$、$f_{3,j}$。同理，其他水平参数 $u,d$ 均可通过 7 个虚拟变量来表示。各个虚拟变量的取值如表 4.3 所示。

表 4.3　虚拟变量值

| 变量 | 变量值 | 变量 | 变量值 |
|---|---|---|---|
| $f_1$ | $[0,1,0,0,0,0,1,1,1,0,0,0,0,1,0,0,1,0,0,0,0,0,0,0]^T$ | $u_7$ | $[0,0,0,0,0,0,0,0,1,0,0,0,0,0,0,0,1,0,0,0,0,0,1,0]^T$ |
| $f_2$ | $[0,0,0,0,1,1,0,0,0,0,1,1,0,0,0,0,0,0,0,0,0,1,0,1]^T$ | $d_1$ | $[0,0,1,0,1,0,0,0,1,0,0,0,0,0,0,0,1,0,0,0,0,0,0,0]^T$ |
| $f_3$ | $[0,0,1,0,0,0,0,0,0,0,0,0,0,0,1,1,0,1,1,1,0,0,0,0]^T$ | $d_2$ | $[1,0,0,0,0,0,1,0,0,0,0,0,0,0,1,0,0,0,0,0,0,0,0,0]^T$ |
| $u_1$ | $[0,1,0,0,0,0,0,0,0,0,0,0,0,0,1,0,0,0,0,0,0,0,0,1]^T$ | $d_3$ | $[0,0,0,0,1,0,0,0,1,0,0,0,0,0,0,0,0,0,1,0,0,0,0]^T$ |
| $u_2$ | $[0,0,1,0,0,0,1,0,0,0,0,1,0,0,1,0,0,0,0,0,0,0,0,0]^T$ | $d_4$ | $[0,1,0,1,0,0,0,0,0,0,0,0,0,0,0,1,0,0,0,0,0,0,0]^T$ |
| $u_3$ | $[0,0,0,0,0,1,0,0,0,0,1,0,0,0,0,0,0,0,1,0,0,0,0]^T$ | $d_5$ | $[0,0,0,0,0,1,0,0,0,0,0,0,0,0,0,0,0,0,0,0,0,1,1]^T$ |
| $u_4$ | $[0,0,0,0,0,0,0,0,1,0,0,0,1,0,1,0,1,0,0,0,0,0,0,0]^T$ | $d_6$ | $[0,0,0,0,0,0,0,1,0,1,0,0,0,0,0,0,1,0,0,0,0,0,0]^T$ |
| $u_5$ | $[0,0,0,1,1,0,0,1,0,0,0,0,0,0,0,0,0,0,0,0,0,0,0]^T$ | $d_7$ | $[0,0,0,0,0,0,0,1,0,0,0,0,0,0,1,0,0,0,0,0,1,0,0]^T$ |
| $u_6$ | $[0,0,0,0,0,0,0,0,0,1,0,0,0,0,0,0,0,1,1,0,0,0,0]^T$ | — | — |

令 $\boldsymbol{Y} = [\ln W_1, \ln W_2, \cdots, \ln W_{24}]^{\mathrm{T}}$，$\boldsymbol{X}_{24 \times 20} = [\boldsymbol{1}_{24 \times 1}, \boldsymbol{l}_{24 \times 1}, \boldsymbol{s}_{24 \times 1}, \boldsymbol{f}_{24 \times 3}, \boldsymbol{u}_{24 \times 7}, \boldsymbol{d}_{24 \times 7}]$，$\boldsymbol{\beta}_{20 \times 1} = [b_0, b_0, \cdots, b_{19}]^{\mathrm{T}}$，则式(4-6)可进一步表示为如下形式：

$$\boldsymbol{Y}_{24 \times 1} = \boldsymbol{X}_{24 \times 20} \boldsymbol{\beta}_{20 \times 1} \tag{4-9}$$

为了消除自变量之间的多重共线性，采取偏最小二乘回归方法[10]来求解 $\boldsymbol{Y}$ 和 $\boldsymbol{X}$ 之间的数学关系。通过交叉有限性验证，最终可以得到回归系数 $\boldsymbol{\beta}$ 的估计值 $\hat{\boldsymbol{\beta}}$ 如下所示：

$$
\begin{aligned}
\hat{\boldsymbol{\beta}} &= [b_0, b_1, b_2, b_3, b_4, b_5, b_6, b_7, b_8, b_9, b_{10}, b_{11}, b_{12}, b_{13}, b_{14}, b_{15}, b_{16}, b_{17}, b_{18}, b_{19}]^{\mathrm{T}} \\
&= [-5.6282, 0.0013, 0.0050, -0.0731, -0.2879, 0.1570, 0.0753, 0.2435, -0.0281, 0.0343, \\
&\quad -0.0408, -0.0956, -0.3511, 1.3685, 0.9861, 1.1028, 0.6063, 0.7616, 0.3405, 0.2113]^{\mathrm{T}}
\end{aligned}
$$

基于以上分析，机身壁板的应变能可表示为如下形式：

$$W = \mathrm{e}^{b_0 + b_1 l + b_2 s + \sum\limits_{i=1}^{3} b_i f_i + \sum\limits_{j=1}^{7} b_{5+j} u_j + \sum\limits_{k=1}^{7} b_{12+k} d_k} \tag{4-10}$$

将表 4.2 中各支撑布局下对应的工艺接头参数代入式(4-10)，可获取壁板应变能的估计值(estimates of the strain energy，ESE)，同时，根据表 4.2 中第 7 列的实际壁板应变能，可计算出壁板应变能的估计误差(estimated errors of the strain energy，EESE)。由表 4.4 可以看出，壁板应变能的最大估计误差为 10.646%，而平均估计误差仅为 3.874%。

表 4.4　各支撑布局下的估计结果

| 编号 | ESE/J | EESE/% | 编号 | ESE/J | EESE/% | 编号 | ESE/J | EESE/% |
|---|---|---|---|---|---|---|---|---|
| 1 | 952.553 | 3.886 | 9 | 623.341 | 3.040 | 17 | 729.629 | 1.301 |
| 2 | 508.632 | 5.455 | 10 | 647.147 | 3.686 | 18 | 801.401 | 7.224 |
| 3 | 1233.364 | 3.870 | 11 | 465.388 | 0.977 | 19 | 413.743 | 7.364 |
| 4 | 370.200 | 2.730 | 12 | 226.586 | 3.488 | 20 | 497.289 | 7.304 |
| 5 | 1290.106 | 5.410 | 13 | 371.218 | 0.776 | 21 | 1369.896 | 1.914 |
| 6 | 761.132 | 0.069 | 14 | 207.420 | 10.646 | 22 | 250.040 | 1.990 |
| 7 | 1158.060 | 3.226 | 15 | 553.677 | 4.986 | 23 | 333.312 | 2.788 |
| 8 | 411.741 | 3.244 | 16 | 944.621 | 7.315 | 24 | 830.245 | 0.263 |

6. 支撑布局优化分析

1) 参数优化

通过壁板应变能 $W$ 与各支撑参数 $(l, s, f, u, d)$ 之间的数学关系(式(4-10))可获取壁板在最小应变能状态下的最优支撑参数。

在式(4-10)中，含变量 $l, s$ 的两项与其他项是独立分离的，其最小值点分别为 $l_{min}=590$mm，$s_{min}=2050$mm；含变量 $f_1, f_2, f_3$ 的三项与其他变量是分离的，最小值点应为 $f_1 = f_3 = 0$，$f_2 = 1$，即由表 4.2 可得 $f$ 值应取 $F(Ⅱ\text{-}Ⅲ；Ⅴ\text{-}Ⅵ)$；含变量 $u_1, u_2, \cdots, u_7$ 的 7 项与其他变量是分离的，最小值点为 $u_1 = u_2 = \cdots = u_6 = 0$，$u_7 = 1$，即 $u$ 值应取 $u(5\text{-}8)$；含变量 $d_1, \cdots, d_7$ 的 7 项与其他变量是分离的，最小值为 $d_1 = d_2 = \cdots = d_6 = 0$，$d_7 = 1$，即 $d$ 值应取 $D(19\text{-}22)$。以上确定的各个参数代入式(4-10)，得 $W_{min} = 110.999$ J。在相同的支撑参数条件下，由有限元模型计算得到 $W_{actual} = 123.222$ J，可得应变能 $W$ 的估计误差为 $\varepsilon_{min} = \dfrac{|W_{actual} - W_{min}|}{W_{actual}} = 9.919\%$，这显示了优化模型具有较好的计算精度。支撑参数经优化后，工艺球头球心的最终位置如表 4.5 所示。

**表 4.5　支撑参数优化后的工艺球头球心坐标**

| 编号 | 工艺球头球心坐标$(x, y, z)$/mm |
| --- | --- |
| 1 | (16688.800, 2050.000, 928.239) |
| 2 | (18289.000, 2050.000, 928.239) |
| 3 | (16688.800, 2050.000, −1010.743) |
| 4 | (18289.000, 2050.000, −1010.743) |

2) 变形分析

为了分析飞机壁板在工艺接头和全尺寸保形工装两种不同支撑方式下的变形情况，从壁板的应力场与位移场、位姿偏差与检测点偏差两个方面进行评价。

(1) 应力场与位移场。

图 4.4 和图 4.5 给出了壁板在两种支撑方式下的应力场和位移场云图。由图 4.4 可知，在工艺接头支撑方式下，机身壁板的最大应力值应大于全尺寸保形工装支撑方式下的最大应力值。显然，全尺寸保形工装在抑制并减小壁板装配应力方面要优于工艺接头，但结合表 4.1 中给出的材料屈服极限参数可知，壁板在两种支撑方式下的最大应力均远远小于壁板各零件的屈服极限值，即均控制在弹性变形范围之内。再者，由图 4.5 可知，在两种支撑方式下，壁板的最大变形均在飞机数字化装配中壁板的设计装配容差范围之内，因此，经优化后的多工艺接头支撑方式可以将壁板变形控制在允许范围以内。此外，在多工艺接头的支撑方式下，壁板最大变形主要集中在其 4 个角点的附近区域；而在全尺寸保形工装的支撑方式下，壁板变形主要集中在上边缘部位。这些部位的变形一般可通过人工挤压、预连接等工艺方法减小或消除，实现与周边组件的准确定位和装配连接。

(a) 工艺接头　　　　　　　　　　(b) 全尺寸保形工装

图 4.4　不同支撑方式下的壁板应力场云图

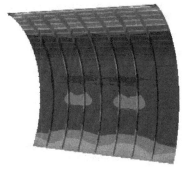 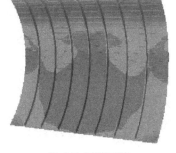

(a) 工艺接头　　　　　　　　　　(b) 全尺寸保形工装

图 4.5　不同支撑方式下的壁板位移场云图

(2) 位姿偏差与检测点偏差。

由于飞机壁板尺寸庞大、结构复杂，而刚度相对较好的隔框零件通常被用作为壁板的骨架外形基准，实现对长桁、蒙皮、角片等其他薄壁零件的定位安装，从而保证各个零件之间装配关系的准确性，进而保障壁板的装配外形。因此，在壁板的每一隔框零件上各提取 7 个节点作为检测点，其理论坐标值如表 4.6 所示。

表 4.6　检测点理论坐标

| 编号 | 坐标$(x,y,z)$/mm | 框位 | 编号 | 坐标$(x,y,z)$/mm | 框位 |
|---|---|---|---|---|---|
| 1 | (19090.501,981.954,1578.967) | I | 9 | (18557.101,1359.030,1269.018) | II |
| 2 | (19090.501,1359.030,1269.018) | I | 10 | (18557.101,1709.987,730.328) | II |
| 3 | (19090.501,1709.987,730.328) | I | 11 | (18557.101,1850.630,182.448) | II |
| 4 | (19090.501,1850.630,182.448) | I | 12 | (18557.101,1829.058,−383.488) | II |
| 5 | (19090.501,1829.058,−383.488) | I | 13 | (18557.101,1651.344,−982.520) | II |
| 6 | (19090.501,1651.344,−982.520) | I | 14 | (18557.101,1393.607,−1397.043) | II |
| 7 | (19090.501,1393.607,−1397.043) | I | 15 | (18023.701,981.954,1578.967) | III |
| 8 | (18557.101,981.954,1578.967) | II | 16 | (18023.701,1359.030,1269.018) | III |

| 编号 | 坐标(x,y,z)/mm | 框位 | 编号 | 坐标(x,y,z)/mm | 框位 |
|------|----------------|------|------|----------------|------|
| 17 | (18023.701,1709.987,730.328) | III | 34 | (16956.901,1651.344,−982.520) | V |
| 18 | (18023.701,1850.630,182.448) | III | 35 | (16956.901,1393.607,−1397.043) | V |
| 19 | (18023.701,1829.058,−383.488) | III | 36 | (16423.501,981.954,1578.967) | VI |
| 20 | (18023.701,1651.344,−982.520) | III | 37 | (16423.501,1359.030,1269.018) | VI |
| 21 | (18023.701,1393.607,−1397.043) | III | 38 | (16423.501,1709.987,730.328) | VI |
| 22 | (17490.301,981.954,1578.967) | IV | 39 | (16423.501,1850.630,182.448) | VI |
| 23 | (17490.301,1359.030,1269.018) | IV | 40 | (16423.501,1829.058,−383.488) | VI |
| 24 | (17490.301,1709.987,730.328) | IV | 41 | (16423.501,1651.344,−982.520) | VI |
| 25 | (17490.301,1850.630,182.448) | IV | 42 | (16423.501,1393.607,−1397.043) | VI |
| 26 | (17490.301,1829.058,−383.488) | IV | 43 | (15890.101,981.954,1578.967) | VII |
| 27 | (17490.301,1651.344,−982.520) | IV | 44 | (15890.101,1359.030,1269.018) | VII |
| 28 | (17490.301,1393.607,−1397.043) | IV | 45 | (15890.101,1709.987,730.328) | VII |
| 29 | (16956.901,981.954,1578.967) | V | 46 | (15890.101,1850.630,182.448) | VII |
| 30 | (16956.901,1359.030,1269.018) | V | 47 | (15890.101,1829.058,−383.488) | VII |
| 31 | (16956.901,1709.987,730.328) | V | 48 | (15890.101,1651.344,−982.520) | VII |
| 32 | (16956.901,1850.630,182.448) | V | 49 | (15890.101,1393.607,−1397.043) | VII |
| 33 | (16956.901,1829.058,−383.488) | V | — | — | — |

通过对壁板变形前后各个检测点的位置进行匹配计算，可以分析壁板在两种支撑方式下的位姿偏差和检测点偏差的变化趋势，进而评价经过优化后的多工艺接头支撑方式的技术可行性。

假设壁板上各检测点的理论位置集为 $X = [X_1, X_2, \cdots, X_m]$，其中 $X_i = [x_i, y_i, z_i]^T$，$i = 1, 2, \cdots, m$，$m$ 为检测点个数。壁板变形后，检测点的实际位置集为 $X' = [X_1', X_2', \cdots, X_m']$，其中 $X_i' = [x_i', y_i', z_i']^T$，$i = 1, 2, \cdots, m$。建立 $X$ 和 $X'$ 之间的最小二乘函数关系式：

$$\min e^2(\boldsymbol{R}, \boldsymbol{t}) = \sum_{i=1}^{m} \left\| X_i' - (\boldsymbol{R}X_i + \boldsymbol{t}) \right\|^2 \tag{4-11}$$

式中，$\boldsymbol{R}$ 为 3×3 的姿态变换矩阵；$\boldsymbol{t}$ 为 3×1 的平移变换矩阵。结合文献[11]中提到的求解方法，计算出飞机壁板在两种支撑方式下的位姿偏差，如表4.7所示。

表 4.7　壁板位姿偏差

| 支撑方式 | dx/mm | dy/mm | dz/mm | dα/(°) | dβ/(°) | dγ/(°) |
|---|---|---|---|---|---|---|
| 工艺接头 | −0.006 | −0.043 | −0.223 | 0.003 | 0.000 | 0.000 |
| 全尺寸保形工装 | −0.005 | −0.037 | −0.225 | 0.003 | 0.000 | 0.000 |

由表可见，壁板在两种支撑方式下的位姿偏差结果基本保持一致。因此，工艺接头的支撑参数经过优化之后，能够确保壁板位姿达到或接近全尺寸保形工装定位的效果，即采用工艺接头同样具有良好的保形效果。

由式(4-11)获取壁板的位姿参数 $\boldsymbol{R}$、$\boldsymbol{t}$ 后，各个检测点的位置偏差可表示为如下形式：

$$\boldsymbol{e}_i = \left[ e_{i,x}, e_{i,y}, e_{i,z} \right]^{\mathrm{T}} = \boldsymbol{X}'_i - (\boldsymbol{R}\boldsymbol{X}_i + \boldsymbol{t}), \quad i = 1, 2, \cdots, m \tag{4-12}$$

式中，$e_{i,x}$、$e_{i,y}$、$e_{i,z}$ 分别为检测点 $i$ 在 $x, y, z$ 方向上的位置偏差。

飞机壁板在工艺接头和全尺寸保形工装支撑条件下的检测点位置偏差如图 4.6 所示。由图可知，在两种支撑方式下，各个检测点在各个方向上的位置偏差变化趋势基本一致。在工艺接头支撑方式下，$x, y, z$ 向的位置偏差范围分别为−0.076mm～0.077mm，−0.099mm～0.116mm，−0.060mm～0.130mm；在全尺寸保形工装支撑方式下，$x, y, z$ 向的位置偏差范围分别为−0.069mm～0.075mm，−0.082mm～0.108mm，−0.054mm～0.120mm。相对于全尺寸保形工装支撑方式，采用工艺球头支撑方式时检测点偏差略大，但仍控制在可接受的较小范围内。

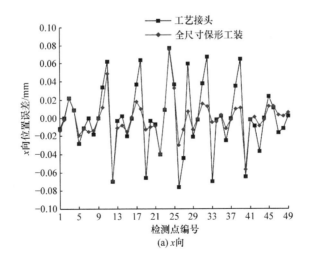

(a) $x$ 向

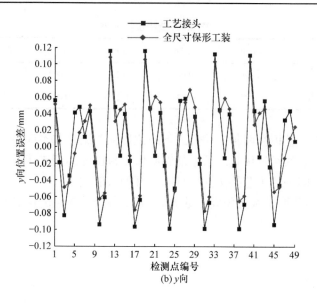

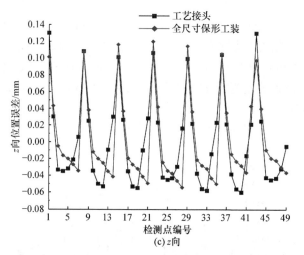

图 4.6　不同支撑方式下的检测点位置偏差

通过对两种支撑方式下的壁板应力场和位移场的分析可知，由多工艺接头的支撑方式代替全尺寸保形工装支撑方式，飞机壁板的装配应力虽会略有增大，但仍远远小于各个零件的许用应力，且最大变形仅集中在壁板的边缘部位，易于人工调整。同时，通过最小二乘匹配分析可知，壁板的位姿偏差和检测点的位置偏差在两种支撑方式下基本保持一致。因此，工艺接头支撑方式代替全尺寸保形工装支撑方式，不仅能有效抑制壁板变形，还能大幅度减小工装体积，简化支撑工艺，方便定位安装，有效提高了人机工程性。

## 4.2.2 大部件支撑点布局设计

### 1. 飞机大部件支撑点设置原则

飞机大部件与定位器之间采用专用的工艺接头进行过渡连接，支撑点设计中需要确定定位器数量、布局以及工艺接头的安装位置。定位器既是飞机部件调姿的执行单元，也是飞机部件的支撑机构。定位器除了能将飞机部件调姿到目标位姿外，也能够平衡飞机在调姿过程中的负载，将机身稳定支撑。从飞机装配工艺来看，支撑点设计要遵循以下原则[12-14]。

(1) 调姿定位系统应具有较好的开敞性，留有足够的操作空间进行人工装配、测量等。

(2) 调姿定位系统应保证飞机部件的变形满足其容差要求。

(3) 调姿定位系统应便于飞机部件的站位移动，同时定位器能够较为方便地改变布局。

(4) 调姿定位系统布局应考虑飞机部件的质量分布情况，使各定位器承载均衡。

### 2. 飞机部件可支撑位置选择

定位器对飞机的作用载荷通过工艺接头传递至飞机部件上，因此在工艺接头与飞机部件相连接的区域，应力较大。为了避免飞机部件在装配过程中产生过大的局部应力，保障调姿的安全性，一般会将支撑位置设置在飞机部件加强框等刚度较好的位置。因此，飞机部件的可支撑位置一般为一组离散的框位，相应地，工艺接头的安装位置也只能在可支撑框上来选择。

### 3. 飞机部件支撑点设置评价方法

#### 1) 飞机部件测量点布局

由于飞机部件外形轮廓结构复杂，对其姿态和变形进行直观的描述较为困难，在数字化装配中，需要在飞机部件上设置若干个测量点，根据激光跟踪仪的测量结果，能够准确地得到测量点在装配坐标系下的空间位置。测量点的空间位置坐标可以用来直接评价飞机部件的位置和姿态，为定位器的协调运动提供计算依据，同时，也可以通过测量点数据系统评价飞机部件的变形情况以及外形质量。

#### 2) 飞机部件承载分析

飞机部件在装配过程中承受的载荷包括飞机重力、装配应力、运动惯性力等，由于飞机部件的定位和调姿运动过程比较缓慢，为保障各个支撑定位器的协调运动，与飞机部件的重力载荷相比较，惯性力和装配应力相对较小或者更好控制，可以将飞机部件的调姿过程视为准静态过程，机身部件的装配载荷只考虑重力载荷的影响。

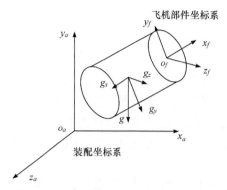

图 4.7　飞机部件重力场示意图

重力场的方向相对装配坐标系而言是固定不变的，在图 4.7 所示的坐标系中，重力场方向在装配坐标系为 $(0, g, 0)^{\mathrm{T}}$，$g$ 为重力加速度。而相对于飞机部件坐标系，重力场的方向 $\boldsymbol{G}_f(g_x, g_y, g_z)^{\mathrm{T}}$ 会随飞机部件姿态的改变而改变。其中 $\boldsymbol{G}_f(g_x, g_y, g_z)^{\mathrm{T}}$ 可通过旋转矩阵 $\boldsymbol{R}$ 求解：

$$\boldsymbol{G}_f(g_x, g_y, g_z)^{\mathrm{T}} = \boldsymbol{R}^{\mathrm{T}}(0, g, 0)^{\mathrm{T}} \quad (4\text{-}13)$$

式中，$\boldsymbol{R}$ 为姿态变换矩阵，可由飞机部件测量点坐标与飞机部件数字模型匹配计算得到。

3) 飞机部件测量点位置误差

在处于飞机结构的弹性变形范围内，飞机部件的重力载荷沿坐标轴的分量与测量点的空间位置误差近似为线性关系：

$$\begin{cases} g_x = a_{xx}\Delta u_{xx} + a_{xy}\Delta u_{xy} + a_{xz}\Delta u_{xz} \\ g_y = a_{yx}\Delta u_{yx} + a_{yy}\Delta u_{yy} + a_{yz}\Delta u_{yz} \\ g_z = a_{zx}\Delta u_{zx} + a_{zy}\Delta u_{zy} + a_{zz}\Delta u_{zz} \end{cases} \quad (4\text{-}14)$$

式中，$g_i$ 为重力载荷沿 $i$ 方向的分量；$a_{ij}, b_{ij}, c_{ij}$ 为各测量点的刚度参数；$\Delta u_{ij}$ 为沿 $i$ 向重力载荷作用下，测量点的 $j$ 轴方向误差值。则测量点沿各轴的误差值为

$$\begin{cases} \Delta u_x = \Delta u_{xx} + \Delta u_{yx} + \Delta u_{zx} \\ \Delta u_y = \Delta u_{xy} + \Delta u_{yy} + \Delta u_{zy} \\ \Delta u_z = \Delta u_{xz} + \Delta u_{yz} + \Delta u_{zz} \end{cases} \quad (4\text{-}15)$$

式中，$\Delta u_i$ 为测量点沿 $i$ 轴方向的误差值，测量点的空间位置误差为

$$\Delta u = \sqrt{\Delta u_x^2 + \Delta u_y^2 + \Delta u_z^2} \quad (4\text{-}16)$$

$\Delta u$ 为飞机部件支撑点设置的评价标准，如果可以求解刚度参数，则可以得到飞机部件在任意姿态下的变形情况。但由于飞机部件结构复杂，式(4-14)中的刚度参数难以通过解析法求得。为此，通过建立飞机机身大部件结构的有限元分析模型，分析不同支撑方式对机身大部件变形的影响，进而提出机身大部件的多点支撑方法。

4. 飞机大部件有限元模型

1) 模型简化

典型的机身大部件包括蒙皮、桁条、普通隔框、加强框等结构，对于大型运

输机来说，在机翼未安装之前，中机身顶部还存在结构开口，机身上的开口会降低机身的刚度，使交点孔测量产生较大的空间位置误差，因此，在开口处一般会设置保形架，达到增强机身刚度的目的。为便于计算分析，在有限元建模中并未包括雷达罩、尾段与起落架等部件，而是简化地将桁条底面与蒙皮等效处理为不同厚度的蒙皮。

2) 载荷及边界条件

大型运输机结构大部件的总重量接近 30 吨，其中普通隔框、加强框与桁条材料为铝合金 7075，密度为 0.0028g/mm$^3$，弹性模量为 72GPa；蒙皮材料为铝合金 2024，密度为 0.0028g/mm$^3$，弹性模量为 73GPa；上保形架材料为铝合金 6061，密度为 0.0033g/mm$^3$，弹性模量为 69GPa[15]；下保形架为碳钢 Q235，密度为 0.0078g/mm$^3$，弹性模量为 200GPa。

各部件均为铆钉连接或螺栓连接，调姿过程中其相对位置关系不变，因此在各部件之间施加绑定约束。工艺接头与飞机部件通过螺栓组连接，因此两者之间施加绑定约束。由于工艺接头的刚度远大于飞机部件刚度，将工艺接头简化为刚体部件，模型中只包括工艺接头与飞机部件相连接的面板，并在工艺接头球头位置建立参考点。由于定位器的刚度远大于飞机部件刚度，可忽略定位器的变形误差。当飞机部件完成调姿后，定位器会锁紧各运动方向的进给机构，定位器球托和卡爪会锁紧球头，因此，在各工艺接头的参考点位置也要施加固定约束。

3) 有限元模型

机身大部件网格为三维六面体缩减积分单元[16]，模型包括 65 万个网格单元，如图 4.8 所示。

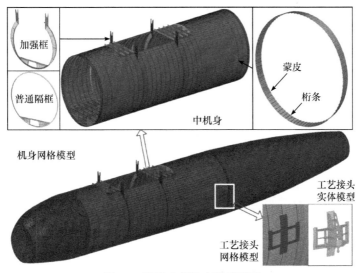

图 4.8  飞机大部件有限元模型

5. 支撑点设置对变形的影响

1) 测量点布局

大部件上测量点包括部件位姿测量点和交点孔测量点两类，其中位姿测量点用于评价部件位姿与变形，交点孔测量点用于对插配工艺要求进行评价，如翼身交点孔的位置和插配间隙等。测量点的布局如图 4.9 所示，其中 $P_i$ 为位姿测量点编号，$J_i$ 为交点孔测量点编号，各测量点坐标见表 4.8。

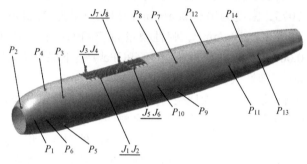

图 4.9　测量点布局示意图

**表 4.8　测量点理论坐标**

| 测量点编号 | $x$/mm | $y$/mm | $z$/mm |
| --- | --- | --- | --- |
| $P_1$ | 1618.05 | 4634 | −55 |
| $P_2$ | −1618.05 | 4634 | −55 |
| $P_3$ | 1910.23 | 9856 | 1980.26 |
| $P_4$ | −1910.23 | 9856 | 1980.26 |
| $P_5$ | 1912.18 | 9856 | −1977.96 |
| $P_6$ | −1912.18 | 9856 | −1977.96 |
| $P_7$ | 1615.19 | 24863 | 2225.68 |
| $P_8$ | −1615.19 | 24863 | 2225.68 |
| $P_9$ | 1911.39 | 24863 | −1977.14 |
| $P_{10}$ | −1911.39 | 24863 | −1977.14 |
| $P_{11}$ | 2338 | 33364 | 761.25 |
| $P_{12}$ | −2338 | 33364 | 761.25 |
| $P_{13}$ | 1868.19 | 37364 | 1251.41 |
| $P_{14}$ | −1868.19 | 37364 | 1251.41 |
| $J_1$ | 1860 | 14856 | 3165 |
| $J_2$ | 1860 | 14856 | 2727.50 |

续表

| 测量点编号 | $x$/mm | $y$/mm | $z$/mm |
| --- | --- | --- | --- |
| $J_3$ | −1860 | 14856 | 3165 |
| $J_4$ | −1860 | 14856 | 2727.50 |
| $J_5$ | 1860 | 19356 | 3165 |
| $J_6$ | 1860 | 19356 | 2765 |
| $J_7$ | −1860 | 19356 | 3165 |
| $J_8$ | −1860 | 19356 | 2765 |

2) 部件支撑位置

根据机身大部件结构，确定可支撑框位有 4 个，见图 4.10。定位器的可支撑位置为图 4.10 中可支撑框位的组合。

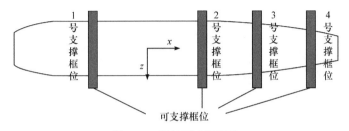

图 4.10　部件可支撑框位

不同的定位器数量和布局可以组合成不同的支撑方式，如图 4.11 所示。定位器的数量与布局之间存在较强的耦合关系，从降低调姿定位系统成本的角度来考虑，在满足机身变形要求的前提下，定位器的数量应越少越好。

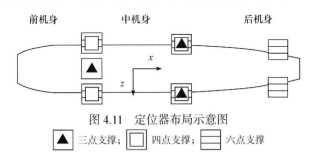

图 4.11　定位器布局示意图

▲ 三点支撑；　□ 四点支撑；　▤ 六点支撑

3) 部件姿态对变形的影响

在某型飞机机身部件支撑定位时，采用牵引车通过专用托架将飞机机身部件移动到支撑定位站位，定位器根据激光跟踪仪和位移传感器的测量结果自动寻找机身工艺接头并支撑飞机部件，支撑入位后的部件姿态参数 $(\alpha, \beta, \gamma)$ 直接决定了机身的变形分布情况。通常，入位完成之后，飞机机身部件姿态参数 $(\alpha, \beta, \gamma)$ 均在 10°以内。

　　为了分析部件姿态变化对变形的影响，以图 4.11 中四点支撑方式为例，支撑框位为 1、2 号支撑框位，计算姿态参数 $(\alpha, \beta, \gamma)$ 均等于 0°、5°和 10°时部件的变形情况，有限元计算结果见图 4.12。

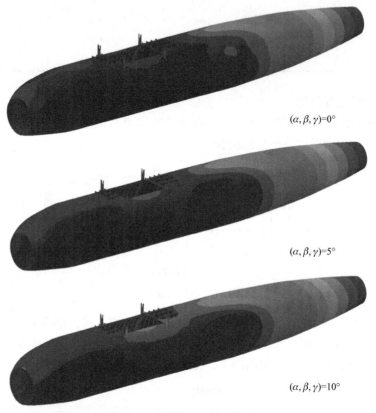

$(\alpha, \beta, \gamma)=0°$

$(\alpha, \beta, \gamma)=5°$

$(\alpha, \beta, \gamma)=10°$

图 4.12　不同姿态下的部件变形

　　各测量点空间位置误差见表 4.9，其中 $\mu$ 为测量点空间位置误差的平均值，$\Delta u_{\max}$ 为测量点空间位置误差的最大值。从计算结果可观察到，$\mu$ 随着姿态参数 $(\alpha, \beta, \gamma)$ 的增加而增加，但 $\Delta u_{\max}$ 的变化并不明显。机身姿态参数 $(\alpha, \beta, \gamma)$ 的变化，会改变各定位器的支撑反力分布，同时也改变了机身的变形分布情况。由于 $\mu$ 会随机身姿态参数增加而增加，因此认为在机身姿态参数 $(\alpha, \beta, \gamma)$ 达到极值时，机身的变形情况最为严重。设置载荷条件：参数 $(\alpha, \beta, \gamma)$ 均为 10°时，机身坐标系下的重力场为 $(0.1710g, 0.9751g, -0.1413g)^{\mathrm{T}}$。在机身支撑点参数中，机身姿态和接头安装位置与其他参数不存在耦合关系，可以优先确定。

表 4.9 姿态变化对测量点空间位置误差的影响

| 机身姿态参数/(°) | 计算结果/mm |
|---|---|
| $\alpha=\beta=\gamma=0$ | $\mu=0.6410$，$\Delta u_{max}=2.8041$ |
| $\alpha=\beta=\gamma=5$ | $\mu=0.7480$，$\Delta u_{max}=2.8084$ |
| $\alpha=\beta=\gamma=10$ | $\mu=0.9100$，$\Delta u_{max}=2.8034$ |

4) 工艺接头安装位置对部件变形的影响

以大型运输机的机身结构为例，纵剖面 BL0 为对称中心，沿翼展方向对称布局。工艺接头在同一个隔框上沿 BL0 对称布局。在同一个隔框上，工艺接头可以安装在不同的位置。工艺接头与部件的连接区域一般不会设置在 WL0(等直段最大半宽面)以上，因为这种设置需要在定位器与接头之间设置较大的悬臂结构和足够的操作空间，才能够使调姿过程中部件与调姿工装不会发生干涉。这种工艺接头布局会使得接头与部件连接区域受到较大的弯矩作用,造成部件局部载荷过大。此外，悬臂结构容易产生较大的变形，会降低部件的调姿精度。而在 WL0 以下，工艺接头可以设置在不同的安装位置，如图 4.13 所示。

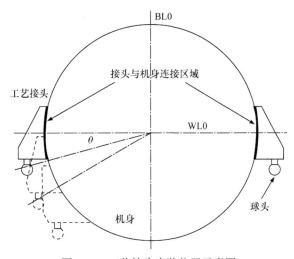

图 4.13 工艺接头安装位置示意图

为了分析工艺接头与大部件连接区域的变化对变形情况的影响，调整工艺接头位置使其沿飞机坐标系下的 $x$ 轴旋转 $\theta$ 角，以图 4.11 中四点支撑方式为例，支撑框位为 1、2 号支撑框位时，分别计算 $\theta$ 为 0°、5°、10° 和 15° 时机身的变形情况，如图 4.14 所示。各测量点的空间位置误差见表 4.10。

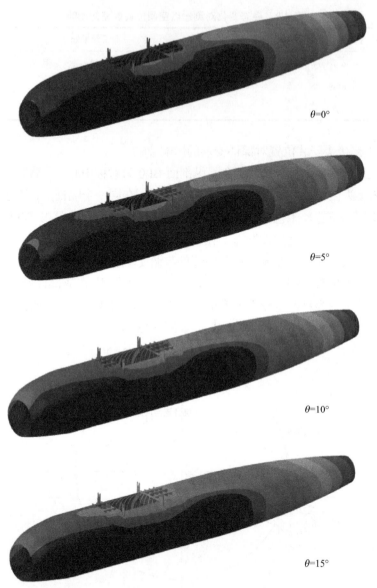

$\theta=0°$

$\theta=5°$

$\theta=10°$

$\theta=15°$

图 4.14　不同工艺接头安装位置下的部件变形

表 4.10　接头安装位置对测量点空间位置误差的影响

| $\theta/(°)$ | 计算结果/mm |
|:---:|:---:|
| 0 | $\mu=0.9100$，$\Delta u_{max}=2.8034$ |
| 5 | $\mu=0.9695$，$\Delta u_{max}=2.8548$ |
| 10 | $\mu=1.0791$，$\Delta u_{max}=2.9711$ |
| 15 | $\mu=1.2162$，$\Delta u_{max}=3.1299$ |

从有限元计算结果可观察到，随着 $\theta$ 的增加，$\mu$ 与 $\Delta u_{max}$ 均明显变大，只有 $P_5$、$P_6$、$P_9$、$P_{10}$ 四个测量点的空间位置误差有所减小。这说明将工艺接头与机身的连接区域设置在 WL0 附近较为合理。

5) 定位器布局与数量对部件变形的影响

为稳定支撑飞机部件，并实现六自由度姿态调整，至少需要三台定位器。因此，有限元模型中首先考虑三点支撑方式。为使部件重心位于各支撑点之间，保证支撑稳定性，可行的支撑框位组合为 1 号支撑框位分别与其他三个支撑框位之间的组合。其中，1 号支撑框位的工艺接头与部件连接区域设置在部件底部，其他支撑框位的连接区域为 WL0 附近。得到的变形情况如图 4.15 所示。各测量点的空间位置误差见表 4.11。

表 4.11　三点支撑方式测量点空间位置误差

| 支撑位置 | 计算结果/mm |
| --- | --- |
| 1、2 号支撑框位 | $\mu=1.5676$，$\Delta u_{max}=2.7388$ |
| 1、3 号支撑框位 | $\mu=1.6418$，$\Delta u_{max}=3.1082$ |
| 1、4 号支撑框位 | $\mu=3.3051$，$\Delta u_{max}=4.8604$ |

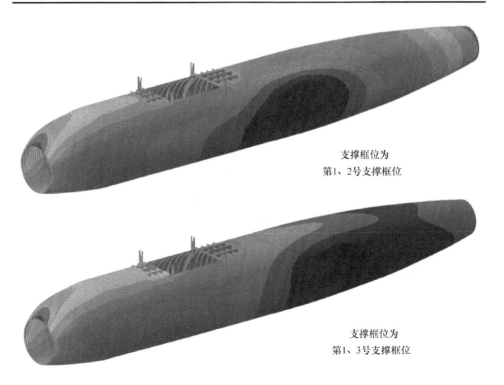

支撑框位为
第1、2号支撑框位

支撑框位为
第1、3号支撑框位

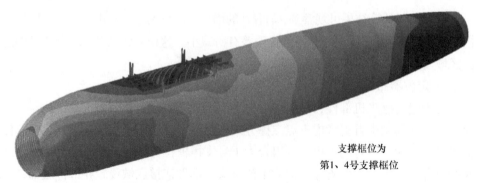

支撑框位为
第1、4号支撑框位

图 4.15　三点支撑方式不同支撑框位部件变形

采用四点支撑方式时，可行的支撑位置组合与三点支撑方式相同，部件在不同的支撑框位支撑条件下的变形情况如图 4.16 所示，各测量点的空间位置误差见表 4.12。与三点支撑方式相比较，四点支撑方式的 $\mu$ 与 $\Delta u_{\max}$ 均明显地减小，只有支撑位置为 1、2 号支撑框位时， $\Delta u_{\max}$ 略微增加。

表 4.12　四点支撑方式测量点空间位置误差

| 支撑位置 | 计算结果/mm |
| --- | --- |
| 1、2 号支撑框位 | $\mu$=0.9100， $\Delta u_{\max}$=2.8034 |
| 1、3 号支撑框位 | $\mu$=0.6900， $\Delta u_{\max}$=1.2281 |
| 1、4 号支撑框位 | $\mu$=1.4072， $\Delta u_{\max}$=2.4250 |

支撑框位为
第1、2号支撑框位

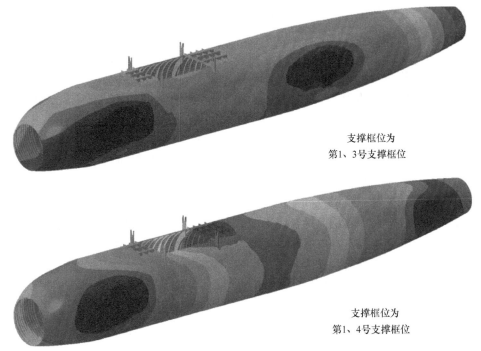

支撑框位为
第1、3号支撑框位

支撑框位为
第1、4号支撑框位

图 4.16 四点支撑方式不同支撑框位部件变形

采用六点支撑方式时，需确定三个支撑框位。由于中机身段刚度较好，支撑位置可选择中机身段的 1 号支撑框位与 2 号支撑框位，为避免后机身段构成悬臂结构，选择 4 号支撑框位，部件的变形情况如图 4.17 所示。测量点平均空间位置误差 $\mu$ 为 0.4581mm，最大空间位置误差 $\Delta u_{max}$ 为 0.8749mm。

图 4.17 六点支撑方式部件变形

6. 大部件多点支撑方法

设计飞机大部件的多点支撑方式实际上是确定工艺接头安装位置、定位器数量和布局等参数。工艺接头的安装位置与其他支撑参数不存在耦合关系，可以优先确定。当工艺接头与部件连接区域设置在 WL0 附近时，部件变形较小，并且调姿工装有较大的操作空间。因此确定工艺接头与飞机大部件的连接区域设置在WL0 位置。

当飞机大部件采用三点支撑方式时，支撑位置为 1、2 号支撑框位，测量点空间位置误差相对较小，测量点最大空间位置误差为 2.7388mm。但 1 号支撑框位区域的应力较大，达到了 276MPa，这是由于沿 $x$ 轴方向的载荷对 1 号支撑框位的定位器有较大的弯矩作用。

当采用四点支撑方式时，支撑位置为 1、2 号支撑框位，后机身构成了悬臂结构，因此后机身变形较为严重；支撑位置为 1、4 号支撑框位时，两个支撑框位间距较大，整个部件变形呈"下凹"趋势；支撑位置为 1、3 号支撑框位时，部件变形相对较小，测量点最大空间位置误差为 1.2281mm。采用四点支撑方式时，所有支撑框位的组合中，部件均存在局部变形较大的区域，这是由于飞机部件外形尺寸较大，四个支撑点难以兼顾对整个飞机部件的"保形"效果。

当采用六点支撑时，测量点平均空间位置误差 $\mu$ 和最大空间位置误差 $\Delta u_{\max}$ 与三点支撑、四点支撑相比较，均有明显降低，且不存在局部应力和变形较大的区域，综合考虑定位系统的工艺要求与经济性，支撑框位为 1 号、2 号和 4 号框位的六个定位器支撑方式较为合理。

# 4.3　装配对象位姿计算方法

## 4.3.1　装配对象的位姿评价

设定位点集为 $\boldsymbol{L} = [L_1, L_2, \cdots, L_i, \cdots, L_I]$ ，测量点集为 $\boldsymbol{M} = [M_1, M_2, \cdots, M_i, \cdots, M_I]$ ，则定位点集的坐标可以用矩阵 $\boldsymbol{L}$ 表示：

$$\boldsymbol{L} = \begin{bmatrix} L_{1x} & L_{2x} & \cdots & L_{I-1,x} & L_{Ix} \\ L_{1y} & L_{2y} & \cdots & L_{I-1,y} & L_{Iy} \\ L_{1z} & L_{2z} & \cdots & L_{I-1,z} & L_{Iz} \\ 1 & 1 & \cdots & 1 & 1 \end{bmatrix} \tag{4-17}$$

测量点集的测量坐标可以用矩阵 $\boldsymbol{M}$ 表示：

$$\boldsymbol{M} = \begin{bmatrix} M_{1x} & M_{2x} & \cdots & M_{I-1,x} & M_{Ix} \\ M_{1y} & M_{2y} & \cdots & M_{I-1,y} & M_{Iy} \\ M_{1z} & M_{2z} & \cdots & M_{I-1,z} & M_{Iz} \\ 1 & 1 & \cdots & 1 & 1 \end{bmatrix} \tag{4-18}$$

测量点集的名义坐标为 $\boldsymbol{M}^{(0)}$ ，通过求解线性方程，可以计算得到 $\boldsymbol{M}$ 和 $\boldsymbol{M}^{(0)}$

之间的变换矩阵 $\boldsymbol{T}$，使得

$$\boldsymbol{M}^{(0)} = \boldsymbol{T}\boldsymbol{M}^{(1)} \tag{4-19}$$

$$\boldsymbol{M}^{(1)} = \boldsymbol{T}\boldsymbol{M} \tag{4-20}$$

$$\boldsymbol{L}^{(1)} = \boldsymbol{T}\boldsymbol{L} \tag{4-21}$$

当定位点集坐标为 $\boldsymbol{L}$ 时，测量点集坐标为 $\boldsymbol{M}$，当定位点集坐标为 $\boldsymbol{L}^{(1)}$ 时，测量点集的坐标为 $\boldsymbol{M}^{(1)}$。因此，将定位器的定位位置调整为 $\boldsymbol{L}^{(1)}$，可使装配对象达到要求的位姿。但实际上，装配对象本身在定位过程中会产生变形，定位器的定位也不可避免地存在误差，装配对象也非完全刚性。可以认为，实际装配对象的测量结果是测量点集、定位形式和现场环境因素等的函数：

$$\boldsymbol{M}^{(1)} = f(\boldsymbol{M}, \boldsymbol{L}, t, \cdots) \tag{4-22}$$

另一方面，相对于装配对象的自身尺寸，装配对象的变形又可以认为是小变形。因此，可以通过最佳拟合(best-fit)的方法来计算 $\boldsymbol{M}$ 和 $\boldsymbol{M}^{(0)}$ 之间的变换矩阵 $\boldsymbol{T}$。

$$\min \| \boldsymbol{M}^{(0)} - \boldsymbol{T}\boldsymbol{M}^{(1)} \| \tag{4-23}$$

这里的变换矩阵 $\boldsymbol{T}$ 实质上代表了装配对象由当前位姿到理论位姿的变化量。

### 4.3.2　单对象位姿计算方法

以机翼机身数字化对接装配为例，位姿评价依据主要包括翼身交点制造准确度和机翼相对位置协调准确度。翼身交点制造准确度是指机翼与翼身对接接头交点孔之间的位置准确度要求。在机翼与机身对接过程中，首先，对机身进行调姿，使机身上交点孔的实际位置相对于理论位置满足交点孔制造准确度要求；然后，将机身位置固定；最后，针对机翼进行单独调姿，使机翼交点孔的实际位置相对于数模中的理论位置满足交点孔制造准确度要求，此时机翼交点孔相对于机身交点孔的准确度退化为由机翼交点孔的制造准确度来进行评价。当机翼调姿后的交点孔的实际位置与数模中的理论位置相比较，均在给定的容差范围内时，说明翼身交点制造准确度符合要求。机翼相对位置协调准确度是指机翼相对于机身位置的准确度(上下反角、安装角等)要求。机身位置固定后，通常由布置在翼面上的水平测量点之间的高差来进行评价。当机翼调姿后水平测量点的高差满足给定的容差要求时，说明机翼的相对位置准确度符合要求。

叉耳式接头是机翼与机身装配常见连接形式，其中机翼梁上采用耳型接头，机身上采用叉型接头。叉耳型接头结构设计简单，重量轻，且强度可靠，应用范围广泛。机翼在飞机飞行过程中作为提供升力的主要部件，为飞机的稳定飞行提

供必要的操纵力。所以，对机翼与机身的连接部位要求较高，在机翼装配完成后需要对交点孔进行精加工，以消除装配过程中的累积误差和装配结构变形带来的交点孔移位现象，这就要求翼身交点孔在加工之前有足够的加工余量。图 4.18 为机翼上耳型接头与机身上叉型接头的连接示意图，表示机翼接头制造特征点的定义方法，耳型接头和叉型接头的制造特征点为其交点孔的中心点。

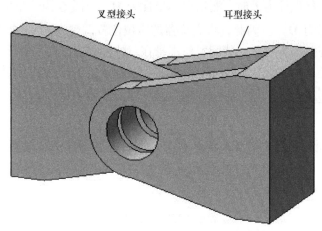

图 4.18　叉耳接头示意图

对于大型运输机，机翼与机身的对接是指中央翼与机身的对接，对接是以主受力接头及分散连接相结合，如图 4.19 所示。

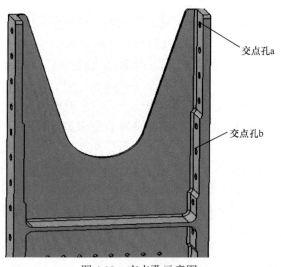

图 4.19　交点孔示意图

机翼和机身在对接过程中，机身已调整至理论姿态，机身上交点满足制造准确度要求，此时只需通过调整机翼的姿态使机翼耳型接头交点满足制造准确度要求即可。这里使用机翼上交点的实际位置与数模中的理论位置进行误差分析。已知制造特征点 $P$，其实际位置测量值为 $P'$，则该点制造误差为

$$\Delta P = \left\| P' - P \right\| \leqslant \delta \tag{4-24}$$

式中，$\delta$ 为交点 $P$ 的位置容差要求。

　　为了能够更好地控制制造特征点的误差，在飞机数字化装配中，通常采用三维容差来约束其制造误差，即

$$\begin{cases} \Delta P_x = \delta_x \\ \Delta P_y = \delta_y \\ \Delta P_z = \delta_z \end{cases} \tag{4-25}$$

　　式(4-25)表示机翼相对于机身位置的准确度参数，包括安装角、上(下)反角等。安装角指的是机翼翼根弦线与机身轴线之间的夹角。上(下)反角指的是机翼基准面和水平面之间的夹角。基准面位于水平面之上时称之为上反角，反之称之为下反角。一般将角度参数换算成线性尺寸来进行计算，通过在机翼的下翼面位置预先布置水平测量点，然后利用激光跟踪仪及其附带测量装置测量水平测量点的实际位置，然后通过分析有高差要求的水平测量点组(协调特征点组)的高差来判断机翼的水平姿态。

　　已知相互位置有容差要求的一对协调特征点 $P_i$ 和 $P_j$，其在 $z$ 方向上的协调误差为

$$\Delta P_z = \left\| P_{iz} - P_{jz} \right\| \leqslant \delta_z \tag{4-26}$$

式中，$\delta_z$ 表示协调特征点 $P_i$ 和 $P_j$ 的高差要求。

　　在机翼数字化调姿阶段，假设该部件上布置有若干制造特征点和协调特征点，使用制造特征点集 $A$ 和协调特征点集 $B$ 分别代表所有的特征点：

$$_{\mathrm{CS}}^{\mathrm{Type}}A = \left\{ {}_{\mathrm{CS}}^{\mathrm{Type}}\boldsymbol{P}_1^A,\ {}_{\mathrm{CS}}^{\mathrm{Type}}\boldsymbol{P}_2^A, \cdots,\ {}_{\mathrm{CS}}^{\mathrm{Type}}\boldsymbol{P}_i^A, \cdots,\ {}_{\mathrm{CS}}^{\mathrm{Type}}\boldsymbol{P}_I^A \right\} \tag{4-27}$$

$$_{\mathrm{CS}}^{\mathrm{Type}}B = \left\{ {}_{\mathrm{CS}}^{\mathrm{Type}}\boldsymbol{P}_1^B,\ {}_{\mathrm{CS}}^{\mathrm{Type}}\boldsymbol{P}_2^B, \cdots,\ {}_{\mathrm{CS}}^{\mathrm{Type}}\boldsymbol{P}_j^B, \cdots,\ {}_{\mathrm{CS}}^{\mathrm{Type}}\boldsymbol{P}_J^B \right\} \tag{4-28}$$

式中，$\boldsymbol{P}_i^A = [x_i,\ y_i,\ z_i,\ 1]^{\mathrm{T}}$ 表示第 $i$ 个特征点($A$ 代表制造特征点，$B$ 代表协调特征点)的齐次坐标值。上标 Type 代表点的类型，$M$ 为测量值(measured value)，$N$ 为理论值(nominal value)；下标 CS 代表坐标值的参考坐标系，GCS 为全局坐标系(装配坐标系)，LCS 为局部坐标系(部件坐标系)。局部坐标系下特征点的理论值从数据库中读取，此时需将点集转换至装配坐标系下，以备后续数据处理使用，该部件所对应的转换矩阵用 **TF** 表示，即

$$_{\mathrm{GCS}}^{N}\boldsymbol{P}_i = \mathbf{TF} \cdot {}_{\mathrm{LCS}}^{N}\boldsymbol{P}_i \tag{4-29}$$

根据部件特征点的理论值和测量值，可求得

$$_{\mathrm{GCS}}^{M'}\boldsymbol{P}_i = \boldsymbol{T} \cdot {}_{\mathrm{GCS}}^{M}\boldsymbol{P}_i \tag{4-30}$$

式中，${}_{\mathrm{GCS}}^{M'}\boldsymbol{P}_i$ 为第 $i$ 个特征点调姿后的目标值；$\boldsymbol{T}$ 为该部件的刚体齐次变换矩阵，表示刚体先绕 $x$ 轴旋转 $\alpha$ 角，再绕新的 $y$ 轴旋转 $\beta$ 角，最后绕新的 $z$ 轴旋转 $\gamma$ 角，再按 $x$、$y$、$z$ 轴分别平移 $t_x$、$t_y$、$t_z$。

$$\boldsymbol{T} = \begin{bmatrix} c\gamma c\beta & -s\gamma c\alpha + c\gamma s\beta s\alpha & s\gamma s\alpha + c\gamma s\beta c\alpha & t_x \\ s\gamma c\beta & c\gamma c\alpha + s\gamma s\beta s\alpha & -c\gamma s\alpha + s\gamma s\beta c\alpha & t_y \\ -s\beta & c\beta s\alpha & c\beta c\alpha & t_z \\ 0 & 0 & 0 & 1 \end{bmatrix} \tag{4-31}$$

制造特征点的误差可表示为

$$\begin{aligned} \delta \boldsymbol{P}_i^A &= {}_{\mathrm{GCS}}^{M'}\boldsymbol{P}_i^A - {}_{\mathrm{GCS}}^{N}\boldsymbol{P}_i^A \\ &= \boldsymbol{T} \cdot {}_{\mathrm{GCS}}^{M}\boldsymbol{P}_i^A - {}_{\mathrm{GCS}}^{N}\boldsymbol{P}_i^A \\ &= \begin{bmatrix} \varepsilon_{ix}^A, & \varepsilon_{iy}^A, & \varepsilon_{iz}^A, & 0 \end{bmatrix}^{\mathrm{T}} \end{aligned} \tag{4-32}$$

协调特征点组的高差可表示为

$$\begin{aligned} \delta \boldsymbol{P}_{jz}{}^B &= \left( {}_{\mathrm{GCS}}^{M'}\boldsymbol{P}_{ja}^B \right)_z - \left( {}_{\mathrm{GCS}}^{M'}\boldsymbol{P}_{jb}^B \right)_z \\ &= \left( \boldsymbol{T} \cdot {}_{\mathrm{GCS}}^{M}\boldsymbol{P}_{ja}^B \right)_z - \left( \boldsymbol{T} \cdot {}_{\mathrm{GCS}}^{M}\boldsymbol{P}_{jb}^B \right)_z \\ &= \varepsilon_{jz}^B \end{aligned} \tag{4-33}$$

由于特征点的绝对偏差不能反映各个特征点的容差要求，本章采用相对偏差作为评价特征点在三维方向上的误差依据，第 $i$ 个特征点的相对偏差计算为

$$\begin{cases} \tau_{ix} = \varepsilon_{ix} / \varepsilon_{ix}^0 \\ \tau_{iy} = \varepsilon_{iy} / \varepsilon_{iy}^0 \\ \tau_{iz} = \varepsilon_{iz} / \varepsilon_{iz}^0 \end{cases} \tag{4-34}$$

式中，$[\varepsilon_{ix}, \varepsilon_{iy}, \varepsilon_{iz}]$ 表示第 $i$ 个特征点的三维偏差；$\left[ \varepsilon_{ix}^0, \varepsilon_{iy}^0, \varepsilon_{iz}^0 \right]$ 表示第 $i$ 个特征点的三维容差半带宽。$\tau_{im} > 1$ 或 $\tau_{im} < -1$ 表示特征点位置超差。$-1 \leqslant \tau_{im} \leqslant 1$ 表示特征点位置满足容差要求。

部件装配误差由部件上制造特征点和协调特征在三维方向上的相对偏差决定，其综合评价指标计算为

$$\varphi = \frac{\sum\limits_{i=1}^{K_1}\left[\mu_{ix}(\tau_{ix}^A)^2 + \mu_{iy}(\tau_{iy}^A)^2 + \mu_{iz}(\tau_{iz}^A)^2\right] + \sum\limits_{j=1}^{K_2}\mu_j(\tau_{jz}^B)^2}{\sum\limits_{i=1}^{K_1}(\mu_{ix} + \mu_{iy} + \mu_{iz}) + \sum\limits_{j=1}^{K_2}\mu_j} \qquad (4\text{-}35)$$

式中，$\mu_i$ 和 $\mu_j$ 分别表示部件制造特征点和协调特征点组的准确度级别；$K_1$ 和 $K_2$ 分别表示制造特征点和协调特征点组的总个数。

飞机大部件数字化调姿的目标是使部件上制造特征点和装配特征的误差综合评价指标达到最小，同时使各制造特征点和装配特征满足容差约束条件。因此，可建立特征点误差分配优化模型

$$\begin{cases} \min \varphi(\boldsymbol{T}) \\ \text{s.t.} \quad \tau_i^2 \leqslant 1, \quad i \in \{1,2,3,\cdots,K_1\} \\ \qquad \tau_j^2 \leqslant 1, \quad j \in \{1,2,3,\cdots,K_2\} \end{cases} \qquad (4\text{-}36)$$

### 4.3.3　多对象位姿协调计算方法

以两段机身联动调姿为例，评价依据主要包括机身交点孔的制造准确度和机身之间相对位置的协调准确度。机身交点孔的制造准确度是指机身对接接头交点孔的位置准确度要求，通常由交点孔的制造准确度来进行评价。当机身调姿后交点孔的实际位置与数模中的理论位置相比，均在给定的容差要求范围内时，说明机身交点孔的制造准确度符合要求。机身之间相对位置协调准确度是指为了保证两段机身能够顺利对接，各自对应交点孔的相对位置需满足的准确度要求。通常选定两组对应交点孔的相对位置来进行评价。当两段机身调姿完成后，两组对应交点孔的相对位置满足给定的容差要求时，说明机身段间的相对位置协调准确度符合要求。

机身作为飞机结构的基本部分，通过各种连接接头，把飞机各部件连成一个整体[17]。机身连接部件多且结构复杂，因而连接结构也多种多样，常见的有叉耳接头、长桁接头、螺栓连接等。在装配过程中，通常在接头部位布置相应的特征点，根据调姿前后特征点的位姿情况来判断机身是否调姿到位。如图 4.20 所示，大型飞机机身段间采用框间连接的形式。

在机身调姿过程中，使用机身对接部位制造特征点的实际位置与数模中的理论位置进行误差分析。已知制造特征点 $P$，则该点制造误差为

$$\Delta P = \|P' - P\| \leqslant \delta \qquad (4\text{-}37)$$

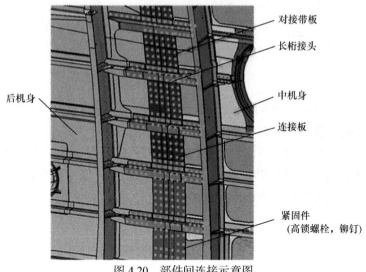

对接带板

长桁接头

中机身

连接板

后机身

紧固件
(高锁螺栓, 铆钉)

图 4.20　部件间连接示意图

式中，$\delta$ 为制造特征点 $P$ 的容差要求。

同样，为了能够更好地控制制造特征点的误差，在飞机机身对接装配中，通常采用三维容差来约束其制造误差，即

$$\begin{cases} \Delta P_x \leqslant \delta_x \\ \Delta P_y \leqslant \delta_y \\ \Delta P_z \leqslant \delta_z \end{cases} \tag{4-38}$$

以机身段之间的对接长桁为例，一般在机身长桁上打制有配合要求的协调特征点组，利用激光跟踪仪测量其坐标值，然后对比两段机身连接部位对应协调点的坐标，判断该部位是否满足装配要求。

已知相互位置有容差要求的一协调特征点对 $P_i$ 和 $P_j$，其协调误差为

$$\Delta P_{ij} = \left\| P_i - P_j \right\| \leqslant \delta_{ij} \tag{4-39}$$

式中，$\delta_{ij}$ 表示协调特征点对的容差要求。为了能够更好地控制协调特征点组之间的误差，通常采用三维容差来约束其协调误差，即

$$\begin{cases} \Delta P_{ijx} \leqslant \delta_{ijx} \\ \Delta P_{ijy} \leqslant \delta_{ijy} \\ \Delta P_{ijz} \leqslant \delta_{ijz} \end{cases} \tag{4-40}$$

假设有 $n$ 个部件处于调姿阶段，每个部件上各有若干制造特征点和协调特征点，使用制造特征点集 $A$ 和协调特征点集 $B$ 分别代表所有的特征点：

$$\text{Type}_{\text{CS}}A = \left\{ \text{Type}_{\text{CS}}\boldsymbol{P}_{11}^{A}, \text{Type}_{\text{CS}}\boldsymbol{P}_{12}^{A}, \cdots, \text{Type}_{\text{CS}}\boldsymbol{P}_{ni}^{A}, \cdots, \text{Type}_{\text{CS}}\boldsymbol{P}_{NI}^{A} \right\} \tag{4-41}$$

$$\text{Type}_{\text{CS}}B = \left\{ \text{Type}_{\text{CS}}\boldsymbol{P}_{11}^{B}, \text{Type}_{\text{CS}}\boldsymbol{P}_{12}^{B}, \cdots, \text{Type}_{\text{CS}}\boldsymbol{P}_{nj}^{B}, \cdots, \text{Type}_{\text{CS}}\boldsymbol{P}_{NJ}^{B} \right\} \tag{4-42}$$

式中，$P_{ni}^{A} = \begin{bmatrix} x_{nj}, & y_{ni}, & z_{ni}, & 1 \end{bmatrix}^{\text{T}}$ 为第 $n$ 个部件内第 $i$ 个特征点的齐次坐标值。局部坐标系下特征点的理论值从数据库中读取，此时需将点集转换至装配坐标系下，以备后续数据处理使用，对应的转换矩阵用 $\mathbf{TF}_n$ 表示，即

$$_{\text{GCS}}^{N}\boldsymbol{P}_{ni} = \mathbf{TF}_n \cdot {}_{\text{LCS}}^{N}\boldsymbol{P}_{ni} \tag{4-43}$$

根据部件特征点的理论值和测量值，可求得

$$_{\text{GCS}}^{M'}\boldsymbol{P}_{ni} = \boldsymbol{T}_n \cdot {}_{\text{GCS}}^{M}\boldsymbol{P}_{ni} \tag{4-44}$$

式中，$_{\text{GCS}}^{M'}\boldsymbol{P}_{ni}$ 为第 $n$ 个部件上第 $i$ 个特征点调姿后的目标值；$\boldsymbol{T}_n$ 为第 $n$ 个部件的齐次变换矩阵：

$$\boldsymbol{T}_n = \begin{bmatrix} c\gamma_n c\beta_n & -s\gamma_n c\alpha_n + c\gamma_n s\beta_n s\alpha_n & s\gamma_n s\alpha_n + c\gamma_n s\beta_n c\alpha_n & t_{nx} \\ s\gamma_n c\beta_n & c\gamma_n c\alpha_n + s\gamma_n s\beta_n s\alpha_n & -c\gamma_n s\alpha_n + s\gamma_n s\beta_n c\alpha_n & t_{ny} \\ -s\beta_n & c\beta_n s\alpha_n & c\beta_n c\alpha_n & t_{nz} \\ 0 & 0 & 0 & 1 \end{bmatrix} \tag{4-45}$$

考虑到调姿过程中部件旋转角度很小，为简化计算，用一阶泰勒公式展开，可得

$$\boldsymbol{T}_n = \begin{bmatrix} 1 & -\gamma_n & \beta_n & t_{nx} \\ \gamma_n & 1 & -\alpha_n & t_{ny} \\ -\beta_n & \alpha_n & 1 & t_{nz} \\ 0 & 0 & 0 & 1 \end{bmatrix} \tag{4-46}$$

制造特征点的误差可表示为

$$\begin{aligned} \delta\boldsymbol{P}_{ni}^{A} &= {}_{\text{GCS}}^{M'}\boldsymbol{P}_{ni}^{A} - {}_{\text{GCS}}^{N}\boldsymbol{P}_{ni}^{A} \\ &= \boldsymbol{T}_n \cdot {}_{\text{GCS}}^{M}\boldsymbol{P}_{ni}^{A} - {}_{\text{GCS}}^{N}\boldsymbol{P}_{ni}^{A} \\ &= \begin{bmatrix} \varepsilon_{nix}^{A}, & \varepsilon_{niy}^{A}, & \varepsilon_{niz}^{A}, & 0 \end{bmatrix}^{\text{T}} \end{aligned} \tag{4-47}$$

协调特征的误差可表示为

$$\begin{aligned} \delta\boldsymbol{P}_{j}^{B} &= \left( {}_{\text{GCS}}^{M'}\boldsymbol{P}_{ja}^{B} - {}_{\text{GCS}}^{M'}\boldsymbol{P}_{jb}^{B} \right) - \left( {}_{\text{GCS}}^{N}\boldsymbol{P}_{ja}^{B} - {}_{\text{GCS}}^{N}\boldsymbol{P}_{jb}^{B} \right) \\ &= \left( {}_{\text{GCS}}^{M'}\boldsymbol{P}_{ja}^{B} - {}_{\text{GCS}}^{N}\boldsymbol{P}_{ja}^{B} \right) - \left( {}_{\text{GCS}}^{M'}\boldsymbol{P}_{jb}^{B} - {}_{\text{GCS}}^{N}\boldsymbol{P}_{jb}^{B} \right) \\ &= \left( \boldsymbol{T}_b \cdot {}_{\text{GCS}}^{M}\boldsymbol{P}_{ja}^{B} - {}_{\text{GCS}}^{N}\boldsymbol{P}_{ja}^{B} \right) - \left( \boldsymbol{T}_b \cdot {}_{\text{GCS}}^{M}\boldsymbol{P}_{jb}^{B} - {}_{\text{GCS}}^{N}\boldsymbol{P}_{jb}^{B} \right) \\ &= \begin{bmatrix} \varepsilon_{jx}^{B}, & \varepsilon_{jy}^{B}, & \varepsilon_{jz}^{B}, & 0 \end{bmatrix}^{\text{T}} \end{aligned} \tag{4-48}$$

式中，$P_{ja}^B$ 和 $P_{jb}^B$ 表示两段机身上相互位置有装配要求的协调特征点组。

由于特征点的绝对偏差不能反映各个特征点的容差要求，采用相对偏差作为评价特征点在三维方向上的误差依据，第 $i$ 个特征点的相对偏差计算为

$$\begin{cases} \tau_{ix} = \varepsilon_{ix} / \varepsilon_{ix}^0 \\ \tau_{iy} = \varepsilon_{iy} / \varepsilon_{iy}^0 \\ \tau_{iz} = \varepsilon_{iz} / \varepsilon_{iz}^0 \end{cases} \tag{4-49}$$

式中，$(\varepsilon_{ix}, \varepsilon_{iy}, \varepsilon_{iz})$ 表示第 $i$ 个特征点的三维偏差，$\left(\varepsilon_{ix}^0, \varepsilon_{iy}^0, \varepsilon_{iz}^0\right)$ 表示第 $i$ 个特征点的三维容差半带宽。$\tau_{im} > 1$ 或 $\tau_{im} < -1$ 表示特征点位置超差。$-1 \leqslant \tau_{im} \leqslant 1$ 表示特征点位置满足容差要求。

部件装配误差由部件上制造特征点和装配特征在三个方向上的相对偏差决定，其综合评价指标计算为

$$\varphi = \frac{\sum_{i=1}^{K_1} \left[ \mu_{ix}(\tau_{ix}^A)^2 + \mu_{iy}(\tau_{iy}^A)^2 + \mu_{iz}(\tau_{iz}^A)^2 \right] + \sum_{j=1}^{K_2} \left[ \mu_{jx}(\tau_{jx}^B)^2 + \mu_{jy}(\tau_{jy}^B)^2 + \mu_{jz}(\tau_{jz}^B)^2 \right]}{\sum_{i=1}^{K_1}(\mu_{ix} + \mu_{iy} + \mu_{iz}) + \sum_{j=1}^{K_2}(\mu_{jx} + \mu_{jy} + \mu_{jz})}$$

$$\tag{4-50}$$

式中，$\mu_i$ 和 $\mu_j$ 分别表示部件制造特征点和部件间装配特征的准确度级别，$K_1$ 和 $K_2$ 分别表示制造特征点和装配特征的总个数。

飞机装配中单个对象的协调和多个对象的协调问题，虽然各自面对不同的需求，但是本质都是通过调整对象的位姿，使部件上制造特征点和装配特征点的误差综合评价指标达到最小，同时使各制造特征点和装配特征满足容差约束条件。因此，通过不同类别点的三维相对容差来建立协调问题中的约束条件，可以建立偏差协调优化模型的统一形式：

$$\begin{cases} \min \varphi(T_1, T_2, \cdots, T_n) \\ \text{s.t.} \quad \tau_i^2 \leqslant 1, \quad i \in \{1, 2, 3, \cdots, K_1\} \\ \quad\quad \tau_j^2 \leqslant 1, \quad j \in \{1, 2, 3, \cdots, K_2\} \end{cases} \tag{4-51}$$

## 4.4 调姿路径轨迹规划

### 4.4.1 运动学分析

部件的位姿可由不在同一直线上的 3 个以上的点完全确定[18]，因此，选取 $A$、

$B$、$C$ 三点研究部件的位姿变化。设 $A$、$B$、$C$ 三点在标架 {Fixed} 下具有轨迹 $A(t)$、$B(t)$、$C(t)$，该轨迹应具有如下特征。

(1) 轨迹起点 $A_S$、$B_S$、$C_S$ 为定位器顶端球窝中心的当前位置，末点 $A_F$、$B_F$、$C_F$ 为球窝中心目标位置，见图 4.21。

(2) 轨迹 $A(t)$、$B(t)$、$C(t)$ 保证调整对象具有刚体特性，即任意时刻，向量 $A(t)B(t)$、$A(t)C(t)$、$B(t)C(t)$ 的模保持不变。

(3) 轨迹 $A(t)$、$B(t)$、$C(t)$ 具有速度、加速度连续的特性，以使单个支链运动平稳，获得较高的伺服精度。

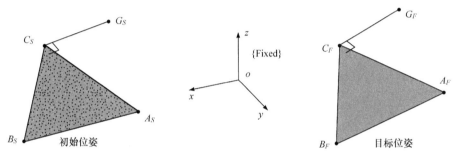

图 4.21 部件上不共线三点与其位姿的关系

根据位姿空间的连通性可知，在不考虑障碍物的情形下，部件必定可以从一初始位姿，沿位姿路径 $L(t)$，到达目标位姿。设 $L(t)$ 由 $A(t)$、$B(t)$、$C(t)$ 执行，可写为

$$L(t) = [A(t), B(t), C(t)] \tag{4-52}$$

以 $A$ 为例，轨迹 $A(t)$ 可分解为三个方向分量：

$$A(t) = \left[x_A(t), y_A(t), z_A(t)\right]^{\mathrm{T}} \tag{4-53}$$

设部件从初始位姿到目标位姿的变换矩阵为 $T$：

$$T = \begin{bmatrix} \mathbf{Rot} & \mathbf{Tran} \\ 0 & 1 \end{bmatrix}_{4\times4} \tag{4-54}$$

式中，$\mathbf{Tran}$ 表达部件平移；$\mathbf{Rot}$ 表达部件旋转，为一个 3×3 正交矩阵：

$$\mathbf{Tran} = [\mathrm{tran}_x, \quad \mathrm{tran}_y, \quad \mathrm{tran}_z]^{\mathrm{T}} \tag{4-55}$$

$$\mathbf{Rot} = \begin{bmatrix} r_{11} & r_{12} & r_{13} \\ r_{21} & r_{22} & r_{23} \\ r_{31} & r_{32} & r_{33} \end{bmatrix} \tag{4-56}$$

因为 $R$ 的正交特性，$r_{ij}(i, j = 1, 2, 3)$ 中只有 3 个是自由变量。因此矩阵 $T$ 共有 6 个自由变量，即部件在 $R^3$ 空间中共有 6 个自由度。

为便于求解变换矩阵 $T$ ，构造第四点 $G$ ，使得向量 $CG$ 为 $CA$ 与 $CB$ 的向量积，即

$$CG = CB \times CA \tag{4-57}$$

从式中可看出，在部件运动过程中，$G$ 点始终与平面 $ABC$ 垂直，$CG$ 的模保持不变，其求解并不引入新的未知量，因此，可认为 $G$ 是部件上的点。

设部件在初始时刻(即 $t_s$ 时刻)以及 $t$ 时刻，$A$ 点的齐次坐标为

$$\begin{cases} A_S = \begin{bmatrix} x_A^S, & y_A^S, & z_A^S, & 1 \end{bmatrix}^T \\ A_t = \begin{bmatrix} x_A^t, & y_A^t, & z_A^t, & 1 \end{bmatrix}^T \end{cases} \tag{4-58}$$

$B$ 、$C$ 、$G$ 点类似。则下式成立：

$$P_t = TP_S \Rightarrow T = P_t P_S^{-1} \tag{4-59}$$

式中，

$$P_S = \begin{bmatrix} x_A^S & x_B^S & x_C^S & x_G^S \\ y_A^S & y_B^S & y_C^S & y_G^S \\ z_A^S & z_B^S & z_C^S & z_G^S \\ 1 & 1 & 1 & 1 \end{bmatrix} \tag{4-60}$$

$P_t$ 具有类似式(4-60)的表达式。

式(4-60)中，$G$ 点与 $A$ 、$B$ 、$C$ 点不共面，$|P_S|$ 不为 0，矩阵 $P_S$ 总是可逆，因此，变换矩阵 $T$ 存在实数解，因此部件在 $R^3$ 空间的运动可由不共线三点的轨迹唯一确定。

### 4.4.2 支链轨迹规划

1. 支链伪轨迹的求解

设部件有初始位姿 $A_S$ 、$B_S$ 、$C_S$ 和目标位姿 $A_F$ 、$B_F$ 、$C_F$ ，如图 4.22 所示。将 $A_S$ 与 $A_F$ 、$B_S$ 与 $B_F$ 、$C_S$ 与 $C_F$ 以直线段连接，构成伪轨迹曲线。部件上的点 $A$ 、$B$ 、$C$ 按照本节给定的时间规律沿着这些曲线运动时，将不能满足形体不变性约束，因此并非真实的轨迹，仅用来构成截面 $A'(t)B'(t)C'(t)$ ，称为伪轨迹曲线。为使定位器支链获得较好的动力学性能，鉴于 SCurve 的优越特性[19]，将其应用于伪轨迹曲线的加速度、速度规划过程中。

比较上述三段伪轨迹曲线的弧长，选取最长的一段，设为弧 $A_S A_F$ 。设 $A$ 点在曲线 $A_S A_F$ 上的速度和加速度的数值分别为 $v$ 、$a$ ，且满足：

$$v \leqslant v_{\max}, \quad a \leqslant a_{\max} \tag{4-61}$$

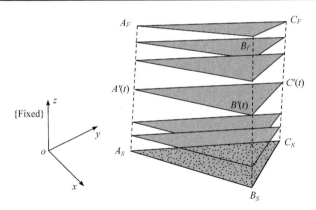

图 4.22　定位器支链伪轨迹

$v_{\max}$、$a_{\max}$ 与定位器 $A$ 各支链驱动电机的额定速度、额定加速度及曲线 $A_S A_F$ 的曲率有关[20]。根据 $v$、$a$ 计算出加速度数值 $J$：

$$J = 4a^2 / v \tag{4-62}$$

设弧 $A_S A_F$ 的弧长为 $S_{A'}$。而弧 $A_S A_F$ 就是连接点 $A_S$、$A_F$ 的直线段，因此，弧长 $S_{A'}$ 为

$$S_{A'} = \| \boldsymbol{A}_F - \boldsymbol{A}_S \| \tag{4-63}$$

已知 $S_{A'}$、$v_{\max}$、$a_{\max}$ 及时间段 $T_F - T_S$，可得 S-Curve 曲线的时间段参数 $T_1$、$T_2$、$T_3$、$T_4$、$T_5$、$T_6$、$T_7$，如图 4.23 所示，

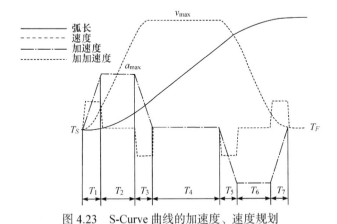

图 4.23　S-Curve 曲线的加速度、速度规划

从而得到弧长函数 $S_{A'}(t)$，再代入起始点、终止点坐标 $\boldsymbol{A}_S$、$\boldsymbol{A}_F$，可得伪轨迹表达式 $\boldsymbol{A}'(t)$：

$$A'(t) = A_S + \frac{A_F - A_S}{|A_F - A_S|} S_{A'}(t) \tag{4-64}$$

对于弧 $B_S B_F$、$C_S C_F$，采用相同的时间参数，使其在相同的时间段内具有相似的加减速特性，可解得弧长函数 $S_{B'}(t)$、$S_{C'}(t)$，从而得到伪轨迹 $B'(t)$、$C'(t)$：

$$\begin{cases} B'(t) = B_S + \dfrac{B_F - B_S}{|B_F - B_S|} S_{B'}(t) \\[4mm] C'(t) = C_S + \dfrac{C_F - C_S}{|C_F - C_S|} S_{C'}(t) \end{cases} \tag{4-65}$$

$A$、$B$、$C$ 三点在相同的时间段内完成三段伪轨迹时，因为 $S_{A'}$ 最长，$B$、$C$ 两点的最大速度和最大加速度都比 $A$ 点小，因此，只要规划好 $A$ 点的加速度、速度变化规律，$B$、$C$ 点就能获得较好的动态特性。

2. 支链真实轨迹的求解

由 $A'(t)$、$B'(t)$、$C'(t)$ 构成的三角形，从初始时刻开始，其外形在运动过程中不断变化，只在终止时刻恢复，但 $A'(t)$、$B'(t)$、$C'(t)$ 具有相同的加减速特性，纵观整个运动过程，三角形 $A'(t)$、$B'(t)$、$C'(t)$ 的位姿变化具有与伪轨迹相似的加减速特性，连续而稳定，因此，可以借用由伪轨迹生成的三角形位姿求取支链的真实轨迹。任意时刻 $t$，$A'(t)$、$B'(t)$、$C'(t)$ 已知，三角形 $A'(t)\,B'(t)\,C'(t)$ 的位姿完全确定，求取 $A$、$B$、$C$ 三点的真实坐标 $A(t)$、$B(t)$、$C(t)$，使得三角形 $A(t)\,B(t)\,C(t)$ 与 $A'(t)\,B'(t)\,C'(t)$ 共面。根据平面几何学，三角形 $A(t)\,B(t)\,C(t)$ 可以三种形式与 $A'(t)\,B'(t)\,C'(t)$ 共面，如图 4.24 所示。

(1) 两三角形共面，对应顶点无一重合，如图 4.24(a)。

(2) 两三角形共面，有一个重合的对应顶点，如图 4.24(b)。

(3) 两三角形共面，有一个重合的对应顶点，且有一个重合的对应边，如图 4.24(c)。

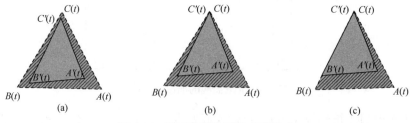

图 4.24　两三角形共面的三种形式

图 4.24(c)所示为三种共面形式中的最佳形式，因此将其用于确定三角形

$A(t)$ $B(t)$ $C(t)$ 的位姿。设 $S_{C'}$ 是最小弧长，选择 $C$ 点为两三角形重合点，即令 $C(t)$ 与 $C'(t)$ 重合。$S_{B'}$ 次之，选择 $C(t)$ $B(t)$ 为重合边。

如图 4.25(a)所示，设部件处于初始位姿，在三角形 $A_S$ $B_S$ $C_S$ 的边上找到点 $E_S$，使得

$$\left|C_S E_S\right| = \left|C_S A_S\right| \tag{4-66}$$

过 $C_S$ 点作 $C_S F_S$ 垂直于面，$C_S F_S$ 满足以下条件：

$$\begin{cases} C_S F_S //C_S G_S, & C_S G_S = C_S B_S \times C_S A_S \\ \left|C_S F_S\right| = 1 \end{cases} \tag{4-67}$$

设 $\theta$ 为边 $C_S B_S$ 与 $C_S A_S$ 的夹角，$R(C_S F_S, \theta)$ 为绕轴 $C_S F_S$ 旋转 $\theta$ 弧度的矩阵，则有

$$A_S - C_S = R(C_S F_S, \theta)(E_S - C_S) \tag{4-68}$$

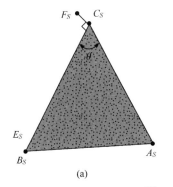 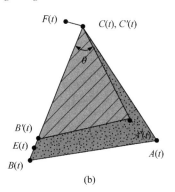

图 4.25　支链真实轨迹的求解

设

$$C_S F_S = \begin{bmatrix} \lambda_S, & \mu_S, & \gamma_S \end{bmatrix}^{\mathrm{T}} \tag{4-69}$$

从式(4-69)生成反对称矩阵 $K$：

$$K = \begin{bmatrix} 0 & -\gamma_S & \mu_S \\ \lambda_S & 0 & -\lambda_S \\ -\mu_S & \lambda_S & 0 \end{bmatrix} \tag{4-70}$$

根据 Rodrigues 公式可得

$$R(C_S F_S, \theta) = 1 + K \sin\theta + K^2(1 - \cos\theta) \tag{4-71}$$

因 $C(t)$ 与 $C'(t)$ 重合，$C$ 点的真实轨迹就是 $C'(t)$。三角形 $A(t)$ $B(t)$ $C(t)$ 各边长及向量 $C_S E_S$ 的模为已知量，分别为 $|CA|$、$|CB|$、$|CE|$、$|AB|$。根据这些已知量，可求得真实轨迹 $B(t)$、$C(t)$。

令直线 $C'(t)\,B'(t)$ 的方向向量为

$$\begin{aligned}
\boldsymbol{n_{B'}} &= \left[x_{B'}(t)-x_{C'}(t),\ \ y_{B'}(t)-y_{C'}(t),\ \ z_{B'}(t)-z_{C'}(t)\right]^{\mathrm{T}} \\
&= \left[n_{B'}^{x},\ \ n_{B'}^{y},\ \ n_{B'}^{z}\right]^{\mathrm{T}}
\end{aligned} \tag{4-72}$$

设直线 $C(t)\,B(t)$ 的参数方程为

$$\frac{x-x_{C}(t)}{n_{B'}^{x}}=\frac{y-y_{C}(t)}{n_{B'}^{y}}=\frac{z-z_{C}(t)}{n_{B'}^{z}}=k_{B} \tag{4-73}$$

且 $\boldsymbol{B}(t)$ 点满足：

$$\left(n_{B'}^{x}\right)^{2}\left(k_{B}\right)^{2}+\left(n_{B'}^{y}\right)^{2}\left(k_{B}\right)^{2}+\left(n_{B'}^{z}\right)^{2}\left(k_{B}\right)^{2}=\left|\boldsymbol{CB}\right|^{2} \tag{4-74}$$

为保证向量 $C(t)\,B(t)$ 与向量 $C'(t)\,B'(t)$ 同向，令

$$k_{B}\geqslant 0 \tag{4-75}$$

联立式(4-74)和式(4-75)，可解得 $K_{B}$ ，代入式(4-73)可得

$$\boldsymbol{B}(t)=\begin{bmatrix} x_{B}(t) \\ y_{B}(t) \\ z_{B}(t) \end{bmatrix}=\begin{bmatrix} x_{C}(t)+k_{B}n_{B'}^{x} \\ y_{C}(t)+k_{B}n_{B'}^{y} \\ z_{C}(t)+k_{B}n_{B'}^{z} \end{bmatrix} \tag{4-76}$$

同理可求得 $\boldsymbol{E}(t)$ ：

$$\boldsymbol{E}(t)=\begin{bmatrix} x_{E}(t) \\ y_{E}(t) \\ z_{E}(t) \end{bmatrix}=\begin{bmatrix} x_{C}(t)+k_{E}n_{B'}^{x} \\ y_{C}(t)+k_{E}n_{B'}^{y} \\ z_{C}(t)+k_{E}n_{B'}^{z} \end{bmatrix} \tag{4-77}$$

直线 $C(t)\,F(t)$ 垂直于平面 $A'(t)\,B'(t)\,C'(t)$ ，因此，其方向向量为

$$\boldsymbol{n_{F'}}=\boldsymbol{C'}(t)\boldsymbol{B'}(t)\times\boldsymbol{C'}(t)\boldsymbol{A'}(t) \tag{4-78}$$

且 $\boldsymbol{F}(t)$ 满足：

$$\left(n_{F}^{x}\right)^{2}\left(k_{F}\right)^{2}+\left(n_{F}^{y}\right)^{2}\left(k_{F}\right)^{2}+\left(n_{F}^{z}\right)^{2}\left(k_{F}\right)^{2}=1 \tag{4-79}$$

与 $\boldsymbol{B}(t)$ 求解同理，可得

$$\boldsymbol{F}(t)=\begin{bmatrix} x_{F}(t) \\ y_{F}(t) \\ z_{F}(t) \end{bmatrix}=\begin{bmatrix} x_{C}(t)+k_{F}n_{F}^{x} \\ y_{C}(t)+k_{F}n_{F}^{y} \\ z_{C}(t)+k_{F}n_{F}^{z} \end{bmatrix} \tag{4-80}$$

$\boldsymbol{F}(t)$ 解出后，可解得向量 $C(t)\,F(t)$ ：

$$C(t)F(t) = F(t) - C(t) = \begin{bmatrix} \lambda(t) \\ \mu(t) \\ \gamma(t) \end{bmatrix} \tag{4-81}$$

根据向量 $C(t)\,F(t)$，生成矩阵 $K(t)$：

$$K(t) = \begin{bmatrix} 0 & \gamma(t) & \mu(t) \\ \gamma(t) & 0 & -\lambda(t) \\ -\mu(t) & \lambda(t) & 0 \end{bmatrix} \tag{4-82}$$

联立式(4-68)和式(4-80)可得

$$A(t) - C(t) = R(C(t)F(t), \theta)\big[E(t) - C(t)\big] \tag{4-83}$$

式中，

$$R(C(t)F(t), \theta) = 1 + K(t)\sin\theta + K^2(t)(1 - \cos\theta) \tag{4-84}$$

根据式(4-83)，可得 $A(t) = [x_A(t),\ y_A(t),\ z_A(t)]^T$：

$$\begin{cases} x_A(t) = \big\{1 + \lambda^2(t)(1 - \cos\theta)[x_E(t) - x_C(t)]\big\} \\ \qquad + \big[\mu(t)\lambda(t)(1 - \cos\theta) - \gamma(t)\sin\theta\big] \cdot \big[y_E(t) - y_C(t)\big] \\ \qquad + \big[\gamma(t)\lambda(t)(1 - \cos\theta) + \mu(t)\sin\theta\big] \cdot \big[z_E(t) - z_C(t)\big] \\ \\ y_A(t) = \big[\gamma(t)\sin\theta + \mu(t)\lambda(t)(1 - \cos\theta)\big] \cdot \big[x_E(t) - x_C(t)\big] \\ \qquad \big[1 + \mu^2(1 - \cos\theta)\big] \cdot \big[y_E(t) - y_C(t)\big] \\ \qquad \big[\gamma(t)\mu(t)(1 - \cos\theta) - \lambda(t)\sin\theta\big] \cdot \big[z_E(t) - z_C(t)\big] \\ \\ z_A(t) = \big[\gamma(t)\lambda(t)(1 - \cos\theta) - \mu(t)\sin\theta\big] \cdot \big[x_E(t) - x_C(t)\big] \\ \qquad \big[\gamma(t)\mu(t)(1 - \cos\theta) + \lambda(t)\sin\theta\big] \cdot \big[y_E(t) - y_C(t)\big] \\ \qquad \big[1 + \gamma^2(t)(1 - \cos\theta)\big] \cdot \big[z_E(t) - z_C(t)\big] \end{cases} \tag{4-85}$$

### 4.4.3 最优时间轨迹规划

#### 1. 边界条件约束

部件的位姿矢量 $U$ 由 6 个独立的变量组成，假设飞机部件的初始位姿矢量为 $U_0 = [p_{x0},\ p_{y0},\ p_{z0},\ \alpha_0,\ \beta_0,\ \gamma_0]^T$，调姿后的目标位姿矢量为 $U_0 = [p_{xf},\ p_{yf},\ p_{zf},\ \alpha_f,\ \beta_f,\ \gamma_f]^T$。为了保证调姿运动的平稳性，每个变量的运动轨迹都必须是光滑连续的，并且在调姿的初始时刻和结束时刻，部件的位姿、位姿变化速度与加速度全部为零，即满足以下的边界约束条件。

(1) 位姿约束：

$$\begin{cases} \boldsymbol{U}(0) = \boldsymbol{U}_0 \\ \boldsymbol{U}(t_f) = \boldsymbol{U}_f \end{cases} \tag{4-86}$$

(2) 速度约束：

$$\begin{cases} \dot{\boldsymbol{U}}(0) = 0 \\ \dot{\boldsymbol{U}}(t_f) = 0 \end{cases} \tag{4-87}$$

(3) 加速度约束：

$$\begin{cases} \ddot{\boldsymbol{U}}(0) = 0 \\ \ddot{\boldsymbol{U}}(t_f) = 0 \end{cases} \tag{4-88}$$

式中，$t_f$ 是调姿时间；$\boldsymbol{U}_0$、$\boldsymbol{U}_f$ 分别是部件的初始位姿和目标位姿。

对于具有以上 6 个约束条件的部件位姿运动轨迹，可采用如下 5 次多项式进行拟合：

$$\boldsymbol{U}(t) = \boldsymbol{a}t^5 + \boldsymbol{b}t^4 + \boldsymbol{c}t^3 + \boldsymbol{d}t^2 + \boldsymbol{e}t + \boldsymbol{f} \tag{4-89}$$

设部件在调姿过程中的位姿变化量为 $\Delta \boldsymbol{U} = \boldsymbol{U}_f - \boldsymbol{U}_0$，将式(4-89)代入边界约束方程，得到以下的方程组：

$$\begin{cases} \boldsymbol{f} = \boldsymbol{U}_0 \\ \boldsymbol{a}t_f^5 + \boldsymbol{b}t_f^4 + \boldsymbol{c}t_f^3 + \boldsymbol{d}t_f^2 + \boldsymbol{e}t_f + \boldsymbol{f} = \boldsymbol{U}_f \\ \boldsymbol{e} = 0 \end{cases} \tag{4-90}$$

$$\begin{cases} 5\boldsymbol{a}t_f^4 + 4\boldsymbol{b}t_f^3 + 3\boldsymbol{c}t_f^2 + 2\boldsymbol{d}t_f + \boldsymbol{e} = 0 \\ 2\boldsymbol{d} = 0 \\ 20\boldsymbol{a}t_f^3 + 12\boldsymbol{b}t_f^2 + 6\boldsymbol{c}t_f + 2\boldsymbol{d} = 0 \end{cases}$$

求解以上方程组可以得到轨迹方程的各项系数为

$$\begin{cases} \boldsymbol{a} = \dfrac{6\Delta \boldsymbol{U}}{t_f^5} \\[2mm] \boldsymbol{b} = \dfrac{-15\Delta \boldsymbol{U}}{t_f^4} \\[2mm] \boldsymbol{c} = \dfrac{10\Delta \boldsymbol{U}}{t_f^3} \\[2mm] \boldsymbol{d} = \boldsymbol{e} = 0 \\[2mm] \boldsymbol{f} = \boldsymbol{U}_0 \end{cases} \tag{4-91}$$

可以得到

$$U(t) = \frac{6\Delta U}{t_f^5}t^5 - \frac{15\Delta U}{t_f^4}t^4 + \frac{10\Delta U}{t_f^3}t^3 + U_0 \tag{4-92}$$

## 2. 物理条件约束

在实际工程应用中，往往需要考虑动态系统的物理约束及优化问题。对于部件调姿系统，为了保证各定位器驱动轴运动轨迹的跟踪精度，电机的输出转速 $\omega_{ij}$ 和输出力矩 $\tau_{ij}$ 都必须在额定范围内，调姿轨迹必须满足如下约束条件

$$\begin{cases} |\omega_{ij}(t)| \leqslant \omega_{ij\,\max} \\ |\tau_{ij}(t)| \leqslant \tau_{ij\,\max} \\ i = 1, 2, \cdots, N; \ j = 1, 2, 3 \end{cases} \tag{4-93}$$

式中，$\omega_{ij\,\max}$、$\tau_{ij\,\max}$ 分别是三坐标数控定位器 $i$ 的第 $j$ 个驱动轴所用电机的额定输出转速和额定输出力矩；$N$ 为定位器数量。

## 3. 调姿时间优化

结合部件的运动学和动力学，对式(4-92)选择合适的调姿时间 $t_f$ 就可以得到满足约束条件式(4-93)的驱动轴运动轨迹。工程应用中一般要求调姿时间越小越好，可采用调姿时间最小作为轨迹规划目标。

$$\begin{cases} \min(t_f) \\ |\omega_{ij}(t)| \leqslant \omega_{ij\,\max} \\ |\tau_{ij}(t)| \leqslant \tau_{ij\,\max} \\ i = 1, 2, \cdots, N; \ j = 1, 2, 3 \end{cases} \tag{4-94}$$

最优化问题可以用二分法进行求解，具体步骤如下。

(1) 根据部件的初始位姿、目标位姿和调姿速度，设定调姿时间初始范围 $[t_1, t_2]$，并分别得到 $t_f = t_1$、$t_f = t_2$ 时物体位姿的运动轨迹。

$$U_1(t) = \frac{6\Delta U}{t_1^5}t^5 - \frac{15\Delta U}{t_1^4}t^4 + \frac{10\Delta U}{t_1^3}t^3 + U_0 \tag{4-95}$$

$$U_2(t) = \frac{6\Delta U}{t_2^5}t^5 - \frac{15\Delta U}{t_2^4}t^4 + \frac{10\Delta U}{t_2^3}t^3 + U_0 \tag{4-96}$$

(2) 根据以上位姿轨迹以及调姿运动学和动力学模型，分别计算 $t_f = t_1$、$t_f = t_2$ 时调姿过程中各个驱动电机的最大角速度和最大驱动力矩。

(3) 如果 $t_f = t_1$、$t_f = t_2$ 都不满足约束条件式(4-93)，则说明 $t_1$、$t_2$ 取值不合理，回到步骤(1)重新设定调姿时间范围。

(4) 如果 $t_f = t_1$、$t_f = t_2$ 都满足约束条件式(4-93)，则取最优调姿时间 $t_{opt} = t_1$，计算结束。

(5) 如果 $t_f = t_1$ 不满足约束条件式(4-93)，而 $t_f = t_2$ 满足该约束条件，则令 $t_3 = (t_1 + t_2) / 2$。如果 $t_f = t_3$ 满足约束条件，令 $t_2 = t_3$，否则令 $t_1 = t_3$。

(6) 重复步骤(5)的求解，直至 $t_1 - t_2 \leqslant \delta$（$\delta$ 为计算精度），则 $t_{opt} = t_1$ 为最优调姿时间。

# 4.5　大型飞机机身壁板定位变形预测及控制方法

壁板是重要的飞机组件，其装配精度直接影响飞机各部件间的相互协调性和整机的外形准确度。在使用数控定位器对飞机壁板组件进行离散支撑和定位时，壁板的弱刚度特性容易造成自身装配变形过大、装配精度超差等问题。为了控制壁板变形，需要研究壁板在数控定位器移动牵引过程中的变形特性，并根据检测点位置壁板变形误差数据，应用偏最小二乘回归分析方法建立数控定位器位移数据与检测点位置误差数据之间的反演计算模型，从而实现壁板变形的准确预测和校正。

## 4.5.1　变形预测与校正建模

### 1. 检测点与工艺球头位置误差

假设检测点和工艺球头球心的理论坐标分别为 $X_K = [X_{K1}, \cdots, X_{Kv}]$ 和 $X_B = [X_{B1}, \cdots, X_{Bw}]$，其中 $X_{Ki} = [x_{Ki}, y_{Ki}, z_{Ki}]^T$，$X_{Bi} = [x_{Bi}, y_{Bi}, z_{Bi}]^T$，其中，$v$ 为检测点个数；$w$ 为工艺球头个数。由于壁板变形的存在，假设两者的位置分别为 $X'_K = [X'_{K1}, \cdots, X'_{Kv}]$ 和 $X'_B = [X'_{B1}, \cdots, X'_{Bw}]$，其中 $X'_{Ki} = [x'_{Ki}, y'_{Ki}, z'_{Ki}]^T$，$X'_{Bi} = [x'_{Bi}, y'_{Bi}, z'_{Bi}]^T$。则检测点的位置误差可表示为

$$e_i = [e_{i1}, e_{i2}, e_{i3}] = X'_{Ki} - X_{Ki} \tag{4-97}$$

并记偏差矩阵为

$$E = [e_1^T, \cdots, e_v^T]_{1 \times 3v} = [n_1, \cdots, n_q]_{1 \times q}, \quad q = 3v \tag{4-98}$$

同样地，工艺球头球心的位置误差可表示为如下形式：

$$f_i = [f_{i1}, f_{i2}, f_{i3}] = X'_{Bi} - X_{Bi} \tag{4-99}$$

若工艺球头球心处的转动误差为 $[f_{i4}, f_{i5}, f_{i6}]$，则由位置误差和转动误差组成的偏差矩阵为

$$F = [f_1^T, \cdots, f_w^T]_{1 \times 6w} = [m_1, \cdots, m_p]_{1 \times p}, \quad p = 6w \tag{4-100}$$

### 2. 正交仿真试验设计

正交仿真试验法是一种利用数理统计学与正交性原理进行合理安排试验的科学方法，是研究多因素多水平问题的高效、快速、经济的试验设计工具[21-22]。正交表是正交设计的工具，正交表的类型可表示为 $L_{en}(fln^{fn})$，其中符号 $L$ 表示正交表，$L$ 右下角的数字 en 表示需做的试验次数，即正交表的横行数；括号内的 fln 表示因素的水平数，fn 表示最多允许安排的条件因素的个数，即正交表的纵行数。按照正交表来安排试验，既能使试验点分布得很均匀，又能减少试验次数，因此可通过一系列正交仿真试验来研究并建立数控定位器位移量和检测点位置误差之间的数学关系。

将每台数控定位器沿 $x$、$y$、$z$ 轴的移动量和绕 $x$、$y$、$z$ 轴的转动量各视为一个因素，每个因素阈值的上、下限各视为一个水平，由于数控定位器的数量为 $w$，则系统的总水平数为 $12w$，且无须考虑各个因素之间的交互作用，因此选用的正交表仅须满足 fln = 6 且 fn ⩾ 12$w$。不考虑壁板自身重力的影响，建立基于数控定位器移动的壁板变形过程仿真有限元模型，将正交表中每一行数据作为每次试验的位移载荷样本，依次施加到有限元模型中对应的每个定位器球托球心的 $x$、$y$、$z$ 方向上，模拟得到各检测点的位置误差数据样本。基于弹性变形的可恢复原理，以检测点的位置误差数据为自变量，数控定位器 $x$、$y$、$z$ 方向的位移量和转动量为因变量，通过壁板变形预测与校正建模建立两者之间的数学关系。

### 3. 预测模型求解

将偏差矩阵 $F$ 和 $E$ 分别视为自变量和因变量，为了研究自变量和因变量之间的关系，假设试验样本数为 $w$，由此可构成自变量矩阵与因变量矩阵分别为 $M = [m_1, \cdots, m_p]_{n \times p}$ 和 $N = [n_1, \cdots, n_q]_{n \times q}$。

为了数学推导方便起见，首先将数据作标准化处理。$M$ 经标准化处理后的数据矩阵记为 $E_0 = [E_{01}, \cdots, E_{0p}]_{n \times p}$，$N$ 经标准化处理后的数据矩阵记为 $F_0 = [F_{01}, \cdots, F_{0q}]_{n \times q}$，并记矩阵 $E_0$ 和 $F_0$ 的第一个轴分别为 $w_1$ 和 $c_1$，而 $t_1$ 和 $u_1$ 分别为 $E_0$ 和 $F_0$ 的第一个成分，且满足以下关系：

$$\begin{cases} t_1 = E_0 w_1 \\ u_1 = F_0 c_1 \end{cases} \tag{4-101}$$

一方面，要使 $t_1$ 和 $u_1$ 能分别很好地代表 $E_0$ 和 $F_0$ 中的数据变异信息，则应分别使方差 $\mathrm{Var}(t_1)$ 和 $\mathrm{Var}(u_1)$ 最大化；另一方面，由于回归建模的需要，又要求 $t_1$ 和 $u_1$ 有最大的解释能力，即 $t_1$ 和 $u_1$ 之间的相关度 $r(t_1, u_1)$ 应达到最大值。因此，在壁板变形校正与预测建模过程中，$t_1$ 和 $u_1$ 的协方差应达到最大值，即求解下列优化问题：

$$\max \mathrm{Cov}(t_1, u_1) = (E_0 w_1)^{\mathrm{T}} \cdot (F_0 c_1)$$

$$\text{s.t.} \begin{cases} w_1^{\mathrm{T}} w_1 = 1 \\ c_1^{\mathrm{T}} c_1 = 1 \end{cases} \tag{4-102}$$

引入拉格朗日乘子 $\lambda_1$ 和 $\lambda_2$，并记 $s = w_1^{\mathrm{T}} E_0^{\mathrm{T}} F_0 c_1 - \lambda_1 (w_1^{\mathrm{T}} w_1 - 1) - \lambda_2 (c_1^{\mathrm{T}} c_1 - 1)$，对 $s$ 分别求关于 $w_1$、$c_1$、$\lambda_1$ 和 $\lambda_2$ 的偏导数，并令之为 0，有

$$\frac{\partial s}{\partial w_1} = E_0^{\mathrm{T}} F_0 c_1 - 2\lambda_1 w_1 = 0 \tag{4-103}$$

$$\frac{\partial s}{\partial c_1} = F_0^{\mathrm{T}} E_0 w_1 - 2\lambda_2 c_1 = 0 \tag{4-104}$$

$$\frac{\partial s}{\partial \lambda_1} = -(w_1^{\mathrm{T}} w_1 - 1) = 0 \tag{4-105}$$

$$\frac{\partial s}{\partial \lambda_2} = -(c_1^{\mathrm{T}} c_1 - 1) = 0 \tag{4-106}$$

由式(4-103)～式(4-106)，可以推得 $\theta_1 = 2\lambda_1 = 2\lambda_2 = w_1^{\mathrm{T}} E_0^{\mathrm{T}} F_0 c_1$，所以，$\theta_1$ 正是式(4-102)中优化问题的目标函数值。

把式(4-103)和式(4-104)写成

$$E_0^{\mathrm{T}} F_0 c_1 = \theta_1 w_1 \tag{4-107}$$

$$F_0^{\mathrm{T}} E_0 w_1 = \theta_1 c_1 \tag{4-108}$$

将式(4-108)代入式(4-107)中，可得

$$E_0^{\mathrm{T}} F_0 F_0^{\mathrm{T}} E_0 w_1 = \theta_1^2 w_1 \tag{4-109}$$

同理，可得

$$F_0^{\mathrm{T}} E_0 E_0^{\mathrm{T}} F_0 c_1 = \theta_1^2 c_1 \tag{4-110}$$

可见，$w_1$ 是矩阵 $E_0^{\mathrm{T}} F_0 F_0^{\mathrm{T}} E_0$ 的特征向量，且对应的特征值为 $\theta_1^2$。$\theta_1$ 是目标函数值，它要求取最大值，所以，$w_1$ 是对应于矩阵 $E_0^{\mathrm{T}} F_0 F_0^{\mathrm{T}} E_0$ 最大特征值的单位特征向量；同理，$c_1$ 也应是对应于矩阵 $F_0^{\mathrm{T}} E_0 E_0^{\mathrm{T}} F_0$ 最大特征值 $\theta_1^2$ 的单位特征向量。

求得第一个轴 $w_1$ 和 $c_1$ 后，即可得到成分 $t_1$ 和 $u_1$，然后，分别求 $E_0$ 和 $F_0$ 对 $t_1$、

$u_1$ 的回归方程

$$E_0 = t_1 p_1^{\mathrm{T}} = \frac{t_1 E_0 t_1^{\mathrm{T}}}{\left\| t_1 \right\|^2} + E_1 \tag{4-111}$$

$$F_0 = t_1 r_1^{\mathrm{T}} = \frac{t_1 F_0 t_1^{\mathrm{T}}}{\left\| t_1 \right\|^2} + F_1 \tag{4-112}$$

式中，$E_1$、$F_1$ 分别是式(4-111)和式(4-112)的残差矩阵。

用残差矩阵 $E_1$ 和 $F_1$ 取代 $E_0$ 和 $F_0$，然后求第二个轴 $w_2$ 和 $c_2$ 以及第二个成分 $t_2$ 和 $u_2$，则

$$\begin{cases} t_2 = E_1 w_2 \\ u_2 = F_1 c_2 \end{cases} \tag{4-113}$$

$$\theta_2 = w_2^{\mathrm{T}} E_1^{\mathrm{T}} F_1 c_2 \tag{4-114}$$

式中，$w_2$ 是对应于矩阵 $E_1^{\mathrm{T}} F_1 F_1^{\mathrm{T}} E_1$ 最大特征值 $\theta_2^2$ 的特征向量；$c_2$ 是对应于矩阵 $F_1^{\mathrm{T}} E_1 E_1^{\mathrm{T}} F_1$ 最大特征值的特征向量。因此，$E_1$ 和 $F_1$ 对 $t_2$ 和 $u_2$ 的回归方程为

$$E_1 = t_2 p_2^{\mathrm{T}} = \frac{t_2 E_1 t_2^{\mathrm{T}}}{\left\| t_2 \right\|^2} + E_2 \tag{4-115}$$

$$F_1 = t_2 r_2^{\mathrm{T}} = \frac{t_2 F_1 t_2^{\mathrm{T}}}{\left\| t_2 \right\|^2} + F_2 \tag{4-116}$$

如此计算下去，如果矩阵 $M$ 的秩为 $\lambda$，则会有下式成立：

$$E_0 = \sum_{i=1}^{\lambda} t_i p_i^{\mathrm{T}} \tag{4-117}$$

$$F_0 = \sum_{i=1}^{\lambda} t_i r_i^{\mathrm{T}} + F_\lambda \tag{4-118}$$

令 $\eta_i = F_{0i}$，$\varepsilon_j = E_{0j}$，由于 $t_i (i = 1, 2, \cdots, \lambda)$ 均可表示成 $E_{0j} (j = 1, 2, \cdots, p)$ 的线性组合，因此，式(4-118)还可以还原成

$$\eta_i = \sum_{j=1}^{p} \alpha_{ij} \varepsilon_j + F_{\lambda, j}, \quad i = 1, 2, \cdots, q \tag{4-119}$$

式中，$F_{\lambda, j}$ 是残差矩阵 $F_\lambda$ 的第 $j$ 列。

### 4.5.2　变形预测与校正实例

机身壁板调姿定位系统总共包含 4 个数控定位器，见图 4.26。

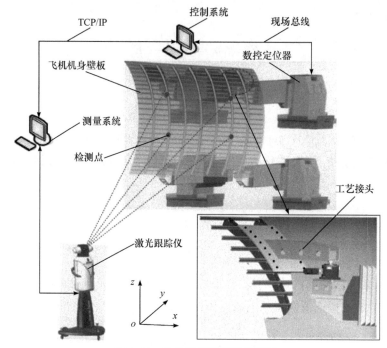

图 4.26　机身壁板调姿定位系统

　　考虑到机身壁板与数控定位器组之间为悬臂定位支撑方式，工艺球头和球托之间的球铰连接方式势必会对壁板的变形造成一定影响，将定位器在 $x$、$y$、$z$ 方向的移动参数和球铰连接中绕 $x$、$y$、$z$ 轴的转动量视为影响因素，则机身壁板调姿定位系统总共有 24 个因素，每个因素的移动或转动阈值的上下限各视为一个水平。通过仿真试验，可得到检测点样本数据矩阵，即自变量矩阵 $\varepsilon$ 和因变量矩阵 $\eta$，基于偏最小二乘回归建模策略，可计算获取 $\eta$ 与 $\varepsilon$ 之间的系数矩阵。$\eta$ 与 $\varepsilon$ 之间的关系可用以下形式表示：

$$\eta^{24\times1} = M^{24\times45}\varepsilon^{45\times1} + \eta_{\mathrm{const}}^{24\times1} \tag{4-120}$$

　　为了验证式(4-120)的正确性，分析机身壁板在自身重力与某一随机装配应力共同作用下的变形情况。校形前，壁板的最大应力达到了 262.6MPa。为减小壁板变形，将由式(4-120)预测得到的各次校形量依次施加到有限元模型中每个球铰的转动中心处，获得壁板经校形后的应力场和位移场分布云图。由图 4.27 中的壁板校形后的应力场云图可知，经一次、二次、三次校形后，壁板的最大应力值分别减小至 124.5MPa、113.9MPa、102.3MPa。可见，壁板内部的应力场在基于定位器的校形过程中得到了重新分布，并逐渐趋于稳定，且最大应力值显著减小，一定程度上降低了壁板带应力装配的不利影响，有利于提高飞机结构寿命。

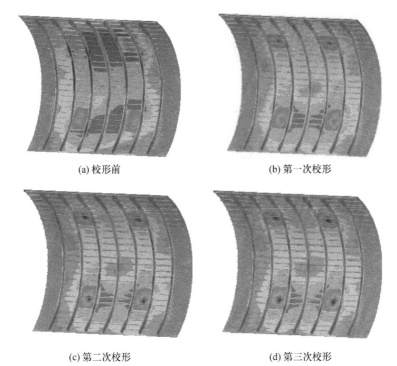

(a) 校形前　　　　　　　　　　　　　(b) 第一次校形

(c) 第二次校形　　　　　　　　　　　(d) 第三次校形

图 4.27　壁板校形前后应力场云图

　　由图 4.28 中的壁板校形前后的位移场云图可知，壁板在校形前整体的变形大且变形形态复杂，见图 4.28(a)；经一次校形后，见图 4.28(b)，壁板的整体变形得到明显改善，检测点位置精度得到了显著提升，如图 4.29 所示，相对于校形前较大的偏差波动幅度，其在各个方向的偏差波动较为平缓；而经二次、三次校形后，壁板变形并未随着校形次数的增加而得到明显改变，壁板整体变形基本趋于稳定，见图 4.28(c)和图 4.28(d)，而检测点位置精度变化曲线也趋于重合，见图 4.29。因此，壁板经两次校形后的整体变形已基本趋于稳定，达到收敛要求，此时 $x$ 向

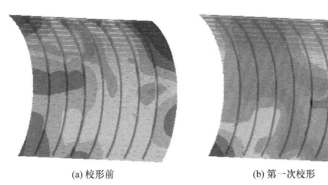

(a) 校形前　　　　　　　　　　　　　(b) 第一次校形

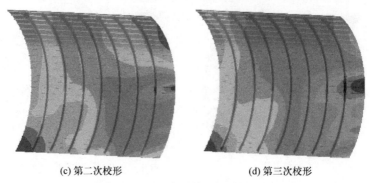

(c) 第二次校形　　　　　　　　(d) 第三次校形

图 4.28　壁板校形前后位移场云图

的位置误差控制在 0.087mm 以内，$y$ 向位置误差控制在 0.152mm 以内，$z$ 向位置误差控制在 0.248mm 以内。

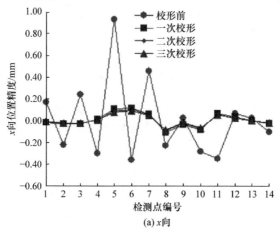

(a) $x$向

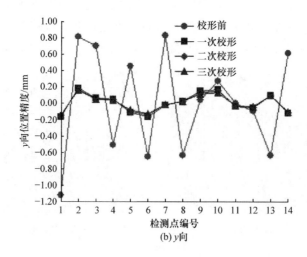

(b) $y$向

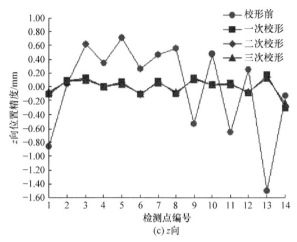

(c) z向

图 4.29　壁板检测点校形前后 $x$、$y$、$z$ 位置误差

# 参 考 文 献

[1] Qiu B G, Jiang J X, Ke Y L. A new principle and device for large aircraft components gaining accurate support by ball joint[J]. Journal of Zhejiang University Science A, 2011, (12): 405-414.

[2] Meinesz F A V. Elasticity and plasticity[J]. Applied Scientific Research, 1956, (6): 205-225.

[3] Abaqus Inc. ABAQUS theory manual 6.11[EB/OL]. http: //abaqus. ethz. ch: 2080/v6. 11/. [2013-3-23].

[4] Boni L, Fanteria D. Development of analytical methods for fuselage design: Validation by means of finite element analyses[J]. Proceedings of the Institution of Mechanical Engineers, Part G: Journal of Aerospace Engineering, 2004, (218): 315-327.

[5] Boni L, Fanteria D. Finite-element-based assessment of analytical methods for the design of fuselage frames[J]. Proceedings of the Institution of Mechanical Engineers, Part G:Journal of Aerospace Engineering, 2006, (220): 387-398.

[6] Davis J R. Metal Handbook: Desk Edition[M]. 2nd Edition. Beijing: China Machine Press, 2011.

[7] Fang K T. The uniform design: Application of number-theoretic methods in experimental design[J]. Acta Mathematicae Applicatae Sinica, 1980, (3): 363-372.

[8] Fang K T, Li J K. Some new uniform designs[D]. Hong Kong: Hong Kong Baptist University, 1994.

[9] Suits D B. Use of dummy variables in regression equations[J]. Journal of the American Statistical Association, 1957, (52): 548-551.

[10] de Jong S. SIMPLS: An alternative approach to partial least squares regression. Chemometrics & Intelligent Laboratory Systems, 1993, (18): 251-263.

[11] Umeyama S. Least-squares estimation of transformation parameters between two point patterns[J]. IEEE Computer Society, 1991, (13): 376-380.

[12] Rainer M, Martin E, Matthias V. Reconfigurable handling systems as an enabler for large components in mass customized production[J]. Journal of Intelligent Manufacturing, 2012,

24(5): 1-14.

[13] Shirinzadeh B. Flexible fixturing for workpiece positioning and constraining[J]. Assembly Automation, 2002, (22): 112-120.

[14] Abenhaim G N, Desrochers A, Tahan A. Nonrigid parts' specification and inspection methods: Notions, challenges, and recent advancements[J]. International Journal of Advanced Manufacturing Technology, 2012, (63): 741-752.

[15] 柯映林, 杨卫东, 李江雄, 等. 一种基于四个定位器的飞机部件位姿调整系统及方法[P]. 中国: CN200810161668.9, 2009.

[16] Abaqus Inc. ABAQUS theory manual 6.10[EB/OL].http://www.abaqus.com.[2019-6-11].

[17] 王志瑾, 姚卫星. 飞机结构设计[M]. 北京: 国防工业出版社, 2007.

[18] Arun K S, Huang T S, Blostein S D. Least-squares fitting of two 3-D point sets[J]. IEEE Transactions on Pattern Analysis and Machine Intelligence, 1987, (5): 698-700.

[19] Meckl P H, ArestidesP B. Optimized S-Curve motion profiles for minimum residual vibration[J]. Proceedings of the America Control Conference, Philadelphia, 1998.

[20] Horsch T, Jüttler B. Cartesian spline interpolation for industrial robots[J]. Computer-Aided Design, 1998, (3): 217-224.

[21] 任露泉. 试验优化设计与分析[M]. 长春: 吉林科学技术出版社, 2001.

[22] 杨子青. 正交表的构造[M]. 济南: 山东人民出版社, 1975.

# 第5章 数字化定位系统设计

## 5.1 三坐标数控定位器

### 5.1.1 定位器结构设计

　　三坐标数控定位器是一种可实现三个相互垂直方向运动的模块化结构单元，是构成数字化调姿定位系统的基础。典型定位器结构主要由入位和夹紧机构、立柱、$x$ 轴滑台、$z$ 轴托板、$y$ 轴滑台、底座和 $x/y/z$ 向传动系统组成，图 5.1 所示为国内某型飞机的机身支撑定位器。实际应用中，定位器底座通常安装在车间地基或稳固的钢结构平台上，底座上依次安装有 $z$ 向传动系统、$z$ 轴托板、立柱，立柱侧面依次安装有 $y$ 向传动系统、$y$ 轴滑台、$x$ 向传动系统、$x$ 轴滑台、入位和夹紧机构。各向传动系统均由伺服电机、减速器、丝杠螺母、导轨滑块组成，通过电机驱动实现定位器在 $x/y/z$ 方向的进给，传动系统原理如图 5.2 所示。在定位器设计中，一般考虑以下配置以提高其运动精度和工作性能。

　　(1) 使用带旋转编码器的伺服电机、带预载的高精度滚珠丝杠和高精度直线滚动导轨，在结构上保证和提高定位器的运动精度。

　　(2) 采用光栅尺，在每个方向上实现全闭环控制，提高定位器系统的控制精度。$x$、$y$ 方向的电机带有抱闸，用于锁紧定位器在 $x$、$y$ 向的位置，在 $z$ 方向靠蜗轮蜗杆的自锁特性来锁定工作位置。

　　(3) $x$、$y$、$z$ 三个方向分别设计限位开关和机械限位，在结构上提高工作的安全性。滚珠丝杠上设置有金属防护罩和风琴罩，以改善传动系统的环境，提高使用寿命。

　　(4) 在 $y$ 方向设计压力传感器，通过力的反馈来控制、调整和读取定位器的运动协同性和承载均匀性等，在控制上显著提高了调姿系统的工作安全性。入位夹紧机构中设置有球托与锁紧机构，球托能够与机身工艺接头配合形成球铰结构，当机身姿态调整结束后，锁紧机构能够锁紧机身工艺接头，使机身姿态保持不变，便于后续的对接操作。

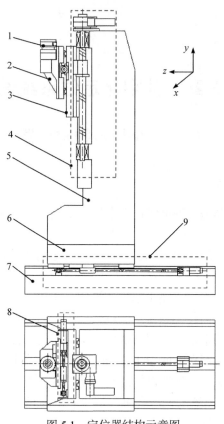

图 5.1　定位器结构示意图

1-入位夹紧机构；2-$x$ 轴滑台；3-$y$ 轴滑台；4-$y$ 向传动系统；5-立柱；
6-$z$ 轴托板；7-底座；8-$x$ 向传动系统；9-$z$ 向传动系统

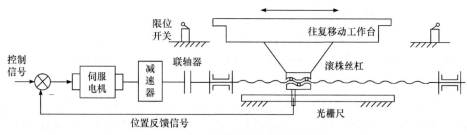

图 5.2　定位器传动系统原理示意图

### 5.1.2　定位器运动学模型

为了便于分析定位器的空间位置误差，建立如图 5.3 所示的坐标系统，包括底座部件坐标系 {base}，立柱部件坐标系 $\{O_z\}$，$y$ 轴滑台坐标系 $\{O_y\}$，$x$ 轴滑台坐标系 $\{O_x\}$。{base} 的原点建立在底座与地基安装面的对称中心处，$z$ 轴方向与底座导轨方向一致；$\{O_z\}$ 的原点建立在立柱导轨安装面底部中点处，$y$ 轴方向与立柱导轨方向一致，坐标系随立柱一起运动；$\{O_y\}$ 的原点建立在 $y$ 轴滑台对称中心在其滑块安装面的投影处，$y$ 轴方向与立柱导轨方向一致，坐标系随 $y$ 轴滑台一起运动；$\{O_x\}$ 的原点建立在 $x$ 轴滑台对称中心在其滑块安装面的投影处，$y$ 轴方向与立柱导轨方向一致，坐标系随 $x$ 轴滑台一起运动。各坐标系对应坐标轴相互平行。在理想状态下，立柱、$y$ 轴滑台、$x$ 轴滑台分别沿 $z/y/x$ 方向进给，运动特征矩阵如下[1]：

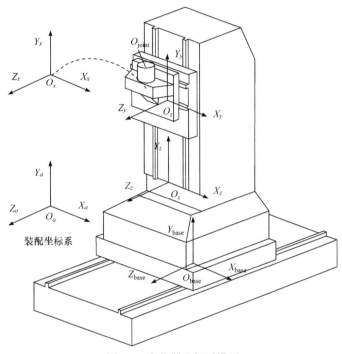

图 5.3　定位器坐标系设置

$$\boldsymbol{T}_z^b = \begin{bmatrix} 1 & 0 & 0 & x_z^b \\ 0 & 1 & 0 & y_z^b \\ 0 & 0 & 1 & z_z^b + p_z \\ 0 & 0 & 0 & 1 \end{bmatrix} \tag{5-1}$$

$$\boldsymbol{T}_y^z = \begin{bmatrix} 1 & 0 & 0 & x_y^z \\ 0 & 1 & 0 & y_y^z + p_y \\ 0 & 0 & 1 & z_y^z \\ 0 & 0 & 0 & 1 \end{bmatrix} \tag{5-2}$$

$$T_x^y = \begin{bmatrix} 1 & 0 & 0 & x_x^y + p_x \\ 0 & 1 & 0 & y_x^y \\ 0 & 0 & 1 & z_x^y \\ 0 & 0 & 0 & 1 \end{bmatrix} \tag{5-3}$$

式中，$T_n^m$ 为部件 $m$ 到部件 $n$ 的运动特征矩阵；$x_n^m$，$y_n^m$，$z_n^m$ 为初始状态时坐标系 $n$ 的原点在坐标系 $m$ 中的坐标值；$p_i$ 为定位器各轴的进给量。

入位和夹紧机构中球托球心 $O_{joint}$ 在 $\{O_x\}$ 中的坐标为 $\boldsymbol{O}_{jx} = [x_{jx}, y_{jx}, z_{jx}]^T$，在装配坐标系中的坐标为 $\boldsymbol{O}_{ja} = [x_{ja}, y_{ja}, z_{ja}]^T$，$\{base\}$ 坐标系的原点在装配坐标系中的坐标为 $\boldsymbol{O}_{ba} = [x_{ba}, y_{ba}, z_{ba}]^T$，则可得到以下方程：

$$\begin{bmatrix} \boldsymbol{O}_j^a \\ 1 \end{bmatrix} = T_x^z T_z^y T_y^b \begin{bmatrix} \boldsymbol{O}_j^x \\ 1 \end{bmatrix} + \begin{bmatrix} \boldsymbol{O}_b^a \\ 1 \end{bmatrix} \tag{5-4}$$

通过式(5-4)可以实现球心 $O_{joint}$ 在定位器坐标系与装配坐标系上的统一。

### 5.1.3　定位器精度设计

#### 1. 主要误差源及误差性质

三坐标定位器具有 3 个方向平动自由度，其空间定位误差定义为当 3 个方向进给到某一位置时，伸缩柱顶部球心实际位置与理论位置的偏差，其大小与零部件设计、加工制造精度、安装精度等因素有关。影响空间定位精度的主要因素是传动系统引起的进给误差(轴向定位误差)和导向系统引起的导向误差。导向误差受导轨精度和导轨安装方向偏差影响。而导轨安装方向偏差大小则与导轨安装基准面设计加工的定向精度有关。此外，空间定位精度还受外力作用下定位器结构变形的影响。

轴向定位误差是指由传动系统引起的位置误差，对于定位点来说属于平移误差。高精度直线导轨本身误差很小，分析时可视为平移误差。导轨安装基准面定向精度受形位公差影响，包括平行度公差和垂直度公差，平面平行度公差和垂直度公差的公差带形状是以公差值大小为间距的两个平面，圆柱体(支撑缸体、伸缩柱)中心线与端平面垂直度公差带形状是以公差值大小为直径的圆柱体。实际加工的零件几何形状误差受加工方法、机床精度、装夹方式等因素影响，其分布具有随机性，在公差带的两个平面之间或圆柱体内部可能产生任意方位的倾斜。因此，导轨安装方向偏差将引起角度误差。

姿态调整是由 3 个及以上定位器支撑飞机部件，通过定位器的协同运动来实现的。调姿过程中定位器所受外力为大部件重力。在飞机部件姿态调整角度不大的情况下，调姿过程中大部件的质量分布变化较小，支撑定位器所受外力近似保持恒定，定位器由外力引起的变形几乎不变。因此，可通过计算，求出部件调姿时每个定位器的受力变形，并在调姿过程中由控制系统实施补偿。

2. 定位器空间定位误差模型

定位器的空间定位误差定义为球托球心 $O_{joint}$ 实际位置与理论位置的偏差。理想的定位器各坐标轴方向为直线，且各坐标轴之间为正交关系。在工作载荷作用下，定位器各部件及传动系统均会产生不同程度的变形。在定位器各进给方向上的轴向变形，由于有传感器(如光栅尺)的测量反馈，其误差能够得到补偿；但有些变形，传感器无法测量，如立柱的偏转等。因此，需要针对传感器无法测量的误差进行建模，得到定位器的空间位置误差模型。根据定位器的受载情况和变形情况将其划分为底座部件、立柱部件、$y$ 轴滑台组件和 $x$ 轴滑台组件，分别建立误差模型。

1) 底座部件误差模型

定位器底座部件包括底座、$z$ 轴托板和 $z$ 向传动系统。在调姿过程中，底座所受载荷主要为飞机部件及定位器其他部件的重力载荷。采用有限元法分析底座部件的变形情况，根据底座部件的实际结构建立其三维模型。以图 5.3 所示的机身部件定位器为例，底座部件材料为灰铸铁 HT250，弹性模量为120GPa，泊松比为 0.27；导轨、滑块的材料为合金钢，弹性模量为 210GPa，泊松比为 0.3。在底座与地基连接部位施加固定约束，在 $z$ 轴托板的立柱安装面上施加均布载荷，如图 5.4 所示。根据机身部件重量，底座部件载荷为 $4 \times 10^5 N$，底座部件的最大计算应力为48MPa，满足强度条件。底座部件沿 $y$ 轴方向变形情况如图 5.5 所示。底座部件的变形主要考察立柱安装面的变形情况，即底座部件变形引起的 $\{O_z\}$ 坐标系相对于 $\{base\}$ 的位姿误差。计算结果显示，底座部件的变形主要为 $y$ 轴方向的压缩变形，而 $z$ 轴托板在不同的行程位置时对底座部件的变形影响较小。

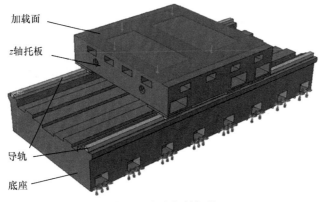

加载面

$z$ 轴托板

导轨

底座

图 5.4　底座部件加载

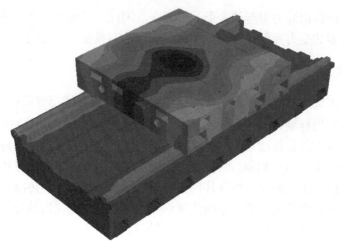

图 5.5　$y$ 轴方向变形

根据底座部件的变形情况可得到误差模型为

$$\Delta \boldsymbol{T}_z^b = \begin{bmatrix} 1 & 0 & 0 & 0 \\ 0 & 1 & 0 & \Delta y_b \\ 0 & 0 & 1 & 0 \\ 0 & 0 & 0 & 1 \end{bmatrix} \tag{5-5}$$

式中，$\Delta y_b$ 为底座部件沿 $y$ 轴方向上产生的变形。

$$\Delta y_b = \frac{\boldsymbol{F}_y^b}{k_y^b} \tag{5-6}$$

式中，$\boldsymbol{F}_y^b$ 为底座部件所受的 $y$ 向载荷；$k_y^b$ 为底座部件的 $y$ 向刚度。

2) 立柱部件误差模型

立柱部件包括立柱、$y$ 向传动系统。采用有限元法分析立柱的变形情况，根据立柱部件的实际结构与载荷传递方式建立其三维模型。边界条件为在立柱与 $y$ 轴托板连接面施加固定约束；在球窝球心处建立参考点，并与 $z$ 轴滑台建立耦合约束，载荷加载在参考点上，如图 5.6 所示。立柱材料为灰铸铁 HT250，弹性模量为 120GPa，泊松比为 0.27；导轨、滑块的材料为合金钢，弹性模量为 210GPa，泊松比为 0.3。在球托球心 $O_{\text{joint}}$ 处沿 $y$ 向施加 $2\times10^5$N 载荷作用，立柱沿 $z$ 轴方向的变形情况见图 5.7，立柱最大应力为 32MPa，满足强度条件。

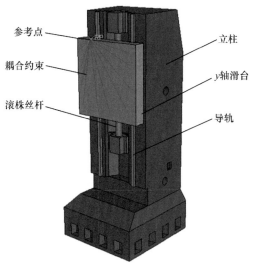

参考点

立柱

耦合约束

y轴滑台

滚株丝杆

导轨

图 5.6　立柱部件有限元模型边界条件　　　　图 5.7　z 轴方向变形

在有限元分析模型中，参考点位于立柱侧面，因此加载在参考点上的载荷对于立柱部件可等效为弯矩作用，对立柱部件的变形主要考察 $\{O_y\}$ 相对于 $\{O_z\}$ 的位姿误差。从有限元计算结果可知，立柱部件的变形主要为 $\{O_y\}$ 相对于 $\{O_z\}$ 各坐标轴的偏转。立柱部件所受沿 x/y/z 方向的载荷对 $\{O_y\}$ 的位姿误差有不同程度的影响，其中沿 y 向的载荷分量由丝杆传递至立柱，使 $\{O_y\}$ 产生 y 向压缩变形并使丝杆产生轴向变形，此外会使 $\{O_y\}$ 绕 $\{O_z\}$ 坐标系下的 x 轴偏转；而 x 向载荷、z 向载荷由导轨、滑块传递至立柱，分别使 $\{O_y\}$ 绕 $\{O_z\}$ 坐标系下的 z 轴、x 轴偏转。立柱为整体铸造件，其结构为封闭式的空腔结构，质量分布集中于立柱壁板，并设置有加强筋板，因此立柱的抗扭刚度较高，而球心 $O_{\mathrm{joint}}$ 靠近立柱截面的型心位置，所以在飞机部件重力载荷作用下的立柱扭转变形较小，可以忽略其对定位精度的影响。

根据立柱的变形情况得到立柱部件的误差模型为

$$\Delta \boldsymbol{T}_y^z = \begin{bmatrix} c\beta_c & -s\beta_c & 0 & \beta_c(y_y^z + p_y) \\ c\alpha_c s\beta_c & c\alpha_c c\beta_c & -s\alpha_c & \alpha_c z_y^z \\ s\alpha_c s\beta_c & c\beta_c s\alpha_c & c\alpha_c & \alpha(y_y^z + p_y) \\ 0 & 0 & 0 & 1 \end{bmatrix} \tag{5-7}$$

式中，$c\theta = \cos\theta$；$s\theta = \sin\theta$；$y_x^z$ 与 $z_y^z$ 为 $\{O_y\}$ 在 $\{O_z\}$ 坐标系下的 y、z 轴坐标值。其中，$\alpha_c$ 为 y 轴滑台绕 $\{O_y\}$ 坐标系下 x 轴偏转的角度，$\alpha_c$ 包含了 y 向载荷与 z 向

载荷共同作用下的偏转变形；$\beta_c$ 为 $z$ 轴滑台绕 $\{O_y\}$ 坐标系下 $z$ 轴偏转的角度。由于偏转角度很小，可以将其视为微量，则 $c\theta \approx 1$，$s\theta \approx \theta$，则立柱部件误差模型为

$$\Delta \boldsymbol{T}_y^z = \begin{bmatrix} 1 & -\Delta\beta & 0 & \Delta\beta(y_y^z + p_y) \\ \Delta\beta & 1 & -\Delta\alpha & \Delta\alpha z_y^z \\ 0 & \Delta\alpha & 1 & \Delta\alpha(y_y^z + p_y) \\ 0 & 0 & 0 & 1 \end{bmatrix} \tag{5-8}$$

根据有限元的计算结果观察分析，可得在立柱弹性变形范围内，立柱的偏转角度与载荷呈线性关系：

$$\Delta\theta = \frac{\boldsymbol{F}_i^z}{w_{i,j}^z} \tag{5-9}$$

式中，$\Delta\theta$ 为立柱偏转角度；$\boldsymbol{F}_i^z$ 为立柱所受的沿 $i$ 的载荷；$w_{i,j}^z$ 为立柱在 $i$ 向载荷作用下沿 $\{O_z\}$ 坐标系下 $j$ 轴的偏转刚度。

3) $y$ 轴滑台部件误差模型

$y$ 轴滑台部件包括 $y$ 轴滑台、$x$ 向传动系统。根据 $y$ 轴滑台的实际结构建立三维模型，边界条件为在 $y$ 向传动系统中的导轨底面施加固定约束，加载位置为球窝球心 $O_{\text{joint}}$ 处，如图 5.8 所示。$y$ 轴滑台的材料为铸造碳钢，弹性模量为 210GPa，泊松比为 0.28；导轨、滑块的材料为合金钢，弹性模量为 210GPa，泊松比为 0.3。沿 $y$ 向施加 $2\times10^5\,\text{N}$ 的载荷时，$y$ 轴滑台沿 $z$ 轴方向的变形情况见图 5.9，$y$ 轴滑台组件最大应力为 10MPa，满足强度条件。

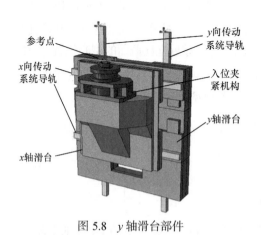

图 5.8　$y$ 轴滑台部件　　　　　　　图 5.9　沿 $z$ 轴方向变形

对于 $y$ 轴滑台的变形情况，主要关注 $x$ 向传动系统中滑块的位置变化，即 $\{O_x\}$

相对于 $\{O_y\}$ 的位姿误差。由于加载位置偏离 $y$ 轴滑台，因此沿 $y$ 向、$z$ 向的载荷对 $y$ 轴滑台的作用可以等效为作用于 $x$ 向传动系统滑块的载荷 $\boldsymbol{F}_i'^y$ 与弯矩 $\boldsymbol{M}_i^y$，如图 5.10 所示。根据有限元模型的计算结果可知，沿 $y$ 轴方向的载荷会引起 $\{O_x\}$ 绕 $\{O_y\}$ 坐标系 $x$ 轴的偏转，但角度较小，施加 $2\times10^5\,\mathrm{N}$ 的载荷时偏转仅为 $4\times10^{-6}$。因此弯矩载荷对 $y$ 轴滑台的变形情况影响可以忽略。

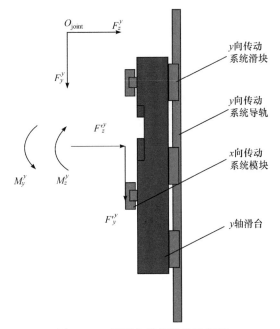

图 5.10　$y$ 轴滑台载荷简化示意图

根据计算结果可知，$y$ 轴滑台的 $z$ 向刚度要远大于 $y$ 向刚度。而沿 $x$ 向的变形及 $x$ 向传动系统中丝杆的压缩变形能够通过光栅尺反馈补偿，因此这部位变形误差可以忽略，根据 $y$ 轴滑台部件的变形情况可得到其误差模型为

$$\Delta \boldsymbol{T}_x^y = \begin{bmatrix} 1 & 0 & 0 & 0 \\ 0 & 1 & 0 & \Delta y_y \\ 0 & 0 & 1 & \Delta z_y \\ 0 & 0 & 0 & 1 \end{bmatrix} \tag{5-10}$$

式中，$\Delta y_y$ 为 $y$ 轴滑台沿 $y$ 轴的压缩变形；$\Delta z_y$ 为 $y$ 轴滑台沿 $z$ 轴的压缩变形。

4) $x$ 轴滑台部件误差模型

$x$ 轴滑台部件包括 $x$ 轴滑台、入位夹紧机构。$x$ 轴滑台与入位夹紧机构通过螺栓连接，并不会产生相对运动，因此在有限元模型中将其视为整体结构。$x$ 轴滑台部件的变形主要考察球心 $O_{\text{joint}}$ 的位置误差。采用有限元法计算 $x$ 轴滑台部件的刚度参数，根据 $x$ 轴滑台部件的实际结构建立三维模型，边界条件为在 $x$ 向传动系统中的导轨底面施加固定约束，在球窝球心 $O_{\text{joint}}$ 处施加集中载荷，如图 5.11 所示。$x$ 轴滑台与入位夹紧机构的材料为铸造碳钢，弹性模量为 210GPa，泊松比为 0.28；导轨、滑块的材料为合金钢，弹性模量为 210GPa，泊松比为 0.3。图 5.12 为沿 $y$ 向施加 $2\times10^{5}\text{N}$ 的载荷时，$x$ 轴滑台部件沿 $y$ 轴方向的变形情况。

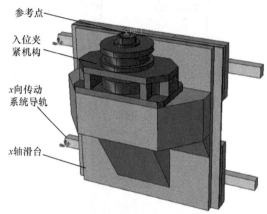

参考点

入位夹紧机构

$x$向传动系统导轨

$x$轴滑台

图 5.11　$x$ 轴滑台部件

图 5.12　滑台部件变形

根据有限元计算结果可知，作用于 $x$ 轴滑台部件的 $x/y/z$ 向载荷会分别引起沿对应方向的变形，沿各坐标轴的变形与载荷为线性关系。$x$ 轴滑台部件的误差特征矩阵为

$$\Delta \boldsymbol{T}_x^x = \begin{bmatrix} 1 & 0 & 0 & \Delta x_x \\ 0 & 1 & 0 & \Delta y_x \\ 0 & 0 & 1 & \Delta z_x \\ 0 & 0 & 0 & 1 \end{bmatrix} \tag{5-11}$$

式中，$\Delta i_x$ 为 $x$ 轴滑台组件在飞机部件重力载荷作用下引起的沿 $i$ 轴的压缩变形。

　　5) 定位器空间位置误差模型

　　当考虑定位器变形时，定位器的运动特征矩阵为

$$^R\boldsymbol{T}_z^b = \boldsymbol{T}_z^b \Delta \boldsymbol{T}_z^b \tag{5-12}$$

$$^R\boldsymbol{T}_y^z = \boldsymbol{T}_y^z \Delta \boldsymbol{T}_y^z \tag{5-13}$$

$$^R\boldsymbol{T}_x^y = \boldsymbol{T}_x^y \Delta \boldsymbol{T}_x^y \Delta \boldsymbol{T}_x^x \tag{5-14}$$

式中，$^R\boldsymbol{T}_n^m$ 表示考虑定位器变形后的实际运动特征矩阵。将式(5-12)、式(5-13)、式(5-14)代入式(5-4)可得到球心 $O_{\text{joint}}$ 在装配坐标系中的实际位置方程：

$$\begin{bmatrix} ^R\boldsymbol{O}_j^a \\ 1 \end{bmatrix} = {}^R\boldsymbol{T}_x^{y\,R}\boldsymbol{T}_y^{z\,R}\boldsymbol{T}_z^b \begin{bmatrix} \boldsymbol{O}_j^x \\ 1 \end{bmatrix} + \begin{bmatrix} \boldsymbol{O}_b^a \\ 1 \end{bmatrix} \tag{5-15}$$

　　由式(5-4)与式(5-15)可得到球心 $O_{\text{joint}}$ 在装配坐标系中的位置误差 $\Delta \boldsymbol{O}_j^a$ 为

$$\Delta \boldsymbol{O}_j^a = {}^R\boldsymbol{O}_j^a - \boldsymbol{O}_j^a \tag{5-16}$$

　　$\Delta \boldsymbol{O}_j^a$ 与定位器载荷之间存在如下关系：

$$\Delta \boldsymbol{O}_j^a = \boldsymbol{C} \boldsymbol{F}_{pi} \tag{5-17}$$

式中，$\boldsymbol{C}$ 为定位器末端柔度矩阵，柔度矩阵的逆即为定位器的末端刚度矩阵 $\boldsymbol{K}$，根据式(5-12)~式(5-17)可解得定位器的空间位置误差，进而可得到末端柔度矩阵 $\boldsymbol{C}$ 为

$$\boldsymbol{C} = \begin{bmatrix} \dfrac{^R y_{\text{joint}}^z}{w_{xz}^z} + \dfrac{1}{k_x^x} & 0 & 0 \\[3mm] \dfrac{^R x_{\text{joint}}^x}{w_{xz}^z} & \dfrac{z_{\text{joint}}^z}{w_{yx}^z} + \dfrac{1}{k_y^b} + \dfrac{1}{k_y^x} + \dfrac{1}{k_y^y} & \dfrac{z_{\text{joint}}^z}{w_{zx}^z} \\[3mm] 0 & \dfrac{^R y_{\text{joint}}^z}{w_{yx}^z} & \dfrac{^R y_{\text{joint}}^z}{w_{zx}^z} + \dfrac{1}{k_z^x} + \dfrac{1}{k_z^y} \end{bmatrix} \tag{5-18}$$

式中，$k_n^m$ 为坐标系 $\{O_m\}$ 下沿坐标轴 $n$ 方向的刚度；$w_{ij}^z$ 为 $\{O_z\}$ 坐标系下立柱在 $i$ 向载荷作用下沿 $j$ 轴偏转的抗弯刚度；$^R x_{\mathrm{joint}}^z$ 为 $O_{\mathrm{joint}}$ 在 $\{O_x\}$ 坐标系中 $x$ 轴初始坐标值与 $x$ 向进给量之和；$^R y_{\mathrm{joint}}^z$ 为 $O_{\mathrm{joint}}$ 在 $\{O_z\}$ 坐标系中 $y$ 轴初始坐标值与 $y$ 向进给量之和；$z_{\mathrm{joint}}^z$ 为 $O_{\mathrm{joint}}$ 在 $\{O_z\}$ 坐标系中 $z$ 轴坐标值。

### 5.1.4　定位器部件刚度配置方法

1. 定位器刚度参数定义

定位器各部件在外载作用下均会产生变形，使定位器的运动特征矩阵产生误差项 $\Delta T_n^m$，如图5.13所示，$\{m\}$ 与 $\{n\}$ 分别表示两相邻部件的坐标系。误差项 $\Delta T_n^m$ 中包含了定位器部件的变形参数，如坐标系 $\{m\}$ 与坐标系 $\{n\}$ 之间的偏转角度位置偏差等。

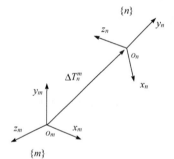

图 5.13　定位器部件位姿偏差示意图

定位器各部件的变形最终会传递至定位器的末端 $O_{\mathrm{joint}}$，影响定位器的空间定位误差。式(5-18)中的 $k_n^m$、$w_{ij}^z$ 描述了各部件所受载荷与相应变形之间的关系，即为定位器的部件刚度参数。

2. 定位器刚度配置评价准则

评价定位器的部件刚度是否能满足飞机部件的定位要求，主要考察以下几个方面。

(1) 飞机部件变形情况。影响飞机部件变形的因素包括定位器的刚度、数量、布局，工艺接头的结构及其与飞机部件的连接方式等。如果飞机部件变形引起的测量点集匹配误差不会导致对部件位姿的误判，则认为部件变形满足要求。

(2) 定位器变形引起的飞机部件位姿误差。在调姿过程中，定位器所受载荷 $F_{pi}$、末端变形 $\Delta O_{j,i}^P$ 均会随飞机部件姿态改变而改变，因此飞机部件位姿误差也会随其姿态改变，如果经过多次调姿后，飞机部件位姿误差最终满足容差要求，则认为定位器刚度满足飞机部件定位要求。

(3) 飞机部件装配应力。在入位阶段，定位器各轴均为随动状态，因此飞机部件在刚完成入位时，可以认为其受载情况较佳，在后续调姿过程中，期望定位器球托之间的位置关系保持不变，即 $\left[\Delta x_{if}, \Delta y_{if}, \Delta z_{if}\right]^{\mathrm{T}}$ 不变，以保持飞机部件的受载状态。

仅仅依靠提高定位器的部件刚度并不能有效地改善飞机部件的变形情况，考虑到定位器为刚体，飞机部件为弹性体的极限情形，此时 $\Delta\boldsymbol{O}_{j,i}^{P}$、$\boldsymbol{T}_P$，$\left[\Delta x_{if}, \Delta y_{if}, \Delta z_{if}\right]^{\mathrm{T}}$ 均为零，但飞机部件的变形仍然存在。假设模型中飞机部件的变形满足要求，因此可着重关注定位器的部件刚度与 $\boldsymbol{T}_P$、$\left[\Delta x_{if}, \Delta y_{if}, \Delta z_{if}\right]^{\mathrm{T}}$ 之间的关系。在实际调姿过程中，如果 $\boldsymbol{T}$ 的变化较小，不至于影响定位器球托位置与飞机部件位姿的映射关系，则可以通过多次姿态调整来使飞机部件到达指定位姿。用参数 $\zeta$ 作为飞机部件装配应力的评价标准，为保证飞机装配质量，应合理配置适当的定位器部件刚度，保证在调姿过程中 $\boldsymbol{T}_P$ 与 $\zeta$ 的变化量较小。

3. 定位器刚度配置流程

在定位器原创性设计过程中，刚度配置是最关键的技术。各部件的刚度参数对飞机部件的位置误差、变形影响程度并不相同，因此，采用正交试验法来分析定位器各部件的刚度参数对飞机部件位置误差、变形的影响，并作为刚度优化配置的约束条件是比较合理的做法。定位器刚度配置的具体步骤如下。

(1) 建立定位器空间定位误差模型及各部件有限元模型。

(2) 采用正交试验法[2]计算不同的定位器部件刚度与飞机部件位姿误差及变形的关系，获得定位器刚度配置约束条件。

(3) 检验定位器部件结构是否满足刚度配置约束条件，如果不满足则修正部件结构并重新执行步骤(1)。

(4) 建立定位器刚度配置优化模型，求解并获取各部件刚度参数。

为了保证飞机装配质量，应保证 $\Delta\boldsymbol{T}_P$ 与 $\Delta\zeta$ 满足要求，其中 $\Delta\boldsymbol{T}_P$ 与 $\Delta\zeta$ 分别表示 $\boldsymbol{T}_P$ 与 $\zeta$ 在调姿过程中的变化量。从工程实际考虑，定位器的重量越轻，其制造、装配越便捷。因此，以定位器重量为优化目标[3-4]，其优化模型可表达为

$$\min m = \sum_{i=1}^{n} f_i(k) \tag{5-19}$$

$$\text{s.t. } \Delta\boldsymbol{T}_P(k) \leqslant [\Delta\boldsymbol{T}] \tag{5-20}$$

$$\Delta\zeta(k) \leqslant [\Delta\zeta] \tag{5-21}$$

式中，$m$ 为定位器总重量；$f_i(k)$ 为定位器部件重量；$n$ 为定位器部件数量；$[\Delta\boldsymbol{T}]$ 与 $[\Delta\zeta]$ 为根据飞机装配重量要求设置的飞机部件位姿误差与变形约束条件。

# 5.2　自适应入位

在调姿定位过程中，固接于飞机部件上的工艺球头和三坐标数控定位器顶部的球托构成球铰副，工艺球头可以在球托中自由转动，从而满足部件的空间位姿调整要求。若飞机部件入位时，工艺球头与数控定位器球托在水平面上存在较大偏差，工艺球头和球托就没有充分接触，一方面会对飞机部件造成侧向挤压或拉扯，另一方面在后续工序中，变形体的弹性恢复还会影响飞机部件的定位精度。因此，提高飞机部件的入位精度具有重要意义。

针对工艺球头入位问题，传统方法是基于给定部件工艺球头的目标位置进行刚性入位。该方法借助激光跟踪仪连续测量工艺球头球面上的若干个测量点空间位置，根据测量点坐标值计算出工艺球头球心在飞机装配坐标系下的位置，控制系统驱动定位器移动至工艺球头球心位置完成工艺球头入位。显然，刚性入位法不仅需要借助外部测量系统，而且需要大量人工辅助操作，自动化程度低。基于自适应入位机构的新型入位方法无须激光跟踪仪辅助测量，可快速实现定位器对飞机部件的有效支撑并且不带来侧向应力，在飞机自动化定位中具有广泛的应用前景。

## 5.2.1　自适应入位机构

自适应入位机构主要由支撑托板、传感器固定支架、位移传感器、球托、发射器支架、激光发射器、锁紧气缸等组成(图5.14)。支撑托板安装在三坐标数控定位器顶部，传感器固定支架端部和支撑托板底部固连。传感器固定支架中安装有4个位移传感器，并沿球托周向均匀分布，其安装位置可沿z向上下调节。球托安装在支撑托板凸台上，其侧壁和支撑托板孔壁构成过盈配合。压板和支撑托板上表面构成刚性连接，压板上表面安装有发射器支架，发射器支架上沿周向均匀分布着若干个激光发射器。工艺球头通过螺栓和工艺接头固连，工艺接头固结于飞机部件上。工艺球头和球托构成球铰运动副，飞机部件相对于定位器可以自由转动。支撑托板外侧安装有3个锁紧气缸，压缩空气推动活塞杆沿缸体轴线方向运动，进而驱动锁紧方销对工艺球头执行压紧或松开操作。

在工艺球头半径$R$已知的情况下，理论上只需球面上3点即可求出其球心坐标。考虑到零件存在加工和装配误差、位移传感器存在测量和安装误差等因素，若取球面上3点拟合球面方程会带来较大的误差。选取球面上多点拟合球面方程，不但可以有效地控制系统误差，还缩短了初次计算球心的周期。综合考虑入位装

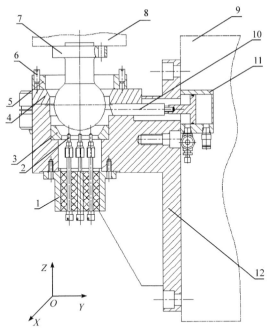

图 5.14 装置结构原理示意图

1-传感器固定支架；2-位移传感器；3-球托；4-压板；5-发射器支架；6-激光发射器；
7-工艺球头；8-工艺接头；9-定位器；10-锁紧方销；11-锁紧气缸；12-支撑托板

置的精度、效率、成本及安装空间，共选用 4 个位移传感器。以三坐标数控定位器球托的球心为原点，定位器的 3 个运动方向为坐标轴建立直角坐标系 $o_{xyz}$ (图 5.15)。4 个位移传感器沿球托内侧均匀分布在半径为 $r$ 的圆上，且传感器轴线分别位于平面 $xoz$ 和 $yoz$ 上。选择 $r$ 时须考虑以下因素：工艺球头和传感器测头接触点的作用力垂直于球面，减小 $r$ 可抑制传感器测杆的侧向变形；工艺球头和球托接触部分容易磨损，减小 $r$ 可避免传感器测头与工艺球头磨损部分接触；减小 $r$ 可使同一安装高度的传感器先和工艺球头接触，缩短手轮驱动定位器使得传感器测头与工艺球头初始接触的操纵时间；增大 $r$ 可扩大球面接触点的分布范围，降低工艺球头局部球面不完整引起的拟合误差；此外，各传感器之间需预留间隙以保证安装支架有一定的壁厚，故 $r$ 不能太小。

### 5.2.2 锁紧力分析

需要考虑部件位置、碰撞冲击与部件材料等因素对接触力的影响，接触点的受力分别为法向接触力与切向摩擦力。法向接触力与接触平面垂直，而切向摩擦力则位于接触平面内。

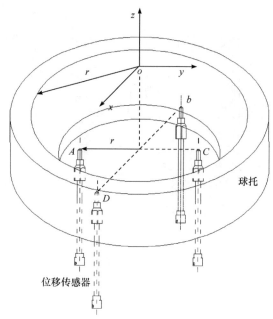

图 5.15　位移传感器布局

### 1. 法向接触力

球头与球窝法向接触力可采用迟滞形式阻尼系数的接触力模型进行建模。

$$f = \begin{cases} K\delta^n + D\dot{\delta}, & \delta \geqslant 0 \\ 0, & \delta < 0 \end{cases} \tag{5-22}$$

$$D = \frac{3}{2}\alpha K\delta^n \tag{5-23}$$

式中，$\alpha$ 为 0.08s/m～0.32s/m 的一个系数；$K$ 为 Hertz 法向接触力模型的刚度系数，当接触部件皆为金属时，$n = 1.5$。系数 $K$ 依赖于接触物体的材料、几何外形等信息。根据工艺球头与球窝接触位置的不同，具有三种不同的刚度系数 $K$。定义变量 $h_j$ 与 $h_k$：

$$h_l = \frac{1 - v_l^2}{\pi E_l}, \quad l = j, k \tag{5-24}$$

式中，变量 $E_l$ 与 $v_l$ 分别为接触部件材料的杨氏模量与泊松比。

（1）当 $O_{bj}$ 在 A 区中或者是直线 $O_{sk}E_{sk}$ 与直线 $O_{sk}O_{bj}$ 共线(图 5.16)：

$$K = \frac{4}{3\pi(h_j + h_k)}\left(\frac{R_{bj}R_{sk}}{R_{sk} - R_{bj}}\right)^{\frac{1}{2}} \tag{5-25}$$

(2) 当 $O_{bj}$ 在 B 区中：

$$K = \frac{4}{3\pi(h_j + h_k)}\left(\frac{R_{bj}R_{fk}}{R_{bj} + R_{fk}}\right)^{\frac{1}{2}} \tag{5-26}$$

(3) 当 $O_{bj}$ 在 C 区中：

$$K = \frac{4\sqrt{R_{bj}}}{3\pi(h_j + h_k)} \tag{5-27}$$

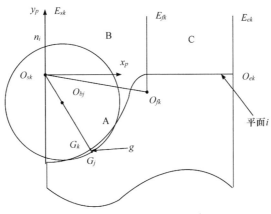

图 5.16　工艺球头位置示意

### 2. 切向摩擦力

当工艺球头与球窝出现相对滑移或具有相对滑移趋势时，便会产生摩擦力。通过大量试验结果总结出四条经典规律[5]：①摩擦力与正压力成正比；②摩擦力与接触表面积无关；③静摩擦力大于动摩擦力；④摩擦力与滑动速度无关。根据第一条规律，可以得到滑动摩擦力一个公式：

$$\boldsymbol{F}_t = \mu \boldsymbol{F}_n \tag{5-28}$$

式中，$\boldsymbol{F}_t$ 为滑动摩擦力；$\mu$ 为摩擦系数；$\boldsymbol{F}_n$ 表示正压力。式(5-28)一般被称为 Coulomb 摩擦定律。从式中可以看出，由于摩擦系数是一个常数，滑动摩擦力仅与正压力相关，而实际上摩擦力与许多因素相关，如温度、滑移速度、物体表面清洁度等。许多学者对 Coulomb 摩擦定律进行了改进，Jones[6]提出采用分段函数的形式描述摩擦力：

$$\boldsymbol{F}_t = -\frac{\boldsymbol{v}_t}{|\boldsymbol{v}_t|}\mu|\boldsymbol{F}_n|, \quad \boldsymbol{v}_t \neq 0 \tag{5-29}$$

$$-\mu|\boldsymbol{F}_n| < \boldsymbol{F}_t < \mu|\boldsymbol{F}_n|, \quad \boldsymbol{v}_t = 0 \tag{5-30}$$

式中，$\boldsymbol{v}_t$ 为相对切向速度；当 $\boldsymbol{v}_t$ 符号发生变化时，摩擦力会出现突变，不利于数值求解。针对该问题，Rooney 等[7]提出了改进公式：

$$\boldsymbol{F}_t = -\frac{\boldsymbol{v}_t}{|\boldsymbol{v}_t|}\mu|\boldsymbol{F}_n|, \quad |\boldsymbol{v}_t| \leqslant \boldsymbol{v}_\varepsilon \tag{5-31}$$

$$\boldsymbol{F}_t = -\frac{\boldsymbol{v}_t}{|\boldsymbol{v}_t|}\mu\frac{|\boldsymbol{v}_t|}{\boldsymbol{v}_\varepsilon}|\boldsymbol{F}_n|, \quad |\boldsymbol{v}_t| < \boldsymbol{v}_\varepsilon \tag{5-32}$$

### 5.2.3 球窝磨损分析

1. Archard 磨损方程

磨损是两相互作用表面在相对运动时表层不断损耗物质的现象[8]。它是一种非常复杂的微观动态过程。根据磨损机理来分类，一般可以分为磨料磨损、黏着磨损、接触疲劳磨损、化学磨损、侵蚀磨损与微动磨损等。目前，尚未有通用的理论模型涵盖所有的磨损方式，Archard 方程[9]已经被证明适用于前两种磨损方式，表达式如下：

$$\frac{V_w}{S} = \frac{K_A \boldsymbol{F}_n}{H} \tag{5-33}$$

式中，$V_w$ 为被磨损的总体积；$S$ 为滑动距离；$\boldsymbol{F}_n$ 表示法向接触力；$H$ 表示较软材料的硬度；$K_A$ 为一个无量纲系数。从式(5-23)中可以看出，磨损量与法向接触力、滑动距离成正比，与材料硬度成反比。

将式(5-23)两边同时除以接触面积 $S_A$ 便可以得到磨损深度 $d$ 的计算公式：

$$\frac{d}{S} = \frac{K_A \boldsymbol{F}_n}{H S_A} = \frac{K_A \boldsymbol{q}}{H} \tag{5-34}$$

式中，$\boldsymbol{q}$ 为接触压力。

2. 磨损模型

在调姿过程中，球头与球窝的接触属于面接触，其在磨损过程中接触力与接触面不断变化，很难给出其解析形式的变化规律，可通过数值方法构建磨损模型。为了计算每个离散接触点的磨损量，需要离散运动过程与接触表面。通过将时间分割为若干小段微元时间来实现运动过程离散，每一个微元时间为一个独立的单元，该微元时间内某一时刻的状态表示整个时间段的状态，一般采用该时间段的起始或是终止时刻的状态来表示；采用数值方法表示接触表面的磨损状态，需要将有可能产生接触的表面离散为若干小面片，同时在小面片上定义参考点，以参考点的磨损状态表示相应小面片的状态，如磨损深度、接触压力与相对滑动距离等。

图 5.17 为工艺球头表面离散的示意图，建立工艺球头自身的坐标系 $x_{bj}y_{bj}z_{bj}$，坐标系原点 $o_{bj}$ 与球头中心重合。由于工艺球头表面为球面，采用球坐标的形式离散该表面，先固定球坐标 $r = R_{bj}$，分别将球坐标 $^b\theta$、$^b\phi$ 等分为 $m$、$n$ 份，从而将球面离散，得到 $m \times n$ 张球面与 $(m+1) \times n$ 个结点，将球面片记为 $^b\mathrm{Sc}_{i,j}, i = 1, 2, \cdots, m,$ $j = 1, 2, \cdots, n$；其表面积记为 $^bS_{Aij}$，磨损深度记为 $^bd_{ij}$，属于球面片的四个结点分别为 $^b\mathrm{Pc}_{i,j}$，$^b\mathrm{Pc}_{i+1,j}$，$^b\mathrm{Pc}_{i,j+1}$，$^b\mathrm{Pc}_{i+1,j+1}$，$i = 1, 2, \cdots, m$，$j = 1, 2, \cdots, n$，其中 $^b\mathrm{Pc}_{i,n+1}$ 与 $^b\mathrm{Pc}_{i,1}$ 为同一个结点，采用 $^b\mathrm{Pc}_{i,n+1}$ 是为了能够统一表达计算式。各个结点相应坐标为

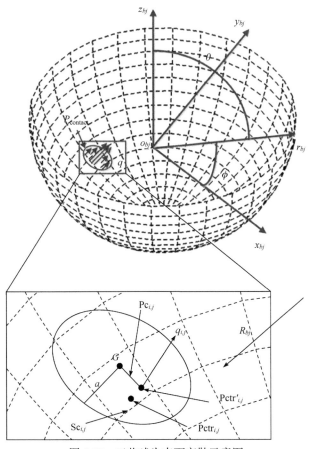

图 5.17　工艺球头表面离散示意图

$$^b\mathbf{Pc}_{i,j} = [R_{bj}\sin(^b\theta_i)\cos(^b\phi_j), \quad R_{bj}\sin(^b\theta_i)\sin(^b\phi_j), \quad R_{bj}\cos(^b\theta_i)] \tag{5-35}$$

$$^b\theta_i = \pi(i-1)/m \tag{5-36}$$

$$^b\phi_j = 2\pi(j-1)/n \tag{5-37}$$

定义球面片的参考点为 $^b\mathbf{Pctr}_{i,j}$，其坐标为

$$^b\mathbf{Pctr}_{i,j} = [R_{bj}\sin(^b\theta_{\mathrm{ctr}i})\cos(^b\phi_{\mathrm{ctr}j}), \quad R_{bj}\sin(^b\theta_{\mathrm{ctr}i})\sin(^b\phi_{\mathrm{ctr}j}), \quad R_{bj}\cos(^b\theta_{\mathrm{ctr}i})] \tag{5-38}$$

$$^b\phi_{\mathrm{ctr}i} = \pi(i-1/2)/m \tag{5-39}$$

$$^b\theta_{\mathrm{ctr}j} = 2\pi(j-1/2)/n \tag{5-40}$$

图 5.18 中放大部分为工艺球头与球窝的接触区域，根据 Hertz 接触理论[10]，接触压力分布与接触点的位置相关，构造一个圆面 $P_{\mathrm{contact}}$，该面的外圆与接触区域的边界重合。点 $G$ 为 $P_{\mathrm{contact}}$ 的中心，即接触力方向上的直线与 $P_{\mathrm{contact}}$ 的交点；$q$ 表示接触压力；$^b\boldsymbol{q}_{i,j}$ 为球面片 $^b\mathrm{Sc}_{i,j}$ 所受的接触压力，即其参考点 $^b\mathrm{Pc}_{i,j}$ 所受的接触压力。

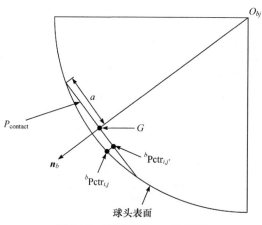

图 5.18　接触面 $P_{\mathrm{contact}}$ 示意图

图 5.18 为圆面 $P_{\mathrm{contact}}$ 的侧视图，根据 Hertz 理论可以计算得到该圆面的半径 $a$：

$$a = \sqrt[3]{\frac{3F_n R^*}{2E^*}} \tag{5-41}$$

$$\frac{1}{R^*} = \frac{1}{R_{bj}} - \frac{1}{R_{sk}} \tag{5-42}$$

$$\frac{1}{E^*} = \frac{1}{2}\left(\frac{1-v_j^2}{E_j} + \frac{1-v_k^2}{E_k}\right) \tag{5-43}$$

式中，$F_n$ 为接触力；$R^*$ 与 $E^*$ 分别为等效半径与等效模量；$R_{bj}$ 与 $R_{sk}$ 分别为球头与球窝的半径；$v_j$ 与 $v_k$ 为球头与球窝材料的泊松比；$E_j$ 与 $E_k$ 为球头与球窝材料的杨氏模量。根据几何关系可以计算得到点 $G$ 到球心 $O_{bj}^j$ 的距离 $l_G$：

$$l_G = \sqrt{R_{bj}^2 - a^2} \tag{5-44}$$

设接触平面的单位法向量 $n$ 在坐标系 $x_{bj}y_{bj}z_{bj}$ 下的表示为 $\boldsymbol{n}_b$，由此可以得到点 $G$ 在球头坐标系下的坐标 $G_b$：

$$G_b = \boldsymbol{n}_b l_G \tag{5-45}$$

图 5.18 中，${}^b\mathrm{Pctr}'_{i,j}$ 为 ${}^b\mathrm{Pctr}_{i,j}$ 在 $P_{\mathrm{contact}}$ 上的投影点，其坐标为

$$ {}^b\mathbf{Pctr}'_{i,j} = {}^b\mathbf{Pctr}_{i,j} + (G_b - {}^b\mathbf{Pctr}_{i,j})\boldsymbol{n}_b \tag{5-46}$$

设 ${}^b\rho_{i,j}$ 为点 $G$ 到点 ${}^b\mathrm{Pctr}'_{i,j}$ 的距离：

$$ {}^b\rho_{i,j} = \left\| G_b - {}^b\mathbf{Pctr}'_{i,j} \right\| \tag{5-47}$$

点 $\mathrm{Pctr}_{i,j}$ 处的接触压力通过 Hertz 公式计算得到：

$$ {}^b\boldsymbol{q}_{i,j} = \boldsymbol{q}_{\max} \frac{\sqrt{a^2 - {}^b\rho_{i,j}^2}}{a} \tag{5-48}$$

$$ \boldsymbol{q}_{\max} = \frac{3F_n}{2\pi a^2} \tag{5-49}$$

式中，${}^b\boldsymbol{q}_{i,j}$ 表示 ${}^b\mathrm{Sc}_{i,j}$ 上的接触压力。

采用同样的方式可以离散球窝表面，构建球窝坐标系 $x_{sk}y_{sk}z_{sk}$，坐标系原点与球窝中心 $o_{sk}$ 重合，各个坐标轴的方向与伸缩杆坐标系坐标轴方向一致。球面片 ${}^s\mathrm{Sc}_{k,l}$，其表面积 ${}^s S_{Ak,l}$，磨损深度 ${}^s d_{i,j}$，属于球面片上的结点 ${}^s\mathrm{Pc}_{k,l}$，每张面上的参考点 ${}^s\mathrm{Pctr}_{k,l}$，以及其所受的接触压力 ${}^s q_{i,j}$，构建球窝坐标系相应的球坐标系。与球头不同的是，球窝球坐标 ${}^s\theta$ 的范围为 $[\pi/2, \pi]$。

为了计算各个参考点在某一微元时间段内的相对滑动距离，需要寻找在此时间段内与参考点的对应点，与对应点的相对移动距离表示参考点的相对滑动距离。下面以寻找球头面参考点的对应点为例说明计算方法，设球头面参考点 ${}^b\mathrm{Pctr}_{i,j}$ 在球窝坐标系下的位置矢量为 ${}^s\mathbf{Pctr}_{i,j}^b$，如图 5.19 所示。连接点 $o_{sk}$ 与 ${}^b\mathrm{Pctr}_{i,j}$ 得到一

条直线，设该直线的单位向量在坐标系 $x_{sk}y_{sk}z_{sk}$ 下表示为 $\boldsymbol{n}_s$：

$$\boldsymbol{n}_s = \frac{{}^{s}\mathbf{Pctr}_{i,j}^{b}}{\left\| {}^{s}\mathbf{Pctr}_{i,j}^{b} \right\|} \tag{5-50}$$

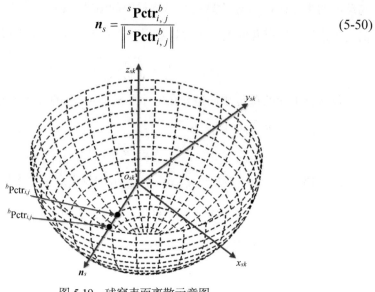

图 5.19　球窝表面离散示意图

由此，可以得到直线 $o_{sk}^{b}\mathbf{Pctr}_{i,j}$ 与球窝面交点 ${}^{b}\mathbf{Pctr}'_{i,j}$ 在 $x_{sk}y_{sk}z_{sk}$ 下的位置矢量 ${}^{s}\mathbf{Pctr}_{i,j}^{b'}$：

$$ {}^{s}\mathbf{Pctr}_{i,j}^{b'} = R_{sk}\boldsymbol{n}_s \tag{5-51}$$

式中，$R_{sk}$ 为球窝半径；${}^{b}\mathbf{Pctr}'_{i,j}$ 为点 ${}^{b}\mathbf{Pctr}_{i,j}$ 在球窝面上的对应点。采用该方法可以计算得到球窝面参考点 ${}^{s}\mathbf{Pctr}_{i,j}$ 的对应点 ${}^{s}\mathbf{Pctr}'_{i,j}$。

球头磨损的计算步骤如下(球窝磨损计算方法类似)。

(1) 根据调姿过程中球头接触力 $\boldsymbol{F}_n$、接触点、定位器与飞机部件空间位置等数据，计算等效模量 $E^{*}$、等效半径 $R^{*}$。

(2) 设整个调姿过程离散为 $T$ 个微元时间段。令 $k=0$（$k$ 表示微元时间段的序号），${}^{b}d_{i,j}=0$。

(3) 定义 $(k)$ 表示第 $k$ 个时间步下的状态。计算此时刻的 $a_{(k)}$、${}^{b}\boldsymbol{q}_{i,j(k)}$、${}^{b}\rho_{i,j(k)}$。在 $k$ 时刻根据式(5-50)与式(5-51)找到球头球面片参考点 ${}^{b}\mathbf{Pctr}_{i,j(k)}$ 在球窝球面片上的对应点 ${}^{b}\mathbf{Pctr}'_{i,j(k)}$，将此时刻两点的距离记为 $l_{i,j(k)}$；在 $k+1$ 时刻该两点的距离记为 $l_{i,j(k+1)}$。则球面片的相对滑动距离为 ${}^{b}S_{i,j(k)} = \left| l_{i,j(k+1)} - l_{i,j(k)} \right|$。遍历所有的 ${}^{b}\mathrm{Sc}_{i,j(k)}$，如果 $\rho_{i,j(k)} > a_{(k)}$，则 $\Delta {}^{b}d_{i,j}=0$；否则，$\Delta {}^{b}d_{i,j} = (K_A/H){}^{b}\boldsymbol{q}_{i,j(k)}\,{}^{b}S_{i,j(k)}$，${}^{b}d_{i,j} =$

$^{b}d_{i,j} + \Delta^{b}d_{i,j}$。

(4) 如果 $k < T$ ，则 $k = k+1$ ，重复步骤(3)。

(5) 计算整个过程的磨损总体积：

$$^{b}V_{w} = \sum_{i=1}^{m}\sum_{j=1}^{n}\left(^{b}d_{i,j}\,^{b}S_{Ai,j}\right) \tag{5-52}$$

### 5.2.4　自适应入位算法

1. 自适应入位步骤

在手轮引导飞机部件初始入位过程中，一旦有至少 1 个传感器有触发信号，后续的工作将由工艺球头递归入位算法来完成，无须人工干预。工艺球头递归入位步骤如图 5.20 所示。位移传感器按照设计的布局和高度安装就能保证工艺球头和球托干涉前至少能够触碰到 1 个传感器。为避免工艺球头侧向挤压传感器测杆，三坐标数控定位器按照"U"形轨迹移动，即，定位器下降至传感器测头与工艺球头脱离→在水平面上沿设定方向逼近未触碰的传感器→定位器上升并检查传感器读数。工艺球头入位后在预留高度 $h$ 处检查工艺球头和球托的球心偏差是否满足设定误差限，即

$$\begin{cases} |x_1 - x_0| \leqslant 0.05 \\ |y_1 - y_0| \leqslant 0.05 \\ |z_1 - z_0 + h| \leqslant 0.05 \end{cases} \tag{5-53}$$

式中，$(x_1, y_1, z_1)$ 和 $(x_0, y_0, z_0)$ 分别为工艺球头和球托的球心在装配坐标系 $xyz$ 下的空间坐标。

位移传感器引导工艺球头初步入位后，为使工艺球头尽快触碰到 3 或 4 个传感器，定位器在水平面上移动时取变步长。假设 $N$ 为递归入位次数，则当 $N=1$ 时，步长为 $r/10$ ；当 $N=2$ 时，步长为 $r/20$ ；当 $N \geqslant 3$ 时，步长为 $r/40$ 。

2. 工艺球头球心的空间位置求解

球面属于二次曲面，由球面方程式(5-54)可知，球面拟合属于非线性最小二乘问题。通过参数变换，得到式(5-55)和式(5-56)，球面拟合又可采用线性最小二乘法来实现。球面拟合需要大量的数据点，而本算法是基于已知球面上 3 点或 4 点和半径的情况下求解工艺球头球心，故选用较为简便的几何方法。

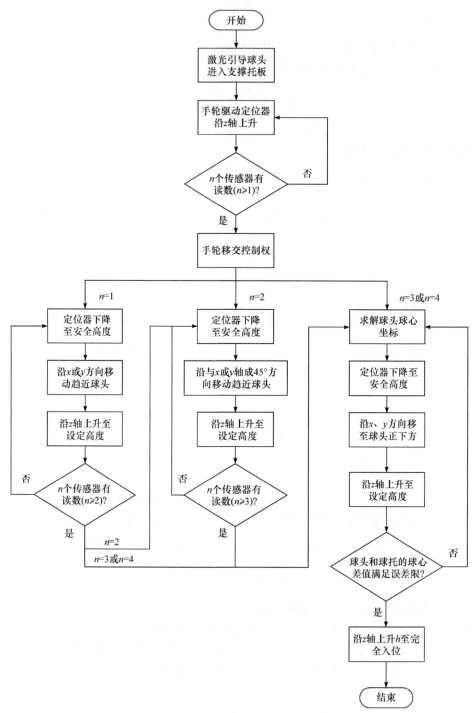

图 5.20　部件工艺球头递归入位算法流程图

$$\sqrt{(x-x_0)^2+(y-y_0)^2+(z-z_0)^2}-R=0 \tag{5-54}$$

$$x^2+y^2+z^2+c_7x+c_8y+c_9z+c_{10}=0 \tag{5-55}$$

$$\begin{cases} x_0=-\dfrac{c_7}{2} \\[2mm] y_0=-\dfrac{c_8}{2} \\[2mm] z_0=-\dfrac{c_9}{2} \\[2mm] R=\dfrac{\sqrt{c_7^2+c_8^2+c_9^2-4c_{10}}}{2} \end{cases} \tag{5-56}$$

如图 5.21 所示，$A$、$B$、$C$、$D$ 点为位移传感器滚珠测头与工艺球头的接触点。根据位移传感器的初始安装位置及其读数求得 $A$、$B$、$C$、$D$ 点的坐标 $(x_i, y_i, z_i)$。任取 $A$、$B$、$C$、$D$ 点中的 3 点(如 $A$、$B$、$C$ 点)构成△$ABC$。任取 △$ABC$ 中的 2 条边(如 $AB$、$BC$)分别作出其中垂面，分别和平面 $ABC$ 交于 $EF$ 和 $EG$。求出 $EF$、$EG$ 交点 $E$(△$ABC$ 的外心)，再使 $E$ 点沿△$ABC$ 的法向量 $EH$ 移动距离 $EH$($EH=\sqrt{AH^2-AE^2}$，$AH=R$)，即可求得△$ABC$ 对应的工艺球头球心 $H$ 的坐标。取△$ABC$、△$ABD$、△$ACD$ 和△$BCD$ 对应的球心坐标的算术平均值作为最终结果。

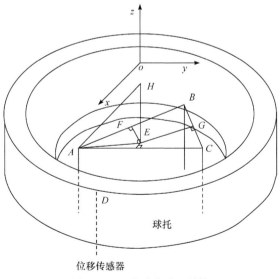

图 5.21　工艺球头球心计算

# 5.3 数字化定位控制系统设计

## 5.3.1 现场总线

现场总线是近年发展起来的一种工业数据总线，主要用于解决工业现场的智能化仪器仪表、控制器、执行机构等现场设备间的数字通信以及这些现场控制设备和高级控制系统之间的信息传递问题[11-13]。现有的多数设备，为提高其性价比，在实现其内部操作时都采用了微处理器和数字化元件，因此设备之间要求实现数字通信。现场总线为工业领域中的测量和调节控制设备提供了实现串行通信的手段[14]。

现场总线技术一方面把传统的模拟仪表变成数字仪表，变单一功能为多项功能，实现现场仪表的互操作和互换信息；另一方面把分散型控制系统(distributed control system，DCS)变成现场控制系统(fieldbus control system，FCS)，在现场建立开放式的通信网络，实现全系统的数字通信网络化。与传统的控制系统相比，现场总线有以下特点[15-17]。

1. 全数字通信

传统控制系统，如 DCS，采用 4～20mA 的模拟信号通信。由于模拟信号存在传输精度不高、易受外界干扰以及只能单向传输等缺点，这种通信方式已成为控制系统的瓶颈。而现场总线采用完全的数字信号通信。这种数字化的传输方式使得信号的检错、纠错机制得以实现，因此它的抗干扰能力和鲁棒性都比较高，传输精度也得到显著提高。全数字通信使得多变量传输得以实现。

2. 多分支结构

传统控制系统中的设备连接都是一对一的，而现场总线是多分支结构，其网络拓扑可分为总线型、星型、树型等多种形式。这种分支结构不仅大大节约了布线电缆，而且使得布线简单，工程安装周期缩短，维护方便。更重要的是，这种结构还具有系统扩展性，如增加新设备，直接挂接即可，无须架设新电缆。

3 现场设备状态可控

通过现场总线，现场设备的管理信息大大增加，这些信息包括功能模块组态、诊断信息等。操作人员在控制室里就可对这些信息进行操作处理，提高了系统的可靠性和可维护性。

4. 互操作性和互换性

现场总线是开放的协议，不同厂商生产的符合同一现场总线协议的设备可以连接在一起，同一组态和协同工作；相同类型的设备也可互换，而无须专用驱动程序，彻底改变了传统控制系统的封闭性和专用性，使得用户拥有了更多的选择权。

5. 控制分散

现场总线系统采用全分散控制。现场设备既有检测、变换和补偿功能，也有运算和控制功能。通过现场总线，将传统的 DCS、PLC 等控制系统复杂的控制任务进行分解，分散于现场设备中，由现场变送器或执行机构构成控制回路，并实现各部分的控制。同时也简化了系统结构，提高了系统可靠性、自治性和灵活性。

目前，纳入 IEC61185 国际标准的现场总线有 ControlNet、Profibus、WorldFIP、P-NET、FF HSE、SwiftNet、Interbus 等。此外，HART、CAN、Lonworks、CC-Link 等现场总线尽管未能纳入国际标准，仍然得到了一定的应用。基于近年来工业以太网的发展，各种现场总线都推出了结合以太网的现场总线高速部分[18-21]。

### 5.3.2 基于现场总线的多轴协调运动控制技术

现代航空制造业的发展对飞机装配的精度要求也越来越高。电机驱动系统中，永磁同步电机比较适合应用于高精度的运动控制系统。试验和应用表明其跟踪性能令人满意。除了跟踪性能，控制领域的另一个具有挑战性的问题是多运动轴的协同控制[22-24]。在传统的控制系统中，一闭环中由干扰引起的误差仅仅由该闭环自己调节。两个闭环中没有通信，可能会在合成路径中产生过大的同步误差。经典控制领域中最常用的同步技术为使用交叉耦合控制，通过共享两环中的反馈信息来实现轴间的同步。目前已开发出不少交叉耦合控制器。交叉耦合控制器可应用于减少机床控制中两轴轮廓误差、多机器人装配任务的协调等领域。其他同步控制包括模糊逻辑耦合控制器和神经网络控制器。然而，现有控制技术的主要缺点是它们不能明确地在控制系统优化指标中包含系统模型不确定性。尤其是在控制系统设计要求高精度的场合，这些方法可能并不适合。

随着运动控制网络的迅速发展，基于现场总线的多轴协同运动控制系统也发展起来[25]。其结构基本上可分为两类：使用开环式或闭环式驱动器的集中式网络和使用智能型驱动器的分布式网络。在集中式网络中，各个驱动轴的位置环在运动控制卡内实现。所有轴都需要与运动控制卡实时交换位置数据。运动控制卡以一定的频率对网络上的电机轴位置信号进行采样。在每个采样周期内，控制卡通过现场总线获取电机轴的位置反馈信号，与指令信号比较后，将给定值发送给驱动器，如图 5.22 所示。在集中式网络中，运动控制卡一般只负责多轴位置闭环的同步控制，因此，用户需要使用工业控制计算机计算各轴的运动轨迹，再通过 PCI 通信技术和现场总线通信技术将轨迹发送给控制卡。一般用于数控机床、机器人等运动轴数量有限、同步精度要求较高的场合。在分布式网络中，每根轴的位置环都在智能型驱动器内实现。驱动器内部集成有运动控制卡，可对电机电流、速度和位置信号进行高速采样，以实现反馈控制，如图 5.23 所示。因涉及多运动卡之间的同步技术，各驱动器之间的同步效果比集中式网络要差。一般用于印刷、包装生产线系统中。这类系统通常有大数量的运动轴(超过集中式网络所能容纳的轴数)，且每根轴都独立工作。

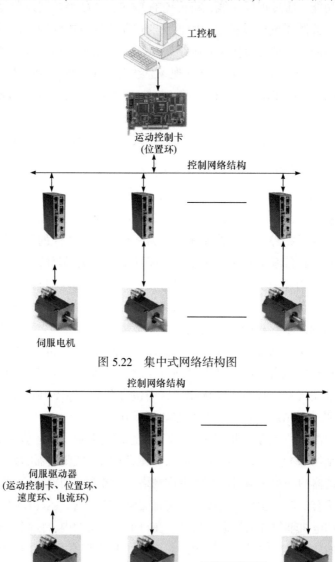

图 5.22　集中式网络结构图

图 5.23　分布式网络结构

### 5.3.3　冗余驱动多轴协同运动控制系统

**1. 基于 SynqNet 总线的控制系统设计**

在飞机装配控制系统整体架构设计中，控制对象的特点是由少到多，由简单到复杂，由单一到综合。在具体产品的选择上，应尽量采用符合相关国际标准的控制器、网络产品和数据库产品，支持硬件和软件的平滑升级，支持网络和节点的扩容，使其能够适应未来生产的需要，延长系统的生存周期。此外，控制系统应兼容多种软硬件系统，可方便地与其他信息系统完成数据共享，具备多种访问控制能力和一定的加密措施，保护数据不受侵犯。基于 SynqNet 总线的控制系统是一种同时满足实用性、先进性、可扩展性、经济性及安全性等特征的飞机数字化装配控制系统。SynqNet 的物理层基于 100Base-TX 的 IEEE802.3 标准，其运动编程接口可兼容多种操作系统。

基于 SynqNet 总线的实时控制系统的构建如图 5.24 所示，使用专用线缆将节点和控制卡连接起来，使整个网络构成一个环形，Node 为一个节点，驱动器和 IO 耦合器都是单独的一个节点。数据包从控制卡发往各节点，每个节点仅捕获属于自己的数据包，并向网络上的下一个节点传递不属于自己的数据包，形成一个环路。因此，SynqNet 是一种同步网络技术，使用一张集中运动控制卡在网络上接收和发送同步数据包到网络上的各节点。每个节点都使用先进的数字时间校正技术来最小化各节点的数据包同步误差。在 SynqNet 网络中无须使用每个驱动器的独立故障诊断工具，使用者只需使用 SynqNet 提供的伺服通道命令就可以查询到网络上任何节点的驱动器状态信息。SynqNet 的这种拓扑方法和驱动器故障诊断方式保证了数据传输的同步性和故障查询的便捷性。

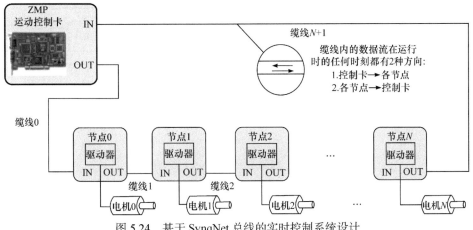

图 5.24　基于 SynqNet 总线的实时控制系统设计

　　定位器 $x$ 、 $y$ 及 $z$ 轴一般采用伺服电机驱动，经联轴器、减速器、滚珠丝杠和螺母座传动后推动负载，采用直线光栅尺作位置反馈，形成一个闭环系统。因此，对数控定位器的运动控制实质上是对其 $x$ 、 $y$ 及 $z$ 轴方向上的伺服电机的运动控制，而每个伺服电机对应着一个伺服驱动器，控制系统 SynqNet 网络如图 5.25所示，其中工业控制计算机与 ZMP 运动控制卡通过 PCI 插槽相连，利用 PCI 总线进行数据交换，ZMP 控制卡与各个定位器运动轴之间组成了 SynqNet 网络，通过寻找网络节点的方式实现对定位器各轴的运动控制。总体来说，基于 SynqNet网络的控制系统具有以下优点。

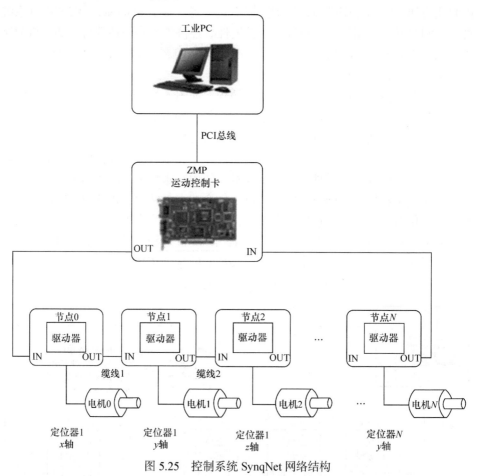

图 5.25　控制系统 SynqNet 网络结构

1) 伺服周期时间短

　　控制系统使用的 ZMP 卡运算能力强，同步性好。例如，采用 466MHz Motorola 8245 PowerPC CPU 的 ZMP 控制卡具有 64 位高精度浮点运算能力，可以在 0.5ms

内完成 32 个轴伺服算法和总线传输,并且控制卡为同步运动控制设置了专门的多轴同步触发功能，进一步提高了同步运动控制性能。

2) 可靠性高

采用 SynqNet 总线大大减少了驱动器与主控计算机之间的连线，使系统可靠性大为提高，且总线具有冗余自愈技术，进一步提高了可靠性。

3) 资源合理分配

控制系统将伺服电机位置环的计算在 ZMP 运动控制卡中实现，而速度环与电流环则在伺服驱动器中计算实现，使得控制系统对数据的处理效率大大提高，合理地分配了控制资源。

4) 控制轴数量大

单张控制卡最多同时对 64 个轴进行运动控制，对于超出 64 个轴的系统，可采用耦合多张运动控制卡的方法，通过多卡同步运动触发，实现对指定运动轴的同步控制。

2. 数控定位器多轴全闭环控制和协同运动

数控定位器 $x$、$y$、$z$ 三个方向的位置伺服跟踪控制系统通常采用相似的结构，采用绝对式直线光栅作为反馈元件实现每个轴的全闭环控制。定位器单轴位置伺服全闭环控制系统的硬件组成如图 5.26 所示，主要包括工控机、运动控制卡、伺服驱动器、伺服电机、机械执行元件、直线光栅六个部分，其中工控机和运动控制卡可由多个运动轴共用。

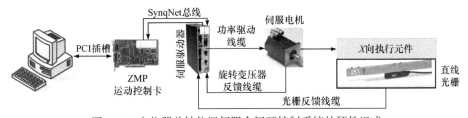

图 5.26　定位器单轴位置伺服全闭环控制系统的硬件组成

运动控制卡通过工控机的 PCI 插槽与其相连，如图 5.26 所示，运动控制卡与驱动器之间采用 SynqNet 总线实现相互通信，通过对伺服驱动器提供的接口进行开发，使得绝对式直线光栅和伺服电机的旋转编码器信号能够方便地接入到系统中。全闭环控制系统的电流环和速度环控制不需要经过运动控制卡，可直接由驱动器和伺服电机完成，运动控制卡通过 SynqNet 总线读取由伺服驱动器采集的直线光栅所测得的执行机构位置反馈，与位置指令比较后，通过实时位置校正控制算法，将控制量发送到驱动器，完成位置闭环控制。定位器的单轴定位精度一般在 0.05mm 以内，重复定位精度在 0.02mm 以内。

　　典型的4台数控定位器组成的调姿定位系统的控制系统硬件如图5.27所示。当机身部件完成入位并进入位姿调整准备状态后，通过激光跟踪测量设备测量安装在部件上的靶标的空间位置，据此生成部件的当前位姿，并送往主控中心；机身位姿调整工作站从主控中心获得当前位姿和目标位姿，在飞机部件满足刚体假设的前提下，规划各定位器 $x$、$y$、$z$ 轴的运动轨迹，采用 SynqNet 现场总线技术控制4台定位器的12个伺服轴的协同动作，实现部件的位姿调整。位姿调整工作站所生成的各定位器三轴运动轨迹可保证各定位器按照不同轨迹运动时末端工艺球头之间的相对位置保持不变。控制卡从位姿调整工作站获得各轴运动轨迹，把位置指令下发到各个运动轴，由控制卡协同控制各轴运动，各轴的机械元件能够同时启动并同时停止，且在运动过程中对各轴机械执行元件的位置进行实时比较，保证定位器球头在极小误差范围内按照位姿调整工作站所给出的轨迹协同运动，从而保证定位器不会对飞机部件造成拉扯或者挤压，实现飞机部件自动化调姿定位。

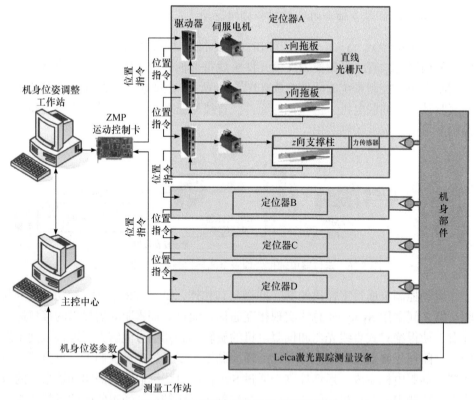

图 5.27　机身部定位调姿控制系统组成

### 5.3.4　控制系统安全性、可靠性设计

1. 控制系统设计中贯彻安全性和可靠性设计准则

由于飞机的特殊性，其控制系统的安全性和可靠性要求显得尤为重要。因此，控制系统设计时应遵循如下准则。

1) 使用成品件和标准件

电气控制系统的元器件均采用技术成熟可靠的成品件和标准件，如空气开关、接触器、继电器、线性滤波器、变压器等。关键部件采用高水平的元器件，如伺服电机、伺服驱动器、绝对式光栅、高精度力传感器等。元件与元件之间采用高可靠端子进行连接，保证系统的稳定可靠。

2) 产品降阶使用

在驱动器容量、导线容量、变压器容量、力传感器的最大量程等选择上，在满足结构和空间要求的前提下，留有 30%以上余量。在绝对式光栅等测量元件精度选择上，保证其精度是运动控制精度的 5 倍以上。

3) 冗余设计

在重要的部位设置冗余结构，以备系统出现故障时能够"自我愈合"。例如在 SynqNet 网络中，为了避免单根网线出现故障导致整个装配过程中断，在网络拓扑中需设置一条冗余缆线，该缆线接在最后一个节点和控制卡之间，当任何节点都没有故障发生时，环形拓扑的运作方式与线形拓扑相同。但当某缆线发生故障时，网络上的数据包将自动搜索与控制卡通信的新通道，形成新的双线形拓扑，继续与控制卡通信。

2. 紧急保护设计

飞机数字化装配系统通常采用如下的急停保护措施，以保证系统的安全性。

1) 急停开关设置

在每台定位器及其手轮上均安装急停按钮，另外，在集成控制中心的控制计算机操作平台上也配备急停按钮，急停按钮以常闭方式物理上串联工作。

2) 急停方式

引起系统急停的原因有两类，一类是硬件开关引起，如急停开关和限位开关；另一类是软件动作，通过软件操作使驱动器急停，如驱动器故障、接近开关等。对于两种急停方式，控制系统的处理是一致的，即断开功率驱动电流，关闭抱闸。

3) 声光报警设计

在每台定位器上安装三色声光报警灯柱，其中红色为错误报警，黄色为运行时的提示，绿色表示状态正常。三种声光通过 EtherCAT 总线端子控制，由嵌入式计算机 PLC 软件根据系统的实际运行状态发出。

4) 防碰撞开关设计

在定位器上安装超声波传感器，通过 EtherCAT 总线端子输入逻辑控制系统，用以监测定位器与飞机部件之间的距离，避免飞机部件入位阶段的碰撞。

5) 各级限位

控制系统通常还采用硬件限位、软件限位、位置伺服误差保护。硬件限位开关以常闭方式直接接到驱动器的限位开关输入端，通过驱动器设置，保证在该限位触发时，系统使能无效，并抱闸。软件限位可根据系统的实际需求随时进行调整，采用绝对式光栅作为定位器的位置反馈元件可保证软件限位的唯一性。位置伺服误差保护也可以认为是一种限位保护，在每个轴伺服跟踪时，如果超过该限位，系统使能无效并抱闸。在多个轴协同运动时，当有一个轴伺服超差，该功能可以使所有轴均使能无效并抱闸。

3. 系统电磁兼容设计

控制系统所使用的电缆可分成 A、B、C 三类。A 类电缆是交流/直流动力电源的电缆，一般为电压 380V/220V 的强电、接触器信号和电动机的动力电缆，此类电缆会对外界产生较强的电磁干扰，特别是电动机的动力线对外界干扰很大。因此，A 类电缆是控制系统中较强的干扰源。B 类电缆是导通继电器的，以 24V 电压信号为主的开关信号，这种信号较 A 类信号低，电流也较小，一般比 A 类信号干扰小。C 类电缆电源工作负载是 5V，主要信号有显示电缆、I/O 电缆、手轮电缆、编码器电缆和电机的反馈电缆，因为此类信号在 5V 的逻辑电平下工作，并且工作的频率较高，极易受到干扰，所以在布线时采取相应的屏蔽措施。各组电线的具体处理方法见表 5.1。驱动系统电气接线一般采取如下措施。

(1) 三相电源各相均增加熔断器保护机制。

(2) 电机驱动器前端设置抗干扰滤波器，电机驱动器的输出端设置输出滤波器或输出电抗器。驱动器和滤波器安装于同一块安装板，与安装板保持较大面积接触。

(3) 接地线、屏蔽层及其他金属连接，与安装板保持较大面积接触。

(4) 接地线应尽量短，截面积应尽可能大(最小 10mm$^2$)，接地电阻应小于 10Ω。

(5) 接触器、继电器等感性控制元件应带有可变电阻、RC 元件、阻尼二极管等抑制元件。

(6) 当电线按照分组布线时，他们之间的距离至少保留 100mm。

(7) 屏蔽线使用镀锡铜网或铜网；如使用非屏蔽信号线，则应采用双绞线连接。

表 5.1　电线电磁兼容处理方法

| 组别 | 信号线 | 电磁兼容处理方法 |
|---|---|---|
| A | 初级交流电源线<br>次级交流电源线<br>电源线(包括驱动器和电机)<br>交流接触器 | 将 A 组电线与 B 组和 C 组分开布线,<br>或者将 A 组电线进行屏蔽;<br>线圈和接触器上安装灭弧装置或者<br>二极管 |
| B | 直流继电器(24V)<br>开关电源输出<br>电机制动信号线<br>电机使能信号线 | 将继电器与二极管连接;<br>将 B 组电线与 A 组电线分开布线,<br>或者 B 组电线进行屏蔽;<br>B 组电线与 C 组电线离得越远越好 |
| C | 位置编码器线<br>位置和速度反馈线<br>手轮脉冲发生器线<br>传感器信号线<br>IPC 接口线<br>其他屏蔽用电线 | 将 C 组与 A 组电线分开, 或者将 C<br>组电线进行屏蔽;<br>C 组电线与 B 组电线距离越远越好 |

此外,电磁兼容措施还体现在电控柜设计上(图 5.28),电控柜设计原则如下。

1) 封闭设计

电控柜采用全封闭设计,应能有效防止灰尘、冷却液或其他现场有机溶液的进入。

2) 温度控制

电控柜顶部设计安装风扇以保证内部空气循环,在单元之间以及单元和电柜内壁之间留出约 50mm 的空间保证气流通畅性,保证电控柜内部和电控柜外部的温度差在 10℃以内。

3) 安装和维护便利性

电控柜设计需考虑伺服驱动器、变压器和滤波器等单元安装和维护的便利性。

4) 中线

电控柜中线在安装图、电路图及接线端子上有明确的 N 标识;中线不与地线连接,不共用一个端子 PEN(PE 与 N 短接的端子称 PEN 端子)。

5) 电控柜布置

电控柜由主回路和控制回路两部分组成,主回路会产生辐射噪声,因此须在主回路和控制回路之间安装隔板。

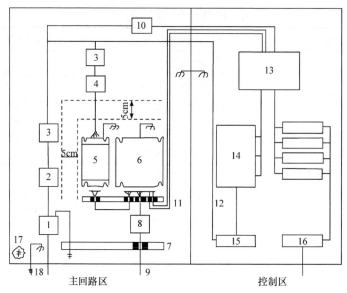

图 5.28　电控柜布置

1-电源进线端；2-主开关、接触器；3-主熔断器；4-主电抗器；5-干扰抑制滤波器；6-伺服驱动器；7-屏蔽接地排；
8-输出电抗器；9-电机线；10-控制电源；11-控制线；12-交流总线；13-IPC；14-接触器；15-230V/400V 输入输出
端子；16-逻辑 I/O 端子；17-安装板作为中性点；18-等电位连接到大地

# 参 考 文 献

[1] 熊有伦, 丁汉, 刘恩沧. 机器人学[M]. 北京: 机械工业出版社, 1993.

[2] 何为, 薛卫东, 唐斌. 优化试验设计方法及数据分析[M]. 北京: 化学工业出版社, 2012.

[3] 施光燕, 钱伟懿, 庞丽萍. 最优化方法[M]. 北京: 高等教育出版社, 2007.

[4] 傅英定, 成孝予, 唐应辉. 最优化理论与方法[M]. 北京: 国防工业出版社, 2008.

[5] 黄平, 孟永钢, 徐华. 摩擦学教程[M]. 北京: 高等教育出版社, 2008.

[6] Jones J R. Discussion:"Dynamics of high-speed cam-driven mechanisms-part 2: Nonlinear system models"[J]. Journal of Engineering for Industry, 1975, 97(3): 777-781.

[7] Rooney G T, Deravi P. Coulomb friction in mechanism sliding joints[J]. Mechanism and Machine Theory, 1982, 17(3): 207-211.

[8] 全永昕, 施高义. 摩擦磨损原理[M]. 杭州: 浙江大学出版社, 1988.

[9] Archard J F. Contact and rubbing of flat surfaces[J]. Journal of Applied Physics, 1953, 24(8): 981-988.

[10] Faraz A, Payandeh S. Towards approximate models of coulomb frictional moments in: (I) Revolute pin joints and (II) spherical-socket ball joints[J]. Journal of Engineering Mathematics, 2001, 40(3): 283-296.

[11] Thomesse J P. Fieldbus and interoperability[J]. Control Engineering Pracitce, 1999, 7(1): 81-94.

[12] Glanzer D A, Cianfrani C A. Interoperable fieldbus devices: A technical overview[J]. ISA Transactions, 1996, 34(2): 147-151.

[13] 冯冬芹, 金建祥, 褚健. 以太网与现场总线[J]. 自动化仪表, 2003, 24(6): 65-70.

[14] 王锦标. 现场总线控制系统[J]. 微计算机信息, 1996, 12(6): 8-16.

[15] 苏倩. 基于现场总线技术的全开放分散控制系统[J]. 测控技术, 1999, 18(5): 11-14.

[16] 冯冬芹, 金建祥. 如何从 DCS 发展到 FCS[J]. 世界仪表与自动化, 2002, 6(10): 22-26.

[17] 朱荣, 徐平川. 现场总线与工业控制系统[J]. 昆明理工大学学报, 2001, 26(1): 56-59.

[18] Thomesse J P . The research and possible future for fieldbuses[J]. IFAC Proceedings Volumes, 2000, 33(25): 51-57.

[19] 欧阳劲松, 梅恪. 现场总线国际标准化概括[J]. 自动化仪表, 1999, 20(3): 1-6.

[20] 范铠. 现场总线的发展趋势[J]. 自动化仪表, 2000, 21(2): 1-4.

[21] Hong S H, Jang B D. Time-critical data transmission in the foundation fieldbus[C]//IEEE International Symposium on Industrial Electronics Proceedings, Pusan, 2001: 555-559.

[22] Chiu T C, Tomizuka M. Coordinated position control of multi-axis mechanical systems[J]. Journal of Dynamic Systems, Measurement, and Control, 1998, 120(3): 389.

[23] Wen F, Jiang X H. The control system of sync-drive of multi-motor[J]. Electric Drive, 2000, 30(5): 14-17.

[24] 施火泉, 张惠萍. 多电机传动系统的同步控制[J]. 江南大学学报, 2003, 2(4): 371-373.

[25] Park H K, Kim S S, Park J M, et al. Dynamics of dual-drive servo mechanism[C]//IEEE International Symposium on Industrial Electronics, Pusan, 2001: 1996-2000.

# 第6章 大型飞机结构装配变形分析及控制

## 6.1 大型飞机结构装配变形分析

大型飞机结构是由大量弱刚度薄壁结构件连接而成的大型复杂产品，受零组件制造和定位误差、加工变形、温度变化、重力等多要素的影响，不可避免地存在装配变形。为了有效控制大型飞机结构装配变形，需要对其机理进行分析，探索适用于实际工程的有效的装配变形分析和计算方法。

在装配过程中，受零件制造和定位误差、制孔和连接变形、装配基准和装配重定位误差、热变形和重力变形等多种因素的影响，偏差随装配阶段深入而不断传递和累积，最终导致大型飞机结构装配偏差的产生，如图 6.1 所示。

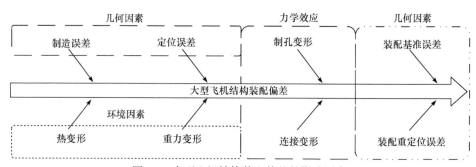

图 6.1 大型飞机结构装配偏差的影响因素

式(6-1)为综合几何因素、环境因素和力学效应，对大型飞机结构装配偏差的数学描述。装配偏差建模的过程就是确定装配偏差与其偏差源之间的数学关系的过程。

$$u = f\left(v_{\text{Manufacture}}, v_{\text{Position}}, v_{\text{Drilling}}, v_{\text{Fastening}}, T, G, v_{\text{Datum}}, v_{\text{REPosition}}\right) \tag{6-1}$$

式中，$u$ 为大型飞机结构的装配偏差；制造误差 $v_{\text{Manufacture}}$ 为零件的初始几何偏差，通常由测量得到；与零件定位误差 $v_{\text{Position}}$、重定位误差 $v_{\text{REPosition}}$、装配基准误差 $v_{\text{Datum}}$ 相关的装配偏差由刚体运动学相关理论计算得到[1]；制孔变形 $v_{\text{Drilling}}$ 导致的装配偏差可以由 Kirchhoff 薄板理论得到[2]；连接变形 $v_{\text{Fastening}}$ 导致的装配偏差可以由有限元分析和影响系数法的机械装配偏差模型计算得到[3]；由温度场 $T$ 和重力场 $G$ 造成的装配变形可以基于大型飞机结构的物理仿真模型通过有限元分析获得[4]。

受装配空间温度变化的影响，大型飞机结构会产生热变形。首先考虑简单几何体的情况，假设有各向同性即各向线膨胀系数相同的立方体均匀受热，则该立方体长、宽、高产生相同的热变形误差$\Delta L$[5]，即

$$\Delta L = \int_{T_1}^{T_2} L\alpha \mathrm{d}T \tag{6-2}$$

式中，$L$ 是立方体各边的边长；$T_1$，$T_2$ 分别是初始温度与结束温度；$\alpha$ 是随温度而改变的线膨胀系数，$\alpha = \alpha(T)$。

$T_1$，$T_2$ 相差不大时，可认为 $\alpha$ 为常数，式(6-2)可以改写为式(6-3)，即

$$\Delta L = L\alpha \int_{T_1}^{T_2} \mathrm{d}T = L\alpha(T_2 - T_1) \tag{6-3}$$

由于飞机结构外形复杂，飞机结构某一尺寸 $L$ 的热变形误差 $\Delta L$ 同时也是尺寸相关性的函数，在各外形尺寸相关性的约束下，热变形导致大型飞机结构的某一尺寸增大还是减小并不确定[6]，即

$$\Delta L = f(L, \alpha, T, \boldsymbol{\Omega}) \tag{6-4}$$

式中，$\boldsymbol{\Omega} = \boldsymbol{\varphi}(L_1, L_2, \cdots, L_n)$ 表示飞机结构各尺寸 $L_1, L_2, \cdots, L_n$ 之间的相关性。

进一步考虑飞机结构的外部约束对飞机结构热变形的影响，则

$$\Delta L = f(L, \alpha, T, \boldsymbol{\Psi}, \boldsymbol{\Omega}) \tag{6-5}$$

式中，$\boldsymbol{\Psi}$ 表示飞机结构的外部约束。

实际装配空间中，温度 $T$ 通常以场的形式存在，对于稳定热传导，$T = g(x, y, z)$；对于不稳定热传导，$T = g(x, y, z, t)$[7]。采用数学方法求解大尺寸装配空间的温度场十分困难，因而通常采用试验解析法，即在装配空间中均匀布置多个温度传感器测量装配现场温度，再根据获取的测量数据拟合得到装配空间温度场的经验模型。

鉴于大型飞机结构热变形计算的难度和复杂性，在工程实际应用中通常采用有限元分析方法近似求解。在大型飞机结构热固耦合物理仿真模型的基础上，考虑飞机结构各零组件材料的热物理属性，以飞机结构连接形式和装配定位特征为约束，采用有限元分析方法，研究环境温度变化对大型飞机结构变形的影响规律。

大型飞机质量大，还容易因自身重力作用产生变形。考虑飞机结构各尺寸之间的相关性和飞机结构外部约束的影响，大型飞机结构的重力变形误差可以表示为

$$\Delta L' = f(L, g, \boldsymbol{\Psi}, \boldsymbol{\Omega}) \tag{6-6}$$

式中，$\Delta L'$ 是飞机结构某尺寸 $L$ 的重力变形误差；$g$ 为重力加速度；$\boldsymbol{\Psi}$ 表示飞机结构的外部约束；$\boldsymbol{\Omega}$ 表示飞机结构各尺寸之间的相关性。

在大型飞机结构物理仿真模型基础上，考虑飞机结构各零组件的物理属性，分别以重力加速度以及飞机结构连接形式和装配定位特征为输入和约束，同样可以采用有限元分析方法研究重力对大型飞机结构变形的影响规律。

# 6.2　大型飞机结构装配偏差分析

在飞机装配中，装配系统工装结构与实际装配零件外形以及对应的数学模型并不可能达到精确一致，这导致了最终装配体尺寸偏差的产生，其大小直接影响产品的质量和性能。以装配偏差建模为基础的装配偏差数字化协调方法，可以有效解决产品装配的偏差分配和超差控制问题。

## 6.2.1　装配偏差来源及分类

下面主要讨论由梁、框(肋)、长桁、补偿角片等组成的翼盒类所谓梯形结构的装配偏差问题。在飞机装配中，梁属于刚度较强的结构，肋和框的刚度相对较弱，在由它们组建复杂的飞机翼盒、中央翼、尾翼、方向舵等翼面类结构时，装配体在总体上仍然属于弱刚性结构，这一类弱刚性结构的装配变形控制和装配偏差产生过程十分复杂，对其进行专门分析和研究具有重要应用价值。

刚体具有 6 个自由度，其运动可以用 6 个参数来描述，包括 3 个直线运动参数 $x$、$y$、$z$ 和 3 个旋转运动参数 $\alpha$、$\beta$、$\gamma$。当这 6 个参数相对于参考坐标系为定值时，可以认为该刚体的位姿(位置和方向)是完全约束的。对于弱刚度结构，考虑到结构变形，在定位时通常采用过约束 $N$-2-1($N \geq 4$)原理，对弱刚度结构的最大投影面进行冗余定位。

弱刚度结构件的传统定位方案如图 6.2 所示。其中，将结构的定位夹具抽象为 4 个定位块、1 个定位圆孔和 1 个定位槽孔。定位块分布在结构的最大投影面上，约束结构的面外运动，包括沿平面法向($z$ 轴)的平移和绕平面两轴($x$ 和 $y$ 轴)的旋转。定位圆孔和定位槽孔约束结构在最大投影面内的运动，包括沿 $x$ 和 $y$ 轴的平移以及绕 $z$ 轴的旋转。为了分析梯形结构装配的偏差源(图 6.3)，将梁和肋组成的简化梯形结构作为分析对象。由于在外翼、中央翼和水平尾翼等多体复杂结构装配中，壁板将被安装到梯形结构形式的骨架上，从而最终形成封闭盒式结构，因而骨架上沿壁板和骨架配合面法向($y$ 轴方向)的装配偏差分量十分重要。图 6.3 中装配偏差的观测点分布在梁缘上，用灰色三角形表示。

在梯形结构装配中，受定位夹具磨损、运动学误差以及装配零件制造误差的影响，装配零件通常偏离其理论位姿和几何外形，导致装配偏差产生。根据图 6.2 所示的弱刚度结构件定位方案，与定位块、定位圆孔和定位槽孔相关的定位误差引起了图 6.3 中梯形结构的梁的变形和定位误差。由于梁沿其最大投影面法向的柔性，与定位块相关的沿"梁零件坐标系 $z$ 轴"的定位误差导致了梁沿该轴方向的变形。而梁在其最大投影面内可以看作是刚体，因而与定位圆孔和定位槽孔相关的定位误差将导致梁在其最大投影面内的刚体运动学误差。

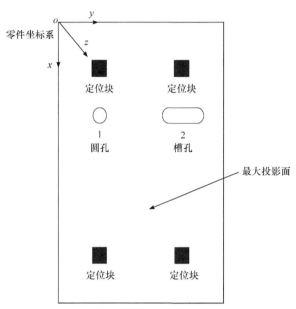

图 6.2　弱刚度结构件的传统定位方案

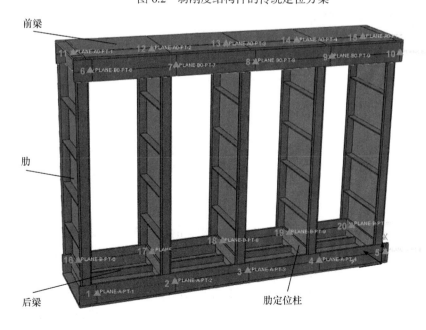

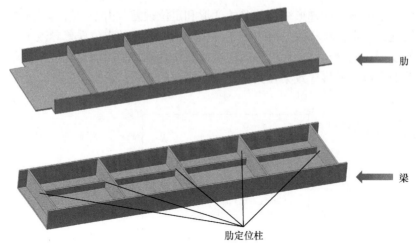

图 6.3　简化的梯形结构

　　肋为弱刚性结构，为使带有变形的肋在装配后恢复其装配前的状态，经常采用工艺措施进行校正。这一过程会产生装配力，最终导致梯形结构装配偏差的产生。在传统的机械装配偏差模型中[3]，一般采用零件上的关键点，如连接点和观测点的偏差来表征装配零件的变形。为了直观地刻画零件的整体变形，降低有限元分析次数和偏差建模的复杂性，采用翘曲和扭曲角度描述零件的翘曲和扭曲变形，如图 6.4 所示。

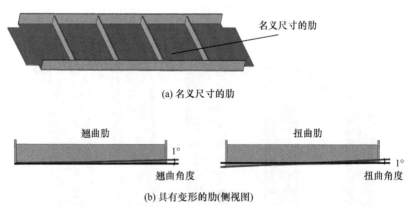

(a) 名义尺寸的肋

(b) 具有变形的肋(侧视图)

图 6.4　基于角度的零件变形表征方法

　　在梯形结构装配偏差建模中，与定位块相关的定位误差主要引起梁沿其"零件坐标系 $z$ 轴"的变形，对装配的梯形结构沿"装配坐标系 $y$ 轴"的装配偏差影响贡献较小。对于尺寸较大的大型飞机结构，鉴于其复杂的外形和结构形式，可以采用有限元分析方法计算由热变形、重力变形因素导致的装配偏差。因此，下面讨论梁在最大投影面内的定位误差和肋的变形对梯形结构装配偏差的影响规律。

## 6.2.2　装配偏差建模

为了同时考虑定位误差和零件变形对产品装配偏差的影响，基于线性叠加原理，提出了一种综合刚柔混合因素的装配偏差模型，用于弱刚度航空结构件装配偏差预测。

### 1. 定位误差引起的装配偏差

在梯形结构如某型飞机翼盒骨架装配过程中，首先使用数控定位装置进行后梁调姿定位，然后再基于后梁位姿使用数控定位装置进行前梁姿态调整，该过程可以抽象为如图 6.5 所示的装配模型，为了简明，图中未显示肋。

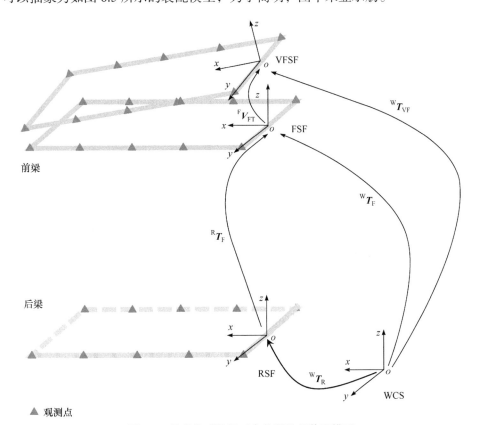

图 6.5　考虑前后梁相对定位误差的装配模型

在该装配模型中，相对于世界坐标系(world coordinate system, WCS)的后梁坐标系(rear spar frame, RSF)用变换矩阵 $^{W}T_{R}$ 描述。前梁坐标系(front spar frame, FSF)相对于 RSF 的名义位姿为 $^{R}T_{F}$。由于制造误差、运动学误差、梁定位夹具的磨损，前后梁之间存在相对定位误差。因此，相对于 FSF 的名义位姿，FSF 实际位姿发生变动，变动后的位姿中包含误差变换 $^{F}\boldsymbol{T}_{VF}$，它表示 FSF 位姿的微小变化。在 WCS 中，变动后的前梁坐标系(varied front spar frame, VFSF)和 FSF 分别表示为 $^{W}\boldsymbol{T}_{VF}$ 和 $^{W}\boldsymbol{T}_{F}$。

在矩阵变换中，由于图 6.5 中的变换矩阵是基于新坐标系的 $x$、$y$ 和 $z$ 轴得到的，齐次变换过程的计算按自左至右顺序。基于上述装配模型，可以得到

$$\boldsymbol{P}_{WNominal} = \left(^{W}\boldsymbol{T}_{R}\,^{R}\boldsymbol{T}_{F}\right)\boldsymbol{P}_{FNominal} \tag{6-7}$$

式中，$\boldsymbol{P}_{WNominal}$ 和 $\boldsymbol{P}_{FNominal}$ 分别是某观测点在 WCS 和 FSF 下的名义笛卡儿坐标。

此外，$\boldsymbol{P}_{FNominal}$ 与该观测点在 WCS 下的实际笛卡儿坐标之间的关系可以表示为

$$\boldsymbol{P}_{WVaried} = \left(^{W}\boldsymbol{T}_{R}\,^{R}\boldsymbol{T}_{F}\,^{F}\boldsymbol{T}_{VF}\right)\boldsymbol{P}_{FNominal} \tag{6-8}$$

式中，$\boldsymbol{P}_{WVaried}$ 是考虑误差变换 $^{F}\boldsymbol{T}_{VF}$ 时观测点在 WCS 下的笛卡儿坐标。

结合式(6-7)和式(6-8)，由前后梁相对定位误差引起的观测点装配偏差 $\boldsymbol{P}_{Error}$ 可得

$$\boldsymbol{P}_{Error} = \boldsymbol{P}_{WVaried} - \boldsymbol{P}_{WNominal} \tag{6-9}$$

确定误差变换矩阵 $^{F}\boldsymbol{T}_{VF}$ 是预测定位误差引起的装配偏差的关键所在，该误差变换矩阵为

$$^{F}\boldsymbol{T}_{VF} = \boldsymbol{D}_{rot}(x,\delta\theta_x)\boldsymbol{D}_{rot}(y,\delta\theta_y)\boldsymbol{D}_{rot}(z,\delta\theta_z)\boldsymbol{D}_{trans}(\mathrm{d}x,\mathrm{d}y,\mathrm{d}z) \tag{6-10}$$

式中，$\boldsymbol{D}_{rot}(x,\delta\theta_x)$、$\boldsymbol{D}_{rot}(y,\delta\theta_y)$、$\boldsymbol{D}_{rot}(z,\delta\theta_z)$ 是基本旋转矩阵，分别表示关于 $x$、$y$ 和 $z$ 轴的微小旋转误差；$\boldsymbol{D}_{trans}(\mathrm{d}x,\mathrm{d}y,\mathrm{d}z)$ 包含沿 $x$、$y$ 和 $z$ 轴的微小平移误差 $\mathrm{d}x$、$\mathrm{d}y$、$\mathrm{d}z$。

基于小角度一阶近似，消去 $\delta\theta_x,\delta\theta_y,\delta\theta_z$ 的二次方或者更高次方项，可得

$$^{F}\boldsymbol{T}_{VF} = \begin{bmatrix} 1 & -\delta\theta_z & \delta\theta_y & \mathrm{d}x \\ \delta\theta_z & 1 & -\delta\theta_x & \mathrm{d}y \\ -\delta\theta_y & \delta\theta_x & 1 & \mathrm{d}z \\ 0 & 0 & 0 & 1 \end{bmatrix} \tag{6-11}$$

由于梁在其最大投影面内可以看作刚体，这里仅考虑关于前梁最大投影面法向的旋转误差 $\delta\theta_z$ 以及在该最大投影面内的位置误差 $\mathrm{d}x, \mathrm{d}y$。

至此，误差变换 $^{F}\boldsymbol{T}_{VF}$ 可以进一步简化为

$$
{}^{\mathrm{F}}\boldsymbol{T}_{\mathrm{VF}} = \begin{bmatrix} 1 & -\delta\theta_z & 0 & \mathrm{d}x \\ \delta\theta_z & 1 & 0 & \mathrm{d}y \\ 0 & 0 & 1 & 0 \\ 0 & 0 & 0 & 1 \end{bmatrix} \tag{6-12}
$$

**2. 零件变形引起的装配偏差**

将弱刚度结构组件视为图 6.3 所示的梯形结构,在预测零件变形引起的装配偏差时采用传统的机械装配偏差模型[3]。通过有限元分析获得装配偏差对连接区域零件偏差的敏感性矩阵 $\boldsymbol{S}$,并采用式(6-13)形式的数学模型计算零件变形引起的产品装配偏差。

$$
\boldsymbol{u} = \boldsymbol{u}_0 + \boldsymbol{S}\boldsymbol{v} \tag{6-13}
$$

式中,$\boldsymbol{u}$ 是观测点的装配偏差向量;观测点的初始零件偏差向量用 $\boldsymbol{u}_0$ 表示;$\boldsymbol{v}$ 是装配零件在连接区域的零件偏差;$\boldsymbol{S}$ 是敏感性矩阵。

式(6-13)中各参数的完整表达式为

$$
\boldsymbol{u} = \begin{bmatrix} u_1 \\ u_2 \\ \vdots \\ u_m \end{bmatrix}, \quad \boldsymbol{u}_0 = \begin{bmatrix} u_{01} \\ u_{02} \\ \vdots \\ u_{0m} \end{bmatrix}, \quad \boldsymbol{v} = \begin{bmatrix} v_1 \\ v_2 \\ \vdots \\ v_n \end{bmatrix}, \quad \boldsymbol{S} = \begin{bmatrix} s_{11} & s_{12} & \cdots & s_{1n} \\ s_{21} & s_{22} & \cdots & s_{2n} \\ \vdots & \vdots & & \vdots \\ s_{m1} & s_{m2} & \cdots & s_{mn} \end{bmatrix} \tag{6-14}
$$

式中,$u_1, u_2, \cdots, u_m$ 是 $m$ 个观测点的装配偏差;$u_{01}, u_{02}, \cdots, u_{0m}$ 是 $m$ 个观测点的初始偏差;$v_1, v_2, \cdots, v_n$ 是零件变形的 $n$ 个点偏差源;$s_{mn}$ 是第 $m$ 个观测点对第 $n$ 个点偏差源的敏感性指数。

根据 6.2.1 节提出的方法,通过翘曲和扭曲角度描述肋的翘曲和扭曲两种变形形式,此时 $v$ 为肋的翘曲和扭曲角度。将带有翘曲和扭曲变形的肋与梁连接,形成图 6.3 中梯形结构的过程如图 6.6 所示,其包括定位、压紧、连接和释放四个阶段。

由肋的变形导致的产品装配偏差的具体分析步骤如下所述。

(1) 使用 Catia 设计具有名义外形尺寸的肋以及带有单位角度翘曲和扭曲变形的肋。

(2) 采用 ABAQUS 有限元分析工具,模拟带有单位角度翘曲或扭曲变形的肋的定位与压紧过程。

(3) 采用 ABAQUS 有限元分析工具,模拟肋与梁的连接过程以及后续的释放过程,以便得到梯形结构装配体的回弹变形。

由于步骤(2)中施加的压紧力所引起的装配力作用,在连接和释放过程结束后,肋倾向于回到其带有翘曲或扭曲变形的初始外形状态,装配后观测点对肋的单位角度翘曲或扭曲的沿梁缘法向的位移响应向量即为敏感性矩阵 $\boldsymbol{S}$ 的一列。

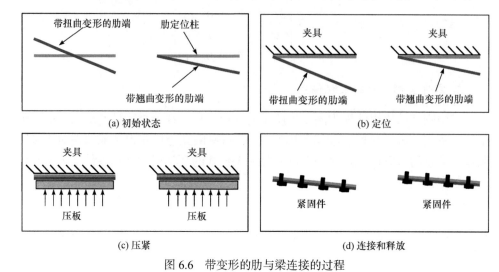

图 6.6　带变形的肋与梁连接的过程

(4) 重复步骤(1)～(3)，获得关于所有肋的不同变形形式的位移响应向量，并将其按列组装形成敏感性矩阵 $\boldsymbol{S}$，该矩阵反映了观测点装配偏差对肋的翘曲和扭曲变形的敏感性程度。

(5) 基于步骤(4)获得的敏感性矩阵 $\boldsymbol{S}$ 以及观测点的初始误差 $\boldsymbol{u}_0$，可以计算得到观测点处的产品装配偏差向量 $\boldsymbol{u}$。

### 3. 综合刚柔混合因素的偏差模型

根据叠加原理，梁在其最大投影面内的定位误差和肋的零件变形对梯形结构装配偏差的影响可以线性叠加，观测点的总装配偏差可以表示为

$$\boldsymbol{u}_{\text{total}} = \boldsymbol{u} + \boldsymbol{P}_{\text{Error}} = \boldsymbol{u}_0 + \boldsymbol{Sv} + \boldsymbol{P}_{\text{Error}} \tag{6-15}$$

式中，$\boldsymbol{P}_{\text{Error}}$ 是梁在其最大投影面内的定位误差引起的观测点的装配偏差，可以通过计算每个观测点的位置偏差 $\Delta \boldsymbol{T}_{Op}$ 得到。

对于受温度、重力等环境因素影响显著的大型飞机结构，式(6-15)可改写为

$$\boldsymbol{u}_{\text{total}} = \boldsymbol{u} + \boldsymbol{P}_{\text{Error}} = \boldsymbol{u}_0 + \boldsymbol{Sv} + \boldsymbol{P}_{\text{Error}} + \boldsymbol{u}_T + \boldsymbol{u}_G \tag{6-16}$$

式中，$\boldsymbol{u}_T, \boldsymbol{u}_G$ 分别是温度、重力因素导致的装配偏差，可以采用有限元分析方法计算得到。

通常将蒙特卡罗模拟与装配偏差模型结合起来预测产品装配偏差，根据偏差源和观测点初始偏差的分布对两者分别进行采样，并将采样点输入装配偏差模型，从而得到观测点装配偏差的均值和标准偏差。然而，偏差源的概率分布有时是未知的，特别是在飞机样机研制阶段。另外，在实际生产制造中，通常仅掌握偏差

源的容差上下限信息而非概率分布特性。因此，为了应对装配偏差分析中偏差源的概率分布未知的情形，提出了基于区间表达的装配偏差分析方法。

### 6.2.3　基于区间表达的装配偏差计算

在基于区间表达的装配偏差分析方法中，对于概率分布已知的装配偏差源，采用文献[3]中的蒙特卡罗方法模拟分析装配偏差源，对于容差区间已知但概率分布未知的装配偏差源，采用其容差区间内的均匀抽样估计方法，如图 6.7 所示。通过装配偏差模型和抽样得到的偏差源采样点，可以计算得到产品装配偏差的最小值与最大值，两者构成了预测的装配偏差区间。

在图 6.3 所示的梯形结构装配偏差分析中，假定仅知的关于偏差源 $\mathrm{d}p_{O1x}$、$\mathrm{d}p_{O1y}$、$\delta\theta_{11'}$、$v$ 的信息是其容差区间，同时已知观测点的初始偏差 $u_0$ 服从正态分布 $(\mu,\ \sigma)$。因此，将偏差源 $\mathrm{d}p_{O1x}$、$\mathrm{d}p_{O1y}$、$\delta\theta_{11'}$、$v$ 看作区间结构参数，即 $\mathrm{d}\boldsymbol{P}_{O1x}=[\underline{\mathrm{d}\boldsymbol{P}_{O1x}},\overline{\mathrm{d}\boldsymbol{P}_{O1x}}]$、$\mathrm{d}\boldsymbol{P}_{O1y}=[\underline{\mathrm{d}\boldsymbol{P}_{O1y}},\overline{\mathrm{d}\boldsymbol{P}_{O1y}}]$、$\delta\boldsymbol{\Theta}_{11'}=[\underline{\delta\boldsymbol{\theta}_{11'}},\overline{\delta\boldsymbol{\Theta}_{11'}}]$、$V=[\underline{V},\overline{V}]^{[8]}$。与此同时，将观测点的初始偏差作为服从正态分布 $(\mu,\ \sigma)$ 的随机变量。

对于观测点的初始偏差，根据已知的正态分布产生伪随机数。基于偏差源 $\mathrm{d}p_{O1x}$、$\mathrm{d}p_{O1y}$、$\delta\theta_{11'}$、$v$ 容差区间内的均匀分布产生与偏差源相关的伪随机数。根据式(6-9)和式(6-15)以及抽样得到的与初始偏差、偏差源相关的伪随机数可以计算得到产品装配偏差。之后，将装配偏差的当前预测结果与往次预测结果进行比较并更新预测的装配偏差的上下限，经过 $N$ 次模拟，可得到最终的装配偏差上下限，采用基于区间表达的装配偏差分析方法进行装配偏差预测的结果以区间结构参数的形式给出。

在基于区间表达的装配偏差分析方法中，导致产品装配偏差产生的概率和非概率参数包括偏差源和观测点的初始偏差可以输入到同一装配偏差预测模型中。因此，与单纯依赖偏差源概率分布的方法相比，该装配偏差分析方法更具通用性，随着装配偏差预测模型输入参数采样频率的增大，装配偏差预测结果的可信性也随之增强。

为了验证综合刚柔混合因素的装配偏差模型的正确性以及基于区间表达的装配偏差分析方法的有效性，进行了模拟翼盒骨架的装配(图 6.8)，并假定应力-应变关系在线性范围内。模拟翼盒骨架的最大横截面尺寸为 850mm×600mm，骨架的厚度和肋间距均为 200mm。肋和梁的壁厚分别为 2.5mm 和 5mm，均采用铝合金加工制造。模拟翼盒骨架装配的有限元仿真分析在 ABAQUS 中进行，骨架零件网格划分时采用的单元类型为 C3D8R。

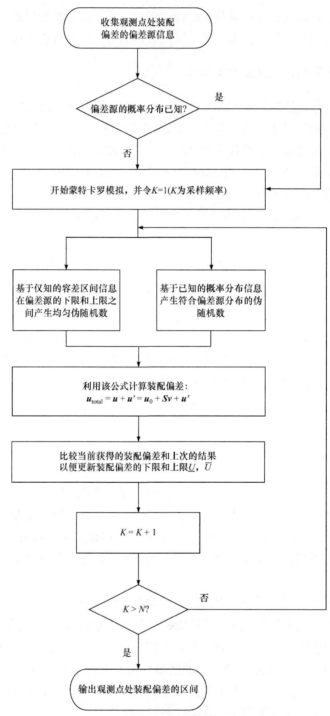

图 6.7　基于区间表达的装配偏差分析方法

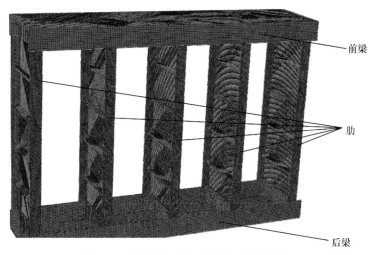

图 6.8 模拟翼盒骨架的有限元分析模型

在模拟翼盒骨架的装配中，模拟翼盒骨架尺寸较小，因此不考虑热变形、重力变形造成的装配偏差，主要考虑梁的定位误差和肋的变形等偏差源对产品装配偏差的影响，其中，与定位误差相关的参数假定为 $dP_{O1x} = [-1, 1]$、$dP_{O1y} = [-1, 1]$、$\delta\Theta_{11'} = [-0.5°, 0.5°]$，肋的翘曲、扭曲角度区间为 $[-3°, 3°]$。在翼盒骨架上布置了 20 个观测点用于评价模拟翼盒骨架的装配质量，同时假定观测点的初始偏差服从正态分布，$(\mu, \sigma) = (0, 1/3)$。

如图 6.9 所示，翼盒骨架装配完毕后，采用三坐标测量机测量得到产品实际装配偏差，装配偏差的实际测量结果与相应预测结果的对比见图 6.10 和表 6.1。

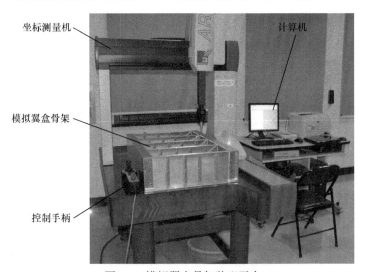

图 6.9 模拟翼盒骨架装配平台

由图表分析可知，实际装配偏差接近装配偏差预测结果区间的中值，验证了建立的装配偏差分析模型的正确性以及提出的装配偏差分析方法的有效性。

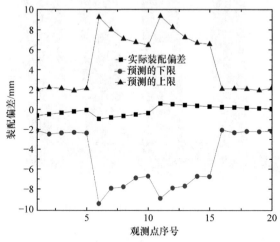

图 6.10　装配偏差的预测结果和实际测量结果对比

**表 6.1　装配偏差的预测结果和实际测量结果比较**

| 观测点序号 | 预测的装配偏差/mm | | 实际装配偏差/mm |
| --- | --- | --- | --- |
| | 下限 | 上限 | |
| 1 | −2.0359 | 2.0689 | −0.544 |
| 2 | −2.3929 | 2.2639 | −0.407 |
| 3 | −2.2682 | 2.1637 | −0.269 |
| 4 | −2.2117 | 1.9416 | −0.131 |
| 5 | −2.2854 | 2.1633 | 0.007 |
| 6 | −9.3278 | 9.2738 | −0.869 |
| 7 | −7.8002 | 8.044 | −0.728 |
| 8 | −7.6624 | 7.1312 | −0.588 |
| 9 | −6.7797 | 6.7736 | −0.447 |
| 10 | −6.5987 | 6.4836 | −0.307 |
| 11 | −8.8086 | 9.3753 | 0.657 |
| 12 | −7.7689 | 8.2678 | 0.581 |
| 13 | −7.5816 | 7.2768 | 0.505 |
| 14 | −6.6016 | 6.7112 | 0.429 |
| 15 | −6.6430 | 6.5901 | 0.353 |
| 16 | −1.9839 | 2.1133 | 0.305 |
| 17 | −2.2524 | 2.1335 | 0.259 |

续表

| 观测点序号 | 预测的装配偏差/mm | | 实际装配偏差/mm |
| --- | --- | --- | --- |
| | 下限 | 上限 | |
| 18 | −2.1168 | 2.0969 | 0.214 |
| 19 | −2.1462 | 1.9614 | 0.168 |
| 20 | −2.1061 | 2.1818 | 0.122 |

### 6.2.4　装配偏差协调控制

在翼盒等多体复杂结构装配中，骨架装配是壁板与骨架连接形成封闭盒式结构的上游装配工艺，为了确保翼盒制造质量，骨架的装配偏差应首先满足指定容差要求。装配偏差数字化协调方法，就是通过在产品实际装配前，基于装配偏差模型进行产品装配偏差分析以及装配偏差与设计容差的动态协调，最终保证下游装配和制造工艺的协调性，如图 6.11 所示。

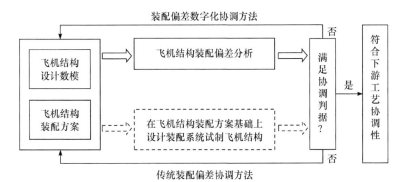

图 6.11　装配偏差数字化协调方法与传统装配偏差协调方法对比

产品装配协调性判据为

$$\Delta \mathbf{KC} = \left\| \mathbf{KC}^{\text{calc}} - \mathbf{KC}^{\text{nominal}} \right\| \leqslant \delta_{\text{kc}} \tag{6-17}$$

式中，$\Delta \mathbf{KC}$ 是产品装配偏差；$\delta_{\text{kc}}$ 是产品关键特征的位置或尺寸容差；$\mathbf{KC}^{\text{nominal}}$ 是产品关键特征位置或尺寸的名义值；$\mathbf{KC}^{\text{calc}}$ 在传统装配偏差协调方法中表示产品关键特征位置或尺寸的实际值，在装配偏差数字化协调方法中则表示产品关键特征位置或尺寸的预测值。

与传统装配偏差协调方法相比，装配偏差数字化协调方法以基于装配偏差模型的装配偏差预测为基础，通过装配工艺的动态调整实现装配偏差与其设计容差的动态协调，取代了以装配系统和样机试制为基础的装配偏差协调过程，可以减少制造过程中的下游返工和飞机样机研制成本，缩短飞机研制周期。

# 6.3　大型飞机多体复杂结构装配系统热变形分析与控制

外翼翼盒等大型飞机多体复杂结构通常由多个产品组件装配形成，装配空间温度变化通常使具有协调关系的产品组件和装配工装、产品各组件产生不一致的热变形，导致热变形协调误差和装配协调问题的产生。

### 6.3.1　装配系统热变形建模

假定大型飞机多体复杂结构及其组件装配系统均处于均匀、一致、稳定的温度场中，即在相应的温度场中吸热和散热相等，装配工装、装配对象和环境之间保持热平衡。另外，在热变形分析过程中不考虑零件制造和定位误差、组件装配和定位误差以及装配工装的制造、装配和定位误差的影响。

下面以包含 A、B、C 三个组件的某大型飞机多体复杂结构装配为例，对组件装配与定位过程的热变形传递规律进行分析。假设环境温度为 $T_A$ 时，在组件装配站位完成 A 组件装配(assembly)，之后借助专用吊具和转运装置将 A 组件在保形状态下转运(transport)至大型飞机多体复杂结构装配站位，再使用大型飞机多体复杂结构装配系统工装上的 A 组件定位装置实现 A 组件定位(position)。在从组件装配到组件定位的 ATP(assembly→transport→position)过程中，由于环境温度不断变化，因此，热变形不断衍生并向后续过程传递，如图 6.12 所示。

在 A 组件的装配阶段，环境温度 $T_A$ 和标准温度 $T_{st.}$ 之间通常存在差异，标准温度为 20℃，零件在该温度下的尺寸称为公称或名义尺寸。温差 $\Delta T = T_A - T_{st.}$ 的存在，导致 A 组件装配工装热变形 $\Delta L_{A.jig}^{T_A}$ 的产生，即

$$\Delta L_{A.jig}^{T_A} = L_{A.jig}^{nom.} \alpha_{A.jig} \left(T_A - T_{st.}\right) = L_{A.jig}^{T_{st.}} \alpha_{A.jig} \left(T_A - T_{st.}\right) \tag{6-18}$$

式中，$L_{A.jig}^{nom.} = L_{A.jig}^{T_{st.}}$ 是与 A 组件长度方向的关键尺寸具有协调关系的 A 组件装配工装几何尺寸的名义值；$\alpha_{A.jig}$ 是组件装配工装制造材料的热膨胀系数。

热变形后 A 组件装配工装的协调尺寸 $L_{A.jig}^{T_A}$ 为

$$L_{A.jig}^{T_A} = L_{A.jig}^{nom.} + \Delta L_{A.jig}^{T_A} = L_{A.jig}^{nom.} + L_{A.jig}^{nom.} \alpha_{A.jig} \left(T_A - T_{st.}\right) \tag{6-19}$$

在产生热变形的 A 组件装配工装上对 A 组件进行装配，会将组件装配工装的热变形 $\Delta L_{A.jig}^{T_A}$ 传递给装配后的 A 组件，导致 A 组件长度方向的协调尺寸产生相同的尺寸增量，即 $\Delta L_A^{T_A} = \Delta L_{A.jig}^{T_A}$。因此，所装配的 A 组件沿其长度方向的关键尺寸 $L_A^{T_A}$ 为

$$L_{A.}^{T_A} = L_{A.}^{nom.} + \Delta L_{A.jig}^{T_A} = L_{A.}^{nom.} + L_{A.jig}^{nom.} \alpha_{A.jig} \left( T_{A.} - T_{st.} \right) \tag{6-20}$$

式中，$L_{A.}^{nom.}$ 是 A 组件沿其长度方向与其装配工装具有协调关系的关键几何尺寸的名义值。

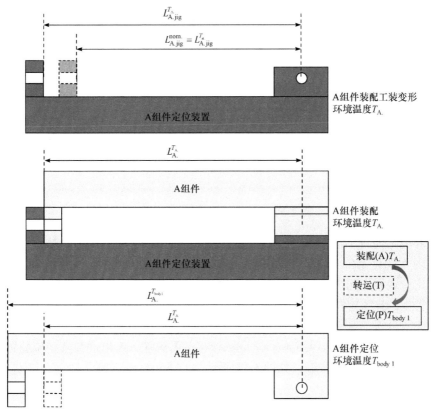

图 6.12　组件装配与定位过程的热变形传递模型

在组件转运阶段，将 A 组件在保形状态下由组件装配空间转运至大型飞机多体复杂结构装配空间，环境温度对应地由 $T_{A.}$ 变为 $T_{body1}$。在组件定位阶段，使用大型飞机多体复杂结构装配工装上的 A 组件定位装置定位 A 组件。因此，在组件定位阶段开始，即组件转运阶段结束时，A 组件沿其长度方向的关键尺寸产生了新的热变形，变形为 $\Delta L_{A.}^{T_{body1}}$，即

$$\begin{aligned}
\Delta L_{A.}^{T_{body1}} &= L_{A.}^{T_A} \alpha_{A.} \left( T_{body1} - T_{A.} \right) = \left( L_{A.}^{nom.} + \Delta L_{A.jig}^{T_A} \right) \alpha_{A.} \left( T_{body1} - T_{A.} \right) \\
&= L_{A.}^{nom.} \alpha_{A.} \left( T_{body1} - T_{A.} \right) + \Delta L_{A.jig}^{T_A} \alpha_{A.} \left( T_{body1} - T_{A.} \right)
\end{aligned} \tag{6-21}$$

由于 $\Delta L_{A.jig}^{T_A}$ 数值较小(通常在 1mm 级甚至小于 1mm)，因而当环境温度由 $T_{A.}$ 变为 $T_{body1}$ 时，式(6-21)的第二项，即热变形 $\Delta L_{A.jig}^{T_A}$ 所产生的次级热变形

$\Delta L_{\mathrm{A.jig}}^{T_{\mathrm{A.}}} \alpha_{\mathrm{A.}} \left( T_{\mathrm{body1}} - T_{\mathrm{A.}} \right)$ ，与第一项 $L_{\mathrm{A.}}^{\mathrm{nom.}} \alpha_{\mathrm{A.}} \left( T_{\mathrm{body1}} - T_{\mathrm{A.}} \right)$ 相比可以忽略。

因此，式(6-21)可改写为

$$\Delta L_{\mathrm{A.}}^{T_{\mathrm{body1}}} = L_{\mathrm{A.}}^{\mathrm{nom.}} \alpha_{\mathrm{A.}} \left( T_{\mathrm{body1}} - T_{\mathrm{A.}} \right) \tag{6-22}$$

在组件定位阶段，环境温度为 $T_{\mathrm{body1}}$ 时，A 组件沿其长度方向的关键尺寸 $L_{\mathrm{A.}}^{T_{\mathrm{body1}}}$ 为

$$L_{\mathrm{A.}}^{T_{\mathrm{body1}}} = L_{\mathrm{A.}}^{T_{\mathrm{A.}}} + \Delta L_{\mathrm{A.}}^{T_{\mathrm{body1}}} = L_{\mathrm{A.}}^{\mathrm{nom.}} + \Delta L_{\mathrm{A.jig}}^{T_{\mathrm{A.}}} + \Delta L_{\mathrm{A.}}^{T_{\mathrm{body1}}} \tag{6-23}$$

### 6.3.2　装配系统热变形相容性

在组件装配与定位过程的热变形分析基础上，可以对装配系统热变形相容性进行分析。分析对象之间的热变形协调误差大小反映了装配系统热变形相容性的优劣。

#### 1. 组件与其定位工装之间的热变形协调误差建模

环境温度为 $T_{\mathrm{body1}}$ 时，使用大型飞机多体复杂结构装配系统的 A 组件定位装置实现 A 组件定位。若定位后环境温度变为 $T_{\mathrm{body}}$，受温度变化影响，A 组件与 A 组件定位装置之间极有可能出现不协调的现象，导致 A 组件交点接头与 A 组件定位装置上的接头定位件产生装配热应力。

为了分析 A 组件与其定位工装之间的热变形相容性，假定 A 组件交点接头和 A 组件定位装置上的接头定位件之间的连接关系解除，A 组件与其定位装置均可以沿其长度方向自由胀缩，如图 6.13 所示。

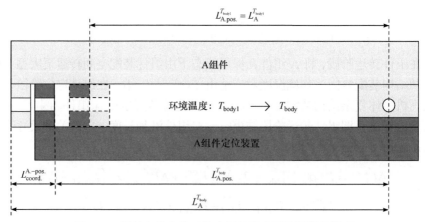

图 6.13　组件与其定位工装之间的热变形协调误差模型

当环境温度变为 $T_{\mathrm{body}}$ 时，A 组件与其定位装置沿长度方向的胀缩量分别为

$\Delta L_{\text{A.}}^{T_{\text{body}}}$ 和 $\Delta L_{\text{A.pos.}}^{T_{\text{body}}}$ 即

$$\Delta L_{\text{A.}}^{T_{\text{body}}} = L_{\text{A.}}^{\text{nom.}} \alpha_{\text{A.}} \left( T_{\text{body}} - T_{\text{body1}} \right) \tag{6-24}$$

$$\Delta L_{\text{A.pos.}}^{T_{\text{body}}} = L_{\text{A.pos.}}^{\text{nom.}} \alpha_{\text{A.pos.}} \left( T_{\text{body}} - T_{\text{body1}} \right) \tag{6-25}$$

式中，$\alpha_{\text{A.}}$ 和 $\alpha_{\text{A.pos.}}$ 分别是 A 组件和 A 组件定位装置制造材料的热膨胀系数；$L_{\text{A.pos.}}^{\text{nom.}}$ 是 A 组件定位装置沿其长度方向关键尺寸的名义值，通常 $L_{\text{A.pos.}}^{\text{nom.}} = L_{\text{A.}}^{\text{nom.}}$。

A 组件与其定位装置沿长度方向的胀缩量之差 $\Delta L_{\text{coord.}}^{\text{A.-pos.}}$ 为两者的热变形协调误差，该误差反映了 A 组件与其定位装置之间的热变形相容性程度。

$$\begin{aligned} \Delta L_{\text{coord.}}^{\text{A.-pos.}} &= \Delta L_{\text{A.}}^{T_{\text{body}}} - \Delta L_{\text{A.pos.}}^{T_{\text{body}}} \\ &= L_{\text{A.}}^{\text{nom.}} \alpha_{\text{A.}} \left( T_{\text{body}} - T_{\text{body1}} \right) - L_{\text{A.pos.}}^{\text{nom.}} \alpha_{\text{A.pos.}} \left( T_{\text{body}} - T_{\text{body1}} \right) \\ &= L_{\text{A.}}^{\text{nom.}} \left( \alpha_{\text{A.}} - \alpha_{\text{A.pos.}} \right) \left( T_{\text{body}} - T_{\text{body1}} \right) \end{aligned} \tag{6-26}$$

由于大型飞机多体复杂结构装配厂房空间大，恒温控制困难，环境温度通常会产生波动。采用适度的温控措施后，厂房的温度也往往仅能控制在一定范围内，多数情况下 $T_{\text{body}} \neq T_{\text{body1}}$。根据式(6-26)，理想状况下，要使 A 组件与其定位装置之间的热变形协调误差 $\Delta L_{\text{coord.}}^{\text{A.-pos.}} = 0$，就必须令 $\alpha_{\text{A.}} = \alpha_{\text{A.pos.}}$，即要求 A 组件与其定位装置制造材料的热膨胀系数相同。

### 2. 两组件之间的热变形协调误差建模

环境温度为 $T_{\text{body1}}$ 时，使用大型飞机多体复杂结构装配系统的 A 组件定位装置可实现 A 组件定位。之后，环境温度为 $T_{\text{body2}}$ 时，以 A 组件的位姿状态为基准，使用 B 组件定位装置对 B 组件进行定位。假设 $\alpha_{\text{A.}} = \alpha_{\text{A.pos.}}$ 和 $\alpha_{\text{B.}} = \alpha_{\text{B.pos.}}$ 成立，即 A、B 组件与其定位装置的热变形相互协调，组件定位装置随组件的胀缩而伸长和缩短。

若环境温度为 $T_{\text{body}}^{*}$ 时，对 A、B 组件沿其长度方向的关键尺寸之间的热变形相容性(coordination)进行评价。基于式(6-24)，可以得到此时 A 组件和 B 组件沿其长度方向的关键尺寸 $L_{\text{A.}}^{T_{\text{body}}^{*}}$ 和 $L_{\text{B.}}^{T_{\text{body}}^{*}}$，如图 6.14 所示。$L_{\text{A.}}^{T_{\text{body}}^{*}}$ 和 $L_{\text{B.}}^{T_{\text{body}}^{*}}$ 分别由式(6-27)和式(6-28)给出。

$$L_{\text{A.}}^{T_{\text{body}}^{*}} = L_{\text{A.}}^{T_{\text{A.}}} + \Delta L_{\text{A.}}^{T_{\text{body}}^{*}} = L_{\text{A.}}^{\text{nom.}} + \Delta L_{\text{A.jig}}^{T_{\text{A.}}} + \Delta L_{\text{A.}}^{T_{\text{body}}^{*}} \tag{6-27}$$

式中，$\Delta L_{\text{A.}}^{T_{\text{body}}^{*}} = L_{\text{A.}}^{\text{nom.}} \alpha_{\text{A.}} \left( T_{\text{body}}^{*} - T_{\text{A.}} \right)$；$L_{\text{A.}}^{T_{\text{body}}^{*}}$ 是环境温度由 $T_{\text{A.}}$ 变为 $T_{\text{body}}^{*}$ 后 A 组件的热变形大小。

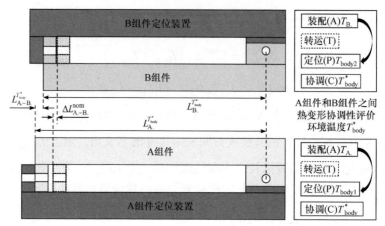

$$\text{AB组件之间的热变形协调误差：} \Delta L_{\text{coord.}}^{\text{A.-B.}} = \Delta L_{\text{A.-B.}}^{T_{\text{body}}^*} - \Delta L_{\text{A.-B.}}^{\text{nom}}$$

图 6.14　组件之间的热变形协调误差模型

$$L_{\text{B.}}^{T_{\text{body}}^*} = L_{\text{B.}}^{T_{\text{B.}}} + \Delta L_{\text{B.}}^{T_{\text{body}}^*} = L_{\text{B.}}^{\text{nom.}} + \Delta L_{\text{B.jig}}^{T_{\text{B.}}} + \Delta L_{\text{B.}}^{T_{\text{body}}^*} \tag{6-28}$$

式中，$\Delta L_{\text{B.}}^{T_{\text{body}}^*} = L_{\text{B.}}^{\text{nom.}} \alpha_{\text{B.}} \left( T_{\text{body}}^* - T_{\text{B.}} \right)$，$L_{\text{B.}}^{T_{\text{body}}^*}$ 是环境温度由 $T_{\text{B.}}$ 变为 $T_{\text{body}}^*$ 后 B 组件的热变形大小。

假定 A、B 组件制造材料均为 $\alpha_{\text{product}}$，两者的组件装配工装制造材料均为 $\alpha_{\text{jig}}$，两组件长度方向的关键尺寸大小相同，即 $L_{\text{A.}}^{\text{nom.}} = L_{\text{A.jig}}^{\text{nom.}} = L_{\text{B.}}^{\text{nom.}} = L_{\text{B.jig}}^{\text{nom.}} = L_{\text{product}}^{\text{nom.}}$，由式(6-27)和式(6-28)，可以得到 A、B 组件之间的热变形协调误差 $\Delta L_{\text{coord.}}^{\text{A.-B.}}$，即

$$
\begin{aligned}
\Delta L_{\text{coord.}}^{\text{A.-B.}} &= \Delta L_{\text{A.-B.}}^{T_{\text{body}}^*} - \Delta L_{\text{A.-B.}}^{\text{nom}} = \left( L_{\text{A.}}^{T_{\text{body}}^*} - L_{\text{B.}}^{T_{\text{body}}^*} \right) - \left( L_{\text{A.}}^{\text{nom.}} - L_{\text{B.}}^{\text{nom.}} \right) \\
&= \left( L_{\text{A.}}^{\text{nom.}} + \Delta L_{\text{A.jig}}^{T_{\text{A.}}} + \Delta L_{\text{A.}}^{T_{\text{body}}^*} \right) - \left( L_{\text{B.}}^{\text{nom.}} + \Delta L_{\text{B.jig}}^{T_{\text{B.}}} + \Delta L_{\text{B.}}^{T_{\text{body}}^*} \right) - \left( L_{\text{A.}}^{\text{nom.}} - L_{\text{B.}}^{\text{nom.}} \right) \\
&= \left( \Delta L_{\text{A.jig}}^{T_{\text{A.}}} - \Delta L_{\text{B.}}^{T_{\text{B.}}} \right) + \left( \Delta L_{\text{A.}}^{T_{\text{body}}^*} - \Delta L_{\text{B.}}^{T_{\text{body}}^*} \right) \\
&= \left[ L_{\text{A.jig}}^{\text{nom.}} \alpha_{\text{A.jig}} \left( T_{\text{A.}} - T_{\text{st.}} \right) - L_{\text{B.jig}}^{\text{nom.}} \alpha_{\text{B.jig}} \left( T_{\text{B.}} - T_{\text{st.}} \right) \right] \\
&\quad + \left[ L_{\text{A.}}^{\text{nom.}} \alpha_{\text{A.}} \left( T_{\text{body}}^* - T_{\text{A.}} \right) - L_{\text{B.}}^{\text{nom.}} \alpha_{\text{B.}} \left( T_{\text{body}}^* - T_{\text{B.}} \right) \right] \\
&= \left[ L_{\text{product}}^{\text{nom.}} \alpha_{\text{jig}} \left( T_{\text{A.}} - T_{\text{st.}} \right) - L_{\text{product}}^{\text{nom.}} \alpha_{\text{jig}} \left( T_{\text{B.}} - T_{\text{st.}} \right) \right] \\
&\quad + \left[ L_{\text{product}}^{\text{nom.}} \alpha_{\text{product}} \left( T_{\text{body}}^* - T_{\text{A.}} \right) - L_{\text{product}}^{\text{nom.}} \alpha_{\text{product}} \left( T_{\text{body}}^* - T_{\text{B.}} \right) \right] \\
&= \left[ L_{\text{product}}^{\text{nom.}} \alpha_{\text{jig}} \left( T_{\text{A.}} - T_{\text{B.}} \right) \right] - \left[ L_{\text{product}}^{\text{nom.}} \alpha_{\text{product}} \left( T_{\text{A.}} - T_{\text{B.}} \right) \right] \\
&= L_{\text{product}}^{\text{nom.}} \left( \alpha_{\text{jig}} - \alpha_{\text{product}} \right) \left( T_{\text{A.}} - T_{\text{B.}} \right)
\end{aligned} \tag{6-29}
$$

式中，$\Delta L_{\mathrm{A.-B.}}^{\mathrm{nom}}$ 是 A 组件和 B 组件沿其长度方向关键尺寸的名义值之差；$\Delta L_{\mathrm{A.-B.}}^{T_{\mathrm{body}}^{*}}$ 是环境温度为 $T_{\mathrm{body}}^{*}$ 时热变形后的 A 组件和 B 组件沿其长度方向关键尺寸的实际值之差；$\Delta L_{\mathrm{coord.}}^{\mathrm{A.-B.}}$ 是热变形协调误差，为以上两差值之差。

根据式(6-29)，有两种途径可以实现 $\Delta L_{\mathrm{coord.}}^{\mathrm{A.-B.}}=0$。第一种途径是对 A、B 组件的组件装配阶段的温度提出要求，使 $T_{\mathrm{A.}}=T_{\mathrm{B.}}$。生产实际中可以要求 A、B 组件在相同温度下关键尺寸的检测结果满足指定容差要求。第二种途径是使 A、B 组件装配工装上定位件的安装基础采用与产品相同材料制造，即 $\alpha_{\mathrm{product}}=\alpha_{\mathrm{jig}}$。

### 3. 多组件之间的热变形协调误差建模

大型飞机多体复杂结构由多个组件构成，在 A、B 组件定位后，往往还需要进行其他组件如 C 组件定位，以完成其装配，如图 6.15 所示。假定环境温度为 $T_{\mathrm{body}}^{*}$ 时 C 组件与 A、B 组件的关键特征之间满足热变形相容性要求，并考虑 C 组件距离热变形锚点较远，由于大型飞机多体复杂结构装配厂房难以实现绝对恒温，当环境温度 $T_{\mathrm{body}}^{*}$ 变为 $T_{\mathrm{body}}^{**}$ 时，C 组件容易在 A、B 组件长度方向上与其产生不协调。

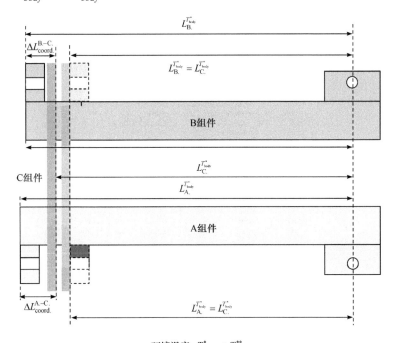

环境温度：$T_{\mathrm{body}}^{*} \rightarrow T_{\mathrm{body}}^{**}$

图 6.15　多组件之间的热变形协调误差模型

A 组件沿其长度方向关键尺寸的热变形 $\Delta L_{\mathrm{A.}}^{T_{\mathrm{body}}^{**}}$ 为

$$\Delta L_{A.}^{T_{body}^{**}} = L_{A.}^{T_{body}^{**}} - L_{A.}^{T_{body}^{*}} = L_{A.}^{nom.} \alpha_{A.} \left( T_{body}^{**} - T_{body}^{*} \right) \tag{6-30}$$

式中，$L_{A.}^{T_{body}^{*}}$ 和 $L_{A.}^{T_{body}^{**}}$ 分别是环境温度为 $T_{body}^{*}$ 和 $T_{body}^{**}$ 时 A 组件沿其长度方向的关键尺寸大小。

B 组件沿其长度方向关键尺寸的热变形 $\Delta L_{lead}^{T_{body}^{**}}$ 为

$$\Delta L_{B.}^{T_{body}^{**}} = L_{B.}^{T_{body}^{**}} - L_{B.}^{T_{body}^{*}} = L_{B.}^{nom.} \alpha_{B.} \left( T_{body}^{**} - T_{body}^{*} \right) \tag{6-31}$$

式中，$L_{B.}^{T_{body}^{*}}$ 和 $L_{B.}^{T_{body}^{**}}$ 分别是环境温度为 $T_{body}^{*}$ 和 $T_{body}^{**}$ 时 B 组件沿其长度方向的关键尺寸大小。

当温度由 $T_{body}^{*}$ 变为 $T_{body}^{**}$ 时，C 组件在 A、B 组件长度方向上随 C 组件定位装置底座的变形而产生位移，位移量 $\Delta L_{C.}^{T_{body}^{**}}$ 为

$$\Delta L_{C.}^{T_{body}^{**}} = L_{Cbase}^{nom.} \alpha_{Cbase} \left( T_{body}^{**} - T_{body}^{*} \right) \tag{6-32}$$

式中，$\alpha_{Cbase}$ 是 C 组件定位装置底座制造材料的热膨胀系数；$L_{Cbase}^{nom.}$ 是 C 组件定位装置底座沿长度方向的关键尺寸，为了简化分析，令 $L_{Cbase}^{nom.} = L_{A.}^{nom.} = L_{B.}^{nom.} = L_{product}^{nom.}$。

由式(6-30)和式(6-32)，可以得到 A 组件与 C 组件沿长度方向的热变形协调误差 $\Delta L_{coord.}^{A.-C.}$，即

$$\begin{aligned}
\Delta L_{coord.}^{A.-C.} &= L_{A.}^{nom.} \alpha_{A.} \left( T_{body}^{**} - T_{body}^{*} \right) - L_{Cbase}^{nom.} \alpha_{Cbase} \left( T_{body}^{**} - T_{body}^{*} \right) \\
&= L_{product}^{nom.} \left( \alpha_{A.} - \alpha_{Cbase} \right) \left( T_{body}^{**} - T_{body}^{*} \right)
\end{aligned} \tag{6-33}$$

由式(6-31)和式(6-32)，可以得到 B 组件与 C 组件沿长度方向的热变形协调误差 $\Delta L_{coord.}^{B.-C.}$，即

$$\begin{aligned}
\Delta L_{coord.}^{B.-C.} &= L_{B.}^{nom.} \alpha_{B.} \left( T_{body}^{**} - T_{body}^{*} \right) - L_{Cbase}^{nom.} \alpha_{Cbase} \left( T_{body}^{**} - T_{body}^{*} \right) \\
&= L_{product}^{nom.} \left( \alpha_{B.} - \alpha_{Cbase} \right) \left( T_{body}^{**} - T_{body}^{*} \right)
\end{aligned} \tag{6-34}$$

由式(6-33)可知，只有当环境温度保持恒定，即 $T_{body}^{**} = T_{body}^{*}$ 时，或 C 组件定位装置底座和 A 组件的材料热膨胀系数相同，即 $\alpha_{A.} = \alpha_{Cbase} = \alpha_{product}$ 时，才能使 A 组件与 C 组件之间的热变形协调误差 $\Delta L_{coord.}^{A.-C.} = 0$。同样，根据式(6-34)，只有当 $T_{body}^{**} = T_{body}^{*}$ 或 $\alpha_{B.} = \alpha_{Cbase} = \alpha_{product}$ 时，才能使 B 组件与 C 组件之间的热变形协调误差 $\Delta L_{coord.}^{B.-C.} = 0$。

下面以大型运输机多体复杂结构外翼翼盒装配为例进行分析。假设环境温度

为 $T_{\text{wing1}}$ 时，使用外翼翼盒装配系统的后缘定位装置完成后缘组件定位。若定位后环境温度变为 $T_{\text{wing}}$，根据式(6-26)，后缘组件与其定位装置之间的热变形协调误差 $\Delta L_{\text{coord.}}^{\text{trai.-pos.}}$ 为

$$\Delta L_{\text{coord.}}^{\text{trai.-pos.}} = L_{\text{trai.}}^{\text{nom.}}\left(\alpha_{\text{trai.}} - \alpha_{\text{trai.pos.}}\right)\left(T_{\text{wing}} - T_{\text{wing1}}\right) \tag{6-35}$$

式中，$L_{\text{trai.}}^{\text{nom.}}$ 是后缘组件沿其长度方向关键几何尺寸的名义值；$\alpha_{\text{trai.}}$ 和 $\alpha_{\text{trai.pos.}}$ 分别是后缘组件和后缘定位装置制造材料的热膨胀系数。

　　类似地，假设环境温度为 $T_{\text{wing2}}$ 时，使用前缘定位装置完成前缘组件定位，若定位后环境温度变为 $T_{\text{wing}}$，前缘组件与其定位装置之间的热变形协调误差 $\Delta L_{\text{coord.}}^{\text{lead.-pos.}}$ 为

$$\Delta L_{\text{coord.}}^{\text{lead.-pos.}} = L_{\text{lead.}}^{\text{nom.}}\left(\alpha_{\text{lead.}} - \alpha_{\text{lead.pos.}}\right)\left(T_{\text{wing}} - T_{\text{wing2}}\right) \tag{6-36}$$

式中，$L_{\text{lead.}}^{\text{nom.}}$ 是前缘组件沿其长度方向关键几何尺寸的名义值；$\alpha_{\text{lead.}}$ 和 $\alpha_{\text{lead.pos.}}$ 分别是前缘组件和前缘定位装置制造材料的热膨胀系数。

　　因此，理论上可以通过以下途径减小和消除前后缘组件与其定位工装之间的热变形协调误差。

　　(1) 减小后缘组件和前缘组件的设计尺寸 $L_{\text{trai.}}^{\text{nom.}}$ 和 $L_{\text{lead.}}^{\text{nom.}}$。

　　(2) 前后缘定位工装与前后缘组件采用相同材料制造，即 $\alpha_{\text{lead.}} = \alpha_{\text{lead.pos.}}$，$\alpha_{\text{trai.}} = \alpha_{\text{trai.pos.}}$。

　　(3) 通过温度控制使外翼翼盒装配系统处于恒温空间，即 $T_{\text{wing}} = T_{\text{wing1}}$，$T_{\text{wing}} = T_{\text{wing2}}$。

　　假设环境温度为 $T_{\text{wing1}}$ 和 $T_{\text{wing2}}$ 时，分别进行前缘组件和后缘组件定位，而且 $\alpha_{\text{lead.}} = \alpha_{\text{lead.pos.}}$，$\alpha_{\text{trai.}} = \alpha_{\text{trai.pos.}}$ 成立。当环境温度变为 $T_{\text{wing}}^{*}$ 时，根据式(6-29)，前后缘组件之间的热变形协调误差 $\Delta L_{\text{coord.}}^{\text{trai.-pos.}}$ 为

$$\Delta L_{\text{coord.}}^{\text{trai.-lead.}} = L_{\text{product}}^{\text{nom.}}\left(\alpha_{\text{jig}} - \alpha_{\text{product}}\right)\left(T_{\text{trai.}} - T_{\text{lead.}}\right) \tag{6-37}$$

式中，$T_{\text{trai.}}$ 和 $T_{\text{lead.}}$ 分别是后缘组件和前缘组件在组件装配阶段的温度。

　　因此，理论上可以通过以下途径实现前后缘组件之间热变形协调误差的有效控制。

　　(1) 减小后缘组件和前缘组件的设计尺寸 $L_{\text{trai.}}^{\text{nom.}}$ 和 $L_{\text{lead.}}^{\text{nom.}}$。

　　(2) 前后缘组件装配工装与前后缘组件采用相同材料制造，即 $\alpha_{\text{product}} = \alpha_{\text{jig}}$。

　　(3) 前后缘组件在相同环境温度下在各自的组件装配站位完成零件定位和组件装配，即 $T_{\text{trai.}} = T_{\text{lead.}}$。

在后缘组件和前缘组件定位后，需要进行翼根肋和翼梢肋等翼肋的装配与定位，以形成外翼翼盒梯形骨架，这里就翼梢肋装配进行讨论。假定环境温度为 $T_{wing}^{*}$ 时，翼梢肋与前后缘组件相互协调。当环境温度变为 $T_{wing}^{**}$ 时，根据式(6-33)和式(6-34)，可以得到后缘组件和前缘组件与翼梢肋之间的热变形协调误差 $\Delta L_{coord.}^{trai.-tip}$ 和 $\Delta L_{coord.}^{lead.-tip}$，即

$$\Delta L_{coord.}^{trai.-tip} = L_{product}^{nom.} \left( \alpha_{trai.} - \alpha_{tipbase} \right) \left( T_{wing}^{**} - T_{wing}^{*} \right) \tag{6-38}$$

$$\Delta L_{coord.}^{lead.-tip} = L_{product}^{nom.} \left( \alpha_{lead.} - \alpha_{tipbase} \right) \left( T_{wing}^{**} - T_{wing}^{*} \right) \tag{6-39}$$

式中，$\alpha_{tipbase}$ 是翼梢肋定位装置底座制造材料的热膨胀系数。

因此，在环境温度波动情况下，要保证翼梢肋与前后缘组件之间的热变形协调，理论上可通过以下途径实现。

(1) 翼梢肋定位装置底座与前后缘组件采用相同材料制造，即 $\alpha_{tipbase} = \alpha_{lead.} = \alpha_{trai.}$。

(2) 对外翼翼盒装配系统所处空间的环境温度进行控制，使 $T_{wing}^{**} = T_{wing}^{*}$。

### 6.3.3　基于自适应工装设计的热变形释放方法

由以上分析可知，理论上可以通过对产品尺寸、环境温度、材料属性差异等的调控实现外翼翼盒等大型飞机多体复杂结构装配中热变形协调误差的控制，达到装配系统热变形相容的目的。然而，受产品功能限制，产品各组件设计尺寸已经固定且数值较大。另外，由于大型飞机多体复杂结构装配厂房空间较大，恒温控制十分困难，而且需要投入大量初始资金和维护费用，生产实际中通常只能将环境温度控制在一定范围内。虽然可以采用与产品相同的材料制造装配工装，但从结构刚度、强度以及加工制造经济性和难度考量，装配工装全部使用铝合金加工制造并不合适。因此，根据装配工装和产品热膨胀系数相同的原则提出设计了一种产品热变形自适应装配工装结构，以释放大型飞机多体复杂结构装配系统热变形，解决大型飞机多体复杂结构装配中的热变形协调问题。

### 6.3.4　产品热变形自适应工装设计原理

下面仍然以大型运输机多体复杂结构外翼翼盒装配为例，讨论具备产品热变形自适应能力的装配工装设计。作为翼盒组件安装和支撑的机械结构基础，翼盒装配工装中后缘定位装置、前缘定位装置、翼根肋定位装置、翼梢肋定位装置、装配工装框架的结构形式对外翼翼盒数字化装配系统的热变形相容性有直接影

响，因此，热变形自适应设计主要针对这些装配工装单元展开。

根据式(6-35)，在翼盒装配时，要实现后缘组件与其定位装置之间的热变形相容，消除两者由热变形引起的装配热应力，在工装结构设计上应该使后缘组件及其定位装置热膨胀系数相同，即 $\alpha_{\text{trai.}} = \alpha_{\text{trai.pos.}}$。因此，在翼盒装配工装设计时，将后缘定位底座设计为双层结构，后缘定位装置安装在后缘定位底座的浮动层上，浮动层采用与产品相同的材料铝合金制造。同理，根据式(6-36)，将前缘定位装置安装底座设计为可以借助导轨沿展向自由胀缩，采用与前缘组件主体结构相同的材料铝合金制造。

根据式(6-37)，要减少和消除前后缘组件之间的热变形协调误差，在其组件装配工装设计上，应该使被装配的前后缘零件与前后缘零件定位件沿前后缘组件长度方向具有相似的热变形特性，因此可将前后缘组件装配工装底座设计为双层结构，浮动层采用与前后缘组件主体结构热膨胀系数相同的材料铝合金制造。前后缘零件定位件安装在浮动层上，可沿前后缘组件的长度方向随浮动层的胀缩而移动。由于前后缘组件装配工装不属于翼盒部件装配系统，不再对其结构设计进行讨论。

根据式(6-38)和式(6-39)，要使翼梢肋与前后缘组件之间具有良好的热变形相容性，应该使翼梢肋定位装置沿展向随温度变化的位移特性与前后缘组件沿展向的热变形特性一致，即 $\Delta L_{\text{coord.}}^{\text{trai.-tip}} = \Delta L_{\text{coord.}}^{\text{lead.-tip}} = 0$。因此，在翼盒装配工装设计时，将翼梢肋定位装置设置在后缘定位底座的铝合金浮动层上，以便当环境温度变化时，翼梢肋沿展向的位移量与前后缘组件沿展向的热变形接近。

基于对外翼翼盒装配中热变形协调误差控制方法的分析和讨论，结合翼盒装配工艺，产品热变形自适应装配工装设计原理见图 6.6。

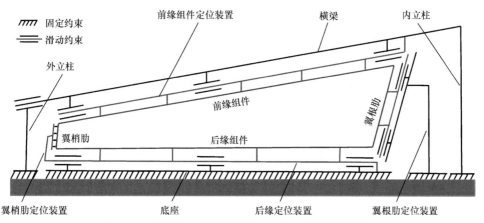

图 6.16　外翼翼盒装配热变形自适应工装设计原理图

### 1. 产品热变形自适应工装设计

基于图 6.16 设计的某大型飞机外翼翼盒装配工装系统如图 6.17 所示,该装配工装系统由底座、外立柱、内立柱、横梁、后缘定位装置、前缘定位装置、翼根肋定位装置和翼梢肋定位装置等构成,各部分的组成及其功能如下所述。

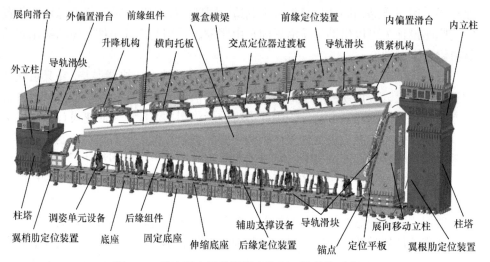

图 6.17　某大型飞机外翼翼盒装配工装系统(左侧)

#### 1) 底座

底座由后缘组件固定底座和后缘组件伸缩底座两部分组成,用于支撑、固定后缘组件定位装置、翼梢肋定位装置等。固定底座为优质钢焊接结构,伸缩底座采用铝合金结构,以保证工装和产品的热变形相容性。为了避免钢质固定底座的热变形对伸缩底座的热变形产生影响,除内侧端部锚点外,伸缩底座与固定底座之间采用导轨滑块连接,在展向(x 向)消除固定底座对伸缩底座的变形约束。基于以上结构和材料构成,伸缩底座可以带动后缘定位装置、翼梢肋定位装置等以实现沿翼展方向与翼盒组件的自适应热变形协调。

#### 2) 内外立柱

内外立柱用于支撑装配工装系统中的横梁,并带动横梁沿翼盒厚度方向(z 向)作精确运动,以实现横梁偏置。内立柱由塔柱和内偏置滑台两部分组成,外立柱由塔柱、外偏置滑台和展向滑台三部分组成,内外偏置滑台协同运动带动横梁作精确偏置运动。展向滑台位于外偏置滑台上部,与外偏置滑台之间通过导轨滑块连接,导轨方向与横梁的长度方向一致。展向滑台上部为横梁外端的安装面,若因横梁热变形导致其展向尺寸变化时,横梁端部可随展向滑台沿导轨滑动,从而避免立柱对横梁产生额外的应力。

3) 横梁

横梁是前缘组件定位和调整装置的安装基础，为优质钢板焊接的框架结构，由三段拼接而成，用于悬挂前缘定位装置。在伺服电机驱动下，横梁可以在立柱上沿翼盒厚度方向作精确移动，从而带动前缘组件作侧向偏移运动，该偏移运动的导向基础由内外立柱提供。

4) 前后缘定位装置与横向托板

后缘定位装置包括后缘组件调姿单元设备、辅助支撑设备等，用于在多个截面位置实现后缘组件支撑和调姿定位。前缘定位装置由升降机构、横向托板、交点定位器、过渡板等组成，主要实现前缘组件位置调整、定位和悬挂。横向托板为前缘组件交点定位器的安装基础，为了抑制环境温度变化对交点定位器与前缘组件之间热变形相容性的影响，横向托板由铝合金材料制造，通过导轨滑块与升降机构连接，并在翼根端托板的最内侧设置锁紧机构，作为托板热变形的锚点。

5) 翼根肋定位装置和翼梢肋定位装置

翼根肋定位装置和翼梢肋定位装置分别用于实现翼根肋组件和翼梢肋的定位。翼根肋定位平板与展向移动立柱之间的导轨滑块连接，可以在温度变化时适应产品沿航向的热变形。翼梢肋定位装置底座安装在翼盒装配工装系统中后缘定位底座的伸缩底座上，以适应产品的展向热变形。

2. 数值模拟

为了验证设计的外翼翼盒热变形自适应装配工装系统的有效性，采用数值模拟的方法，从翼盒组件与其装配工装热变形相容性、翼盒各组件热变形相容性两方面，对采用热变形自适应装配工装系统和传统装配工装系统实施外翼翼盒装配的情况进行对比分析。

1) 有限元建模

采用有限元分析软件 ABAQUS 实现翼盒装配系统热变形相容性的数值模拟。翼盒装配系统坐标系设置如图 6.18 所示，其中，$x$ 轴沿飞机构造水平线，逆航向为正；$z$ 轴在飞机对称面上，竖直向上；$y$ 轴按右手定则垂直于飞机对称面，指向机身右侧。

外翼翼盒装配系统热变形相容性分析有限元模型如图 6.19 所示。根据翼盒装配工装的结构及其受力特点，对其进行实体划分，所采用的单元类型为 C3D8R。对翼盒产品进行壳体划分，所采用的单元类型为 S4R。

在有限元模型中，各相关部件的材料及其物理属性见表 6.2。

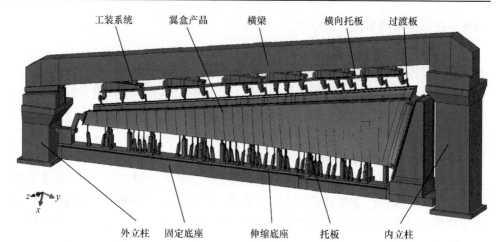

图 6.18　采用自适应装配工装的外翼翼盒装配系统分析坐标系设置

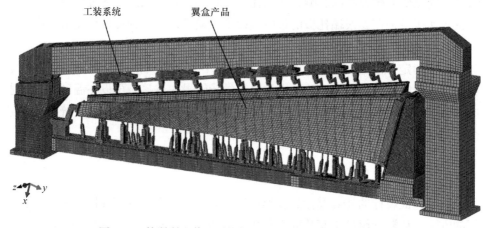

图 6.19　外翼翼盒装配系统热变形相容性分析有限元模型

**表 6.2　热变形相容性分析中各部件的材料及其物理属性**

| 部件名称 | 材料 | 密度/(t/mm³) | 弹性模量/MPa | 泊松比 | 热膨胀系数 |
|---|---|---|---|---|---|
| 固定底座 | 钢 | $7.86 \times 10^{-9}$ | 200000 | 0.266 | $1.17 \times 10^{-5}$ |
| 伸缩底座 | 铝合金 | $2.71 \times 10^{-9}$ | 70000 | 0.346 | $2.36 \times 10^{-5}$ |
| 内外立柱 | 钢 | $7.86 \times 10^{-9}$ | 200000 | 0.266 | $1.17 \times 10^{-5}$ |
| 横梁 | 钢 | $7.86 \times 10^{-9}$ | 200000 | 0.266 | $1.17 \times 10^{-5}$ |
| 定位装置或工装上与产品连接的接头或过渡结构 | 铝合金 | $2.71 \times 10^{-9}$ | 70000 | 0.346 | $2.36 \times 10^{-5}$ |

续表

| 部件名称 | 材料 | 密度/(t/mm³) | 弹性模量/MPa | 泊松比 | 热膨胀系数 |
|---|---|---|---|---|---|
| 横向托板 | 铝合金 | 2.71×10⁻⁹ | 70000 | 0.346 | 2.36×10⁻⁵ |
| 其他工装设备 | 钢 | 7.86×10⁻⁹ | 200000 | 0.266 | 1.17×10⁻⁵ |
| 翼盒产品 | 铝合金 | 2.71×10⁻⁹ | 70000 | 0.346 | 2.36×10⁻⁵ |

　　分析过程中，约束翼盒装配工装系统中内外立柱、底座在分析坐标系下沿 $x$、$y$、$z$ 三个方向的移动自由度；横梁外端安装在展向滑台上，展向滑台和外偏置滑台之间为导轨滑块连接，因而在展向滑台和外偏置滑台之间建立滑动摩擦约束，摩擦类型为 Penalty。类似地，在固定底座与伸缩底座之间、横向托板和升降机构之间、翼根肋定位平板和展向移动立柱之间的导轨滑块连接部位均建立滑动摩擦约束，摩擦类型为 Penalty；横梁内端与内偏置滑台之间、内偏置滑台与内立柱之间、外偏置滑台与外立柱之间、固定底座与伸缩底座之间的固定连接部位、横向托板和升降机构之间的固定连接部位、翼根肋定位平板和展向移动立柱之间的固定连接部位均建立绑定约束，约束类型为 Tie。

　　为了验证翼盒装配工装系统在热变形相容性方面的有效性，将传统翼盒装配工装系统作为其对比分析对象。在设计的自适应装配工装系统的有限元分析模型中，固定底座与伸缩底座之间、横向托板和升降机构之间、翼根肋定位平板和展向移动立柱之间的导轨滑块连接部位的滑动摩擦约束 Penalty 均修改为绑定约束 Tie，即可得到对应的传统翼盒装配工装系统的有限元分析模型。

　　在通过数值模拟进行热变形相容性分析时，通过直接指定温度的方式为翼盒装配工装系统和翼盒产品施加温度载荷。鉴于装配空间的温度区间为 15℃～30℃，热变形协调性分析的初始温度设为 15℃，分析过程定义了四个后续分析步，其温度分别为 15℃、20℃、25℃、30℃。

　　2) 翼盒组件与其装配工装热变形相容性分析

　　采用上述分析坐系、材料物理属性、边界条件和约束，在分析模型中保持前后缘组件与翼根肋和翼梢肋之间的连接关系，对翼盒组件与其装配工装之间的热变形相容性进行分析。初始分析步施加的温度为 15℃，当温度达到 20℃、25℃ 和 30℃ 时，采用自适应翼盒装配工装系统和传统翼盒装配工装系统进行外翼翼盒装配时，翼盒和翼盒装配工装的应力云图见图 6.20～图 6.22，翼盒和前后缘定位装置上的最大应力及其所处位置见表 6.3 和表 6.4。

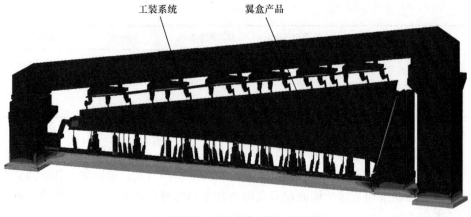

(a) 采用设计的自适应翼盒装配工装系统

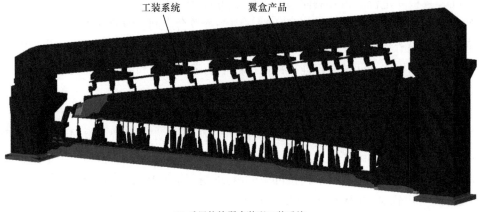

(b) 采用传统翼盒装配工装系统

图 6.20　温度达到 20℃时，翼盒装配系统的应力云图

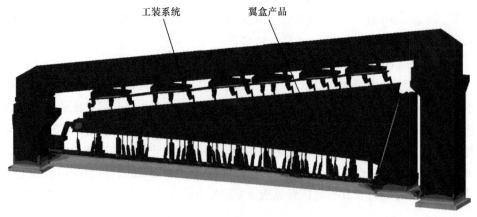

(a) 采用设计的自适应翼盒装配工装系统

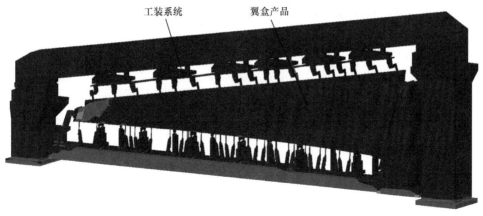

(b) 采用传统翼盒装配工装系统

图 6.21　温度达到 25℃时，翼盒装配系统的应力云图

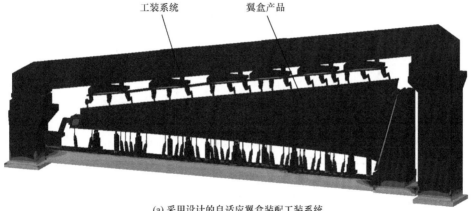

(a) 采用设计的自适应翼盒装配工装系统

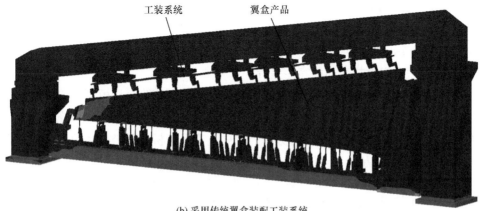

(b) 采用传统翼盒装配工装系统

图 6.22　温度达到 30℃时，翼盒装配系统的应力云图

**表 6.3　采用设计的装配工装系统时翼盒和前后缘定位装置上的最大应力值及其位置**

| 终止温度/℃ | Mises 应力最大值/MPa | | 发生位置 | |
|---|---|---|---|---|
| | 翼盒(产品) | 前后缘定位装置(装配工装) | 翼盒(产品) | 前后缘定位装置(装配工装) |
| 20 | 7.335 | 22.420 | 后缘靠近翼梢处 | 后缘定位装置靠近翼梢处 |
| 25 | 14.690 | 44.830 | 后缘靠近翼梢处 | 后缘定位装置靠近翼梢处 |
| 30 | 22.040 | 67.240 | 后缘靠近翼梢处 | 后缘定位装置靠近翼梢处 |

**表 6.4　采用传统装配工装系统时翼盒和前后缘定位装置上的最大应力值及其位置**

| 终止温度/℃ | Mises 应力最大值/MPa | | 发生位置 | |
|---|---|---|---|---|
| | 翼盒(产品) | 前后缘定位装置(装配工装) | 翼盒(产品) | 前后缘定位装置(装配工装) |
| 20 | 25.480 | 54.430 | 前缘靠近翼梢处 | 后缘定位装置靠近翼梢处 |
| 25 | 50.960 | 108.900 | 前缘靠近翼梢处 | 后缘定位装置靠近翼梢处 |
| 30 | 76.430 | 163.300 | 前缘靠近翼梢处 | 后缘定位装置靠近翼梢处 |

结果表明：当环境温度变化时，采用自适应装配工装系统时，翼盒和装配工装上的装配应力较小。当温度达到 30℃时，采用自适应装配工装系统，翼盒上最大应力为 22.040MPa，基本实现了少应力装配，最大应力位于后梁靠近翼梢处，原因在于热膨胀的锚点在翼根处；前后缘定位装置上最大应力为 67.240MPa，可满足工装接头的安全性要求。

3) 翼盒各组件热变形相容性分析

同样采用上述材料物理属性、边界条件和约束，解除分析模型中前后缘组件与翼根肋和翼梢肋之间的连接关系，使用如图 6.23 所示的变形分析局部坐标系，对翼盒各组件热变形相容性进行分析。其中，变形分析局部坐标系的 $x$ 轴沿重力方向、$y$ 轴沿翼展方向、$z$ 轴沿翼盒厚度方向。

另外，在热变形相容性分析模型的前缘组件、后缘组件和翼梢肋上设置如图 6.24 所示的观测点。理论上，翼梢肋顶部的观测点 $A$、$B$ 与前缘组件的观测点 $A'$、$B'$ 重合，翼梢肋底部的观测点 $C$、$D$ 与后缘组件的观测点 $C'$、$D'$ 重合。当环境温度变化时，受装配工装系统和翼盒组件热变形的影响，各观测点均会发生位移，位移后对应观测点之间距离的大小反映了翼盒装配系统的热变形相容程度。

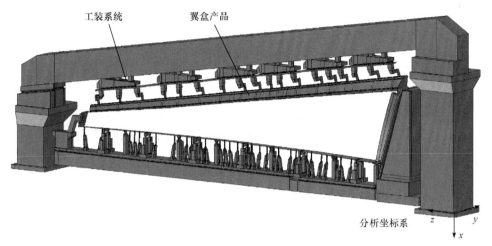

图 6.23　变形分析局部坐标系

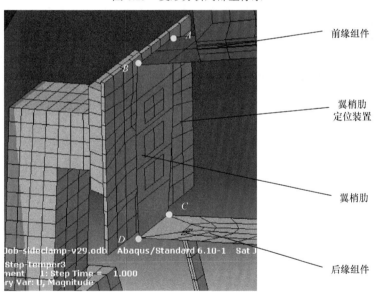

图 6.24　翼盒各组件热变形相容性分析模型的观测点设置

　　在进行有限元分析计算中，初始分析步施加的温度为 15℃，当温度达到 20℃、25℃和 30℃时，分别考察自适应翼盒装配工装系统和传统翼盒装配工装系统下的翼盒和翼盒装配工装的热变形，如图 6.25、图 6.26 和图 6.27 所示，具有配合关系的翼盒各组件上对应观测点之间的距离如表 6.5 和表 6.6 所示，沿翼展方向的距离对比如图 6.28 所示。

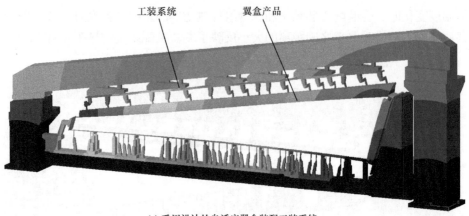

(a) 采用设计的自适应翼盒装配工装系统

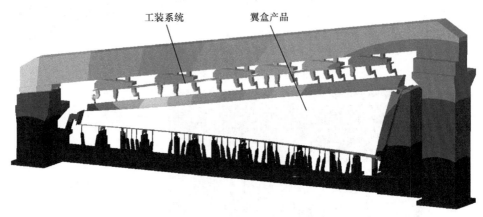

(b) 采用传统翼盒装配工装系统

图 6.25　温度变为 20℃时，翼盒装配系统的总体变形云图

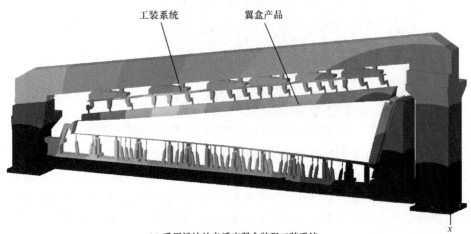

(a) 采用设计的自适应翼盒装配工装系统

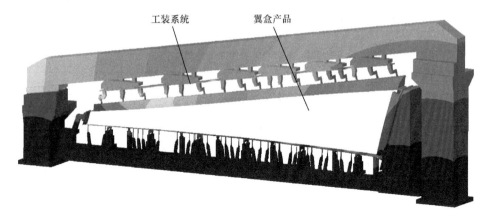

(b) 采用传统翼盒装配工装系统

图 6.26 温度变为 25℃时，翼盒装配系统的总体变形云图

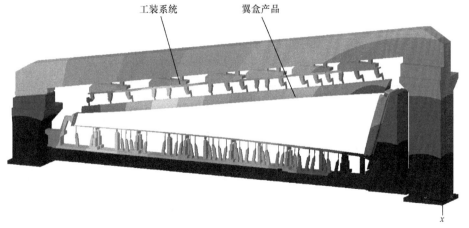

(a) 采用设计的自适应翼盒装配工装系统

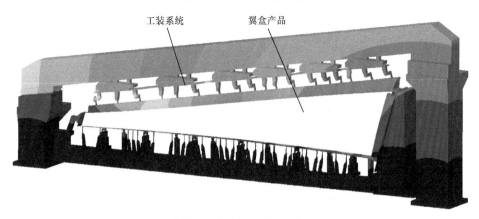

(b) 采用传统翼盒装配工装系统

图 6.27 温度变为 30℃时，翼盒装配系统的总体变形云图

**表 6.5　采用设计的装配工装系统时翼盒各组件对应观测点之间的距离**

| 观测对象 | 观测点对 | 坐标方向 | 不同温度时的距离/mm | | | |
|---|---|---|---|---|---|---|
| | | | 15℃ | 20℃ | 25℃ | 30℃ |
| 翼梢肋与前梁 | A-A′ | U1 方向 | −0.0020 | 0.4805 | 0.9590 | 1.4395 |
| | | U2 方向 | 0.0000 | −0.3926 | −0.7871 | −1.1797 |
| | | U3 方向 | −0.0006 | −0.0436 | −0.0864 | −0.1294 |
| | | 位移总量 | 0.0020 | 0.6220 | 1.2437 | 1.8656 |
| | B-B′ | U1 方向 | 0.0000 | 0.4980 | 0.9961 | 1.4961 |
| | | U2 方向 | 0.0000 | −0.3867 | −0.7754 | −1.1621 |
| | | U3 方向 | −0.0006 | −0.0403 | −0.0797 | −0.1191 |
| | | 位移总量 | 0.0006 | 0.6318 | 1.2648 | 1.8982 |
| 翼梢肋与后梁 | C-C′ | U1 方向 | 0.0000 | 0.0645 | 0.1309 | 0.1953 |
| | | U2 方向 | 0.0000 | −0.0176 | −0.0313 | −0.0469 |
| | | U3 方向 | 0.0009 | 0.0167 | 0.0331 | 0.0492 |
| | | 位移总量 | 0.0009 | 0.0689 | 0.1385 | 0.2068 |
| | D-D′ | U1 方向 | 0.0000 | 0.0527 | 0.1055 | 0.1602 |
| | | U2 方向 | 0.0000 | −0.0215 | −0.0391 | −0.0605 |
| | | U3 方向 | 0.0009 | 0.0161 | 0.0317 | 0.0472 |
| | | 位移总量 | 0.0009 | 0.0592 | 0.1169 | 0.1776 |

**表 6.6　采用传统装配工装系统时翼盒各组件对应观测点之间的距离**

| 观测对象 | 观测点对 | 坐标方向 | 不同温度时的距离/mm | | | |
|---|---|---|---|---|---|---|
| | | | 15℃ | 20℃ | 25℃ | 30℃ |
| 翼梢肋与前梁 | A-A′ | U1 方向 | 0.0000 | 0.6523 | 1.3066 | 1.9590 |
| | | U2 方向 | 0.0000 | −2.4121 | −4.8262 | −7.2402 |
| | | U3 方向 | −0.0001 | −0.3392 | −0.6787 | −1.0181 |
| | | 位移总量 | 0.0001 | 2.5217 | 5.0458 | 7.5694 |
| | B-B′ | U1 方向 | 0.0000 | 0.7168 | 1.4356 | 2.1523 |
| | | U2 方向 | 0.0000 | −2.4023 | −4.8027 | −7.2051 |
| | | U3 方向 | −0.0001 | −0.3357 | −0.6714 | −1.0073 |
| | | 位移总量 | 0.0001 | 2.5294 | 5.0575 | 7.5869 |

续表

| 观测对象 | 观测点对 | 坐标方向 | 不同温度时的距离/mm | | | |
|---|---|---|---|---|---|---|
| | | | 15℃ | 20℃ | 25℃ | 30℃ |
| 翼梢肋与后梁 | C-C′ | U1 方向 | 0.0000 | 0.6914 | 1.3828 | 2.0742 |
| | | U2 方向 | 0.0000 | −0.4707 | −0.9395 | −1.4121 |
| | | U3 方向 | 0.0000 | −0.0530 | −0.1060 | −0.1589 |
| | | 位移总量 | 0.0000 | 0.8381 | 1.6751 | 2.5143 |
| | D-D′ | U1 方向 | 0.0000 | 0.6406 | 1.2813 | 1.9238 |
| | | U2 方向 | 0.0000 | −0.4941 | −0.9863 | −1.4805 |
| | | U3 方向 | 0.0000 | −0.0530 | −0.1061 | −0.1591 |
| | | 位移总量 | 0.0000 | 0.8108 | 1.6204 | 2.4327 |

根据图 6.25～图 6.28 以及表 6.5 和表 6.6 可知，当环境温度变化时采用自适应翼盒装配工装系统，翼盒各组件对应观测点之间的距离相对较小，自适应翼盒装配工装系统更容易保证外翼翼盒装配过程中翼盒各组件的热变形相容性。

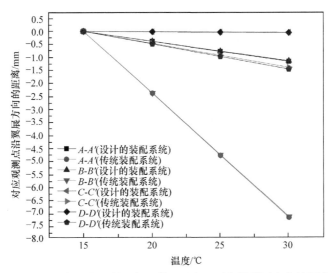

图 6.28　温度变化后翼盒各组件上对应观测点沿翼展方向的距离

通过对比分析可知，相对于采用传统装配工装系统，采用基于多体复杂结构热变形相容性原理设计的自适应翼盒装配工装系统在热变形相容性方面具有显著优越性，在装配过程中其装配工装可以较好地适应翼盒产品的热变形，实现了产品的小应力装配，同时保证了翼盒产品各组件的热变形相容，确保了外翼翼盒的高质量装配。

# 参 考 文 献

[1] Whitney D E. Mechanical Assemblies: Their Design, Manufacture, and Role in Product Development[M]. New York: Oxford University Press, 2004.

[2] 程晖. 大型壁板自动钻铆误差分析与夹持布局优化方法研究[D]. 西安: 西北工业大学, 2011.

[3] Liu S C, Hu S J. Variation simulation for deformable sheet metal assemblies using finite element methods[J]. Journal of Manufacturing Science and Engineering, 1997, 119(3): 368-374.

[4] Liu G, Huan H L, Ke Y L. Study on analysis and prediction of riveting assembly variation of aircraft fuselage panel[J]. International Journal of Advanced Manufacturing Technology, 2014, 75(5): 991-1003.

[5] 梁允奇. 机械制造中的传热与热变形基础(一)[M]. 北京: 机械工业出版社, 1982.

[6] 费业泰. 机械热变形理论及应用[M]. 北京: 国防工业出版社, 2009.

[7] 陈兆年, 陈子辰. 机床热态特性学基础[M]. 北京: 机械工业出版社, 1989.

[8] Moore R E. Methods and Applications of Interval Analysis[M]. Philadelphia: Society for Industrial and Applied Mathematics, 1979.

# 第 7 章　自动化制孔技术及装备

## 7.1　概　　述

机械连接是飞机装配的主要连接方式，一架现代化大型飞机上铆钉、螺栓等紧固件的数量多达 150 万～200 万件。大量紧固件安装过程中，需要在铝合金、钛合金和复合材料构成的叠层结构上加工高质量的铆钉孔或螺栓孔。连接孔的质量对飞机结构件的疲劳寿命有重要影响，现代飞机对制孔精度有很高的要求，如某型国产飞机要求铆钉孔的孔径精度达到 H8，轴线垂直度误差小于 1°，位置精度±0.5mm，窝深精度 0～0.05mm。传统装配中的人工制孔方式存在劳动强度大、制孔精度低、易产生缺陷等问题，无法满足现代飞机制造的需求。自动钻铆机、机器人制孔系统、龙门式自动制孔系统、柔性轨道制孔系统等自动化制孔系统率先在波音、空客等公司得到广泛应用，显著提升了飞机装配的质量和效率[1]。自动钻铆机一般是带有钻铆工作头的固定设备，具有自动化钻孔、锪窝、涂胶、送钉、铆接等功能。自动钻铆机通常需要一套托架系统来进行壁板的定位和夹持，因此，更适合于结构开敞的大型飞机壁板的装配。柔性轨道制孔系统、移动车载制孔系统属于便携式自动化制孔装备，适合于特殊区域或空间狭窄区域的制孔[2]。机器人制孔技术以工业机器人(安装于固定导轨或 AGV 车上)为平台，与制孔末端执行器一起，构成完整的制孔系统，具有运动范围大、姿态调整灵活等优点，近年来备受关注。美国 EI 公司设计制造了一套单侧压紧的机器人自动化钻削系统，被用于波音 F/A-18E/F 飞机的机翼后缘襟翼的制孔[3]。美国洛克希德·马丁公司采用便携式机器人平台、激光定位系统、电磁马达和压脚等装置研制了一套机器人制孔系统，用于 F-35 飞机碳纤维环氧复合材料机翼壁板制孔。北京航空航天大学机器人研究所研发了制孔末端执行器，包括上位机、法向测量单元、姿态调整单元、压紧吸屑单元和主轴进给单元等，与工业机器人构成完整的机器人制孔系统[4]。浙江大学研制了多款制孔末端执行器，与 KUKA 工业机器人集成，在多种新型飞机的研制和批量生产中得到了成功应用[5]。

钛合金、复合材料等材料在飞机结构上的广泛应用，给传统的钻削加工带来了严峻挑战。近年来，航空制造领域发展了一种新型的螺旋铣制孔工艺，采用铣削加工代替钻孔加工，有效抑制了轴向加工力[6]。

目前，国内外学者已经在螺旋铣制孔的加工机理、动力学仿真、刀具设计等方面开展了系列研究，相关研究成果已经在波音公司和空客公司的飞机研制中得到应用。在螺旋铣削加工设备研发方面，瑞典 Novator 公司较具有代表性[7]。近年来，该公司开发的螺旋铣孔设备已经被波音公司批量采购，用于波音 B787 飞机的生产中，并取得了良好的加工效果[7]。该公司也推出了 Twin spin PX3 轻型便携式螺旋铣孔装置，在空客飞机的装配生产线上获得成功应用[8]。浙江大学研制的螺旋铣加工系统成功应用于我国某新型飞机复合材料机翼的装配，取得了良好的应用效果，并在螺旋铣装置、螺旋铣加工刀具、螺旋铣加工软件、控制系统等方面拥有完全自主知识产权[5,6,9,10]。

## 7.2　制孔系统坐标系

无论对于何种类型加工系统，为了实现加工设备空间位置与姿态的精确控制，首先需要建立一套完整的从加工设备到产品之间的空间坐标转换系统。以机器人制孔加工为例，典型的机器人自动化制孔系统由工业机器人、制孔末端执行器、移动平台等部分组成。制孔过程中，移动平台将机器人送至合适的工作站位，机器人则通过自身连杆运动将末端执行器定位至准确的制孔位置，最后由末端执行器完成制孔所需的基准孔检测、法向测量、制孔加工等操作。在数字化装配环境中，移动平台、机器人、传感器、刀具以及产品本身都有自身的坐标系统，只有准确建立各类坐标系之间的转换关系，才能使制孔系统协同工作，高质量完成制孔任务[11]。

### 7.2.1　刀具坐标系

利用机器人运动实现制孔刀具在装配空间中的精确定位，需要准确标定刀具坐标系。在飞机数字化装配中，通常采用激光跟踪测量技术来建立数字化加工系统、辅助装配系统的各类坐标系。基于激光跟踪测量的刀具坐标系构建流程如下。

(1) 机器人分别沿法兰坐标系 $x/y/z$ 向运动，利用激光跟踪仪在每个方向上等间隔采集一组点，用直线拟合方法可获得法兰坐标系 $x/y/z$ 方向。

(2) 机器人分别绕法兰坐标系 $x/y/z$ 轴线转动，等角度间隔采集一组点，用球拟合方法可获得法兰坐标系的原点。

(3) 在主轴上安装末端为球头的芯棒。

(4) 末端执行器主轴沿进给方向运动，测量主轴上一点的运动方向，作为刀具坐标系 $z$ 向。

(5) 取末端执行器工位切换方向(垂直于主轴进给方向)作为刀具坐标系 $x$ 向，刀具坐标系的 $y$ 向可依据坐标系右手法则计算获得。

(6) 通过主轴进给，使芯棒球头处于压脚之外合适位置，测量球心作为工具坐标系的原点。

基于机器人法兰坐标系和刀具坐标系在测量坐标系下的位姿，通过坐标系变换可获得刀具坐标系在机器人法兰坐标系下的位姿。

### 7.2.2  相机坐标系

工业相机是自动化制孔末端执行器所配备的一种重要视觉单元，通过视觉测量基准孔并对孔位进行修正是保证制孔加工位置精度的有效手段。

基准孔测量过程首先由机器人按照测量程序带动末端执行器运动至基准孔名义位置，再由相机测量获得基准孔实际位置与名义位置的偏差值。为避免视觉测量过程中引入阿贝误差，将初始相机坐标系沿光轴方向平移物距之后的新坐标系定义为相机 TCP 坐标系，则相机的新坐标系与基准孔名义坐标系重合，如图 7.1 所示。

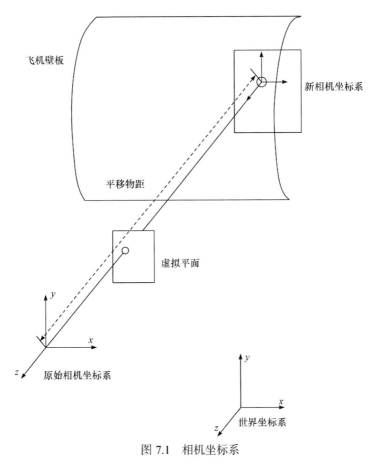

图 7.1　相机坐标系

考虑到基准孔位置和理论位置之间的误差，孔位处实际的加工坐标系的位置和姿态为

$$
\boldsymbol{T}_{\text{HoleFrameActual}} = \boldsymbol{T}_{\text{HoleFrameNominal}}
\begin{bmatrix}
1 & -\varepsilon_z(i) & \varepsilon_y(i) & \delta_x(i) \\
\varepsilon_z(i) & 1 & -\varepsilon_x(i) & \delta_y(i) \\
-\varepsilon_y(i) & \varepsilon_x(i) & 1 & \delta_z(i) \\
0 & 0 & 0 & 1
\end{bmatrix}
\tag{7-1}
$$

考虑到机器人定位引起的误差，实际的相机坐标系位置和姿态为

$$
\boldsymbol{T}_{\text{CameraTCPActual}} = \boldsymbol{T}_{\text{CameraTCPNominal}}
\begin{bmatrix}
1 & -\varepsilon_z(\boldsymbol{\theta}) & \varepsilon_y(\boldsymbol{\theta}) & \delta_x(\boldsymbol{\theta}) \\
\varepsilon_z(\boldsymbol{\theta}) & 1 & -\varepsilon_x(i) & \delta_y(\boldsymbol{\theta}) \\
-\varepsilon_y(\boldsymbol{\theta}) & \varepsilon_x(\boldsymbol{\theta}) & 1 & \delta_z(\boldsymbol{\theta}) \\
0 & 0 & 0 & 1
\end{bmatrix}
\tag{7-2}
$$

由式(7-1)和式(7-2)可知，被测基准孔在相机坐标系下的位置和姿态为[12]

$$
{}^{\text{CameraTCPActual}}\boldsymbol{T}_{\text{HoleFrameActual}} = \boldsymbol{T}_{\text{CameraTCPActual}}^{-1} \boldsymbol{T}_{\text{HoleFrameActual}}
$$

$$
=
\begin{bmatrix}
1 & \varepsilon_z(\boldsymbol{\theta}) - \varepsilon_z(i) & \varepsilon_y(i) - \varepsilon_y(\boldsymbol{\theta}) & \delta_x(i) - \delta_x(\boldsymbol{\theta}) \\
\varepsilon_z(i) - \varepsilon_z(\boldsymbol{\theta}) & 1 & \varepsilon_x(\boldsymbol{\theta}) - \varepsilon_x(i) & \delta_y(i) - \delta_y(\boldsymbol{\theta}) \\
\varepsilon_y(\boldsymbol{\theta}) - \varepsilon_y(i) & \varepsilon_x(i) - \varepsilon_x(\boldsymbol{\theta}) & 1 & \delta_z(i) - \delta_z(\boldsymbol{\theta}) \\
0 & 0 & 0 & 1
\end{bmatrix}
$$

$$\tag{7-3}$$

式中，$\delta_x(\boldsymbol{\theta})$、$\delta_y(\boldsymbol{\theta})$、$\delta_z(\boldsymbol{\theta})$和$\varepsilon_x(\boldsymbol{\theta})$、$\varepsilon_y(\boldsymbol{\theta})$、$\varepsilon_z(\boldsymbol{\theta})$是机器人定位引起的平移和旋转误差；$\boldsymbol{\theta}$是测量基准孔时机器人的各关节角矢量；$\delta_x(i)$、$\delta_y(i)$、$\delta_z(i)$和$\varepsilon_x(i)$、$\varepsilon_y(i)$、$\varepsilon_z(i)$是产品制造与装配引起的基准孔位置和姿态与理论位置的偏差；$i$是基准孔编号。CameraTCPActual 指实际的相机坐标系；HoleFrameActual 指孔位处的加工坐标系。在被测工件平面内，基准孔与相机坐标系之间的相对误差$\delta_x(i) - \delta_x(\boldsymbol{\theta})$和$\delta_y(i) - \delta_y(\boldsymbol{\theta})$可以通过视觉测量系统获得，用于在线修正加工孔位。

当刀具切削单元与视觉测量单元在末端执行器上偏置布置时，相机坐标系可借助专用标定板进行准确标定，如图7.2所示。图7.2右侧所示即为标定板，该装置结合应用条件和末端执行器的结构进行设计，便于定义刀具坐标系、中间坐标系和相机坐标系并建立起三者之间的联系。标定板下部九孔阵列的作用是建立相机像素与距离的关系，以及获得相机轴线与主轴垂直面的夹角。

可以看出，刀具坐标系与中间坐标系之间的关系为

$$
{}^{\text{DrillTCP}}\boldsymbol{T}_{\text{InterCS}} =
\begin{bmatrix}
1 & 0 & 0 & 0 \\
0 & 1 & 0 & -L \\
0 & 0 & 1 & 0 \\
0 & 0 & 0 & 1
\end{bmatrix}
\tag{7-4}
$$

式中，$L$ 是芯棒孔与阵列中心孔之间的距离；DrillTCP 指刀具坐标系；InterCS 指中间坐标系。

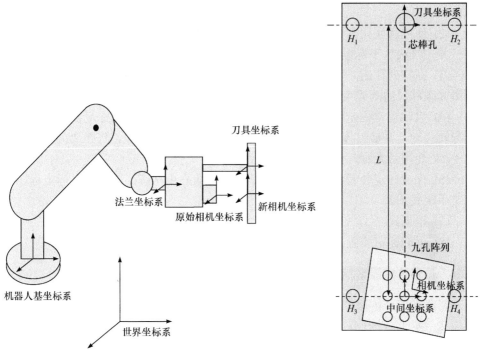

图 7.2　相机标定中涉及的坐标系

将相机坐标系定义在图像的中心，其 $x$ 轴的方向与图像的 $y$ 轴平行，则相机坐标系与中间坐标系之间的关系为

$$
^{\text{InterCS}}\boldsymbol{T}_{\text{CameraTCP}} = \begin{bmatrix} \cos\alpha & -\sin\alpha & 0 & x_0 \\ \sin\alpha & \cos\alpha & 0 & y_0 \\ 0 & 0 & 1 & 0 \\ 0 & 0 & 0 & 1 \end{bmatrix} \tag{7-5}
$$

式中，$[\cos\alpha, \sin\alpha, 0]^{\text{T}}$ 和 $[-\sin\alpha, \cos\alpha, 0]^{\text{T}}$ 是中间坐标系的 $x$ 轴和 $y$ 轴在相机坐标系中的方向矢量；$[x_0, y_0, 0]^{\text{T}}$ 则是中间坐标系的原点在相机坐标系中的位置。

通过矩阵相乘，得到相机坐标系与刀具坐标系之间的手眼关系为

$$
^{\text{DrillTCP}}\boldsymbol{T}_{\text{CameraTCP}} = \begin{bmatrix} \cos\alpha & -\sin\alpha & 0 & -(x_0\cos\alpha + y_0\sin\alpha) \\ \sin\alpha & \cos\alpha & 0 & -L-(y_0\cos\alpha - x_0\sin\alpha) \\ 0 & 0 & 1 & 0 \\ 0 & 0 & 0 & 1 \end{bmatrix} \tag{7-6}
$$

### 7.2.3　手眼关系标定流程

(1) 在末端执行器上装夹标定板装置，确保相机能够完整地拍摄到九孔阵列图像。

(2) 使用激光跟踪仪系统建立机器人制孔系统的法兰坐标系和机器人基坐标系，并记录法兰坐标系在跟踪仪坐标系下的位姿。

(3) 在阵列孔 $H_1$、$H_2$、$H_3$、$H_4$ 中安置靶座和靶球，确保靶球反光镜能够捕捉到激光跟踪仪的激光束，并且靶座与标定板表面的结合要紧密。

(4) 启动视觉标定的自动对焦程序，则末端执行器主轴和标定板装置会一起沿导轨移动，并最终停留在使标定板拍摄平面处于相机摄像正焦距离的位置。

(5) 使用激光跟踪仪建立刀具坐标系。

(6) 保持标定装置和执行器与步骤(5)相同的静止状态，启动视觉标定程序，确定手眼关系。

(7) 根据式(7-3)～式(7-6)进行后续计算。

(8) 拆卸标定装置，手眼关系标定结束。

### 7.2.4　位移传感器坐标系

将激光位移传感器、激光扫描仪、照相机等非接触式测量设备安装于机器人末端法兰盘上，构成对环境具有一定感知功能的智能机器人是机器人的主要发展趋势[13]，这在机器人制孔相关领域得到了许多应用。例如，由多个位移传感器组成的法向测量单元可以在线测量刀具与工件表面的垂直度，制孔系统通过修正刀具轴线方向来保证制孔的法向精度。准确标定位移传感器相对于机器人法兰盘坐标系的安装位置和方向是实现法向测量的前提条件。

本节主要介绍一种基于球面拟合的位移传感器标定模型[14]。如图 7.3 所示，机器人底座 base 坐标系为 $o_w x_w y_w z_w$，法兰盘坐标系为 $o_t x_t y_t z_t$，位移传感器参考点

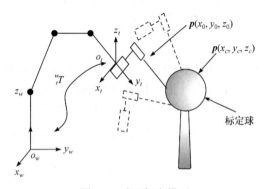

图 7.3　球面标定模型

在法兰盘坐标系下的坐标为 $p(x_0, y_0, z_0)$，方向为 $n(n_x, n_y, n_z)$，$n_x^2 + n_y^2 + n_z^2 = 1$，位移传感器参考点到测量点的距离为 $L$。

测量点在机器人底座 base 坐标系下的坐标为 $p_w(x_w, y_w, z_w)$，位于已知半径 $R$ 的固定球面上，球心为 $p_c(x_c, y_c, z_c)$，并满足空间球面方程：

$$(x_w - x_c)^2 + (y_w - y_c)^2 + (z_w - z_c)^2 = R^2 \tag{7-7}$$

根据法兰盘和机器人基坐标系之间齐次变换关系 ${}_t^w T$ 可得

$$\begin{bmatrix} x_w \\ y_w \\ z_w \\ 1 \end{bmatrix} = {}_t^w T \begin{bmatrix} x_0 + Ln_x \\ y_0 + Ln_y \\ z_0 + Ln_z \\ 1 \end{bmatrix} \tag{7-8}$$

将式(7-8)代入式(7-7)，可得到测量点到球心的距离 $d$：

$$d = f(x, y, z, \alpha, \beta, x_c, y_c, z_c) \tag{7-9}$$

通过控制机器人使激光位移传感器在不同姿态下测量球面上 $m$ 个点，可以得到 $m$ 个形如式(7-9)的等式，其中($\cos\alpha = n_x$, $\cos\beta = n_y$)。则位移传感器标定问题即为求解非线性最小二乘问题：

$$\min_{(x,y,z,\alpha,\beta,x_c,y_c,z_c)} \sum_{i=1}^{m} \left| d_i - R \right|^2 \tag{7-10}$$

为了提高标定精度，降低位移传感器标定工作量，基于标定误差分析，对位移传感器的位置和姿态进行优选。根据球面标定理论模型，可得

$$f = \begin{bmatrix} f_1(\boldsymbol{\omega}, {}_t^w T) - R \\ f_2(\boldsymbol{\omega}, {}_t^w T) - R \\ \vdots \\ f_i(\boldsymbol{\omega}, {}_t^w T) - R \end{bmatrix} + \boldsymbol{\varepsilon} \tag{7-11}$$

式中，$f_i$ 为机器人法兰位姿参数和待标定参数 $\boldsymbol{\omega}(x, y, z, \alpha, \beta, x_c, y_c, z_c)$ 的函数；$\boldsymbol{\varepsilon}$ 为传感器测量误差、机器人运动误差等引起的测量点到球心的距离误差。

引入雅可比辨识矩阵 $J$，并对 $J$ 进行奇异值分解，可得到函数误差$\delta f$与参数误差$\delta\boldsymbol{\omega}$间的关系：

$$\delta f = J\delta\boldsymbol{\omega} = U\Sigma V^{\mathrm{T}}\delta\boldsymbol{\omega} \tag{7-12}$$

式中，$U$、$V$ 为正交矩阵；$\Sigma$ 为对角矩阵：

$$\boldsymbol{\Sigma} = \begin{bmatrix} \sigma_1 & 0 & \cdots & 0 \\ 0 & \sigma_2 & \cdots & 0 \\ \vdots & \vdots & & \vdots \\ 0 & 0 & \cdots & \sigma_m \\ 0 & 0 & \cdots & 0 \\ \vdots & \vdots & & \vdots \\ 0 & 0 & \cdots & 0 \end{bmatrix} \tag{7-13}$$

式中，对角元素 $\sigma_1 \geqslant \sigma_2 \geqslant \cdots \geqslant \sigma_m \geqslant 0$。

基于雅可比辨识矩阵的奇异值分解，可获得在特定位姿下参数辨识的可观测性。指数数值越大，则机器人定位误差和传感器测量误差对标定结果的影响越小，常见的可观测指数为 $O_1 = (\sigma_1, \sigma_2, \cdots, \sigma_m)^{1/m}$，$O_2 = \sigma_m / \sigma_1$ 等。

以可观测指数为准则，得到最优姿态优化流程如下。

(1) 在机器人测量运动空间内随机选取足够多的 $N$ 组测量姿态作为候选姿态。

(2) 在候选姿态中选取 $n(n<N)$ 组姿态作为初始标定姿态，用 $\Omega$ 表示。

(3) 从余下的 $N-n$ 组候选姿态中，选取一个姿态 $\xi^+$ 增加到 $\Omega$，使得增加后的标定姿态 $\Omega^{+1}$ 的可观测指数与 $\Omega$ 相比增加最大。

(4) 从 $\Omega^{+1}$ 中去掉一个姿态 $\xi^-$，使得去掉后的标定姿态 $\Omega$ 可观测指数减小最少。

(5) 重复步骤(3)和(4)直到 $\xi^+$ 与 $\xi^-$ 相等。

表 7.1 是在 KUKA KR360-2 型号六自由度机器人对 Baumer 公司 ch-8501 型激光位移传感器的标定结果，位移传感器标定实例见图 7.4。

**表 7.1　基于球面标定模型激光位移传感器标定结果**

| 编号 | $x$/mm | $y$/mm | $z$/mm | $\alpha$/(°) | $\beta$/(°) |
|------|--------|--------|--------|--------------|-------------|
| 1 | −480.08 | −11.63 | 521.25 | 149.48 | 70.87 |
| 2 | −480.16 | −11.89 | 521.13 | 149.28 | 70.62 |
| 3 | −480.11 | −12.25 | 521.50 | 149.42 | 71.29 |
| 均值 | −480.12 | −11.92 | 521.29 | 149.39 | 70.93 |
| 标准偏差 | 0.04 | 0.31 | 0.19 | 0.10 | 0.34 |

### 7.2.5　设备基坐标系

#### 1. 移动机器人制孔系统底座标定

移动机器人制孔系统是较为典型的机器人制孔系统，由移动底座、工业机器人、末端执行器等部分组成。与附加直线轴的机器人制孔系统相比，移动机器人制孔系统更为灵活，可及范围更广，图 7.5 所示的是浙江大学研制的一套移动机器人制孔系统。该系统被用于某型飞机活动翼面的装配。

图 7.4　位移传感器标定实例

图 7.5　移动机器人制孔系统

制孔系统移动到对应站位后采用锥孔定位，重复定位精度一般在 3～5mm。为满足机器人制孔的位置精度要求，需要对机器人的基坐标系进行标定。采用末端执行器的工业相机进行视觉测量是实现机器人基坐标系在线标定的有效方法。由于单目相机只能测量二维平面内的位置，需要通过其他手段获得垂直于平面方向上的位置信息[15]。在不增加额外位移传感器的情况下，第三维坐标可用粗精结合的自动对焦方法获得，见图 7.6。

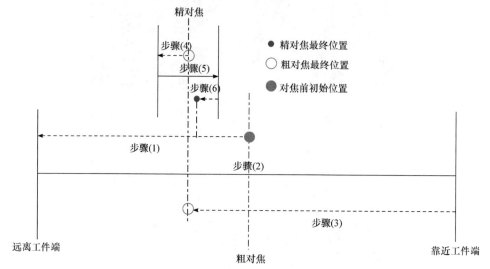

图 7.6　粗精结合的自动对焦方法

其步骤如下。

(1) 移动机器人使相机处于粗对焦区间远离工件的一端。

(2) 粗对焦。移动机器人使相机从远离工件一端移动到接近工件一端并同步连续拍摄工件表面的图片；计算图片清晰度值；查找清晰度最大的图片并确定对应的相机位置。

(3) 粗对焦之后移动到清晰位置。机器人从对焦范围的右边界移动到由图像清晰度计算得到的位置，移动过程中不用计算清晰度，为减少总的对焦时间，本次机器人移动的速度可以设置得大一些，以确定大致的精对焦边界。

(4) 精对焦前的预移动。机器人从当前位置(粗对焦的结果位置)移动到精对焦的左边界，该过程不用计算清晰度，且同样设置较快的运动速度。

(5) 精对焦。移动机器人使相机从精对焦的左边界移动到精对焦的右边界并同步连续拍摄工件表面的图片，计算图片清晰度值，查找清晰度最大的图片并确定对应的相机位置。

(6) 将机器人移动到精对焦获得的最清晰位置。

以激光跟踪仪测量的数据作为参照，二维视觉系统测量的坐标值如表 7.2 所示。可以看出，采用二维视觉测量系统结合自动化对焦方法获得的基准孔三维坐标，可以满足机器人制孔系统底座标定的要求。

表 7.2 二维视觉和激光跟踪测量基准孔结果对比分析

| 孔 | 测量装置 | x/mm | y/mm | z/mm | Δx/mm | Δy/mm | Δz/mm | 距离/mm |
|---|---|---|---|---|---|---|---|---|
| 1 | 激光跟踪仪 | 7247.560 | −1164.633 | −536.407 | 0.343 | −0.467 | 0.196 | 0.611 |
|   | 二维视觉系统 | 7247.903 | −1165.100 | −536.211 |   |   |   |   |
| 2 | 激光跟踪仪 | 8042.603 | −1885.959 | −504.619 | −0.248 | 0.048 | −0.001 | 0.252 |
|   | 二维视觉系统 | 8042.355 | −1885.911 | −504.620 |   |   |   |   |
| 3 | 激光跟踪仪 | 8034.369 | −1879.627 | −88.960 | −0.421 | 0.235 | 0.101 | 0.492 |
|   | 二维视觉系统 | 8033.948 | −1879.392 | −88.859 |   |   |   |   |
| 4 | 激光跟踪仪 | 7231.964 | −1151.619 | −122.696 | 0.038 | −0.142 | 0.052 | 0.155 |
|   | 二维视觉系统 | 7232.002 | −1151.761 | −122.644 |   |   |   |   |
| 5 | 激光跟踪仪 | 7322.578 | −1231.839 | −425.386 | 0.115 | −0.126 | 0.377 | 0.413 |
|   | 二维视觉系统 | 7322.693 | −1231.965 | −425.009 |   |   |   |   |
| 6 | 激光跟踪仪 | 7962.880 | −1813.111 | −400.910 | −0.302 | 0.082 | 0.006 | 0.312 |
|   | 二维视觉系统 | 7962.578 | −1813.029 | −400.904 |   |   |   |   |
| 7 | 激光跟踪仪 | 7958.617 | −1809.933 | −197.995 | −0.380 | 0.541 | 0.126 | 0.673 |
|   | 二维视觉系统 | 7958.237 | −1809.392 | −197.869 |   |   |   |   |
| 8 | 激光跟踪仪 | 7315.031 | −1225.603 | −224.023 | −0.089 | −0.081 | 0.277 | 0.302 |
|   | 二维视觉系统 | 7314.942 | −1225.684 | −223.746 |   |   |   |   |

采用机器人末端执行器上的视觉测量系统测量每个活动翼面工作站位固定工装上的基准孔，一方面，可以获得这些基准孔在机器人基坐标系下的三维坐标值；另一方面，这些基准孔在飞机装配坐标系下的三维坐标值经过标定后是已知的。通过匹配基准孔在飞机装配坐标系和机器人基坐标系下的两组坐标值，可以通过最小二乘方法计算出机器人基坐标系在飞机装配坐标系下的位置和姿态[16]。

根据两组数据的对应关系，可得

$$p_A^i = R p_R^i + P \tag{7-14}$$

式中，$p_A^i = \left[x_A^i, y_A^i, z_A^i\right]^\mathrm{T}$ $(i=1, 2, \cdots, n)$和 $p_R^i = \left[x_R^i, y_R^i, z_R^i\right]^\mathrm{T}$ $(i=1, 2, \cdots, n)$分别是基准孔在装配坐标系下和机器人基坐标系下的坐标值；$R$ 和 $P$ 是机器人基坐标系相对于装配坐标系的旋转矩阵和平移矢量。

用 $z, y, z$ 旋转顺序的欧拉角 $A, B, C$ 表示旋转矩阵 $\boldsymbol{R} = \boldsymbol{R}_z(A)\,\boldsymbol{R}_y(B)\,\boldsymbol{R}_z(C)$：

$$\boldsymbol{R}_z(A) = \begin{bmatrix} \cos A & -\sin A & 0 \\ \sin A & \cos A & 0 \\ 0 & 0 & 1 \end{bmatrix} \tag{7-15}$$

$$\boldsymbol{R}_y(B) = \begin{bmatrix} \cos B & 0 & \sin B \\ 0 & 1 & 0 \\ -\sin B & 0 & \cos B \end{bmatrix} \tag{7-16}$$

$$\boldsymbol{R}_z(C) = \begin{bmatrix} \cos C & -\sin C & 0 \\ \sin C & \cos C & 0 \\ 0 & 0 & 1 \end{bmatrix} \tag{7-17}$$

由于制造误差和测量不确定度等因素，对于所有数据点来说并不一致，一般采用最小二乘拟合方法来求解如下的机器人基坐标系标定问题：

$$\arg \min_{x, y, z, A, B, C} \sum_{i=1}^{n} \left\| \boldsymbol{p}_A^i - (\boldsymbol{R}\boldsymbol{p}_R^i + \boldsymbol{P}) \right\|^2 \tag{7-18}$$

2. 附加直线轴的机器人制孔系统

为拓展机器人制孔系统的覆盖区域，常常将机器人制孔系统安装于直线移动平台，如图 7.7 所示。涉及的机器人制孔坐标系包括机器人法兰坐标系(Tool0)、

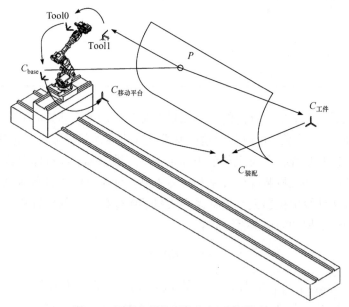

图 7.7　机器人制孔系统坐标系及其关系

机器人工具坐标系(Tool1)、机器人基坐标系($C_{base}$)、移动平台坐标系、产品坐标系和装配现场坐标系。

机器人平台在导轨上的位置由机器人平台控制器定义，不同位置对应不同的机器人基坐标系 $C_{base}$(相对于装配现场坐标系 $C_{装配}$)。为实现机器人运动控制，首先需要精确标定机器人基坐标系 $C_{base}$ 与平台位置之间的关系。在机器人应用中，坐标系通常由 6 元数组$(x, y, z, A, B, C)$描述，其中$(x, y, z)$是坐标系的原点，$(A, B, C)$是坐标系的欧拉角。

当机器人平台在导轨上运动时，其位置和姿态可表示为

$$
\begin{bmatrix} x \\ y \\ z \\ A \\ B \\ C \end{bmatrix} = \begin{bmatrix} X_0 + sV_x \\ Y_0 + sV_y \\ Z_0 + sV_z \\ A_0 \\ B_0 \\ C_0 \end{bmatrix} \tag{7-19}
$$

式中，$s(0 \leqslant s \leqslant L)$为机器人平台在导轨上的一维运动坐标；$[V_x, V_y, V_z]^T$为机器人底座在导轨上的运动方向；$[X_0, Y_0, Z_0, A_0, B_0, C_0]^T$是机器人底座在导轨上处于 $s = 0$ 初始位置时，机器人底座的坐标系。

机器人底座在导轨上的运动方向以及机器人底座在初始位置的坐标系可以利用激光跟踪仪等设备在工作现场测量获得。利用式(7-19)计算机器人底座坐标系时，假定机器人平台沿着导轨的运动是理想的直线运动。为了获得更加精确的机器人底座坐标系，可利用机器人平台运动重复性高的特点，测量平台处于不同位置时的多个坐标系，用查表和插值方法获得精度更高的任意位置机器人基坐标系。例如，在将机器人制孔系统应用于某型号后机身制孔时，使用激光跟踪仪测量了机器人平台处于多个不同位置时的机器人底座坐标系(参见表 7.3)，并根据这些测量数据，获得精确的平台任意位置的机器人底座坐标系。

**表 7.3　机器人平台处于多个位置时机器人底座的坐标系**

| $s$/mm | $x$/mm | $y$/mm | $z$/mm | $A$/(°) | $B$/(°) | $C$/(°) |
|---|---|---|---|---|---|---|
| 0 | 4285.264 | 25975.010 | 1138.034 | −90.067 | −0.013 | −0.013 |
| 1500 | 4275.016 | 27471.140 | 1011.463 | −90.045 | −0.040 | 0.030 |
| 2200 | 4278.179 | 28168.460 | 947.494 | −90.049 | −0.043 | 0.014 |
| 3000 | 4275.743 | 28965.750 | 879.009 | −90.043 | −0.044 | 0.062 |
| 4000 | 4285.014 | 29961.390 | 790.834 | −90.059 | −0.038 | −0.010 |
| 4500 | 4284.721 | 30459.300 | 759.417 | −90.056 | −0.021 | 0.038 |
| 5000 | 4296.667 | 30956.140 | 688.594 | −90.078 | −0.059 | −0.070 |
| 5500 | 4281.538 | 31456.450 | 669.604 | −90.049 | −0.027 | 0.040 |

续表

| s/mm | x/mm | y/mm | z/mm | A/(°) | B/(°) | C/(°) |
|---|---|---|---|---|---|---|
| 6000 | 4291.113 | 31953.090 | 608.386 | −90.065 | −0.051 | −0.014 |
| 6500 | 4272.928 | 32453.000 | 586.201 | −90.034 | −0.018 | 0.025 |

# 7.3　自动化制孔精度保障技术

## 7.3.1　制孔位置修正

机器视觉是通过光学装置和非接触传感器自动接受和处理一个真实物体的图像，分析图像获得所需信息，用于控制机器运动的装置。机器视觉是自动制孔系统中位置精度补偿技术的重要组成部分，具有灵活性强、易于实现系统集成、经济性好和可实现非接触式在线测量等优点[17]。视觉测量系统由硬件和软件两大部分组成，系统总体架构如图 7.8 所示。

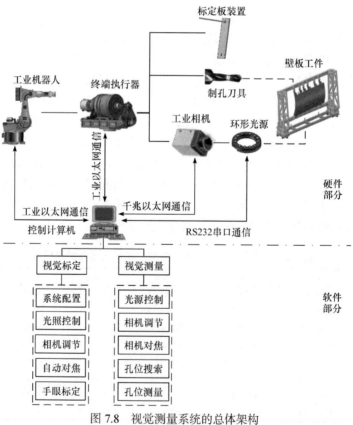

图 7.8　视觉测量系统的总体架构

视觉测量系统的硬件部分主要包括控制计算机、工业相机、环形 LED 光源、标定板等。系统各部件采用不同的方式与计算机控制系统进行通信，例如工业机器人和末端执行器采用工业以太网通信，工业相机采用千兆以太网通信，环形光源采用 RS232 串口通信等。

系统的软件部分包括视觉标定和视觉测量两个模块，如图 7.9 所示。前者用于相机内外参数和手眼关系的标定，仅在制孔系统准备时使用。后者用于基准孔测量或孔位修正，在制孔过程中会被多次调用。视觉测量的一般流程主要有光源控制、相机调节、相机对焦、孔位搜索和孔位测量。孔位测量由单步测量和迭代测量两种方式，一般采用单步测量与对中结合的方式。

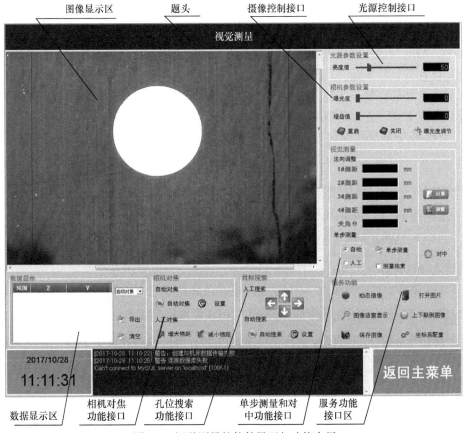

图 7.9　视觉测量的软件界面与功能布局

飞机机身和机翼壁板局部平直，因此可以基于基准孔的在线测量对孔位进行有效修正。对于四边形制孔区域，一般可以将基准孔定义在四边形区域的四个角点上，如图 7.10 所示。

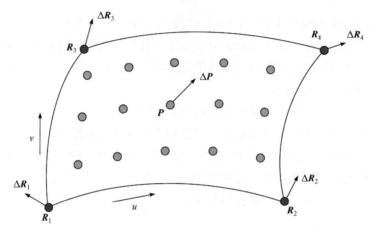

图 7.10　四边形制孔区域及其基准孔

图中，$\Delta R_1$、$\Delta R_2$、$\Delta R_3$、$\Delta R_4$ 是修正矢量，即视觉测量得到的基准孔实际位置与理论位置的偏差矢量。为了修正区域内部的理论孔位 $P$，需要根据基准孔的修正矢量来合理确定修正矢量$\Delta P$。显然，$\Delta P$ 取决于孔位 $P$ 与基准孔之间的位置关系，靠近孔位 $P$ 的基准孔对偏移矢量$\Delta P$ 的影响更大[18]。计算偏移矢量的步骤如下。

(1) 根据基准孔构建一张双线性插值曲面：

$$S(u,v) = (1-v)\big[(1-u)R_1 + uR_2\big] + v\big[(1-u)R_3 + uR_4\big] \tag{7-20}$$

式中，$(u,v) \in [0,1] \times [0,1]$。

(2) 根据基准孔修正矢量构建一张双线性插值曲面：

$$\Delta P(u,v) = (1-v)\big[(1-u)\Delta R_1 + u\Delta R_2\big] + v\big[(1-u)\Delta R_3 + u\Delta R_4\big] \tag{7-21}$$

式中，$(u,v) \in [0,1] \times [0,1]$。

(3) 基于式(7-20)和式(7-21)建立理论孔位和修正矢量之间的对应关系。将理论孔位 $P$ 投影到双线性插值曲面公式(7-20)，可以得到相应的参数$\left(u^*, v^*\right)$。

(4) 将参数$\left(u^*, v^*\right)$代入到修正矢量式(7-22)，可以得到孔位 $P$ 对应的修正矢量

$$\Delta P\left(u^*, v^*\right) = \left(1-v^*\right)\big[\left(1-u^*\right)\Delta R_1 + u^*\Delta R_2\big] + v^*\big[\left(1-u^*\right)\Delta R_3 + u^*\Delta R_4\big] \tag{7-22}$$

### 7.3.2　制孔法向修正

法向精度是自动化制孔中的重要质量指标，对飞机结构的疲劳强度有着决定性的影响。美国波音公司的研究表明，当紧固件沿外载荷作用方向倾斜角度大于2°时，疲劳寿命降低约47%，倾斜角度大于5°时，疲劳寿命降低约95%。然而，由于实际产品与理论数模之间存在一定的差异，采用离线编程系统生成的制孔文

件进行制孔时，并不能保证制孔刀具与飞机壁板表面垂直度。为了实现精确制孔，保证制孔质量，在制孔前需要进行法向偏差修正。目前，自动化制孔系统通过在末端执行器上集成由多个长度测量传感器(如激光位移传感器、电涡流传感器等)组成的法向测量单元，并在制孔控制软件里配以相应的法向计算程序来实现法向测量与修正。

　　对于已经标定的位移传感器，根据其在末端执行器上的安装位置、安装方向及实际测量的距离能够计算出产品表面被测位置的坐标。如图 7.11 所示，激光发射点的位置为 $P_1$、$P_2$、$P_3$、$P_4$，对应飞机壁板上的光斑点位置为 $Q_1$、$Q_2$、$Q_3$、$Q_4$，激光位移传感器测量的长度值为 $L_1$、$L_2$、$L_3$、$L_4$。

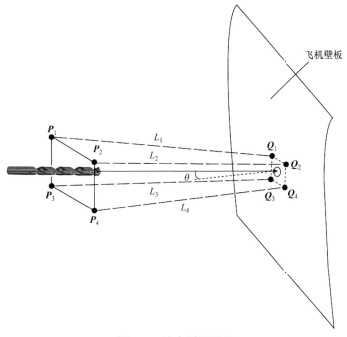

图 7.11　法向测量原理

　　假设激光位移传感器相对于机器人法兰的安装位置和方向分别为 $P(x_i, y_i, z_i)$ 和 $N(n_{xi}, n_{yi}, n_{zi})$，可以计算出制孔部位周边的 4 个光斑点的坐标

$$Q_i = \left[ x_i + L_i n_{xi}, y_i + L_i n_{yi}, z_i + L_i n_{zi} \right]^{\mathrm{T}}, \quad i = 1,2,3,4 \tag{7-23}$$

　　考虑到飞机壁板曲面的曲率较小，并且激光位移传感器在安装时为倾斜安装，使得 4 束激光线在一定范围内是汇聚的，在飞机壁板上 4 个光斑点之间的距离比较近，分布范围比较小，产品表面被测局部区域近似于平面，因此可对多个测量点坐标拟合平面来计算产品表面的法向。

在制孔过程中，系统能够自动获取激光位移传感器的测量数据，计算制孔法向偏差，并且控制机器人自动完成制孔的法向调整和修正。由于位移传感器标定误差、测量误差及机器人定位误差的存在，经过一次调整后，刀具轴向与孔位法向之间的夹角可能仍然无法满足精度要求，需再次调整，直到其满足精度要求为止。机器人自动化制孔法向测量及修正的流程如图 7.12 所示。

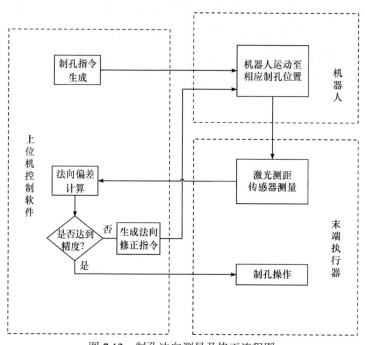

图 7.12　制孔法向测量及修正流程图

### 7.3.3　锪窝深度补偿

自动化制孔一般采用钻锪一体式组合刀具，实现钻孔、锪窝功能。窝的深度直接由刀具的进给量决定，因此要想控制锪窝深度，刀具的进给量必须受到严格控制。但是当刀具接触到工件时，两者之间的作用力与反作用力会使工件变形或设备让刀，相对于执行器有一个"后退"的动作，如图 7.13 所示。若刀具按照预先设置的进给量运动，则锪窝深度会偏小，并且在主轴高速钻削时，工件的变形是实时变化的，简单的位置补偿无法满足要求。制孔过程中，在气动压紧力作用下压脚始终紧贴工件表面，工件在进给轴方向上的变形和设备让刀量等于压脚相对于执行器底座的偏移量，为此，在压脚和执行器底座之间需安装绝对光栅，实时测量压脚相对于执行器底座的位移，即工件受压的变形。为了控制锪窝深度，将该变形补偿到预先设置的最终进给量中，则新得到的进给量为进给轴相对于压脚的移动距离[19]。

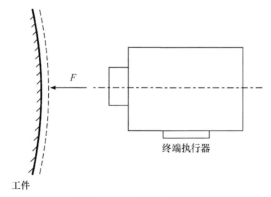

图 7.13　工件受压变形

　　进给系统闭环控制原理如图 7.14 所示，首先给定位置指令，与进给位置的反馈值以及压脚反馈的位置补偿值依次作偏差，经过控制器以及机械传递得到实际进给位置，因此，进给系统控制的是进给轴与压脚的相对位置。当刀具高速切削工件时，会引起工件振动，由于压脚一直紧贴工件表面，所引入的实时补偿将导致进给轴作出相同频率的振动，这使得加工孔的表面质量不能满足要求。一般来说，压脚振动频率范围在几十赫兹至几百赫兹，需要通过低通滤波器消除。

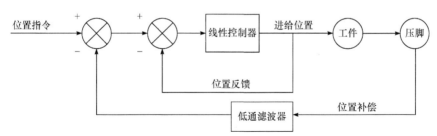

图 7.14　进给系统闭环控制框图

　　以平面和圆弧面航空铝合金 7075 试切件制孔为例，当制孔工艺参数为主轴转速为 8000r/min、进给切削速度为 800mm/min 时，窝深控制效果如表 7.4 所示。其中 $d$ 为刀具直径，$P_c$ 为指令位置，$P_a$ 为实际到达位置，$P_e$ 为位置偏差，$C_d$ 为锪窝深度。可以看出，采用压脚位置实时补偿后，自动化制孔能够得到比较一致的锪窝深度，误差控制在 0.02mm 以内。

表 7.4　锪窝深度测量结果

| 编号 | 工件类型 | $d$/mm | $P_c$/mm | $P_a$/mm | $P_e$/mm | $C_d$/mm |
|---|---|---|---|---|---|---|
| 1 | 平面 | 9.8 | 53 | 53.003 | 0.003 | 2.36 |
| 2 | 平面 | 9.8 | 53 | 53.003 | 0.003 | 2.36 |
| 3 | 平面 | 9.8 | 53 | 53.003 | 0.003 | 2.36 |

| 编号 | 工件类型 | $d$/mm | $P_c$/mm | $P_a$/mm | $P_e$/mm | $C_d$/mm |
|------|---------|--------|----------|----------|----------|----------|
| 4 | 平面 | 9.8 | 53 | 53.004 | 0.004 | 2.36 |
| 5 | 平面 | 5.8 | 53 | 53.003 | 0.003 | 1.64 |
| 6 | 平面 | 5.8 | 53 | 53.005 | 0.005 | 1.62 |
| 7 | 平面 | 5.8 | 53 | 53.004 | 0.004 | 1.64 |
| 8 | 平面 | 5.8 | 53 | 53.003 | 0.003 | 1.64 |
| 9 | 圆弧面 | 5.8 | 53 | 53.003 | 0.003 | 1.60 |
| 10 | 圆弧面 | 5.8 | 53 | 53.004 | 0.004 | 1.60 |
| 11 | 圆弧面 | 5.8 | 53 | 53.003 | 0.003 | 1.62 |
| 12 | 圆弧面 | 5.8 | 53 | 53.003 | 0.003 | 1.62 |
| 13 | 圆弧面 | 5.8 | 53 | 53.003 | 0.003 | 1.62 |
| 14 | 圆弧面 | 5.8 | 53 | 53.002 | 0.002 | 1.60 |
| 15 | 圆弧面 | 5.8 | 53 | 53.003 | 0.003 | 1.62 |
| 16 | 圆弧面 | 5.8 | 53 | 53.003 | 0.003 | 1.62 |

除了采用光栅尺外，还可以采用长度计。长度计一般安装在主轴侧面，触头端抵在压脚的一个基准平面上。锪窝的工件变形和设备让刀量会通过长度计的读数与锪窝的设定值之差表示出来。原理与光栅尺补偿方法相同。

# 7.4 自动化钻孔刀具

## 7.4.1 钻锪一体化复合刀具

飞机上紧固件孔要求表面粗糙度低。为了保证飞机外表面光滑，减少空气阻力，要求机身、机翼外蒙皮表面的紧固件孔在钻孔后进行锪窝，紧固件插入连接孔后，钉头与蒙皮外表面平齐或稍有凹凸(因机型差异而略有不同)。为了达到紧固件连接孔的精度要求，传统工艺是用钻头钻初孔，然后用大直径钻头扩孔，再用一系列直径依次增大的铰刀铰孔，每刀的铰削用量约为 0.5mm，这样每个连接孔要经过多次加工才能完成。此外，连接孔加工达到直径要求后，还要单独进行锪窝，这进一步增加了刀具用量，降低了效率。又因为连接孔和锥窝是分开加工，所以孔和锥窝的同轴精度会受到影响。近年来，航空工业开始采用高速精确制孔复合刀具，可以一次性实现现有工艺中的钻、铰、锪窝加工，提高了孔表面精度和加工效率，减少了刀具数量，提高了经济效益。刀具夹持部位有一个台阶面，该台阶面可以定位刀具锪刃的位置，从而保证了锪窝的深度。因此，末端执行器更换新刀具后，可以直接加工，无须为了确定锪刃的位置而重新确定刀具零点，进一步提高了加工效率。在制孔质量方面，高速精确制孔复合刀具一次性钻、铰、锪窝后，铝合金的孔表面粗糙度可达到 $R_a1.6$，远远高于普通刀具的制孔质量。

图 7.15 所示为一款典型的钻锪复合刀具，刀具本体一端顺次设有锪刃、双螺旋侧刃、底刃。双螺旋侧刃的螺旋角为 30°～40°；底刃分为横刃、粗加工刃和精加工刃三段，两个粗加工刃之间的夹角为 120°～150°，两个精加工刃之间的夹角为 60°～65°；螺旋侧刃与锪刃设有过渡圆角；刀具柄部设有台阶定位面。

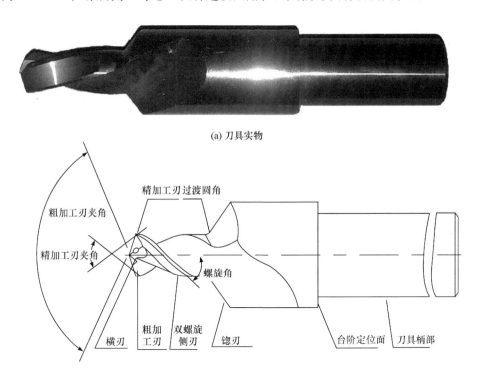

(a) 刀具实物

(b) 刀具模型

图 7.15　钻锪一体化复合加工刀具

钻锪一体化制孔如图 7.16 所示。工件上紧固件孔是由孔壁和孔顶端的锥窝组成。复合刀具在工件上钻通孔后，继续进给，利用复合刀具的锪刃加工出锥窝，同时也加工出孔壁与锥窝之间的过渡圆角。因为刀具损坏需要换上新刀具时，利用刀柄的定位台阶定位刀具，即可确定锪刃的位置，也就保证了锥窝深度[20]。

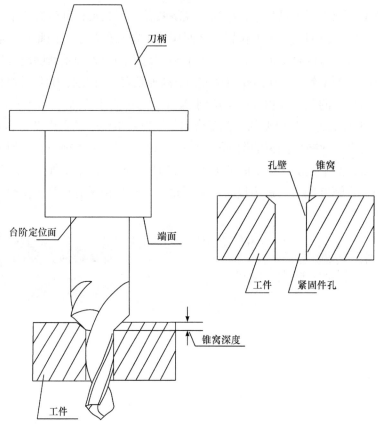

图 7.16　钻锪加工示意图

### 7.4.2　钻锪制孔加工工艺

1. 铝合金螺栓孔和铆钉孔

飞机上铆钉可以高出飞机表面0.15mm，允许铆钉间距误差±1mm，垂直度≤2°，孔不垂直引起的钉头与表面单向间隙0.05mm，孔壁表面粗糙度 $R_a3.2$。螺栓孔精度要求：允许锪窝深度偏差 0.1mm，与紧固件孔表面的垂直度≤0.25°，孔位位置偏差±0.5mm。对于铝合金螺栓孔和铆钉孔，采用钻-锪-铰复合刀具来实现孔的一步成形。直径 6mm 铝合金孔一般采用如下加工参数：主轴转速 8000r/min，切削进给速度 800mm/min。图 7.17 为铝合金钻锪铰孔的曲面试样，孔壁的表面粗糙度小于 $R_a1.6$。

2. 钛合金螺栓孔

钛合金是一种难以加工的材料，刀具磨损严重，不适合高速加工，而且采用钻-锪-铰复合刀具一次性制出的孔表面质量较差。根据钛合金的加工特性，要求刀具材料必须具有足够的硬度、耐磨性，以承受很大的扭转力和轴向切削力，同时减少加工硬化。刀具材料与钛合金亲和能力如果较差，容易形成浴敷，扩散成合金而造成粘刀、断钻等现象。为了提高加工表面的质量，采用双工位末端执行器，一个主轴钻底孔，另一个主轴采用铰-锪复合刀具进行铰孔和锪窝。图 7.18 为复材与钛合金叠层制孔的曲面试样。

图 7.17　铝合金一次性钻锪铰孔试样

图 7.18　钛合金钻铰加工表面质量

# 7.5　螺旋铣制孔技术

　　碳纤维复合材料和钛合金构成的装配叠层极难加工，干切削的严苛条件容易导致复材损伤、钛合金烧伤、刀具磨损，严重影响新一代飞机的装配质量和装配效率。螺旋铣技术是一种全新的制孔工艺，具有轴向切削力小、散热好等优势，是解决钛合金/复合材料叠层加工难题的有效途径，近年来获得航空工业广泛关注。螺旋铣技术的显著特点是螺旋铣刀具的运动由三部分组成，分别是刀具绕其自身轴线的自转、刀具绕加工孔中心轴线的公转以及刀具的轴向进给运动，这三种运动的合运动使刀具绕孔中心以螺旋进给的方式切入并去除工件材料。其中，刀具的自转运动是螺旋铣刀具切削运动的主运动，而螺旋铣切削运动的进给运动包括刀具的周向进给(绕孔中心轴线公转)及轴向进给运动两部分。相关的螺旋铣制孔末端执行器主要由刀具自转机构、公转机构、孔径调整机构和轴向进给机构四部分组成，分别实现螺旋铣加工过程中自转、公转、偏心设定和轴向进给四项功能。其中，偏心调整机构是关键部件，直接关系到孔径精度。

　　图 7.19 所示为螺旋铣孔加工过程的示意图，图中刀具直径为 $D_T$，螺旋角为 $\beta$，齿数为 $N$，加工的孔直径为 $D_H$，刀具相对孔中心的偏移量用 $e$ 表示，并满足 $e=(D_H-D_T)/2$；刀具主轴的自转转速用 $n_z$ 表示，刀具绕孔中心轴线的公转转速为 $n_g$；$a_p$ 表示每公转一圈刀具沿轴向的进给量，即刀具中心绕孔中心轴线公转一圈的轴向进给深度[5]。

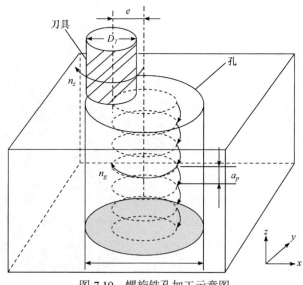

图 7.19　螺旋铣孔加工示意图

螺旋铣孔加工时，刀具的切削运动可分解为垂直于刀具轴线平面上的周向切削运动和平行于刀具轴线方向上的轴向切削运动，如图 7.20 所示。

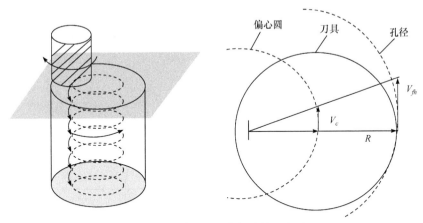

图 7.20 螺旋铣工艺参数计算示意图

在垂直于刀具轴线的平面上，刀具中心以及刀具最外端侧刃的切削速度 $v_h$ 和 $v_{fh}$ 分别为

$$v_h = \frac{2\pi n_g e}{60} \tag{7-24}$$

$$v_{fh} = \frac{2\pi n_g e + \pi n_z D_T}{60} \tag{7-25}$$

式中，$v_h$ 与 $v_{fh}$ 单位均为 mm/s；$n_g$ 与 $n_z$ 单位均为 r/min。

螺旋铣刀具自转一圈过程中，刀具的进给运动包括周向进给和轴向进给两部分，因此刀具每齿的切向进给量 $f_{zt}$ 和每齿的轴向进给量 $f_{za}$ 为

$$f_{zt} = \frac{2\pi n_g e}{N n_z} \tag{7-26}$$

$$f_{za} = \frac{n_g a_p}{N n_z} \tag{7-27}$$

式中，$f_{zt}$ 和 $f_{za}$ 单位为 mm/z。

在垂直于刀具轴线的平面内分别定义以孔中心为原点的工件坐标系 $OXYZ$ 和以刀具中心为原点的刀具坐标系 $oxyz$，如图 7.21 所示。

加工过程中工件坐标系保持不动，刀具坐标系随刀具一起转动，并规定在 $t = 0$ 时刻，刀具坐标系原点静止于工件坐标系 $X$ 轴上。刀具中心的运动轨迹方程可表达为

$$\begin{cases} x_{o'} = e\cos\theta \\ y_{o'} = e\sin\theta \\ z_{o'} = -n_g a_p t / 60 \end{cases} \tag{7-28}$$

式中, $\theta$ 为刀具坐标系轴线相对于工件坐标系轴线公转转过的角度; $n_g$ 单位为 r/min。

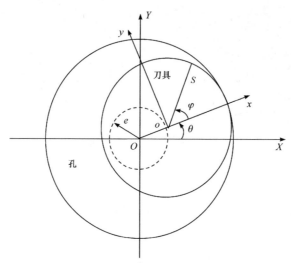

图 7.21　螺旋铣运动学坐标系示意图

切削刃上各点的运动轨迹与公转和自转转速比有关。假设刀具切削刃上任一点 $S$ 距刀具中心径向距离 $R_r$ , 轴向距离为 $z_0$ , 则点 $S$ 在工件坐标系下的坐标由 $t, n_z, n_g, a_p, e, R_r, z_0$ 等参数共同确定, 在加工开始后 $t$ 时刻, 点 $S$ 在工件坐标系下的运动轨迹方程为

$$\begin{cases} x_s = e \cdot \cos\left(2\pi n_g t\right) - R_r \cdot \cos\left(2\pi n_g t + 2\pi n_z t\right) \\ y_s = e \cdot \sin\left(2\pi n_g t\right) + R_r \cdot \sin\left(2\pi n_g t + 2\pi n_z t\right) \\ z_s = z_0 - a_p n_g t \end{cases} \tag{7-29}$$

通过刀具切削刃上各点轨迹方程的计算, 可以模拟出各个切削刃的运动轨迹, 进而获得加工表面及未成形切屑的形态特征。图 7.22 为螺旋铣孔刀具稳定加工过程中工件加工表面的仿真结果, 不难看出, 螺旋铣孔加工时存在两种加工方式: 刀具端刃的切削及侧刃的铣削。

### 7.5.1　螺旋铣制孔刀具

1. 专用刀具的设计

螺旋铣孔过程中有两种切削加工同时进行, 即侧刃的铣削和端刃的切削。在实际的螺旋铣孔过程中，刀具自转加公转的特殊运动形式形成了刀具与工件接触的特殊性以及不同切削刃对最终加工结果的不同影响：侧刃直接与孔壁接触，对制孔质量有着直接的影响；端部切削刃不与孔壁接触，对孔壁质量的直接影响较小，但端部切削刃会影响切屑形状、轴向切削力和刀具寿命。因此，通过合理设计端部切削刃的形式来减轻侧刃的切削负担对制孔质量及刀具的寿命都会有显著的提升。借鉴群钻对麻花钻的改进，改变传统立铣刀直线型端部切削刃，可以设计出具有分布式多点阵端部切削刃的螺旋铣孔专用刀具。分布式多点阵端部切削刃具有诸多优势：降低侧刃的切削比例，延长刀具使用寿命；减小切屑尺寸，促进排屑；提高加工孔壁和出口质量。

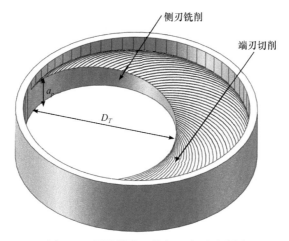

图 7.22　螺旋铣孔工件加工表面示意图

图 7.23 所示的螺旋铣孔专用刀具的端部切削刃含有四个刀齿，刀齿有 S、W

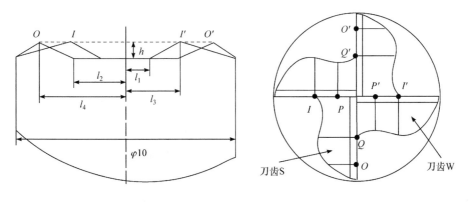

(a) 多点阵端部切削刃正视图　　　　　　　(b) 多点阵端部切削刃俯视图

图 7.23　分布式多点阵端部切削刃

两种形式，对称呈垂直分布。为了避免刀柄在加工中与孔壁接触，影响孔壁质量，刀具柄部直径一般小于刀头直径。在刀具的切削刃上采用有刃带的双重后刀面，能有效增加切削部分的强度，增大散热面积。冷却孔位置由传统的刀具底部变为刀齿的齿背，能有效避免因切屑导致的冷却孔堵塞现象。由中心孔引出四个斜向冷却孔，开口位于各个刀齿的齿背上，开口方向正对各个端部切削刃前刀面，使冷却作用更具有针对性，同时能使切屑与前刀面尽快分离，降低刀具磨损[9,10]。

### 2. 专用刀具的分屑效果

在螺旋铣孔过程中，专用刀具主要由端部切削刃通过两种方式进行分屑：在各切削刃分段交界处实现单个刀齿上的分屑；刀齿在加工过程中的错位分屑。两种不同形式刀齿的端部各段切削刃分布均不相同，因此当前一端部切削刃加工工件之后，形成的待加工表面由后一不同形式端部切削刃进行加工，这使得后一刀齿能够在前一刀齿分屑的基础上再次分屑，形成的切屑尺寸更小。可以为刀具改进设计和切削参数优化提供依据。在加工中，四个刀齿依次从某一位置切削加工工件，后一刀齿在前一刀齿切削形成的工件表面上再次切削。专用刀具的各个端部切削刃运动轨迹叠加，从而实现分屑，而立铣刀的端部切削刃运动轨迹呈平行关系，无分屑作用。因此，专用刀具切削刃分段与两种不同形式切削刃的分屑作用叠加最终能够取得更好的切削效果。

### 3. 专用刀具切屑及切削比例

与传统立铣刀相比，专用刀具在螺旋铣孔加工中具有明显优势。图 7.24 所示为传统立铣刀和专用刀具，两种刀具皆为硬质合金(YG8)材料，且具有四齿结构。在螺旋铣孔中，偏心值一般取刀具直径的 10%～40%，偏心距取刀具直径的 10% 时，立铣刀侧刃与端刃的切削比例为 0.44，但考虑到排屑的顺畅性，偏心距一般

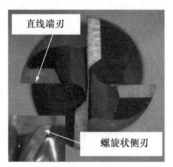

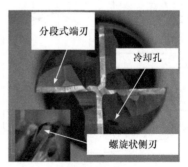

(a) 传统立铣刀　　　　　　　　(b) 专用刀具

图 7.24　传统立铣刀与专用刀具

会选取更大的值，侧刃的切削比例会更大，因此对传统立铣刀而言，侧刃在螺旋铣孔中与端刃的切削比例一般大于 0.44。

专用刀具分布式多点阵端部切削刃的设计能够减小侧刃切削比例。例如，当立铣刀侧刃和端刃的切削比例达到 1.25 时，专用刀具的这一比例只有 0.04 左右，远远小于传统立铣刀。对直径 10mm 专用刀具，当偏心距由 1mm 增大到 4mm 时，这个比例由 0.0490 减小到 0.0347，只在较小的范围内变化，因此侧刃切削只占较少的部分，大部分切削由端刃完成。两种刀具在采用相同参数情况下，专用刀具侧刃切削部分和立铣刀侧刃切削部分长度比为 1 ∶ 4.5，体积比为 1 ∶ 13。因此，在同等切削条件下，由于专用刀具侧刃的切削量远小于立铣刀，侧刃的使用寿命大幅增加，最终可以提高专用刀具的整体寿命。

图 7.25 所示为对未变形切屑形状进行的仿真模拟分析，结果发现立铣刀端部切削刃未变形切屑近似为一圆片，侧刃未变形切屑呈镰刀形。随着高度增加，切屑厚度先增加后减小。专用刀具端部切削刃未变形切屑近似为两圆环形，两个圆环上的切屑各分两段，大圆环上的一段呈蝌蚪状，侧刃切屑在蝌蚪状切屑的上部，两部分圆环状切屑分别与两种不同形式的刀齿对应，与中刀尖对应的是外部大的圆环切屑，在整个切屑中占有较大的比重，是主要的分析对象。

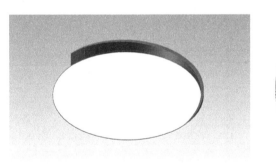

图 7.25　立铣刀和专用刀具切屑模拟图

### 7.5.2　制孔叠层界面在线识别方法

由于截然不同的材料属性，在 CFRP/Ti 叠层结构制孔过程中，恒定的工艺参数很难实现高效精密制孔加工。对 CFRP 和钛合金的大量制孔加工研究表明，CFRP 制孔适用于低进给速度、高切削速度，而钛合金则需要低切削速度和较为适中的进给速度。因此，在 CFRP/Ti 复合结构制孔过程中，针对不同材料采用恰当的切削参数，可以避免因切削参数所带来的一系列问题，获得更好的制孔质量、加工效率和刀具使用寿命[21]。大型 CFRP 飞机零件的厚度常伴随着零件外形轮廓的改变而发生变化，并受到大型 CFRP 零件制造技术限制，其零件厚度通常会有较大误差。因此，在实际飞机产品装配现场，CFRP/Ti 复合结构制孔时，各材料层的厚度并非精确已知，给复合结构的变参数制孔工艺中参数变化时间节点的控制带来了很大困难。为了获得改变切削参数的时间节点，需要对制孔过程中的被加工材料进行监测，通常采用对加工过程中的物理现象进行监测的方法。在 CFRP/Ti 复合结构制孔过程中，常伴随有严重的力冲击和波动，CFRP 中碳纤维的铺放方向、叠层过渡域内被加工材料的变化、钛合金层切削产生的锯齿状切屑是引起切削力幅值变动的主因。因此，切削力反映了 CFRP/Ti 复合结构制孔过程中不同的切削阶段，及该阶段内切削所需的能量消耗。选取制孔轴向力作为判断复合结构中被加工材料是否发生改变的指标，采用自适应扰动观测器滤除不必要的力脉动，可粗略得到进给系统的外部干扰力，用于判别不同的制孔阶段，为 CFRP/Ti 复合结构变参数制孔加工提供技术支持[5]。

### 1. 轴向力特征

CFRP/Ti 叠层结构螺旋铣孔过程中的轴向切削力信号分别通过测力仪和力观测器进行检测和采集。如图 7.26 所示，刀具从 CFRP 侧切入工件，从钛合金侧切出，CFRP 材料层和钛合金材料层紧密贴合，中间无黏合剂。从图中可以看出，轴向切削力的测量仪测量结果和力观测器观测结果有很好的相关性，切削力的观测值保留了测量值中的直流成分，过滤了大部分的力波动。

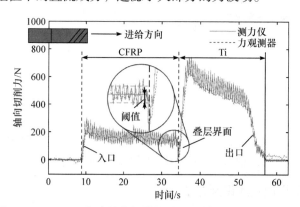

图 7.26　CFRP/Ti 复合结构螺旋铣孔过程轴向切削力变化特征

从图中可以清楚地看到 CFRP/Ti 复合结构螺旋铣孔轴向切削力的典型变化过程。当刀具刚接触到 CFRP 表面时，即在孔入口处，切削力数值从无到有，力曲线迅速上升。当刀具切入 CFRP 材料层并进行稳定切削时，切削力数值基本保持不变。当刀具从 CFRP 层穿出进入到钛合金层的过程中，如果复合结构两种材料之间存在微小间隙，如图中的放大部分所示，切削力将先减小后增大，形成一个低谷，局部最小值可接近于零。然而当两种材料贴合非常紧密或者不存在间隙时，切削力变化过程与刀具刚切入工件时类似，切削力会急剧增大直至刀具对钛合金材料进行稳定切削。刀具在钛合金层内切削时，切削力有缓慢下降的趋势，而当刀具即将切出钛合金层时，即在孔出口处，切削力数值快速下降到零。

2. 在线识别算法

利用自适应力观测器得到的轴向切削力信号，可及时准确地辨识出叠层界面的位置。切削力的变化特征采用移动线性回归算法来提取和辨识。将固定时间区域内的轴向力观测值作一阶线性回归，获得轴向力关于时间的变化函数用于预测下一时刻的轴向力，可计算得到下一时刻轴向切削力观测值和预测值之间的偏差，并判断该偏差值是否超出设定阈值，从而判断刀具在 CFRP/Ti 复合结构内的位置。叠层界面在线识别算法的流程如图 7.27 所示。

具体过程如下。

(1) 在刀具开始进给前，即刀具还未接触工件时，设置刀具位置指示符号 Flag 为 0。

(2) 每隔时间 $\Delta t$ 记录轴向切削力的观测值。令 $t_k$ 时刻切削力观测值为 $F_k$，与该时刻的轴向力预测值 $\hat{F}_k$ 进行比较，其偏差 $\tilde{F}_k$ 由观测值减去预测值得到。切削力预测值 $F_k$ 可由时间 $t_k$ 带入函数 $F=At+B$ 计算得到，参数 $A$ 和 $B$ 由 $t_k$ 之前观测到的 $N$ 个轴向切削力数值($F_{k-1}$，$F_{k-2}$，$\cdots$，$F_{k-N}$)一阶线性回归获得。

(3) 判断。

① 当 Flag=0 且 $\tilde{F}_k > \mathrm{thd\_1}$ 时，认为刀具开始接触工件，进入 CFRP 层。此时，设置 Flag 为 1，将当前时刻记录为 time_1。

② 当 Flag=1 且 $\left|\tilde{F}_k\right| > \mathrm{thd\_2}$ 时，认为刀具接近或正在进入钛合金层。此时，设置 Flag 为 2，将当前时刻记录为 time_2。

③ 当 Flag=2 且 $\tilde{F}_k < \mathrm{thd\_3}$ 时，认为刀具即将穿透钛合金层。此时，设置 Flag 为 3，将当前时刻记录为 time_3。

④ 当等式 Flag=3 满足时，认为成功监测到刀具进入 CFRP、穿越叠层界面、穿透钛合金层三个时间点。在线识别程序结束。

考虑到加工过程的安全性，当期望的切削力变化在正常时间范围内未被检测到时，认为程序失败。

为了验证叠层界面在线识别方法的有效性，设计了相关的制孔试验，所用的 CFRP/Ti 复合结构工件由 CFRP 板材和钛合金板材构成，中间没有黏合层。CFRP 为 T700/QY9611，厚度 5mm，放置在厚度为 4.5mm 的 Ti-6Al-4V 钛合金板上，试验采用 6mm 四刃硬质合金普通立铣刀加工 8mm 孔。所有制孔试验在同一切削参数下进行，主轴速度为 2000r/min，公转速度为 120r/min，轴向进给速度为

12mm/min。对 24 个螺旋铣孔操作的刀具在工件内所处位置进行监控。识别算法中所需的参数设定如下：$\Delta t=0.02s$，$N=100$，$thd\_1=50N$，$thd\_2=50N$，$thd\_3=-30N$。

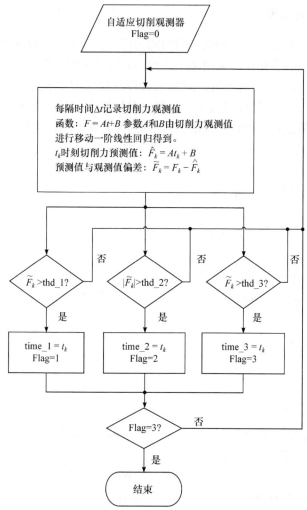

图 7.27　CFRP/Ti 复合结构叠层界面在线识别算法

试验中，对刀具进入 CFRP、穿越不同材料层界面、切出钛合金三个关键时间点通过识别算法予以监控。三个时间节点的位置见图 7.28，其理论时间点和刀具进给深度可通过刀具进给速度和被加工材料厚度计算得到。将三个时间节点的理论值与识别算法实际监控获得时间的偏差列于表 7.5 中，负数表示通过识别算法监控得到的时间早于理论时间，正数则相反。刀具位置偏差由时间偏差乘以进给速度计算得到。如图 7.29 所示，该识别算法可在刀具切入 CFRP 上表面 0.5s

之内监测到切削力的变化，表明刀具已开始切削 CFRP，刀具位置误差在 0.1mm 以下。监测到刀具穿越叠层界面的位置误差在 –0.05～0.05mm，意味着在刀具穿越叠层界面之前或之后的 0.25s 之内识别算法可监测到刀具即将或者已经抵达叠层界面。监测刀具切出钛合金层的位置精度要相对低得多，这是因为随着制孔的进行，未切削的钛合金层不断变薄，其变形与轴向切削力的耦合关系使得轴向切削力的变化特征不明显，不利于识别算法的判断。

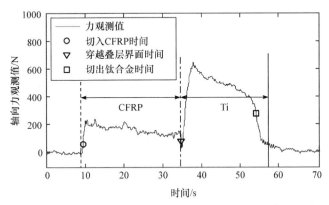

图 7.28　CFRP/Ti 复合结构制孔时各关键时间节点位置示意

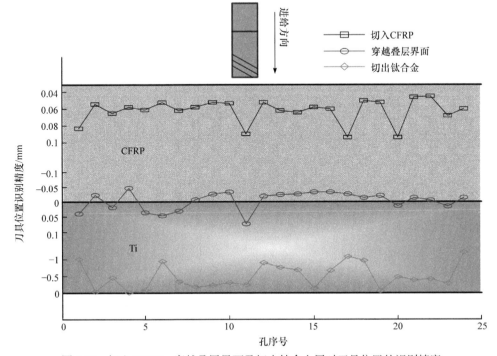

图 7.29　切入 CFRP、穿越叠层界面及切出钛合金层时刀具位置的识别精度

**表 7.5 识别算法监控得到的时间节点和刀具位置与理论值之间的偏差**

| 序号 | 切入 CFRP 识别误差 | | 穿越叠层界面识别误差 | | 切出钛合金识别误差 | |
|---|---|---|---|---|---|---|
| | 时间/s | 刀具位置/mm | 时间/s | 刀具位置/mm | 时间/s | 刀具位置/mm |
| 1 | 0.417 | 0.083 | 0.196 | 0.039 | −4.970 | −0.994 |
| 2 | 0.269 | 0.054 | −0.115 | −0.023 | −0.150 | −0.030 |
| 3 | 0.325 | 0.065 | 0.092 | 0.018 | −2.236 | −0.447 |
| 4 | 0.290 | 0.058 | −0.234 | −0.047 | −0.021 | −0.004 |
| 5 | 0.305 | 0.061 | 0.162 | 0.032 | −0.383 | −0.077 |
| 6 | 0.260 | 0.052 | 0.230 | 0.046 | −4.621 | −0.924 |
| 7 | 0.310 | 0.062 | 0.148 | 0.030 | −1.657 | −0.331 |
| 8 | 0.290 | 0.058 | −0.032 | −0.006 | −0.853 | −0.171 |
| 9 | 0.260 | 0.052 | −0.123 | −0.025 | −1.110 | −0.222 |
| 10 | 0.267 | 0.053 | −0.165 | −0.033 | −1.512 | −0.302 |
| 11 | 0.450 | 0.090 | 0.366 | 0.073 | −1.155 | −0.231 |
| 12 | 0.260 | 0.052 | −0.092 | −0.018 | −4.430 | −0.886 |
| 13 | 0.310 | 0.062 | −0.121 | −0.024 | −3.760 | −0.752 |
| 14 | 0.320 | 0.064 | −0.123 | −0.025 | −3.380 | −0.676 |
| 15 | 0.290 | 0.058 | −0.160 | −0.032 | −0.660 | −0.132 |
| 16 | 0.300 | 0.060 | −0.162 | −0.032 | −3.320 | −0.664 |
| 17 | 0.470 | 0.094 | −0.130 | −0.026 | −5.340 | −1.068 |
| 18 | 0.252 | 0.050 | −0.063 | −0.013 | −4.780 | −0.956 |
| 19 | 0.260 | 0.052 | −0.100 | −0.020 | −0.270 | −0.054 |
| 20 | 0.470 | 0.094 | 0.072 | 0.014 | −2.330 | −0.466 |
| 21 | 0.230 | 0.046 | −0.072 | −0.014 | −1.860 | −0.372 |
| 22 | 0.226 | 0.045 | −0.026 | −0.005 | −1.999 | −0.400 |
| 23 | 0.340 | 0.068 | 0.074 | 0.015 | −1.400 | −0.280 |
| 24 | 0.300 | 0.060 | −0.070 | −0.014 | −6.010 | −1.202 |

### 7.5.3 螺旋铣制孔工艺

#### 1. 钛合金螺旋铣制孔工艺

螺旋铣孔工艺参数包括主轴转速 $n_g$、每齿进给量 $f_t$、每齿切削深度 $a_p$。钛合金材料切削加工时，切削速度与进给量不宜过高，同时结合螺旋铣孔末端执行器的性能，主轴转速范围选择为 2000～3500r/min，每齿进给量为 0.06～0.15mm/z，轴向切削深度量为 0.05～0.20mm/r。

刀具选用如图 7.30 所示的硬质合金螺旋专用刀具，直径 10mm，齿数 4，螺旋角 40°，端刃前角 0°，后角 12°。该刀具将冷却孔的开孔位置由刀具底部改至刀齿背上，这样不仅能有效避免切屑导致的冷却孔堵塞现象，同时能使冷却气体正对刀具最易发生磨损的端部切削刃前刀面，使切屑与前刀面尽快分离并及时排出，减少切屑与前刀面之间的摩擦，有效地降低刀具的磨损，提高刀具寿命和加工质量。

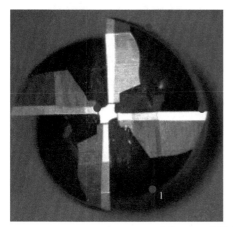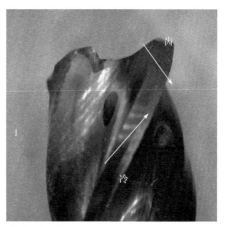

图 7.30　螺旋铣孔专用刀具

　　对于板厚为 5mm 的钛合金 TC21 材料，加工孔直径为 15mm 时，在自转转速为 3000r/min，每公转进给量为 0.2mm/r 条件下，随着每齿进给量从 0.06mm/z 增大到 0.15mm/z，轴向切削力逐渐增大，并近似呈线性变化规律。在每齿进给量为 0.12mm/r，轴向切削深度为 0.2mm 条件下，自转转速为 3000r/min 的条件下，随着刀具主轴转速从 2000r/min 增大到 3500r/min，轴向切削力逐渐减小。随着刀具主轴转速提高，切削力呈逐渐下降的趋势，这是由于主轴转速增大意味着刀具的切削速度增大，切削温度升高，材料出现热软化效应；同时根据式(7-26)及式(7-27)可知，刀具的每齿轴向和切向进给量也不断减小，即切削厚度减小，因此综合上述两方面的影响切削力呈下降的趋势。一般来说，工艺参数对轴向切削力的影响要比周向切削力显著，这是因为刀具端刃和侧刃切削都对轴向切削力有贡献，而周向切削力由刀具侧刃铣削贡献。

　　与传统钻孔加工相比，螺旋铣孔加工在表面粗糙度和出口毛刺方面有明显改善。如图 7.31 所示，钻削加工的孔表面有明显的划痕，出口边缘有毛刺，孔加工质量较差，铰孔加工后消除了出口边缘的毛刺，表面粗糙度达到 $Ra1.6$。对比发现，螺旋铣加工的孔表面没有明显划痕，出口没有毛刺，不需要增加人工去毛刺的工序，表面粗糙度小于 $Ra1.6$，满足工程应用要求。

(a) 钻削　　　　　　　　　　　　　　(b) 螺旋铣

图 7.31　加工质量对比

## 2. 复合材料螺旋铣制孔工艺

复合材料制孔时，轴向力会产生垂直应力 $\tau_z$，引起 I 型裂纹破坏；周向力会产生面外剪切应力 $\tau_c$，引起 II 型裂纹破坏，如图 7.32 所示。

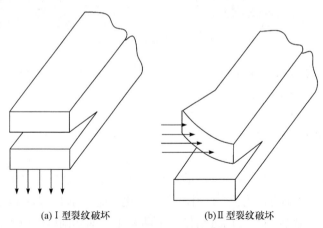

(a) I 型裂纹破坏　　　　　　　　　　(b) II 型裂纹破坏

图 7.32　复合材料加工破坏形式

螺旋铣加工开始后随着刀具沿轴向进给，刀具上两对刀尖 $O$-$O'$ 及 $I$-$I'$ 对未切削部分材料会产生一个轴向的挤压力，如图 7.33(a)所示，但此时未切削部分厚度较大，强度较高，对损伤破坏的承载能力较强，轴向挤压力所引起的未切削部分的垂直应力仍较小，因而板厚中间部分孔壁周围尚无分层缺陷产生。当刀具加工到孔出口侧时，未切削部分厚度越来越小，强度也逐渐下降，在轴向力 $F_z$ 作用下产生较大变形，从而在工件未切削部分与已切削部分之间形成较大的垂直应力，造成该部分复合材料纤维未经切削就产生 I 型裂纹破坏，纤维从基体上撕开，从而在出口侧形成撕裂，如图 7.33(b)所示，而此时已切削部分较厚，纤维抵抗扭能力较强，因此，出口侧撕裂及分层缺陷产生的主要原因是轴向力引起的 I 型裂纹破坏。轴向力越大，材料破坏变形就越大，孔出口形成的撕裂带范围就越大，撕裂长度也越长，严重时轴向力会超过复合材料的层间结合强度，从而导致分层。

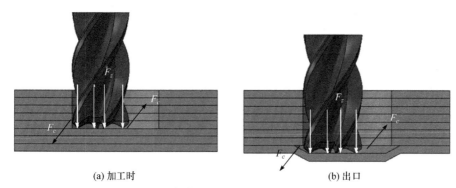

(a) 加工时　　　　　　　　　　　　　　(b) 出口

图 7.33　复合材料分层及撕裂形成示意图

相关研究表明，轴向切削力是导致复合材料出现分层、撕裂等加工缺陷的重要因素。因此，要抑制或减少复合材料出现分层、撕裂等加工缺陷，就必须控制加工时轴向切削力的大小。根据切削工艺参数对螺旋铣切削力及加工质量的影响规律，选用较小的每齿进给量 $f_t$ 及轴向切削深度 $a_p$，提高刀具的主轴转速 $n_z$ 都将有利于减小加工过程的轴向力，改善孔的加工质量。例如，对于 T700 碳纤维与环氧树脂 618 复合而成的厚度为 12mm、层铺方式为(0/90/±45)的 CFRP，工艺参数可选择每齿进给量 $f_t$ 为 0.01mm/z，主轴转速 $n_z$ 为 14000r/min，轴向切削深度 $a_p$ 为 0.2mm/r。图 7.34 和图 7.35 是典型的复材螺旋铣制孔工件表面入口和出口处的质量。

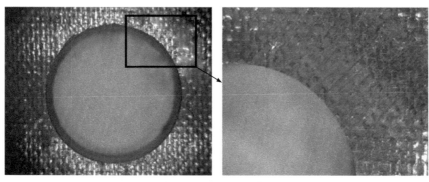

图 7.34　孔入口处质量

### 3. 钛合金/复合材料叠层螺旋铣制孔工艺

在叠层加工中，为降低刀具磨损而引起的质量问题，提升刀具寿命，需要检测叠层材料螺旋铣孔过程中的切削力变化来判断刀具的磨损情况。钛合金和复合材料叠层的加工宜采用不同的工艺参数[5]。例如，当叠层结构为 T700 碳纤维与钛合金 TC21 板，用直径 7.5mm 的螺旋铣加工直径 12mm 的孔时，复合材料出口比入口孔径略大，差值在 0.01mm 左右，钛合金孔入口比出口略大，差值在 0.001mm 左右，钛合金孔径整体比复合材料孔小，最大差值在 0.034mm 左右，孔径均波动较大，如图 7.36 所示。主要原因是切削过程中轴向力和径向力使刀具产生让刀现象，钛合金的切削力明显比复合材料的力大很多，因此刀具让刀量更大，使得钛合金孔的孔径偏小。此外，随着加工孔数的增多，刀具逐渐磨损，孔径逐渐缩小，一般来说，加工 40 个左右的孔以后，孔径会超出公差范围的下限。可采用一系列切削试验获得充分的数据，用统计分析的方法得到加工过程中孔径的变化规律，进而通过调整偏心距对孔径进行数控补偿[22]。

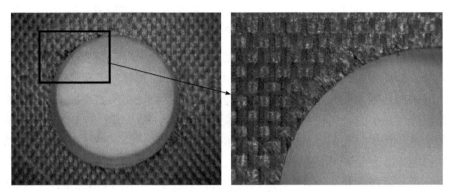

图 7.35　孔出口处质量

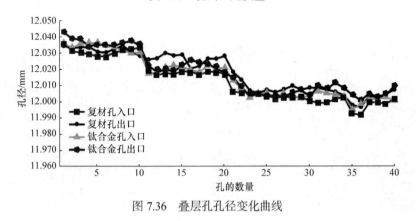

图 7.36　叠层孔孔径变化曲线

## 7.6　自动化制孔装备结构组成

在飞机装配领域，典型的自动化制孔系统包括机器人制孔系统、柔性轨道制孔系统、制孔机床和钻铆机等[1]。在自动化制孔系统中，根据设备各部分功能的不同，总体上可分为设备本体和末端执行器两部分。

### 7.6.1　多功能末端执行器

多功能末端执行器是一种结构独立、功能汇聚的加工单元。末端执行器通过与工业机器人、机床等运动机构的末端接口快速连接，构成机器人加工系统或机床加工系统。机器人或机床负责将末端执行器送至空间指定位置并稳定支撑，再由末端执行器执行基准孔测量、法向偏差检测、制孔、插钉、刀具破损监测、刀具冷却、排屑、孔径测量和窝深检测等功能。末端执行器采用模块化设计，可从机器人平台、机床平台扩展到其他加工平台，以适应不同的应用需求，因此末端执行器的功能设计和自动控制是飞机装配高端工艺装备研发的关键。

#### 1. 钻孔执行器

1) 单工位钻孔执行器

根据自动化制孔需求，钻孔执行器主要包括电主轴、气缸、压脚、相机测量、断刀检测、真空吸管、底座、快换法兰等部分，结构如图 7.37 所示。

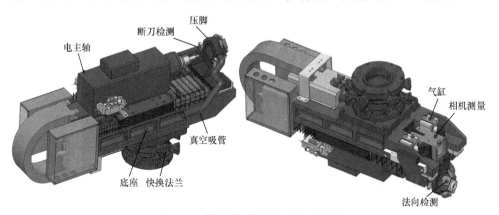

图 7.37　典型单工位钻孔执行器结构

(1) 切削单元。

切削单元提供刀具的旋转运动和进给运动。主轴旋转由电主轴驱动，通过设置变频器的模拟量进行电主轴的转速控制；主轴进给则采用交流伺服电机驱动，进给电机驱动滚珠丝杆，经丝杠螺母传动带动主轴实现直线的进给运动。为提高进给的控制精度，采用绝对光栅尺对主轴位置进行反馈，构成进给位置的全闭环控制。

(2) 压紧单元。

末端执行器的压紧单元由压脚、驱动气缸、导轨滑块、光栅尺、压力控制系统等部分组成。制孔前由气动压力将压脚推出，对工件提供单侧预压紧力，消除夹层间隙并增加加工系统(如机器人)的整体刚性，有助于避免加工颤振、抑制层间毛刺的产生和提高制孔质量。在压紧力作用下，压脚表面将跟随工件表面运动，压脚光栅用于实时反馈压脚(工件)的瞬时位置，通过与主轴进给光栅位置对比计算，在锪窝过程实时补偿主轴的进给量，可实现锪窝深度的精确控制[23]。

(3) 视觉测量单元。

末端执行器上安装有视觉测量单元，用于产品上基准孔的在线测量。利用标定好的工业摄像机测量基准孔的实际位置，通过其内部的图像采集及处理软件，将孔位图像数据传输至上位机程序中，对比计算基准孔实际位置与理论位置的偏差，应用孔位修正算法实现加工孔位的位置补偿。

(4) 法向检测单元。

末端执行器的法向检测单元由压脚前端的四个激光位移传感器组成。制孔前提取四个传感器的位移数值，通过设定的算法拟合出制孔部位实际法向值，并计算法向修正指令，机器人或机床根据法向修正指令对末端执行器进行姿态调整，若一次调姿不能满足精度要求，则重复上述过程，直至刀具轴向与孔位法向之间的夹角在精度要求范围之内。

(5) 其他执行器单元。

此外，在末端执行器上还集成有碎屑单元、吸屑单元、冷却装置及断刀监测传感器等。制孔过程中通过碎屑单元切断较长切屑，并由真空吸屑单元吸走切屑粉尘，避免切屑划伤孔表面；冷却装置喷出冷却液降低刀具温度，减轻刀具磨损；执行器内安装光学传感器检查断刀、缺刀情况，并通过分析切削过程中电机输出扭矩变化，自动评测刀具磨损、崩刃等状况。

2) 制孔插钉执行器

制孔插钉执行器是在钻孔执行器核心功能基础上，增加了插钉功能相关的结构和单元，主要包括工位切换单元、紧固件库、送钉单元、插钉单元等，为保证紧固件与加工孔间的匹配性和送钉与插钉过程的可靠性，还包括叠层厚度、孔径、钉径、钉长等检测单元，如图7.38所示。此外，对于具有自动换刀需求的加工系统还可配置刀具库和自动换刀单元。

(1) 工位切换单元。

实施一次完整的制孔插钉循环可能包括诸如基准孔测量、钻孔、测厚、测孔径、插钉等一系列动作。当前较为普遍的设计是在横向移动托板上布置多个工位。预先在控制系统中定义完整的加工循环周期，由内部指令控制横向托板带动相应工位运动至工作位置。为降低一个循环周期所需的时间，提高制孔插钉的工作效率，需要对工位的布置及横向移动托板的运动控制特性进行优化设计，在保证工位快速切换的同时，具有较好的工位稳定性。

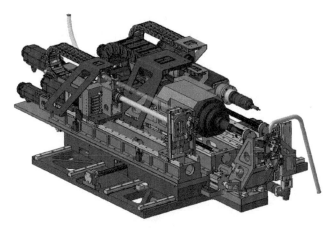

图 7.38　制孔插钉执行器

(2) 插拔式预连接紧固件弹夹装置。

预紧固件的存储装置是一种插拔式弹夹装置，由弹夹导槽、导钉板、楔块、弹簧、弹夹侧盖板、圆形拉手等部分组成，可实现快速的插拔式安装与拆卸。预紧固件填充在弹夹导槽内，通过螺帽与导槽配合，实现预紧固件在导槽内顺畅滑动。导钉板用于紧固件导向，其上刻有数字，表示预紧固件总个数和使用个数。导钉板末端处楔块在两侧弹簧力作用下向中间并拢，以避免紧固件从弹夹中掉落。两个圆形拉手通过螺钉固定在弹夹导槽上，并呈中心对称分布，便于单人进行安装操作。弹夹装置安装在弹夹安装板上与推钉单元相作用，推钉单元的推钉槽插入两楔块中间，使楔块挤压弹簧向两边张开，使得预紧固件可以顺利通过。由推钉单元的薄型气缸驱动取钉块，将预紧固件推至出钉口，从而完成推钉动作。每种预紧固件通过钉帽颜色进行区分，避免误装钉和提高选钉效率，如图 7.39 所示。

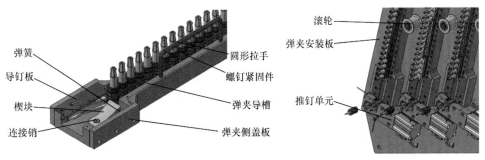

图 7.39　紧固件弹夹装置结构图

(3) 气动送钉与自动化插钉单元。

紧固件在专用弹夹中安装完成后，取钉机构运动至相应弹夹的取钉位置处取钉，通过多传感信息检测预紧固件是否符合插钉工艺要求，如果不符合，则由废钉处理机构收集，如果符合则在吹钉单元气动力作用下将紧固件通过输送管道传输至插钉单元，如图 7.40 所示。在气动送钉单元设计中需考虑输送管道内径、弯曲半径、输送气压等参数对预紧固件卡阻、管道磨损的影响，保证预紧固件输送过程中的通畅与快速。

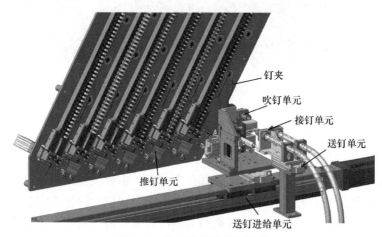

图 7.40　取钉及气动送钉机构

自动化插钉单元主要由送钉、夹钉、插钉和拧钉等子单元组成，如图 7.41 所示，并综合应用高灵敏度长度计、环向电感传感器、光栅尺等多类型传感器，实现钉径-钉长自动检测、送钉过程在线监测、气动吸附抓钉、送钉距离精准控制和扭矩控制装钉等功能，大幅度提升了大型飞机自动化装配中预紧固件安装质量、效率和可靠性。

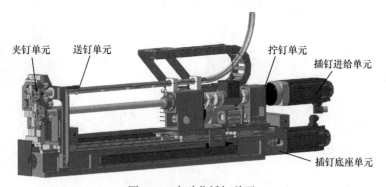

图 7.41　自动化插钉单元

(4) 自动换刀单元。

图 7.42(a)是刀具容量为 24 的刀库，刀具信息存储在工艺数据库中。刀库的换刀位置固定，并约定机器人换刀从 HOME 位置执行，因此机器人换刀路径可程序固化。当控制系统接收到自动换刀指令后，首先读取当前主轴上刀具和目标刀具的存储位置，通过先后在 HOME 位置执行自动卸刀和装刀过程，实现机器人加工刀具的自动检测与更换。另一种形式的自动换刀单元包括刀库和移动刀架两部分，如图 7.42(b)所示。其中刀库用于存储刀具，移动刀架实现换刀动作。在机床控制系统接收到换刀指令后，刀库系统自动寻刀，并将目标刀具定位至刀库换刀位置，移动刀架从换刀位置取刀并运送至机床换刀位置；移动刀架首先从主轴上取下当前刀具，并旋转刀架将目标刀具安装至刀具主轴上。

(a) 刀库　　　　　　　　　　(b) 自动换刀单元

图 7.42　刀库及换刀单元

(5) 测厚与测孔径单元。

测厚与测孔径单元是为检测孔与钉之间的相容性而设置的辅助可选单元，当系统配置多种型号的紧固件时，该功能可以有效降低出错率，避免插入错误紧固件对产品造成损伤。制孔完成后，分别应用测孔径功能和测厚功能识别孔径参数及材料厚度，检验紧固件的直径和长度信息是否与孔信息相符，在两者不相符时给出报警提示。

## 2. 螺旋铣执行器

螺旋铣作为一种特殊的制孔工艺，其执行器集成了制孔执行器的一般功能模块，如前所述的切削单元、压紧单元、法向检测单元、视觉测量单元、碎屑及排屑装置、底座及快换法兰等。再结合螺旋铣加工的运动特点，其切削单元主要包括刀具自转机构、公转机构、孔径调整机构和轴向进给机构四个部分，如图 7.43 所示。

公转机构包括一个永磁同步电机和同步带传动机构，小同步带轮安装在电机轴上，大同步带轮安装在外偏心套外侧，伺服电机带动孔径调整机构旋转，从而实现刀具公转。孔径调整机构由内/外两个偏心套筒、直驱旋转电机及圆光栅构成，偏心套筒是内外圆柱轮廓轴线成一定偏置的筒状零件，内偏心套筒安装在外偏心套筒内部，通过直驱旋转电机实现相对旋转，圆光栅用于检测两者相对旋转角度。

轴向进给机构的驱动元件安装在底座上，由一个永磁同步电机带动滚珠丝杠旋转，从而推动进给滑台运动，并采用直线光栅作为位置反馈。为了消除加工过程中主轴偏心旋转、时变切削力等不确定性因素对偏心精度的影响，设计了一种基于自适应鲁棒控制方法的闭环伺服控制系统。在偏心距为 0.5～4mm 的孔加工时，主轴偏心的平均误差和最大误差分别在 0.5μm 和 1.6μm 以下[24]。

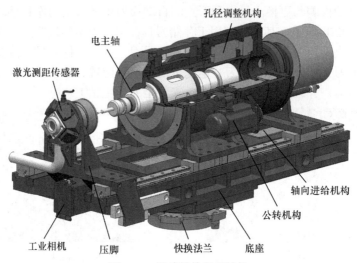

图 7.43　螺旋铣执行器结构

但在实际工程应用中，双偏心套筒结构的偏心量控制仍存在控制变量多，控制方案复杂的问题，因此，进一步提出了采用线性轨直驱偏置的方式控制偏心，其具有控制方案简单、直接的特点，可实现定位精度±0.01mm，重复定位精度±0.01mm，如图 7.44 所示。

图 7.44　多功能执行器

### 7.6.2 自动化制孔系统

1. 机器人制孔系统

典型机器人自动化加工系统包括工业机器人及其操作台、产品及其定位工装、多功能末端执行器、机器人控制系统、离线编程仿真软件、执行器控制软件和工艺数据库等。机器人操作台是机器人本体的支撑单元，其上配置有机器人控制柜、刀具库、试切台、除屑除尘系统、油雾冷却系统等单元。操作台固定的机器人加工系统受机器人自身运动范围限制，难以适应布局较为分散或制孔区域较大的产品加工要求，因此一般采用移动机器人加工系统以扩展机器人的可加工范围。常见的机器人移动方式有气垫车载式、AGV 车载式、固定轨道式三种。

1) 机器人平台移动方式

制孔对象数量较多且分散布置时，可采用气垫运输车作为机器人转站运输的平台，如图 7.45 所示。气垫将设备移动过程中的滚动摩擦转换为气体摩擦，降低移动时所需的牵引力，并在进入站位区域后由人工辅助完成设备移动及入位。调整运输车位置直至机器人定位平台上的锥体与地面锥孔对齐，液压控制定位机构下降、连接并锁紧，保证机器人加工系统定位准确和加工稳定性。

图 7.45 气垫式移动机器人制孔系统

基于磁导航的 AGV 车是针对加工对象分散布局的另一种重要移动方案。运输车通过地面预埋磁条导航，可设置加工站位信息，自动实现站位间移动和定位功能，如图 7.46 所示。

采用固定轨道的机器人移动方式对单个对象尺寸较大或加工对象布置较为集中的产品更为适用。相对于气垫运输平台和 AGV 车的运输方式，固定轨道式机器人制孔系统通过控制机器人在移动导轨上的运动实现机器人加工站位的切换，其控制方案更为成熟、操作简单且定位精度高，如图 7.47 所示。

图 7.46　AGV 车载式移动机器人制孔系统

图 7.47　固定轨道式移动机器人制孔系统

2) 机器人制孔一般流程

应用机器人加工系统制孔的一般流程如图 7.48 所示。

其中关键过程的功能如下所述。

(1) 离线编程与仿真。

主要完成从产品模型中自动提取孔位置、轴方向信息、叠层材料及厚度、紧固件牌号等加工信息；按加工要求及工艺信息对加工孔按工艺进行分类；制孔程序分块及路径排序；修正工艺定义及加工程序路径仿真；后置处理创建机器人加工程序。

(2) 上载程序。

按照加工流程、加工工艺将离线编程仿真系统生成的机器人加工程序加载至机器人控制系统；对于多机器人加工系统，需要区分不同机器人任务。

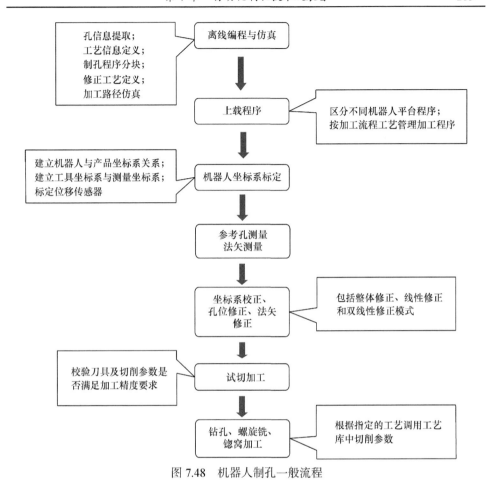

图 7.48 机器人制孔一般流程

(3) 机器人坐标系标定。

在应用机器人加工之前，首先按照 7.2.5 节建立机器人设备基坐标系，确立机器人底座与加工对象之间的位置关系；标定机器人加工刀具坐标系、相机坐标系和位移传感器坐标系，以提高传感器的测量精度；校准工作在试切台上进行，包括法向测量传感器校准和视觉测量系统校准。

(4) 参考孔测量。

应用视觉测量系统对参考孔实际位置进行测量，自动获取参考孔实际位置与理论位置的偏差。

(5) 坐标系校正/孔位修正。

通过对比参考孔在装配坐标系和制孔设备坐标系下的位置，获得制孔设备坐标系与装配坐标系的相对位置关系，对加工系统设备坐标系进行校正；根据参考孔实际位置偏差，通过一定算法规则对参考孔覆盖的加工孔进行位置修正，匀化参考孔的误差，满足孔间距要求，降低制造装配误差对制孔位置精度的影响。

(6) 试切加工。

在试切台上布置与加工对象同种材料的试切板，通过试切加工，验证刀具质量、检验锪窝角度和深度并验证加工参数。

(7) 制孔锪窝。

根据加工程序中不同工艺任务，调用工艺数据库中相应工艺参数进行自动化制孔锪窝。在自动化加工之前需确认现场环境、装配工装等位置是否符合加工状态要求，应保证与仿真环境一致，并保持现场加工的安全性。

3) 钻孔锪窝工艺流程

执行单孔钻孔锪窝的工艺流程如图 7.49 所示。制孔设备读取修正后的加工程序，顺序运动到每个制孔位置，由于当前刀轴方向为理论法向，为提高制孔法向精度，首先检测每个孔位处的实际法向，当刀轴方向与实际法向相比超出精度要求时，调用法向调整程序对实际制孔方向进行修正。压脚伸出压紧壁板，消除局部层间间隙，提高制孔稳定性。刀具快速进给至加工表面一定距离，应用刀具破损检查系统判断刀具是否正常，当刀具破损时将报警提示。对刀具喷雾冷却润滑

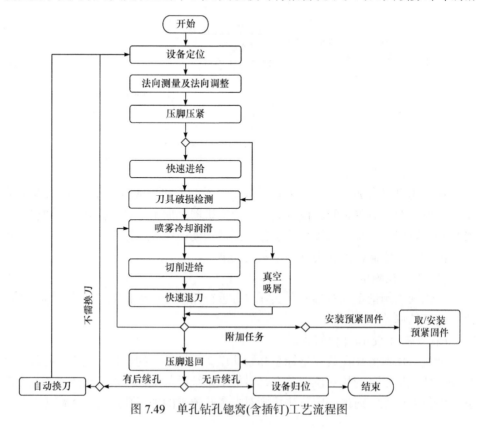

图 7.49　单孔钻孔锪窝(含插钉)工艺流程图

后进行刀具切削进给加工，进给速度和进给距离依据切削工艺设定，加工完成后快速退刀至安全平面。整个切削过程开启真空吸屑，保持孔表面清洁并避免切屑缠绕刀具。根据切削工艺规划，对于深孔采用多次啄钻的方式加工，因此需多次重复上述进给过程。对于部分采用自动化制孔方式的预连接孔，在加工完成后切换至安装紧固件的模块，应用自动化制孔设备进行取钉及安装功能。压脚收回，当后续还需制孔时，首先检测是否需要自动换刀，并自动执行下一个孔的定位工作，重复上述整个过程。当后续不需制孔时，自动化制孔设备运行至安全位置，制孔循环结束。

### 2. 环形轨道制孔系统

在飞机大部件对接装配过程中，由于飞机结构的复杂性、现场装配空间的开敞性，有时需要特殊的自动化制孔系统。以飞机机身段对接为例，存在着制孔范围大、制孔数量多、制孔难度高等问题。采用传统人工制孔方式，工人的劳动强度大、装配效率低且制孔质量无法保证；机床和机器人制孔方式则受自身加工范围和装配空间限制，难以覆盖全部环形制孔区域。

柔性轨道自动化制孔系统是用于大型飞机机身段环形区域自动化精确制孔的一种专用设备，该类制孔系统适应等直段机身对接区域，难以适应机头、机尾等双曲度飞机外形，且柔性轨的安装过程十分耗时、费力。环形轨道制孔系统是一种分段拼装、柔性支护、驱动复用、站位标校的环形轨道五轴联动制孔系统，该系统从结构上可分为四大部分：基础轨道、弧形轨道、末端执行器以及其他辅助部件[25]。各部分相互配合，共同实现整个系统在机身对接区域的定位、固定、运动、测量、制孔等，如图 7.50 所示。环形轨道制孔系统具有双层轨道结构，内层

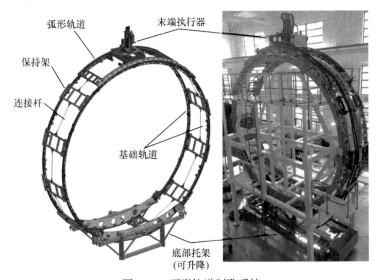

图 7.50 环形轨道制孔系统

为带支撑脚的分段式环形导轨，直接与机身定位连接，是整个制孔系统的支撑基础，覆盖整个环形对接区域；外层为一段高精度弧形轨道，末端制孔执行器在该外层轨道所限定的区域内运动可精确到达任意位置，而外层弧形轨道本身可以在内层基础轨道上运动以覆盖整个对接区域。完整的环形导轨由多段刚性轨道拼接而成，自成一体，利用结构封闭性进而提高制孔系统刚度。支撑脚长度可调，能适应大曲率曲面、非圆、非等值段曲面的制孔加工，且轨道安装方便，一次安装即可完成对接部分环形区域内的全部制孔任务。

基础轨道部分由上、下、左、右四段弧轨拼接而成，在其上安装有一系列特殊撑脚以及驱动这些撑脚的可调压力气缸。当四段弧轨在机身对接区域外侧拼接成为整圆周后，将气缸压力调至合适值，然后将气缸推出，使得撑脚压紧在飞机蒙皮表面上，而基础轨道则通过蒙皮的反作用力将自身撑紧，从而实现设备与飞机的固定。当设备与机身固定之后，在后续的整个对接区域制孔过程中，基础轨道都将保持与机身相对位置不变。

末端执行器是环形轨道自动制孔系统的制孔执行单位，它通过两侧安装的电机驱动齿轮转动，并与弧形轨道上的高精度弧形齿条相配形成运动副，从而在弧形轨道所限定的范围内运动。除此之外，末端执行器上还有三个平移运动轴和两个旋转运动轴[26]。

为了实现机身段对接区域环向360°自动化制孔，环形轨道制孔系统采用驱动复用式末端执行器环向自动换位方法，通过末端执行器、弧形框架和环形轨道三者之间的结构关系配置，利用驱动电机分别执行弧形轨不动、执行器在弧形轨上运动的加工模式和执行器不动、弧形轨在基础轨道上运动的换站模式，实现末端执行器在各个加工站位之间的自动切换。为了抑制环形轨道和产品的制造误差、装配变形以及末端执行器不同位姿状态下重力变形对加工系统定位精度的影响，环形轨道制孔系统的加工定位包括加工站位自动标校和区域孔位在线补偿两个过程。通过磁性接近传感器实时检测站位标识，实现末端执行器位姿的初始标定；通过基准孔视觉测量和匹配计算，实现末端执行器位姿的在线精确标定[27]。利用基于约束驱动的区域孔位在线修正技术、基于位移传感信息的法向调整技术和基于双光栅反馈的窝深补偿技术，环形轨道制孔系统可实现铝合金、钛合金和复合材料叠层结构的自动化制孔锪窝加工，位置精度为±0.4mm，法向精度为0.35°，窝深精度达到±0.05mm。

## 参 考 文 献

[1] 王珉, 陈文亮, 张得礼, 等. 飞机轻型自动化制孔系统及关键技术[J]. 航空制造技术, 2012, (19): 40-43.

[2] 蒋君侠, 张启祥, 朱伟东. 飞机壁板自动钻铆机气动送钉技术[J]. 航空学报, 2018, 39(1):

304-313.

[3] de Vlieg R, Sitton K, Feikert E, et al. ONCE (one-sided cell end effector) robotic drilling system[J]. SAE, 2002, (1): 2626.

[4] 袁培江, 陈冬冬, 王田苗, 等. 航空制孔机器人末端执行器高精度制孔方法研究[J]. 航空制造技术, 2016, (16): 81-86.

[5] 潘泽民. CFRP/Ti 复合结构螺旋铣孔自动控制技术研究[D]. 杭州: 浙江大学, 2016.

[6] 董辉跃, 朱灵盛, 章明, 等. 飞机蒙皮切边的螺旋铣削方法[J]. 浙江大学学报(工学版), 2015, 49(11): 2033-2039.

[7] 康仁科, 杨国林, 董志刚, 等. 飞机装配中的先进制孔技术与装备[J]. 航空制造技术, 2016, (10): 16-24.

[8] 林琳, 夏雨丰. 民用飞机装配自动制孔设备探讨[J]. 航空制造技术, 2011, (22): 77-80.

[9] 周兰. 航空难加工材料螺旋铣制孔专用刀具设计及其质量研究[D]. 杭州: 浙江大学, 2017.

[10] 刘刚, 王亚飞, 张恒, 等. 基于分屑原理的螺旋铣孔专用刀具研究[J]. 机械工程学报, 2014, 50(9): 176-184.

[11] 黄奇伟, 章明, 曲巍崴, 等. 机器人制孔姿态优化与光顺[J]. 浙江大学学报(工学版), 2015, 49(12): 2261-2268.

[12] Zhu W , Mei B, Yan G, et al. Measurement error analysis and accuracy enhancement of 2D vision system for robotic drilling[J]. Robotics and Computer-Integrated Manufacturing, 2014, (30): 160-171.

[13] 王胜华, 都东, 张文增, 等. 机器人定点变位姿手-眼标定方法[J]. 清华大学学报(自然科学版), 2007, (2): 165-168.

[14] 袁康正, 朱伟东, 陈磊, 等. 机器人末端位移传感器的安装位置标定方法[J]. 浙江大学学报(工学版), 2017, 49(5): 829-834.

[15] 张阿龙, 章明, 乔明杰, 等. 基于视觉测量的环形轨底座位姿标定方法[J]. 浙江大学学报(工学版), 2016, 50(6): 1080-1087.

[16] Mei B, Zhu W, Yuan K, et al. Robot base frame calibration with a 2D vision system for mobile robotic drilling[J]. International Journal of Advanced Manufacturing Technology, 2015, (80): 1903-1917.

[17] 董辉跃, 周华飞, 尹富成. 机器人自动制孔中绝对定位误差的分析与补偿[J]. 航空学报, 2015, 36(7): 2475-2484.

[18] Zhu W, Qu W, Cao L, et al. An off-line programming system for robotic drilling in aerospace manufacturing[J]. International Journal of Advanced Manufacturing Technology, 2013, (68): 2535-2545.

[19] 费少华, 方强, 孟祥磊, 等. 基于压脚位移补偿的机器人制孔锪窝深度控制[J]. 浙江大学学报(工学版), 2012, 46(7): 1157-1161.

[20] 董辉跃, 曹国顺, 曲巍崴, 等. 工业机器人自动钻孔及锪窝一体化加工[J]. 浙江大学学报(工学版), 2013, 47(2): 201-208.

[21] 陈威, 朱伟东, 章明, 等. 叠层结构机器人制孔压紧力预测[J]. 浙江大学学报(工学版), 2015, 49(12): 2282-2289.

[22] 董辉跃, 陈光林, 周兰, 等. CFRP 复合材料/钛合金叠层螺旋铣孔工艺[J]. 复合材料学报,

2017, 34(3): 540-549.

[23] 刘雪锋, 朱伟东, 杨国荣, 等. 基于有限元法的叠层薄壁工件自动化制孔压紧力预测[J]. 中南大学学报(自然科学版), 2018, 49(2): 339-344.

[24] Fang Q, Pan Z M, Fei S H, et al. A novel helical milling end-effector and its application[J]. IEEE/ASME Transactions on Mechatronics, 2015, 20(6): 3112-3122.

[25] 曲巍崴, 方垒, 柯映林, 等. 环形轨道制孔系统定位方法分析[J].航空学报, 2014, 35(8): 2319-2330.

[26] 张阿龙. 大型飞机机身环形对接区高效精确制孔技术[D]. 杭州: 浙江大学, 2016.

[27] Zhu W, Zhang A, Mei B, et al. Automatic stepping for circumferential splice drilling in aircraft fuselage assembly[J]. Industrial Robot: An International Journal, 2016, 43(2): 144-152.

# 第8章 机器人镗孔技术

## 8.1 概 述

机器人具有通用性好、适应性强、对工作环境要求低、安装维护方便等特点，在汽车制造业、电子电器制造业、塑料成型加工业中得到了广泛应用。然而，早期的机器人存在定位精度低、刚度弱、价格高昂等不利因素，在飞机装配的应用中受到诸多限制。近年来，机器人的位置精度、负载能力的提高，以及离线编程工具、实时仿真技术、软件技术的发展，使得机器人作为一种高效运动平台，配置不同的终端执行器、工装、测量设备等，构成了面向特定需求的机器人柔性自动化系统。这种系统灵活性高、成本低，能够迅速适应产品的变化，受到工业界的广泛关注，并已在飞机装配领域得到逐步应用。

飞机装配中的一些关键连接孔，如起落架安装孔、翼身连接孔、垂尾对接孔、发动机悬挂孔等，统称为飞机交点孔。飞机交点孔不是单独一个孔，而是孔径大小不一、空间分布范围广、位于不同部件上、空间相对位置有着严格要求的一系列孔。交点孔位姿(位置和方向)精度对飞机装配质量有着至关重要的影响。如果起落架安装孔位姿偏斜，将导致起落架收放困难，飞机起降过程中起落架受力不均，甚至引起飞机跑偏；翼身连接孔位姿不准，将影响部件对接后飞机整体外形准确度，导致飞机两个机翼无法保持平衡，增加飞机飞行过程中的操控难度，降低飞机的机动性。另外，交点孔位姿误差过大还会引起飞机连接部位的不均匀摩擦，增大接触应力，造成飞机连接部位的微动磨损，降低飞机的疲劳寿命。据统计，60%的飞机主起落架失效事故来源于连接部位。为了消除装配过程中由定位和装配变形等原因引起的累积误差，保证交点孔位姿精度要求，在飞机部件装配完成后需要采用余量补偿的方法对其进行镗孔精加工。

在传统的采用模拟量传递、依靠固定型架装配飞机的模式中，飞机部件在固定型架上装配完成后，需要根据交点孔的理论位姿，采用复杂的精加工型架(或称精加工台)来完成精加工。由于飞机部件是由大量的数控加工件、钣金件等装配而成，不同零件在装配过程中会产生不同程度的装配应力。在交点孔精加工及部件下架之后，装配应力释放将不可避免地引起部件回弹变形，进而导致交点孔位姿偏移。目前已逐步发展成熟的飞机数字化装配技术可以在很大程度上克服上述缺陷。采用自动化装配方法，在飞机部件入位到调姿设备(三坐标定位器)的过程中，采用一种自适应柔性入位技术,也就是通过定位设备主动寻找和适配飞机支撑点,而不是直接把飞机部件强制放到定位设备上，避免了传统的强迫入位引起的装配应力。此外，通过支点冗余、驱动冗余控制方法，实现飞机部件姿态的协同调整，抑制了飞机部件调姿过程的不协调作用力和变形，有效避免了部件精加工下架后的回弹现象，从而保证了交点孔位姿的准确性。

# 8.2　机器人镗孔系统

### 8.2.1　系统结构

　　基于工业机器人的飞机交点孔精镗加工系统如图 8.1 所示，包括工业机器人、终端执行器、机器人移动平台、激光跟踪仪、数控定位器、飞机机身及交点孔等。镗孔加工时，数控定位器用来固定和支撑飞机机身，移动平台用来将机器人移动到合适的位置，然后机器人携带终端执行器运动至交点孔孔位处，并借助于激光跟踪仪对机器人末端位姿进行测量和误差补偿，最后利用终端执行器实现交点孔的精镗加工。

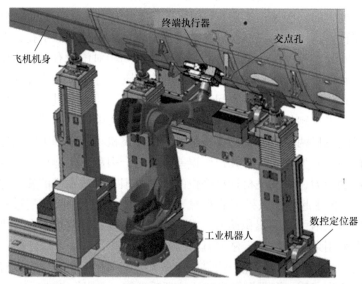

图 8.1　基于工业机器人的飞机交点孔精镗加工系统

1. 工业机器人

　　工业机器人是飞机交点孔精镗加工系统的支撑设备，主要完成镗孔终端执行器的定位工作。根据飞机自动化装配现场对镗孔空间适应性、工作范围及镗孔所需位姿精度及刚度等要求，推荐选用德国 KUKA 公司的 KR360-2 机器人。如

图 8.2 所示，KR360-2 机器人主要由机器人本体、机器人控制柜和手持式控制面板三部分组成。该型号机器人是德国 KUKA 公司的一款重载机器人产品，可负载 360kg，臂展可达 2826mm。机器人由 6 个旋转关节组成，具有 6 个自由度，其中 3 个自由度用来描述机器人末端位置，可以实现终端执行器在机器人操作空间的精确定位；另外 3 个自由度用来描述机器人末端姿态，可以实现终端执行器的姿态调整；此外，机器人还具有±0.08mm 的重复定位精度和较高的运动分辨率。

机器人本体　　　　机器人控制柜　　　　　　手持式控制面

图 8.2　KUKA KR360-2 机器人

2. 终端执行器

终端执行器是交点孔精镗加工系统的核心设备，一般通过快换法兰安装于机器人末端，是完成镗孔加工的执行部件。如图 8.3 所示，镗孔加工执行器主要由主轴单元、进给单元、镗刀系统、压脚气缸单元及底座等部件组成。其中，执行器底座通过快换法兰连接到机器人末端，并对其他部件起到支撑作用。在镗孔过程中，主轴带动刀具旋转，并在进给电机的驱动下沿着丝杠进给，实现切削运动。安装于主轴上的镗孔刀具采用 BIG+KAISER 的 CK 模块式镗刀系统，包括刀柄、延长器、精镗头和刀片等。压脚通过滑块导轨结构与执行器底座连接，在两侧气缸的推动下可以实现伸出和缩回两个动作；镗孔加工时，压脚伸出，压紧工件表面以提高机器人的稳定性，抑制振动的产生，其中压紧力的大小可以通过改变气缸中的气压值来调节。

3. 交点孔

飞机交点孔类型比较多，按一定位置关系排列，分布范围也比较广。此外，交点孔的孔径大小不等，大多数是处于 Φ30～Φ60mm 之间的主承力交点孔，待加工的底孔材料一般为铝合金、不锈钢或钛合金，衬套材料多数为高强度合金钢，如 0Cr15Ni5Cu4Nb 等。就大型飞机的主起落架交点孔来说，交点孔中心的位置精度要求为 0.05mm，表面粗糙度为 $R_a0.8$，孔径公差为 H7 级，垂直度和同轴度为 0.05mm，对交点孔的位姿精度和加工质量都提出了非常高的要求。

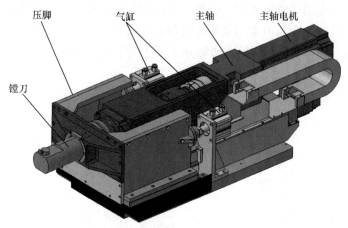

图 8.3　终端执行器

　　作为一种数字化精密测量设备，激光跟踪仪用于装配现场各坐标系的标定及机器人位姿误差补偿。Leica LTD640 型激光跟踪仪最大测量距离为 40m，可以满足飞机装配中交点孔精加工的大尺寸空间位置测量要求；同时，激光跟踪仪的测量分辨率为 1μm，全行程范围内测量精度为 15μm + 6μm/m，而且在 2.5m×5m×10m 的测量空间内能够达到 10μm+5μm/m，可以满足飞机交点孔精加工中的位姿测量精度要求。

### 8.2.2　加工工艺流程

　　机器人镗孔加工工艺过程主要包括离线编程与仿真、坐标系构建与标定、机器人镗孔加工定位、机器人镗孔精加工等，如图 8.4 所示。考虑到飞机交点孔具有孔径大、分布范围广、材料难加工等特点，而机器人存在定位精度较差、机械刚度较低、易变形和振动等不足，在镗孔加工中，需要重点研究机器人位姿优化技术、坐标系标定技术、机器人位姿误差补偿技术、振动分析及其抑制方法等，以保证交点孔的位姿精度和加工质量。具体工艺流程如下。

图 8.4　机器人镗孔加工技术路线

### 1. 离线编程与仿真

离线编程与仿真主要实现机器人位姿优化、路径规划和离线编程等功能。首先，将飞机数模和自动化装配工装导入 DELMIA 等结构计算与分析仿真软件中，针对 KUKA KR360-2 机器人，在机器人末端法兰上安装镗孔终端执行器；然后，在保证机器人可达性的条件下，以刚度最大化为目标优化机器人位姿，确定机器人在移动平台上的位置；最后，规划出机器人合适的运动路径，避免与产品、工装发生碰撞干涉，并生成机器人运动程序。

### 2. 坐标系构建与标定

为了支撑数字化测量系统，需要建立飞机、机器人及其他设备在三维空间中的位姿关系。首先，在交点孔精镗加工系统相关设备上定义坐标系，构建完整的坐标系体系；然后，分析坐标系体系中各坐标系之间的关系，确定已知的关系和未知的关系；最后，结合机器人自身运动特点及飞机装配现场结构特征，采用合适的方法，利用激光跟踪仪对未知的坐标系关系进行标定。

### 3. 机器人镗孔加工定位

机器人镗孔加工定位过程主要包括：机器人移动初定位、光学测量计算、位姿调整等步骤。首先，运行离线编程提供的机器人运动程序，使机器人安全稳定地运动到交点孔孔位处，完成初步定位；然后，利用激光跟踪仪分别测量机器人末端镗孔刀具的实际位置和方向，并与理论位置和方向进行比较，计算机器人末端位姿误差；如果位姿误差过大，则操作机器人进行位姿调整，直到机器人末端位姿精度满足要求为止。

### 4. 机器人镗孔精加工

机器人镗孔精加工主要利用镗孔终端执行器，在运动控制系统的辅助下完成飞机交点孔的精加工。首先，使终端执行器上的压脚伸出，压紧交点孔端面，并调整气缸中的气压值至合适大小，以防止机器人在镗孔过程中产生振动；然后，安装镗孔刀具并调整刀片伸出量，在运动控制系统的控制下，主轴以一定的转速和进给速度开始镗孔精加工；完成一刀切削后，调整刀片伸出量继续下一刀切削，直到交点孔加工至要求的尺寸精度为止。

## 8.2.3　坐标系构建

基于工业机器人的飞机交点孔精镗加工坐标系如图 8.5 所示，包括：基坐标系 $\{B\}$、法兰坐标系 $\{F\}$、工具坐标系 $\{T\}$、工件坐标系 $\{W\}$、目标坐标系 $\{G\}$ 和测量坐标系{$M$}等。其中，基坐标系、法兰坐标系和工具坐标系为与加工设备相关的坐标系；工件坐标系和目标坐标系为与加工对象相关的坐标系；测量坐标系为辅助坐标系，用于标定其他坐标系。

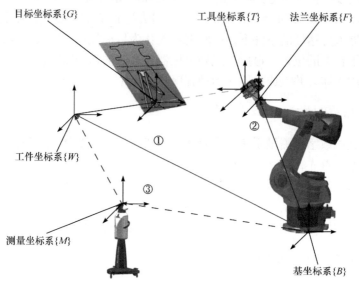

目标坐标系{$G$}　工具坐标系{$T$}　法兰坐标系{$F$}

工件坐标系{$W$}

①

②

③

测量坐标系{$M$}

基坐标系{$B$}

图 8.5　交点孔精镗加工系统的坐标系

如图 8.5 所示，基坐标系为机器人系统的固有坐标系，定义在机器人底座中心；法兰坐标系同样是机器人系统的固有坐标系，定义在机器人末端法兰中心；工具坐标系和机器人末端所安装的执行器有关，系统中定义在镗孔终端执行器的压脚端面中心；工件坐标系即飞机坐标系，与三维数模中相同，定义在飞机头部；目标坐标系即用于描述飞机交点孔孔位的局部坐标系，定义在孔位端面圆心处；测量坐标系即激光跟踪仪坐标系，为激光跟踪仪自身所固有，在测量系统头部。

在上述坐标系体系中，以基坐标系{$B$}为起点，向上延伸有两条支线，如图 8.5 中的支线①、②所示。其中，支线①可以表示为

$$\boldsymbol{T}_G^B = \boldsymbol{T}_W^B \boldsymbol{T}_G^W \tag{8-1}$$

式中，$\boldsymbol{T}_G^B$ 为用来描述目标坐标系在基坐标系下位姿的齐次矩阵；$\boldsymbol{T}_W^B$ 为用来描述工件坐标系在基坐标系下位姿的齐次矩阵；$\boldsymbol{T}_G^W$ 为用来描述目标坐标系在工件坐标系下位姿的齐次矩阵。

支线②可以表示为

$$\boldsymbol{T}_T^B = \boldsymbol{T}_F^B \boldsymbol{T}_T^F \tag{8-2}$$

式中，$\boldsymbol{T}_T^B$ 为用来描述工具坐标系在基坐标系下位姿的齐次矩阵；$\boldsymbol{T}_F^B$ 为用来描述

法兰坐标系在基坐标系下位姿的齐次矩阵；$T_T^F$ 为用来描述工具坐标系在法兰坐标系下位姿的齐次矩阵。

最终镗孔加工时需要保证工具坐标系{T}和目标坐标系{G}重合，即机器人终端执行器到达交点孔孔位处，两条支线形成一个封闭的系统。在该系统中，$T_G^W$ 可以从飞机三维数模中读取获得，$T_F^B$ 可以通过机器人运动学方程计算得到，而 $T_W^B$ 和 $T_T^F$ 均未知。

为了确定工件坐标系在基坐标系下的位姿 $T_W^B$，以及工具坐标系在法兰坐标系下的位姿 $T_T^F$，需要对工件坐标系{W}和工具坐标系{T}进行标定。其中，对工件坐标系{W}的标定需要借助于激光跟踪仪，其原理如图 8.5 中支线③所示，即

$$T_W^B = T_M^B T_W^M \tag{8-3}$$

式中，$T_M^B$ 为用来描述测量坐标系在基坐标系下位姿的齐次矩阵；$T_W^M$ 为用来描述工件坐标系在测量坐标系下位姿的齐次矩阵。

$T_M^B$ 和 $T_W^M$ 均可以通过测量计算的方法加以确定，从而可以得到工件坐标系在基坐标系下的位姿 $T_W^B$，实现工件坐标系{W}的标定。同理可以完成工具坐标系{T}的标定。

# 8.3　机器人镗孔位姿优化

## 8.3.1　机器人刚度模型

机器人刚度主要反映机器人在外力作用下抵抗变形的能力，而机器人刚度模型则表示了外力与机器人变形大小之间对应的数值关系。对于机器人刚度建模问题，已有许多学者进行了研究，并提出了各种不同的刚度模型及其相应的刚度矩阵，其中应用最为广泛的是 Salisbury[1]提出的传统刚度模型以及 Chen 等[2]提出的增强型刚度模型。

### 1. 传统刚度模型

机器人在外力作用下产生变形的部位有连杆本身、连杆支撑和关节驱动装置。当操作臂细而长，如航天飞机的操作臂，长达二十多米，各连杆产生的变形是末端变形的主要部分。但是对多数工业机器人而言，变形的主要来源是传动减速装置和伺服驱动系统。机器人的每个关节由单独的驱动电机通过减速器和传动机构驱动。在传递力和力矩的过程中，驱动系统每个构件都产生变形，同时，驱动电机本身由于反馈控制系统的增益有限亦将是有限的刚度，并且驱动系统的刚

度与反馈系统增益有关。为简便起见，将驱动系统的刚度用一个弹簧常数 $k_i$ 来表示，即

$$\tau_i = k_i \Delta q_i \tag{8-4}$$

式中，$\tau_i$ 是关节力矩；$\Delta q_i$ 是关节变量 $q_i$ 在关节力矩作用下产生的变形。

KUKA KR360-2 型工业机器人具有六个旋转关节，设其各关节刚度为 $k_1, k_2, \cdots, k_6$，则其关节刚度矩阵 $\boldsymbol{K}_\theta$ 可以表示为

$$\boldsymbol{K}_\theta = \begin{bmatrix} k_1 & 0 & \cdots & 0 \\ 0 & k_2 & \cdots & 0 \\ \vdots & \vdots & & \vdots \\ 0 & 0 & \cdots & k_6 \end{bmatrix} \tag{8-5}$$

机器人末端受到外部作用力时，假设机器人连杆是绝对刚性的，各关节将产生变形，从而引起末端变形。同时，由于关节变形，机器人会产生关节力矩矢量。

从关节局部分析，机器人关节变形和关节力矩之间存在如下关系：

$$\boldsymbol{\tau} = \boldsymbol{K}_\theta \Delta \boldsymbol{q} \tag{8-6}$$

式中，$\Delta \boldsymbol{q}$ 为机器人关节角变化量；$\boldsymbol{q} = [q_1, q_2, q_3, q_4, q_5, q_6]^{\mathrm{T}}$ 为机器人关节角向量；$\boldsymbol{\tau} = [\tau_1, \tau_2, \tau_3, \tau_4, \tau_5, \tau_6]^{\mathrm{T}}$ 为机器人关节力矩向量。

从微分运动分析可知，机器人关节变形和末端变形之间存在如下关系：

$$\Delta \boldsymbol{X} = \boldsymbol{J} \Delta \boldsymbol{q} \tag{8-7}$$

式中，$\Delta \boldsymbol{X} = [\Delta x, \Delta y, \Delta z, \Delta \alpha, \Delta \beta, \Delta \gamma]^{\mathrm{T}}$ 为机器人末端的广义变形；$\boldsymbol{J}$ 为机器人的雅可比矩阵，可以利用基于机器人运动学模型的矢量积方法或微分变换法计算得到。

又根据连杆受力分析，末端作用力和关节力矩之间存在如下关系：

$$\boldsymbol{\tau} = \boldsymbol{J}^{\mathrm{T}} \boldsymbol{F}_{\mathrm{out}} \tag{8-8}$$

式中，$\boldsymbol{F}_{\mathrm{out}} = [F_x, F_y, F_z, N_x, N_y, N_z]^{\mathrm{T}}$ 为作用在机器人末端的广义外力。

综合式(8-6)~式(8-8)，可得外力与机器人末端变形大小之间的关系，即机器人刚度模型为

$$\boldsymbol{F}_{\mathrm{out}} = \boldsymbol{K} \Delta \boldsymbol{X} \tag{8-9}$$

式中，

$$\boldsymbol{K} = \boldsymbol{J}^{-\mathrm{T}} \boldsymbol{K}_\theta \boldsymbol{J}^{-1} \tag{8-10}$$

称为机器人刚度矩阵。

2. 增强型刚度模型

增强型刚度模型首先由 Chen 等[2]提出，而后逐步被 Alici 等[3,4]推广应用。与传统刚度模型相比，该模型主要引入了补充刚度矩阵 $\boldsymbol{K}_C$ 的概念，具体推导过程如下。

由式(8-8)可知，机器人关节力矩与末端作用力存在关系 $\boldsymbol{\tau} = \boldsymbol{J}^{\mathrm{T}} \boldsymbol{F}_{\mathrm{out}}$，对该式两端进行微分处理可得

$$\mathrm{d}\boldsymbol{\tau} = \left(\mathrm{d}\boldsymbol{J}^{\mathrm{T}}\right)\boldsymbol{F}_{\mathrm{out}} + \boldsymbol{J}^{\mathrm{T}}\left(\mathrm{d}\boldsymbol{F}_{\mathrm{out}}\right) \tag{8-11}$$

由式(8-6)可得关系式：

$$\mathrm{d}\boldsymbol{\tau} = \boldsymbol{K}_\theta \mathrm{d}\boldsymbol{q} \tag{8-12}$$

根据机器人刚度概念，有

$$\mathrm{d}\boldsymbol{F}_{\mathrm{out}} = \boldsymbol{K}\mathrm{d}\boldsymbol{X} \tag{8-13}$$

将式(8-12)~式(8-13)代入式(8-11)，可得

$$\boldsymbol{K}_\theta \mathrm{d}\boldsymbol{q} = \left(\frac{\partial \boldsymbol{J}^{\mathrm{T}}}{\partial \boldsymbol{q}}\mathrm{d}\boldsymbol{q}\right)\boldsymbol{F}_{\mathrm{out}} + \boldsymbol{J}^{\mathrm{T}}\left(\boldsymbol{K}\mathrm{d}\boldsymbol{X}\right) \tag{8-14}$$

由式(8-7)可得关系式 $\mathrm{d}\boldsymbol{X} = \boldsymbol{J}\mathrm{d}\boldsymbol{q}$，代入上式可得

$$\boldsymbol{K}_\theta = \left(\frac{\partial \boldsymbol{J}^{\mathrm{T}}}{\partial \boldsymbol{q}}\right)\boldsymbol{F}_{\mathrm{out}} + \boldsymbol{J}^{\mathrm{T}}\boldsymbol{K}\boldsymbol{J} \tag{8-15}$$

即

$$\boldsymbol{K}_\theta = \boldsymbol{K}_C + \boldsymbol{J}^{\mathrm{T}}\boldsymbol{K}\boldsymbol{J} \tag{8-16}$$

式中，

$$\boldsymbol{K}_C = \left(\frac{\partial \boldsymbol{J}^{\mathrm{T}}}{\partial \boldsymbol{q}}\right)\boldsymbol{F}_{\mathrm{out}} = \left[\frac{\partial \boldsymbol{J}^{\mathrm{T}}}{\partial \boldsymbol{q}_1}\boldsymbol{F}_{\mathrm{out}}, \frac{\partial \boldsymbol{J}^{\mathrm{T}}}{\partial \boldsymbol{q}_2}\boldsymbol{F}_{\mathrm{out}}, \cdots \quad \frac{\partial \boldsymbol{J}^{\mathrm{T}}}{\partial \boldsymbol{q}_6}\boldsymbol{F}_{\mathrm{out}}\right] \tag{8-17}$$

称为补充刚度矩阵。

因此，增强型刚度矩阵可写为

$$\boldsymbol{K} = \boldsymbol{J}^{-\mathrm{T}}\left(\boldsymbol{K}_\theta - \boldsymbol{K}_C\right)\boldsymbol{J}^{-1} \tag{8-18}$$

3. 柔度矩阵式刚度模型

由式(8-10)和式(8-18)可知，以上两种模型均会涉及机器人雅可比矩阵的求逆运算，这会导致计算结果存在误差，在奇异位姿附近该问题尤为突出。为避免以上问题，采用柔度矩阵来表示机器人刚度模型，即

$$\Delta X = CF_{\text{out}} \tag{8-19}$$

式中，

$$C = JK_\theta^{-1}J^{\text{T}} \tag{8-20}$$

称为机器人柔度矩阵。

可以看出，机器人柔度矩阵 $C$ 为传统刚度矩阵 $K$ 的逆矩阵，其计算不会涉及雅可比矩阵 $J$ 的求逆运算；而机器人各个关节刚度均不为零，其关节刚度矩阵 $K_\theta$ 的逆始终存在，因而也不会影响柔度矩阵的计算。

以上刚度模型的推导过程与传统刚度模型类似，在此不再赘述。

### 8.3.2　机器人刚度性能指标

#### 1. 机器人平移柔度子矩阵

在柔度矩阵式刚度模型中，$F_{\text{out}}$ 为广义力向量，包括力和力矩；$\Delta X$ 为广义变形，包括平移变形和旋转变形。式(8-20)中的柔度矩阵 $C$ 反映了广义力向量和广义变形之间的映射关系。柔度矩阵中的元素具有不同的物理单位，给机器人柔度及刚度特性的研究带来很大困难。为了便于分析，重点讨论三维空间中机器人平移变形与外力(不包括力矩)之间的关系。

假设机器人所受力矩和旋转变形均为零，式(8-19)可以写为

$$\begin{bmatrix} \Delta X_t \\ 0 \end{bmatrix} = C \begin{bmatrix} F_{\text{Robot}} \\ 0 \end{bmatrix} \tag{8-21}$$

式中，$F_{\text{Robot}} = \begin{bmatrix} F_x, F_y, F_z \end{bmatrix}^{\text{T}}$ 为机器人所受作用力；$\Delta X_t = \begin{bmatrix} \Delta x, \Delta y, \Delta z \end{bmatrix}^{\text{T}}$ 为机器人受力后产生的平移变形。

把柔度矩阵 $C$ 写为分块形式，如下：

$$C = \begin{bmatrix} C_{tt} & C_{tr} \\ C_{tr}^{\text{T}} & C_{rr} \end{bmatrix} \tag{8-22}$$

式中，$C_{tt}$ 为平移柔度子矩阵；$C_{rr}$ 为旋转柔度子矩阵；$C_{tr}$ 为耦合柔度子矩阵。

将式(8-22)代入式(8-21)中并展开，可得

$$\Delta X_t = C_{tt} F_{\text{Robot}} \tag{8-23}$$

由式(8-23)可以看出，平移柔度子矩阵反映了三维空间中机器人平移变形和外力之间的关系。同时，该矩阵中的元素具有统一的物理单位，便于机器人柔度及刚度特性的研究。需要说明的是，平移柔度子矩阵并非平移刚度子矩阵的逆矩阵。

## 2. 机器人在单方向上的刚度特性

机器人刚度与其位姿密切相关，而当机器人处于某一位姿时，不同方向上的刚度也有很大差别。为了研究机器人在某一位姿时的整体刚度，首先需要研究机器人在单方向上的刚度特性。

假设作用在机器人上的外力为

$$\boldsymbol{F}_{\text{Robot}} = f_{\text{Robot}} \boldsymbol{e}_f \tag{8-24}$$

式中，$f_{\text{Robot}}$ 为外力大小；$\boldsymbol{e}_f$ 为外力方向。

根据式(8-23)可得机器人的平移变形为

$$\Delta \boldsymbol{X}_t = f_{\text{Robot}} \boldsymbol{C}_{tt} \boldsymbol{e}_f \tag{8-25}$$

将其投影到外力方向上，可得外力方向上平移变形的大小为

$$\Delta_f = f_{\text{Robot}} \boldsymbol{e}_f^{\text{T}} \boldsymbol{C}_{tt} \boldsymbol{e}_f = c f_{\text{Robot}} \tag{8-26}$$

式中，

$$c = \boldsymbol{e}_f^{\text{T}} \boldsymbol{C}_{tt} \boldsymbol{e}_f \tag{8-27}$$

被称为机器人在单方向上的柔度系数，于是其刚度系数为

$$k = \frac{1}{c} = \frac{1}{\boldsymbol{e}_f^{\text{T}} \boldsymbol{C}_{tt} \boldsymbol{e}_f} \tag{8-28}$$

由以上分析可以发现，机器人在单方向上的平移变形与外力之间具有严格线性关系；同时利用式(8-27)，可以方便地计算出三维空间中任意方向上机器人的柔度系数，进而得到刚度系数。Alici 等[4]在机器人关节刚度辨识试验中得到的机器人在单方向上的变形与作用力曲线也体现了两者之间的线性关系，但是没有继续深入研究下去。

## 3. 机器人刚度性能指标求解

基于以上机器人在单方向上刚度特性的分析，平移柔度子矩阵 $\boldsymbol{C}_{tt}$ 是对称矩阵，根据谱定理[5]，必然存在一个正交矩阵 $\boldsymbol{Q}$ 对角化矩阵 $\boldsymbol{C}_{tt}$，即

$$\boldsymbol{Q}^{\text{T}} \boldsymbol{C}_{tt} \boldsymbol{Q} = \boldsymbol{D} \tag{8-29}$$

式中，$\boldsymbol{D} = \text{diag}[\lambda_1, \lambda_2, \lambda_3]$ 是对角矩阵，而 $\lambda_1, \lambda_2, \lambda_3$ 是矩阵 $\boldsymbol{C}_{tt}$ 的特征值。

上式经过变换可得

$$\boldsymbol{C}_{tt} = \boldsymbol{Q} \boldsymbol{D} \boldsymbol{Q}^{\text{T}} \tag{8-30}$$

然后，把式(8-30)代入式(8-27)可得

$$c = \boldsymbol{e}_f^{\text{T}} \boldsymbol{Q} \boldsymbol{D} \boldsymbol{Q}^{\text{T}} \boldsymbol{e}_f = \boldsymbol{e}_{fn}^{\text{T}} \boldsymbol{D} \boldsymbol{e}_{fn} = \lambda_1 e_{fn1}^2 + \lambda_2 e_{fn2}^2 + \lambda_3 e_{fn3}^2 \tag{8-31}$$

由于 $e_f$ 是单位向量，$Q$ 是正交矩阵，因此 $e_{fn} = Q^T e_f$ 也是单位向量，于是有

$$e_{fn1}^2 + e_{fn2}^2 + e_{fn3}^2 = 1 \tag{8-32}$$

综合式(8-31)和式(8-32)，显然有如下关系：

$$\lambda_3 \leqslant c \leqslant \lambda_1 \tag{8-33}$$

同时，考虑到平移柔度子矩阵 $C_{tt}$ 为非负定矩阵，所有特征值均为非负值。因此，机器人在某一位姿时，任意方向上的柔度系数的范围为

$$0 \leqslant \lambda_3 \leqslant c \leqslant \lambda_1 \tag{8-34}$$

实际上，如果将向量 $e_{fn}$ 中的元素看作变量，那么式(8-32)所对应的二次曲面为椭球面。这意味着机器人处于某一位姿时，三维空间中所有方向上柔度系数集合的几何表示为一个如图 8.6 所示的椭球面，该椭球半轴的长度分别为矩阵 $C_{tt}$ 的特征值 $\lambda_1$，$\lambda_2$ 和 $\lambda_3$，其方向则沿着相应特征向量的方向。特殊情况下，如果矩阵 $C_{tt}$ 是奇异的，则椭球至少有一个半轴的长度将退化为零。

图 8.6 所示的椭球面反映了机器人在某一位姿时的整体柔度性能。显然，其整体柔度正比于椭球的体积：

$$V = \frac{4}{3}\pi \cdot \lambda_1 \lambda_2 \lambda_3 = \frac{4}{3}\pi \cdot \det(C_{tt}) \tag{8-35}$$

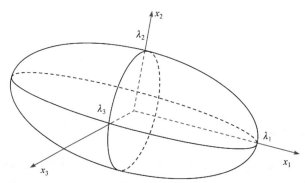

图 8.6　机器人在所有方向上柔度系数集合的几何表示

为了方便计算，同时使其具有柔度单位(mm/N)，特别定义机器人柔度性能指标为

$$k_c = \sqrt[3]{\det(C_{tt})} \tag{8-36}$$

相应地，机器人刚度性能指标为

$$k_s = \frac{1}{k_c} = \frac{1}{\sqrt[3]{\det(C_{tt})}} \tag{8-37}$$

当机器人处于不同的位姿时，其$k_s$越大，则整体刚度越大。

### 8.3.3　机器人位姿优化方法

1. 优化模型

如图 8.7 所示，在机器人镗孔加工系统中，飞机交点孔与机身蒙皮距离很近 (120mm 左右)，如果终端执行器位姿不合理，极易碰撞机身。为了防止发生碰撞，在交点孔孔位的位置向量 $P$ 和方向向量 $N$ 之外，引入一个辅助向量 $A$，即交点孔所在机身处的蒙皮法向量。然后，通过设置合适的工具坐标系，使终端执行器上端面法向平行于向量 $A$。此时，终端执行器上端面与飞机蒙皮表面平行，终端执行器与机身之间的距离最大。

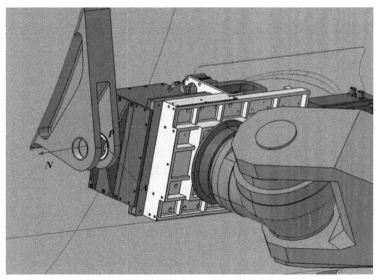

图 8.7　飞机交点孔孔位

在引入辅助向量 $A$ 之后，交点孔孔位对机器人末端位姿形成完整约束，然而在机器人镗孔加工系统中，机器人底座还可以在移动平台上自由移动。机器人底座在移动平台上处于不同位置的时候，为使终端执行器到达待加工孔孔位，机器人将具有不同的关节位姿，从而会产生单个孔位可以对应多个机器人关节位姿的冗余问题。而在所有这些可行位姿中，必然存在一个最优位姿，使得机器人刚度最大。

因此，以刚度性能指标最大化为优化目标，机器人底座在移动平台上的位置为优化变量，并以交点孔孔位要求以及机器人关节限位为约束条件，可以建立机器人镗孔位姿优化模型如下[6]：

$$\begin{cases} \max \quad k_s \\ \text{s.t.} \quad T(q,l) = T(P,N,A) \\ q_{i\min} \leqslant q_i \leqslant q_{i\max}, \quad 1 \leqslant i \leqslant 6 \end{cases} \tag{8-38}$$

式中，$l$ 表示机器人底座在移动平台上的位置；$T(P,N,A)$ 表示由 $P$、$N$ 和 $A$ 组成的交点孔孔位位姿矩阵；$T(q,l)$ 则表示由 $q$ 和 $l$ 通过机器人运动学模型构成的机器人末端位姿矩阵。

2. 模型求解

在以上优化模型的建立中，为了方便优化问题的计算分析，默认大地为参考坐标系。而在本节中为了便于计算，将在机器人基坐标系下进行系统求解。首先，需要将优化模型转换到机器人基坐标系下。以机器人基坐标系为参考坐标系，机器人在导轨上移动可以看作机器人保持不动，而交点孔相对于机器人在移动。因此，以上优化模型可以等价转换为

$$\begin{cases} \max \quad k_s \\ \text{s.t.} \quad T(q) = T(P,N,A,l) \\ q_{i\min} \leqslant q_i \leqslant q_{i\max}, \quad 1 \leqslant i \leqslant 6 \end{cases} \tag{8-39}$$

式中，$T(P,N,A,l)$ 表示由 $P$、$N$、$A$ 和 $l$ 组成的交点孔孔位位姿矩阵；$T(q)$ 则表示机器人关节角通过运动学模型构成的机器人末端位姿矩阵。

以上模型求解的具体步骤如下。

(1) 根据交点孔的位置向量 $P$、方向向量 $N$ 和辅助向量 $A$，以及机器人在移动平台上的初始位置 $l_0$，计算机器人末端初始位姿：

$$T_0 = \begin{bmatrix} A_X & W_X & N_X & P_X \\ A_Y & W_Y & N_Y & P_Y + l_0 \\ A_Z & W_Z & N_Z & P_Z \\ 0 & 0 & 0 & 1 \end{bmatrix} \tag{8-40}$$

式中，$[W_X,W_Y,W_Z]^T$ 是 $[N_X,N_Y,N_Z]^T$ 和 $[A_X,A_Y,A_Z]^T$ 的叉积。

(2) 由机器人的工作空间限制，确定优化变量的范围 $[l_{\min},l_{\max}]$。

(3) 求解机器人末端初始位姿 $T_0$ 的所有逆运动学解，并选出具有最大刚度性能指标值的解，作为初始关节角向量 $q_0$。

(4) 采用基于雅可比矩阵的迭代法(图 8.8)，从初始关节角向量 $q_0$ 出发，计算 $[l_{\min},l_{\max}]$ 范围内所有可行位姿的关节角向量，同时计算每个可行位姿的刚度性能指标值。对于上述优化模型(8-39)，图 8.8 所示的迭代算法中机器人末端目标位置

向量 $\boldsymbol{p}_d$ 和表示其末端目标姿态的旋转矩阵 $\boldsymbol{Q}_d$ 的计算方法如下：首先由初始位姿矩阵 $\boldsymbol{T}_0$，得到机器人末端初始位置向量 $\boldsymbol{p}_0$ 和初始旋转矩阵 $\boldsymbol{Q}_0$，而后可得

$$\boldsymbol{p}_d = \boldsymbol{p}_0 + \begin{bmatrix} 0, l - l_0, 0 \end{bmatrix}^{\mathrm{T}}, \quad \boldsymbol{Q}_d = \boldsymbol{Q}_0 \, 。$$

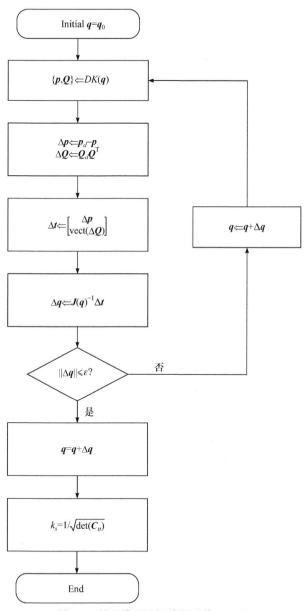

图 8.8　基于雅可比矩阵的迭代 IKP 法

(5) 根据步骤(4)中的结果确定机器人具有最优刚度时其底座在移动平台上的

位置 $l_{opt}$，同时确定机器人最优关节角向量 $q_{opt}$，并计算机器人最优位姿 $T_{opt} = T(q_{opt})$。

### 8.3.4 应用实例

为了辨识机器人关节刚度,同时验证机器人刚度性能指标,在 KUKA KR360-2 机器人上进行了受力变形试验。如图 8.9 所示,试验系统由 KR360-2 机器人、带有气缸压脚系统的终端执行器、Leica LTD640 激光跟踪仪和 Kistler 9257B 测力计等组成。其中,压脚在气缸中高压气体的作用下压紧固定工装,机器人受到反作用力而产生变形。测力计用来测量作用在机器人上外力的大小,激光跟踪仪则用来测量机器人变形的大小。本试验一共选取了 5 种不同的机器人位姿,在每种位姿下,通过调节气缸中气压的大小给机器人施加 5 次大小不同的作用力。其中,机器人位姿如表 8.1 所示,气缸中气压大小分别为 0.2～0.6MPa。

图 8.9　机器人受力变形试验系统

**表 8.1　KUKA KR360-2 机器人位姿**

| 位姿 | $\theta_1/(°)$ | $\theta_2/(°)$ | $\theta_3/(°)$ | $\theta_4/(°)$ | $\theta_5/(°)$ | $\theta_6/(°)$ |
|---|---|---|---|---|---|---|
| 1 | 68.85 | −51.86 | 108.36 | −24.25 | −62.69 | −11.73 |
| 2 | 68.58 | −58.44 | 103.39 | −42.55 | −34.48 | 5.32 |
| 3 | 69.76 | −58.71 | 85.00 | −141.95 | −29.32 | 103.25 |
| 4 | 69.07 | −60.09 | 94.09 | −97.98 | −20.64 | 59.96 |
| 5 | 71.03 | −53.25 | 68.89 | −164.57 | −53.49 | 124.58 |

1. 关节刚度求解

为了得到 KUKA KR360-2 机器人关节刚度的具体数值，需要结合试验数据，求解最小二乘问题。首先，编写目标函数的 Matlab 程序，程序中包含试验所用机器人位姿、作用在机器人上的外力、机器人变形的计算值和实测值等；而后，确定优化变量的初值，根据 Dumas 等[7]对 KUKA KR240-2 机器人关节刚度辨识的结果，在此选定优化变量的初值为 $x_0$=[1.0×10$^7$, 4.0×10$^6$, 4.0×10$^6$, 3.0×10$^6$, 3.0×10$^6$, 2.0×10$^6$]；最后，调用 Matlab 中的 LM 法进行求解，可得优化变量的最优解为

$$x_{opt}=[1.20\times10^7, 5.00\times10^6, 4.37\times10^6, 2.22\times10^6, 2.30\times10^6, 2.33\times10^6]$$

此时，目标函数值为 9.437×10$^{-7}$。

因此，KUKA KR360-2 机器人的关节刚度分别为 $k_{R1}=1.20\times10^7\,\mathrm{N\cdot m\,/\,rad}$，$k_{R2}=5.00\times10^6\,\mathrm{N\cdot m\,/\,rad}$，$k_{R3}=4.37\times10^6\,\mathrm{N\cdot m\,/\,rad}$，$k_{R4}=2.22\times10^6\,\mathrm{N\cdot m\,/\,rad}$，$k_{R5}=2.30\times10^6\,\mathrm{N\cdot m\,/\,rad}$，$k_{R6}=2.33\times10^6\,\mathrm{N\cdot m\,/\,rad}$。

2. 单方向上柔度系数的验证

为了分析机器人在单方向上的刚度特性，将试验测量得到的机器人平移变形投影到作用力方向上，并绘制该方向上平移变形大小与作用力大小之间关系的曲线，结果如图 8.10 所示。

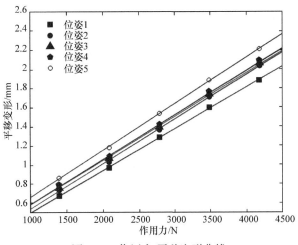

图 8.10　作用力-平移变形曲线

由图 8.10 可知，对于每种位姿，机器人在作用力方向上的平移变形大小和作用力大小之间都具有严格线性关系，与理论分析相吻合。同时，根据图中曲线可以计算得到机器人在作用力方向上的柔度系数，并与理论计算得到的柔度

系数进行对比，结果如图 8.11 所示。数据表明，试验测量结果与理论分析结果符合较好，平均相对误差为 7.998%，从而定量地验证了机器人单方向上柔度系数的正确性。

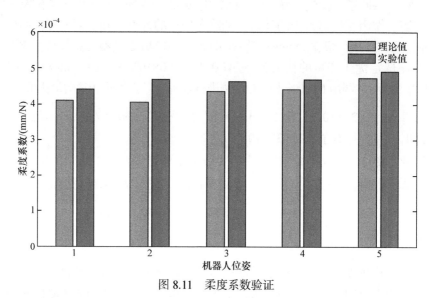

图 8.11　柔度系数验证

### 3. 刚度性能指标的验证

为了进一步验证机器人刚度性能指标，首先，计算每种位姿下机器人刚度性能指标的大小，然后，根据试验数据分析相同作用力下机器人变形与位姿的关系，结果如表 8.2 所示。由表的前两列数据可以看出，机器人从位姿 1 到位姿 5，刚度性能指标 $k_s$ 值逐渐减小；从表的后五列数据可以看出，在相同大小的作用力下，机器人从位姿 1 到位姿 5，其变形在逐渐增大，说明机器人的整体刚度在逐渐减小。可见，机器人刚度性能指标 $k_s$ 的变化趋势与机器人实际刚度变化趋势完全吻合，从而验证了该指标的正确性和有效性。

表 8.2　机器人刚度性能评价指标的验证

| 机器人位姿 | $k_s$/(N/mm) | 不同作用力下的机器人变形/mm | | | | |
| --- | --- | --- | --- | --- | --- | --- |
| | | 0.2MPa | 0.3MPa | 0.4MPa | 0.5MPa | 0.6MPa |
| 1 | 1656.700 | 0.675047 | 0.966921 | 1.289216 | 1.603760 | 1.890896 |
| 2 | 1604.454 | 0.754483 | 1.047760 | 1.391066 | 1.740444 | 2.066497 |
| 3 | 1528.619 | 0.802141 | 1.115497 | 1.440830 | 1.800647 | 2.118368 |
| 4 | 1500.839 | 0.831604 | 1.152891 | 1.489679 | 1.844246 | 2.203961 |
| 5 | 1397.118 | 0.896581 | 1.232106 | 1.608082 | 1.979918 | 2.325350 |

**4. 交点孔镗孔加工系统中的位姿优化**

如图 8.12 所示的飞机交点孔精镗加工系统中，机身一侧共有 8 个交点孔，机器人在移动平台上移动到合适的位置，然后利用镗孔终端执行器可以完成所有交点孔的精加工。为提高镗孔加工时的机器人刚度，对于每个交点孔，需要利用 8.3.3节提出的方法对机器人在移动平台上的位置进行优化，得到最优的机器人位姿，结果如表 8.3 所示。

图 8.12　交点孔精镗加工系统

由表 8.3 中数据可知，经过位姿优化，机器人刚度均有所提高。同时可以发现，对于部分交点孔，机器人刚度提高较大；而有些交点孔，机器人刚度则提高较少，如 7 号孔和 8 号孔。这是由于机器人底座在移动平台上的初始位置为随机选取，对于 7 号孔和 8 号孔，其初始位置恰好与最优位置比较接近所致。

表 8.3　机器人位姿优化结果

| 交点孔 | 机器人刚度性能指标 $k_v$/(N/mm) | |
| :---: | :---: | :---: |
| | 初始位姿 | 最优位姿 |
| 1 | 1844.301 | 2434.137 |
| 2 | 1629.418 | 2205.015 |
| 3 | 1866.144 | 2382.264 |
| 4 | 1599.235 | 1981.227 |
| 5 | 1895.750 | 2394.989 |
| 6 | 1640.105 | 1977.576 |
| 7 | 2454.861 | 2467.749 |
| 8 | 1953.178 | 1967.449 |

针对 3#交点孔加工，图 8.13 给出了机器人在移动平台上的位置优化曲线。可以看出，当 $l$=0mm 时，机器人处于初始位姿，其刚度性能指标为 1866.144N/mm；当 $l$=1386mm 时，机器人取得最优位姿，其刚度性能指标为 2382.264N/mm。当 $l$ 在 4000mm 附近时，机器人刚度性能指标急剧增大，这是由机器人接近奇异位置导致的，因而不能作为机器人在移动平台上的最优位置。机器人初始位姿和最优位姿分别如图 8.14(a)、(b)所示，其关节角向量分别为 $q_{in}$=[58.439°, −58.572°, 60.074°, 43.982°, −67.769°, −79.280°]$_i$ 以及 $q_{opt}$=[5.985°, −106.100°, 115.414°, 5.795°, −50.600°, −19.987°]$_i$。

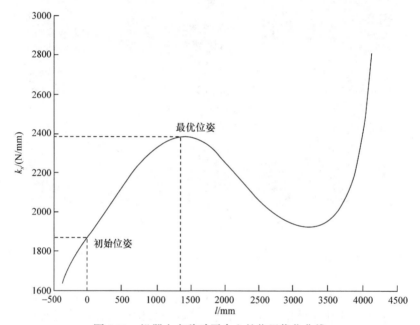

图 8.13　机器人在移动平台上的位置优化曲线

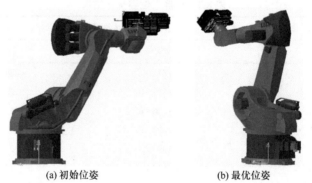

(a) 初始位姿　　　　　　　　　　(b) 最优位姿

图 8.14　机器人位姿优化结果

# 8.4　机器人镗孔位姿误差补偿

### 8.4.1　位姿误差描述

为了完整地描述一个物体在空间中的位姿,通常将物体与某一坐标系相固接,然后以该坐标系的位姿来反映物体的位姿。坐标系的原点一般选在物体的特征点(如几何中心)上,坐标系方向一般以物体的特征方向(如关键平面的法向)为准。如图 8.15 所示,假设坐标系$\{o_1\}$表示物体在参考坐标系$\{o\}$下需要达到的理论位姿,其坐标原点的位置矢量为$\boldsymbol{P}_1$,坐标轴的方向余弦矩阵为$\boldsymbol{R}_1$;坐标系$\{o_2\}$表示物体在参考坐标系$\{o\}$下达到的实际位姿,其坐标原点的位置矢量为$\boldsymbol{P}_2$,坐标轴的方向余弦矩阵为$\boldsymbol{R}_2$。根据刚体变换理论[8],坐标系$\{o_2\}$可以看作是坐标系$\{o_1\}$经过平移变换$\Delta\boldsymbol{P}$和旋转变换$\Delta\boldsymbol{R}$后得到的,它们之间满足以下关系:

$$\boldsymbol{P}_2 = \boldsymbol{P}_1 + \Delta\boldsymbol{P} \tag{8-41}$$

以及

$$\boldsymbol{R}_2 = \boldsymbol{R}_1\Delta\boldsymbol{R} \tag{8-42}$$

因此,物体的位置误差可以描述为

$$\Delta\boldsymbol{P} = \boldsymbol{P}_2 - \boldsymbol{P}_1 \tag{8-43}$$

姿态误差可以描述为

$$\Delta\boldsymbol{R} = \boldsymbol{R}_1^{-1}\boldsymbol{R}_2 = \boldsymbol{R}_1^{\mathrm{T}}\boldsymbol{R}_2 \tag{8-44}$$

将位置误差和姿态误差放到一起,位姿误差以齐次矩阵的形式可以表示为

$$\Delta\boldsymbol{T} = \begin{bmatrix} \Delta\boldsymbol{R} & \Delta\boldsymbol{P} \\ 0 & 1 \end{bmatrix} \tag{8-45}$$

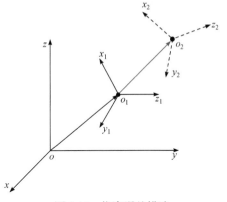

图 8.15　位姿误差描述

以欧拉角六元组的形式可以表示为

$$\Delta\boldsymbol{T} = \left[\Delta P_x, \Delta P_y, \Delta P_z, \Delta\alpha, \Delta\beta, \Delta\gamma\right] \tag{8-46}$$

### 8.4.2　基于点集匹配运算的位姿误差补偿

很多情况下,机器人末端物体结构复杂、形状不规则,没有明显的特征点和特征方向,导致其末端位姿难以直接测量。此时需要通过间接的方法测量得到机器人末端位姿误差,并对其进行补偿。

如图 8.16 所示,机器人完成初步定位时,其末端物体的实际位姿与理论位姿

之间存在一定误差 $\Delta T$ 。由刚体运动学可知，通过平移变换 $\Delta P$ 和旋转变换 $\Delta R$，机器人末端物体可以从其实际位姿到达理论位姿。然而，平移变换 $\Delta P$ 为向量形式，旋转变换 $\Delta R$ 为矩阵形式，两者难以通过测量直接得到。考虑到刚体上三个不共线的点可以唯一确定其空间位姿[6]，当这些点到达理论位置时，可以认为该刚体也到达了理论位姿。因此，采用在机器人末端物体上布置辅助定位点(不共线且不少于三个)，通过点集匹配运算求解 $\Delta P$ 和 $\Delta R$，然后对机器人末端位姿进行调整的方法，来提高其位姿精度。

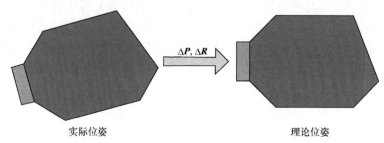

图 8.16    机器人末端位姿变换示意图

### 1. 辅助定位点的标定

如图 8.17 所示，辅助定位点 $p_i\,(i=1,2,\cdots,n)$ 为不少于三个且不共线的一组点。辅助定位点的标定主要是为了确定其在工件坐标系 $\{W\}$ 下的理论位置 $p_{i理}^{W}$ ，以便于和实际位置 $p_{i实}^{W}$ 对比而求解位置误差 $\Delta P$ 和姿态误差 $\Delta R$ 。

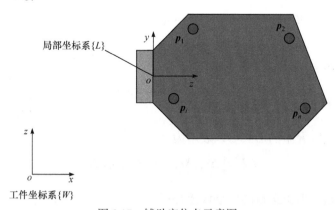

图 8.17    辅助定位点示意图

理论上可以通过简单的数学计算来确定辅助定位点的理论位置。首先，在机器人末端物体的三维数模上建立局部坐标系 $\{L\}$，并读取辅助定位点在该坐标系下的位置 $p_{i}^{L}$；然后，从产品总装模型中读取局部坐标系在工件坐标系下的理论位

姿 $T_L^W$；最后，通过下式计算辅助定位点在工件坐标系下的理论位置 $p_{i理}^W$：

$$p_{i理}^W = T_L^W p_i^L \tag{8-47}$$

式中，$p_{i理}^W$ 和 $p_i^L$ 均为点 $p_i$ 的齐次坐标。

然而，由于加工制造误差的存在，辅助定位点在局部坐标系{L}下的实际位置与三维数模中的位置并不完全一致，从而导致辅助定位点在工件坐标系下的理论位置存在误差。因此，需要通过实际测量的方式对辅助定位点进行标定，以确定其在坐标系{L}下的实际位置 $p_i^L$，进而确定其在工件坐标系下实际的理论位置 $p_{i理}^W$。具体标定方法如下。

(1) 利用激光跟踪仪在机器人末端物体上建立局部坐标系{L}，并得到局部坐标系{L}在测量坐标系(即激光跟踪仪坐标系){M}下的位姿 $T_L^W$。

(2) 测量辅助定位点 $p_i$ 在测量坐标系下的位置 $p_i^M$。

(3) 在机器人末端物体的三维数模上建立相同的局部坐标系，并读取该坐标系在工件坐标系下的理论位姿 $T_L^W$。

(4) 最后通过下式计算辅助定位点在工件坐标系下实际的理论位置 $p_{i理}^W$：

$$p_{i理}^W = T_L^W \left( T_L^M \right)^{-1} p_i^M \tag{8-48}$$

在以上辅助定位点标定中所构建的局部坐标系，可以是机器人法兰坐标系或工具坐标系。这是因为工具坐标系本身就与末端物体固连在一起，而末端物体通常是刚性连接在机器人法兰上，其相对位置不会发生变化，可以认为是一体的。

**2. 点集匹配运算**

点集匹配即利用两组点之间的位置关系，来确定点组所固连刚体的位置误差 $\Delta P$ 和姿态误差 $\Delta R$。参考 Arun 等[9]提出的一种基于 3×3 矩阵奇异值分解(singular value decomposition，SVD)的方法，来计算 $\Delta R$ 和 $\Delta P$ 的最小二乘解。

如图 8.18 所示，点集 $p_{i实}^W (i=1,2,\cdots,n)$ 为辅助定位点在工件坐标系下的实际位置，而点集 $p_{i理}^W (i=1,2,\cdots,n)$ 则为其在工件坐标系下的理论位置，两者之间具有如下关系：

$$p_{i理}^W = \Delta R p_{i实}^W + \Delta P + \xi_i \tag{8-49}$$

式中，$\xi_i$ 表示误差向量。

根据距离最小化原则可以设定目标函数如下：

$$\Sigma^2 = \sum_{i=1}^{n} \left\| \boldsymbol{p}_{i理}^{W} - \left( \Delta\boldsymbol{R}\boldsymbol{p}_{i实}^{W} + \Delta\boldsymbol{P} \right) \right\|^2 \tag{8-50}$$

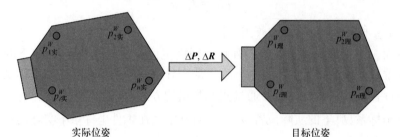

图 8.18 点集匹配运算原理图

该问题可以描述为求解旋转矩阵 $\Delta\boldsymbol{R}$ 和平移向量 $\Delta\boldsymbol{P}$，使目标函数达到最小值。为了求解该问题，首先，利用奇异值分解法求解旋转矩阵 $\Delta\boldsymbol{R}$，然后，计算平移向量 $\Delta\boldsymbol{P}$。具体过程如下。

(1) 由点集 $\boldsymbol{p}_{i实}^{W}$ 和 $\boldsymbol{p}_{i理}^{W}$ 计算 $\boldsymbol{p}_{实}^{W}$ 和 $\boldsymbol{p}_{理}^{W}$，以及 $\boldsymbol{q}_{i实}^{W}$ 和 $\boldsymbol{q}_{i理}^{W}$，其中：

$$\boldsymbol{p}_{实}^{W} = \frac{1}{n}\sum_{i=1}^{n} \boldsymbol{p}_{i实}^{W}, \quad \boldsymbol{p}_{理}^{W} = \frac{1}{n}\sum_{i=1}^{n} \boldsymbol{p}_{i理}^{W} \tag{8-51}$$

$$\boldsymbol{q}_{i实}^{W} = \boldsymbol{p}_{i实}^{W} - \boldsymbol{p}_{实}^{W}, \quad \boldsymbol{q}_{i理}^{W} = \boldsymbol{p}_{i理}^{W} - \boldsymbol{p}_{理}^{W} \tag{8-52}$$

(2) 计算 $3\times3$ 矩阵 $\boldsymbol{H}$：

$$\boldsymbol{H} = \sum_{i=1}^{n} \boldsymbol{q}_{i实}^{W} \left( \boldsymbol{q}_{i理}^{W} \right)^{\mathrm{T}} \tag{8-53}$$

(3) 奇异值分解矩阵 $\boldsymbol{H}$：

$$\boldsymbol{H} = \boldsymbol{U}\boldsymbol{D}\boldsymbol{V}^{\mathrm{T}} \tag{8-54}$$

式中，$\boldsymbol{D}$ 为对角矩阵；$\boldsymbol{U}$ 和 $\boldsymbol{V}$ 为正交矩阵。

(4) 求解旋转矩阵 $\Delta\boldsymbol{R}$。首先，计算矩阵 $\boldsymbol{X}$ 为 $\boldsymbol{X} = \boldsymbol{V}\boldsymbol{U}^{\mathrm{T}}$，而后，计算其行列式 $\det(\boldsymbol{X})$。如果 $\det(\boldsymbol{X}) = +1$，则旋转矩阵 $\Delta\boldsymbol{R}$ 为

$$\Delta\boldsymbol{R} = \boldsymbol{V}\boldsymbol{U}^{\mathrm{T}} \tag{8-55}$$

如果 $\det(\boldsymbol{X}) = -1$，则 $\boldsymbol{X}$ 是一个反射变换，令 $\boldsymbol{V}' = [\boldsymbol{v}_1, \boldsymbol{v}_2, -\boldsymbol{v}_3]$，可得旋转矩阵 $\Delta\boldsymbol{R}$ 为

$$\Delta\boldsymbol{R} = \boldsymbol{V}'\boldsymbol{U}^{\mathrm{T}} \tag{8-56}$$

(5) 求解平移向量 $\Delta\boldsymbol{P}$：

$$\Delta\boldsymbol{P} = \boldsymbol{p}_{理}^{W} - \Delta\boldsymbol{R}\boldsymbol{p}_{实}^{W} \tag{8-57}$$

3. 位姿调整的等价变换

通过点集匹配运算求得位置误差 $\Delta\boldsymbol{P}$ 和姿态误差 $\Delta\boldsymbol{R}$ 后，即可对机器人末端位姿进行调整，以使其达到理论位姿。然而，由于点集 $\boldsymbol{p}_{i实}^W$ 和 $\boldsymbol{p}_{i理}^W$ 均为工件坐标系下的坐标值，点集匹配运算所得到的 $\Delta\boldsymbol{P}$ 和 $\Delta\boldsymbol{R}$ 为工件坐标系下的位姿误差。而机器人末端位姿的调整通常在工具坐标系下完成，因此需要先将工件坐标系下的位姿误差等价变换为工具坐标系下的位姿误差。

假设位姿调整前辅助定位点在工件坐标系下的位置为 $\boldsymbol{p}_{i前}^W$，分别基于工件坐标系和工具坐标系对机器人末端位姿进行调整，并对比两种方式的位姿调整后辅助定位点在工件坐标系下的位置，结果如下。

1) 基于工件坐标系的调整

由点集匹配运算可知，工件坐标系的位姿误差为 $\Delta\boldsymbol{P}$ 和 $\Delta\boldsymbol{R}$，写为齐次矩阵形式

$$\left(\Delta\boldsymbol{T}\right)^W = \begin{bmatrix} \Delta\boldsymbol{R} & \Delta\boldsymbol{P} \\ 0 & 1 \end{bmatrix} \tag{8-58}$$

由于工件坐标系为定坐标系，则基于工件坐标系进行调整后，辅助定位点在工件坐标系下的位置将变为

$$\boldsymbol{p}_{i后1}^W = \left(\Delta\boldsymbol{T}\right)^W \boldsymbol{p}_{i前}^W \tag{8-59}$$

式中，$\boldsymbol{p}_{i前}^W$ 和 $\boldsymbol{p}_{i后1}^W$ 均为齐次坐标。

2) 基于工具坐标系的调整

假设位姿调整前，工具坐标系在工件坐标系下的位姿为 $\boldsymbol{T}_{T前}^W$，并且工具坐标系下的位姿误差写为齐次矩阵形式为 $\left(\Delta\boldsymbol{T}\right)^T$。由于工具坐标系为动坐标系，则基于工具坐标系进行调整后，工具坐标系在工件坐标系下的位姿将变为

$$\boldsymbol{T}_{T后}^W = \boldsymbol{T}_{T前}^W \left(\Delta\boldsymbol{T}\right)^T \tag{8-60}$$

又辅助定位点在工具坐标系下的位置为

$$\boldsymbol{p}_i^T = \left(\boldsymbol{T}_{T前}^W\right)^{-1} \boldsymbol{p}_{i前}^W \tag{8-61}$$

则位姿调整后辅助定位点在工件坐标系下的位置为

$$\boldsymbol{p}_{i后2}^W = \boldsymbol{T}_{T后}^W \boldsymbol{p}_i^T = \boldsymbol{T}_{T前}^W \left(\Delta\boldsymbol{T}\right)^T \left(\boldsymbol{T}_{T前}^W\right)^{-1} \boldsymbol{p}_{i前}^W \tag{8-62}$$

根据等价变换原理，两种调整方式应该得到相同的结果，即 $\boldsymbol{p}_{i后1}^W = \boldsymbol{p}_{i后2}^W$，于是有

$$\left( \Delta \boldsymbol{T} \right)^{W} = \boldsymbol{T}_{T前}^{W} \left( \Delta \boldsymbol{T} \right)^{\mathrm{T}} \left( \boldsymbol{T}_{T前}^{W} \right)^{-1} \tag{8-63}$$

因此可得工具坐标系的位姿误差 $\left( \Delta \boldsymbol{T} \right)^{\mathrm{T}}$ 为

$$\left( \Delta \boldsymbol{T} \right)^{\mathrm{T}} = \left( \boldsymbol{T}_{T前}^{W} \right)^{-1} \left( \Delta \boldsymbol{T} \right)^{W} \boldsymbol{T}_{T前}^{W} \tag{8-64}$$

**4. 位姿误差补偿步骤**

根据以上分析，基于点集匹配运算的位姿误差补偿方法具体步骤可以总结如下。

(1) 利用激光跟踪仪测量标定辅助定位点在工件坐标系下的理论位置 $\boldsymbol{p}_{i理}^{W}$。

(2) 运行离线编程所得的机器人程序，使机器人运动到镗孔孔位处。

(3) 利用激光跟踪仪测量辅助定位点在工件坐标系下的实际位置 $\boldsymbol{p}_{i实}^{W}$。

(4) 根据辅助定位点在工件坐标系下的理论位置 $\boldsymbol{p}_{i理}^{W}$ 和实际位置 $\boldsymbol{p}_{i实}^{W}$，通过点集匹配运算确定工件坐标系下的位姿误差 $\left( \Delta \boldsymbol{T} \right)^{W}$。

(5) 读取机器人工具坐标系在工件坐标系下的当前位姿，并根据位姿调整的等价变换原理计算工具坐标系下的位姿误差 $\left( \Delta \boldsymbol{T} \right)^{\mathrm{T}}$。

(6) 机器人进行位姿调整，并转到步骤(3)重新测量辅助定位点的实际位置 $\boldsymbol{p}_{i实}^{W}$，直到位姿精度满足要求为止。

### 8.4.3 面向对象的位姿误差补偿

由上节内容可知，机器人末端位姿难以直接测量时，可以通过基于点集匹配运算的方法对其误差进行补偿。然而，在飞机交点孔精镗加工中，该方法无法直接体现镗孔刀具的位置精度和方向精度。因此，针对飞机交点孔精镗加工系统的特点，研究面向对象的位姿误差补偿方法，即直接测量镗孔刀具的位置误差和方向误差，并对其进行补偿。

**1. 位姿误差补偿原理**

如图 8.19 所示，$\boldsymbol{P}_d$、$\boldsymbol{N}_d$ 分别为镗孔刀具所需要达到的理论位置和理论方向，可以在三维数模中读取得到；而 $\boldsymbol{P}_a$、$\boldsymbol{N}_a$ 则分别为机器人完成初步定位后镗孔刀具的实际位置(即镗头横截面中心点)和实际方向(即镗杆方向)，可以利用激光跟踪仪测量得到。由此可得机器人末端位置误差为

$$\Delta \boldsymbol{P} = \boldsymbol{P}_d - \boldsymbol{P}_a \tag{8-65}$$

方向偏差为

$$\Delta \theta = \arccos \left[ \left( \boldsymbol{N}_a \cdot \boldsymbol{N}_d \right) / \left( \left\| \boldsymbol{N}_a \right\| \cdot \left\| \boldsymbol{N}_d \right\| \right) \right] \tag{8-66}$$

图 8.19　机器人镗孔末端位姿误差

为了使镗杆从实际方向 $N_a$ 调整到理论方向 $N_d$，如图 8.20 所示，需要使方向向量 $N_a$ 绕向量 $f_n$ 逆时针旋转 $\Delta\theta$ 角。根据等效轴角坐标表示法(equivalent angle-axis representation)[8]，以上变换可以表示为 $R_f(\Delta\theta)$。其中，$f_n$ 表示向量 $N_a$ 与 $N_d$ 所在平面的法向向量，可以通过下式计算得到：

$$f_n = (N_a \times N_d) / \left\| (N_a \times N_d) \right\| \tag{8-67}$$

在 KUKA 机器人运动程序中，空间姿态用 $ZYX$ 欧拉角表示，因此需要将 $R_f(\Delta\theta)$ 转换为欧拉角形式。由于旋转轴 $f_n$ 为一般轴，$R_f(\Delta\theta)$ 的等效旋转矩阵为[8]

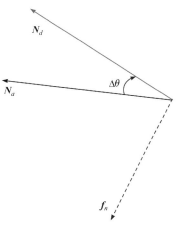

图 8.20　方向向量调整原理

$$R_f(\Delta\theta) = \begin{bmatrix} f_x f_x v\Delta\theta & f_x f_y v\Delta\theta - f_z s\Delta\theta & f_x f_z v\Delta\theta + f_y s\Delta\theta \\ f_x f_y v\Delta\theta + f_z s\Delta\theta & f_y f_y v\Delta\theta + c\Delta\theta & f_y f_z v\Delta\theta - f_x s\Delta\theta \\ f_x f_z v\Delta\theta - f_y s\Delta\theta & f_y f_z v\Delta\theta + f_x s\Delta\theta & f_z f_z v\Delta\theta + c\Delta\theta \end{bmatrix} \tag{8-68}$$

式中，$c\Delta\theta = \cos\Delta\theta$；$s\Delta\theta = \sin\Delta\theta$；$v\Delta\theta = 1 - \cos\Delta\theta$；$f_n = \begin{bmatrix} f_x, f_y, f_z \end{bmatrix}^T$。

为了便于表示，式(8-68)可以简化为如下形式：

$$R_f(\Delta\theta) = \begin{bmatrix} r_{11} & r_{12} & r_{13} \\ r_{21} & r_{22} & r_{23} \\ r_{31} & r_{32} & r_{33} \end{bmatrix} \tag{8-69}$$

由机器人运动学可知，$ZYX$ 欧拉角形式的旋转变换可以表示为

$$\boldsymbol{R}_{ZYX}\left(\Delta\alpha,\Delta\beta,\Delta\gamma\right)=\boldsymbol{R}_Z\left(\Delta\alpha\right)\boldsymbol{R}_Y\left(\Delta\beta\right)\boldsymbol{R}_X\left(\Delta\gamma\right)$$

$$=\begin{bmatrix} c\Delta\alpha c\Delta\beta & c\Delta\alpha s\Delta\beta s\Delta\gamma-s\Delta\alpha c\Delta\gamma & c\Delta\alpha s\Delta\beta c\Delta\gamma+s\Delta\alpha s\Delta\gamma \\ s\Delta\alpha c\Delta\beta & s\Delta\alpha s\Delta\beta s\Delta\gamma+c\Delta\alpha c\Delta\gamma & s\Delta\alpha s\Delta\beta c\Delta\gamma-c\Delta\alpha s\Delta\gamma \\ -s\Delta\beta & c\Delta\beta s\Delta\gamma & c\Delta\beta c\Delta\gamma \end{bmatrix}$$

$$(8\text{-}70)$$

式中，$c\Delta\alpha=\cos\Delta\alpha$；$s\Delta\alpha=\sin\Delta\alpha$；$c\Delta\beta=\cos\Delta\beta$；$s\Delta\beta=\sin\Delta\beta$；$c\Delta\gamma=\cos\Delta\gamma$；$s\Delta\gamma=\sin\Delta\gamma$。

于是由 $\boldsymbol{R}_f\left(\Delta\theta\right)=\boldsymbol{R}_{ZYX}\left(\Delta\alpha,\Delta\beta,\Delta\gamma\right)$，可以计算得到如下结果：

$$\begin{cases} \Delta\beta=\arctan\left(-r_{31},\sqrt{r_{11}^2+r_{21}^2}\right) \\ \Delta\alpha=\arctan\left(r_{21}/c\Delta\beta,r_{11}/c\Delta\beta\right) \\ \Delta\gamma=\arctan\left(r_{32}/c\Delta\beta,r_{33}/c\Delta\beta\right) \end{cases} \quad (8\text{-}71)$$

因此可得 $ZYX$ 欧拉角形式的姿态误差为 $\left[\Delta\alpha,\Delta\beta,\Delta\gamma\right]^{\mathrm{T}}$，又由上文所知位置误差为 $\left[\Delta P_x,\Delta P_y,\Delta P_z\right]^{\mathrm{T}}$，于是可得用于 KUKA 机器人系统的六元组形式表示的机器人末端位姿误差为

$$\Delta\boldsymbol{T}=\left[\Delta P_x,\Delta P_y,\Delta P_z,\Delta\alpha,\Delta\beta,\Delta\gamma\right]^{\mathrm{T}} \quad (8\text{-}72)$$

而后可以通过固接于镗孔刀具上的工具坐标系完成机器人末端位姿的调整，首先，使工具坐标系原点在工件坐标系下平移 $\Delta\boldsymbol{P}$，然后，以工具坐标系原点为中心，分别绕工件坐标系的 $Z$、$Y$、$X$ 轴旋转 $\Delta\alpha$、$\Delta\beta$ 和 $\Delta\gamma$。在 KUKA 机器人系统中，以上操作可以通过 LIN_REL 指令在 BASE 坐标系下完成。

需要说明的是，位置向量和方向向量等数据均为工件坐标系(即飞机坐标系)下的数值。

### 2. 位姿误差补偿步骤

基于以上分析，面向对象的位姿误差补偿方法具体步骤可以总结为以下几方面。

(1) 初步定位。运行离线编程所得到的机器人程序，使机器人携带终端执行器运动到镗孔孔位。

(2) 误差计算。利用激光跟踪仪，分别测量机器人末端刀具的实际位置 $\boldsymbol{P}_a$ 和实际方向 $\boldsymbol{N}_a$，并与理论位置 $\boldsymbol{P}_d$ 和理论方向 $\boldsymbol{N}_d$ 比较，计算位置误差 $\Delta\boldsymbol{P}$ 和方向偏差 $\Delta\theta$。

(3) 位姿评价。当 $\|\Delta\boldsymbol{P}\|\leqslant\delta_p$，$\|\Delta\theta\|\leqslant\delta_n$，即机器人末端位姿达到位置精度 $\delta_p$

和方向精度 $\delta_n$ 的要求时，补偿结束；否则，就需要进行步骤(4)位姿调整。

(4) 位姿调整。根据位置误差 $\Delta P$ 和方向偏差 $\Delta\theta$，计算得到六元组形式表示的机器人末端位姿误差 $\Delta T$，并将其传送到机器人控制系统，调整机器人位姿。而后转到步骤(2)，重新进行误差计算。

为了消除机器人在压脚压紧力作用下产生的变形对位姿精度的影响，在测量机器人末端刀具的实际位姿时，压脚推出，压紧工件；而当位姿调整时，压脚收回，脱离工件。

### 8.4.4　面向对象的位姿误差补偿方法的应用

针对飞机交点孔精镗加工时对镗孔刀具的位置精度和方向精度具有严格要求的特点，本节采用面向对象的位姿误差补偿方法对机器人末端位姿误差进行计算和补偿。

如图 8.21 所示，机器人镗孔终端执行器上安装有两个辅助测量工具 AMT1和 AMT2。其中，AMT1 用来辅助测量刀具实际的位置向量；AMT2 用来辅助测量刀具实际的方向向量。对于每个飞机交点孔，当终端执行器到达初始位姿时，将 AMT1 和 AMT2 安装到电主轴上。其中，AMT1 代替镗刀装夹到主轴中心，而AMT2 则安装在主轴侧面。利用激光跟踪仪可以直接测量 AMT1 得到刀具实际的位置向量；然后驱动主轴沿着直线导轨进给，此时 AMT2 会随着主轴进行直线运动，从而可以测量得到刀具实际的方向向量；而后结合理论值计算机器人末端位

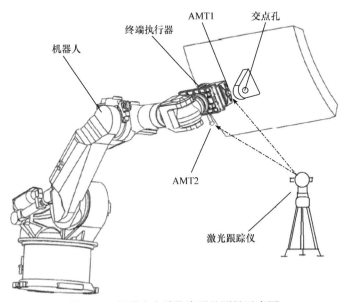

图 8.21　机器人末端位姿误差测量示意图

姿误差，并通过机器人运动进行位姿调整，直至其位置精度和方向精度满足要求为止。

对于图 8.12 所示机身一侧的 8 个交点孔，机器人位姿误差补偿结果如图 8.22 和图 8.23 所示。由图可知，在位姿误差补偿前，机器人末端刀具位置误差达到 1~2mm，方向偏差达到 0.2°左右，不能满足位姿精度要求。经过两次补偿之后，位置误差最大值从 1.869mm 降为 0.040mm，平均值从 1.451mm 降为 0.032mm；方向偏差最大值从 0.217°降为 0.023°，平均值从 0.181°降为 0.011°。位置误差和

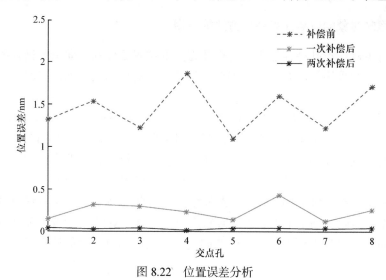

图 8.22　位置误差分析

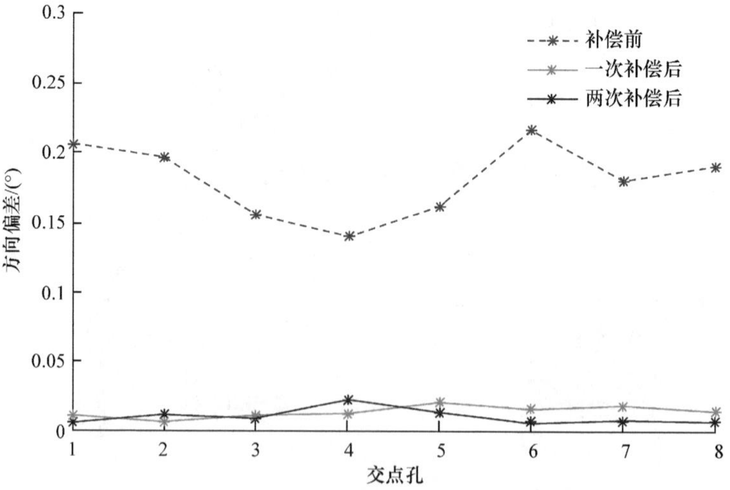

图 8.23　方向偏差分析

方向偏差均达到了位姿精度要求。此外，从图中可以发现，方向偏差经过一次补偿即可满足精度要求，位置误差经过两次补偿也达到了精度要求，这也体现出该方法的高效性。

# 8.5　机器人镗孔动力学建模

动力学分析的关键在于动态切削建模。传统的有关镗孔加工动态切削力研究方法可以归纳为两类。第一类试验法，即通过优化加工参数来提高加工质量。如Lazoglu 等[10]使用试验修正因子法来计算镗孔过程中的动态切削力。第二类动态切削力模型分析法。Moetakef-Imani 等[11]采用 B 样条插值技术拟合刀具几何模型，并模拟了镗孔加工过程。Kuster[12]提出了一个镗孔加工动态切削力模型，但没有考虑刀具前角及刃倾角对加工过程的影响。Yussefian 等[13]提出了一种微分方法来预测镗孔动态切削力。Wu[14]提出一种用来分析切削加工的综合动态切削力模型。Lin 等[15]通过对实际斜角切削的研究，提出一种斜角切削动态切削力模型。上述文献根据实际情况都对加工系统进行了适当简化，模型中至多考虑两个方向的振动对切削力的影响，而且均没有考虑加工系统的弱刚性的影响，因此都不适用于机器人镗削加工。本节基于机器人精镗加工系统的结构特性和动态特性，综合考虑刀具几何参数、机器人系统刚度、切屑变形和犁耕效应的影响，建立机器人镗孔加工动力学模型，并对该模型数值求解。

## 8.5.1　刀具几何外形建模

在旋转坐标系下，机器人精镗过程如图 8.24 所示，由图可知切削面积 $A$ 和接触刃长度 $L$ 都是切削深度 $a_p$ 、进给量 $f$ 、圆弧半径 $r$ 、侧刃角 $C_S$ 和端刃角 $C_E$ 的非线性函数。根据进给量 $f$ 、圆弧半径 $r$ 和切削深度 $a_p$ 之间的关系，切削面积和接触刃长度的计算可划分为四种类型：① $a_p \geqslant r$ ， $f < r$ ；② $a_p \leqslant r$ ， $f < r$ ；③ $a_p \geqslant r$ ， $f > r$ ；④ $a_p \leqslant r$ ， $f > r$ ，如图 8.25 所示。在实际镗削过程中，为了保证加工质量，常常选择进给量 $f$ 小于刀尖圆弧半径 $r$ 的情况进行精镗加工，它们所对应的切削面积如图 8.25 中的 a 和 b 类型所示。

振动切削时，切削面积与接触刃长度不但随时间变化，而且还与以前切削轮廓相关。如图 8.26 所示，刀尖轮廓 $Y(X)$ 在坐标系$(X, Y, Z)$ 中可以表达为

$$Y(X) = \begin{cases} \tan C_E \cdot X + b_0, & \theta > \pi/2 + C_E \\ \sqrt{r_2 - X_2}, & C_S \leqslant \theta \leqslant \pi/2 + C_E \\ -\tan C_S \cdot X + b_1, & \theta < C_S \end{cases} \tag{8-73}$$

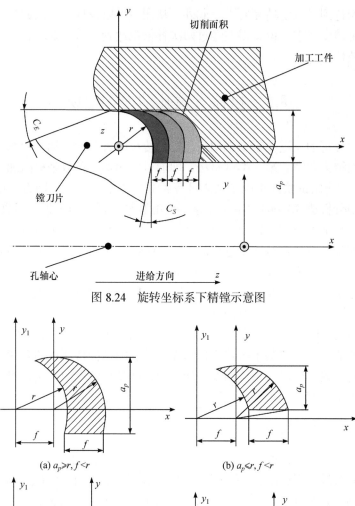

图 8.24　旋转坐标系下精镗示意图

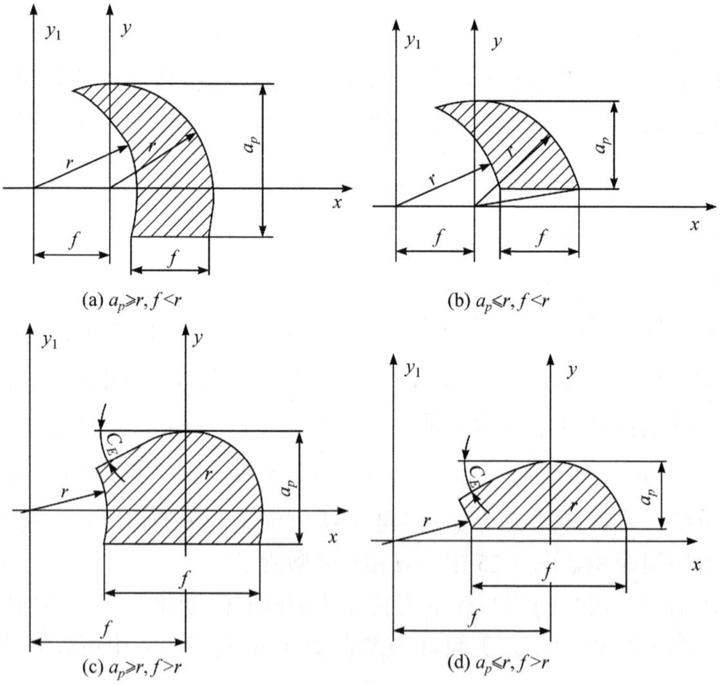

(a) $a_p \geqslant r, f < r$

(b) $a_p \leqslant r, f < r$

(c) $a_p \geqslant r, f > r$

(d) $a_p \leqslant r, f > r$

图 8.25　四种类型切削面积

式中，

$$\begin{cases} b_0 = r\sqrt{1 + \tan^2 C_E} \\ b_1 = -r\sqrt{1 + \tan^2 C_S} \end{cases} \tag{8-74}$$

假设前 $M$ 转刀尖轮廓在轴向和径向方向的刀具-工件相对位移分别为 $x(t+MT)$ 和 $y(t+MT)$，则前 $M$ 转刀尖轮廓 $Y(t+MT)$ 可以表示为

$$Y(t+MT) = Y(X) + y(t+MT)$$

$$Y(t+MT) = \begin{cases} \tan C_E \cdot X + \left[ b_0 + Mf - \sum_{i=1}^{M} x(t+iT) \right], & \theta > \pi/2 + C_E \\ \sqrt{r_2 - \left[ X + Mf - \sum_{i=1}^{M} x(t+iT) \right]^2}, & C_S \leqslant \theta \leqslant \pi/2 + C_E \\ -\tan C_S \cdot X + \left[ b_1 + Mf - \sum_{i=1}^{M} x(t+iT) \right], & \theta < C_S \end{cases} \tag{8-75}$$

式中，$T$ 是镗杆的旋转周期。采用离散化法计算切削面积和接触刃长度，简要归纳如下。

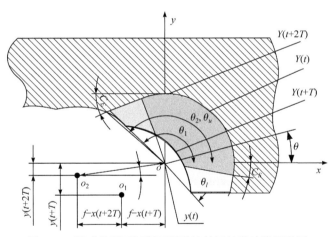

图 8.26　振动条件下切削面积及接触刃长度计算示意图

(1) 计算 $Y(t+nT)$ 和 $Y[t+(n-1)T]$ 的交点并确定夹角值 $\theta_{n-1}$，$n=2,3,\cdots$；再计算 $Y(t+nT)$ 与 $Y(t)$ 和交点和夹角 $\theta_n$，并获得夹角向量 $\theta_D = [\theta_1, \theta_2, \cdots, \theta_n]$。

(2) 根据 $a_p + y(t)$ 和圆弧半径 $r$ 大小，计算极限夹角 $\theta_l$ 和 $\theta_u$，然后将 $\theta_l$，$\theta_u$，$C_S$，$\pi/2 + C_E$ 和向量 $\theta_D$ 中元素做升序排列，这样将积分区间 $\theta$ 划分为有限个积分小区间。

(3) 根据接触刃轮廓是圆弧或者是直线，将积分小区间划分为两组，并且分别

标记为 $r$ 和 $l$。通过对这些积分小区间积分求和，得瞬态切削面积和接触刃长度为

$$\begin{cases} A = \sum \int \mathrm{d}A_r + \sum \int \mathrm{d}A_l \\ L = \sum \int L_r(\theta) + \sum \int L_l(\theta) \end{cases} \tag{8-76}$$

### 8.5.2　机器人系统刚度

机器人精镗加工系统的弱刚性，对镗孔加工振动的影响不可以忽略。根据机器人笛卡儿刚度矩阵与机器人关节刚度空间矩阵的映射关系，如果忽略力矩对机器人变形的影响，机器人笛卡儿刚度矩阵简化为一个 3×3 矩阵 $\boldsymbol{K}_{fd}$，在此基础上如果进一步忽略作用分力在其他方向上对变形的影响，即主要考虑作用分力在自己主方向上产生的变形，机器人笛卡儿刚度矩阵 $\boldsymbol{K}$ 最终变成为一个 3×3 对角矩阵，即

$$\boldsymbol{K}_{ff} = \begin{bmatrix} k_{11} & 0 & 0 \\ 0 & k_{22} & 0 \\ 0 & 0 & k_{33} \end{bmatrix} \tag{8-77}$$

根据虎克定律，变形向量 $X_r$ 可写成

$$\boldsymbol{X}_r = \boldsymbol{K}_{ff}^{-1} \boldsymbol{F} \tag{8-78}$$

将镗削力 $\boldsymbol{F}$ 沿切向、径向及进给方向分解，即 $\boldsymbol{F} = \begin{bmatrix} F_t, F_r, F_f \end{bmatrix}^{\mathrm{T}}$，对应的位移向量 $\boldsymbol{X}_r$ 可以表示为

$$\boldsymbol{X}_r = \left[ \frac{F_t}{k_{11}}, \frac{F_r}{k_{22}}, \frac{F_f}{k_{33}} \right]^{\mathrm{T}} \tag{8-79}$$

基于小变形叠加原理，实际的瞬态切削深度 $a_{p\_inst}$ 及进给量 $f_{inst}$ 可写成

$$\begin{cases} a_{p\_inst} = a_p + \dfrac{F_r}{k_{22}} \\ f_{inst} = f + \dfrac{F_f}{k_{33}} \end{cases} \tag{8-80}$$

### 8.5.3　切屑变形

Merchant[16]推导了使切削力 $\boldsymbol{F}_C$ 和推力 $\boldsymbol{F}_T$ 最小的剪切角值。在此基础上，结合已知的屑流角，Oxley[17]详细推导了 Oxley 理论模型，并求解了平行于切削方向的切削力 $\boldsymbol{F}_C$ 和垂直于切削方向的推力 $\boldsymbol{F}_T$，紧接着 Adam[18]运用坐标变换方法将

Oxley 模型应用于振动情况。等效法[19-21]旨在通过角度变换将一个考虑圆弧半径的切削转换为一个等效的斜角切削过程，再依据斜角切削与直角切削关系，实现切削力二维预测。此方法的优点是计算量小，有无振动均适用，可在线实时计算。基于该方法，垂直于切削力 $\boldsymbol{F}_C$ 和推力 $\boldsymbol{F}_T$ 的切削分力 $\boldsymbol{F}_R$，可以使用如下方程表示：

$$\boldsymbol{F}_R = \frac{\boldsymbol{F}_C\left(\sin i^* - \cos i^* \sin \gamma_n^* \tan \eta^*\right) - \boldsymbol{F}_T \cos \gamma_n^* \tan \eta^*}{\sin i^* \sin \gamma_n^* \tan \eta^* + \cos i^*} \tag{8-81}$$

式中，$\gamma_n^*$ 为等效法向前角；$i^*$ 为等效刃倾角；$\eta^*$ 为等效屑流角。它们的表达式为

$$C_S^* = C_S + \eta \tag{8-82}$$

$$i^* = \sin^{-1}\left(\cos \eta' \sin i - \sin \eta' \sin \gamma_n \cos i\right) \tag{8-83}$$

$$\gamma_n^* = \sin^{-1}\left(\frac{\sec \eta' \sin i - \sin i^*}{\sin \eta' \cos i^*}\right) \tag{8-84}$$

$$\eta^* = i^* \tag{8-85}$$

$$\eta' = \cos^{-1}\left[\frac{\sec i - \tan i \tan \eta \tan \gamma_n}{\sqrt{\left(\tan i - \tan \eta \tan \gamma_n \sec i\right)^2 + \left(\sec \eta\right)^2}}\right] \tag{8-86}$$

将上式计算获得的切削力投影到 $x$，$y$ 和 $z$ 方向切削分力如下式：

$$\begin{cases} \boldsymbol{F}_z = \boldsymbol{F}_C \\ \boldsymbol{F}_y = \boldsymbol{F}_T \sin C_S^* - \boldsymbol{F}_R \cos C_S^* \\ \boldsymbol{F}_x = \boldsymbol{F}_T \cos C_S^* + \boldsymbol{F}_R \sin C_S^* \end{cases} \tag{8-87}$$

### 8.5.4 犁耕效应

当刀尖不是非常锋利、刀具切削过程中不断磨损或者工件材料难加工时，需要考虑犁耕作用产生的刃口力对切削的影响。刃口力是工件与刀尖的"犁耕"或"划擦"作用，在研究切削力时需要计算刃口力已被许多学者证实[22]。当刃口力的影响作用越来越大时，工件-刀具之间更加容易产生相对振动，刀具寿命明显降低，因此刃口力是影响切削力大小、切削稳定性和刀具寿命的一个重要因素。

目前，普遍认为刃口力正比于工具-工件之间的干涉体积，并且已经被广泛用于机械加工过程中，例如正交切削、车削和微细端铣[23,24]。对于正交切削而言，其干涉体积等于对应的干涉面积与切削宽度的乘积，如图 8.27 所示为直角切削刀尖截面局部放大示意图，$r_e$ 为刀尖截面圆弧半径，$p_{tr}$ 为刀尖截面圆弧与后刀面过

渡点，过渡点左侧为刀尖截面圆弧段，右侧为直线段。在刀尖作用下，一部分工件材料向上移动成为切屑，另一部分材料由于刃口力的作用受到挤压而绕刀尖"流动"。以 $\bar{x}$ 正向为起点，逆时针旋转，在刀尖截面圆弧分离点上形成的角度 $\beta_e$ 称为分离角。对于分离角 $\beta_e$，一般依据实际经验而定[14]，但是也有研究发现稳定切削时 $\beta_e$ 为一定值，而在切削发生振动时成为变量，与瞬时切削速度 $V_C$ 和切削法向速度 $V_T$ 的关系为[25]

$$\beta_{ev} = \beta_e - \tan^{-1}\left(\frac{V_T}{V_C}\right) \tag{8-88}$$

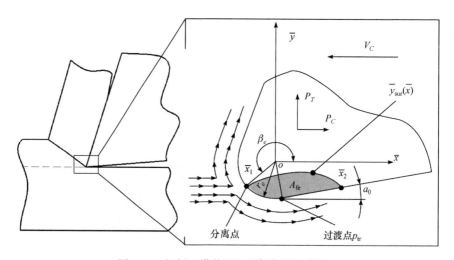

图 8.27　切削刃横截面上犁耕作用示意图

对于直角切削，其接触刃截面上(图 8.27)，单位切削宽度上的刃口力表达为[18]

$$\begin{cases} \boldsymbol{p}_C = \dfrac{\boldsymbol{P}_C}{b} = \mu K_{cf} A_{fe} \\[2mm] \boldsymbol{p}_T = \dfrac{\boldsymbol{P}_T}{b} = K_{cf} A_{fe} \end{cases} \tag{8-89}$$

式中，$A_{fe}$ 为干涉面积；$b$ 为切削宽度；$\boldsymbol{p}_C$ 是切向刃口力；$\boldsymbol{p}_T$ 是切削法向刃口分力；$K_{cf}$ 为干涉体积常数[26]，其表达式为

$$K_{cf} = \frac{0.775E}{\rho(1-2\upsilon)} \tag{8-90}$$

式中，$E$ 为弹性模量；$\upsilon$ 为泊松比；$\rho$ 为弹塑性变化区域。

干涉面积 $A_{fe}$ 的计算是保证刃口力精确的关键，如图 8.27 所示，可以认为其由下部刀具轮廓线与上部包络曲线包围形成。采用二阶多项式对其上部包络曲线 $\bar{y}_{sur}(\bar{x})$ 进行拟合，则其表达式可写为

$$\bar{y}_{sur}(\bar{x}) = b_0 + b_1\bar{x} + b_2\bar{x}^2 \tag{8-91}$$

式中，$b_0$、$b_1$、$b_2$ 为多项式系数，可根据刀具-工件间的相对运动和上包络曲线通过材料分离点的特性，采用最小二乘法拟合求得。依据刀具轮廓线外形，下部包络曲线 $\bar{y}(\bar{x})$ 可以表示为

$$\bar{y}(\bar{x}) = \begin{cases} -\sqrt{r_e^2 + \bar{x}^2}, & 0 < \bar{x} < r_e \sin a_0 \\ \tan a_0 \cdot \bar{x} + \dfrac{-r_e}{\cos a_0}, & \text{其他} \end{cases} \tag{8-92}$$

式中，$r_e$ 为刀具接触刃半径；$a_0$ 为刀具后角。综上所述，由上部包络曲线 $\bar{y}_{sur}(\bar{x})$ 与下部刀具轮廓线 $\bar{y}(\bar{x})$ 包围形成的干涉面积 $A_{fe}$ 可以表示为

$$A_{fe} = \int_{\bar{x}_1}^{\bar{x}_2} \int_{\bar{y}(\bar{x})}^{\bar{y}_{sur}(\bar{x})} \mathrm{d}\bar{x} \mathrm{d}\bar{y} \tag{8-93}$$

式中，$\bar{x}_1$ 和 $\bar{x}_2$ 分别为积分的上限和下限，是上部包络曲线与下部刀具轮廓线的交点。

令 $b_0 + b_1\bar{x} + b_2\bar{x}^2 = -\sqrt{r_e^2 + \bar{x}^2}$，求解得 4 根，其中两根为实数解，另两根为复数解。定义两实数解为 $\bar{x}_1$，$\bar{x}_2$，并且设 $\bar{x}_1 < \bar{x}_2$，在 $b_2 = 0$ 和 $b_2 \neq 0$ 两种情况下的两交点为

$$\bar{x}_{1-ce} = \begin{cases} x_1, & b_2 = 0 \\ \dfrac{-b_0 b_1 - \sqrt{r_e^2\left(1 + b_1^2\right) - b_0^2}}{1 + b_1^2}, & \text{其他} \end{cases} \tag{8-94}$$

$$\bar{x}_{2-ce} = \begin{cases} x_2, & b_2 \neq 0 \\ \dfrac{-b_0 b_1 + \sqrt{r_e^2\left(1 + b_1^2\right) - b_0^2}}{1 + b_1^2}, & \text{其他} \end{cases} \tag{8-95}$$

同理，解 $b_0 + b_1\bar{x} + b_2\bar{x}^2 = \tan a_0 \cdot \bar{x} + \dfrac{-r_e}{\cos a_0}$，得

$$\bar{x}_{1-le} = \begin{cases} \dfrac{1}{2b_2}\left[\tan a_0 - b_1 - \sqrt{(b_1 - \tan a_0)^2 + 4b_2\left(\dfrac{-r_e}{\cos a_0} - b_0\right)}\right], & b_2 \neq 0 \\ \dfrac{-r_e - \cos a_0 \cdot b_0}{\cos a_0 (b_1 - \tan a_0)}, & b_2 = 0 \end{cases} \tag{8-96}$$

$$\bar{x}_{2\text{-le}} = \begin{cases} \dfrac{1}{2b_2}\left[\tan a_0 - b_1 + \sqrt{\left(b_1 - \tan a_0\right)^2 + 4b_2\left(\dfrac{-r_e}{\cos a_0} - b_0\right)}\right], & b_2 \neq 0 \\[4mm] \dfrac{-r_e - \cos a_0 b_0}{\cos a_0 \left(b_1 - \tan a_0\right)}, & b_2 = 0 \end{cases} \tag{8-97}$$

因此可得式(8-94)积分上下限分别为

$$\begin{cases} \bar{x}_1 = \bar{x}_{1\text{-ce}} \\[2mm] \bar{x}_2 = \begin{cases} \bar{x}_{2\text{-ce}}, & \bar{x}_{2\text{-le}} < r_e \sin a_0 \\ \bar{x}_{1\text{-le}}, & \bar{x}_{1\text{-cf}} > r_e \sin a_0 \bigcup \bar{x}_{1\text{-le}} < \bar{x}_{2\text{-le}} \\ \bar{x}_{2\text{-le}}, & \text{其他} \end{cases} \end{cases} \tag{8-98}$$

计算过渡点左侧干涉面积为

$$A_{\text{ce}}\left(\bar{x}_L, \bar{x}_U\right) = \int_{\bar{x}_L}^{\bar{x}_U} \int_{\bar{y}(\bar{x})}^{\bar{y}_{\text{sur}}(\bar{x})} \mathrm{d}\bar{x}\mathrm{d}\bar{y}$$
$$= \frac{1}{6}\left[\bar{x}\left(6b_0 + 3b_1\bar{x} + 2b_2\bar{x}^2 + 3\sqrt{r_e^2 - \bar{x}^2}\right) + 3r_e^2 \tan^{-1}\left(\frac{\bar{x}}{\sqrt{r_e^2 - \bar{x}^2}}\right)\right]\Bigg|_{\bar{x}_L}^{\bar{x}_U} \tag{8-99}$$

同理计算过渡点右侧干涉面积为

$$A_{\text{le}}\left(\bar{x}_U\right) = \int_{r_e \sin a_0}^{\bar{x}_U} \int_{\bar{y}(\bar{x})}^{\bar{y}_{\text{sur}}(\bar{x})} \mathrm{d}\bar{x}\mathrm{d}\bar{y}$$
$$= \frac{\bar{x}}{6}\left[6b_0 - 6\frac{-r_e}{\cos a_0} + \bar{x}\left(3b_1 - 3\tan a_0 + 2b_2\bar{x}\right)\right]\Bigg|_{r_e \sin(a_0)}^{\bar{x}_U} \tag{8-100}$$

因此干涉面积表达式可写为

$$A_{\text{fe}} = \begin{cases} A_{\text{ce}}\left(\bar{x}_1, \bar{x}_2\right), & \bar{x}_2 \leqslant \bar{x}_{\text{ce-le}} \\ A_{\text{ce}}\left(\bar{x}_1, \bar{x}_{\text{ce-le}}\right) + A_{\text{le}}\left(\bar{x}_2\right), & \text{其他} \end{cases} \tag{8-101}$$

在获得截面单位刃口力后，沿接触刃积分并作矢量和，犁耕作用在 $x$、$y$ 和 $z$ 方向的瞬态刃口力分量可以表示为

$$\begin{cases} \boldsymbol{P}_z = \sum \int_{\text{arc}} \boldsymbol{p}_C r\mathrm{d}\theta + \sum \int_{\text{line}} \boldsymbol{p}_C r\mathrm{d}\theta \\[2mm] \boldsymbol{P}_y = -\left(\sum \int_{\text{arc}} \boldsymbol{p}_T \sin\theta r\mathrm{d}\theta + \sum \int_{\text{line}} \boldsymbol{p}_T \sin\theta r\mathrm{d}\theta\right) \\[2mm] \boldsymbol{P}_x = -\left(\sum \int_{\text{arc}} \boldsymbol{p}_T \cos\theta r\mathrm{d}\theta + \sum \int_{\text{line}} \boldsymbol{p}_T \cos\theta r\mathrm{d}\theta\right) \end{cases} \tag{8-102}$$

### 8.5.5 机器人镗孔动力学模型

在获得切屑变形和犁耕效应作用下产生的瞬态镗削分力后，得笛卡儿固定坐

标系 $O(X, Y, Z)$ 下机器人镗削系统受到的合力为

$$
\begin{cases}
\boldsymbol{F}_X = \boldsymbol{F}_x + \boldsymbol{P}_x \\
\boldsymbol{F}_Y = \left(\boldsymbol{F}_y + \boldsymbol{P}_y\right)\cos\omega_T t - \left(\boldsymbol{F}_z + \boldsymbol{P}_z\right)\sin\omega_T t \\
\boldsymbol{F}_Z = \left(\boldsymbol{F}_z + \boldsymbol{P}_z\right)\cos\omega_T t + \left(\boldsymbol{F}_y + \boldsymbol{P}_y\right)\sin\omega_T t
\end{cases}
\tag{8-103}
$$

式中，$\omega_T$ 为镗杆的旋转角速度。由于机器人精镗加工系统特殊的结构组成，其在 $X$、$Y$、$Z$ 方向上具有不同的方向固有频率与阻尼，因此机器人精镗加工系统动力学方程表示为

$$
\begin{cases}
\ddot{X}(t) + 2\varsigma_X\omega_{nX}\dot{X}(t) + \omega_{nX}{}^2 X(t) = \dfrac{\psi}{m}\left(F_X - F_{X,\text{static}}\right) \\[2mm]
\ddot{Y}(t) + 2\varsigma_Y\omega_{nY}\dot{Y}(t) + \omega_{nY}{}^2 Y(t) = \dfrac{\psi}{m}\left(F_Y - F_{Y,\text{static}}\right) \\[2mm]
\ddot{Z}(t) + 2\varsigma_Z\omega_{nZ}\dot{Z}(t) + \omega_{nZ}{}^2 Z(t) = \dfrac{\psi}{m}\left(F_Z - F_{Z,\text{static}}\right)
\end{cases}
\tag{8-104}
$$

式中，$m$ 为镗削系统等效质量；$\psi$ 为控制系数；$X(t)$、$Y(t)$、$Z(t)$ 为刀具-工件在 $X$、$Y$、$Z$ 方向上的相对位移；$F_{X,\text{static}}$、$F_{Y,\text{static}}$、$F_{Z,\text{static}}$ 为稳定切削条件下由于切屑变形和犁耕效应在 $X$、$Y$、$Z$ 方向上的镗削分力；$\varsigma_X$、$\varsigma_Y$、$\varsigma_Z$ 为镗削系统在 $X$、$Y$、$Z$ 方向上阻尼比；$\omega_{nX}$、$\omega_{nY}$、$\omega_{nZ}$ 为镗削系统在 $X$、$Y$、$Z$ 方向上固有频率分量，它们的表达式为

$$
\omega_n = \begin{bmatrix} \omega_{nX} & 0 & 0 \\ 0 & \omega_{nY} & 0 \\ 0 & 0 & \omega_{nZ} \end{bmatrix} = \begin{bmatrix} \sqrt{k_{11}/m} & 0 & 0 \\ 0 & \sqrt{k_{22}/m} & 0 \\ 0 & 0 & \sqrt{k_{33}/m} \end{bmatrix}
\tag{8-105}
$$

$$
\varsigma = \begin{bmatrix} \varsigma_X & 0 & 0 \\ 0 & \varsigma_Y & 0 \\ 0 & 0 & \varsigma_Z \end{bmatrix} = \frac{c}{2} \begin{bmatrix} 1/\sqrt{mk_{11}} & 0 & 0 \\ 0 & 1/\sqrt{mk_{22}} & 0 \\ 0 & 0 & 1/\sqrt{mk_{33}} \end{bmatrix}
\tag{8-106}
$$

为了求得式(8-105)的数值解，将其转化为

$$
\frac{\mathrm{d}}{\mathrm{d}t}\begin{bmatrix} X(t) \\ \dot{X}(t) \\ Y(t) \\ \dot{Y}(t) \\ Z(t) \\ \dot{Z}(t) \end{bmatrix} = \begin{bmatrix} 0 & 1 & 0 & 0 & 0 & 0 \\ -\omega_{nX}{}^2 & -2\varsigma_X\omega_{nX} & 0 & 0 & 0 & 0 \\ 0 & 0 & 0 & 1 & 0 & 0 \\ 0 & 0 & -\omega_{nY}{}^2 & -2\varsigma_Y\omega_{nY} & 0 & 0 \\ 0 & 0 & 0 & 0 & 0 & 1 \\ 0 & 0 & 0 & 0 & -\omega_{nZ}{}^2 & -2\varsigma_Z\omega_{nZ} \end{bmatrix}\begin{bmatrix} X(t) \\ \dot{X}(t) \\ Y(t) \\ \dot{Y}(t) \\ Z(t) \\ \dot{Z}(t) \end{bmatrix}
$$

$$-\psi \begin{bmatrix} 0 \\ \boldsymbol{F}_X - \boldsymbol{F}_{X,\text{static}} \\ 0 \\ \boldsymbol{F}_Y - \boldsymbol{F}_{Y,\text{static}} \\ 0 \\ \boldsymbol{F}_Z - \boldsymbol{F}_{Z,\text{static}} \end{bmatrix} \tag{8-107}$$

将上式写成矢量形式：

$$\dot{\boldsymbol{s}}(t) = \boldsymbol{G}\boldsymbol{s}(t) + \psi \boldsymbol{F}\left(t, t-\tau, t-2\tau, \cdots\right) \tag{8-108}$$

式中：

$$\boldsymbol{s}(t) = \begin{bmatrix} x(t), & \dot{x}(t), & y(t), & \dot{y}(t), & z(t), & \dot{z}(t) \end{bmatrix}^{\mathrm{T}} \tag{8-109}$$

$\boldsymbol{G}$ 和 $\boldsymbol{F}$ 为式(8-109)右侧对应项。采用四阶 Runge-Kutta 确定时间步 $\Delta t$。当前时间步 $y_{tn}$ 与下一时间步 $y_{t(n+1)}$ 之间的关系为

$$y_{t(n+1)} = y_{tn} + 1/6\left(k_1 + 2k_2 + 2k_3 + 4k_4 + 4k_5 + k_6\right) \tag{8-110}$$

式中，$k_1 \sim k_6$ 为时间步 $\Delta t$ 的矩阵函数，算法如下：

$$\begin{cases} k_1 = \Delta t\left[\boldsymbol{G}y_n + \psi \boldsymbol{F}\left(t, t-\tau, \cdots, t-D\tau, t-\tau_1, t-\tau_2\right)\right] \\[2mm] k_2 = \Delta t\left[\boldsymbol{G}\left(y_n + \dfrac{1}{2}k_1\right) + \psi \boldsymbol{F}\left(t+\dfrac{\Delta t}{2}, t-\tau+\dfrac{\Delta t}{2}, \cdots, t-D\tau+\dfrac{\Delta t}{2}, t-\tau_1+\dfrac{\Delta t}{2}, t-\tau_2+\dfrac{\Delta t}{2}\right)\right] \\[2mm] k_3 = \Delta t\left[\boldsymbol{G}\left(y_n + \dfrac{1}{2}k_2\right) + \psi \boldsymbol{F}\left(t+\dfrac{\Delta t}{2}, t-\tau+\dfrac{\Delta t}{2}, \cdots, t-D\tau+\dfrac{\Delta t}{2}, t-\tau_1+\dfrac{\Delta t}{2}, t-\tau_2+\dfrac{\Delta t}{2}\right)\right] \\[2mm] k_4 = \Delta t\left[\boldsymbol{G}\left(y_n + \dfrac{1}{2}k_3\right) + \psi \boldsymbol{F}\left(t+\dfrac{\Delta t}{2}, t-\tau+\dfrac{\Delta t}{2}, \cdots, t-D\tau+\dfrac{\Delta t}{2}, t-\tau_1+\dfrac{\Delta t}{2}, t-\tau_2+\dfrac{\Delta t}{2}\right)\right] \\[2mm] k_5 = \Delta t\left[\boldsymbol{G}\left(y_n + \dfrac{1}{2}k_4\right) + \psi \boldsymbol{F}\left(t+\dfrac{\Delta t}{2}, t-\tau+\dfrac{\Delta t}{2}, \cdots, t-D\tau+\dfrac{\Delta t}{2}, t-\tau_1+\dfrac{\Delta t}{2}, t-\tau_2+\dfrac{\Delta t}{2}\right)\right] \\[2mm] k_6 = \Delta t\left[\boldsymbol{G}\left(y_n + k_5\right) + \psi \boldsymbol{F}\left(t, t-\tau, \cdots, t-D\tau, t-\tau_1, t-\tau_2\right)\right] \end{cases}$$

$$\tag{8-111}$$

数值模拟过程可以简单描述如下。

(1) 输入加工参数，机器人位姿刚度矩阵，刀具几何参数和工件材料属性。

(2) 选择合适的初始量 $\begin{bmatrix} X(t), Y(t), Z(t) \end{bmatrix}$ 和所需模拟加工时间 $[0, t_f]$。

(3) 计算出在给定条件下由切屑变形和犁耕效应产生的准稳态切削分力 $[\boldsymbol{F}_{X,\text{static}}, \ \boldsymbol{F}_{Y,\text{static}}, \ \boldsymbol{F}_{Z,\text{static}}]$。

(4) 求出 $t = \Delta t$（$\Delta t$ 由 Runge-Kutta 求解器给定）条件下由切屑变形和犁耕效应

产生的切削分力[$F_X$，$F_Y$，$F_Z$，$P_X$，$P_Y$，$P_Z$]的数值解。

(5) 在已知 $y_{tn}$ 的条件下，根据 $y_{tn}$ 和 $y_{t(n+1)}$ 之间的关系，求得 $y_{t(n+1)}$ 下的切削分力，再 $t = t + \Delta t$。如此循环，直到时间 $t = t_f$。最终获得加工时间 $[0, t_f]$ 内有限时间点的镗削分力。该动力学模型显著的优点是耦合了机器人刚度作用，考虑了犁耕效应，使得其结果更加适用于机器人镗孔加工系统。

### 8.5.6　应用实例

精镗动力学验证试验在 ABB-IRB6600 机器人上进行，如图 8.28 所示。试验材料为 TC4 钛合金，试验刀具采用 BIG+KAISER 的 CK 模块式镗刀系统，Kistler 9257B 测力仪(携带 Kistler 5070A 放大器)用来测量试验过程中的 $x$，$y$，$z$ 方向的镗削分力。总共 48 组试验用来验证不同参数(转速、进给量、切削深度和压脚压力)下模型的有效性，试验分类及参数变量设置如表 8.4 所示。精镗过程中的轴向振动位移信号由安装在终端执行器上的光栅传感器测定。

图 8.28　机器人精镗加工系统动力学验证试验

**表 8.4　机器人精镗试验分类及参数变量设置**

| 类型 | | 变量 | 常量 |
|---|---|---|---|
| 类型 A: 压脚压力(0.3MPa) | I | $V_n$=300, 400, 500, 600, 700, 800, 1000 r/min | $f$=0.1mm/r; $a_p$=0.1 mm |
| | II | $f$=0.1, 0.15, 0.2, 0.25, 0.3, 0.35, 0.4, 0.45, 0.5, 0.6 mm/r | $V_n$= 300 r/min; $a_p$=0.05 mm |
| | III | $a_p$=0.05, 0.1, 0.15, 0.2, 0.25, 0.3, 0.35, 0.4, 0.45, 0.5 mm | $V_n$= 300 r/min; $f$=0. 5mm/r |
| 类型 B: 压脚压力(0MPa) | I | $V_n$= 200, 300, 400, 500, 600, 800, 1000 r/min | $f$=0.1mm/r; $a_p$=0.05 mm |
| | II | $f$=0.1, 0.15, 0.2, 0.25, 0.3, 0.35 mm/r | $V_n$=300 r/min; $a_p$=0.05 mm |
| | III | $a_p$=0.025, 0.05, 0.075, 0.1, 0.125, 0.15, 0.175 mm | $V_n$= 300 r/min; $f$=0.5mm/r |

　　由于测力仪采样不能获得压脚压力作用时的镗削力，因此选择压脚压力 $P=0$MPa 条件下的试验镗削力作为分析对象。从表 8.4 类型 B 中选取平稳与振动两种情况下的镗削力验证模型准确性，如图 8.29 和图 8.30 所示这两种情况下模型预测与试验在 $y$ 向和 $z$ 向镗削分力曲线对比。它们的加工条件分别是：$a_p=0.125$mm，$f=0.1$mm/r，$V_n=300$r/min，$P=0$MPa 和 $a_p=0.1$mm，$f=0.1$mm/r，$V_n=1000$r/min，$P=0$MPa。从图中可以看出，模型预测曲线与试验获得的 $y$、$z$ 方向镗削分力曲线外形、幅值和频率都接近，模拟结果与试验结果相符，证明了模型的准确性。

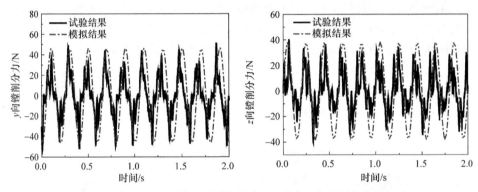

图 8.29　平稳条件下模型预测与试验在 $y$ 向和 $z$ 向镗削力曲线对比

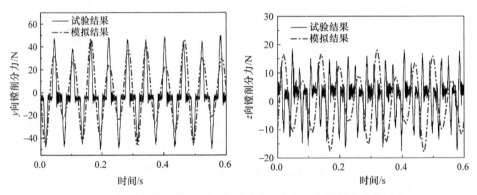

图 8.30　振动条件下模型预测与试验在 $y$ 向和 $z$ 向镗削力曲线对比

　　图 8.31 显示了试验和模型预测两种条件下平均镗削力随转速、进给量、切削深度的变化趋势。图中曲线上较小的试验点表示机器人在平稳状态下进行镗孔加工，而大的试验点表示镗削加工发生振动。从图中可以看出，振动一旦发生，镗削力必定发生大幅度变化。在平稳条件下，数值模拟计算获得的镗削力对比试验获得的镗削力，最大和最小的相对误差分别为 12.9% 和 1.91%。而振动条件下，两者最大和最小相对误差分别达到 20.23% 和 11.52%。从相对误差可以看出，模

型预测值与试验结果是比较吻合的，进一步验证了模型准确性。

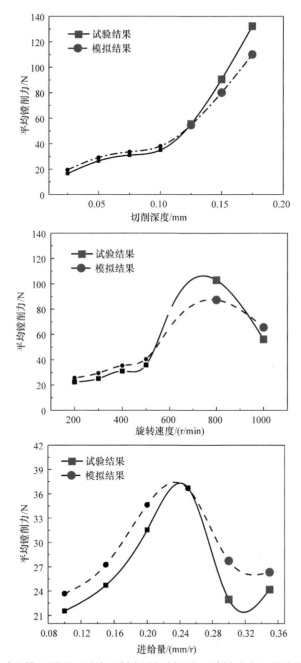

图 8.31 试验和模型预测下平均镗削力随切削深度、旋转速度和进给量的变化趋势

试验中出现了平稳镗削、强迫振动和颤振三种情况。图 8.32 给出了平稳

镗削、强迫振动和颤振三种情况下机器人镗削力曲线，它们对应形成的加工表面如图 8.33 所示。从图 8.32 中可以看出，平稳镗削时的镗削分力外形最接近正弦形状，其次是强迫振动，颤振时镗削分力变化最大。从图 8.33 中可以看出，强迫振动产生的表面振痕不同于颤振产生的表面振痕。强迫振动表面振痕主要在径向上形成高低不平表面，周期性明显。颤振表面振痕显得更加细密，振动频率显著增加，并且深度更浅。试验还发现，强迫振动频率接近镗杆旋转周期频率，而颤振频率接近镗杆本身的固有频率。这主要是因为强迫振动来源于周期性的镗削力，而颤振与机器人加工系统本身的动态特性密切相关。特别是，当电机主轴转动周期频率接近机器人固有频率时，共振现象便会出现，使得镗削力迅速增加至

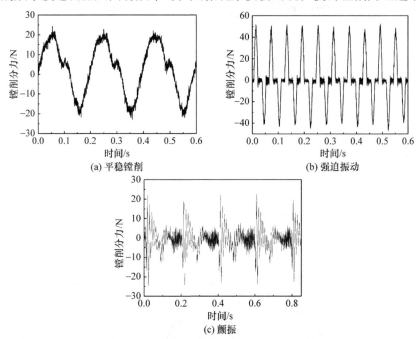

图 8.32　机器人镗削在三种条件下的镗削力曲线

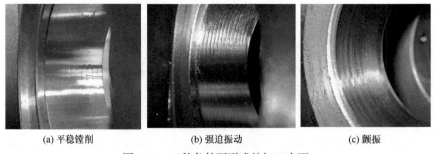

(a) 平稳镗削　　　　　　　(b) 强迫振动　　　　　　　(c) 颤振

图 8.33　三种条件下形成的加工表面

数倍。若迅速改变此时的加工参数，振幅可以得到明显的抑制。由以上分析可知，机器人镗削振动与镗削力存在明显关系，可以通过镗削过程中镗削力的变化判断振动是否发生。

# 8.6 机器人镗孔稳定性分析

与机床镗孔加工相比，机器人镗孔加工具有以下特点：①在切削方式上，工件不动，刀具旋转，这导致即使是在稳定切削(切削厚度保持不变)的情况下机器人也会受到周期性变化的切削力；②机器人自身机械刚度较小，是加工系统中柔性的主要来源，这与机床镗孔加工中以镗杆作为主要柔性来源存在明显不同。机器人镗孔试验发现，其振动表现为高频低频共生的特点，其中低频振动的频率与主轴转速一致，当主轴转速接近机器人固有频率时，机器人发生共振；高频振动的频率则与镗杆固有频率接近，主轴转速对其影响较小。本节通过研究机器人镗孔加工时高频振动和低频振动的产生机理，提出相应的振动抑制方法，以提高机器人镗孔加工质量。

## 8.6.1 低频振动机理研究及其抑制

### 1. 振动机理分析

镗孔加工中，切削力可以分解为切向力、径向力和轴向力。机器人镗孔加工过程中，刀具随着主轴旋转，切向力和径向力的方向会发生周期性变化，轴向力的方向保持不变。这导致在切向力和径向力所在平面内，机器人受到周期性变化的动态切削力，而在轴向上受到静态切削力。因此，机器人镗孔振动可以简化为一个二自由度问题。

由 8.3 节内容可知，机器人处于某一位姿时，其刚度模型在三维空间中是一个椭球体，那么在二维空间中将是一个椭圆，并且椭圆半轴分别对应机器人刚度的极大值和极小值。如图 8.34 所示，在二维空间 $xoy$ 平面内，机器人刚度模型为图中所示椭圆，机器人刚度的极大值和极小值分别在椭圆半轴 $ox_1$ 和 $ox_2$ 方向上取得，即半轴长度 $a_{f_1}$ 和 $a_{f_2}$。由机器人静力学[27]可知，当把 $ox_1$ 和 $ox_2$ 取为坐标轴时，机器人刚度矩阵将成为对角阵，从而可以消除其耦合性，便于计算分析。因此，对于机器人镗孔加工振动问题，将在坐标系 $x_1ox_2$ 中进行研究。

如图 8.35 所示，在 $x_1ox_2$ 平面内，刀具以角速度 $\omega$ 匀速旋转切削工件，理论切削厚度为 $s_0$，产生理论切削力(切向力和径向力的合力)大小为 $F_0$，其方向随着刀具的旋转而周期性变化。在切削力的作用下，机器人将在 $ox_1$、$ox_2$ 两个相互垂直的方向上产生强迫振动。与一般强迫振动不同的是，机器人振动产生的动态位

移 $\Delta s$ 会引起切削厚度的变化，产生动态切削力 $\Delta F$ 反作用于振动系统。可见，机器人镗孔切削振动类型为具有位移反馈的强迫振动。

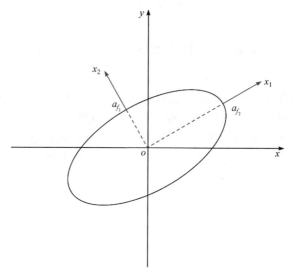

图 8.34　二维空间中的机器人刚度模型

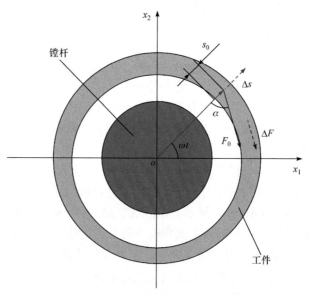

图 8.35　机器人镗孔切削示意图

　　在镗孔切削过程中，径向力引起的径向振动平行于切削厚度，而切向力引起的切向振动则垂直于切削厚度，对切削厚度的影响很小，可以忽略不计[28]。因此，在机器人镗孔加工振动的研究中，主要考虑径向力对振动的影响。如图 8.35 所示，假定径向力与切削合力之间的夹角 $\alpha$ 保持不变，由几何关系可得径向力的大小为 $-F_0\cos\alpha$，进而可得径向力在 $ox_1$ 和 $ox_2$ 方向上的分力分别为 $-F_0\cos\alpha\cos\omega t$ 和 $-F_0\cos\alpha\sin\omega t$。如果不考虑位移反馈的作用，系统动力学方程可以表示为

$$\begin{cases} m\ddot{x}_1 + c_1\dot{x}_1 + k_1 x_1 = -F_0\cos\alpha\cos\omega t = -k_p b s_0 \cos\alpha\cos\omega t \\ m\ddot{x}_2 + c_2\dot{x}_2 + k_2 x_2 = -F_0\cos\alpha\sin\omega t = -k_p b s_0 \cos\alpha\sin\omega t \end{cases} \tag{8-112}$$

式中，$m$ 为系统质量；$c_1$ 和 $c_2$ 分别为两个方向上的阻尼系数；$k_1$ 和 $k_2$ 分别为两个方向上的刚度。为了便于分析，假设切削力 $F_0$ 正比于切削力系数 $k_p$ 及切削宽度 $b$ 和切削厚度 $s_0$。

考虑到位移反馈的作用，则可以得到系统动力学方程为

$$\begin{cases} m\ddot{x}_1 + c_1\dot{x}_1 + k_1 x_1 = -k_p b\left(s_0 + \Delta s\right)\cos\alpha\cos\omega t = -k_p b s_0 \cos\alpha\cos\omega t - k_p b\cos\alpha x_1 \\ m\ddot{x}_2 + c_2\dot{x}_2 + k_2 x_2 = -k_p b\left(s_0 + \Delta s\right)\cos\alpha\sin\omega t = -k_p b s_0 \cos\alpha\sin\omega t - k_p b\cos\alpha x_2 \end{cases} \tag{8-113}$$

整理可得

$$\begin{cases} m\ddot{x}_1 + c_1\dot{x}_1 + \left(k_1 + k_p b\cos\alpha\right)x_1 = k_p b s_0 \cos\alpha\cos\left(\omega t - \pi\right) \\ m\ddot{x}_2 + c_2\dot{x}_2 + \left(k_2 + k_p b\cos\alpha\right)x_2 = k_p b s_0 \cos\alpha\sin\left(\omega t - \pi\right) \end{cases} \tag{8-114}$$

由上式可以看出，由于位移反馈，系统在 $ox_1$、$ox_2$ 两个方向上的刚度有所增大，相应的自然频率也将有所提高，分别为

$$\omega_{01} = \sqrt{\frac{k_1 + k_p b\cos\alpha}{m}}, \quad \omega_{02} = \sqrt{\frac{k_2 + k_p b\cos\varepsilon}{m}} \tag{8-115}$$

设

$$\begin{cases} \zeta_1 = \dfrac{c_1}{2m\omega_{01}}, \quad \lambda_1 = \dfrac{\omega}{\omega_{01}} \\ \zeta_2 = \dfrac{c_2}{2m\omega_{02}}, \quad \lambda_2 = \dfrac{\omega}{\omega_{02}} \end{cases} \tag{8-116}$$

由振动力学相关理论[29]可得式(8-114)的响应为

$$\begin{cases} x_1 = X_1\cos\left(\omega t - \pi - \varphi_1\right) \\ x_2 = X_2\sin\left(\omega t - \pi - \varphi_2\right) \end{cases} \tag{8-117}$$

式中，

$$X_1 = \frac{k_p b s_0 \cos\alpha}{k_1 + k_p b \cos\alpha} \frac{1}{\sqrt{\left(1-\lambda_1^2\right)^2 + \left(2\zeta_1\lambda_1\right)^2}}, \quad \varphi_1 = \tan^{-1}\frac{2\zeta_1\lambda_1}{1-\lambda_1^2}$$
$$X_2 = \frac{k_p b s_0 \cos\alpha}{k_2 + k_p b \cos\alpha} \frac{1}{\sqrt{\left(1-\lambda_2^2\right)^2 + \left(2\zeta_2\lambda_2\right)^2}}, \quad \varphi_2 = \tan^{-1}\frac{2\zeta_2\lambda_2}{1-\lambda_2^2}$$

(8-118)

对于传统数控机床，其刚度通常在 $10^8\,\mathrm{N/m}$ 量级上，远大于切削力系数(一般为 $10^5 \sim 10^6\,\mathrm{N/m}$)[30]。此外，镗孔时刀具旋转频率一般在 10Hz 左右，远小于机床固有频率。在这种条件下，由式(8-118)可知，机床在切削力作用下的振动幅值很小，相对于理论切削厚度几乎可以忽略不计。因此，对于机床镗孔切削，该类型的振动是很难发生的。

然而，对机器人来说，其刚度一般在 $10^6\,\mathrm{N/m}$ 量级上，与切削力系数大小相近。此外，机器人一阶固有频率为 10Hz 左右[30]，处于镗孔工作频率范围之内。在这种条件下，由式(8-118)可知，机器人在切削力作用下将产生较大振幅，而且当刀具旋转频率接近于机器人固有频率时，机器人将发生共振，振幅急剧增大，刀具极易脱离工件表面，严重影响加工精度和加工质量。

### 2. 刀具运动轨迹分析

假定被加工孔的初孔半径为 $R_0$，理论切削厚度为 $s_0$，则成孔理论半径为 $R_0 + s_0$。如果不考虑切削时振动的影响，刀具运动轨迹可以表示为

$$\begin{cases} x_{10} = \left(R_0 + s_0\right)\cos\omega t \\ x_{20} = \left(R_0 + s_0\right)\sin\omega t \end{cases}$$

(8-119)

考虑到振动对刀具位移的影响，综合式(8-117)和式(8-119)，可得刀具运动轨迹为

$$\begin{cases} x_1' = \left(R_0 + s_0\right)\cos\omega t + X_1\cos\left(\omega t - \pi - \varphi_1\right) \\ x_2' = \left(R_0 + s_0\right)\sin\omega t + X_2\sin\left(\omega t - \pi - \varphi_2\right) \end{cases}$$

(8-120)

由于机器人在二维空间中的刚度模型是一个如图 8.36 所示的椭圆，其在 $ox_1$、$ox_2$ 两个方向上具有不同的刚度和固有频率，导致式(8-120)中 $X_1 \neq X_2$，$\varphi_1 \neq \varphi_2$。因此，式(8-120)所表示的刀具运动轨迹同样是一个椭圆，而且椭圆的形态与刀具旋转频率密切相关，具体分析如下。

(1) 当 $\omega \to \omega_{02}$，即 $\lambda_2 \to 1$ 时，机器人在 $ox_2$ 方向上振幅较大，有 $X_1 < X_2$，根据式(8-120)可得此时刀具运动轨迹形状如图 8.36 所示椭圆，其长轴与 $ox_1$ 轴夹角接近于 45°。

(2) 当 $\omega \to \omega_{01}$，即 $\lambda_1 \to 1$ 时，机器人在 $ox_1$ 方向上振幅较大，有 $X_1 > X_2$，根据式(8-120)可得此时刀具运动轨迹形状如图 8.37 所示椭圆，其长轴与 $ox_1$ 轴夹角接近于 135°。需要说明的是，图 8.37 中椭圆长轴和图 8.36 中椭圆长轴并非互相垂直的关系。

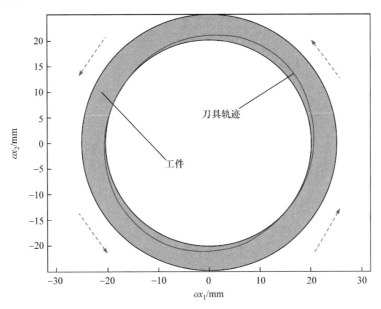

图 8.36　典型刀具运动轨迹 1

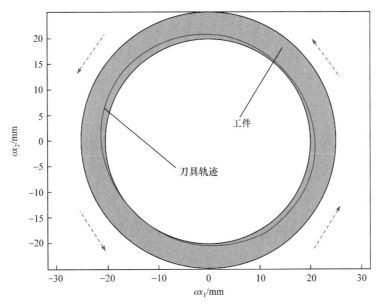

图 8.37　典型刀具运动轨迹 2

由图 8.36 和图 8.37 可知,虽然刀具运动轨迹都是椭圆,但随着刀具旋转频率即转速的改变,椭圆的大小和方位都在发生变化,也会影响到被加工孔的最终外形轮廓。

此外,根据式(8-120)中的刀具运动轨迹可得镗孔过程中的实际切削厚度为

$$\begin{cases} s_{x1} = s_0 \cos \omega t + X_1 \cos(\omega t - \pi - \varphi_1) \\ s_{x2} = s_0 \sin \omega t + X_2 \sin(\omega t - \pi - \varphi_2) \end{cases} \tag{8-121}$$

进而可得实际径向切削力为

$$\begin{cases} F_{rx1} = -k_p b s_{x1} \cos \alpha = -k_p b \cos \alpha (s_0 \cos \omega t + x_1) \\ F_{rx2} = -k_p b s_{x2} \cos \alpha = -k_p b \cos \alpha (s_0 \sin \omega t + x_2) \end{cases} \tag{8-122}$$

可见,以上径向切削力表达式与式(8-114)中考虑位移反馈时的径向切削力表达式完全相同。

### 3. 基于压脚机构的振动抑制方法

由上文分析可知,在机器人镗孔加工系统中,机器人自身刚度较低,是系统中的主要柔性来源,也是产生振动的主体,引起机器人振动的激振力则是镗孔过程中产生的动态切削力。因此,当把作用于机器人上的动态切削力消除时,机器人所受合力为零,将不会产生振动。基于这个思想,提出了一种基于压脚机构的方法来消除切削力对机器人的作用,从而抑制机器人振动的发生。

压脚位于终端执行器前端,在两个双作用气缸的同步作用下可以完成伸缩运动。镗孔加工时,如图 8.38 所示,压脚向前伸出压紧工件,压紧力 $N$ 的大小可以通过改变气缸中气压的大小而设定不同的值。机器人在切削力 $F_0$ 的作用下,带动

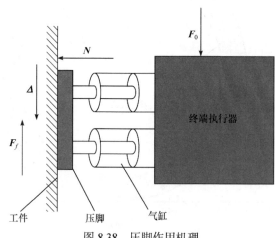

图 8.38　压脚作用机理

终端执行器及压脚产生相对运动趋势或动态位移 $\Delta$，压脚与工件的接触面之间将会产生静摩擦力或滑动摩擦力 $\boldsymbol{F}_{f_1}$。由于摩擦力方向总是与切削力方向相反，会抵消切削力对机器人的作用，抑制振动的发生。下面将深入分析完全抑制机器人振动发生以及压脚机构所要满足的条件。

假定机器人在切削力作用下可以产生振动，此时压脚与工件表面产生滑动摩擦力，即摩擦阻尼 $\boldsymbol{F}_{f_1}$。在振动力学中，摩擦阻尼又称为库仑阻尼，其大小正比于接触面间的压紧力，即 $F_{f_1} = \mu N$，其中，$\mu$ 为摩擦系数。

库仑阻尼属于非黏性阻尼，为了便于振动分析，首先采用能量守恒的方法将其简化为等效黏性阻尼。考虑到 $\boldsymbol{F}_{f_1}$ 方向总是与运动速度方向相反，每四分之一周期内做功为 $F_{f_1} X_{f_1}$，因此一个周期内库仑阻尼消耗的能量为

$$\Delta E = 4 F_{f_1} X_{f_1} \tag{8-123}$$

式中，$X_{f_1}$ 为振动幅值。

等效黏性阻尼在一个周期内消耗的能量为[29]

$$W_c = \pi c_e X_{f_1}^2 \omega \tag{8-124}$$

式中，$\omega$ 为振动频率；$c_e$ 为等效黏性阻尼系数。结合式(8-123)和式(8-124)可得等效黏性阻尼系数为

$$c_e = \frac{4 X_{f_1}}{\pi \omega X_f^2} = \frac{4 F_{f_1}}{\pi \omega X_{f_1}} \tag{8-125}$$

具体到机器人镗孔加工系统中的 $ox_1$ 和 $ox_2$ 两个方向上，其等效黏性阻尼系数分别为

$$c_{e1} = \frac{4 F_{f_1}}{\pi \omega X_{f_1}^2}, \quad c_{e2} = \frac{4 F_{f_1}}{\pi \omega X_2} \tag{8-126}$$

于是可得包括气缸压脚机构的机器人镗孔加工系统动力学方程为

$$\begin{cases} m \ddot{x}_1 + c_{e1} \dot{x}_1 + k_1 x_1 = -F_0 \cos \omega t \\ m \ddot{x}_2 + c_{e1} \dot{x}_2 + k_2 x_2 = -F_0 \sin \omega t \end{cases} \tag{8-127}$$

根据振动力学可得式(8-127)的响应为

$$\begin{cases} x_1 = X_1 \cos(\omega t - \pi - \varphi_1) \\ x_2 = X_2 \sin(\omega t - \pi - \varphi_2) \end{cases} \tag{8-128}$$

式中，$\varphi_1$ 和 $\varphi_2$ 为相位差；$X_1$ 和 $X_2$ 为振幅，分别可以表示为

$$X_1 = \frac{F_0}{k_1} \frac{1}{\sqrt{\left(1-\lambda_1^2\right)^2 + \left(\dfrac{c_{e1}\omega}{k_1}\right)^2}}, \quad X_2 = \frac{F_0}{k_2} \frac{1}{\sqrt{\left(1-\lambda_2^2\right)^2 + \left(\dfrac{c_{e2}\omega}{k_2}\right)^2}} \tag{8-129}$$

将式(8-126)代入式(8-129)中，可得

$$X_1 = \frac{F_0}{k_1} \sqrt{\frac{1-\left(\dfrac{4F_{f_1}}{\pi F_0}\right)^2}{\left(1-\lambda_1^2\right)^2}}, \quad X_2 = \frac{F_0}{k_2} \sqrt{\frac{1-\left(\dfrac{4F_{f_1}}{\pi F_0}\right)^2}{\left(1-\lambda_2^2\right)^2}} \tag{8-130}$$

由上式可知，当 $F_{f_1} > \dfrac{\pi}{4}F_0$ ，即 $\mu N > \dfrac{\pi}{4}F_0$ 时，振动将无法继续。因此，当压脚与工件表面间摩擦系数较大或者压脚压紧力较大，从而使得摩擦力较大时，可以有效地抑制机器人振动的发生。通常情况下，在稳定加工时镗孔切削力仅有几十牛，所以以上条件比较容易满足。实际上，当切削力小于最大静摩擦力时，机器人所受合力为零，不会产生振动。

压脚机构在机器人钻孔系统中所起的作用和镗孔加工中所起的作用是不完全相同的。在钻孔过程中，机器人主要受到轴向力的作用，其方向保持不变，这与镗孔中机器人主要受到周期性变化的周向力存在明显区别。在机器人钻孔系统中，压脚机构的作用是通过压紧力和轴向力的耦合使机器人只承受一个静态的力，从而保证加工系统的稳定性[31]。

### 8.6.2 高频振动机理及系统稳定性分析

#### 1. 切削力等效变换

根据切削理论，镗削力 **F** 与刀具几何参数密切相关，只有从刀具几何参数出发获得镗削力理论模型，再经过坐标变换，才能获得其在固定笛卡儿坐标系{$O(X, Y, Z)$}与笛卡儿旋转坐标系{$o(x, y, z)$}下的镗削分力值。

在前刀面上建立$(t, f, r)$坐标系，如图 8.39 所示，$t$ 方向为切削刃速度方向，$r$ 方向为直线接触刃方向，$f$ 垂直于 $t$、$r$ 方向。根据三维切削理论[32,33]，镗削力 **F** 等于 $F_r$、$F_t$ 和 $F_f$ 的矢量和。基于此，采用非线性最小二乘法进行拟合，获得如下改进的镗削力表达式：

$$\begin{cases} F_f = K_{fc}\left(a_0 V_c^2 + a_1 V_c + a_2\right)A \\ F_r = K_{rc}\left(b_0 V_c^2 + b_1 V_c + b_2\right)A \\ F_t = K_{tc}\left(c_0 V_c^2 + c_1 V_c + c_2\right)A \end{cases} \tag{8-131}$$

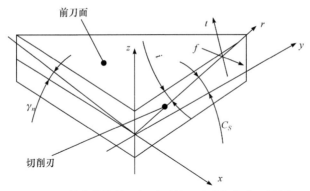

图 8.39　笛卡儿旋转坐标系下镗刀片几何角度三维图

式中，$A$ 为切削面积；$V_c$ 为切削速度(m/min)；$a_0$、$a_1$、$a_2$、$b_0$、$b_1$、$b_2$、$c_0$、$c_1$ 和 $c_2$ 为二次多项式系数；$K_{tc}$、$K_{rc}$ 和 $K_{fc}$ 分别为切向、径向和进给方向的切削系数，由切屑作用导致，取决于局部前刀面、刃倾角、屑流角、切削条件和工件-刀具材料性质。根据图 8.39 中镗刀片几何角度，镗削分力 $F_t$、$F_r$、$F_f$ 在旋转坐标系 $\{o(x,\ y,\ z)\}$ 中，可以表示为

$$\begin{bmatrix} F_x \\ F_y \\ F_z \end{bmatrix} = \begin{bmatrix} \cos\gamma_n\cos C_S & -\cos i\sin C_S & \sin C_S\sin i \\ \cos\gamma_n\sin C_S & \cos i\cos C_S & -\sin i\cos C_S \\ -\sin\gamma_n & \sin i & \cos i \end{bmatrix}\begin{bmatrix} F_f \\ F_r \\ F_t \end{bmatrix} \qquad (8\text{-}132)$$

式中，$i$ 为倾斜角；$\gamma_n$ 为法向前角。同理，对旋转坐标系 $\{o(x,\ y,\ z)\}$ 中的镗削力进行坐标转换，得它们在笛卡儿固定坐标系 $\{O(X,\ Y,\ Z)\}$ 中的表达式为

$$\begin{bmatrix} F_X \\ F_Y \\ F_Z \end{bmatrix} = \begin{bmatrix} 1 & 0 & 0 \\ 0 & \cos\omega_T t & -\sin\omega_T t \\ 0 & \sin\omega_T t & \cos\omega_T t \end{bmatrix}\begin{bmatrix} F_x \\ F_y \\ F_z \end{bmatrix} \qquad (8\text{-}133)$$

式中，$t$ 为时间；$\omega_T$ 为镗杆旋转角速度。可以看出，镗削力为加工参数、刀具几何参数的非线性函数。

2. 系统颤振建模

根据机器人结构的弱刚度属性，机器人精镗加工系统可等效为空间三个相互垂直的质量弹簧阻尼单元[34]。由于轴向分力变化量远小于切向、径向镗削分力变化量，因此可以忽略系统轴向结构对精镗过程的影响，将机器人精镗加工系统进一步简化为一个二维的质量弹簧阻尼系统，如图 8.40 所示。图中弹簧的方向为确定姿态下机器人刚度的主方向，并且相互垂直。$\alpha$ 为等效弹簧 1 与固定坐标系 $Y$ 方向之间的夹角，并且随机器人姿态变化而改变。$k_1$、$c_1$，$k_2$、$c_2$ 分别为等效弹簧 1、等效弹簧 2 的刚度与阻尼，并且 $k_1$、$k_2$ 等效于机器人精镗加工系统的主方向刚度值。

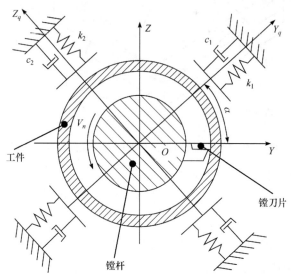

图 8.40　机器人精镗颤振原理图

因此，在坐标系 $q$ 下，机器人精镗运动微分方程可以表示为

$$\begin{bmatrix} m_1 & 0 \\ 0 & m_2 \end{bmatrix}\begin{bmatrix} \ddot{Y}_q \\ \ddot{Z}_q \end{bmatrix} + \begin{bmatrix} c_1 & 0 \\ 0 & c_2 \end{bmatrix}\begin{bmatrix} \dot{Y}_q \\ \dot{Z}_q \end{bmatrix} + \begin{bmatrix} k_1 & 0 \\ 0 & k_2 \end{bmatrix}\begin{bmatrix} Y_q \\ Z_q \end{bmatrix} = \begin{bmatrix} F_{Yq} \\ F_{Zq} \end{bmatrix} \tag{8-134}$$

式中，$F_{Yq}$、$F_{Zq}$ 分别为机器人精镗加工系统在 $Y_q$ 和 $Z_q$ 方向受到的作用力。在压脚压力作用下，它们的值可表示为

$$\begin{bmatrix} F_{Yq} \\ F_{Zq} \end{bmatrix} = \begin{bmatrix} \cos\alpha & \sin\alpha \\ -\sin\alpha & \cos\alpha \end{bmatrix}\begin{bmatrix} F_{RY} \\ F_{RZ} \end{bmatrix} \tag{8-135}$$

将上式代入式(8-134)中，可求得压脚压力作用下的加工系统振幅。当系统振动时，假设等效质量为 $m$ 的系统在 $q$ 坐标系下位移变化量为 $\Delta Y_q$、$\Delta Z_q$，对应地，它们在旋转坐标系 $\{o(x,\ y,\ z)\}$ 下的变化量可表示为

$$\begin{bmatrix} \Delta y \\ \Delta z \end{bmatrix} = \begin{bmatrix} \cos\omega_T t & \sin\omega_T t \\ -\sin\omega_T t & \cos\omega_T t \end{bmatrix}\begin{bmatrix} \cos\alpha & -\sin\alpha \\ \sin\alpha & \cos\alpha \end{bmatrix}\begin{bmatrix} \Delta Y_q \\ \Delta Z_q \end{bmatrix} \tag{8-136}$$

当仅考虑切削深度方向变化量 $\Delta y$ 时，由式(8-121)可得到切削面积变化量 $\Delta A$ 表达式

$$\Delta A = \left(\sum_{i=0}^{n+1} L_i\cos\theta_i + f\right)\Delta y = \left(a_p + f\right)\Delta y \tag{8-137}$$

将上式代入式(8-131)后，再将其结果代入式(8-132)，得旋转坐标系$\{o(x, y, z)\}$下 $y$ 和 $z$ 方向镗削力变化量为

$$\begin{bmatrix} \Delta F_y \\ \Delta F_z \end{bmatrix} = \left(a_p + f\right)\{B\}\Delta y = \left(a_p + f\right)\begin{bmatrix} B_1 \\ B_2 \end{bmatrix}\Delta y \qquad (8\text{-}138)$$

式中，

$$\begin{bmatrix} B_1 \\ B_2 \end{bmatrix} = \begin{bmatrix} \cos\gamma_n\sin C_S & \cos i\cos C_S & -\sin i\cos C_S \\ -\sin\gamma_n & \sin i & \cos i \end{bmatrix}\begin{bmatrix} K_{fc}\left(a_0 V_c^2 + a_1 V_c + a_2\right) \\ K_{rc}\left(b_0 V_c^2 + b_1 V_c + b_2\right) \\ K_{tc}\left(c_0 V_c^2 + c_1 V_c + c_2\right) \end{bmatrix}$$

$$(8\text{-}139)$$

从上式可以看出 $\Delta F_y$ 和 $\Delta F_z$ 都为 $\Delta y$ 的线性函数。根据旋转坐标系$\{o(x, y, z)\}$与坐标系 $q$ 之间的关系，可得其在坐标系 $q$ 中的表达式为

$$\begin{bmatrix} \Delta F_{Yq} \\ \Delta F_{Zq} \end{bmatrix} = \begin{bmatrix} \cos\alpha & \sin\alpha \\ -\sin\alpha & \cos\alpha \end{bmatrix}\begin{bmatrix} \cos\omega_T t & -\sin\omega_T t \\ \sin\omega_T t & \cos\omega_T t \end{bmatrix}\begin{bmatrix} \Delta F_y \\ \Delta F_z \end{bmatrix} \qquad (8\text{-}140)$$

将上式代入式(8-138)中，得到坐标系 $q$ 下机器人精镗加工系统动态镗削力表达式为

$$\begin{cases} \Delta F_{Yq} = \dfrac{B}{2}\left\{\left[B_1\left(1+\cos\varphi\right) + B_2\sin\varphi\right]\Delta Y_q + \left[-B_1\sin\varphi + B_2\left(1+\cos\varphi\right)\right]\Delta Z_q\right\} \\[3mm] \Delta F_{Zq} = \dfrac{B}{2}\left\{\left[-B_1\sin\varphi - B_2\left(1-\cos\varphi\right)\right]\Delta Y_q + \left[B_1\left(1-\cos\varphi\right) + B_2\sin\varphi\right]\Delta Z_q\right\} \end{cases}$$

$$(8\text{-}141)$$

式中，$B = a_0 + f$，$\varphi = 2\left(\omega_T t - \alpha\right)$，再令

$$\zeta_1 = \frac{c_1}{2\sqrt{m_1 k_1}}, \quad \zeta_2 = \frac{c_2}{2\sqrt{m_2 k_2}}, \quad \omega_{n1} = \sqrt{\frac{k_1}{m_1}}, \quad \omega_{n2} = \sqrt{\frac{k_2}{m_2}}$$

得到机器人精镗加工系统的颤振微分方程为

$$\begin{cases} \ddot{Y}_q + 2\zeta_1\omega_{n1}\dot{Y}_q + \left[\omega_{n1}^2 - B\dfrac{B_1\left(1+\cos\varphi\right) + B_2\sin\varphi}{2m_1}\right]Y_q + B\dfrac{B_1\sin\varphi - B_2\left(1+\cos\varphi\right)}{2m_1}Z_q = 0 \\[4mm] \ddot{Z}_q + 2\zeta_2\omega_{n2}\dot{Z}_q + \left[\omega_{n2}^2 - B\dfrac{B_1\left(1-\cos\varphi\right) + B_2\sin\varphi}{2m_2}\right]Z_q + B\dfrac{B_1\sin\varphi + B_2\left(1-\cos\varphi\right)}{2m_2}Y_q = 0 \end{cases}$$

$$(8\text{-}142)$$

3. 系统稳定性分析

为了分析方便，将求解颤振微分方程过程中获得的动态镗削力模型写成时域内矩阵形式为

$$
\begin{aligned}
[\Delta \boldsymbol{F}] &= \frac{B}{2}\big[\boldsymbol{A}(t)\big][\Delta t] \\
&= \frac{B}{2}\begin{bmatrix} B_1(1+\cos\varphi)+B_2\sin\varphi & -B_1\sin\varphi+B_2(1+\cos\varphi) \\ -B_1\sin\varphi-B_2(1-\cos\varphi) & B_1(1-\cos\varphi)+B_2\sin\varphi \end{bmatrix}\begin{bmatrix} \Delta Y_q \\ \Delta Z_q \end{bmatrix}
\end{aligned} \tag{8-143}
$$

由于 $[\boldsymbol{A}(t)]$ 为周期函数，因此可对其进行 Fourier 级数变换，得其 Fourier 级数形式

$$
\begin{cases} \big[\boldsymbol{A}(t)\big] = \sum_{n=-\infty}^{\infty}\big[\boldsymbol{A}_n\big]\mathrm{e}^{in\omega_T t}, & n=0,\pm1,\pm2,\cdots \\ \big[\boldsymbol{A}_n\big] = \dfrac{1}{T_\omega}\int_0^{T_\omega}\big[\boldsymbol{A}(t)\big]\mathrm{e}^{-in\omega_T t}\mathrm{d}t \end{cases} \tag{8-144}
$$

式中，$T_\omega$ 为 $[\boldsymbol{A}(t)]$ 镗杆旋转周期。Altintas 等[35]对周期函数进行了 Fourier 级数展开的研究。结果表明，周期函数的高次项对稳定性预测精度影响很小，因此取傅里叶系数常数项近似简化上式，得到傅里叶系数表达式的平均值

$$
[\boldsymbol{A}_0] = \frac{1}{T}\int_0^T\big[\boldsymbol{A}(t)\big]\mathrm{d}t = \begin{bmatrix} a_{11} & a_{12} \\ a_{21} & a_{22} \end{bmatrix} \tag{8-145}
$$

进一步计算获得它们的值为

$$
\begin{cases} a_{11} = B_1 + \dfrac{B_2}{8\pi\omega_T}(\cos 2\alpha - \sin 2\alpha) \\[2mm] a_{12} = B_2 - \dfrac{B_1}{8\pi\omega_T}(\cos 2\alpha - \sin 2\alpha) \\[2mm] a_{21} = -B_2 - \dfrac{B_1}{8\pi\omega_T}(\cos 2\alpha - \sin 2\alpha) \\[2mm] a_{22} = B_1 + \dfrac{B_2}{8\pi\omega_T}(\cos 2\alpha - \sin 2\alpha) \end{cases} \tag{8-146}
$$

因此，机器人精镗动态切削力模型又可写为

$$
[\Delta \boldsymbol{F}] = \frac{B}{2}[\boldsymbol{A}_0][\Delta t] \tag{8-147}
$$

对于任意二自由度系统，都存在两个固有频率 $(\omega_1, \omega_2)$ 和两个振型向量 $(\phi_1, \phi_2)$，因此可假设其传递函数矩阵为

$$\big[\boldsymbol{G}(\mathrm{i}\omega)\big]=\begin{bmatrix} G_{Y_qY_q}(\mathrm{i}\omega) & G_{Y_qZ_q}(\mathrm{i}\omega) \\ G_{Z_qY_q}(\mathrm{i}\omega) & G_{Z_qZ_q}(\mathrm{i}\omega) \end{bmatrix} \tag{8-148}$$

式中，$G_{Y_qY_q}(\mathrm{i}\omega)$、$G_{Z_qZ_q}(\mathrm{i}\omega)$ 是系统在 $Y_q$、$Z_q$ 方向主模态下的直接传递函数；$G_{Y_qZ_q}(\mathrm{i}\omega)$、$G_{Z_qY_q}(\mathrm{i}\omega)$ 是各方向其他阶模态的交叉传递函数。当系统在主模态方向振动时，交叉项可以忽略不计。在确定的刀具几何参数、加工参数条件下，并且假设发生颤振的频率为 $\omega_c$，则机器人精镗动态切削力在频域下可表示为

$$[\Delta \boldsymbol{F}]\mathrm{e}^{\mathrm{i}\omega_c t}=\frac{B}{2}\big[\boldsymbol{A}_0\big]\big[\boldsymbol{G}(\mathrm{i}\omega_c)\big]\big[\boldsymbol{\Delta}(\mathrm{i}\omega_c)\big] \tag{8-149}$$

式中，

$$\begin{aligned} \big[\boldsymbol{\Delta}(\mathrm{i}\omega_c)\big] &=\big[\boldsymbol{\phi}(\mathrm{i}\omega_c)\big]-\big[\boldsymbol{\phi}_\tau(\mathrm{i}\omega_c)\big] \\ &=\big[\boldsymbol{G}(\mathrm{i}\omega_c)\big][\boldsymbol{F}]\mathrm{e}^{\mathrm{i}\omega_c t}-\big[\boldsymbol{G}(\mathrm{i}\omega_c)\big][\Delta \boldsymbol{F}]\mathrm{e}^{\mathrm{i}\omega_c(t-\tau)} \\ &=\big(1-\mathrm{e}^{-\mathrm{i}\omega_c \tau}\big)\mathrm{e}^{\mathrm{i}\omega_c t}\big[\boldsymbol{G}(\mathrm{i}\omega_c)\big][\Delta \boldsymbol{F}] \end{aligned} \tag{8-150}$$

将上式代入式(8-149)，得

$$[\Delta \boldsymbol{F}]\mathrm{e}^{\mathrm{i}\omega_c t}=\frac{B}{2}\big[\boldsymbol{A}_0\big]\big[\boldsymbol{G}(\mathrm{i}\omega_c)\big]\big(1-\mathrm{e}^{-\mathrm{i}\omega_c \tau}\big)[\Delta \boldsymbol{F}]\mathrm{e}^{\mathrm{i}\omega_c t} \tag{8-151}$$

若上式具有非零解，则其行列式为零，故其特征方程为

$$\det\bigg[[\boldsymbol{I}]-\frac{B}{2}\big[\boldsymbol{A}_0\big]\big[\boldsymbol{G}(\mathrm{i}\omega_c)\big]\big(1-\mathrm{e}^{-\mathrm{i}\omega_c \tau}\big)\bigg]=0 \tag{8-152}$$

如果忽略交叉传递函数 $G_{Y_qZ_q}(\mathrm{i}\omega)$、$G_{Z_qY_q}(\mathrm{i}\omega)$ 的影响，特征方程可进一步简化为一个二次函数：

$$a_1\lambda^2+a_2\lambda+1=0 \tag{8-153}$$

式中，

$$\begin{cases} \lambda=\dfrac{B}{2}\big(1-\mathrm{e}^{-\mathrm{i}\omega_c \tau}\big) \\ a_1=G_{Y_qY_q}(\mathrm{i}\omega_c)G_{Z_qZ_q}(\mathrm{i}\omega_c)(a_{11}a_{22}-a_{12}a_{21}) \\ a_2=a_{11}G_{Y_qY_q}(\mathrm{i}\omega_c)+a_{22}G_{Z_qZ_q}(\mathrm{i}\omega_c) \end{cases} \tag{8-154}$$

该二次函数的解可以表示为

$$\lambda=-\frac{1}{2a_1}\Big(a_2\pm\sqrt{a_2^2-4a_1}\Big) \tag{8-155}$$

考虑到传递函数一般为复数形式，因此 $\lambda$ 也为复数，其形式可写为 $\lambda=\lambda_R+$

$i\lambda_I$。将其代入到式(8-155)第一项后，得到颤振频率处的临界切削深度为

$$a_{p\lim} = -\left[\frac{\lambda_R\left(1-\cos\omega_c\tau\right)+\lambda_I\sin\omega_c\tau}{1-\cos\omega_c\tau}+i\frac{\lambda_I\left(1-\cos\omega_c\tau\right)-\lambda_R\sin\omega_c\tau}{1-\cos\omega_c\tau}\right]-f$$

(8-156)

从上式可以看出，临界切削深度 $a_{p\lim}$ 是进给量 $f$ 与 $B_1$ 的函数，一定为实数，因此上式虚部必须为零，即有

$$\lambda_I\left(1-\cos\omega_c\tau\right)-\lambda_R\sin\omega_c\tau = 0 \tag{8-157}$$

将上式代入式(8-156)实部中，得到颤振频率处的临界切削深度：

$$a_{p\lim} = -\lambda_R\left(1+\kappa^2\right)-f \tag{8-158}$$

式中，

$$\kappa = \frac{\lambda_I}{\lambda_R} = \frac{\sin\omega_c\tau}{1-\cos\omega_c\tau} \tag{8-159}$$

从式(8-158)中可以看出，影响稳定性的主要因素为进给量与切削深度。假设颤振时镗刀在工件表面留下的振动波纹整数为 $k$，则相同时间内镗刀转速可以表示为

$$\Omega_V = \frac{60}{\varepsilon+2k\pi} \tag{8-160}$$

式中，$\varepsilon = \pi - 2\tan^{-1}\kappa$。

有关机器人镗孔加工的分析可以归纳为下列过程，首先，通过机器人刚度辨识试验获得某个位姿条件下的机器人精镗加工系统刚度，并在相同条件下开展机器人精镗试验和模态试验，分别得到镗孔加工力系数及机器人精镗加工系统的传递函数；然后，根据式(8-155)得到传递函数的实部和虚部，再将其代入到式(8-158)和式(8-160)，即可得出相应的临界切削深度和主轴转速；最后，以主轴转速为横坐标，临界切削深度为纵坐标可绘制机器人镗孔加工系统稳定性叶瓣图。

### 8.6.3　应用实例

精镗姿态下机器人各关节角度为 $\theta_1=-48.38$，$\theta_2=54.82$，$\theta_3=6.86$，$\theta_4=-54.16$，$\theta_5=107.43$，$\theta_6=-21.95$。在获得机器人精镗加工系统固有频率和刚度矩阵的基础上，进一步得到精镗姿态下的系统传递函数。以切削速度、进给量、切削深度、压脚压力为影响因素，进行机器人精镗高强度钢正交试验。根据实际加工过程中切削量范围，每个影响因素取 5 个水平，重复两次做 $L_{25}(5^4)$ 的正交试验，对应正交表如表 8.5 所示，$L_{25}(5^4)$ 正交试验表如表 8.6 所示。每次试验前都对加工表面进行预

加工以消除上次切削痕迹对本次加工的影响，同时也消除了压脚压力变化对机器人姿态的影响。安装在支架上的 Kistler9257B 测力仪用来采样试验过程中产生的 $x$、$y$ 和 $z$ 方向的作用分力。

表 8.5　机器人精镗高强度钢正交试验表

| 切削速度/(r/min) | 进给量/(mm/r) | 单边切削深度/mm | 压脚压力/MPa |
|---|---|---|---|
| 200 | 0.05 | 0.025 | 0 |
| 300 | 0.075 | 0.05 | 0.2 |
| 400 | 0.1 | 0.075 | 0.3 |
| 600 | 0.15 | 0.125 | 0.4 |
| 800 | 0.2 | 0.175 | 0.5 |

表 8.6　$L_{25}(5^4)$正交试验表

| 试验序列号 | 试验因素编号 | | | |
|---|---|---|---|---|
| 1 | 1 | 1 | 1 | 1 |
| 2 | 1 | 2 | 2 | 2 |
| 3 | 1 | 3 | 3 | 3 |
| 4 | 1 | 4 | 4 | 4 |
| 5 | 1 | 5 | 5 | 5 |
| 6 | 2 | 1 | 2 | 3 |
| 7 | 2 | 2 | 3 | 4 |
| 8 | 2 | 3 | 4 | 5 |
| 9 | 2 | 4 | 5 | 1 |
| 10 | 2 | 5 | 1 | 2 |
| 11 | 3 | 1 | 3 | 5 |
| 12 | 3 | 2 | 4 | 1 |
| 13 | 3 | 3 | 5 | 2 |
| 14 | 3 | 4 | 1 | 3 |
| 15 | 3 | 5 | 2 | 4 |
| 16 | 4 | 1 | 4 | 2 |
| 17 | 4 | 2 | 5 | 3 |
| 18 | 4 | 3 | 1 | 4 |
| 19 | 4 | 4 | 2 | 5 |
| 20 | 4 | 5 | 3 | 1 |
| 21 | 5 | 1 | 5 | 4 |
| 22 | 5 | 2 | 1 | 5 |
| 23 | 5 | 3 | 2 | 1 |
| 24 | 5 | 4 | 3 | 2 |
| 25 | 5 | 5 | 4 | 3 |

采用四阶 Runge-Kutta 法求解精镗颤振运动微分方程，如图 8.41 所示，显示了 1s 内，初始位移为 $10^{-15}$m、初始加速度为 $10^{-15}$m/s$^2$、切削深度 $a_p$=0.175mm、进给量 $f$=0.1mm/r、旋转速度 $V_n$=400r/min、压脚压力等于 0.2MPa 时的颤振振幅及其 $y$、$z$ 方向颤振振幅分量。从图中可以看出，0.1s 以前几乎没有出现颤振，0.1～0.2s 是颤振的发展阶段，之后颤振振幅基本达到稳定，机器人精镗加工系统达到动态平衡。

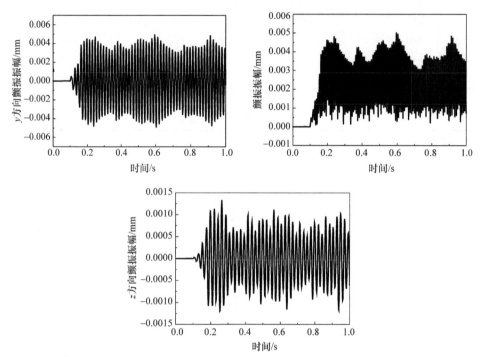

图 8.41  压脚压力 0.2MPa 条件下颤振振幅及其 $y$、$z$ 方向分量

采用相同的方法求解精镗振动方程，图 8.42 显示了相同条件下 5s 内的振幅及其 $y$、$z$ 方向振幅分量(包含强迫振动与颤振)。可以看出，$y$、$z$ 方向振幅分量曲线随时间呈现明显周期性，相位差接近 90°，并且它们的周期与机器人刚度有关，刚度值越大，周期越短。还可以看出，$y$、$z$ 振幅分量曲线存在相对较小的波动，形成许多小波峰。曲线上单位时间内小波峰的数目等于镗杆旋转周期频率数，因此判定它们由强迫振动导致，来源于周期性的镗削力。此外，图中斜向下箭头显示了振幅分量峰值随时间的变化趋势，这是由进给力作用导致的振幅峰值随时间线性地减少。

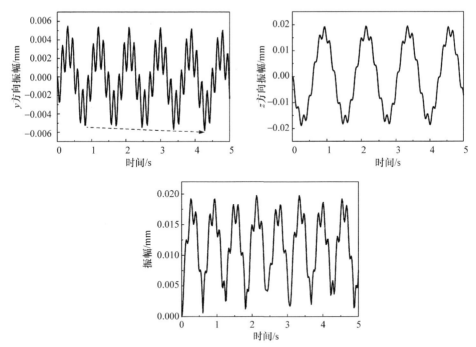

图 8.42　压脚压力 0.2MPa 条件下振幅及其 $y$、$z$ 方向分量

材料的过程刚度指刀具切削该材料时的切削力系数，与切削材料本身的特性密切相关，其值越大表明材料越难加工[32]。高强度钢的过程刚度在 $10^5 \sim 10^6$N/m 的水平，而机器人刚度也在 $10^5 \sim 10^6$N/m 水平，因此存在机器人刚度大于或者小于过程刚度的可能。当机器人刚度大于高强度钢的过程刚度时，系统存在平稳精镗可能，即使发生颤振，其振幅也是首先逐渐增大，然后达到系统动态稳定平衡。当机器人刚度小于高强度钢的过程刚度时，颤振振幅一直增大，最终导致加工系统失稳。图 8.43 显示了相同条件下机器人刚度小于高强度钢的过程刚度时颤振振幅的变化情况。从图中可以看出，颤振振幅在经历约 4s 相对平稳增长以后，迅速增加，到第 5s 时增加了约 10 倍。综上所述，提高机器人刚度可以显著抑制颤振振幅的增长，因此，精镗交点孔时有必要对机器人位姿进行优化，增强关节刚度，以提高交点孔表面加工质量。

图 8.44 对比显示了其他条件相同，压脚压力分别等于 0MPa 和 0.2MPa 时的加工表面。采用千分尺测量这两种条件下形成的孔径，发现压脚压力等于 0MPa 时存在明显的椭圆外形(长轴孔径 47.795mm，短轴孔径 47.502mm)，并且椭圆长轴表面高低不平，短轴表面光滑，如图 8.44(a)所示。当压脚压力增加到 0.2MPa 时，孔径外形得到明显改善，更加趋近于圆形(长轴孔径 45.732mm，短轴孔径 45.692mm)，加工表面形成细微的振痕，如图 8.44(b)所示。对比这两种类型加工

表面，发现颤振主要改变加工表面的形貌，而强迫振动能够宏观地改变孔径尺寸。精镗过程中，由于镗杆的旋转运动，无法采用传感器获得刀具振幅。但是可以结合强迫振动与颤振形成加工表面的特点及差异性，采用粗糙度仪测量加工表面粗糙度的方法验证模型的正确性。试验结果显示建模获得的颤振振幅与所对应的加工表面粗糙度基本一致(一般地 $R_a<6.3$)，进而证明了模型的准确性。

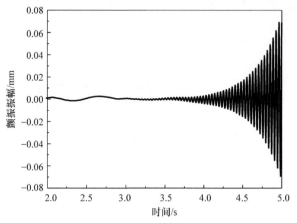

图 8.43　机器人刚度小于过程刚度时颤振振幅变化图

(a) 0MPa　　　　　　　　　　　　　　(b) 0.2MPa

图 8.44　压脚压力等于 0MPa、0.2MPa 条件下形成的加工表面

图 8.45 对比显示了平均振幅和平均颤振振幅随加工参数、刀具几何参数的变化趋势(来自建立的模型)。图中曲线上较小的试验点表明机器人在平稳状态下进行精镗加工，而较大的试验点表示精镗加工发生振动。从图中可以看出，平稳条件下平均颤振振幅随加工参数、刀具几何参数的增加基本保持不变；当精镗系统产生振动时(出现失稳)，平均颤振振幅随加工参数增大而增大、随刀具几何参数基本保持不变。主要原因是颤振由加工系统自激振动产生，与系统本身动态特性

密切相关。此外还可以看出，平均颤振振幅曲线明显低于平均振幅曲线，原因是精镗过程中受到镗削力、摩擦力等的作用，强迫振动对机器人精镗加工系统的影响始终存在，精镗过程中颤振与强迫振动相伴发生。

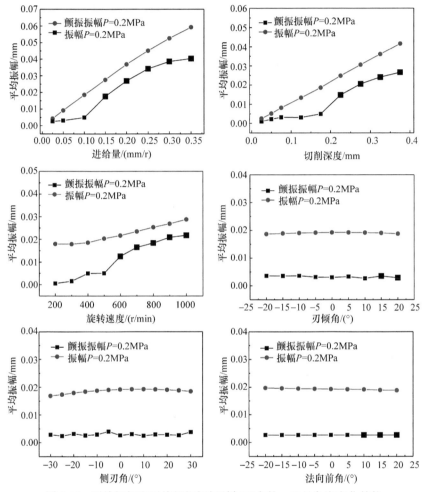

图 8.45 平均振幅和平均颤振振幅随加工参数、刀具角度变化趋势

对比颤振，加工参数、刀具几何参数对平均振幅的影响更加显著(来自建立的模型)。平均振幅随切削深度、进给量增加而增大，呈近似的正比例关系。当旋转速度小于 400r/min 时，平均振幅随旋转速度增长不明显，但是随着旋转速度的继续增加，平均振幅增加得越来越明显。刀具几何参数对平均振幅的影响明显小于加工参数。平均振幅随倾斜角、侧刃角先增大后减少，而随法向前角一直减小。综合以上分析可知，在保证加工系统稳定性前提下，加工参数、刀具几何参数对

颤振振幅的影响较小。当加工系统达到失稳条件时，调节加工参数可以明显降低颤振振幅，其根本原因是调节加工参数使加工系统重新回到稳定状态，降低了系统出现失稳的可能。

以主轴转速为横坐标，切削深度为纵坐标绘制的稳定性叶瓣图是预测加工稳定性的有效工具。图 8.46 显示了进给量 $f$=0.1mm/r、叶瓣数等于 6 时的机器人精镗稳定性叶瓣图。从图中可以看出，切削深度被划分为三个区域：绝对稳定区域、相对稳定区域和不稳定区域。当切削深度在绝对稳定区域内时，表示一定不会发生颤振，在不稳定区域则表示一定会产生颤振，相对稳定区域则表示存在颤振发生的概率。选择正交试验中进给量 $f$=0.1mm/r 时的 4 组试验结果对比叶瓣图(如图 8.46 所示)，证实了该叶瓣图的准确性。

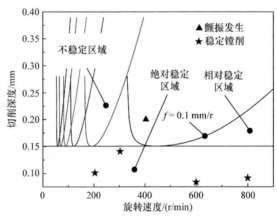

图 8.46　进给量 $f$=0.1mm/r 时的机器人镗孔稳定性叶瓣图

为了更加全面地证明机器人精镗稳定性叶瓣图的有效性，根据正交试验中进给量取值范围(0.04～0.2mm/r)，绘制了在该进给量范围内稳定性叶瓣图，如图 8.47 所示。将所有的正交试验结果对比该叶瓣图，验证了该叶瓣图的正确性。从图中可以看出，随着旋转速度的增大，稳定性曲线越稀疏，这表示发生颤振的可能性增大。还可以看出，在确定条件下影响机器人镗孔加工稳定性的主要因素是切削深度与进给量，并且两者成反比例关系，即选取的进给量越大，对应的切削深度越小，因此只有两者的值都选择适中的时候，才能够在保证稳定性的前提下，适当提升加工效率，这对实际精镗过程的参数选择、加工效率的提高都具有重要意义。

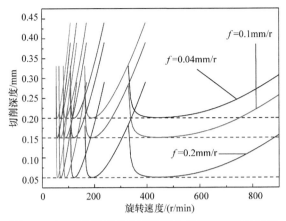

图 8.47　不同进给量条件下机器人镗孔稳定性叶瓣图

# 参 考 文 献

[1] Salisbury J K. Active stiffness control of a manipulator in Cartesian coordinates[C]//Proceedings of the 19th IEEE Conference on Decision and Control, Albuquerque, 1980.

[2] Chen S F, Kao I. Conservative congruence transformation for joint and Cartesian stiffness matrices of robotic hands and fingers. The International Journal of Robotics Research, 2000, 19(9): 835-847.

[3] Pashkevich A, Klimchik A, Chablat D. Enhanced stiffness modeling of manipulators with passive joints[J]. Mechanism and Machine Theory, 2011, (46): 662-679.

[4] Alici G, Shirinzadeh B. Enhanced stiffness modeling, identification and characterization for robot manipulators[J]. IEEE Transactions on Robotics, 2005, 21(4): 554-564.

[5] Leon S J. Linear Algebra with Applications[M]. New Jersey: Pearson, 2009.

[6] Guo Y, Dong H, Ke Y. Stiffness-oriented posture optimization in robotic machining applications[J]. Robotics and Computer-Intergrated Manufacturing, 2015, 35(C): 69-76.

[7] Dumas C, Caro S, Garnier S, et al. Joint stiffness identification of six-revolute industrial serial robots[J]. Robotics and Computer-Integrated Manufacturing, 2011, 27: 881-888.

[8] 马尔契夫. 理论力学[M]. 李俊峰译. 北京: 高等教育出版社, 2006.

[9] Arun K S, Huang T S, Blostein S D. Least-squares fitting of two 3-D point sets[J]. IEEE Transactions on Pattern Analysis and Machine Intelligence, 1987, 9(5): 698-700.

[10] Lazoglu I, Atabey F, Altintas Y. Dynamics of boring processes: Part III-Time domain modeling[J]. International Journal of Machine Tools & Manufacture, 2002, 42: 1567-1576.

[11] Moetakef-Imani B, Yussefian N Z. Dynamic simulation of boring process[J]. International Journal of Machine Tools & Manufacture, 2009, 49(14): 1096-1103.

[12] Kuster F. Cutting dynamics and stability of boring bars[J]. CIRP Annals-Manufacturing Technology, 1990, 39(1): 361-366.

[13] Yussefian N Z, Moetakef-Imani B, El-Mounayri H. The prediction of cutting force for boring process[J]. International Journal of Machine Tools and Manufacture, 2008, 48(12): 1387-1394.

[14] Wu D W. Comprehensive dynamic cutting force model and its application to wave-removing processes[J]. Journal of engineering for industry, 1988, 110(2): 153-161.

[15] Lin S Y, Chen C K. Construction of a dynamic cutting force model for oblique cutting[J]. Proceedings of the Institution of Mechanical Engineers, Part B: Journal of Engineering Manufacture, 2010, 224(3): 361-372.

[16] Merchant M E. Mechanics of the metal cutting process II-plasticity condition in orthogonal cutting[J]. Journal of Applied Physics, 1945, 16(6): 318-324.

[17] Oxley P L B. The Mechanics of machining: An analytical approach to assessing machinability[M]. Chichester: Ellis Horwood, 1989.

[18] Adam A. On the development of a dynamic cutting force model with application to regenerative chatter in turning[D]. Atlanta: Georgia Institute of Technology, 2009.

[19] Arsecularatne J A, Fowle R F, Mathew P. Nose radius oblique tool: Cutting force and built up edge prediction[J]. International Journal of Machine Tools and Manufacture, 1996, 36(5): 585-595.

[20] Arsecularatne J A, Mathew P, Oxley P L B. Prediction of chip flow direction and cutting forces in oblique machining with nose radius tools[J]. Proceedings of the Institution of Mechanical Engineers, Part B: Journal of Engineering Manufacture, 1995, 209(42): 305-315.

[21] Wang J, Mathew P. Development of a general tool model for turning operations based on a variable flow stress theory[J]. International Journal of Machine Tools and Manufacture, 1995, 35(1): 71-90.

[22] Endres W. A dual mechanism approach for the prediction of machining forces for metal cutting processes[D]. Chicago: University of Illinois, 1992.

[23] Mohammad M, Park S S, Jun M B G. Modeling of dynamic micro-milling cutting forces[J]. International Journal of Machine Tools & Manufacture, 2009, 49(7): 586-598.

[24] Endres W J, Devor R E, Kapoor S G. A dual-mechanism approach to the prediction of machining forces, Part 1: Model development[J]. Journal of Engineering for Industry, 1995, 117(4): 526-533.

[25] Basuray P K, Mistra B K, Lal G K. Transition from ploughing to cutting during machining with blunt tools[J]. Wear, 1977, 43(3): 341-349.

[26] Shaw M C, DeSalvo G J. A new approach to plasticity and its application to blunt two dimensional indenters[J]. Journal of Engineering for Industry, 1970, 92(2): 469-479.

[27] 熊有伦, 丁汉, 刘恩沧. 机器人学[M]. 北京: 机械工业出版社, 1993.

[28] Lazoglu I, Atabey F, Altintas Y. Dynamics of boring processes: Part III-Time domain modeling[J]. International Journal of Machine Tools and Manufacture, 2002, 42: 1567-1576.

[29] 倪振华. 振动力学[M]. 西安: 西安交通大学出版社, 1989.

[30] Pan Z X, Zhang H, Zhu Z Q, et al. Chatter analysis of robotic machining process[J]. Journal of Materials Processing Technology, 2006, 173: 301-309.

[31] Bi S S, Liang J. Robotic drilling system for titanium structures[J]. International Journal of Advanced Manufacturing Technology, 2011, 54: 767-774.

[32] Atabey F, Lazoglu I, Altintas Y. Mechanics of boring processes—Part I[J]. International Journal

of Machine Tools & Manufacture, 2003, 43(5): 463-476.

[33] Kaymakci M, Kilic Z M, Altintas Y. Unified cutting force model for turning, boring, drilling and milling operations[J]. International Journal of Machine Tools & Manufacture, 2012, 54-55: 34-45.

[34] Wang G, Dong H, Guo Y, et al. Dynamic cutting force modeling and experimental study of industrial robotic boring[J]. International Journal of Advanced Manufacturing Technology, 2016, 86: 179-190.

[35] Altintas Y, Budak E. Analytical prediction of stability lobes in milling[J]. CIRP Annals Manufacturing Technology, 1995, 44 (1): 357-362.

# 第 9 章　自动化钻铆技术及系统

## 9.1　概　　述

　　飞机壁板的连接质量对飞机的气动外形、疲劳寿命有着极其重要的影响。随着现代飞机安全使用寿命要求的日益提高，传统的手工铆接技术已经难以满足，必须采用先进的自动化钻铆技术才能实现飞机壁板的高效率、高可靠连接。钻铆机能够一次性完成测量、定位、夹紧、钻孔、锪窝、注胶、送钉、插钉、铆接等自动化钻铆循环，是功能集成度、技术复杂度最高的航空制造工艺装备。目前，国际上只有少数几个发达国家具有设计、制造和生产自动钻铆机的能力。

　　美国 GEMCOR 公司是世界上最早研制自动钻铆机的制造商，拥有 75 年的发展历史。美国 GEMCOR 公司钻铆机的主机多数采用 C 型结构，配置回转托架，通过压铆方式完成壁板铆接[1]。如图 9.1 所示，壁板工件固定在数控托架上，工作时需要不断调整数控托架的空间姿态来调平工件，以配合主机铆接头进行制孔和铆接。美国 GEMCOR 公司钻铆机主要型号有 G400、G900、G4026 等，数控托架型号有 G86、G2000 等。这一类型的钻铆机结构简单、稳定可靠，但钻铆准备时间比较长，人员可达性比较差。

图 9.1　GEMCOR 自动钻铆机及托架[1]

美国 Electroimpact 公司研制了首台电磁冲击铆接原理的钻铆机，采用龙门架结构和主机卧式布局，如图 9.2 所示，壁板固定不动，通过主机姿态调整来适应壁板，铆接电磁力大，速度快，可铆接无头铆钉，适用于大型飞机机翼壁板装配。美国空客公司配置了 4 条用于 A380 机翼壁板的柔性装配生产线，每条生产线配有一台 E4380 自动钻铆机[2]。由于电磁铆接存在一定的局限性，美国 Electroimpact 公司后来也逐渐采用压铆代替电磁铆。

图 9.2　Electroimpact 自动钻铆机[2]

德国 BROETJE 公司在自动钻铆技术上拥有很强的实力，相继推出了 C 型、D 型和龙门式 IPAC 等三代机型。进入 21 世纪，德国 BROETJE 公司成功研制出大型龙门式 MPAC 自动钻铆机[3]，MPAC 系统采用压铆方式，产品适应性好，如图 9.3 所示，不同的机身壁板固定安装在 X 轴上不同工位，当钻铆机加工某一工

图 9.3　MPAC 自动钻铆机[3]

位壁板时，其他工位可同时进行准备工作，形成了壁板装配流水线的雏形。

2010 年以前，我国在自动钻铆技术领域的研究工作一直处于停滞不前的状态，仅仅依靠美国波音、空客的转包生产需求，在钻铆机的引进、消化、吸收和应用方面取得了一些成绩，比较突出的工作是钻铆机回转托架的设计和改造。但在核心的自动化钻铆机设计、制造和系统集成上仍然缺乏原创性技术突破。

## 9.2 卧式钻铆机系统

2003 年以来，浙江大学围绕我国新一代飞机发展需求，系统研究并成功建设了十多条飞机组件自动化装配、部件自动化装配和总装配生产线，在飞机自动化定位、自动化制孔等方面取得了一系列成果。基于测量技术、定位技术和制孔技术的丰富积累，2015 年，浙江大学发明了世界上首台卧式双机双五轴联动钻铆机，突破了双机结构刚度匹配设计、双机末端位姿协调定位、压铆过程力-位置混合控制等技术难题，实现了飞机壁板高效、稳定、可靠连接，创立了飞机壁板自动钻铆的移动生产线模式，改变了自动钻铆机依赖于数控托架的低效率产品定位方法。卧式钻铆机由内铆头定位系统、外铆头定位系统、内铆头末端执行器、外铆头末端执行器、壁板柔性定位工装、送钉机构、视频监控系统、工艺参数管理系统、离线编程系统和钻铆机控制系统等组成，如图 9.4 所示。

图 9.4 卧式双机联合自动钻铆机

外铆头定位系统，其结构主体类似于五坐标数控机床结构，具有 $X$、$Y$、$Z$ 轴的平移自由度及绕 $A$、$B$ 轴的旋转自由度。外铆头末端执行器主要由压脚单元、钻孔单元、孔径检测单元、视觉测量单元、取钉插钉机构、注胶单元、铆接单元、铣削单元、自动换刀单元及自动换铆模单元等组成，如图 9.5 所示，作用于壁板外表面，自动完成壁板压紧、钻孔、孔径测量、注胶、取钉、插钉、压铆、铣切端面等主要铆接动作。内铆头定位系统同样为类似的五坐标数控机床结构，具有 $X$、$Y$、$Z$、$A$、$B$ 5 个运动自由度，用于将内铆头末端执行器移动到指定的铆接加工位置。内铆头末端执行器主要由内铆模底座、内铆模压脚及旋转系统、内铆模施铆杆及其进给系统组成，如图 9.6 所示，用于协同外侧铆头完成壁板夹紧、铆接等钻铆工艺。壁板柔性定位 AGV 系统用于钻铆过程中实现飞机壁板的定位支撑，具有自主导航移位功能，可以根据工艺设计需求将壁板定位工装由人工预连接站位移至钻铆加工区域。

图 9.5　外铆头末端执行器

图 9.6　内铆头末端执行器

自动化钻铆控制系统是驱动两台五轴机床各运动轴运动、控制各功能单元工作、处理各传感器及 I/O 信号并进行集中控制的上层系统。在自动化钻铆控制系统的协调控制下，两部机床构成了有机整体，根据工艺管理系统制定的钻铆工艺流程和离线编程系统规划的钻铆程序执行飞机壁板的自动化钻铆加工，各功能单元顺序或并行动作，正确实现钻铆轴精确定位、钻孔加工、孔径测量、自动送钉、钉长检测、错钉处理、插钉、顶紧、铆接及铣平等功能。

相比于其他结构形式的钻铆机，卧式双机联合钻铆机之间开敞的产品进出通道，增强了新一代钻铆机的产品适应性和应用柔性。壁板柔性定位工装应用具有自动巡航模式的地面 AGV 车，能便捷、准确地把待加工壁板从人工准备站位送达自动化钻铆站位，通过图像测量和配准计算功能，快速建立柔性定位工装与钻铆机之间的位置关系，避免了采用围框式托架或专用工装定位方法导致的产品上架过程复杂、周期长等不足，适用于构建壁板装配生产线。

## 9.3　卧式钻铆机运动学建模与分析

### 9.3.1　双五轴机构关联运动学建模

运动学建模，旨在正确地描述机械系统的运动传递关系，建立各运动轴关节量与末端位姿之间的关系。连续、完备且参数最少的运动学模型，是运动学标定和误差补偿的基础。通过对卧式钻铆机双五轴机构协同系统进行模块化运动学分析，基于齐次坐标矩阵，考虑测量系统、基坐标系参数、运动参数及相关结构参数等，进行双五轴机构关联运动学建模，建立完备且参数最少的双五轴机构运动学模型，并建立双协同末端的位姿约束方程，实现对双机床系统的综合运动描述。

1. 坐标系建立

在卧式钻铆机中，共有 10 个运动轴参与双机末端的空间定位。为了清晰地表示系统结构，定义参考坐标系 RCS、工件坐标系 WCS、定位设备基坐标系 BCS、各运动部件坐标系 LCS、刀具坐标系 TCS 等，如图 9.7 所示。定义卧式钻铆机中的外铆头定位系统的基坐标系为 $O_{\text{base1}}$，内铆头定位系统的基坐标系为 $O_{\text{base2}}$；在钻铆机各运动轴的运动部件上建立局部坐标系 $O_X$、$O_Y$、$O_Z$、$O_A$、$O_B$，以描述各运动副的运动；在末端执行器压脚端面处建立刀具坐标系 $O_T$，以描述末端的空间位姿；并且定义各坐标系的坐标轴方向均与参考坐标系的坐标轴方向保持一致。

作为双五轴机构协同系统，卧式钻铆机的关联运动学模型可定义为两协同设备关节变量与末端位姿的关系，即基坐标系到刀具坐标系的齐次变换矩阵，及两协同末端的相对位姿关系。复杂系统可简化为两个较为常见的结构模块：模块 1，外铆头定位系统，在图 9.7 中表示为参考坐标系 RCS→外铆头定位系统基坐标系 $O_{base1}$→外铆头末端执行器刀具坐标系 $O_{T1}$；模块 2，内铆头定位系统，在图 9.7 中表示为参考坐标系 RCS→内铆头定位系统基坐标系 $O_{base2}$→内铆头末端执行器刀具坐标系 $O_{T2}$。卧式钻铆机中，两模块的结构基本相同。

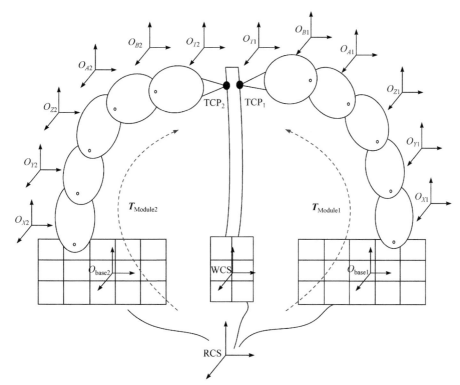

图 9.7 卧式钻铆机双五轴协同系统的坐标系定义图

在双五轴机构关联运动学建模过程中，首先分别建立各子模块运动学模型，然后建立各模块末端之间的相对位姿关系，最后对卧式钻铆机进行综合运动学描述。

2. 传递矩阵运算

坐标系建立后，需要得到相邻坐标系之间的位姿转换关系，以完成从参考坐标系到刀具坐标系的传递矩阵运算。假设 $O_i$ 和 $O_j$ 是两个相邻的子坐标系，它们分别建立在运动部件 $i$ 和 $j$ 上；$T_{ij}$ 表示从坐标系 $O_i$ 到坐标系 $O_j$ 的传递矩阵。在这一部分，将详细介绍各坐标系的建立及它们之间的传递矩阵运算。

卧式钻铆机子模块的各坐标系偏置与参数定义图，如图 9.8 所示，为了计算

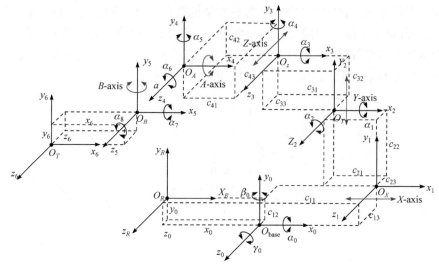

图 9.8　卧式钻铆机单侧定位设备的各坐标系偏置与参数定义

方便，可将参考坐标系 RCS 与子模块 1 制孔插钉机床的基坐标系 $O_{base1}$ 重合。下面将详细介绍卧式钻铆机双五轴协同系统的关联运动学建模过程。

1) 基坐标系 $O_{base}$

在卧式钻铆机中，单侧五轴机床基坐标系 $O_{base}$ 的原点建立在各运动副变量均为零的位置，称为零点。理论上基坐标系建立于 $A\text{-}B$ 轴的交点。实际中，基坐标系 $O_{base}$ 是通过激光跟踪仪测量得到的，由于测量误差的影响，实际测得的基坐标系与理论基坐标系的位姿有所偏差。此处引入测量基坐标系 $O_m$，它是一个与基坐标系非常接近的坐标系，且卧式钻铆机的末端位姿将在坐标系 $O_m$ 下进行描述。测量基坐标系 $O_m$ 相对于参考坐标系 RCS 的相对位姿，可以表示为 ${}_M^R\boldsymbol{T}$；此外，基坐标系 $O_{base}$ 相对于测量基坐标系 $O_m$ 的相对位姿，可表示为 ${}_b^M\boldsymbol{T}$。因此，基坐标系 $O_{base}$ 相对于参考坐标系为 RCS 的位姿为

$$
{}_b^R\boldsymbol{T} = {}_M^R\boldsymbol{T}\, {}_b^M\boldsymbol{T} = \boldsymbol{T}_x(x_0)\boldsymbol{T}_y(y_0)\boldsymbol{T}_z(z_0)\boldsymbol{R}_x(\alpha_0)\boldsymbol{R}_y(\beta_0)\boldsymbol{R}_z(\gamma_0)
$$

$$
= \begin{bmatrix} \cos\beta_0\cos\gamma_0 & -\cos\beta_0\sin\gamma_0 & \sin\gamma_0 & x_0 \\ \sin\alpha_0\sin\beta_0\cos\gamma_0 + \cos\alpha_0\sin\gamma_0 & -\sin\alpha_0\sin\beta_0\sin\gamma_0 + \cos\alpha_0\cos\gamma_0 & -\sin\alpha_0\cos\beta_0 & y_0 \\ -\cos\alpha_0\sin\beta_0\cos\gamma_0 + \sin\alpha_0\sin\gamma_0 & \cos\alpha_0\sin\beta_0\sin\gamma_0 + \sin\alpha_0\cos\gamma_0 & \cos\alpha_0\cos\beta_0 & z_0 \\ 0 & 0 & 0 & 1 \end{bmatrix} \tag{9-1}
$$

式中，$T_x$、$T_y$、$T_z$、$R_x$、$R_y$、$R_z$ 表示沿各坐标轴的移动和绕各坐标轴的转动；$x_0$、$y_0$、$z_0$、$\alpha_0$、$\beta_0$、$\gamma_0$ 表示基坐标系 $O_{\text{base}}$ 相对于参考坐标系 RCS 的位置和姿态。

2) 平动轴子坐标系

坐标系 $O_X$、$O_Y$、$O_Z$ 依次建立在卧式钻铆机的 $X$、$Y$、$Z$ 轴运动部件上，是用于描述平动轴运动的子坐标系。分析可知，这些坐标系的空间位置不影响对平动轴运动的描述。

为减少参数引入，设定 $X$ 轴坐标系 $O_X$ 与基坐标系 $O_{\text{base}}$ 重合，两者之间不存在转角误差。因此，坐标系 $O_X$ 相对于基坐标系 $O_{\text{base}}$ 的位姿为

$$
\begin{aligned}
{}_X^b\boldsymbol{T} &= \boldsymbol{T}_x\left(c_{11}\right)\boldsymbol{T}_y\left(c_{12}\right)\boldsymbol{T}_z\left(c_{13}\right)\boldsymbol{T}_x\left(d_1\right) \\
&= \begin{bmatrix}
1 & 0 & 0 & c_{11}+d_1 \\
0 & 1 & 0 & c_{12} \\
0 & 0 & 1 & c_{13} \\
0 & 0 & 0 & 1
\end{bmatrix}
\end{aligned}
\tag{9-2}
$$

式中，$c_{11}$、$c_{12}$、$c_{13}$ 分别表示坐标系 $O_X$ 沿坐标系 $O_{\text{base}}$ 的 $X$、$Y$、$Z$ 轴方向的位移偏置，可令其为零；$d_1$ 为 $X$ 轴的平移量。

对于 $Y$ 轴，绕 $X$、$Z$ 轴的转角误差会影响其平移运动的位置，需引入两个转角参数。因此，坐标系 $O_Y$ 相对于坐标系 $O_X$ 的位姿为

$$
\begin{aligned}
{}_Y^X\boldsymbol{T} &= \boldsymbol{T}_x\left(c_{21}\right)\boldsymbol{T}_y\left(c_{22}\right)\boldsymbol{T}_z\left(c_{23}\right)\boldsymbol{R}_x\left(\alpha_1\right)\boldsymbol{R}_z\left(\alpha_2\right)\boldsymbol{T}_y\left(d_2\right) \\
&= \begin{bmatrix}
\cos\alpha_2 & -\sin\alpha_2 & 0 & c_{21} \\
\cos\alpha_1\sin\alpha_2 & \cos\alpha_1\cos\alpha_2 & -\sin\alpha_1 & c_{22}+d_2 \\
\sin\alpha_1\sin\alpha_2 & \sin\alpha_1\cos\alpha_2 & \cos\alpha_1 & c_{23} \\
0 & 0 & 0 & 1
\end{bmatrix}
\end{aligned}
\tag{9-3}
$$

式中，$c_{21}$、$c_{22}$、$c_{23}$ 表示坐标系 $O_Y$ 沿坐标系 $O_X$ 的 $X$、$Y$、$Z$ 轴方向的位移偏置，可令其为零；$d_2$ 为 $Y$ 轴的平移量；$\alpha_1$、$\alpha_2$ 为 $Y$ 轴引入的运动参数，分别表示绕 $X$ 轴和 $Z$ 轴的转角误差。

对于 $Z$ 轴，绕 $X$、$Y$ 轴的转角误差会影响其平移运动的位置，需引入两个转角参数。因此，坐标系 $O_Z$ 相对于坐标系 $O_Y$ 的位姿为

$$
\begin{aligned}
{}_Z^Y\boldsymbol{T} &= \boldsymbol{T}_x\left(c_{31}\right)\boldsymbol{T}_y\left(c_{32}\right)\boldsymbol{T}_z\left(c_{33}\right)\boldsymbol{R}_x\left(\alpha_3\right)\boldsymbol{R}_y\left(\alpha_4\right)\boldsymbol{T}_z\left(d_3\right) \\
&= \begin{bmatrix}
\cos\alpha_4 & 0 & \sin\alpha_4 & c_{31} \\
\sin\alpha_3\sin\alpha_4 & \cos\alpha_3 & -\sin\alpha_3\cos\alpha_4 & c_{32} \\
-\cos\alpha_3\sin\alpha_4 & \sin\alpha_3 & \cos\alpha_3\cos\alpha_4 & c_{33}+d_3 \\
0 & 0 & 0 & 1
\end{bmatrix}
\end{aligned}
\tag{9-4}
$$

式中，$c_{31}$、$c_{32}$、$c_{33}$ 表示坐标系 $O_Z$ 沿坐标系 $O_Y$ 的 $X$、$Y$、$Z$ 轴方向的位移偏置，可令其为零；$d_3$ 为 $Z$ 轴的平移量；$\alpha_3$、$\alpha_4$ 为 $Z$ 轴引入的运动参数，分别表示绕 $X$ 轴和 $Y$ 轴的转角误差。

3) 转动轴子坐标系

坐标系 $O_A$、$O_B$ 分别建立在卧式钻铆机的 $A$、$B$ 轴运动部件上，是用于描述转动轴运动的子坐标系。转动轴坐标系需建立在各旋转轴的轴线上。理论设计中，$A$、$B$ 轴轴线交于一点，但由于制造装配误差等，实际 $A$、$B$ 轴轴线为异面直线。为了确定坐标系 $O_A$、$O_B$ 的原点，过 $A$ 轴轴线作 $XOY$ 面，将 $B$ 轴轴线投影到该平面上，坐标系 $O_A$ 建立在 $A$ 轴轴线与 $B$ 轴轴线投影的交点处；过 $A$ 轴轴线作 $YOZ$ 面，坐标系 $O_B$ 则建立在 $B$ 轴轴线与该平面的交点处。基坐标系和平动轴坐标系的原点均可与坐标系 $O_A$ 的原点重合。

分析可知，绕 $Y$、$Z$ 轴的转角误差会影响 $A$ 轴旋转运动的位置，而绕 $X$ 轴的转角误差可通过调整 $A$ 轴零点进行补偿。因此，坐标系 $O_A$ 相对于坐标系 $O_Z$ 的位姿为

$$
\begin{aligned}
{}^{Z}_{A}\boldsymbol{T} &= \boldsymbol{T}_x(c_{41})\boldsymbol{T}_y(c_{42})\boldsymbol{T}_z(c_{43})\boldsymbol{R}_y(\alpha_5)\boldsymbol{R}_z(\alpha_6)\boldsymbol{R}_x(\theta_4) \\
&= \left[\begin{array}{cc}
\cos\alpha_5\cos\alpha_6 & -\cos\alpha_5\sin\alpha_6\cos\theta_4 + \sin\alpha_5\sin\theta_4 \\
\sin\alpha_6 & \cos\alpha_6\cos\theta_4 \\
-\sin\alpha_5\cos\alpha_6 & \sin\alpha_5\sin\alpha_6\cos\theta_4 + \cos\alpha_5\sin\theta_4 \\
0 & 0
\end{array}\right.
\end{aligned}
$$

$$
\left.\begin{array}{cc}
\cos\alpha_5\sin\alpha_6\sin\theta_4 + \sin\alpha_5\cos\theta_4 & c_{41} \\
-\cos\alpha_6\sin\theta_4 & c_{42} \\
-\sin\alpha_5\sin\alpha_6\sin\theta_4 + \cos\alpha_5\cos\theta_4 & c_{43} \\
0 & 1
\end{array}\right] \tag{9-5}
$$

式中，$c_{41}$、$c_{42}$、$c_{43}$ 表示坐标系 $O_A$ 沿坐标系 $O_Z$ 的 $X$、$Y$、$Z$ 轴方向的位移偏置，可令其为零；$\theta_4$ 为 $A$ 轴的旋转量；$\alpha_5$、$\alpha_6$ 为 $A$ 轴引入的运动参数，分别表示绕 $Y$ 轴和 $Z$ 轴的转角误差。

类似地，绕 $X$、$Z$ 轴的转角误差会影响 $B$ 轴旋转运动的位置，而绕 $Y$ 轴的转角误差可通过调整 $B$ 轴零点进行补偿。另外，考虑到 $B$ 轴轴线与 $A$ 轴轴线异面，需引入异面距离参数。因此，坐标系 $O_B$ 相对于坐标系 $O_A$ 的位姿为

$$
\begin{aligned}
{}^{A}_{B}\boldsymbol{T} &= \boldsymbol{T}_x(c_{51})\boldsymbol{T}_y(c_{52})\boldsymbol{T}_z(a)\boldsymbol{R}_x(\alpha_7)\boldsymbol{R}_z(\alpha_8)\boldsymbol{R}_y(\theta_5) \\
&= \left[\begin{array}{cc}
\cos\alpha_8\cos\theta_5 & -\sin\alpha_8 \\
\cos\alpha_7\sin\alpha_8\cos\theta_5 + \sin\alpha_7\sin\theta_5 & \cos\alpha_7\cos\alpha_8 \\
\sin\alpha_7\sin\alpha_8\cos\theta_5 - \cos\alpha_7\sin\theta_5 & \sin\alpha_7\cos\alpha_8 \\
0 & 0
\end{array}\right.
\end{aligned}
$$

$$\begin{bmatrix} & \cos\alpha_8\sin\theta_5 & & c_{51} \\ & \cos\alpha_7\sin\alpha_8\sin\theta_5-\sin\alpha_7\cos\theta_5 & & c_{52} \\ & \sin\alpha_7\sin\alpha_8\sin\theta_5+\cos\alpha_7\cos\theta_5 & & a \\ & 0 & & 1 \end{bmatrix} \quad (9\text{-}6)$$

式中，$c_{51}$、$c_{52}$ 分别表示坐标系 $O_B$ 沿坐标系 $O_A$ 的 $X$、$Y$ 轴的位移偏置，可令其为零；$a$ 为 $A$ 轴轴线与 $B$ 轴轴线在 $Z$ 方向上的异面距离；$\theta_5$ 为 $B$ 轴的旋转量；$\alpha_7$、$\alpha_8$ 为 $B$ 轴引入的运动参数，分别表示绕 $X$ 轴和 $Z$ 轴的转角误差。

4) 刀具坐标系

坐标系 $O_T$ 建立在卧式钻铆机的单侧定位设备末端，是用于描述刀具位姿的子坐标系。坐标系 $O_T$ 的原点不可任意放置，须建立在末端压脚中心前的一点处，以准确反映刀尖点的位置和姿态。由于坐标系 $O_T$ 与坐标系 $O_B$ 之间不存在运动部件，无转角误差引入。因此，坐标系 $O_T$ 相对于坐标系 $O_B$ 的位姿为

$$_T^B\boldsymbol{T}=\boldsymbol{T}_x\left(x_6\right)\boldsymbol{T}_y\left(y_6\right)\boldsymbol{T}_z\left(z_6\right)=\begin{bmatrix} 1 & 0 & 0 & x_6 \\ 0 & 1 & 0 & y_6 \\ 0 & 0 & 1 & z_6 \\ 0 & 0 & 0 & 1 \end{bmatrix} \quad (9\text{-}7)$$

式中，$x_6$、$y_6$、$z_6$ 分别表示坐标系 $O_T$ 沿坐标系 $O_B$ 的 $X$、$Y$、$Z$ 轴方向的位移偏置。

进行上述分析后，可得到卧式钻铆机子模块在参考坐标系下的前向运动学模型为

$$_T^R\boldsymbol{T}={}_M^R\boldsymbol{T}\,_b^M\boldsymbol{T}\,_X^b\boldsymbol{T}\,_Y^X\boldsymbol{T}\,_Z^Y\boldsymbol{T}\,_A^Z\boldsymbol{T}\,_B^A\boldsymbol{T}\,_T^B\boldsymbol{T} \quad (9\text{-}8)$$

上述分析中，$\boldsymbol{q}=[d_1,d_2,d_3,\theta_4,\theta_5]$ 为关节变量向量，各子模块的关节变量为 5 个；$\boldsymbol{p}=[x_0,y_0,z_0,\alpha_0,\beta_0,\gamma_0,\alpha_1,\alpha_2,\alpha_3,\alpha_4,\alpha_5,\alpha_6,\alpha_7,\alpha_8,a,x_6,y_6,z_6]$ 为参数向量，各子模块的参数个数为 18 个；另外，$c=[c_{11},c_{12},c_{13},c_{21},c_{22},c_{23},c_{31},c_{32},c_{33},c_{41},c_{42},c_{43},c_{51},c_{52}]$ 为位移偏置向量，由于其不影响对实际设备的运动学描述，为减少不必要的参数引入，减小参数辨识过程的计算量，故将其取零。

根据文献[4]可知，完备运动学模型的参数数目最少为

$$n=4R+2P+T \quad (9\text{-}9)$$

式中，$R$ 表示旋转轴数目；$P$ 表示平动轴数目；$T$ 表示所测得的刀具坐标系相对于最后一个运动轴坐标系的位姿参数个数。在自动钻铆过程中，以孔中心位置和轴线方向为卧式钻铆机的目标位姿，因此刀具坐标系的位姿参数为 $\{x,y,z,\gamma\}$，即 $R=2,P=3,T=4,n=18$，即卧式钻铆机单侧五轴机构的完备运动学模型的最少参数数目为 18 个。可见，本节所建立的运动学模型满足参数最少要求。

卧式钻铆机的两模块，均可采用上述过程进行运动学建模，得到从参考坐标

系 RCS 到末端刀具坐标系 $O_T$ 的齐次变换矩阵。因此，卧式钻铆机两模块的前向运动学模型可分别表示为

$$T_{\text{Module1}}\left(\boldsymbol{q}_1, \boldsymbol{p}_1\right) = {}^R_{T_1}\boldsymbol{T} = {}^R_{M_1}\boldsymbol{T}\, {}^{M_1}_{b_1}\boldsymbol{T}\, {}^{b_1}_{X_1}\boldsymbol{T}\, {}^{X_1}_{Y_1}\boldsymbol{T}\, {}^{Y_1}_{Z_1}\boldsymbol{T}\, {}^{Z_1}_{A_1}\boldsymbol{T}\, {}^{A_1}_{B_1}\boldsymbol{T}\, {}^{B_1}_{T_1}\boldsymbol{T} \tag{9-10}$$

$$T_{\text{Module2}}\left(\boldsymbol{q}_2, \boldsymbol{p}_2\right) = {}^R_{T_2}\boldsymbol{T} = {}^R_{M_2}\boldsymbol{T}\, {}^{M_2}_{b_2}\boldsymbol{T}\, {}^{b_2}_{X_2}\boldsymbol{T}\, {}^{X_2}_{Y_2}\boldsymbol{T}\, {}^{Y_2}_{Z_2}\boldsymbol{T}\, {}^{Z_2}_{A_2}\boldsymbol{T}\, {}^{A_2}_{B_2}\boldsymbol{T}\, {}^{B_2}_{T_2}\boldsymbol{T} \tag{9-11}$$

由此，可得到卧式钻铆机双五轴机构协同末端的相对位姿，即

$$T_r = T_{\text{Module1}}\left(\boldsymbol{q}_1, \boldsymbol{p}_1\right) - T_{\text{Module2}}\left(\boldsymbol{q}_2, \boldsymbol{p}_2\right) \tag{9-12}$$

式中，$\boldsymbol{q}_1$、$\boldsymbol{q}_2$ 为关节变量向量，共包含 10 个关节变量；$\boldsymbol{p}_1$、$\boldsymbol{p}_2$ 为参数向量，共包含 36 个参数。式(9-12)中包含了卧式钻铆机双五轴协同系统的全部关节量和参数，并表征了双协同末端的相对位姿关系，可以作为卧式钻铆机双五轴机构的关联运动学模型。

### 3. 双机末端位姿约束方程

在卧式钻铆机中，外铆头机床为主定位设备，内铆头机床为从动定位设备，两协同设备为主从关系。根据式(9-10)和式(9-11)，两协同设备的运动学模型可表示为

$$T\left(\boldsymbol{q}_i, \boldsymbol{p}_i\right) = \begin{bmatrix} u_x^{(i)} & v_x^{(i)} & w_x^{(i)} & p_x^{(i)} \\ u_y^{(i)} & v_y^{(i)} & w_y^{(i)} & p_y^{(i)} \\ u_z^{(i)} & v_z^{(i)} & w_z^{(i)} & p_z^{(i)} \\ 0 & 0 & 0 & 1 \end{bmatrix} \tag{9-13}$$

式中，$i$ 表示卧式钻铆机中的子模块编号，$i = 1, 2$。

在制孔铆接中，将孔中心位置 $\left[p_x^{(i)}, p_y^{(i)}, p_z^{(i)}\right]^{\mathrm{T}}$ 和孔轴线方向 $\left[w_x^{(i)}, w_y^{(i)}, w_z^{(i)}\right]^{\mathrm{T}}$ 作为目标位姿，因此两协同机床的末端位姿向量可表示为

$$\boldsymbol{pv}_i = \left[p_x^{(i)}, p_y^{(i)}, p_z^{(i)}, w_x^{(i)}, w_y^{(i)}, w_z^{(i)}\right] \tag{9-14}$$

在卧式钻铆机中两五轴机构的协同定位过程中，内铆头机床作为从动设备，其末端位姿需满足一定约束条件，以保证其与主定位设备(外铆头机床)的位姿协同性，从而保证制孔和压铆质量。从空间几何角度，卧式钻铆机中两协同末端位姿需满足的空间约束条件为刀尖位置相同，刀具轴线同轴；用数学形式可表达为

$$\boldsymbol{pv}_1 = \boldsymbol{pv}_2 \tag{9-15}$$

式(9-15)为卧式钻铆机两协同末端的位姿约束方程。该方程将卧式钻铆机中两五轴机床联系在一起，构成一个完整的运动闭环。同时，该方程在双机床系统的

控制和运动学标定中，也起到了重要作用。

### 9.3.2　基于位姿协调的运动学参数联合标定

如何快速、准确地提高卧式钻铆机双五轴协同系统的定位精度，是对其进行运动学建模后另一个亟须解决的问题。分析机床加工精度，常受到多种因素的综合影响，如机床结构、切削刀具、加工条件、工件类型等。在这些因素确定后，机床定位精度主要受到机床装配和加工中所引入的多种误差的影响，如几何误差、热误差、重力引起的误差、铆接力误差、运动控制误差等，这些误差可大致分为静态误差和动态误差两类。

运动学标定广泛应用于机器人领域，可减小系统性误差，提高设备定位精度。运动学标定主要分为基于模型的运动学标定和无参数的运动学标定两类。其中，基于模型的运动学标定是一种以运动参数为媒介，建立关节量与空间位姿关系的方法。它是基于表征运动参数误差与设备位姿误差关系的误差模型，通过对运动参数的辨识和补偿，能够有效提高运动精度，被广泛应用。随着智能算法的发展，开始出现无运动参数的运动学模型，直接通过标定得到关节量与空间位姿的关系，因此称为无参数标定。在现有文献中，多为面向单设备(机器人或机床)的运动学标定方法。

为实现对卧式钻铆机的快速运动学标定，提高该双五轴协同系统的定位精度，可采用一种基于位姿协调的运动学参数联合标定方法，针对双设备协同系统的重定位误差进行辨识与补偿。标定方法主要包括四个步骤：系统运动学建模、末端位姿测量、参数辨识和运动学补偿。其中，9.3.1 节中所建立的卧式钻铆机双五轴机构关联运动学模型，是运动学参数联合标定的基础；对双五轴机构的末端位姿测量，为运动学参数联合标定提供可靠的数据支持；基于双协同设备综合位姿优化的参数辨识，是运动学参数联合标定的核心；运动学补偿是实现定位精度提高的必要途径。

#### 1. 优化目标函数

考虑卧式钻铆机主定位设备的末端绝对位姿精度，建立目标函数 $J_1$ :

$$J_1 = \sum_{i=1}^{n} \left( \boldsymbol{pv}_1(\boldsymbol{q}_i, \boldsymbol{p}_1) - \boldsymbol{pv}_i \right)^2 \tag{9-16}$$

式中，$\boldsymbol{pv}_i$ 为外部测量系统测得的主设备实际末端位姿；$\boldsymbol{q}_i$ 是 $\boldsymbol{pv}_i$ 所对应的主设备各关节量。类似地，考虑卧式钻铆机从动设备的末端绝对位姿精度，建立目标函数 $J_2$ :

$$J_2 = \sum_{i=1}^{n} \left( pv_2\left(q_i', p_2\right) - pv_i' \right)^2 \tag{9-17}$$

式中，$pv_i'$ 是从定设备的实际末端位姿；$q_i'$ 是 $pv_i'$ 所对应的随动设备各关节量。

同时，考虑两协同设备间的相对位姿精度，建立目标函数 $J_{12}$：

$$J_{12} = \sum_{i=1}^{n} \left[ \left( pv_1\left(q_i, p_1\right) - pv_2\left(q_i', p_2\right)\right) - \left(pv_i - pv_i'\right) \right]^2 \tag{9-18}$$

式中，$pv_1 - pv_2$ 为两协同末端理论相对位姿；$pv_i - pv_i'$ 为两协同末端实际相对位姿。

根据卧式钻铆机结构特点和工作精度要求，将单侧五轴机构的绝对位姿精度和两侧末端的相对位姿精度均纳入目标函数中，建立综合的、完善的优化目标函数 $J$：

$$\begin{aligned} J &= J_{abs} + J_{rel} \\ &= \omega_1 J_1 + \omega_2 J_2 + \omega_{12} J_{12} \end{aligned} \tag{9-19}$$

式中，$J_{abs} = \omega_1 J_1 + \omega_2 J_2$ 表示卧式钻铆机单侧五轴机构的绝对位姿误差；$J_{rel} = \omega_{12} J_{12}$ 表示两协同设备间的相对位姿误差；$\omega_1$、$\omega_2$、$\omega_{12}$ 为权重系数。

上述优化目标函数的构建方法，可扩展至多设备协同系统的运动学标定。在多设备协同工作系统中，其运动学标定过程的综合优化目标函数可表示为

$$\begin{aligned} J &= \omega_1 J_1 + \omega_2 J_2 + \cdots + \omega_n J_n + \omega_{12} J_{12} + \omega_{13} J_{13} + \omega_{23} J_{23} \\ &\quad + \cdots + \omega_{ij} J_{ij}, \quad i = 1 \sim (n-1); j = 1 \sim n \end{aligned} \tag{9-20}$$

式中，

$$\begin{cases} J_{abs} = \omega_1 J_1 + \omega_2 J_2 + \cdots + \omega_n J_n \\ J_{rel} = \omega_{12} J_{12} + \omega_{13} J_{13} + \omega_{23} J_{23} + \cdots + \omega_{ij} J_{ij} \end{cases}, \quad i = 1 \sim (n-1); j = 1 \sim n$$

考虑卧式钻铆机主定位设备的绝对位姿精度和两协同设备的相对位姿精度，可选择 $\omega_1 = \omega_{12} = 1, \omega_2 = 0$。因此，优化目标函数为

$$J = \sum_{i=1}^{n} \left( pv_1\left(q_i, p_1\right) - pv_i \right)^2 + \left[ \left( pv_1\left(q_i, p_1\right) - pv_2\left(q_i', p_2\right)\right) - \left(pv_i - pv_i'\right) \right]^2 \tag{9-21}$$

2. 测量点选取与位姿误差测量

1) 测量点选取

为了保证参数辨识精度，需保证测量点的数量和测量点数据的准确性。测量点数目与参数数目的关系，可用一个比例表示：

$$r = \frac{n}{m} \tag{9-22}$$

若要求对 $m$ 个参数进行辨识，要求测量点数目 $n \geqslant m$，即 $r \geqslant 1$。理论上，测量点数量越多，参数辨识结果越准确；但是，测量点数量过多会大大增加测量时间，并增加误差引入的可能性。因此，测量点数量需适当。

在文献[5]中对 21 个参数进行辨识，取测量点为 35 个，有效保证了参数辨识精度。卧式钻铆机的待辨识运动参数总数为 36 个，根据待辨识参数与测量点数量的比值，测量点数量约为 60。由于卧式钻铆机双五轴协同系统的工作空间较大，为保证测量点能够覆盖到整个工作空间，增加测量点数量至 100。

同时，充分考虑到温度、湿度、重力场分布及关节量的极端状态，测量点的空间布局应尽量均匀分布在整个工作空间，以保证参数辨识结果的有效性。

2) 位姿误差测量

在双五轴协同系统的运动参数联合标定中，每个空间测量点处的关节量和两协同末端位姿误差是参数辨识所需的重要数据。激光跟踪仪具有较高的测量精度和数据捕获效率，可以有效测量刀具中心点(TCP)的空间坐标。在刀具轴线上选取一系列测量点，通过测量这些点的空间坐标，可以计算得到刀具轴线的方向。同时，控制系统中采用双末端位姿约束方程，使从动设备跟随主动设备的末端位姿运动到相应位姿状态。

卧式钻铆机双末端位姿误差的数据获取流程图，如图 9.9 所示。具体步骤如下。

(1) 根据卧式钻铆机模块 1 主定位机构的运动学模型 $F_1(q_1, p_{10})$ 和给定关节量 $q_1$，计算其目标位姿 $pv_{10}$。

(2) 根据卧式钻铆机中两协同机构的末端位姿约束方程，计算模块 2 从动机构的目标位姿 $pv_{20}$，并根据其理论运动学反解 $F_2'(pv_2, p_{20})$ 计算出该位姿对应的关节量 $q_2$。

(3) 根据模块 1 和模块 2 的运动学模型 $F_1(q_1, p_1), F_2(q_2, p_2)$ 和给定关节量 $q_1, q_2$，计算两协同机构的理论位姿 $pv_1$，$pv_2$。

(4) 控制系统驱动卧式钻铆机两协同机构运动至实际位姿 $pv_1'$, $pv_2'$。

(5) 计算卧式钻铆机两协同末端的绝对位姿误差 $E_a$ 和相对位姿误差 $E_r$。

$$\begin{aligned} E_a &= \{\Delta pv_1, \Delta pv_2\} \\ E_r &= \Delta pv - \Delta pv', \quad \Delta pv = pv_1 - pv_2, \quad \Delta pv' = pv_1' - pv_2' \end{aligned} \tag{9-23}$$

(6) 计算卧式钻铆机双五轴协同系统的综合位姿误差 $E$。

$$E = \{E_a, E_r\} \tag{9-24}$$

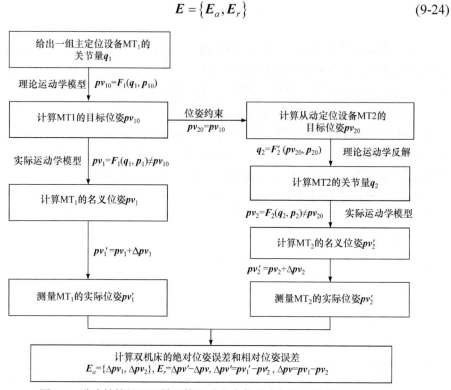

图 9.9　卧式钻铆机双五轴机构运动学参数联合标定的数据获取过程

### 3. 参数初值与收敛准则

L-M 算法是一种非线性优化算法，是牛顿法与最速下降法的结合，具有鲁棒性高和收敛速度快的优点。本小节采用 L-M 算法对卧式钻铆机的运动学参数进行辨识，但需合理设定参数初值和收敛准则。

$[x_0, y_0, z_0, \alpha_0, \beta_0, \gamma_0]$ 是卧式钻铆机单侧五轴机构的基坐标系与参考坐标系之间的相对位姿，其初值取设计值；$[\alpha_1, \alpha_2, \alpha_3, \alpha_4, \alpha_5, \alpha_6, \alpha_7, \alpha_8]$ 是各轴运动引入的转角误差，其理想情况下为零，实际数值应接近零值，因此其初值取为零；$[a]$ 是安装引入的两异面直线的距离，其初值取为设计值；$[x_6, y_6, z_6]$ 与结构参数和激光跟踪仪测量用反射镜的安装位置有关，其初值应考虑数模中的结构设计值、试验中靶标座的安装位置及靶标球的直径。

在非线性最优化问题中，收敛准则是最优化过程终止的条件，也是影响最优化结果的重要因素。选取参数变量步长 $\mathrm{Tol}_X$ 和目标函数的最小变化量 $\mathrm{Tol}_{\mathrm{Fun}}$ 为收敛准则，取 $\mathrm{Tol}_{\mathrm{Fun}} = 10^{-9}$，$\mathrm{Tol}_X = 10^{-9}$。

4. 实例分析

图 9.10 为试验平台，包括由两台类似于机床组成的卧式钻铆机系统、激光跟踪仪(型号 Leica AT901)、控制平台等。卧式钻铆机通过地脚螺栓固定安装在地基上，合理摆放并固定激光跟踪仪的位置，使其能够测量到自动钻铆机两协同设备的刀尖位置。另外，激光跟踪仪安装在地基上，可以认为测量过程中没有扰动。系统的运动学模型已写入控制系统。

激光跟踪仪  控制系统界面

图 9.10  卧式钻铆机运动学参数联合标定试验

重复定位精度和定位精度是设备的重要运动特性。运动学标定过程，可以部分消除系统性误差从而提高设备的定位精度。换言之，设备的重复定位精度是运动学标定后的设备定位精度的极限。因此，在运动学标定试验之前，首先对卧式钻铆机进行重复定位精度测试。根据 ISO 230-2 可知，设备在一点处的单向重复定位精度可以由以下公式计算：

$$R_i = 4s_i \tag{9-25}$$

式中，$s_i = \sqrt{\dfrac{1}{n-1}\sum_{j=1}^{n}\left(x_{ij} - \bar{x}_i\right)^2}$，$\bar{x}_i = \dfrac{1}{n}\sum_{j=1}^{n}x_{ij}$。

设备的单向重复定位精度定义为在任意位置处重复定位精度的最大值。即

$$R = \max.\left[R_i\right] \tag{9-26}$$

表 9.1 是卧式钻铆机在测量点处的单向重复定位精度。根据表 9.1 可得，钻铆

机的单向重复定位精度为 $R = 0.056\text{mm}$ 。

表 9.1　卧式钻铆机在 20 个特征点处的重复定位精度

| 点编号 | 节点坐标<br>$d_1,d_2,d_3,\theta_4,\theta_5/[\text{mm}/(°)]$ | 标准差/mm | 重复定位精度/mm |
|---|---|---|---|
| 1 | 1000, 500, −100, 0, −5 | 0.010 | 0.040 |
| 2 | 1000, 500, −300, 10, −5 | 0.004 | 0.016 |
| 3 | 1000, 500, −500, −10, 5 | 0.008 | 0.032 |
| 4 | 1000, 900, −100, −10, −5 | 0.004 | 0.016 |
| 5 | 1000, 900, −300, 0, −5 | 0.005 | 0.020 |
| 6 | 1000, 1300, −100, −10, −5 | 0.009 | 0.036 |
| 7 | 1000, 1300, −500, 0, 5 | 0.008 | 0.032 |
| 8 | 2000, 500, −100, −10, −5 | 0.007 | 0.028 |
| 9 | 2000, 500, −100, 10, 0 | 0.012 | 0.048 |
| 10 | 2000, 500, −500, 10, −5 | 0.011 | 0.044 |
| 11 | 2000, 900, −100, −10, −5 | 0.008 | 0.032 |
| 12 | 2000, 900, −100, 10, 5 | 0.014 | 0.056 |
| 13 | 2000, 1300, −300, 0, 5 | 0.013 | 0.052 |
| 14 | 2000, 1300, −500, −10, 0 | 0.005 | 0.020 |
| 15 | 3000, 500, −100, −10, −5 | 0.010 | 0.040 |
| 16 | 3000, 500, −500, 0, −5 | 0.013 | 0.052 |
| 17 | 3000, 900, −100, 10, 0 | 0.006 | 0.024 |
| 18 | 3000, 900, −300, −10, 5 | 0.009 | 0.036 |
| 19 | 3000, 1300, −300, −10, −5 | 0.012 | 0.048 |
| 20 | 3000, 1300, −500, 0, 0 | 0.003 | 0.012 |

在运动学标定试验中，共采集了卧式钻铆机工作空间内的 200 组数据。每一组数据对应钻铆机主定位设备侧的一组关节量，根据主定位设备末端位姿和协同末端位姿约束方程，计算从动定位设备的末端目标位姿，并通过运动学反解计算出从动设备的关节量。由控制系统驱动钻铆机主从设备，完成协同运动。激光跟踪仪获取主从设备末端轴线上多个测量点，用以描述新型卧式双机联合钻铆机双协同设备的末端位置与姿态。

为了证明存在一定残余误差的运动学模型，对参数辨识点以外的其他测量点的描述仍具有较好的精度，在标定试验中将测量数据等分为两组，一组用于钻铆机的参数辨识，另外一组用于验证模型的有效性。因此，100 组数据用于钻铆机双协同设备的统一参数辨识，另外 100 组数据用于评估标定精度，即将辨识参数代入控制系统后钻铆机双协同设备末端的空间位置误差。

根据运动学参数联合标定方法,对钻铆机双协同设备系统的 36 个参数进行了同步辨识,参数初值及辨识值如表 9.2 所示。图 9.11 所示为参数辨识后的运动学模型在标定点处的残余误差。图 9.12 所示为将辨识参数代入控制系统后,参数辨识后的运动学模型在验证点处的预测误差。从图中可以看出,验证点处的预测误差与标定点处的残余误差相似,包括钻铆机绝对位置误差和协同设备间的相对位置误差。说明钻铆机的辨识运动学模型具有较好的性能,能够描述其工作空间内的实际末端位姿。标定结果也表明,对于钻铆机而言,合理选择 100 组标定测量点足够实现运动学参数联合标定。

**表 9.2　新型卧式双机联合钻铆机的运动学参数**

| 钻孔和插钉机床参数 | 初始值 | 辨识值 | 铆接机床参数 | 初始值 | 辨识值 |
|---|---|---|---|---|---|
| $x_{01}$ | 0 mm | −0.323 mm | $x_{02}$ | 18.5 mm | 18.492 mm |
| $y_{01}$ | 0 mm | 0.181 mm | $y_{02}$ | 0 mm | −0.350 mm |
| $z_{01}$ | 0 mm | 0.134 mm | $z_{02}$ | −3013 mm | −3013.84 mm |
| $\alpha_{01}$ | 0 rad | $2.19 \times 10^{-5}$ rad | $\alpha_{02}$ | 0 rad | $3.36 \times 10^{-6}$ rad |
| $\beta_{01}$ | 0 rad | $2.75 \times 10^{-5}$ rad | $\beta_{02}$ | 0 rad | $-9.32 \times 10^{-5}$ rad |
| $\gamma_{01}$ | 0 rad | $-1.07 \times 10^{-5}$ rad | $\gamma_{02}$ | 0 rad | $-3.80 \times 10^{-5}$ rad |
| $\alpha_{11}$ | 0 rad | $1.83 \times 10^{-5}$ rad | $\alpha_{12}$ | 0 rad | $3.67 \times 10^{-5}$ rad |
| $\alpha_{21}$ | 0 rad | $9.76 \times 10^{-4}$ rad | $\alpha_{22}$ | 0 rad | $4.32 \times 10^{-3}$ rad |
| $\alpha_{31}$ | 0 rad | $2.52 \times 10^{-3}$ rad | $\alpha_{32}$ | 0 rad | $-5.81 \times 10^{-3}$ rad |
| $\alpha_{41}$ | 0 rad | $2.77 \times 10^{-3}$ rad | $\alpha_{42}$ | 0 rad | $-5.20 \times 10^{-3}$ rad |
| $\alpha_{51}$ | 0 rad | $-3.37 \times 10^{-3}$ rad | $\alpha_{52}$ | 0 rad | $5.31 \times 10^{-3}$ rad |
| $\alpha_{61}$ | 0 rad | $-9.57 \times 10^{-4}$ rad | $\alpha_{62}$ | 0 rad | $-4.48 \times 10^{-3}$ rad |
| $\alpha_{71}$ | 0 rad | $-2.57 \times 10^{-3}$ rad | $\alpha_{72}$ | 0 rad | $3.81 \times 10^{-3}$ rad |
| $\alpha_{81}$ | 0 rad | $-1.39 \times 10^{-5}$ rad | $\alpha_{82}$ | 0 rad | $3.55 \times 10^{-4}$ rad |
| $a_1$ | 0 rad | $-2.00 \times 10^{-3}$ rad | $a_2$ | 0 rad | $4.39 \times 10^{-3}$ rad |
| $x_{61}$ | 21.5 mm | 21.331 mm | $x_{62}$ | −0.4 mm | −0.662 mm |
| $y_{61}$ | −2.5 mm | −2.748 mm | $y_{62}$ | 2.1 mm | 0.823 mm |
| $z_{61}$ | −1496 mm | −1495.857 mm | $z_{62}$ | 996 mm | 997.387 mm |

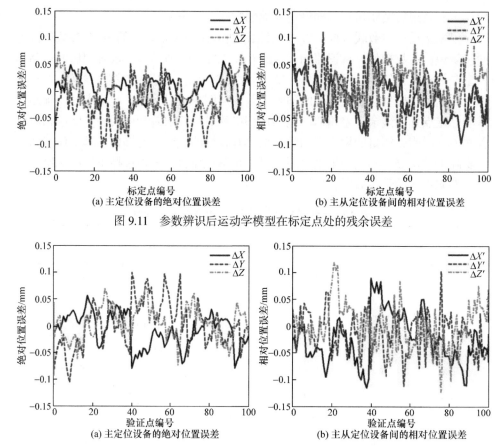

图 9.11　参数辨识后运动学模型在标定点处的残余误差

图 9.12　参数辨识后运动学模型在验证点处的预测误差

图 9.13 和图 9.14 分别为钻铆机运动学标定前、独立运动学标定(independent kinematic calibration，IKC)以及双机运动学联合标定(united kinematic calibration，UKC)的绝对位姿误差和协同设备间的相对位姿误差。从图中可以看出，在运动学参数联合标定后，钻铆机的绝对位姿误差和协同设备相对位姿误差均显著减小。

表 9.3 和表 9.4 分别列出了运动学参数联合标定后，钻铆机的绝对位姿误差和协同设备间的相对位姿误差。从表 9.3 中可以看出，运动学参数联合标定后，钻铆机绝对位置误差的均值从 0.549mm 减小至 0.061mm，降幅超过 88%；钻铆机绝对姿态误差的均值从 0.111°减小至 0.087°，降幅为 21.62%。计算标准差可知，绝对位置误差的标准差明显下降，绝对姿态误差的标准差有所增加，但综合误差均值与最大值考虑，钻铆机的绝对位姿精度仍有明显提高。从表 9.4 中可以看出，运动学参数联合标定后，钻铆机协同设备间相对位置误差的均值从 0.806mm 减小至 0.081mm，降幅超过 89%；协同设备间相对姿态误差的均值从 0.128° 减小至

0.065°，降幅超过 49%。计算标准差可知，标定前后协同设备相对位姿误差的标准差均有明显下降。由此可见，运动学参数联合标定后钻铆机的绝对位姿精度与协同设备间的相对位姿精度，均有显著提高。

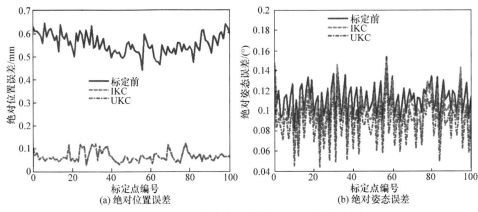

图 9.13 运动学标定前后钻铆机的绝对位姿误差

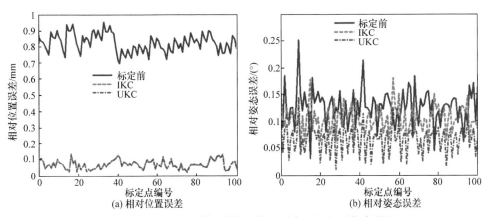

图 9.14 运动学标定前后钻铆机协同设备间的相对位姿误差

表 9.3 标定结果对比：自动钻铆机主设备绝对位姿精度

| | 绝对位置误差 $\Delta p$ | | | 绝对姿态误差 $\Delta\theta$ | | |
| --- | --- | --- | --- | --- | --- | --- |
| | 平均值/mm | 最大值/mm | 标准差/mm | 平均值/(°) | 最大值/(°) | 标准差/(°) |
| 标定前 | 0.549 | 0.642 | 0.0428 | 0.111 | 0.153 | 0.0156 |
| IKC | 0.061 | 0.117 | 0.0223 | 0.098 | 0.148 | 0.0189 |
| IKC 降幅/% | 88.89 | 81.78 | 47.90 | 11.71 | 3.27 | −21.15 |
| UKC | 0.061 | 0.116 | 0.0222 | 0.087 | 0.134 | 0.0193 |
| UKC 降幅/% | 88.89 | 81.93 | 48.13 | 21.62 | 12.42 | −23.72 |

**表 9.4　标定结果对比：自动钻铆机主从协同设备间相对位姿精度**

| | 相对位置误差 $\Delta p'$ | | | 相对姿态误差 $\Delta\theta'$ | | |
|---|---|---|---|---|---|---|
| | 平均值/mm | 最大值/mm | 标准差/mm | 平均值/(°) | 最大值/(°) | 标准差/(°) |
| 标定前 | 0.806 | 0.951 | 0.0568 | 0.128 | 0.251 | 0.0325 |
| IKC | 0.081 | 0.131 | 0.0269 | 0.102 | 0.180 | 0.0246 |
| IKC 降幅/% | 89.95 | 86.23 | 52.64 | 21.31 | 28.29 | 24.31 |
| UKC | 0.081 | 0.128 | 0.0265 | 0.065 | 0.145 | 0.0257 |
| UKC 降幅/% | 89.95 | 86.54 | 53.35 | 49.22 | 42.23 | 20.92 |

　　为了进一步检验运动学参数联合标定方法相对传统标定方法的优势，在试验中对钻铆机两台协同工作设备分别进行了独立运动学标定，并与运动学参数联合标定结果进行了比较。结合图 9.13、图 9.14 和表 9.3、表 9.4 可以发现，两种方法标定后钻铆机位置误差的均值基本相同，但统一运动学标定后位置误差的最大值和标准差更小；同时，运动学参数联合标定后钻铆机的姿态误差更小，绝对/相对姿态误差分别减小了 21.62% 和 49.22%，明显优于独立运动学标定的结果 11.71% 和 21.31%。此外，运动学参数联合标定所需的试验时间只有独立运动学标定方法的 50%～60%，缩短了测量过程所需的时间，大大提高了双机床系统运动学标定的效率。值得注意的是，在表 9.3 与表 9.4 中运动学标定前钻铆机协同设备间的相对位姿误差与其绝对位姿误差相比，误差值更大；而在双机床系统中，协同设备间的相对位姿精度对系统的加工精度及协同性的影响，至关重要。

　　最后，基于钻铆机试验平台进行了制孔和铆接试验。图 9.15 为自动钻铆机、

图 9.15　新型卧式双机联合钻铆机制孔和铆接试验

制孔试验壁板工装、试验板件等。其中，对 1#试验板进行了制孔试验，对 2#试验板进行了制孔和铆接试验。采用游标卡尺对试验板件上的 28 个孔的位置误差进行测量，结果显示，孔位误差的均值为 0.08mm，标准差为 0.069mm。因此，运动学标定试验和制孔铆接试验表明，钻铆机的实际定位精度可以达到 ±0.1mm，该精度满足飞机制造中的精度要求。

# 9.4  卧式钻铆机结构刚度分析与优化

## 9.4.1  关键结构设计及刚度优化

自动钻铆机结构复杂且尺寸大，自重和压铆力的叠加使设备极易产生变形，进而影响加工质量、生产效率和钻铆作业平稳性等，所以自动钻铆机必须具备足够的刚度来抵抗变形从而保证正常工作。在自动钻铆机的设计中，采用力学分析和有限元计算相结合的方法，分析自动钻铆机关键结构的变形状况，并为提升刚度做了结构上的优化，同时分析结果也为控制系统实施压铆过程精度补偿提供了依据。以下是自动钻铆机几处关键结构的设计和刚度优化方法。

1. 内铆头

内铆头是自动钻铆机的核心部件之一，其实现夹紧、铆接等功能，它需要有足够的刚度和稳定性抵抗施铆过程中循环重载的受力状况，同时要尽可能做到结构紧凑从而减少和工件的干涉，其结构原理如图 9.16 所示。

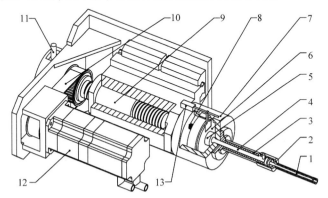

图 9.16  内铆头结构原理简图

1-铆杆；2-衬套；3-套筒；4-导柱；5-衬套力传感器；6-活塞；7-外筒；8-支撑弹簧；9-滚珠丝杠；10-同步带轮；11-镦紧力传感器；12-伺服电机；13-长度计

由图 9.16 可见，为了减少和壁板的干涉，内铆头前段即铆杆、套筒和衬套部分被设计成细长的杆状结构同时也是传递压铆力的主要部件，在重载状态下极易产生变形导致铆接缺陷甚至无法完成压铆过程，故可以认为内铆头的变形来源于铆杆、套筒和衬套的组合体，应着重对这一组合体进行受力分析，对于上述组合体，可以简化结构并进行受力分析，如图 9.17 所示。

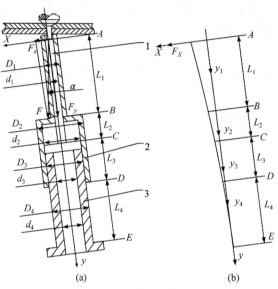

图 9.17　内铆头薄弱部件受力分析

1-铆杆；2-衬套；3-套筒

在图 9.17(a)中，将铆杆、套筒和衬套的组合件分为四段，其中，$L_n(n=1,2,\cdots,4)$ 为各段长度，$D_n(n=1,2,\cdots,4)$ 为各段外径，$d_n(n=1,2,\cdots,4)$ 为各段内径，则各段受压截面积和惯性矩可由上述参数算得，分别记为 $A_n(n=1,2,\cdots,4)$ 和 $I_n(n=1,2,\cdots,4)$。而夹角 $\alpha$ 为定位误差造成的内铆头轴线和待加工位置法矢的偏移角，因此，压铆力 $F$ 可分解为沿着内铆头轴线的分力 $F_y$ 和与铆杆端部平面相切的分力 $F_x$，它们与压铆力的关系可表示为

$$\begin{cases} F_x = F\sin\alpha \\ F_y = F\cos\alpha \end{cases} \tag{9-27}$$

式中，$F_y$ 引起内铆头的压缩变形；$F_x$ 引起铆接头的弯曲变形。根据材料力学基本原理，组合件各段压缩变形为

$$\Delta L_n = \frac{F_y L_n}{E A_n}, \quad n=1,2,3,4 \tag{9-28}$$

所以内铆头的压缩总变形为

$$\Delta L = \sum_{n=1}^{4} \Delta L_n \tag{9-29}$$

又因为内铆头各段抗弯刚度不同，本小节利用分段积分的方法分析内铆头的弯曲变形，内铆头可以分为如图 9.17(b) 所示的 $AB$、$BC$、$CD$ 和 $DE$ 四段，将坐标原点依次设在截面 $A$、截面 $B$、截面 $C$ 和截面 $D$，可积分得到各段转角和挠度[6,7]：

$$\begin{cases} \theta = \dfrac{F_x}{2EI_1}y_1^2 + C_1 \\[2mm] w = \dfrac{F_x}{6EI_1}y_1^3 + C_1 y_1 + D_1 \\[2mm] \theta = \dfrac{F_x}{2EI_n}y_n^2 + \dfrac{F_x}{EI_n}\left(\sum_{m=1}^{n-1}L_m\right)y_n + C_n, \quad n \geqslant 2 \\[3mm] w = \dfrac{F_x}{6EI_n}y_n^3 + \dfrac{F_x}{2EI_n}\left(\sum_{m=1}^{n-1}L_m\right)y_n^2 + C_n y_n + D_n, \quad n \geqslant 2 \end{cases} \tag{9-30}$$

根据连续性假设及边界条件，可以算得施铆杆端部截面 $A$ 的转角和挠度分别为

$$\theta_A = -\frac{F_x}{2EI_1}L_1^2 - \sum_{n=2}^{4}\frac{F_x}{2EI_n}L_n\left(L_n + 2\sum_{m=1}^{n-1}L_m\right) \tag{9-31}$$

$$w_A = \frac{F_x}{3EI_1}L_1^3 + \sum_{n=2}^{4}\frac{F_x}{6EI_n}L_n\left[3\left(\sum_{m=1}^{n-1}L_m\right)\left(L_n + 2\sum_{m=1}^{n-1}L_m\right) + L_n\left(2L_n + 3\sum_{m=1}^{n-1}L_m\right)\right] \tag{9-32}$$

式中，$w_A$ 可以表示为内铆头的弯曲总变形，同时联立公式(9-29)和公式(9-32)可以得到内铆头端部总变形为

$$\delta = \sqrt{\Delta L^2 + w_A^2} \tag{9-33}$$

实际情况下，由于自动钻铆机会对内铆头进行调整，夹角 $\alpha$ 不会大于 $0.5°$，自动钻铆机设计最大压铆力 $F = 50000\text{N}$，取 $\alpha = 0.5°$ 以及 $F = 50000\text{N}$ 这一极限情况，内铆头端面理论最大变形 $\delta = 1.0649\text{mm}$，同时以这一载荷条件对内铆头进行有限元分析，其变形云图如图 9.18 所示。

由图 9.18 可见，有限元分析的内铆头端部最大变形为 1.0589mm，与理论分析相差仅 0.57%，同理可以绘制内铆头端部总变形在 $\alpha \in [0, 0.5°]$ 时理论分析及有限元分析的对比曲线，如图 9.19 所示。

可见两者十分接近，故理论分析方法是可行的。而采用力学分析和有限元计算相结合的方法给内铆头的结构优化提供了简单便捷的验证方法，由式(9-29)和式(9-32)可知，从结构设计上减小内铆头变形的主要方法在于增大受压截面积和惯性矩或减小铆杆和套筒的长度，即需要增大铆接头直径或减小内铆头长度，但为了减小内铆头和壁板工装发生干涉的可能性，内铆头尺寸上的变更也不能超

过一定的范围。同时应当注意到，衬套的存在对阻碍铆杆的弯曲变形有着显著的作用，因此可以适当增加衬套的直径和长度来进一步减小铆杆的弯曲变形，故内铆头从结构上改善其刚度的修改如图 9.20 所示。

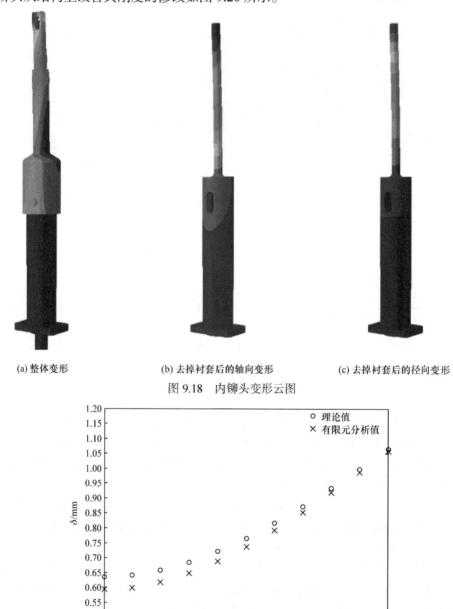

(a) 整体变形          (b) 去掉衬套后的轴向变形          (c) 去掉衬套后的径向变形

图 9.18　内铆头变形云图

图 9.19　内铆头端部总变形理论及有限元分析对比曲线

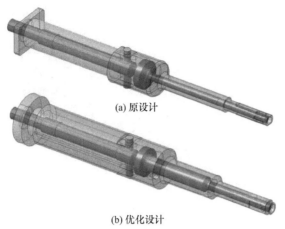

(a) 原设计

(b) 优化设计

图 9.20　铆接头薄弱部件结构优化

　　理论分析和有限元分析结果表明，经过优化设计，相同条件下内铆头总变形平均减小 55%左右，这表明采取的结构优化方法是可行的。

2. 外铆头

　　和内铆头相比，外铆头的结构更为复杂，无法采用纯理论的方法分析其变形状况，故在设计时采用有限元分析的方法分析外铆头的变形状况，进而找到其薄弱部位对这些部位进行优化设计。外铆头早期设计方案的变形云图，如图 9.21 所示。

图 9.21　外铆头早期设计方案变形云图

　　可见外铆头需要加强机架底板和导轨安装面的连接，其结构优化结果如图 9.22 所示。

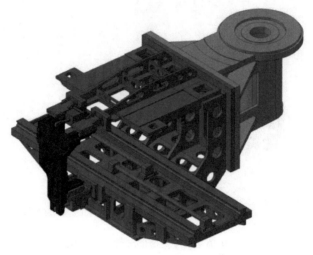

图 9.22　外铆头优化设计方案

3. 自动钻铆机主体结构

　　自动钻铆机主体结构的变形状况同样采用有限元进行分析并以此优化结构设计，在进行有限元分析时，自动钻铆机各部件均设置在其极限位置，并以最大设计压铆力作为载荷进行施加，又因为外铆头质量大于内铆头质量并且其与 A-B 旋转轴座的连接更为复杂，故只要分析插钉-顶铆侧机床主体结构的变形状况，就可以对自动钻铆机主体结构的优化提供指导意见，图 9.23 就是为自动钻铆机主体结构设计阶段的一个有限元分析案例。

图 9.23　自动钻铆机主体结构早期设计有限元分析变形云图

根据有限元分析结果，在自动钻铆机的后续设计中，进一步优化了 *A-B* 转轴底座、*Z* 轴滑枕等薄弱部位的结构，显著提高了自动钻铆机的整体刚度。

### 9.4.2　钻铆机末端刚度分析与综合

在实际应用当中，自动钻铆机需要承受大载荷压铆力的循环施加，因此自动钻铆机必须要有足够的刚度来抑制变形保证铆接质量。自动钻铆机各部件的刚度最终反映为自动钻铆机的末端刚度，相对于传统自动钻铆机采用内铆头和制孔-插钉头不动而飞机壁板调平运动的布局形式，卧式双机联合钻铆机采用飞机壁板不动而内铆头和制孔-插钉头实时调整的布局形式，具有飞机壁板通过性好、准备时间短、可实现飞机壁板流水化装配等优点，但由于内铆头和制孔-插钉头安装在五轴联动数控机床的 *A-B* 摆头上，而 *A-B* 转轴刚度一般小于直线运动轴，其末端刚度比传统自动钻铆机要小。此外，自动钻铆机采用两台五轴联动数控机床协同工作的方式实现压铆，所以两台机床之间的刚度协调和综合同样对加工质量有着重要影响。因此，在自动钻铆机的研制中，将其运动轴、传动部件、铆接头及制孔-插钉头等关键部件的力学特性分别采用雅可比矩阵法、点传递矩阵法、有限元分析等方法建立相应的刚度矩阵，同时基于多体小变形理论建立自动钻铆机的末端综合刚度模型[8]。

#### 1. 外铆头机床末端刚度

外铆头机床本质上是一台五轴联动数控机床结构，外铆头是其末端执行器，在外铆头上集成的各工作部件中以需要完成插钉及压铆过程的插钉头受力最大，因此在分析中以插钉头作为外铆头机床的末端。

在实际工作中，插钉头及外铆头机床的结构件、传动部件等均会发生不同程度的弹性变形，同时这些变形符合弹性小变形原理，则根据变形叠加的基本原则计算在参考坐标系 RCS 下插钉头的位移为

$$\delta \boldsymbol{v}_1^{(r)} = \delta \boldsymbol{v}_{t1}^{(r)} + \delta \boldsymbol{v}_{j1}^{(r)} + \delta \boldsymbol{v}_{r1}^{(r)} \tag{9-34}$$

式中，$\delta \boldsymbol{v}_1^{(r)}$ 为插钉头末端相对于 RCS 的位移；$\delta \boldsymbol{v}_{t1}^{(r)}$ 为插钉头自身变形引起的末端位移；$\delta \boldsymbol{v}_{j1}^{(r)}$ 为外侧机床传动部件沿传动方向的变形引起的末端位移；$\delta \boldsymbol{v}_{r1}^{(r)}$ 为外侧机床柔性运动轴变形引起的末端位移。

假设压铆力为 $\boldsymbol{F} = [F_x, F_y, F_z]^T$，作用于插钉头末端，则其与所有微小位移存在以下映射关系：

$$\delta \boldsymbol{v}_1^{(r)} = \boldsymbol{S}_1^{(r)} \boldsymbol{F} \tag{9-35}$$

联立式(9-34)和式(9-35)可得

$$S_{t1}^{(r)} + S_{j1}^{(r)} + S_{r1}^{(r)} = S_1^{(r)} \tag{9-36}$$

式中，$S_1^{(r)}$ 为外铆头机床的末端柔度矩阵；$S_{t1}^{(r)}$ 为插钉头在 RCS 下的柔度矩阵；$S_{j1}^{(r)}$ 为传动部件在 RCS 下的柔度矩阵；$S_{r1}^{(r)}$ 为柔性运动轴在 RCS 下的柔度矩阵。

由于刚度矩阵可由柔度矩阵求逆得到，只需建立外铆头机床各子系统的柔度或刚度矩阵即可建立外铆头机床的末端柔度矩阵，然后求逆得到末端刚度矩阵，具体如下所述。

1) 插钉头的柔度矩阵

仅考虑插钉头的变形，可将其视为悬臂梁，由于插钉头并不旋转，可忽略其扭转刚度，则插钉头在刀具坐标系 TCS 下的刚度矩阵为

$$K_{t1}^{(t1)} = \begin{bmatrix} k_{x,t1} & 0 & 0 & 0 & 0 & 0 \\ 0 & k_{y,t1} & 0 & 0 & 0 & 0 \\ 0 & 0 & k_{z,t1} & 0 & 0 & 0 \\ 0 & 0 & 0 & 0 & 0 & 0 \\ 0 & 0 & 0 & 0 & 0 & 0 \\ 0 & 0 & 0 & 0 & 0 & 0 \end{bmatrix} \tag{9-37}$$

式中，$k_{x,t1}$ 为插钉头 $X$ 向径向刚度系数；$k_{y,t1}$ 为插钉头 $Y$ 向的径向刚度系数；$k_{z,t1}$ 为插钉头轴向的径向刚度系数。

将公式(9-37)求逆并通过雅可比矩阵可将插钉头刚度矩阵变换成参考坐标系下的柔度矩阵：

$$S_{t1}^{(r)} = \begin{bmatrix} R_{t1}^r & 0 \\ 0 & R_{t1}^r \end{bmatrix} (K_{t1}^{(t1)})^{-1} \begin{bmatrix} R_{t1}^r & 0 \\ 0 & R_{t1}^r \end{bmatrix}^{\mathrm{T}} = J_{t1}^{(r)} (K_{t1}^{(t1)})^{-1} (J_{t1}^{(r)})^{\mathrm{T}} \tag{9-38}$$

式中，$J_{t1}^{(r)}$ 为雅可比矩阵，表示插钉头柔度矩阵从 TCS 到 RCS 的转换关系；$R_{t1}^r$ 为 TCS 到 RCS 的坐标变换关系，是 3×3 阶矩阵。

2) 传动部件的柔度矩阵

仅考虑传动部件沿传动方向的变形，则在外铆头机床运动链组成的运动部件坐标系 LCS 下的传动部件柔度矩阵 $S_{j1}^{(l)}$ 可表示为

$$S_{j1}^{(l)} = \begin{bmatrix} K_{X_1}^{-1} & & & & \\ & K_{Y_1}^{-1} & & & \\ & & K_{Z_1}^{-1} & & \\ & & & \ddots & \\ & & & & K_m^{-1} \end{bmatrix} \tag{9-39}$$

式中，$K_m$ 为传动部件沿传动方向的刚度系数，对应外铆头机床 $m$ 分别为 $X_1$、$Y_1$、$Z_1$、$A_1$ 及 $B_1$。

各轴刚度系数可通过试验获得，同时根据多刚体运动的雅可比矩阵法，可将式(9-39)转换成参考坐标系下的传动部件柔度矩阵：

$$S_{j1}^{(r)} = J_{j1}^{(r)} S_{j1}^{(l)} \left( J_{j1}^{(r)} \right)^{\mathrm{T}}$$

(9-40)

式中，$J_{j1}^{(r)}$ 为雅可比矩阵，描述 RCS 下插钉头末端与传动部件之间的微分位移关系，根据外铆头机床的运动模型推导。

3) 柔性运动轴的柔度矩阵

外铆头机床 $Z_1$ 轴和 $A_1$ 轴的悬伸较长，在实际运行中，上述各轴结构在不同工况下会产生不同程度的变形，这对插钉头末端刚度的影响不可忽略。因此将 $Z_1$ 轴和 $A_1$ 轴视为柔性运动轴，根据多柔体变形的点传递矩阵法建立上述柔性轴的柔度矩阵：

$$S_{r1}^{(r)} = J_{t1}^{(r)} (J_{a1,d}^{t1} J_{z1} S_{r,z1} J_{z1}^{\mathrm{T}} J_{t1,f}^{a1} + J_{b1,d}^{t1} J_{a1} S_{r,a1} J_{a1}^{\mathrm{T}} J_{t1,f}^{b1}) (J_{t1}^{(r)})^{\mathrm{T}}$$

(9-41)

式中，$S_{r,z1}$ 为 LCS 下 $Z_1$ 轴悬臂结构的局部柔度矩阵，由有限元分析和试验获得；$S_{r,a1}$ 为 LCS 下 $A_1$ 轴悬臂结构的局部柔度矩阵，由有限元分析和试验获得；$J_{z1}$ 为雅可比矩阵，表示 $Z_1$ 轴从 LCS 到 TCS 的转换关系，由外铆头机床的运动模型推导；$J_{a1}$ 为雅可比矩阵，表示 $A_1$ 轴从 LCS 到 TCS 的转换关系，由外铆头机床的运动模型推导；$J_{a1,d}^{t1}$ 为 $Z_1$ 轴末端相对于插钉头末端的位移点传递矩阵，描述 $Z_1$ 轴末端到插钉头末端的微分位移关系；$J_{b1,d}^{t1}$ 为 $A_1$ 轴末端相对于插钉头末端的位移点传递矩阵，描述 $A_1$ 轴末端到插钉头末端的微分位移关系；$J_{t1,f}^{a1}$ 为插钉头末端传递到 $Z_1$ 轴末端的压铆力的点传递矩阵，描述插钉头末端到 $Z_1$ 轴末端的受力传递关系；$J_{t1,f}^{b1}$ 为插钉头末端传递到 $Z_1$ 轴末端的压铆力的点传递矩阵，描述插钉头末端到 $Z_1$ 轴末端的受力传递关系。

$J_{a1,d}^{t1}$、$J_{b1,d}^{t1}$、$J_{t1,f}^{a1}$ 和 $J_{t1,f}^{b1}$ 可分别由式(9-42)和式(9-43)计算：

$$J_{a1,d}^{t1} = \begin{bmatrix} I & -(R_{a1}^r P_{t1}^{a1}) \times \\ 0 & I \end{bmatrix}, \quad J_{b1,d}^{t1} = \begin{bmatrix} I & -(R_{b1}^r P_{t1}^{b1}) \times \\ 0 & I \end{bmatrix}$$

(9-42)

$$J_{t1,f}^{a1} = \begin{bmatrix} I & 0 \\ (R_{a1}^r P_{t1}^{a1}) \times & I \end{bmatrix}, \quad J_{t1,f}^{b1} = \begin{bmatrix} I & 0 \\ (R_{b1}^r P_{t1}^{b1}) \times & I \end{bmatrix}$$

(9-43)

式中，$\boldsymbol{R}_{a1}^{r}$ 为在 $Z_1$ 轴 LCS 和 RCS 之间的坐标变换关系，是 3×3 阶矩阵；$\boldsymbol{R}_{b1}^{r}$ 为在 $A_1$ 轴 LCS 和 RCS 之间的坐标变换关系，是 3×3 阶矩阵；$\boldsymbol{P}_{t1}^{a1}$ 为在 $Z_1$ 轴 LCS 中的插钉头末端矢量；$\boldsymbol{P}_{t1}^{b1}$ 为在 $A_1$ 轴 LCS 中的插钉头末端矢量。

式(9-42)和式(9-43)中计算符号×定义为

$$\boldsymbol{P}\times = \begin{bmatrix} 0 & -P_z & P_y \\ P_z & 0 & -P_x \\ -P_y & P_x & 0 \end{bmatrix} \tag{9-44}$$

4) 外铆头机床末端刚度模型。

综合上文各子系统柔度矩阵并根据式(9-36)、式(9-38)、式(9-40)和式(9-41)，可以算得外侧机床在参考坐标系下的末端刚度模型为

$$\begin{aligned}
\boldsymbol{K}_1^{(r)} &= (\boldsymbol{S}_1^{(r)})^{-1} = (\boldsymbol{J}_{t1}^{(r)}(\boldsymbol{K}_{t1}^{(t)})^{-1}(\boldsymbol{J}_{t1}^{(r)})^{\mathrm{T}} + \boldsymbol{J}_{j1}^{(r)}\boldsymbol{S}_{j1}^{(l)}(\boldsymbol{J}_{j1}^{(r)})^{\mathrm{T}} \\
&\quad + \boldsymbol{J}_{t1}^{(r)}(\boldsymbol{J}_{a1,d}^{t1}\boldsymbol{J}_{z1}\boldsymbol{S}_{r,z1}(\boldsymbol{J}_{z1})^{\mathrm{T}}\boldsymbol{J}_{t1,f}^{a1} + \boldsymbol{J}_{b1,d}^{t1}\boldsymbol{J}_{a1}\boldsymbol{S}_{r,a1}(\boldsymbol{J}_{a1})^{\mathrm{T}}\boldsymbol{J}_{t1,f}^{b1})(\boldsymbol{J}_{t1}^{(r)})^{\mathrm{T}})^{-1}
\end{aligned} \tag{9-45}$$

2. 内铆头机床末端刚度

除了 $A_1$-$B_1$ 轴结构及末端执行器，内铆头机床与外铆头机床结构基本相同，故内铆头机床末端刚度模型的建模方法与外侧机床类似。

内铆头机床的内铆头用于完成压铆工作，直接产生并承受压铆力，因此将内铆头作为内铆头机床的末端，同时内铆头机床所受压铆力与外铆头机床大小相同，方向相反，所以与外铆头机床类似，内铆头机床在 RCS 下的末端柔度矩阵为

$$\boldsymbol{S}_{t2}^{(r)} + \boldsymbol{S}_{j2}^{(r)} + \boldsymbol{S}_{r2}^{(r)} = \boldsymbol{S}_2^{(r)} \tag{9-46}$$

式中，$\boldsymbol{S}_2^{(r)}$ 为内铆头机床的末端柔度矩阵；$\boldsymbol{S}_{t2}^{(r)}$ 为内铆头在 RCS 下的柔度矩阵；$\boldsymbol{S}_{j2}^{(r)}$ 为传动部件在 RCS 下的柔度矩阵；$\boldsymbol{S}_{r2}^{(r)}$ 为柔性运动轴在 RCS 下的柔度矩阵。

1) 内铆头的柔度矩阵

将内铆头视为悬臂梁，通过式(9-47)和式(9-48)计算得到内铆头在 RCS 下的柔度矩阵：

$$\boldsymbol{K}_{t2}^{(t)} = \begin{bmatrix} k_{x,t2} & 0 & 0 & 0 & 0 & 0 \\ 0 & k_{y,t2} & 0 & 0 & 0 & 0 \\ 0 & 0 & k_{z,t2} & 0 & 0 & 0 \\ 0 & 0 & 0 & 0 & 0 & 0 \\ 0 & 0 & 0 & 0 & 0 & 0 \\ 0 & 0 & 0 & 0 & 0 & 0 \end{bmatrix} \tag{9-47}$$

$$\boldsymbol{S}_{t2}^{(r)} = \begin{bmatrix} \boldsymbol{R}_{t2}^r & \boldsymbol{0} \\ \boldsymbol{0} & \boldsymbol{R}_{t2}^r \end{bmatrix} (\boldsymbol{K}_{t2}^{(t)})^{-1} \begin{bmatrix} \boldsymbol{R}_{t2}^r & \boldsymbol{0} \\ \boldsymbol{0} & \boldsymbol{R}_{t2}^r \end{bmatrix}^{\mathrm{T}} = \boldsymbol{J}_{t2}^{(r)} (\boldsymbol{K}_{t2}^{(t)})^{-1} (\boldsymbol{J}_{t2}^{(r)})^{\mathrm{T}} \tag{9-48}$$

式中，$k_{x,t2}$ 为内铆头 $X$ 向的径向刚度系数；$k_{y,t2}$ 为内铆头 $Y$ 向的径向刚度系数；$k_{z,t2}$ 为内铆头轴向的径向刚度系数；$\boldsymbol{J}_{t2}^{(r)}$ 为雅可比矩阵，表示内铆头柔度矩阵从 TCS 到 RCS 的转换关系；$\boldsymbol{R}_{t2}^{(r)}$ 为 TCS 到 RCS 的坐标变换关系，是 3×3 阶矩阵。

2) 传动部件的柔度矩阵

与外铆头机床同理，内铆头机床在 LCS 下的传动部件柔度矩阵 $\boldsymbol{S}_{j2}^{(l)}$ 可表示为

$$\boldsymbol{S}_{j2}^{(l)} = \begin{bmatrix} K_{x2}^{-1} & & & & \\ & K_{y2}^{-1} & & & \\ & & K_{z2}^{-1} & & \\ & & & \ddots & \\ & & & & K_n^{-1} \end{bmatrix} \tag{9-49}$$

式中，$K_n$ 为传动部件沿传动方向的刚度系数，对应内铆头机床分别为 $X_2$、$Y_2$、$Z_2$、$A_2$ 及 $B_2$。

同理，可将公式(9-49)转换成参考坐标系下的传动部件柔度矩阵：

$$\boldsymbol{S}_{j2}^{(r)} = \boldsymbol{J}_{j2}^{(r)} \boldsymbol{S}_{j2}^{(l)} \left( \boldsymbol{J}_{j2}^{(r)} \right)^{\mathrm{T}} \tag{9-50}$$

式中，$\boldsymbol{J}_{j2}^{(r)}$ 为雅可比矩阵，描述 RCS 下内铆头末端与传动部件之间的微分位移关系，根据内铆头机床的运动模型推导。

3) 柔性运动轴的柔度矩阵

内铆头机床 $Z_2$ 轴的悬伸较长，因此将 $Z_2$ 轴视为柔性运动轴，根据多柔体变形的点传递矩阵法可建立 $Z_2$ 轴的柔度矩阵：

$$\boldsymbol{S}_{r2}^{(r)} = \boldsymbol{J}_{t2}^{(r)} (\boldsymbol{J}_{a2,d}^{t2} \boldsymbol{J}_{z2} \boldsymbol{S}_{r,z2} (\boldsymbol{J}_{z2})^{\mathrm{T}} \boldsymbol{J}_{t2,f}^{a2}) (\boldsymbol{J}_{t2}^{(r)})^{-1} \tag{9-51}$$

式中，$\boldsymbol{S}_{r,z2}$ 为 LCS 下 $Z_2$ 轴悬臂结构的局部柔度矩阵，由有限元分析和试验获得；$\boldsymbol{J}_{z2}$ 为雅可比矩阵，表示 $Z_2$ 轴从 LCS 到 TCS 的转换关系，由内铆头机床的运动模型推导；$\boldsymbol{J}_{a2,d}^{t2}$ 为 $Z_2$ 轴末端相对于内铆头末端的位移点传递矩阵，描述 $Z_2$ 轴末端到内铆头末端的微分位移关系；$\boldsymbol{J}_{t2,f}^{a2}$ 为内铆头末端传递到 $Z_2$ 轴末端的压铆力的点传递矩阵，描述内铆头末端到 $Z_2$ 轴末端的受力传递关系。

$J_{a2,d}^{t2}$ 和 $J_{t2,f}^{a2}$ 可分别由公式(9-52)和(9-53)计算

$$J_{a2,d}^{t2} = \begin{bmatrix} I & -(R_{a2}^r P_{t2}^{a2}) \times \\ 0 & I \end{bmatrix} \tag{9-52}$$

$$J_{t2,f}^{a2} = \begin{bmatrix} I & 0 \\ (R_{a2}^r P_{t2}^{a2}) \times & I \end{bmatrix} \tag{9-53}$$

式中，$R_{a2}^r$ 为 $Z_2$ 轴 LCS 和 RCS 之间的坐标变换关系，是 3×3 阶矩阵；$P_{t2}^{a2}$ 为在 $Z_2$ 轴 LCS 中的插钉头末端矢量。

4) 内铆头机床末端刚度模型

综合上文各子系统柔度矩阵并根据式(9-46)、式(9-48)、式(9-50)和式(9-51)，可以算得内侧机床在参考坐标系下的末端刚度模型为

$$K_2^{(r)} = (S_2^{(r)})^{-1} = (J_{t2}^{(r)} (K_{t2}^{(t)})^{-1} (J_{t2}^{(r)})^{\mathrm{T}} + J_{j2}^{(r)} S_{j2}^{(l)} (J_{j2}^{(r)})^{\mathrm{T}}$$
$$+ J_{t2}^{(r)} (J_{a2,d}^{t2} J_{z2} S_{r,z2} (J_{z2})^{\mathrm{T}} J_{t2,f}^{a2}) (J_{t2}^{(r)})^{\mathrm{T}})^{-1} \tag{9-54}$$

3. 自动钻铆机末端综合刚度矩阵

自动钻铆机通过外铆头机床和内铆头机床的协同工作实现自动钻铆，外铆头机床和内铆头机床在不同位置和不同姿态下的刚度一般并不相同，也就是说自动钻铆机在某个工作位置保证完成加工的前提下，其末端刚度取决于外铆头机床和内铆头机床的最小刚度，由此可以根据式(9-45)和式(9-54)得到自动钻铆机在 RCS 下末端综合刚度矩阵为

$$K^{(r)} = \min(K_1^{(r)}, K_2^{(r)}) \tag{9-55}$$

### 9.4.3　钻铆机压铆能力分析

自动钻铆机内铆头和外铆头在加工区域的不同位置和不同姿态下的压铆能力不尽相同，即使考虑到不同位置控制系统对压铆时的位置补偿，在保证铆接质量的前提下，自动钻铆机压铆能力在不同位置和不同姿态下也存在其极限。

因此，必须考虑补偿之后残余的位置误差、方向误差因素，分析自动钻铆机在加载条件下的稳定性，分析自动钻铆机在不同位置和不同姿态下的极限压铆能力，避免在实际应用中因为载荷过大造成自动钻铆机变形过大从而影响加工质量甚至损伤自身结构。

由于自动钻铆机工作空间和运动范围是连续的，不可能分析每一种状态下的压铆能力，故对工作空间和运动范围进行适当分割。对于本章所描述的自动钻铆机，首先应当提取一个最小的加工空间，该工作空间是包含自动钻铆机所有可能

位姿的最小空间，并且将空间内任意一点作为加工点位时内铆头和外铆头都有可能被自动钻铆机调姿到位，如图 9.24 中的长方体空间即为自动钻铆机的最小加工空间。

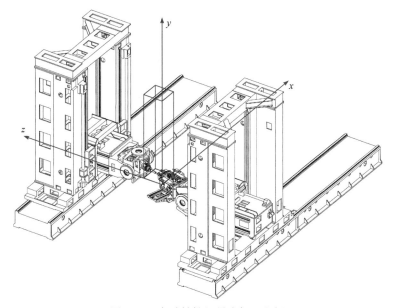

图 9.24　自动钻铆机最小加工空间

该最小加工空间的尺寸为 620mm×2460mm×615mm，对这一长方体空间各边进行均分，可以将其分割成 5×5×20 共 500 个小长方体单元，将小长方体单元的顶点作为加工点位，则每个最小加工空间共有 6×6×21 共 756 个加工点位，这些加工点位都可以被自动钻铆机以至少一种位姿达到。

考虑到实际飞机壁板的形状，自动钻铆机 $A$、$B$ 摆角的摆动范围分别为±35° 和±15°，以 5° 为间隔对 $A$、$B$ 摆角进一步均分，则对于一个加工点位可以离散为 15×7 共 105 种法矢方向，这样在最小加工空间内的 756 个加工点位共可以产生 79380 种法矢方向，通过分析这些状态下自动钻铆机的压铆能力即可近似反映整个最小加工空间内压铆能力，进而反推自动钻铆机在任意加工点和任意位姿下的压铆能力。

上述分析过程可用以下流程图描述并编写相应程序计算(图 9.25)。在实际应用中可以根据分析得到的自动钻铆机压铆能力分布状况，为控制系统的补偿程序设计提供参考依据。

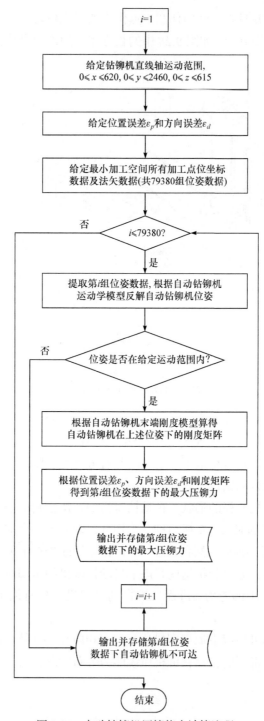

图 9.25　自动钻铆机压铆能力计算流程

# 9.5　压铆单元控制系统设计

### 9.5.1　压铆单元设计

#### 1. 机械结构

压铆单元控制系统主要分为内压脚进给机构和压铆进给机构,如图 9.26 所示。内压脚进给机构由气缸驱动,导轨滚珠滑块导向,从而推动前面的压脚衬套伸出,衬套伸出与壁板贴紧后,导轨上的锁紧气缸抱紧导轨,锁紧整个内压脚机构,为后续的制孔、压铆提高稳定性和位置精度;压铆进给机构由伺服电机驱动,经由同步带轮带动滚珠丝杠旋转,从而推动压铆进给滑台运动,后端面与底座之间安装有力传感器,用于检测压铆力大小;压铆进给机构与内压脚进给机构之间安装有长度计,用于两者相对位置的反馈。

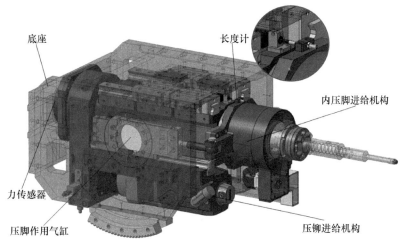

图 9.26　压铆单元结构

内压脚进给机构与压铆进给机构相互配合,其相对运动的控制精度直接关系到最终形成的镦头高度,是压铆单元控制的核心部分,其结构原理如图 9.27 所示。镦粗铆钉的顶杆分为前后两段,前段顶杆安装在内压脚衬套内,中间压缩有弹簧,当压脚伸出后,弹簧变形回复,将前段顶杆向后顶,形成一个空腔,为制孔、插钉预留空间;后段顶杆由压铆进给机构驱动,由伺服电机经减速器和同步带轮,驱动滚珠丝杠运动,推动后段顶杆进给,与前段顶杆接触后,两者一起前进完成铆钉压铆动作。

内压脚伸出后,由锁紧气缸锁紧,根据长度计读数可以确定压铆进给机构与内压脚进给机构的相对距离，伺服电机读取长度计信号作位置闭环反馈，如果不考虑机构变形、定位误差及加工过程中的不稳定性等因素，长度计最终剩余的距离 $e$ 就是铆钉压铆后形成的镦头高度。

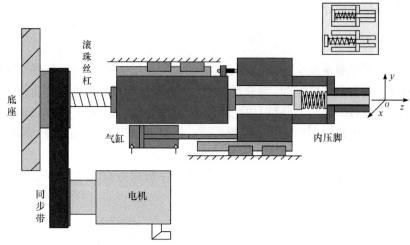

图 9.27　压铆单元机构原理图

2. 控制系统硬件组成

如图 9.28 所示，压铆单元采用西门子控制系统，该系统用于实现伺服电机控制、长度计信号读取、气动伺服阀控制及其他压铆辅助机构的硬件设备之间的配合。控制系统的主要硬件组成如下。

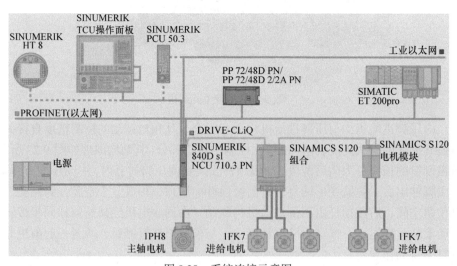

图 9.28　系统连接示意图

1) 网络通信

系统网络：以太网连接 PCU、MCP、OP、HT2、Handweel 等操作部件。

驱动系统网络：DRIVE-CLiQ 网络连接 SINAMICS S120 驱动系统部件。

PLC IO 网络：ProfiBus/Profinet 网络连接 ET200M、ET200S、ET200Pro 等分布式 IO 模块。

2) NCU 和 NX 模块

NCU 模块是伺服系统控制的核心部件，是整个控制系统的"大脑"。由西门子公司提供的型号为 NCU 730.3 PN 通过以太网实现与工控机的通信，可扩展 5 块 NX 10.3/15.3 扩展板，最大的控制轴数为 31 轴，集成的 PLC CPU 型号为 PLC 317-3D P/PN，具有 DRIVE-CLiQ、PROFIBUS、PROFINET 等接口。因为 NCU 内置的驱动控制器最大控制 6 个轴，所以当系统控制的轴数超过 6 个轴时，通过连接 NX 模块扩展驱动的控制轴数量。

3) 驱动器和伺服电机

驱动器采用西门子公司新一代驱动系统 SINAMICS S120。S120 驱动系统采用了最先进的硬件技术、软件技术以及通信技术；采用高速 DRIVE-CLiQ 驱动接口，具有更高的控制精度和动态控制特性、更高的可靠性。

### 9.5.2 压脚时间最优控制系统设计

1. 压脚控制系统需求分析

在钻铆加工循环中，内外铆头末端执行器定位到加工点位后，先由内压脚伸出贴紧壁板，通过传动导轨上的锁紧气缸锁紧后，外压脚再伸出夹紧壁板，通过夹紧操作，可以消除长桁和蒙皮间的间隙，增加系统动态刚度，使加工过程稳定，提高加工质量。

对应工艺要求，内压脚的气动控制需要具备快速、定位准确等特点，但压脚的机械结构采用一体式的设计，包括了一个以进给方向为轴的旋转轴，这样旋转驱动电机的存在就增大了气缸的驱动负载，而执行单元在竖直方向摆动，压脚重力的分力更是直接作用在压脚进给方向上，造成了驱动气缸的负载力随摆角在很大范围内变化。钻铆机的加工任务一般较为繁重，要完成上万颗铆钉的钻铆加工，所以循环时间至关重要，为了保证加工效率，内压脚在保证定位精度、对长桁无冲击的情况下，速度要尽可能地快，综合考虑，对压脚气动控制采用基于极大值原理的时间最优控制，保证内压脚可以最快贴紧壁板。

压铆单元结构如图 9.26 所示，主要包括执行器底座、压脚主体、长度计、气缸、导轨、滑块、锁紧气缸等结构。压脚主体通过导轨、滑块与执行器底座相连，由两侧气缸同步推动，实现钻铆方向上的平移运动；压脚的位置由长度计反馈，其最大行程为 30mm；锁紧气缸是在压脚到位后，抱紧导轨，防止压脚与执行器产生相对运动，锁紧力可达 2000N。压脚的零位就是执行器的零位，根据压铆单元的位置调节，长度计的行程为 30mm，选用的气缸行程为 150mm，可以通过调节零位快速跨过壁板较宽的隔框，节省加工时间。除此之外，压脚还集成了一个旋转轴，电机安装在压脚侧面，通过齿轮传动带动压脚前端转动，适应长桁 L 形的方向，但同时额外增加了压脚的负载重量。

　　长桁侧压脚的设计没有激光测距传感器，其定位原理如图 9.29 所示。耦合是通过计算机数控完成的，两个执行器的相对距离 $L$ 可控，蒙皮侧的压脚上安装有四个激光位移传感器，法矢调整之后可获得距离 $S_1$，蒙皮长桁的叠层厚度为 $\delta$，得到长桁侧压脚需要伸出的距离 $S_2$：

$$S_2 = L - S_1 - \delta \tag{9-56}$$

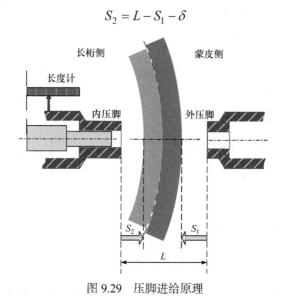

图 9.29　压脚进给原理

　　由此可知，激光位移传感器的测量误差、叠层间的间隙等因素，会导致得到的 $S_2$ 的值比实际值略大，在保证一定定位精度，不会对壁板造成冲击损伤的情况下，让压脚能最快伸出，是提高钻铆机加工效率的一个关键部分。

### 2. 气动系统数学模型

　　为了简化系统的数学模型，做如下几点假设：①系统中的工作介质(空气)为理想气体；②气体流经阀口或其他节流口时的流动状态均为等温绝热过程；③在同一容腔内气体压力和温度处处相等；④忽略未加考虑的泄露；⑤忽略气体的动能和势能；⑥活塞运动时，两腔内气体的变化过程均为绝热过程；⑦气源压力和大气压力恒定。图 9.30 展示了系统组成，气缸(FESTO-CDM2B25-150Z)由一个比例阀(FESTO-MPYE-5-M5-010-B)控制，比例阀接收电压信号，改变阀口的开关面积控制气体流量变化，气缸的伸出距离由长度计测量。$P_0$ 是环境压力，0.1MPa。$P_S$ 是气源压力，0.7MPa。数学模型的建立过程如下[9-11]。

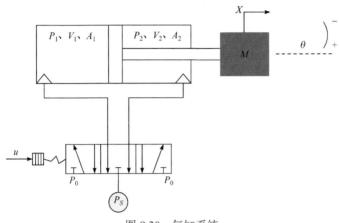

图 9.30 气缸系统

(1) 动力学方程为

$$A_1 P_1 - A_2 P_2 = M \frac{\mathrm{d}^2 x}{\mathrm{d}t^2} + B \frac{\mathrm{d}x}{\mathrm{d}t} - Mg \sin \theta \tag{9-57}$$

式中，$x$ 是活塞位置；$M$ 是压脚的重量；$P_1$、$P_2$ 是气缸无杆腔和有杆腔的气压；$A_1$、$A_2$ 是活塞在两腔的面积；$B$ 是黏滞摩擦系数；$\theta$ 是压脚在竖直方向的摆角，向上为负，向下为正。

气动力方程中除 $\boldsymbol{F}_{Fr}$ 外，都可以进行精确地参数辨识，而因为气动力驱动本身具有弱刚性的特点，驱动的压脚部分重量又比较大，摩擦力的影响因素在气动控制系统中不可忽略。对压脚机构控制而言，建立较为精确的摩擦力模型并进行补偿是很有必要的，这可以优化气缸的有效作用力，提高压脚运动控制精度。

导轨滑块间的摩擦力采用 Stribeck 摩擦力模型：

$$\frac{\mathrm{d}z}{\mathrm{d}t} = v - \frac{|v|}{g(v)} z \tag{9-58}$$

式中，$z$ 表征为摩擦力状态，$g(v)$ 定义为

$$\sigma_0 g(v) = \boldsymbol{F}_C + (\boldsymbol{F}_S - \boldsymbol{F}_C) \mathrm{e}^{-(v/v_s)^2} \tag{9-59}$$

式中，$\boldsymbol{F}_C$ 表示库伦动摩擦力；$\boldsymbol{F}_S$ 表示最大静摩擦力；$v$ 表示压脚伸出速度；$v_s$ 表示混合润滑区向弹性流体动力润滑区过度的临界速度。

最终摩擦力表示为

$$F = \sigma_0 z + \sigma_1 \frac{\mathrm{d}z}{\mathrm{d}t} + \sigma_2 v \tag{9-60}$$

式中，$\sigma_0$ 表示刚度系数；$\sigma_1$ 表示阻尼系数；$\sigma_2$ 表示黏性摩擦系数。

气缸自身摩擦力采用 G Belforte 的气缸摩擦力经验公式：

$$\boldsymbol{F}_f = \boldsymbol{F}_a + (1 + K_1 v^\alpha)(K_2 \mid p_1 - p_2 \mid) + K_3 p_2 \tag{9-61}$$

取 $\delta$ 作为影响因子，最终系统所受的摩擦力可表示为

$$\boldsymbol{F}_{\mathrm{Fr}} = \boldsymbol{F} + \delta \boldsymbol{F}_f \tag{9-62}$$

(2) 流量方程为

$$q = C_d C_0 S \hat{f} \tag{9-63}$$

式中，$C_d$ 是流量系数；$C_0$ 是修正项；$S$ 是阀口面积。

$$\hat{f} = \begin{cases} \dfrac{P_S}{\sqrt{T}} \tilde{f}\left(\dfrac{P}{P_S}\right), & \text{主动腔} \\[3mm] \dfrac{P}{\sqrt{T}} \tilde{f}\left(\dfrac{P_e}{P}\right), & \text{被动腔} \end{cases} \tag{9-64}$$

$$\tilde{f} = \begin{cases} 1, & \dfrac{P_e}{P_u} < P_r < C_r \\[3mm] C_k (P_r^{\frac{2}{k}} - P_r^{\frac{k+1}{k}})^{\frac{1}{2}}, & C_r < P_r < 1 \end{cases} \tag{9-65}$$

(3) 热力学模型。

定义气体的质量流量为

$$q = \dot{m} = \frac{\mathrm{d}m}{\mathrm{d}t} = \frac{\mathrm{d}(\rho V)}{\mathrm{d}t} \tag{9-66}$$

也可以写成 $\dot{m}_{\mathrm{in}} - \dot{m}_{\mathrm{out}} = \dot{\rho}V - \rho\dot{V}$，根据热力学第一定律：

$$Q_{\mathrm{in}} - Q_{\mathrm{out}} + kC_v(\dot{m}_{\mathrm{in}}T_S - \dot{m}_{\mathrm{out}}T) - \dot{W} = \dot{U} \tag{9-67}$$

式中，$Q_{\mathrm{in}}$、$Q_{\mathrm{out}}$ 为进出的热量；$k$ 是比热；$C_v$ 是定容比热；$T_S$ 是气源温度；$W$ 是气体对外做工；$U$ 是气体内能。

$$\dot{U} = \frac{\mathrm{d}}{\mathrm{d}t}(C_v m T) \tag{9-68}$$

$$C_v = \frac{R}{k-1} \tag{9-69}$$

$$p = \rho R T \tag{9-70}$$

$$\dot{W} = p\dot{V} \tag{9-71}$$

代入得

$$Q_{\text{in}} - Q_{\text{out}} + \frac{k}{k-1}\frac{p}{\rho T}(\dot{m}_{\text{in}}T_S - \dot{m}_{\text{out}}T) - \frac{k}{k-1}p\dot{V} = \frac{1}{k-1}\dot{p}V \tag{9-72}$$

假设 $T_S = T$，得

$$\frac{k-1}{kp}(Q_{\text{in}} - Q_{\text{out}}) + \frac{1}{\rho}(\dot{m}_{\text{in}} - \dot{m}_{\text{out}}) - \dot{V} = \frac{1}{kp}\dot{p}V \tag{9-73}$$

如果整个过程认为时间较短，为绝热过程，即：$Q_{\text{in}} = Q_{\text{out}}$，假设 $T_S = T$，得

$$\dot{p} = k\frac{RT}{V}q - k\frac{p}{V}\dot{V} \tag{9-74}$$

(4) 状态方程。

相对负载外力，摩擦力模型中只保留黏滞摩擦力，得到系统的状态方程[12]：

$$\begin{cases} \dot{x}_1 = x_2 \\ \dot{x}_2 = \dfrac{1}{M}(Ax_3 - Ax_4 - bx_2 + Mg\sin\theta) \\ \dot{x}_3 = \dfrac{-kx_2x_3 + kRTC_dC_0w\hat{f}(x_3, P_S, P_e)k_au/A}{l/2 + x_1} \\ \dot{x}_4 = \dfrac{kx_2x_4 - kRTC_dC_0w\hat{f}(x_4, P_S, P_e)k_au/A}{l/2 - x_1} \end{cases} \tag{9-75}$$

式中，$x_1$ 代表气缸活塞位置；$x_2$ 代表气缸活塞速度；$x_3$、$x_4$ 代表气缸的无杆腔和有杆腔的气压。初始位置为气缸中间 $l/2$ 处，$A_1 \approx A_2 = A$；$b$ 是黏滞摩擦系数；$w$ 是阀口宽度；$u$ 是控制输入信号，控制伺服阀的阀口开关，所以 $k_au$ 是阀口开关的位移量。

$$\hat{f}(x_3, P_S, P_e) = \begin{cases} \dfrac{P_S}{\sqrt{T}}\tilde{f}\left(\dfrac{x_3}{P_S}\right), & \text{主动腔} \\[3mm] \dfrac{x_3}{\sqrt{T}}\tilde{f}\left(\dfrac{P_e}{x_3}\right), & \text{被动腔} \end{cases} \tag{9-76}$$

$$\hat{f}(x_4, P_S, P_e) = \begin{cases} \dfrac{P_S}{\sqrt{T}}\tilde{f}\left(\dfrac{x_4}{P_S}\right), & \text{主动腔} \\[3mm] \dfrac{x_4}{\sqrt{T}}\tilde{f}\left(\dfrac{P_e}{x_4}\right), & \text{被动腔} \end{cases} \tag{9-77}$$

3. 时间最优控制

将状态方程写成 $\dot{x} = f = f(x) + g(x)u$ 的形式，式中，

$$f(x) = \begin{bmatrix} x_2 \\ (Ax_3 - Ax_4 - bx_2 + Mg\sin\theta)/M \\ -kx_2x_3/(l/2+x_1) \\ kx_2x_4/(l/2-x_1) \end{bmatrix} \tag{9-78}$$

$$g(x) = \begin{bmatrix} 0 \\ 0 \\ kRTC_dC_0w\hat{f}(x_3,P_S,P_e)k_a/A(l/2+x_1) \\ -kRTC_dC_0w\hat{f}(x_4,P_S,P_e)k_a/A(l/2-x_1) \end{bmatrix} \tag{9-79}$$

因为是时间最优，所以取性能指标：

$$J = \int_0^{t_T} \mathrm{d}t \tag{9-80}$$

哈密顿函数为

$$H = 1 + \lambda^{\mathrm{T}} f \tag{9-81}$$

式中，$f = [f_1, f_2, f_3, f_4]$。按照时间最优控制的设计流程，最优控制必须满足正则方程：

$$\dot{\lambda} = -\frac{\partial H}{\partial x} = -\frac{\partial f^{\mathrm{T}}}{\partial x}\lambda \tag{9-82}$$

$\dfrac{\partial f^{\mathrm{T}}}{\partial x}$ 中的元素计算如下。

(1) 第一排：

$$\frac{\partial f_1}{\partial x_1} = 0 \tag{9-83a}$$

$$\frac{\partial f_2}{\partial x_1} = 0 \tag{9-83b}$$

$$\frac{\partial f_3}{\partial x_1} = \frac{kx_2x_3 - kRTC_dC_0w\hat{f}(x_3,P_S,P_e)k_au/A}{(l/2+x_1)^2} \tag{9-83c}$$

$$\frac{\partial f_4}{\partial x_1} = \frac{kx_2x_4 - kRTC_dC_0w\hat{f}(x_4,P_S,P_e)k_au/A}{(l/2-x_1)^2} \tag{9-83d}$$

(2) 第二排：

$$\frac{\partial f_1}{\partial x_2} = 1 \tag{9-84a}$$

$$\frac{\partial f_2}{\partial x_2} = -\frac{b}{M} \tag{9-84b}$$

$$\frac{\partial f_3}{\partial x_2} = -kx_3 / (l / 2 + x_1) \tag{9-84c}$$

$$\frac{\partial f_4}{\partial x_2} = kx_4 / (l / 2 - x_1) \tag{9-84d}$$

(3) 第三排：

$$\frac{\partial f_1}{\partial x_3} = 0 \tag{9-85a}$$

$$\frac{\partial f_2}{\partial x_3} = A / M \tag{9-85b}$$

$$\frac{\partial f_3}{\partial x_3} = [-kAx_2 + kRTC_dC_0w\hat{f}(x_3, P_S, P_e)k_au] / A(l / 2 + x_1) \tag{9-85c}$$

$$\frac{\partial f_4}{\partial x_3} = 0 \tag{9-85d}$$

(4) 第四排：

$$\frac{\partial f_1}{\partial x_4} = 0 \tag{9-86a}$$

$$\frac{\partial f_2}{\partial x_4} = -A / M \tag{9-86b}$$

$$\frac{\partial f_3}{\partial x_4} = 0 \tag{9-86c}$$

$$\frac{\partial f_4}{\partial x_4} = [kAx_2 - kRTC_dC_0w\overline{f}(x_4, P_S, P_e)k_au] / A(l / 2 - x_1) \tag{9-86d}$$

所以得到正则方程组：

$$\begin{cases} \dot{\lambda}_1 = -\dfrac{kx_2x_3 - kRTC_dC_0w\hat{f}(x_3, P_S, P_e)k_au / A}{(l / 2 + x_1)^2}\lambda_3 - \dfrac{kx_2x_4 - kRTC_dC_0w\hat{f}(x_4, P_S, P_e)k_au / A}{(l / 2 - x_1)^2}\lambda_4 \\[4mm] \dot{\lambda}_2 = -\lambda_1 + \dfrac{b}{M}\lambda_2 + \dfrac{kx_3}{l / 2 + x_1}\lambda_3 + \dfrac{kx_4}{l / 2 - x_1}\lambda_4 \\[4mm] \dot{\lambda}_3 = -\dfrac{A}{M}\lambda_2 - \dfrac{-kAx_2 + kRTC_dC_0w\hat{f}(x_3, P_S, P_e)k_au}{A(l / 2 + x_1)}\lambda_3 \\[4mm] \dot{\lambda}_4 = \dfrac{A}{M}\lambda_2 - \dfrac{kAx_2 - kRTC_dC_0w\overline{f}(x_4, P_S, P_e)k_au}{A(l / 2 - x_1)}\lambda_4 \end{cases}$$

$$\tag{9-87}$$

由时间最优控制的极小值原理可知，其最优控制的分量形式为

$$u_i^*(t) = -\text{sgn}[g_i(t)] = \begin{cases} +1, & g_i(t) < 0 \\ -1, & g_i(t) > 0 \\ \text{不定}, & g_i(t) = 0 \end{cases} \tag{9-88}$$

式中，$g_i(t) = g_i^T \lambda(t)$。所以如果要获得时间最优控制的解。需要得到正则方程 $\lambda$ 的解，显然很难通过这个方法解出最优解，而且还有两个难点：①非线性方程导致关于最大控制量的边界条件并不清晰；②矩阵中各元素的量纲差距很大，比如 $x_1(<30)$ 与 $x_3$、$x_4(>10^5)$ 相比。因此需要将系统线性化来简化问题。

系统模型是如下形式：

$$\dot{x} = f(\hat{x}) + g(\hat{x})u, \quad y = h(\hat{x}) \tag{9-89}$$

如果存在 $u = \alpha(\hat{x}) + \beta(\hat{x})v$，就称系统是可线性化的，那么系统可以变为

$$\begin{cases} \dot{z}^1 = Az^1 + bv \\ \dot{z}^2 = f^2(z^1, z^2) + g^2(z^1, z^2)v \\ y = c^T z^1 \end{cases} \tag{9-90}$$

通过上述变换，可将非线性系统简化成线性系统进行处理，现在依照此方法对系统进行线性化，取 $y = h(x) = x_1$：

$$\begin{cases} z_1 = x_1 \\ z_2 = x_2 \end{cases} \tag{9-91}$$

则系统的状态方程为

$$\begin{cases} \dot{x}_1 = x_2 \\ \dot{x}_2 = -\dfrac{b}{M}x_2 + \dfrac{1}{M}v + g\sin\theta \end{cases} \tag{9-92}$$

系统变为一个关于控制量 $v$ 的有阻尼二阶运动系统，而且当 $u$ 取最大值 $u^*$ 时，$v$ 也取最大值 $v^*$，不难判断，本系统存在唯一的时间最优控制，且最优控制至多切换一次[13]。需要找到一条开关曲线，具体分两种情况进行讨论。

（1）当 $v=v^*$，由状态方程解出：

$$x_2(t) = c_1 e^{-\frac{b}{M}t} + \frac{M}{b}\left(\frac{v^*}{M} + g\sin\theta\right)\left(1 - e^{-\frac{b}{M}t}\right) \tag{9-93}$$

$$x_1(t) = -\frac{c_1 M}{b} e^{-\frac{b}{M}t} + \frac{M^2}{b^2}\left(\frac{v^*}{M} + g\sin\theta\right)\left(\frac{b}{M}t + e^{-\frac{b}{M}t}\right) + c_2 \tag{9-94}$$

消去时间 $t$，得到状态相轨迹为

$$x_1 = -\frac{M}{b}x_2 - \frac{M^2}{b^2}\left(\frac{v^*}{M} + g\sin\theta\right)\ln\left|\frac{b}{M}x_2 - \left(\frac{v^*}{M} + g\sin\theta\right)\right| + c_3 \tag{9-95}$$

$$c_3 = \frac{M^2}{b^2}\left(\frac{v^*}{M} + g\sin\theta\right)\left[1 + \ln\left|\frac{b}{M}c_1 - \left(\frac{v^*}{M} + g\sin\theta\right)\right|\right] + c_2 \tag{9-96}$$

当且仅当 $c_3 = \dfrac{M^2}{b^2}\left(\dfrac{v}{M} + g\sin\theta\right)\ln\left|\dfrac{v^*}{M} + g\sin\theta\right|$ 时，状态方程会经过状态空间的坐标原点。

(2) 当 $v = -v^*$ 时，由状态方程解出：

$$x_2(t) = c_1 e^{-\frac{b}{M}t} + \frac{M}{b}\left(\frac{-v^*}{M} + g\sin\theta\right)\left(1 - e^{-\frac{b}{M}t}\right) \tag{9-97}$$

$$x_1(t) = -\frac{c_1 M}{b}e^{-\frac{b}{M}t} + \frac{M^2}{b^2}\left(\frac{-v^*}{M} + g\sin\theta\right)\left(\frac{b}{M}t + e^{-\frac{b}{M}t}\right) + c_2 \tag{9-98}$$

消去时间 $t$，得到状态相轨迹为

$$x_1 = -\frac{M}{b}x_2 - \frac{M^2}{b^2}\left(\frac{-v^*}{M} + g\sin\theta\right)\ln\left|\frac{b}{M}x_2 - \left(\frac{-v^*}{M} + g\sin\theta\right)\right| + c_4 \tag{9-99}$$

$$c_4 = \frac{M^2}{b^2}\left(\frac{-v^*}{M} + g\sin\theta\right)\left[1 + \ln\left|\frac{b}{M}c_1 - \left(\frac{-v^*}{M} + g\sin\theta\right)\right|\right] + c_2 \tag{9-100}$$

当且仅当 $c_4 = \dfrac{M^2}{b^2}\left(\dfrac{-v^*}{M} + g\sin\theta\right)\ln\left|\dfrac{-v^*}{M} + g\sin\theta\right|$ 时，状态方程会经过状态空间的坐标原点。

这样两条曲线可以合并成一条曲线 $\gamma$，将相平面分成两个区域。

定义开关函数：

$$\sigma(x_1, x_2) = \begin{cases} x_1 - \dfrac{M}{b}x_2 - \dfrac{M^2}{b^2}\left(\dfrac{v^*}{M} + g\sin\theta\right)\ln\left|\dfrac{b}{M}x_2 - \left(\dfrac{v^*}{M} + g\sin\theta\right)\right| + c_3^*, & x_2 \leqslant 0 \\[4mm] x_1 - \dfrac{M}{b}x_2 - \dfrac{M^2}{b^2}\left(\dfrac{-v^*}{M} + g\sin\theta\right)\ln\left|\dfrac{b}{M}x_2 - \left(\dfrac{-v^*}{M} + g\sin\theta\right)\right| + c_4^*, & x_2 > 0 \end{cases}$$

$$\tag{9-101}$$

最终得到最优时间闭环反馈控制律为

$$v = \begin{cases} +v^*, & \sigma(x_1, x_2) < 0 \\ -v^* \mathrm{sng}(x_2), & \sigma(x_1, x_2) = 0 \\ -v^*, & \sigma(x_1, x_2) > 0 \end{cases} \tag{9-102}$$

其含义如图 9.31 所示，对于点 $Q$，其坐标为 $(x_{10}, 0)$，要经过时间 $t$ 到达原点 $(0,0)$，由时间最优控制可知，其落在了相平面的 $R_+$ 区，则状态在 $v = v^*$ 作用下转移至 $AO$ 上的某点，然后再以 $v = -v^*$ 作用下沿 $AO$ 到达坐标原点。

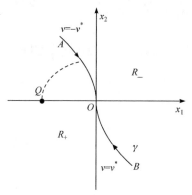

图 9.31 相平面上的开关曲线

### 4. 压脚性能试验和结果分析

试验平台采用卧式双机双五轴联合钻铆机系统，其通信基于西门子系统，如图 9.32 所示，PID 控制和最优控制算法都可以在 PLC 中完成，位移信号的读取和伺服阀的指令均通过 IO 模块传递。气缸和伺服阀均采用了 Festo 公司的产品，试验相关的参数见表 9.5。

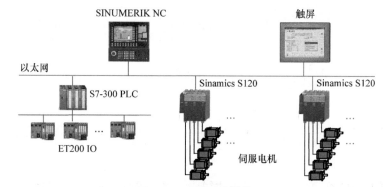

图 9.32 系统通信结构

**表 9.5 系统参数**

| 参数 | 符号 | 值 | 单位 |
|------|------|-----|------|
| 黏滞摩擦力 | $B$ | 64.5 | (N·s)/m |
| 压脚重量 | $M$ | 18.6 | kg |
| 气源压力 | $P_S$ | 0.7 | MPa |
| 大气压力 | $P_e$ | 0.1 | MPa |

为了验证实用性，选取的摆角数据参考了某型飞机上壁板的长桁分布情况，

如图 9.33 所示，共 7 排长桁，其角度数据见表 9.6。

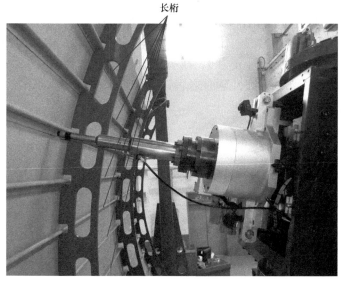

图 9.33　长桁排列情况

**表 9.6　长桁排列情况**

| 长桁 | 角度/(°) |
| --- | --- |
| 第 1 排 | −17.7 |
| 第 2 排 | −13 |
| 第 3 排 | −8.4 |
| 第 4 排 | −3.7 |
| 第 5 排 | 1.14 |
| 第 6 排 | 6.28 |
| 第 7 排 | 11.2 |

PID：控制律可以写为

$$u = -K_{\mathrm{p}}\xi - K_{\mathrm{i}}\int \xi \mathrm{d}t - K_{\mathrm{d}}\dot{\xi} \tag{9-103}$$

通过调节三个参数 $K_{\mathrm{p}}$、$K_{\mathrm{i}}$、$K_{\mathrm{d}}$，闭环的压脚运动控制可以达到目标位置。在试验中，通过设定参数 $K_{\mathrm{p}} = 6.5\mathrm{e}5$，$K_{\mathrm{i}} = 6.5\mathrm{e}3$，$K_{\mathrm{d}} = 3.4\mathrm{e}6$，获得了一个较快的定位速度，再改变这些参数，PID 控制器很难进一步提升压脚的伸出速度。

最优时间控制：根据计算得到的开关量曲线，在 PLC 中进行设置，需要特别注意的是，根据状态方程推导出的末端状态，其位置和速度均为零，但加速度并不是 0，这很可能会导致压脚到位后因持续供气向后缩回，这可以在 PLC 中通过逻辑设置，压脚到位后切断供气气源，从而避免出现反复震荡。

选取了 7 个角度，每个角度压脚均伸出 20 次，伸出距离为 15mm，记录下长度计的读数变化，可以导出位移-时间曲线。先随机选出一组数据，观察时间最优控制的效果，图 9.34 是典型的压脚伸出位移-时间曲线，在 0.35s 时给出了伸出信号，此时给到伺服阀的信号 $u$ 为 1，压脚作加速运动，在 0.45s 时 PLC 自动切换信号 $u$ 为 $-1$，经过系统非线性延时之后，压脚开始作减速运动，在 0.75s 时完成伸出运动，共用时 0.4s。

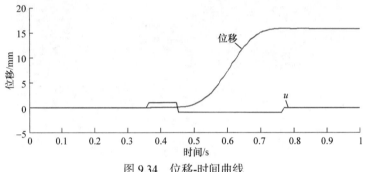

图 9.34　位移-时间曲线

整理试验数据，比较 PID 与时间最优控制的性能差别，如图 9.35 所示，为 PID 的压脚伸出位移-时间曲线，在每排中随机选取一组数据，$x$ 轴坐标轴代表了角度，$y$ 坐标轴代表了时间，$z$ 坐标轴代表了伸出位移，可以看到时间随角度的波动范围不大，大约在 0.8s 左右可以完成伸出动作。

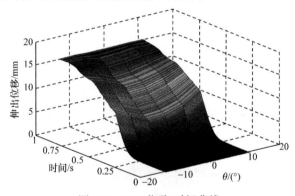

图 9.35　PID 位移-时间曲线

时间最优控制的压脚伸出位移-时间曲线，如图 9.36 所示，在每排中随机选取一组数据，$x$ 轴坐标轴代表了角度，$y$ 坐标轴代表时间，$z$ 坐标轴代表了伸出位移，基本上伸出时间在 0.4s 左右波动，性能提升了 0.4s。

将每排的 20 组数据整理到一起，可以直观比较 PID 跟时间最优控制的性能差别，如图 9.37、图 9.38 所示，$x$ 轴坐标轴代表了角度，$y$ 坐标轴代表了数据组

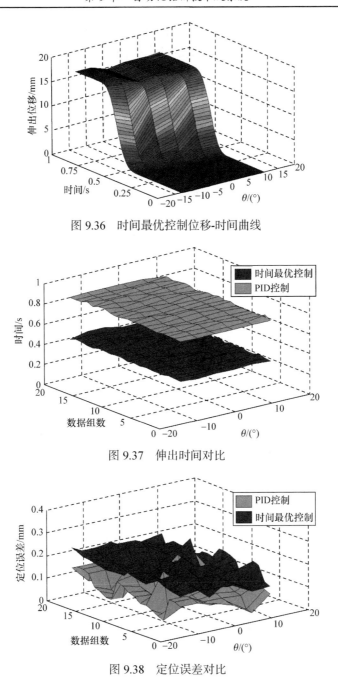

图 9.36　时间最优控制位移-时间曲线

图 9.37　伸出时间对比

图 9.38　定位误差对比

数，$z$ 坐标轴分别代表了伸出所需时间和定位误差。通过比较可以发现，时间最优控制可以节约压脚的伸出时间，但是定位误差稍大，考虑到目标位置的值本身有一定误差，只要保证压脚能够定位到长桁表面，即使实际位置的值较小，压脚撞到长桁时速度也已经很小，对壁板的冲击损伤可以忽略不计。

所以通过比较试验，可以确定时间最优控制能够有效减少压脚的伸出时间。以伸出 15mm 为例，压脚的伸出时间大约为 0.4s 左右，目前已知的钻铆机压脚的伸出时间大约为 700ms，EI 公司的 E6000 压脚伸出时间约为 350ms，但这是减重了 70%～80% 后的效果，较小的压铆力提升了加工效率，是专为 ARJ21 小型客机机翼壁板钻铆定制的结果，所以综合比较，通过运用时间最优控制算法，新型自动钻铆机的新的压脚结构，可以获得较高效率的伸出动作。

试验结果表明，时间最优控制器的性能与传统的 PID 控制相比，在不冲击损伤壁板的情况下，具有更好的运动效率，在保证定位精度的同时，压脚的伸出时间减少了 50%，进而使钻铆机的加工效率提升了 10%，除此之外，气动系统简化了气缸前、后腔的压力传感器，只需要长度计的位置信号就可以实现时间最优控制，减小了设备成本。

### 9.5.3　压铆过程力平衡控制系统设计

1. 压铆过程动力学建模与分析

1) 末端执行器动力学

钻铆机的末端执行器结构如图 9.39 所示，它包括了伺服电机、力传感器、工作台等部件。伺服电机通过同步带轮驱动滚珠丝杠转动，螺母固定在工作台上，将旋转运动变为直线进给运动，驱动工作台进给，丝杠的导程为 5mm，直径为 10mm；力传感器安装在底座与进给单元之间，可以测量压铆过程的压铆力大小，量程为 50kN；长度计安装在工作台前端，量程为 30mm。

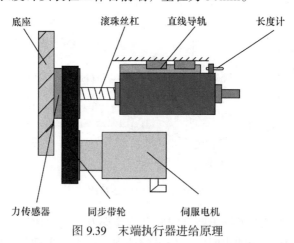

图 9.39　末端执行器进给原理

根据前文的分析，压铆过程中钻铆机的末端变形主要是压铆轴线方向上的变形，建立如图 9.40 所示的动力学模型，其动力学方程可用下式描述：

$$
\begin{cases}
M^{(1)}(\ddot{x}^{(1)} + \ddot{x}_{\mathrm{dis}}^{(1)}) + B^{(1)}(\dot{x}^{(1)} + \dot{x}_{\mathrm{dis}}^{(1)}) + \boldsymbol{F}_{fc}^{(1)}(\dot{x}^{(1)} - \dot{x}_{\mathrm{dis}}^{(1)}) = \boldsymbol{u}^{(1)} - \boldsymbol{F}_L^{(1)} \\
M^{(2)}(\ddot{x}^{(2)} + \ddot{x}_{\mathrm{dis}}^{(2)}) + B^{(2)}(\dot{x}^{(2)} + \dot{x}_{\mathrm{dis}}^{(2)}) + \boldsymbol{F}_{fc}^{(2)}(\dot{x}^{(2)} - \dot{x}_{\mathrm{dis}}^{(2)}) = \boldsymbol{u}^{(2)} - \boldsymbol{F}_L^{(2)}
\end{cases}
\tag{9-104}
$$

式中，$\dot{x}^{(1)}$、$\ddot{x}^{(1)}$、$\dot{x}^{(2)}$、$\ddot{x}^{(2)}$ 分别表示左右钻铆机床执行器工作台的进给速度和进给加速度；$M^{(1)}$、$M^{(2)}$、$B^{(1)}$、$B^{(2)}$ 分别表示左右工作台的质量和进给系统的黏滞系数；$\boldsymbol{F}_{fc}^{(1)}$、$\boldsymbol{F}_{fc}^{(2)}$ 指系统的库仑摩擦，可以用公式 $\boldsymbol{F}_{fc}(\dot{x}) = A_f S_f(\dot{x})$ 表示，其中 $A_f$ 是库仑摩擦系数，$S_f(\dot{x})$ 是库仑摩擦函数，常用光滑的或者连续的函数来近似传统用于补偿库仑摩擦力建模的不连续的符号函数 $\mathrm{sgn}(\dot{x})$。$\boldsymbol{u}^{(1)}$、$\boldsymbol{u}^{(2)}$ 代表电机的输出力；$\boldsymbol{F}_L^{(1)}$、$\boldsymbol{F}_L^{(2)}$ 为外部负载力。$\hat{\boldsymbol{F}}_L^{(1)}$、$\hat{\boldsymbol{F}}_L^{(2)}$ 是作用在铆钉上的压铆力，与外部负载力是作用力、反作用力的关系。

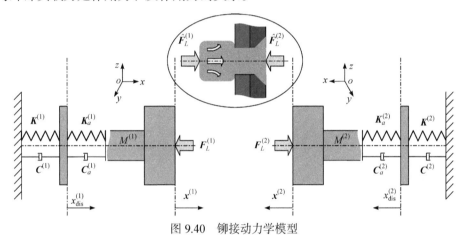

图 9.40 铆接动力学模型

模型中忽略了进给系统受力下的变形情况，包括了轴向变形和角度变形，轴向变形主要是丝杠轴向的弹性变形，角度变形是丝杠的角变形和皮带轮的角变形，其关系为

$$
s\left(\frac{\theta}{i} - \delta\theta\right) - x = \frac{u}{K_a}
\tag{9-105}
$$

式中，$s$ 是丝杠导程；$i$ 是减速比；$\theta$ 是伺服电机转的角度；$\delta\theta$ 是角度变形；$x$ 是工作台的直线位移；$u$ 是电机的输出力；$K_a$ 是滚珠丝杠螺母组件的轴向刚度，忽略了进给系统的变形情况，可以认为 $s\theta / i = x$。

压铆单元的伺服电机的动力学模型可用下式描述：

$$
J\ddot{\alpha} + B\dot{\alpha} + T_{fc}(\dot{\alpha}) + T_L(\alpha_2) = u + d
\tag{9-106}
$$

式中，$\alpha$、$\dot{\alpha}$、$\ddot{\alpha}$ 分别表示伺服电机旋转的角度、角速度、角加速度；$J$ 和 $B$ 分

别表示压铆系统的转动惯量和黏滞系数；$T_{fc}(\dot{\alpha})$ 表示系统的库仑摩擦；$u$ 为电机控制量输出；$T_L(\alpha_2)$ 压铆力反作用力折合到电机上的转矩，表示作用于电机上的可建模外部载荷；$d$ 表示由外部扰动、模型误差等产生的总不确定性。在这里定义 $\alpha_1$ 为末端执行器受力后退的位移折合到电机的旋转角度，$\alpha_2$ 为末端执行器压铆实际进给位移折合到电机的旋转角度，其中 $\alpha_1+\alpha_2=\alpha$。

2) 铆钉变形模型

在压铆过程中，压铆的铆杆受到了铆钉变形时的反作用力，根据弹塑性力学原理，考虑位移变化下而产生的变形并联立铆钉压铆过程中的应力-应变关系，如图 9.41 所示。压铆过程中，铆钉变形分为弹性变形阶段和塑性变形阶段：弹性变形的刚度系数和铆钉材料的固有属性相关；塑性变形的模型比较复杂，要建立轴向压铆力与位移的关系，一般都将镦头的变形过程当做刚性平板间的圆盘变形。

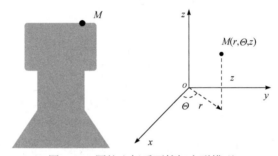

图 9.41　圆柱坐标系下铆钉变形模型

根据 de Rijck 的镦头体积试验的结果，假设铆钉变形前后钉杆体积不变，没有铆钉材料被压入钉孔中：

$$\frac{1}{4}\pi D^2 H = \frac{1}{4}\pi D_0^2 H_0 \tag{9-107}$$

除此之外，在压铆力方向上的真实应变为

$$\varepsilon_{sq} = \ln\left(\frac{H_0}{H}\right) \tag{9-108}$$

这是一个表示钉杆轴向压缩量的正值。真实应力与应变之间的关系为

$$\sigma = C(\varepsilon)^m \tag{9-109}$$

式中，$C$ 是金属的强度系数；$m$ 是应变硬化指数，通常都小于 0.5。所以压铆力与铆钉尺寸的关系可以表示为

$$\boldsymbol{F}_{sq} = \frac{1}{4}\pi D^2 C(\varepsilon_{sq})^m = \frac{1}{4}\pi D^2 C\left[\ln\left(\frac{H_0}{H}\right)\right]^m \tag{9-110}$$

因为假设了铆钉变形前后的体积不变，所以压铆力-位移模型可以表示为

$$F_L(x) = \frac{1}{4}\pi D_0^2 H_0 C (H_0 - x)^{-\frac{1}{m}} \ln\left(\frac{H_0}{H_0 - x}\right)^m \tag{9-111}$$

**2. 力-位移混合控制器设计**

根据建模基础,可以获得比较准确地压铆过程两侧压铆力的差异性辨识信息,基于压铆进给系统同步误差与压铆力平衡关系的动态模型,在本项目中拟采用一种压铆过程的力/位置混合控制策略,实现压铆过程力平衡控制,原理框图如图 9.42 所示。铆钉的钉杆侧采用位置控制器,实现镦头尺寸的精确控制;钉帽侧采用力控制器,施力与钉杆侧传递来的压铆力相平衡,实现压铆力平衡的精确控制。双机的力平衡差异性通过压铆动力学模型估计辨识,并为力控制环输入压铆力的期望值。

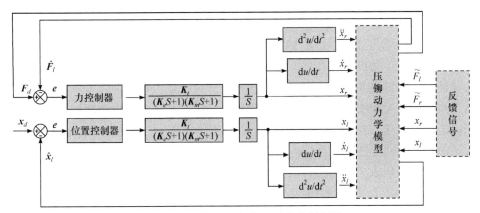

图 9.42　压铆过程力/位置混合控制框图

# 9.6　铆接过程建模与试验验证

无头铆钉干涉连接技术能够有效提高连接件的疲劳寿命和密封性,广泛应用于飞机机翼壁板和油箱结构装配连接。统计数据表明,无头铆钉干涉连接占机翼壁板铆接工作量的 80%以上[14]。NAS1321AD6E10 无头铆钉在我国 ARJ-21 客机机翼装配中使用总量最大。因此,本节以 NAS1321AD6E10 无头铆钉为例展开研究。

目前与无头铆钉干涉连接相关的理论研究主要集中于无锪窝孔连接结构,本节提出了基于带锪窝孔连接结构的最大压铆力理论模型,利用主应力法建立了最大压铆力与铆钉镦头尺寸之间的映射关系。理论模型能够为数值模拟和试验工作提供理论支持。通过理论模型可对压铆过程所需的最大压铆力进行预估,确保铆接后的铆钉镦头尺寸符合铆接质量要求。

　　同时，铆接是一个多因素耦合作用的过程，为研究不同因素对压铆过程中铆钉材料金属流向、残余应力分布、铆接干涉量状态、结构受力变形等多物理场的影响，探索铆接过程引起的系统结构变形在铆杆-铆模-铆钉-叠层结构等多结合面间的产生、传递及累积规律，需要建立准确、高效的数值仿真模型。考虑到仅使用单一有限元模型对不同研究内容进行仿真分析存在的局限性，本节分别建立不同的二维和三维有限元模型，揭示模型尺寸、仿真效率和分析精度之间的对应关系。而且，铆接过程通常采用压铆力或者压铆位移进行控制，相比之下，采用压铆力方式控制铆接过程，能够得到更加理想的铆接效果。因此，本节建立了基于压铆力控制的压铆过程数值仿真模型。

### 9.6.1　压铆过程最大压铆力建模

　　铆钉镦头尺寸与压铆过程采用的最大压铆力息息相关，合理控制压铆力的大小是控制铆接质量好坏的重要因素，通过理论分析，可以对铆接过程所需要的压铆力和铆钉镦头尺寸范围进行预判，确定合理的压铆力，保证适当的镦头尺寸，控制铆接质量。因此，本节建立了最大压铆力与铆钉镦头尺寸关联模型，研究最大压铆力与铆钉镦头尺寸之间的对应关系。

　　本节通过对无头铆钉塑性变形过程进行分析，采用主应力法求解压铆过程中所需的最大压铆力。主应力法以均匀变形为前提，通过该方法可以确定材料特性、变形体几何尺寸等参数与压铆力之间的关系。为计算铆接过程中所需的压铆力，首先计算铆钉镦头上表面与铆模接触面的正应力，经积分后便可得到相应的压铆力。铆接变形属于轴对称问题，为了简化求解过程，本节将铆钉变形过程近似为圆柱体/圆台的镦粗过程。

　1. 无头铆钉塑性变形过程分析

　　根据锪窝孔的几何结构，无头铆钉塑性变形过程可分为六个阶段，如图 9.43 所示。在压铆过程中，压铆力逐渐增大，并在铆模撤离前达到最大值。由于上板件锪窝孔的存在，无头铆钉在上板件和下板件的塑性变形过程有着显著差异。

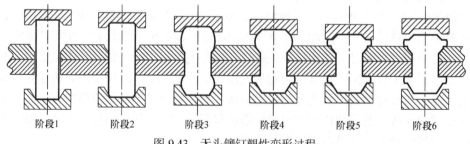

图 9.43　无头铆钉塑性变形过程

阶段 1：内、外铆模与铆钉接触并开始挤压钉杆，钉杆镦粗变形。

阶段 2：钉杆与孔壁接触并开始挤压孔壁，形成干涉配合。

阶段 3：无头铆钉下部钉杆在压铆力作用下逐渐形成镦头，而上部钉杆仍然在通过变形填充埋头窝空腔。

阶段 4：无头铆钉下部钉杆继续变形，下镦头直径增大(高度降低)，上部钉杆与埋头窝孔壁接触，形成干涉配合，并逐渐形成镦头。

阶段 5：压铆力达到最大值，上、下镦头达到最终形态。

阶段 6：内、外铆模撤离，铆接过程结束。

从无头铆钉塑性变形过程分析可知，在阶段 5，压铆力的最大值与铆钉镦头的最终形态尺寸相对应。因此，可通过阶段 5 中铆钉镦头尺寸反推无头铆钉安装所需要的最大压铆力。

2. 下镦头成型分析

由于锪窝结构的存在，铆钉上镦头的形成过程更加复杂，为更好地理解压铆力计算过程，本节首先分析下镦头成型所需要的最大压铆力，其尺寸和受力情况如图 9.44 所示。

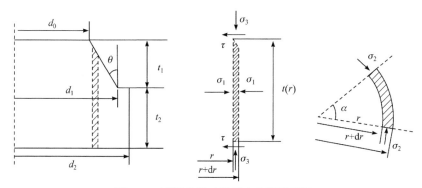

图 9.44　下镦头尺寸及受力分析示意图

选取圆柱坐标系 $(r,\alpha,t)$，从下镦头变形区域切取一个由接触面、半径为 $r$ 和 $r+\mathrm{d}r$ 的两个同心圆柱面和夹角为 $\alpha$ 的两个轴向平面所包围的基元体。图中，$d_0$ 为内铆模底部直径，$d_1$ 为内铆模开口处直径，$d_2$ 为镦头直径，$t_1$ 为内铆模深度，$t_2$ 为镦头厚度，$\theta$ 为铆模边缘夹角(大小等于内铆模夹角的一半)，$\sigma_1$ 为径向应力，$\sigma_2$ 为周向应力，$\sigma_3$ 为轴向应力，$\tau$ 为切应力，$r$ 为切片在圆柱坐标系下的半径坐标，$\alpha$ 为切片周向夹角。

由此可列出径向的力平衡方程为

$$\sigma_1 r\alpha t(r) - (\sigma_1 + \mathrm{d}\sigma_1)(r+\mathrm{d}r)\alpha t(r) + 2\sigma_2 \sin\frac{\alpha}{2}t(r)\mathrm{d}r - 2\tau r\alpha\mathrm{d}r = 0 \quad (9\text{-}112)$$

当 $\alpha \approx 0$ 时，可以近似认为 $\sin\alpha \approx \alpha$，同时，由于变形属于轴对称问题，可以认为 $\sigma_1 \approx \sigma_2$，所以整理式(9-112)并略去高次微分项可得

$$\frac{\mathrm{d}\sigma_1}{\mathrm{d}r} + \frac{2\tau}{t(r)} = 0 \tag{9-113}$$

式中，$t(r)$ 为边界函数。

下镦头由铆模内的圆台和铆模外部的圆柱体组成，根据下镦头几何尺寸，可将下镦头划分为 $r \in \left(0, \dfrac{d_0}{2}\right]$、$r \in \left(\dfrac{d_0}{2}, \dfrac{d_1}{2}\right]$ 和 $r \in \left(\dfrac{d_1}{2}, \dfrac{d_2}{2}\right]$ 三部分，边界函数为

$$t(r) = \begin{cases} t_1 + t_2, & 0 < r \leqslant \dfrac{d_0}{2} \\[2mm] t_2 + \left(t_1 - \dfrac{r - \dfrac{d_0}{2}}{\tan\theta}\right), & \dfrac{d_0}{2} < r \leqslant \dfrac{d_1}{2} \\[2mm] t_2, & \dfrac{d_1}{2} < r \leqslant \dfrac{d_2}{2} \end{cases} \tag{9-114}$$

采用常摩擦条件有

$$\tau = \mu\sigma_s \tag{9-115}$$

式中，$\mu$ 为摩擦系数；$\sigma_s$ 为铆钉材料的屈服极限。

采用近似塑性条件有

$$\mathrm{d}\sigma_1 = \mathrm{d}\sigma_3 \tag{9-116}$$

将式(9-115)和式(9-116)代入式(9-113)可得

$$\mathrm{d}\sigma_3 = -\frac{2\mu\sigma_s}{t(r)}\mathrm{d}r \overset{积分}{\Rightarrow} \sigma_3 = -2\mu\sigma_s\int\frac{\mathrm{d}r}{t(r)} + C \tag{9-117}$$

将式(9-114)代入式(9-117)可得

$$\begin{cases} \sigma_{3\_1} = -2\mu\sigma_s\dfrac{r}{t_1 + t_2} + C_1, & 0 < r \leqslant \dfrac{d_0}{2} \\[3mm] \sigma_{3\_2} = -2\mu\sigma_s(-\tan\theta)\cdot\ln\left[t_2 + \left(t_1 - \dfrac{r - \dfrac{d_0}{2}}{\tan\theta}\right)\right] + C_2, & \dfrac{d_0}{2} \leqslant r \leqslant \dfrac{d_1}{2} \\[3mm] \sigma_{3\_3} = -2\mu\sigma_s\dfrac{r}{t_2} + C_3, & \dfrac{d_1}{2} \leqslant r \leqslant \dfrac{d_2}{2} \end{cases} \tag{9-118}$$

式中，$C_1$、$C_2$ 和 $C_3$ 为积分常数可以通过边界条件求解得到，边界条件为

$$\begin{cases} \sigma_{3\_3}\left(\dfrac{d_2}{2}\right) = \sigma_s \\[2mm] \sigma_{3\_3}\left(\dfrac{d_1}{2}\right) = \sigma_{3\_2}\left(\dfrac{d_1}{2}\right) \\[2mm] \sigma_{3\_2}\left(\dfrac{d_0}{2}\right) = \sigma_{3\_1}\left(\dfrac{d_0}{2}\right) \end{cases} \tag{9-119}$$

将式(9-119)中求得的积分常数代入到式(9-118)当中,可以得到 $\sigma_3$ 随半径变化的函数。由此可以求出最大压铆力为

$$F_{\text{Lower}} = \int_0^{d_0/2} \sigma_{3\_1}(r) 2\pi r \mathrm{d}r + \int_{d_0/2}^{d_1/2} \sigma_{3\_2}(r) 2\pi r \mathrm{d}r + \int_{d_1/2}^{d_2/2} \sigma_{3\_3}(r) 2\pi r \mathrm{d}r \tag{9-120}$$

#### 3. 上镦头成型分析

与下镦头不同,上镦头由双锥度沉头窝内两个夹角不同的圆台、铆模内的圆台和铆模外的圆柱体共四部分组成,其尺寸和受力情况如图 9.45 所示。

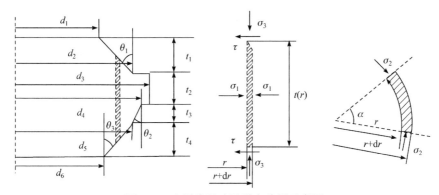

图 9.45　上镦头尺寸及受力分析示意图

选取圆柱坐标系 $(r, \alpha, t)$,从上镦头变形区域切取一个由接触面、半径为 $r$ 和 $r + \mathrm{d}r$ 的两个同心圆柱面和夹角为 $\alpha$ 的两个轴向平面所包围的基元体。图中,$d_1$ 为外铆模底部直径,$d_2$ 为外铆模开口处的直径,$d_3$ 为钉头直径,$d_4$ 为埋头窝开口直径,$d_5$ 为埋头窝变化处直径,$d_6$ 为通孔直径,$t_1$ 为外铆模深度,$t_2$ 为钉头厚度,$t_3$ 为埋头窝上端厚度,$t_4$ 为埋头窝下端厚度,$\theta_1$ 为铆模边缘夹角,$\theta_2$ 为埋头窝上部边缘夹角,$\theta_3$ 为埋头窝下部边缘夹角,$\sigma_1$ 为径向应力,$\sigma_2$ 为周向应力,$\sigma_3$ 为轴向应力,$\tau$ 为切应力,$r$ 为切片在圆柱坐标系下的半径坐标,$\alpha$ 为切片周向夹角。

类似地,上镦头部分的轴向应力也可以表示为式(9-117)的形式:

$$\sigma_3 = -2\mu\sigma_s \int \frac{dr}{t(r)} + C \tag{9-121}$$

式中，$t(r)$ 为边界函数。

根据上镦头几何尺寸，可将上镦头划分为 $r \in \left(0, \dfrac{d_1}{2}\right]$、$r \in \left(\dfrac{d_1}{2}, \dfrac{d_6}{2}\right)$、$r \in \left(\dfrac{d_6}{2}, \dfrac{d_5}{2}\right]$、$r \in \left(\dfrac{d_5}{2}, \dfrac{d_2}{2}\right]$、$r \in \left(\dfrac{d_2}{2}, \dfrac{d_4}{2}\right]$ 和 $r \in \left(\dfrac{d_4}{2}, \dfrac{d_3}{2}\right]$ 六部分，边界函数为

$$t(r) = \begin{cases} t_1 + t_2 + t_3 + t_4, & 0 < r \leqslant \dfrac{d_1}{2} \\[2mm] t_2 + t_3 + t_4 + \left(t_1 - \dfrac{r - \dfrac{d_1}{2}}{\tan\theta_1}\right), & \dfrac{d_1}{2} < r \leqslant \dfrac{d_6}{2} \\[2mm] t_2 + t_3 + \left(t_1 - \dfrac{r - \dfrac{d_1}{2}}{\tan\theta_1}\right) + \left(t_4 - \dfrac{r - \dfrac{d_6}{2}}{\tan\theta_3}\right), & \dfrac{d_6}{2} < r \leqslant \dfrac{d_5}{2} \\[2mm] t_2 + \left(t_1 - \dfrac{r - \dfrac{d_1}{2}}{\tan\theta_1}\right) + \left(t_3 - \dfrac{r - \dfrac{d_5}{2}}{\tan\theta_2}\right), & \dfrac{d_5}{2} < r \leqslant \dfrac{d_2}{2} \\[2mm] t_2 + \left(t_3 - \dfrac{r - \dfrac{d_5}{2}}{\tan\theta_2}\right), & \dfrac{d_2}{2} < r \leqslant \dfrac{d_4}{2} \\[2mm] t_2, & \dfrac{d_4}{2} < r \leqslant \dfrac{d_3}{2} \end{cases} \tag{9-122}$$

将式(9-122)代入式(9-121)可得

$$\begin{cases} \sigma_{3\_1} = -2\mu\sigma_s \dfrac{r}{t_1 + t_2 + t_3 + t_4} + C_1, & 0 < r \leqslant \dfrac{d_1}{2} \\[3mm] \sigma_{3\_2} = -2\mu\sigma_s(-\tan\theta_1) \cdot \ln\left[t_2 + t_3 + t_4 + \left(t_1 - \dfrac{r - \dfrac{d_1}{2}}{\tan\theta_1}\right)\right] + C_2, & \dfrac{d_1}{2} < r \leqslant \dfrac{d_6}{2} \\[3mm] \sigma_{3\_3} = -2\mu\sigma_s(-1/\tan\theta_1 - 1/\tan\theta_3)^{-1} \cdot \ln\left[t_2 + t_3 + \left(t_1 - \dfrac{r - \dfrac{d_1}{2}}{\tan\theta_1}\right)\right. \\[3mm] \left. \qquad + \left(t_4 - \dfrac{r - \dfrac{d_6}{2}}{\tan\theta_3}\right)\right] + C_3, & \dfrac{d_6}{2} < r \leqslant \dfrac{d_5}{2} \end{cases}$$

$$
\begin{cases}
\sigma_{3\_4} = -2\mu\sigma_s(-1/\tan\theta_1 - 1/\tan\theta_2)^{-1} \cdot \ln\left[t_2 + \left(t_1 - \dfrac{r - \dfrac{d_1}{2}}{\tan\theta_1}\right)\right. \\
\qquad \left. + \left(t_3 - \dfrac{r - \dfrac{d_5}{2}}{\tan\theta_2}\right)\right] + C_3, \quad \dfrac{d_5}{2} < r \leqslant \dfrac{d_2}{2} \\[4mm]
\sigma_{3\_5} = -2\mu\sigma_s(-\tan\theta_2) \cdot \ln\left[t_2 + \left(t_3 - \dfrac{r - \dfrac{d_5}{2}}{\tan\theta_2}\right)\right] + C_5, \quad \dfrac{d_2}{2} < r \leqslant \dfrac{d_4}{2} \\[4mm]
\sigma_{3\_6} = -2\mu\sigma_s\dfrac{r}{t_2} + C_6, \quad \dfrac{d_4}{2} < r \leqslant \dfrac{d_3}{2}
\end{cases}
\tag{9-123}
$$

式中，积分常数 $C_1 \sim C_6$ 可以通过如下边界条件求得：

$$
\begin{cases}
\sigma_{3\_6}\left(\dfrac{d_3}{2}\right) = \sigma_s \\[3mm]
\sigma_{3\_5}\left(\dfrac{d_4}{2}\right) = \sigma_{3\_6}\left(\dfrac{d_4}{2}\right) \\[3mm]
\sigma_{3\_4}\left(\dfrac{d_2}{2}\right) = \sigma_{3\_5}\left(\dfrac{d_2}{2}\right) \\[3mm]
\sigma_{3\_3}\left(\dfrac{d_5}{2}\right) = \sigma_{3\_4}\left(\dfrac{d_5}{2}\right) \\[3mm]
\sigma_{3\_2}\left(\dfrac{d_6}{2}\right) = \sigma_{3\_3}\left(\dfrac{d_6}{2}\right) \\[3mm]
\sigma_{3\_1}\left(\dfrac{d_1}{2}\right) = \sigma_{3\_1}\left(\dfrac{d_1}{2}\right)
\end{cases}
\tag{9-124}
$$

于是，可以得到最大压铆力的方程式为

$$
\begin{aligned}
F_{\text{Upper}} &= \int_0^{d_1/2} \sigma_{3\_1}(r)\cdot 2\pi r \mathrm{d}r + \int_{d_1/2}^{d_6/2}\sigma_{3\_2}(r)\cdot 2\pi r \mathrm{d}r + \int_{d_6/2}^{d_5/2}\sigma_{3\_3}(r)\cdot 2\pi r \mathrm{d}r \\
&\quad + \int_{d_5/2}^{d_2/2}\sigma_{3\_4}(r)\cdot 2\pi r \mathrm{d}r + \int_{d_2/2}^{d_4/2}\sigma_{3\_5}(r)\cdot 2\pi r \mathrm{d}r + \int_{d_4/2}^{d_3/2}\sigma_{3\_6}(r)\cdot 2\pi r \mathrm{d}r
\end{aligned}
\tag{9-125}
$$

由此，通过分析无头铆钉塑性变形过程，基于主应力法建立了压铆过程最大压铆力与铆钉镦头尺寸之间的映射关系。

### 9.6.2 压铆过程有限元建模

通过数值模拟可有效地对铆接过程展开可视化分析，是铆接研究采用的主要方法。在实际有限元建模中发现，虽然二维仿真模型具有计算时间短、分析精度高的优点，但是难以对复杂的应力/应变进行分析；三维仿真模型虽然要耗费较大的计算时间，但是适用于对铆接结构变形、残余应力状态和力载荷传递等情况进行分析，且三维仿真模型的运行稳定性要优于二维仿真模型。因此，本节分别建立不同的二维和三维有限元模型，并比较不同模型尺寸规模、计算效率和分析精度之间的相对关系，为本节后续研究提供合适的分析模型。

此外，研究表明基于压铆力控制的铆钉安装方式能够更精确地控制铆接质量，并得到更加一致的疲劳抗性[15]。日本 FANUC 公司为美国 EI 公司 E7000 系列自动钻铆机开发了基于压铆力控制铆钉安装过程的控制系统[16]，其余厂商如美国 GEMCOR 公司、德国 BROETJE 公司也有类似的产品。因此，本节建立了基于压铆力控制的有限元模型，贴近实际装配连接的生产制造过程。

### 1. 二维有限元模型

本节针对无头铆钉常用的两种连接形式，分别建立带锪窝结构的二维轴对称模型和无锪窝结构的二维轴对称模型，并将二维有限元模型作为本小节对比分析的基准模型，建模过程如下。

#### 1) 带锪窝孔模型

如图 9.46 所示，模型由无头铆钉、上/下板件、内/外铆模、内/外压脚组成。其中，内铆模为夹角 90°，底部直径 4.76mm 的梯形空腔铆模，外铆模为夹角 66°，底部直径 4.76mm 的梯形空腔铆模。铆钉直径为 4.76mm，长度为 15.88mm。板件的尺寸为 50mm×50mm×3mm。板件长宽尺寸与铆钉直径之比大于 6，足以消除板件边界效应产生的不良影响[15,17]。钉杆与板件之间的间隙为 0.15mm。图中使用的内、外铆模组合也作为本小节分析对比使用的基准铆模组合。

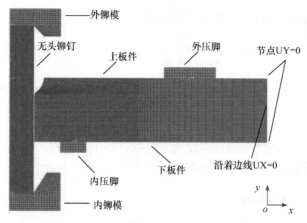

图 9.46　无锪窝孔铆钉连接有限元模型

铆钉使用的材料为 2117-T4 铝合金,板件材料为 2024-T3 铝合金,其材料属性分别如表 9.7 和表 9.8 所示。其中,式(9-126)中 $\varepsilon$ 为真实应变,$\sigma$ 为真实应力。

**表 9.7　2117-T4 铝合金材料属性[18]**

| 材料参数 | 数值 |
| --- | --- |
| 杨氏模量/GPa | 71.7 |
| 泊松比 | 0.33 |
| 初始屈服应力/MPa | 172 |
| 硬化系数(0.02≤$\varepsilon$≤0.10) | C=544MPa, m=0.23 |
| 硬化系数(0.10<$\varepsilon$≤1.0) | C=551MPa, m=0.15 |

**表 9.8　2024-T3 铝合金材料属性[18]**

| 材料参数 | 数值 |
| --- | --- |
| 杨氏模量/GPa | 72.4 |
| 泊松比 | 0.33 |
| 初始屈服应力/MPa | 310 |
| 真实屈服应力/MPa | 552 |
| 硬化系数($\varepsilon_y$≤$\varepsilon_{true}$≤0.02) | C=544MPa, m=0.23 |
| 硬化系数(0.02<$\varepsilon_{true}$≤0.1) | C=551MPa, m=0.15 |
| 线性硬化曲线斜率($\varepsilon_{true}$≥0.1)/MPa | 1034MPa |

在模型中,将无头铆钉与上、下板件定义为变形体;而将内、外铆模与内、外压脚定义为刚体。采用主从面方式定义接触面,接触面之间的摩擦系数定义为 0.2[15]。考虑实际铆接时,每颗铆钉附近的板件还受到周围铆钉连接的影响,约束板件末端平面在 $x$ 向的位移,并约束板件末端上、下节点在 $y$ 方向的位移[19]。同时,约束内、外铆模与内、外压脚除 $y$ 向外的所有自由度,使其只能沿着铆钉压缩方向运动。铆接使用的压铆力为 38000N,施加的压紧力为 500N。

$$\sigma = C\varepsilon^m \tag{9-126}$$

铆接过程整体耗时较短,本小节采用显式有限元程序进行建模。研究表明,1ms 的分析时间适用于准静态铆接分析且具有良好的精度与时间成本,更长的仿真分析时间对所产生的残余应力并无显著影响[19]。因此本小节将分析步的时长设定为 1ms。考虑铆接过程中包含了一定程度的弹性变形,在铆接完成后需要释放,故采用多分析步设置。

步骤 1:加载步,压铆力分别作用于内、外铆模,铆钉变形完成铆接过程。

步骤 2:卸载步,内、外铆模撤离,铆钉与板件回弹,释放弹性变形。

2) 无锪窝孔模型

如图 9.47 所示，模型由 NAS1321AD6E10 无头铆钉、上/下板件、内/外铆模、内/外压脚组成。板件材料为 7050-T7451 铝合金，其材料属性如表 9.9 所示。其中，公式(9-127)中 $\varepsilon$ 为真实应变，$\sigma$ 为真实应力。

$$\sigma(\varepsilon) = A + B\varepsilon^n \tag{9-127}$$

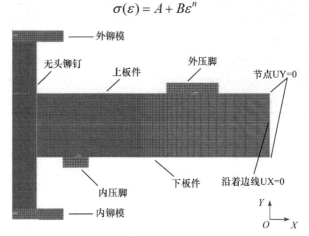

图 9.47　无锪窝孔铆钉连接有限元模型

**表 9.9　7050 铝合金材料属性**[19]

| 材料参数 | 数值 |
| --- | --- |
| 杨氏模量/GPa | 74 |
| 泊松比 | 0.33 |
| 硬化参数 A/MPa | 312.5 |
| 硬化参数 B/MPa | 290.5 |
| 硬化参数 C | 0.25 |

无锪窝孔有限元模型的建模参数和方式，如模型尺寸、网格划分、边界条件设定、接触关系定义和分析步设置均与带锪窝孔有限元保持一致。因采用的板件材料不同，铆接使用的压铆力为 40000N，分别施加在内、外铆模上。

2. 三维有限元模型

根据铆模尺寸和结构的不同，三维有限元模型可分为三维全尺寸模型、三维对称模型、三维四分模型和三维扇形模型四类。本小节主要建立带锪窝孔连接结构的三维模型，供后续研究使用，建模过程如下。

1) 三维全尺寸模型

带锪窝孔的三维模型采用的建模方式与参数设置与带锪窝孔的二维基准有限

元模型保持一致。如图 9.48 所示，模型由 NAS1321AD6E10 无头铆钉、上/下板件、内/外铆模、内/外压脚组成。板件的尺寸为 50mm×50mm×3mm，板件采用的材料为 2024-T3 铝合金。三维全尺寸有限元模型采用 8 节点的减缩积分单元 C3D8R 划分网格。无头铆钉的网格尺寸为 0.15mm，板件靠近铆钉一侧的网格尺寸为 0.2mm，远离铆钉一侧的网格尺寸为 1.2mm。

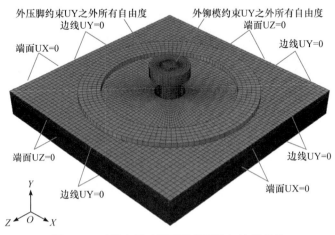

图 9.48　三维全尺寸模型及其网格与边界条件

2) 三维对称模型

三维对称模型如图 9.49 所示。该模型的大小仅为三维全尺寸有限元模型的一半，其建模方法与三维全尺寸有限元模型相同。所不同的是，在该模型中新引入了一个对称面，对称面的边界条件可通过有限元软件进行相应的设置。

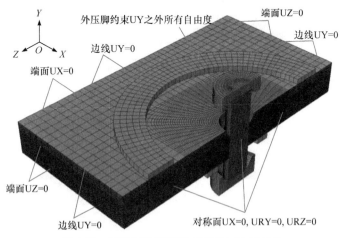

图 9.49　三维对称模型及其网格与边界条件

3) 三维四分模型

三维四分模型如图 9.50 所示。该模型的大小仅为三维全尺寸有限元模型的四分之一，其建模方法与三维全尺寸有限元模型相同。所不同的是，在该模型中新引入了两个对称面，对称面的边界条件可通过有限元软件进行相应的设置。

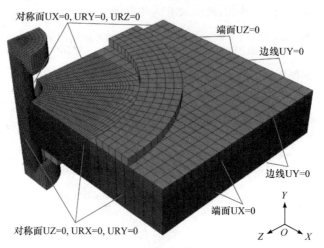

图 9.50　三维四分模型及其网格与边界条件

4) 三维扇形模型

三维扇形模型及其边界条件如图 9.51 所示。模型的建模方法均与三维全尺寸有限元模型相同。所不同的是，模型为 15° 的扇形结构，该角度的选择可以避免

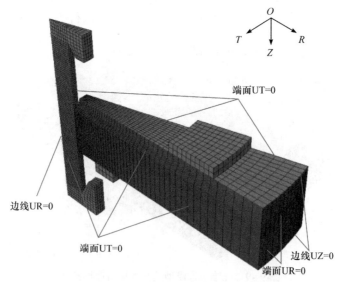

图 9.51　三维扇形模型及其网格与边界条件

铆接过程中模型发生径向畸变以及单元网格出现较大的拉伸比[20]。因模型的上、下板件为半径 25mm、角度 15°的扇形，有限元软件自带的直角坐标系不再适用，需要新建圆柱坐标系以便施加边界条件。

如图 9.51 所示，在圆柱坐标系中，$R$ 为径向，$T$ 为周向，$Z$ 为高度方向。约束上、下板件远部端面在径向的运动，同时约束上、下板件远部边缘在高度方向的自由度；约束铆钉近圆心一侧边线径向自由度；约束铆钉与板件侧面在圆周方向的自由度，同时限制其绕圆周方向和高度方向旋转；约束内、外铆模与内、外压脚除高度方向外所有的自由度。

### 9.6.3　模型准确性试验验证

本节通过试验研究验证理论模型和数值模型的准确性。首先，针对无头铆钉带锪窝孔连接结构和无锪窝孔连接结构，进行铆接试验；然后，分别通过数值仿真与试验研究所得的铆钉镦头尺寸，推导理论最大压铆力，并与仿真与试验过程实际施加的压铆力进行比较，验证理论模型的准确性；最后，采用能量分析法验证仿真结果的有效性，通过铆钉镦头尺寸与干涉量数据对比，验证有限元模型的准确性。

#### 1. 压铆试验过程

#### 1) 带锪窝孔连接结构

带锪窝孔铆钉连接结构简图如图 9.52 所示，其结构参数见表 9.10。铆接样件为 2024-T3 铝合金。使用的铆钉为 NAS1321AD6E10 无头铆钉，其直径为 4.76mm，长度为 15.88mm。为便于试验安装，使用的 2024-T3 铝合金板件尺寸为 400mm×150mm×3mm。板件钉孔直径为 4.91mm，铆钉在板件上、下两端的伸长量相同，$P_U = P_L$。因 2024-T3 铝合金材料硬度较低，铆接采用的压铆力与夹紧力分别为 38000N 和 500N，铆接所产生的铆钉镦头尺寸符合铆接质量要求。

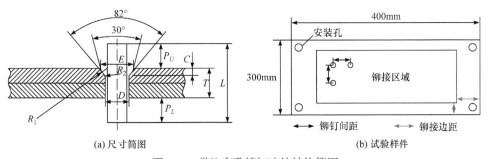

(a) 尺寸简图　　　　　　　　　(b) 试验样件

图 9.52　带锪窝孔铆钉连接结构简图

**表 9.10　带锪窝孔铆钉连接结构件参数**

| 结构参数 | 数值/mm | 结构参数 | 数值/mm |
|---|---|---|---|
| 锪窝直径 $E$ | 6.9 | 无头铆钉直径 | 4.76 |
| 锪窝深度 $C$ | 1.8 | 无头铆钉长度 | 15.88 |
| 圆角半径 $R_1$ | 1.3 | 铆钉上部伸长量 $P_U$ | 4.94 |
| 圆角半径 $R_2$ | 0.25 | 铆钉下部伸长量 $P_L$ | 4.94 |
| 总板厚 $T$ | 6 | 孔径 $D$ | 4.91 |

　　铆接采用的外铆模为夹角 90°，底部直径 4.76mm 的梯形空腔铆模，内铆模为夹角 66°，底部直径 4.76mm 的梯形空腔铆模，并将该铆模作为本小节分析采用的基准铆模。内、外基准铆模在自动钻铆系统上的安装状态如图 9.53 所示，从图中可以明显看到内、外基准铆模的外形结构，在实际铆接过程中，铆模结构能够控制铆接变形过程中铆钉金属材料的流向，从而影响铆接质量。

(a) 外基准铆模　　　　　　　　　　　　(b) 内基准铆模

图 9.53　基准铆模安装示意图

　　试验过程中，根据铆接工艺要求，一次铆接试验至少需要安装 3 颗无头铆钉，本小节一共安装 5 颗无头铆钉。试验过程如图 9.54 所示。插钉后(铆接前)无头铆钉在板件上的安装状态如图 9.54(a)所示，此时内铆模已经处于铆接位置，无头铆钉在上、下板件外部的伸长量相等(图 9.52 中 $P_U = P_L$)，待外铆模移动至铆接位置(与无头铆钉接触)后，内、外铆模便可开始同步压铆。铆接过程通过压铆力进行控制，自动钻铆系统能够准确记录铆接过程参数。

　　2) 无锪窝孔连接结构

　　自动钻铆机工作状态如图 9.55(a)所示，图 9.55 (b)为铆接过程中传感器读数。无锪窝孔铆钉连接结构与带锪窝孔铆钉连接相似，除不具有锪窝孔结构外，其余尺寸参数见表 9.10。铆接使用的板件材料为 7050-T7451 铝合金。本小节在试验时共安装 5 颗铆钉。铆接过程通过压铆力进行控制，自动钻铆系统能够准确记录铆接过程参数。因采用的板件硬度较高，施加的压铆力和夹紧力分别为 40000N 和 500N，铆接所产生的铆钉镦头尺寸符合铆接质量要求。

(a) 自动钻铆机铆接工作状态　　　　　　　(b) 传感器数据

图 9.54　带锪窝孔连接结构铆接试验

(a) 自动钻铆机铆接工作状态　　　　　　　(b) 传感器数据

图 9.55　无锪窝孔连接结构铆接试验

2. 理论模型准确性验证

铆接后形成的铆钉镦头外形分别如图 9.44 和图 9.45 所示，受内、外铆模空腔结构和锪窝孔结构影响，铆钉镦头中有一部分尺寸在镦头成形过程中始终保持不变，如表所示。上、下镦头的圆柱体部分不受铆模空腔结构和锪窝孔结构的影响，其尺寸参数反映了压铆力的大小，较大的压铆力能够得到更大的镦头直径和更低的镦头高度。通过测量上、下镦头圆柱体部分的尺寸参数(表 9.12 和表 9.13)，便可计算出铆接所施加的压铆力数值。

表 9.11 镦头结构尺寸参数

| 部位 | 参数 | 数值 | 部位 | 参数 | 数值 |
|---|---|---|---|---|---|
| 上镦头 | $d_1$ | 4.76mm | 上镦头 | $\theta_1$ | 22.5° |
| | $d_2$ | 根据结构参数计算 | | $\theta_2$ | 15.0° |
| | $d_3$ | 实际测量 | | $\theta_3$ | 41.0° |
| | $d_4$ | 6.80mm | 下镦头 | $d_0$ | 4.76mm |
| | $d_5$ | 根据结构参数计算 | | $d_1$ | 根据结构参数计算 |
| | $d_6$ | 4.91mm | | $d_2$ | 实际测量 |
| | $t_1$ | 1.0 | | $t_1$ | 2.0mm |
| | $t_2$ | 实际测量 | | $t_2$ | 实际测量 |
| | $t_3$ | 根据结构参数计算 | | $\theta$ | 33.0° |
| | $t_4$ | 根据结构参数计算 | — | — | — |

表 9.12 镦头变形实测尺寸参数

| 数据来源 | 部位 | 参数 | 数值/mm | 数据来源 | 部位 | 参数 | 数值/mm |
|---|---|---|---|---|---|---|---|
| 仿真 | 上镦头 | $d_3$ | 7.258 | 试验 | 上镦头 | $d_3$ | 7.253 |
| | 下镦头 | $d_2$ | 7.094 | | 下镦头 | $d_2$ | 7.115 |
| 仿真 | 上镦头 | $t_2$ | 0.889 | 试验 | 上镦头 | $t_2$ | 0.882 |
| | 下镦头 | $t_2$ | 0.496 | | 下镦头 | $t_2$ | 0.487 |

本小节中取摩擦系数 $\mu = 0.2$，铆钉材料的屈服极限 $\sigma_s$=650MPa。将镦头尺寸参数分别代入式(9-64)和式(9-69)便可推算出铆接所需的理论压铆力数值，如表 9.13 所示。

表 9.13 铆接理论压铆力数据

| 数据来源 | 部位 | 实际压铆力/N | 理论压铆力/N | 差异/% |
|---|---|---|---|---|
| 仿真 | 上镦头 | 38000.00 | 34157.27 | 10.112 |
| | 下镦头 | 38000.00 | 35176.80 | 7.429 |
| 试验 | 上镦头 | 37507.20 | 34127.34 | 8.891 |
| | 下镦头 | 37876.10 | 35508.06 | 6.252 |

对比分析表明，理论分析、数值模拟、试验取得的最大压铆力存在一定的差异，造成误差的原因主要有以下几方面。

(1) 理论分析、数值模拟和试验验证采用的假设和简化条件不一样。

(2) 数值模拟和试验取得的铆钉镦头尺寸数据存在一定的差异。

(3) 自动钻铆机力传感器读数与所施加的理论压铆力有一定的差异。

(4) 上镦头外形结构复杂，需将上镦头划分为更多的区块，增加了计算误差。

本节所建立理论模型的最大误差约为10%，此误差在可接受的范围内[21]。因此，本节所建立的理论模型能够准确反映最大压铆力与铆钉镦头尺寸之间的映射关系。理论模型能够根据铆钉镦头尺寸要求对无头铆钉压铆过程所需要的最大压铆力进行预判，有助于提高研究效率。

3. 有限元模型准确性验证

有限元模型采用的几何参数和工艺参数与试验条件保持一致。本节通过仿真有效性检验，比较了铆接干涉量水平以及铆钉镦头尺寸对有限元模型的准确性，并进行验证。

1) 仿真有效性验证

Blanchot[20]提出了一个检验仿真结果有效性的重要标准：对于良好的仿真结果，仿真分析结束时沙漏能量与内能之比应该小于10%。有限元仿真分析过程中产生的沙漏能量与内能之比分别如图9.56(a)和9.56(b)所示。可以看出，对于二维的带锪窝孔模型和无锪窝孔模型，以及各个三维模型，在仿真开始时能量比值均较高，随后比值曲线急剧下降，并一直接近于0。因此，所建立的有限元模型能够得到良好的仿真结果。

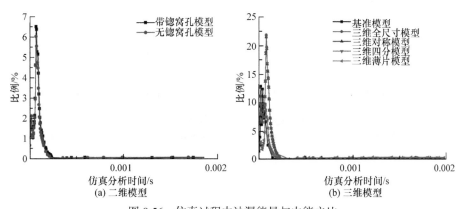

图9.56　仿真过程中沙漏能量与内能之比

2) 铆接干涉量比较

对于带锪窝孔连接结构与无锪窝孔连接结构，本小节分别进行了五次压铆试验。干涉量数据检测位置根据图 9.57 所示,试验获取的干涉量数据如表 9.14 所示。整体上,各个试验件所测得的干涉量数据波动小,一致性好。

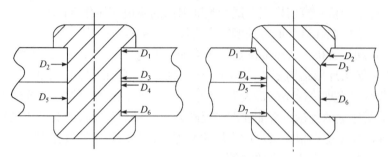

图 9.57 铆接干涉量获取位置

**表 9.14 试验所得铆接干涉量数据**

| 连接结构 | 试件编号 | $D_1$/mm | $D_2$/mm | $D_3$/mm | $D_4$/mm | $D_5$/mm | $D_6$/mm | $D_7$/mm |
|---|---|---|---|---|---|---|---|---|
| 带锪窝孔 | 1 | 3.562 | 2.788 | 2.446 | 2.336 | 2.630 | 2.352 | 2.224 |
| | 2 | 3.566 | 2.696 | 2.442 | 2.344 | 2.626 | 2.336 | 2.260 |
| | 3 | 3.496 | 2.740 | 2.362 | 2.210 | 2.588 | 2.322 | 2.184 |
| | 4 | 3.534 | 2.866 | 2.390 | 2.422 | 2.592 | 2.328 | 2.190 |
| | 5 | 3.624 | 2.720 | 2.426 | 2.334 | 2.628 | 2.348 | 2.186 |
| | 平均值 | 3.556 | 2.762 | 2.413 | 2.329 | 2.613 | 2.337 | 2.209 |
| 无锪窝孔 | 1 | 1.920 | 1.512 | 1.350 | 1.224 | 1.632 | 2.142 | — |
| | 2 | 1.862 | 1.496 | 1.362 | 1.210 | 1.636 | 2.146 | — |
| | 3 | 1.822 | 1.478 | 1.352 | 1.195 | 1.640 | 2.130 | — |
| | 4 | 1.810 | 1.482 | 1.348 | 1.192 | 1.626 | 2.132 | — |
| | 5 | 1.862 | 1.480 | 1.352 | 1.205 | 1.628 | 2.132 | — |
| | 平均值 | 1.855 | 1.490 | 1.353 | 1.205 | 1.632 | 2.136 | — |

　　铆接试验与二维模型仿真分析得到的干涉量曲线如图 9.58 所示。无论是带锪窝孔模型还是无锪窝孔模型,试验与仿真得到的干涉量分布曲线及其变化规律十分接近,最小干涉量数据来源于上、下板件接触面附近。受镦头成形过程的影响,板件端口铆钉孔附近的干涉量较大。但是,与无锪窝孔连接形式相比,带锪窝孔结构因上板件锪窝孔的存在,铆接干涉量沿板件厚度方向没有形成对称分布,上板件锪窝孔附件的干涉量水平要低于下板件。

　　图 9.59 显示了压铆力控制下,不同三维模型产生的干涉量分布曲线。各三维模型产生的干涉量分布曲线近似重叠,在幅值与曲线变化规律上与基准模型干涉量曲线保持一致。

　　对比试验与仿真得到的平均干涉量数据(表 9.15)也反映出试验与仿真所得干涉量数据之间的差异。

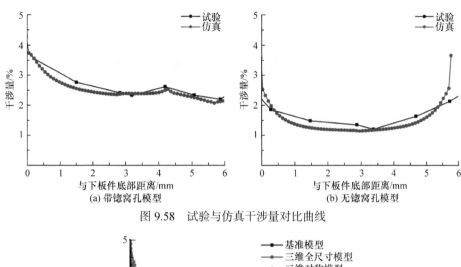

(a) 带锪窝孔模型　　　　　　　　　(b) 无锪窝孔模型

图 9.58　试验与仿真干涉量对比曲线

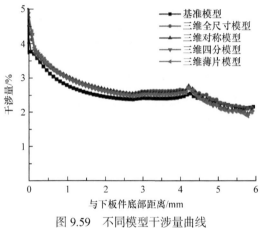

图 9.59　不同模型干涉量曲线

表 9.15　各模型仿真分析产生的干涉量数据

| 连接结构 | 模型 | 平均干涉量/% | | | | | |
|---|---|---|---|---|---|---|---|
| | | 上板件 | | 下板件 | | 整体 | |
| 带锪窝孔 | 试验 | 2.371 | — | 2.910 | — | 2.602 | — |
| | 二维基准模型 | 2.411 | 1.687 | 2.832 | 2.680 | 2.621 | 0.730 |
| | 三维全尺寸模型 | 2.462 | 3.838 | 2.966 | 1.924 | 2.721 | 4.573 |
| | 三维对称模型 | 2.399 | 1.181 | 2.997 | 2.990 | 2.707 | 4.035 |
| | 三维四分模型 | 2.361 | 0.422 | 2.962 | 1.787 | 2.670 | 2.613 |
| | 三维薄片模型 | 2.350 | 0.886 | 2.982 | 2.474 | 2.675 | 2.806 |
| 无锪窝孔 | 试验 | 1.657 | — | 1.566 | — | 1.612 | — |
| | 二维基准模型 | 1.557 | 6.035 | 1.482 | 5.364 | 1.520 | 5.707 |

表 9.15 中的偏差表示各模型产生的干涉是数据与试验所得数据的差异程度，与试验数据相比较，各模型产生的数据与试验数据之间的最大差异约为 6%，满足仿真精度要求。因此，本小节建立的各个有限元模型能够提供准确的铆接干涉量水平分析。

3) 铆钉镦头尺寸比较

铆接试验与仿真分析得到的铆钉镦头尺寸数据如表 9.16 所示，所有试验数据与仿真结果均满足镦头最小尺寸要求，且试验与仿真得到的铆钉镦头尺寸差异极小。铆钉镦头外形分别如图 9.60 和图 9.61 所示，进一步对比发现，实际铆钉镦头截面形状与有限元仿真结果十分相似。因此，本小节建立的各个有限元模型能够提供精确的铆接变形结果。

表 9.16　铆钉镦头尺寸数据

| 连接结构 | 模型 | 直径/mm | | 高度/mm | |
| --- | --- | --- | --- | --- | --- |
| | | 上镦头 | 下镦头 | 上镦头 | 下镦头 |
| 带锪窝孔 | 试验 | 7.253 | 7.115 | 1.882 | 2.487 |
| | 二维基准模型 | 7.258 | 7.094 | 1.889 | 2.496 |
| | 三维全尺寸模型 | 7.120 | 7.104 | 1.883 | 2.493 |
| | 三维对称模型 | 7.112 | 7.106 | 1.883 | 2.493 |
| | 三维四分模型 | 7.106 | 7.094 | 1.885 | 2.501 |
| | 三维薄片模型 | 7.114 | 7.122 | 1.883 | 2.500 |
| 无锪窝孔 | 试验 | 8.596 | 8.680 | 1.506 | 1.530 |
| | 二维基准模型 | 8.464 | 8.490 | 1.511 | 1.478 |

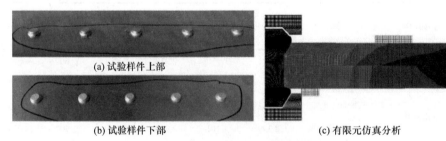

(a) 试验样件上部

(b) 试验样件下部

(c) 有限元仿真分析

图 9.60　带锪窝孔连接铆接变形镦头外形

试验表明，本章所建立的二维和三维有限元模型能够很好地模拟无头铆钉压铆过程，并提供准确的分析结果。

| (a) 试验件横截面 | (b) 有限元仿真分析 |

图 9.61　无锪窝孔连接铆接变形镦头外形

最后，通过对铆接质量的对比分析表明，对于带锪窝孔连接结构的不同二维和三维有限元模型，与试验数据相比，其铆接干涉量最大误差约为 4.5%，铆钉镦头尺寸最大误差约为 1.35%，各模型均具备较高的分析精度。本章总结了二维基准模型和各个三维模型之间模型尺寸规模、分析精度与效率之间的对应关系，如表 9.17 所示。基于压铆力控制的有限元模型均能够提供较高的分析精度，在实际分析时可根据研究内容，酌情选用合适的有限元模型，在确保分析精度的前提下，提高计算效率。

表 9.17　带锪窝孔结构有限元模型分析效能数据

| 控制方式 | 模型 | 网格数 | 分析耗时 | 分析精度 |
| --- | --- | --- | --- | --- |
| 压铆力 | 二维基准模型 | 23986 | 31min | 优 |
|  | 三维全尺寸模型 | 336982 | 4h27min | 优 |
|  | 三维对称模型 | 169226 | 3h1min | 优 |
|  | 三维四分模型 | 81004 | 1h36min | 优 |
|  | 三维薄片模型 | 42256 | 59min | 优 |

# 参 考 文 献

[1] 世伟国际机电设备有限公司. 机身钻铆系统 [EB/OL]. http://www.showay.com.cn/?info-388-1.html.[2019-8-1].

[2] Electroimpact Inc. E4000 Wing Panel Travelling Yoke [EB/OL].https://www.electroimpact.com/Products/Fastening/E4000.aspx.[2019-8-1].

[3] Broetje-Automation GmbH. 钻孔和紧固[EB/OL]. http://www.broetje-automation.com.tw/cn/equipment/automatische-montage/bohren-nieten/#bohren-nieten.[2019-8-1].

[4] Schroer K, Albright S L, Grethlein M. Complete, minimal and model-continuous kinematic models for robot calibration[J]. Robotics and Computer-Integrated Manufacturing, 1997, 13(1): 73-85.

[5] Zhu W, Mei B, Ke Y. Kinematic modeling and parameter identification of a new circumferential drilling machine for aircraft assembly[J]. International Journal of Advanced Manufacturing Technology, 2014, 72(5): 1143-1158.

[6] Chen W J, Li L, Xu M. A modified couple stress model for bending analysis of composite laminated beams with first order shear deformation[J]. Composite Structure, 2011, 93: 2723-2732.

[7] Wu Y Y, Li Y S, Wei J W, et al. A subsection independently systematic integral method for solving problems of statically indeterminate beam[J]. Engineering Mechanics, 2013, 30(S1): 11-14.

[8] Yan R, Peng F Y, Li B. A method of general stiffness modeling for multi-axis machine tool[J]. Intelligent Robotics & Applications, 2008, 5315: 1013-1021.

[9] Wang J, Yang L, Luo X, et al. Mathematical modeling study of scroll air motors and energy efficiency analysis-Part 1[J]. IEEE/ASME Trans. Mechatron, 2011, 16(1): 112-121.

[10] Wang J, Luo X, Yang L, et al. Mathematical modeling study of scroll air motors and energy efficiency analysis-Part 2[J]. IEEE/ASME Trans. Mechatron, 2011, 16(1): 122-132.

[11] Andersen B W, Binder R C. The analysis and design of pneumatic systems[J]. Journal of Applied Mechanics, 1967, 34(4):1055.

[12] Wang J, Kotta Ü, Ke J. Tracking control of nonlinear pneumatic actuator systems using static state feedback linearization of the input-output map[J]. Proceedings of the Estonian Academy of Sciences Physics Mathematics, 2007, 56(1): 47-66.

[13] Lewis F L, Syrmos V L. Optimal Control[M]. New York：John Wiley & Sons, 2012.

[14] Liu L X, Li X N, Wang Z Q, et al. Semi-empirical research on automatic drilling and riveting process of headless rivet[J]. Journal of Northwestern Polytechnical University, 2013, 31(1): 77-82.

[15] Müller R P G. An experimental and analytical investigatin on the fatigue behaviour of fuselage riveted lap joints[D].Delft: Delft University of Technology, 1995.

[16] Electroimpact Inc. Electroimpact[EB/OL].https://www.electroimpact.com.[2019-8-3].

[17] Godwin E W, Matthews F L. A review of the strength of joints in fiber-reinforced plastic mechanically fastened joints[J]. Composites, 1980, 11(3): 155-160.

[18] Li G, Shi G, Bellinger N C. Studies of residual stress in single-row countersunk riveted lap joints[J]. Journal of Aircraft, 2006, 43(3): 592-599.

[19] Atre A. A finite element and experimental investigation on the fatigue of riveted lap joints in aircraft applications[D]. Atlanta: Georgia Institute of Technology,2006.

[20] Blanchot V, Daidie A. Riveted assembly modeling: Study and numerical characterisation of a riveting process[J]. Journal of Materials Processing Technology, 2006, 180: 130-137.

[21] 姜杰凤. 高锁螺栓干涉安装及其对螺接结构力学性能的影响[D]. 杭州: 浙江大学, 2014.

# 第10章　飞机数字化装配系统集成及应用软件

## 10.1　概　　述

飞机装配系统是体现飞机制造工艺学发展水平的一个重要技术指标。自从飞机装配由人工为主的机械化操作模式发展成为以高端工艺装备为核心的数字化、自动化协同作业模式以来，人们在高端工艺装备上的人力和物力投入巨大，并且很快取得了重要的应用效果[1-3]，然而，除了需要十分重视飞机装配数字化、自动化硬件装备技术创新之外，我国多个重点型号飞机的实际应用实践表明，如何贯彻先进飞机的先进制造工艺，也就是工艺过程、工艺规程的软件化、系统化、集成化对充分发挥高端工艺装备的技术能力和水平极其重要。只有开发出能够全面贯彻数字化、自动化、柔性化装配理念的软件系统并实现离散系统的高度集成，才可以充分发挥先进硬件的数字化、自动化、柔性化装配技术潜力，才能够支撑新一代飞机制造技术的飞速发展。

从纯技术角度看，一个充分体现数字化协调技术内涵的飞机装配系统，激光跟踪仪、激光雷达等数字化测量设备是实现装配对象数字化检测和评估的最基本要素。通过数控定位器组群的协同运动实现对飞机部件的支撑、调姿与对接[4]。由机器人制孔系统、环形轨道制孔系统、专用机床制孔系统或自动化钻铆机实现对壁板的自动化制孔或钻铆[5,6]。由高精密数控机床完成对接交点孔的精加工，需要将不同组件的调姿定位单元、数字化测量子系统、自动化制孔子系统、操作平台及工作梯等数字化(或非数字化)工艺装备，有机地集成为统一软件平台支撑的大型系统，按照装配工艺流程和规范进行有序协调调度和控制，实现不同类型、不同区域、不同设备之间的高效协同运行，高可靠完成飞机的数字化、自动化、柔性化装配。

数字化装配从本质上看是以数字量为装配协调和评价依据，贯穿飞机装配全部工艺过程，因此，首先需要建立飞机数字化装配大系统集成框架，打通各装配子系统之间的数据壁垒，保证各装配子系统之间数字量来源的统一性和唯一性。其次，需要建立飞机装配精度评价的唯一性判据，便于引入各子系统采集设备位置、设备状态以及检测点空间位置等数据信息。从而，实现飞机装配过程静态、动态数据的统一分析、决策，保障飞机装配过程的安全性、可靠性。开放性的飞机数字化装配大系统集成框架的建立不但可以实现对孤立数控装备、装配对象和装配子系统工装的快速有效集成，而且将数字化装配中飞机姿态评价技术、数控定位器协同运动控制技术、飞机姿态调整路径规划技术、飞机装配工艺过程管控技术等核心关键算法进行模块化和组件化集成，使软件开发框架满足不同飞机型号、不同装配层次和不同生产阶段的数字化装配系统高效开发和集成应用需求。

## 10.2　系统组成及集成框架

在飞机数字化装配现场，分散但有序布置了大量自行研制或外购的数字化装配系统，各个装配子系统之间需要进行协同运作，按照设计的工艺流程和工艺规范依次执行各项装配操作，最大效率化、最低成本化、最佳可靠性追求装配过程自动化和柔性化。一般来说，以激光跟踪仪、激光雷达或 iGPS 作为数字化测量设备，实现对飞机部件特征的空间位置测量，相关数字化测量系统软件实现对激光跟踪仪或激光雷达的控制以及测量任务发送和数据获取[7]；以多台空间布局的三坐标数控定位器实现对飞机部件的支撑、调姿与定位，相关调姿定位控制系统实现对数控定位器组的协同运动控制；以工业机器人结合不同功能设计的终端执行器实现壁板制孔、交点孔精加工、测量点打制以及附件安装等不同的装配操作，相关机器人辅助装配系统实现对机器人的运动控制和装配任务执行[8,9]；以数控钻铆设备实现对飞机部件壁板的钻铆操作，利用专用数控系统实现对钻铆程序的编制和控制执行；以数控机床或专用装备实现对飞机部件的交点孔精加工，利用专用数控系统实现对加工程序的编制和控制执行；以轨道式水平移动系统实现对飞机在站位间的运输，相关站位移动系统实现对飞机站位间移动运输的定位控制和安全性保护[10]。同时，为将装配数据上传到企业已有的 ERP 系统，还需要实现装配现场软件与飞机制造企业信息系统的集成。综上所述，飞机数字化装配系统主要由装配现场软件系统和飞机制造企业信息系统组成。装配现场软件系统主要包括集成管理系统、工艺管理数据库及客户端、调姿定位控制系统、数字化测量系统、机器人辅助装配系统、站位移动系统、精加工系统等。飞机制造企业信息系统主要包括 CAPP 系统、ERP 系统、企业数据库等。

举例来说，一个典型的飞机数字化装配软件系统各子系统之间一般通过工业以太网连接，基于 TCP/IP 协议和 Windows Socket 建立通信接口模块；控制系统与调姿设备中运动控制器之间通过 PCI 总线连接，基于 Danaher 公司提供的 MEI 动态链接库建立通信接口模块；运动控制器与底层设备直接通过 SynqNet 总线实现连接，其接口在运动控制器中已经实现；机器人辅助装配系统与机器人之间通过工业以太网连接、基于 TCP/IP 协议、OPC 协议建立 OPC 客户端，利用该客户端与机器人中的 OPC 服务器实现数据的传输和远程过程调用；测量子系统与激光跟踪仪之间通过工业以太网连接，基于 TCP/IP 协议、Windows Socket 和 Emscon 通信编程规范建立通信接口模块，整个系统结构如图 10.1 所示。

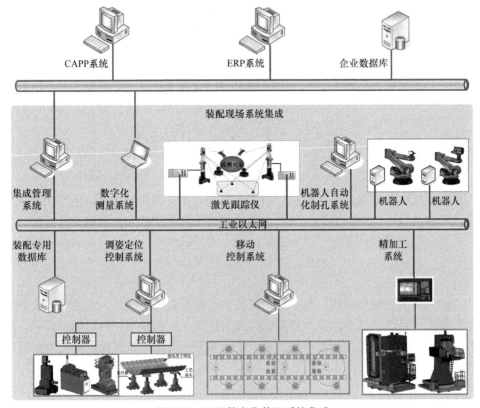

图 10.1　飞机数字化装配系统集成

集成管理系统与数据库服务器之间主要进行数据存取操作。集成管理系统与底层系统之间通过特定的协议进行连接和通信，通信协议定义了系统之间的通信方式和格式。各系统间的通信协议的全体构成了协议层。

(1) 集成管理系统负责调度底层系统，协调完成装配工艺过程。以部件装配系统为例，集成管理系统计算各组件的位姿，仿真组件调姿路径，监控现场设备状态，为操作者提供装配工艺操作界面，显示装配工艺进度、计算结果、评价结论等现场关键数据，同时将关键过程数据保存到数据库中。

(2) 底层系统控制负责管理现场设备，包括设备配置参数管理、设备运行状态管理等；调姿控制系统根据集成管理层指令，完成设备自检、调姿路径规划及协调运动；机器人自动化制孔系统根据集成管理层指令，操纵机器人完成基准孔测量、制孔等相关操作；数字化测量系统根据集成管理层指令，完成现场测量设备操作。底层系统都为操作者提供可视化操作和数据显示界面。

(3) 数据库客户端和数据库服务器负责管理装配系统相关数据，包括各组件的特征数据、公共观测点数据、各设备的特征数据、装配过程产生的工艺数据等。数据库客户端提供上述数据的查询、输入人机界面。

装配现场软件系统通过企业内部网络和企业信息系统连接，集成管理系统通过企业数据库实现与 ERP 系统和 CAPP 系统的数据集成，实现 AO 指令的查询和修改，测量系统可以直接将产品装配质量检测数据保存到企业数据库，供 ERP 系统和 CAPP 系统分析和存档，保证数据实时性和真实性。

# 10.3　数字化测量软件设计

不同的飞机数字化装配系统有不同的功能需求，与商业化的测量系统不同，飞机数字化装配测量软件主要提供快捷规范的自动化测量方式，以便简化装配测量过程和测量后的数据处理过程。为此，提供了两大类数字化测量软件系统。

第一类测量软件系统，基于成熟的商业测量软件(如 Spatial Analyzer)进行二次开发，其优点在于可以利用已有软件的功能减少编程工作量，系统稳定可靠，运行管理成本低。

第二类测量软件系统，基于测量仪器的开发接口进行开发的专业化飞机数字化装配测量系统，这类测量软件系统编程工作量大，但是可以针对用户需求，提供灵活、多样的测量功能和方法。可以支持高复杂度的飞机装配自动化测量应用需求。

## 10.3.1　基于成熟商业软件二次开发的自动化测量系统

### 1. 功能需求

基于 Spatial Analyzer 软件二次开发接口进行数字化测量软件的开发，其目的在于实现以下功能。

1) 装配测量过程标准化和测量界面的简洁化

针对不同的飞机数字化装配测量工艺需求，利用商业化软件的二次开发接口，对商业测量软件功能进行重新组合，提取出设备连接、仪器定位、标尺检查、漂移检查、装配测量等主要测量工艺流程，使测量工作简单化、测量过程标准化。

2) 测量过程的自动化

根据工艺数据，估算测量点的当前大致位置，通过程序指定相应测量仪器，实现自动化测量数据采集。测量自动化的实现，大大地降低了测量的劳动强度，提高了测量效率。

3) 测量结果的自主评价

获得测量数据后，根据工艺评价的需求，制定标准化数据报告表格，实现测量结果的自主评价和人工零计算。测量评价功能的集成，大大减少了装配工艺员分析数据的时间，把人工处理数据易出错的风险降低到零，数据管理程序规范、可信。

4) 测量结果的自动上传

通过 TCP/IP 协议和 Socket 通信接口，架构与其他信息化系统的通信接口，实现测量数据的上传功能，为实现整个装配系统，乃至整个车间的信息化和自动化提供数据支持。

自动化调姿测量系统在 Spatial Analyzer 软件的基础上进行开发，支持的硬件包括 Leica AT901 系列激光跟踪仪、API 激光跟踪仪以及 iGPS 系统等，也可以轻松拓展到其他 Spatial Analyzer 软件支持的全站仪、照相测量系统、三坐标测量系统、测量臂测量系统等。通过测量仪器接口，访问测量仪器服务器，实现多种仪器的自动化指光、自动化测量，提高测量的自动化水平。可接收集成工艺管理系统的测量任务，进行部件姿态自动化测量，并把测量结果返回给集成工艺管理系统，实现数据的自动化传递。

规范的测量流程设计是测量可靠性的保障。在测量系统设计时，不仅考虑了自动化测量的实现方法，更重要的是通过规范流程的制定，使测量过程更规范化，测量的可靠性更高。测量系统的三个数据交互模块分别实现了与 SA 软件、Surveyor 软件和集成管理系统的通信。

2. 功能模块

系统主要功能包括系统设置功能模块、仪器连接功能模块、仪器定位功能模块、标尺检查功能模块、漂移检查功能模块、装配检查功能模块等，如图 10.2 所示。

图 10.2　系统主要功能模块

1) 系统设置功能模块

设置系统的参数。

2) 仪器连接功能模块

通过 SA 二次开发模块和 Surveyor 二次开发模块，在自动化测量软件中连接并配置好仪器。

3) 仪器定位功能模块

通过测量现场固定的 ERS 点，使仪器的测量坐标系与装配坐标系(飞机坐标系)一致，以使不同站位的仪器具有相同的测量结果[11]。

4) 标尺检查功能模块

测量一根与系统组成材料一致的标尺，检查经过修正后仪器的测量长度是否与标尺的长度一致。

5) 漂移检查功能模块

测量 1～2 个固定点(通常为转站时测量的 ERS 点)，通过观察其坐标值是否发生变化，检查测量过程中仪器是否发生漂移。

6) 装配检查功能模块

接收集成工艺管理系统的测量命令，实现自动化指光、测量功能。

7) 球头测量功能模块

接收球头测量命令，实现自动化指光、测量球头功能。

8) CATIA 数据传输模块

将选择的测量数发送到 CATIA，完成数据传输功能。

### 10.3.2 完全自主开发的数字化测量系统

1. 功能需求

这一类测量系统是基于激光跟踪仪提供的二次开发接口进行专门开发，其实现的功能主要包括[12]以下几个方面。

1) 仪器连接和仪器控制

实现与激光跟踪仪的连接，并控制激光跟踪仪实现初始化、回鸟巢、测量、找靶标等基本功能。测量系统要从激光跟踪控制器中获取测量数据，并将其存储在测量系统中，显示给用户。支持连接和管理多台激光跟踪仪，以便实现多台跟踪仪的协同高效测量。

2) 通用测量系统功能

提供多种坐标系构建方法，并提供转站(即仪器定位)功能，实现测量坐标系与装配坐标系的快速统一。提供包括测量数据管理、模型显示、基本几何拟合、计算、投影、求交、坐标变换在内的一系列测量分析的统一功能，提供对 Leica 激光跟踪仪的电子水平仪/T-Probe/Overview Camera 等额外附件的测量支持，保证测量系统具备激光跟踪仪完整的测量功能。

3) 自动化测量功能

实现与集成管理系统的数据交互接口，可响应管理系统发送的初始化、单点测量、多点测量、球头测量指令等，同时控制多台激光跟踪仪进行自动化测量，并在测量完毕后将测量结果发送回集成管理系统，进行进一步数据处理。

4) 定制化测量功能

对于需要通过激光跟踪仪实现雷达罩安装、惯导部件安装、航炮校靶、屏显校靶、全机水平测量等特殊测量任务的情况，测量系统可以配合相应的测量仪器或装置，通过扩展相应的功能模块来实现数字化测量，从而提高系统整体的数字化水平，提高系统精度和产品质量的稳定性。

5) 实现与企业 ERP 系统的数据通信

对于需要与企业 ERP 系统集成的情况，测量系统可以通过接口模块建立数据通信通道，实现双方数据的读写、信息互换。例如，测量系统可以通过数据库的接口程序，读取数据库已存储的 AO 状态信息，并把当前的测量计算结果存入数据库中。

2. 关键技术

为了满足上述功能需求，需要解决以下关键技术。

1) 与集成管理系统的数据通信技术

与 Metrolog XG、Axyz、Spatial Analyzes 等通用测量软件不同，在飞机数字化装配中，测量系统需要与装配系统中的其他软件系统(如集成管理系统、企业 ERP 系统等)通信，实现支持多台激光跟踪仪的自动化测量。与集成管理系统的数据通信的实现使得集成管理系统可在测量系统准备完毕，状态正确的条件下直接控制激光跟踪仪进行测量，无人工干预就能获得现场测量数据，大大提高了系统效率，减少了人工传递数据出错的可能。

与集成管理系统的通信接口是基于 Socket 通信接口进行设计的。Socket 通信接口是在 Windows 进行网络通信编程的 API 接口，也是 Windows 网络编程的事实标准。该通信接口把通信两端分为服务器端和客户端。服务器端开启服务，等待客户端连接。客户端连接后，可根据需要自行向客户端发送服务端状态信息，也可以接收客户端的请求，执行客户端的指令，并把执行结果反馈给客户端。为了使服务器端与客户端能正确地通信，需要定义一个共用通信协议，保证通信数据的一致性。在与集成管理系统进行通信时，测量系统作为服务器端，集成管理系统为客户端，测量系统为集成管理系统提高测量服务。图 10.3 为测量系统与集成管理系统通信的通信模式。

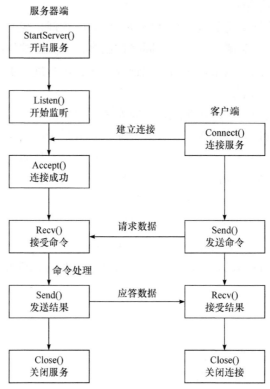

图 10.3    测量系统与集成管理系统通信的通信模式

其中的通信数据以数据包的形式定义，数据包分两大类[13]：CCommandCT 为客户端命令数据包，CCommandRT 为服务器端回复命令包。每个数据包内包含两部分内容：数据包头和数据。其中数据包头记录数据包大小，数据包对应的命令、数据包的类型等信息，以便接收数据包的一方把收到的数据包内容区分开来，响应不同的函数，执行不同的命令。CCommandRT 的数据包头还包含命令执行的结果，以便客户端对不同类型的结果作出不同的处理。数据包中的数据定义在数据包头之后，可根据不同命令定义不同的数据结构。

2) 与激光跟踪仪的数据通信技术

不同激光跟踪仪提供的开发接口有所不同。Leica 激光跟踪仪通过控制器内的 Emscon 软件开启测量服务，测量软件可以通过指定的 Socket 通信接口使用该测量服务。一旦建立与该服务的连接，测量软件就可接收到该服务发送的激光跟踪仪状态改变的信息，其通信内容由 Emscon 软件的通信协议确定。不同版本的 Emscon 可通信的内容略有不同。测量软件也可以通过 Emscon 软件提供的开发接口向激光跟踪仪发送各种命令，读取或修改激光跟踪仪内部测量参数、控制激光跟踪仪实现初始化、松电机、开/关激光、搜靶标、点指向、回鸟巢以及多种模式的测量功能[14]。以测量为例，其实现过程如图 10.4 所示。

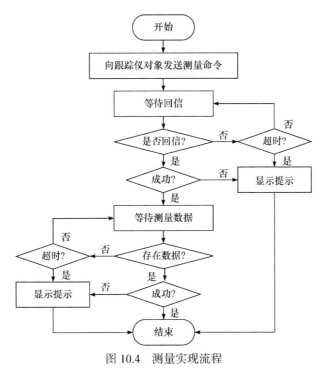

图 10.4　测量实现流程

为了实现对 Overview Camera 的支持，Leica 提供 LTVideo.ocx 控件。该控件通过另一个通信端口传输数据，可使测量软件接收激光跟踪仪控制器发送的影像数据，该数据由安装在激光跟踪仪头部的 Overview Camera 采样获得。为了寻找靶球方便，测量系统通过鼠标点击在图片上的位置，计算激光跟踪仪激光指向该位置需要转动的角度，然后通过 Emscon 的"点指向"功能让激光跟踪仪指向鼠标在图片上点击的位置，实现通过现场影像控制激光跟踪仪搜索靶标的功能。

### 3. 功能模块设计

根据测量系统软件的功能需求，将软件划分为如下几个功能模块：基本功能模块、坐标系模块、服务设置模块、系统设置模块、装配测量模块、球头测量模块等。按照企业需求可扩展专用的零部件安装、校靶等模块。图 10.5 为测量系统功能模块示意图。

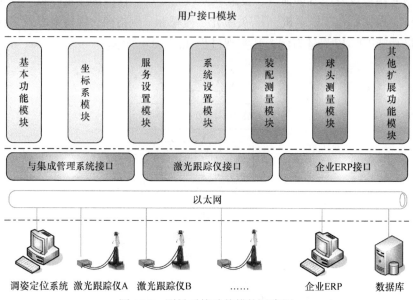

图 10.5　测量系统功能模块示意图

1) 基本功能模块

基本功能模块主要完成对激光跟踪仪的基本操作，包括激光跟踪仪初始化、开/关激光、松/紧电机、回鸟巢、静态测量、连续测量、停止连续测量、搜靶标、水平面测量等功能。为方便分析计算测量结果，还提供拟合工具和几何工具。拟合工具用于把测量点拟合成直线、平面、圆弧、球等常用几何元素。几何工具主要用于对常用的几何元素进行测量、投影、求交等功能。

2) 坐标系模块

坐标系模块的主要功能是要完成现场各种坐标系的构建，包括一系列构建、修改坐标系的工具和对激光跟踪进行转站的工具。为了方便构建坐标系，我们提供了多种建立坐标系的方法。三点建标使用不在同一直线上的三个点建立坐标系；六点建标使用 3-2-1 的方法构建直角坐标系；几何建标使用两个方向和指定坐标系原点建立坐标系，其中的方向可以是直线或平面法向量；姿态建标可以通过飞机部件的姿态参数构建出飞机坐标系。修改坐标系可以变换坐标系的各轴方向，任意角度旋转坐标系和通过指定点或输入坐标值的方式可修改选定坐标系的原点。该模块还提供激光跟踪仪转站的功能，所谓转站就是通过测量一组公共观测点并与这组点的理论值比较，获得两组点的坐标转换关系参数，把该参数设置到激光跟踪仪控制器中，使激光跟踪仪的测量坐标系与装配坐标系一致。

3) 服务设置模块

服务设置模块主要用来管理激光跟踪仪，其功能包括以下几种。

(1) 添加一个要使用的激光跟踪仪到系统中。

(2) 删除不需要继续使用的激光跟踪仪。

(3) 建立与激光跟踪仪的网络连接。

(4) 断开与激光跟踪仪的网络连接。

服务设置模块能实时查询激光跟踪仪的连接状态，当出现如激光跟踪仪关机、网线断开等故障时，可及时通知用户，便于及时排除系统故障。

4) 系统设置模块

系统设置模块主要用于设置激光跟踪仪的参数，主要包括坐标和单位、环境参数、温度等级、ADM 参数、搜索参数、系统参数、测量模式参数、测量区域参数、水平仪设置、补偿参数信息、折射率、跟踪仪信息、PROBE 信息和 CAMERA 信息等参数；完整地查询激光跟踪仪及其附件的状态，对排除测量过程中激光跟踪仪可能遇到的故障有着十分重要的作用；允许用户手动修改某些参数，以实现特殊的测量要求。比如用户可以更改静态测量模式参数，延长静态测量的测量时间以提高测量的稳定性，或缩短测量时间以提高测量效率。系统设置功能提供恢复默认参数功能，可一键恢复默认参数，以恢复激光跟踪仪参数到初始状态，以免用户错误地修改系统参数。

5) 装配测量模块

装配测量模块的主要功能是通过局域网络接收集成管理系统的测量指令，控制对应的激光跟踪仪进行自动测量，并把测量结果返回给集成管理系统。集成管理系统需要根据定位器位置和所装配部件的机型及测量点理论值，估算被测点的实际坐标值。激光跟踪仪可指向该估算位置并进行搜索，搜索到稍微停顿等待激光跟踪仪稳定，随即进行测量。如果自动搜索不能搜索到测量点，可以手动进行靶标搜索和测量。全部点测量完毕后，把测量结果返回给集成管理系统。

6) 球头测量模块

球头测量模块主要功能是在飞机吊装入位的过程中对飞机的支撑球头位置进行测量，从而引导控制系统驱动定位器到达支撑球头正下方的位置，完成飞机的准确入位。与装配测量相同，球头测量的任务由集成管理系统发送，测量结束后测量系统把测量结果发送给集成管理系统，由集成管理系统通知控制系统移动定位器到准确的飞机部件入位位置。与装配测量不同的是，测量系统需要测量飞机部件支撑球头表面的一系列点，通过球拟合计算得到球心坐标后再把计算结果返回给集成管理系统。

7) 用户接口模块

用户接口模块提供了一个现场操作人员与测量系统交互的环境。该环境包括了用户操作界面与音频报警单元。用户操作界面为主要的交互接口，操作人员通过输入设备，如键盘、鼠标等输入命令，命令执行结果则从操作界面反馈出来，测量、计算结果、异常情况、日志系统与现场实时数据等都可以通过操作界面获取。软件设计中避免人员在操作时因软件界面不明确引起的误操作，实现在一个操作过程中对其他功能键进行锁定。对于可能造成数据丢失的重要操作，在操作时弹出警告对话框。音频报警单元为单向交互单元，测量系统通过该单元刺激操作人员的听觉系统达到警告的目的，该单元主要控制电脑硬件系统的蜂鸣器。

# 10.4　调姿对接控制软件设计

调姿对接控制系统软件基于工业以太网和 TCP/IP 接收工艺集成管理系统发出的控制指令和控制参数，生成伺服电机控制指令，再通过 SynqNet 实时现场总线，驱动数控定位器各驱动轴同步协调运动，实现各部件(如壁板、机身段等)的吊装、调姿、对接，下架和出站等装配操作。调姿对接控制系统基于面向事件(工艺流程)的思想设计，由工艺集成管理系统进行集中调度和控制，调姿对接控制系统接收到工艺集成管理系统派发的任务指令和控制参数之后，控制装配现场相应的工装设备动作,并向工艺集成管理系统实时反馈设备当前位置和运行状态数据，完成装配任务操作。

比如，机身段调姿对接控制系统软件和整机调姿控制系统软件均可以通过 TCP/IP 与 BECKHOFF 嵌入式 PLC 通信，实现对现场所有 IO 设备的数据读写操作。系统通过人机界面显示定位器各驱动轴位移传感器读数、力传感器读数等必要的设备运行和系统状态信息。

## 10.4.1　模块划分

根据上述功能需求，如图 10.6 所示，调姿对接控制系统软件可以划分为基础功能模块和装配流程功能模块两部分。

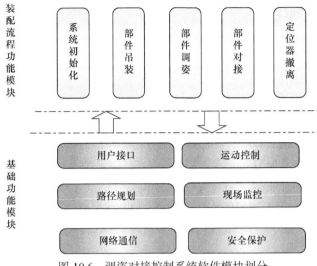

图 10.6　调姿对接控制系统软件模块划分

基础功能模块可以划分为运动控制模块、调姿路径规划模块、现场监控及安全保护模块、网络通信模块以及用户接口模块等子功能模块。运动控制模块基于Danaher 公司提供的运动控制编程接口，根据给定的运动模式，驱动定位器各驱动轴按照调姿路径同步协调运动到位，实现组件姿态变换，运动控制亦可通过采用西门子公司 SimotionD 系列基于 Profinet 协议的运动控制器来实现，但基于灵活性和经济性以及与上位机集成性考虑，这里采用 Danaher 公司运动控制板卡实现驱动轴运动控制；调姿路径规划模块根据给定组件的当前姿态和目标姿态，规划合理的调姿路径，生成定位器各驱动轴的同步运动轨迹数据；现场监控及安全保护模块实现现场设备运行状态监控，故障报警、诊断、记录等功能；网络通信模块实现控制系统与集成管理系统之间的网络连接与数据通信功能；用户接口模块提供用户简洁、易用的人机交互操作界面，便于用户方便灵活地操控现场装配工装设备。

装配流程功能模块主要是组合上述基础功能模块，严格按照实际调姿对接装配工艺流程，实现系统初始化、部件吊装入位、部件调姿、部件对接、定位器撤离、下架等功能。系统初始化模块实现调姿对接控制系统的 SynqNet 网络初始化、通信接口检查、设备对象创建和参数配置以及系统数据初始化等功能；部件吊装模块实现部件支撑数控定位器自适应入位和同步上升支撑部件等功能；部件调姿模块实现部件支撑数控定位器调姿路径规划和同步运动，完成部件位置和姿态调整等功能；部件对接模块实现支撑数控定位器沿对接方向或逆对接方向同步运动，完成相应的对接功能。

### 10.4.2　功能模块设计

1. 基础功能模块设计

1) 运动控制模块

运动控制模块[15]是基于美国 Danaher 公司提供的运动控制编程接口(motion programming interface, MPI)以及 SynqNet 网络实时现场总线技术,进行装配现场 I/O 设备信号读写、电机参数配置和运动控制等基本操作。该模块通过对 MPI 功能函数的二次封装,构建 MEI 数据类、运动控制类、驱动轴类、I/O 设备类等高级对象,实现装配现场参考坐标系下各驱动轴位置和运动参数与其伺服电机控制底层参数之间的自由转换、MEI 对象的创建和管理、I/O 数据读写、驱动轴自检(正/负限位碰撞检查、找零、回零等)、单轴运动或多轴同步协调运动开启/暂停/终止等复杂功能操作。

运动控制模块的主要功能是将装配现场参考坐标系下生成的各定位器驱动轴的调姿路径数据转换成相应伺服电机的运动控制参数,并根据选定的运动模式(如 position-time、position-velocity-time 等),将电机运动控制指令和运动参数通过 SynqNet 现场总线下发到各电机驱动器,再由各电机驱动器控制相应的驱动轴同步协调运动到位,最终实现机头后段各组件的位姿调整和对接装配等任务。

2) 调姿路径规划模块

调姿路径规划模块是控制系统的核心模块之一,主要功能是规划定位器各驱动轴的同步协调运动轨迹,从而实现组件的位置和姿态调整。该模块的输入是组件的当前位置($x$ 轴、$y$ 轴和 $z$ 轴坐标)和姿态(Roll 角度、Pitch 角度和 Yaw 角度)、目标位置和姿态、支撑定位器的当前空间位置坐标、驱动轴前后轨迹点之间的离散距离的容差值等参数,输出是各支撑定位器驱动轴的离散运动轨迹点的坐标值。

调姿路径规划算法主要包括分步平动和分步转动算法、同步平动和分步转动算法、分步平动和同步转动算法、同步平动和同步转动算法以及同步平转动算法等,如图 10.7 所示。分步平动和分步转动算法是指驱动支撑定位器各轴同步运动,使刚体先依次沿 $x$ 轴、$y$ 轴和 $z$ 轴平动,实现位置调整,再依次沿 $x$ 轴、$y$ 轴和 $z$ 轴转动,实现姿态调整;同步平动和分步转动算法是指驱动支撑定位器各轴同步运动,使刚体先沿某空间轴平动,实现位置调整,再依次沿 $x$ 轴、$y$ 轴和 $z$ 轴转动,实现姿态调整;分步平动和同步转动算法是指驱动支撑定位器各轴同步运动,使刚体先依次沿 $x$ 轴、$y$ 轴和 $z$ 轴平动,实现位置调整,再沿某空间轴转动,实现姿态调整;同步平动和同步转动算法是指驱动支撑定位器各轴同步运动,使刚体先沿某空间轴平动，实现位置调整，再沿某空间轴转动，实现姿态调整；同步平转动算法是指驱动支撑定位器各轴同步运动，使刚体沿空间曲线作平动和转动的复合运动，实现刚体位置和姿态的同时调整。

图 10.7　调姿路径规划基本算法

3) 现场监控及安全保护模块

现场监控子模块的主要功能是通过各类传感器，对现场工装设备运行状态进行实时监控，及时发布和预报设备运行状况；安全保护子模块的主要功能是对现场工装设备实施故障报警、诊断与记录，并对异常或故障迅速采取相应的安全保护措施。现场监控主要是通过采集和分析处理布置在装配车间或工装设备上的各类传感器信号实现的，这些传感器主要包括力传感器、位移传感器、限位开关、急停开关等。通过实时采集上述传感器的信号，并将传感器读数与其阈值进行比较，可以了解定位器空间位置以及定位器的受力等状况，从而全面监控装配现场的工装设备运行状态。例如在定位器运动过程中，软件系统通过驱动轴位移传感器和力传感器，可以实时获取定位器空间位置和所承受的载荷力信息数据，再通过人机界面的方式，让用户可以查询并了解定位器实时工作状况。

安全保护模块是在现场监控模块的基础上，对采集到的传感器信号作进一步地分析与处理，及时发现环境变化和设备运行故障，并根据预定的故障排除措施迅速作出响应。在各个装配工艺阶段，若检测到装配现场环境条件不符，则软件系统报警，提示用户在当前环境条件下激光跟踪仪测得的检测点位置精度可能较差；在部件吊装阶段，通过开启灯光安全警示，系统提示用户注意现场安全，注意避让；在部件支撑或调姿阶段，如果监测到定位器的力传感器读数超过系统阈值，则软件系统立刻急停相关定位器驱动轴，终止当前装配任务操作，并给出定位器承载超限的报警提示信息；在定位器运动过程中，通过设置硬限位和软限位的方法，可以防止定位器运动超行程，如果驱动轴碰撞到正限位或负限位开关，则软件系统急停当前驱动轴，提示用户需驱动电机反方向运动以便远离触发限位。

4) 网络通信模块

网络通信模块的主要功能是基于工业以太网建立调姿对接控制系统与工艺集成管理系统之间的网络通信连接，接收工艺集成管理系统派发的控制任务指令和控制参数，驱动工装设备动作，并实时地向工艺集成管理系统上传设备运行位置和状态数据，最后，向工艺集成管理系统反馈控制任务执行结果信息，从而实现调姿对接控制系统与工艺集成管理系统之间的网络数据通信。

网络通信模块是基于工业以太网和 TCP/IP 协议，通过对 Windows 操作系统提供的网络编程接口 Windows Sockets API 函数的二次封装实现的。该模块还定义了调姿对接控制系统和工艺集成管理系统之间的数据通信协议，用于规范两个系统之间网络传输的数据类型、数据内容和数据格式。

实际应用过程中，调姿对接控制系统作为服务器端，通过网络通信模块建立一个 Socket 通信服务端口，并通过这个端口等待具有 Socket 接口的客户端-工艺集成管理系统的网络连接，一旦建立连接，则两个系统在网络上传输和接收的数据信息都通过这个 Socket 接口实现。

另外，该模块还通过以太网和 TCP/IP 与 BECKHOFF 嵌入式 PC CX1020 通信，实现对现场所有 IO 信号的读写和定位器锁紧电机驱动控制等操作。

5) 用户接口模块

用户接口模块的主要功能是通过图形化的方式向用户提供调姿对接控制系统软件的人机交互接口，便于用户通过图形化界面灵活地操作现场工装设备，同时向操作人员显示机头后段各个壁板组件在吊装、支撑、调姿、锁紧定位和对接装配过程中所必需的信息，方便用户掌控整个装配工作流程。

如图 10.8 所示，控制系统软件界面主要由标题区、图示区、系统信息区、操作面板区、操作提示区和日志区等几个部分组成。标题区显示当前正在进行的部件装配工艺阶段名称；图示区显示当前工艺阶段参与工作的工装设备和飞机部件示意图；系统信息区显示当前装配飞机的机型和架次信息、系统时间等信息；操作面板区通过面板按键的方式，方便用户根据工艺流程操作现场设备；操作提示区显示操作面板各功能按键对应的具体操作内容；日志区显示用户的操作步骤、设备运行过程中产生的警告、错误等信息。

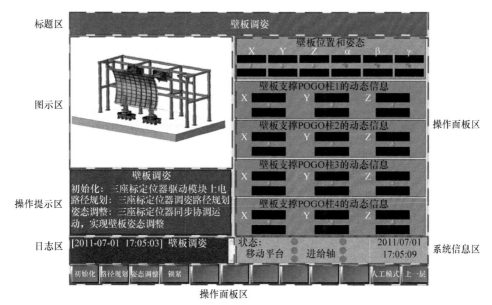

图 10.8　控制系统软件界面布置

2. 装配流程功能模块设计

1) 系统初始化

调姿对接控制系统软件初始化包括 SynqNet 网络初始化、通信接口检测、系统数据初始化以及各类传感器初值读取等内容。

(1) SynqNet 网络初始化。

调姿对接控制系统是基于 SynqNet 现场总线网络对设备进行控制的，故软件开始运行时，需要执行由 ZMP 控制卡、运动控制节点、逻辑控制节点等组成的 SynqNet 网络初始化，从而完成识别 ZMP 控制卡硬件设备、识别 SynqNet 网络上所有运动控制节点和逻辑控制节点、识别 SynqNet 网络拓扑状态等任务。将识别出的 ZMP 控制卡数量及状态、运动控制节点数量及状态、逻辑控制节点数量及状态、网络拓扑信息等数据与控制系统设计方案进行比对，如果不一致，则 SynqNet 网络初始化出错，系统提示出错信息，如找不到某控制卡、某控制节点不能成功识别等。

SynqNet 网络初始化出错后，提示操作人员进行 SynqNet 网络线路连接检查等维护信息。待修复后，再重试初始化，程序流程图如图 10.9 所示。

(2) 通信接口检测和系统数据初始化。

检测与调姿对接控制系统相关的通信接口，例如，与集成管理系统之间的以太网通信接口、与 BECKHOFF 嵌入式 PC CX1020 之间的以太网通信接口等。若接口信息异常，则查找原因，再重试。

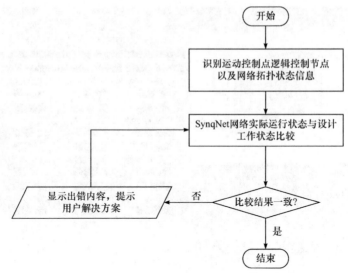

图 10.9　SynqNet 现场总线网络初始化程序流程图

从集成管理系统获取现场定位器驱动轴行程以及定位器理想位置与实际位置误差补偿值等控制系统全局性初始化数据。程序流程如图 10.10 所示。

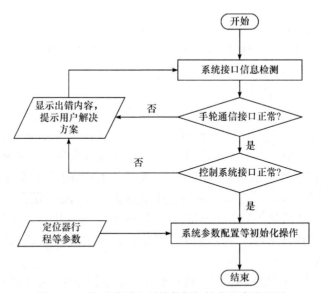

图 10.10　接口检测和系统数据初始化程序流程图

2) 部件吊装入位

部件吊装主要是完成部件(如壁板、机身段等)吊装入位，并由相应的数控定位器支撑。

该系统接收到工艺集成管理系统下发的部件吊装任务指令后,驱动数控定位器完成工艺球头入位操作。该系统提供三种球头入位方法:基于位移传感器的自适应入位法、基于给定球头位置的刚性入位法和手轮控制入位。建议优先采用手轮控制入位法。入位完成后,将球头锁紧机构置于防逃逸状态,并驱动数控定位器同步上升,支撑部件。部件吊装入位过程中,控制系统向工艺集成管理系统实时上传定位器位置和力传感器数据,并将采集到的力传感器数据与系统阈值比较,一旦超出阈值,系统急停该定位器并报警。

控制系统部件吊装入位程序流程如图 10.11 所示。

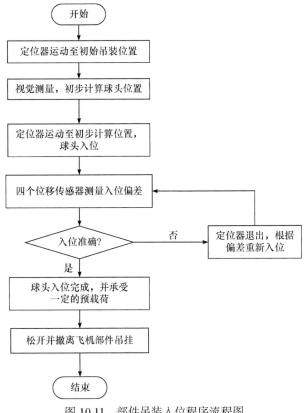

图 10.11　部件吊装入位程序流程图

3) 部件调姿

部件调姿功能主要是将部件吊装入位支撑时的实际初始位姿调整到满足部件之间装配连接要求的理论目标位姿。系统接收到工艺集成管理系统下发的部件调姿任务指令和当前目标位姿参数后,进行调姿路径规划,并将路径规划数据上传至工艺集成管理系统进行调姿过程仿真分析,校验路径数据的正确性,待校验合格后，驱动定位器各轴同步协调运动到位，实现部件位置和姿态的调整。部件调姿过程中，系统向工艺集成管理系统实时上传定位器位置和力传感器数据，一旦数控定位器同步协调运动误差或力传感器读数超差，系统急停该定位器并报警。

控制系统部件调姿程序流程如图 10.12 所示。

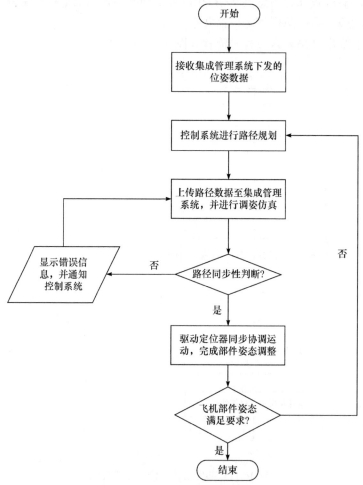

图 10.12　部件调姿程序流程图

4) 部件对接

部件对接功能主要是驱动部件沿特定的方向运动，实现两部件之间的对接装配。系统接收到工艺集成管理系统下发的部件对接任务指令后，将数控定位器的球头锁紧机构置于锁紧状态，驱动数控定位器同步协调运动，沿特定方向移动飞机部件到理论对接位置。部件对接过程中，系统向工艺集成管理系统实时上传定位器位置和力传感器数据，一旦数控定位器同步协调运动误差或力传感器读数超差，系统急停该定位器并报警。

控制系统部件对接程序流程如图 10.13 所示。

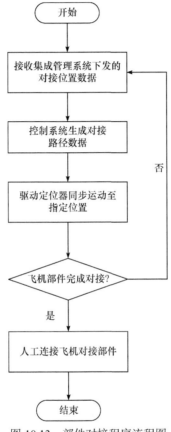

图 10.13　部件对接程序流程图

# 10.5　离线编程与仿真软件设计

离线编程与仿真软件是介于数字化模型与自动化加工设备之间的程序生成器[16]，该软件以包含加工孔位信息的工艺数模、机床仿真模型为输入，从工艺数模中提取加工信息，经过工艺分类、路径规划、运动仿真等步骤，输出机构运动安全、可靠，设备应用高效的自动化加工程序(NC 程序)，供自动化加工设备使用[17]。为快速、可靠地实现上述需求，软件应具有以下功能。

(1) 软件自动记录操作过程，以增强系统的鲁棒性。

(2) 软件自动保存由系统产生的中间文件，以支持系统的再启动和二次操作。

(3) 软件提供良好的人机交互界面以供工艺人员简单易行地编制加工程序。

(4) 仿真程序具有有效性(满足加工格式要求)、可靠性(无漏孔、无重复)以及加工的安全性(加工过程无干涉)。

### 10.5.1 操作模块划分

根据上述功能需求，如图 10.14 所示，将离线编程与仿真软件划分为前置处理、轨迹仿真、后置处理三个模块。

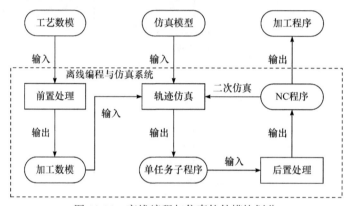

图 10.14　离线编程与仿真软件模块划分

1) 前置处理模块

以工艺数模为输入，将工艺数模中需要加工的所有孔位根据孔径、深度、材料、工艺需求(是否需要冷挤压、是否需要锪椭圆窝等)等属性，分成不同加工工艺并自动指定切削参数，实现工艺数模向加工数模的转化。

2) 轨迹仿真模块

以加工数模和仿真模型为输入，对加工数模中的孔位进行排序、仿真、修正工艺规划(参考孔除外)，保存输出为单任务子程序。轨迹规划以加工数模中的工艺为任务单元，仿真后不超限、不干涉的加工孔序列输出为单任务子程序。

3) 后置处理模块

以轨迹仿真模块生成的单任务子程序为输入，按照数控加工程序格式将单任务子程序转化为自动化加工设备使用的 NC 程序。

### 10.5.2 操作模块设计

离线编程与仿真软件模块的操作流程如图 10.15 所示。

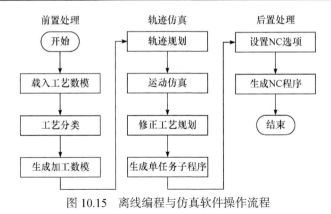

图 10.15　离线编程与仿真软件操作流程

1. 前置处理模块设计

前置处理模块旨在将工艺数模转化为加工数模,供轨迹规划和运动仿真使用,其流程如下。

1) 载入工艺数模

在工艺数模中, 孔的加工数据均按照组件划分原则, 不同部位和类别的孔存储在不同的集合中。这种加工数据往往不能适应离线编程软件以提高加工设备应用效率为目标的数据组织需求, 且加工信息量巨大, 容易发生数据遗漏和重复等问题, 存在加工隐患, 而且问题数据难以排查。因此将工艺数模导入到程序结构树中进行处理, 保证结构树中的数据信息与工艺数模的数据信息一致, 方便产品加工数据的汇总及再组织, 提高加工数据的处理效率。

2) 工艺分类

以工艺文件为依据, 将加工孔位按工艺进行分类, 并以树形结构存储下来, 该树形结构称为工艺结构树。工艺分类实现加工孔按加工工艺重新组织, 保证同一工艺下的加工孔采用相同的切削参数。工艺文件是记录不同加工工艺与切削参数(加工类型、刀具编号、进给速度、主轴转速等完整的切削工艺参数)对应关系的配置文件, 由工艺人员通过切削试验确定。工艺文件是离线编程与仿真软件进行工艺分类的基础也是实际加工的参数依据。

3) 生成加工数模

在 CAD 软件中生成加工数模, 其数据结构树与工艺结构树相同, 以此来直观反应不同工艺的孔位分布, 以实现后续模块操作中离线编程与仿真软件与 CAD 软件的交互。加工数模的成功生成标志着前置处理的结束, 轨迹仿真模块的开始。

2. 轨迹仿真模块设计

轨迹仿真模块旨在通过轨迹规划和运动仿真, 创建一条高效、安全的加工路径, 并将结果输出为单任务子程序, 其流程如下。

1) 轨迹规划

针对指定的加工任务，通过加工区域划分和路径排序功能创建加工路径，提供路径顺序显示和隐藏功能，并将加工路径导入至仿真环境中。

2) 运动仿真

在仿真环境中对加工路径进行运动仿真，检查是否存在运动超限和碰撞干涉等问题，对于运动超限即运动不可达问题，可通过调整加工姿态和机床冗余轴等方法进行改善，对于碰撞和干涉问题，可通过设置路径辅助点进行运动避障，直至创建一条高效、安全的加工路径。

3) 修正工艺规划

由于加工部件的制造和装配误差、重力作用和温度变形等影响，实际加工对象与理论模型不可避免存在偏差，故可通过检测参考孔偏差，进而对理论加工位置进行修正，以提高加工位置精度。离线编程与仿真软件提供修正工艺规划功能，根据加工孔和参考孔的分布关系，在加工数模中交互选择加工孔及其对应的参考孔组，包括整体修正、一维修正和二维修正等方式。

4) 生成单任务子程序

将具有加工工艺和修正工艺的加工路径保存输出，称为单任务子程序，供后置处理模块使用。

由于在创建加工孔程序时，需要用到参考孔，所以在选择非参考孔作为任务时，一般首先规划参考孔测量程序。只有当参考孔的单任务子程序(至少一个)和加工孔的单任务子程序(至少一个)被保存记录后，才能顺利进入后置处理模块的使用。

3. 后置处理模块设计

后置处理模块旨在将单任务子程序(或多个单任务子程序的组合)中包含的所有孔位的必要信息整合成对应的机床加工命令，并添加必要的控制指令后输出为机床的加工程序，供机床加工使用，其流程如下。

1) 设置 NC 选项

同一条 NC 程序在实际加工过程中的不同阶段会有不同用途，在同一个阶段的不同工序中，也可以通过调整 NC 程序中的参数来满足不同需求，例如在自动化加工设备调试阶段，用于空走；在试验件验证阶段，用于描点；在正式加工阶段，用于制粗加工孔；在正式加工阶段，用于制精加工孔。由于只要极少数的命令语句或变量，就可以让一条加工程序在不同加工模式间转换，所以通过设置选项的方式可以简化加工程序的编制过程。

2) 生成 NC 程序

根据机床运动指令格式，将轨迹仿真模块生成的单任务子程序，转化为 NC 程序。一般机床 NC 格式包括机床编号、机床零位、安全位姿、换刀指令、切削工艺、运动指令、位置修正指令、法向调整指令等。

3) NC 程序仿真

由于在轨迹仿真模块仅对单任务进行运动仿真，然而实际加工时可能需要组合多个任务，因此针对任务衔接处的运动安全性和加工现场临时增添、删减路径等情况，离线编程与仿真软件提供了对 NC 程序进行二次仿真功能，以确保实际加工的安全性。

# 10.6　自动化制孔控制软件设计

机器人自动化制孔控制软件面向用户思想设计，其主要功能需求如下。①基于 ZMP 控制卡嵌入 PC 型的开放式系统，必须保证软件系统的模块化和开放性。②能够实现设备开环、半闭环和闭环的多种运动控制方式实现设备单轴或多轴运动控制，并在人机界面上显示相关的运动参数(目标位置，当前位置、速度等)。③因为运动配置参数各不相同，现场配置或修改非常困难，且容易出错。考虑到系统的智能化和操作简便，采用可扩展标记语言(extensible markup language，XML)编写设备配置文件。④必须提供给软件操作者一个操作简便、响应适中且人性化的人机接口界面[18]。

## 10.6.1　基于 MPI 的软件开发技术

MPI 系统采用 Windows 为系统平台。Windows 系统是为个人和办公应用开发，但是，由于它拥有巨大的软硬件资源和庞大的用户群，近年来在工业控制领域得到了越来越多的应用。

软件开发工具选用 VC++.Net，它是一套集成的开发工具，包括文本和资源编辑器、编译器、项目管理器和调试工具，并已经集成了相当规模的基本类库和控件操作。整个开发环境中的所有操作具有 Windows 程序流行的风格，极大地方便了用户进行操作。与其他高级语言编程器相比，具有生成代码效率更高、程序运行速度更快等优点。

软件架构采用基于微软基础类(microsoft foundation classes，MFC)，的多线程架构。MFC 是在 C++环境下编写应用程序的一个框架和引擎。它是 WinAPI 和 C++的结合，是一种软件编程的规范。

### 1. 软件工作原理

根据制孔系统硬件设计，基于 PC 机、Danaher 公司提供的 ZMP 运动控制卡、SynqNet 网络伺服驱动器和 MPI 开发控制系统上位机软件。PC 机实现上层对底层运动设备的管理并提供开式、模块化的人机操作界面。ZMP 控制卡和驱动器来实现对底层设备实时运动控制。上位机控制软件根据制孔程序或人机交互输入的控制指令和控制参数，生成电机、I/O 设备控制指令，再通过 SynqNet 实时现场总线，控制移动平台运动或终端执行器制孔操作，并通过各类传感器实时监控装配现场各设备的运行状况。整个系统的工作原理如图 10.16 所示。

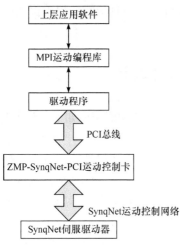

图 10.16　软件工作原理图

## 2. MPI 介绍

在机器人自动制孔集成控制系统中，控制卡一般完成底层的控制和驱动任务，上位 PC 机完成系统管理、人机交互、运动轨迹生成和运动曲线输出等[19]。在这种结构中，上下位软件的衔接和通信就显得十分重要，MEI 公司提供了非常好的资源和工具，包括：MPI、Motion Console 和 Motion Scope，帮助开发者构建和迅速开发高性能的运动控制软件。

MPI 为美国 Danaher 公司提供的运动控制程序接口，它提供了一系列面向对象的 C++语言函数与数据类型，用来开发适用于各种不同平台的运动控制应用程序，它既可以开发出简单的单运动控制卡程序，又可以开发出复杂的多运动控制卡的多任务应用程序。MPI 以动态链接库的方式提供给开发者调用，对于运动控制系统它提供了所有层面上的定制，利用它甚至可以直接对 ZMP 运动控制卡上的内存进行操作。MPI 由 30 个对象构成，主要有 Control/Motion/Filter/Axis/Motor/ Event/Notify/Capture 和 Recorder 等[20]。它的总体结构如图 10.17 所示。

其中，Control 对象用于管理运动控制器，即系统的 ZMP 控制卡，主要完成控制对象的创建、注销和验证，控制对象属性的配置和获取，以及控制卡存储器的分配和读写操作，而且一个控制卡只能创建一个 Control 对象。在创建完 Control 对象后，必须同时创建 Motion/Filter/Axis/Motor/Event 等 MPI 对象。

Motion 对象管理单个或多个轴，它提供了一个运动系统的命令接口和获取它所控制的轴的状态信息的方法。它的首要功能是以同步的方式给各个轴提供轨迹数据。另一个功能是监控它控制的轴的状态，以及与这些关联的电机和滤波器的状态。它主要包含的方法有运动的创建、注销和验证，运动属性的配置和获取，轴的添加和移除，运动类型的配置等。MPI 提供了十余种运动模式，如 S-Curve、Trapezoidal、PT 和 Spline 等。

Axis 对象是运动控制中实际的物理轴的抽象。在系统中控制器根据运动命令计算出轴的理论位置，各个轴得到实际位置并执行，产生误差和状态信息。一个轴可以被单个或多个 Motion 对象控制。

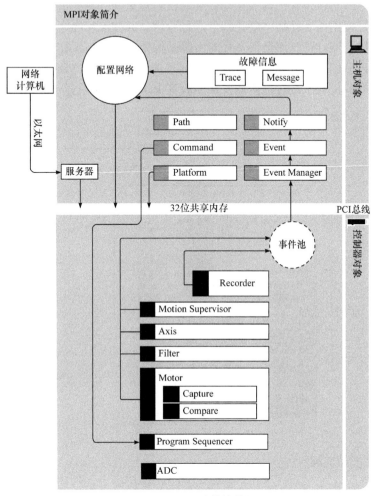

图 10.17　MPI 总体结构图

Filter 对象管理控制器的滤波器，它描述电机闭环控制系统的控制算法。Filter 对象包括控制算法、相应的系数输出和输入等。一个 Filter 对象可以对应单个或多个 Axis 对象。一个 Axis 也可以对应单个或多个 Filter 对象。

Motor 对象管理单个电机，它描述电机和伺服驱动器的物理连接和相关的 IO。Motor 对象包含编码器的读数、限位开关、传感器、伺服放大器的状态、DAC 的输出以及其他的状态信息。

3. 软件结构分析与设计

机器人自动化制孔控制软件是基于面向对象开发的，根据系统要求，软件整体结构设计如图 10.18 所示。由自动化制孔离线编程及仿真系统根据产品数模生成制孔程序，其中包含机器人运动和终端执行器运动的制孔信息。控制系统导入制孔程序，根据指令功能将制孔指令进行分解，并按照程序顺序分别发送给机器人和终端执行器。视觉测量参考孔的实际坐标值，对待加工孔位进行修正。机器人根据修正后的孔位完成终端执行器定位，基于位移传感器调整孔位法向。终端执行器根据解析的工艺过程协调控制压脚等 I/O、电主轴及进给轴实现制孔。

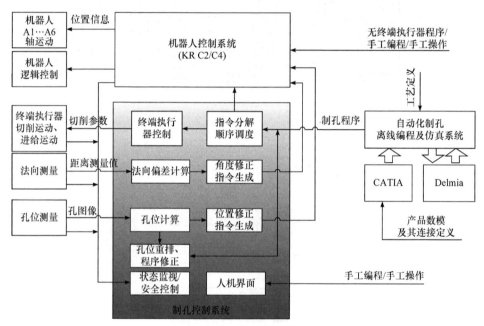

图 10.18　软件结构图

### 10.6.2　功能模块设计

根据系统功能需求，机器人自动化集成制孔系统主要划分为以下六个模块：网络通信模块、设备控制模块、制孔质量控制模块、现场监控和安全保护模块、程序管理模块和用户接口模块，如图 10.19 所示。

1. 网络通信模块

网络通信模块负责建立上位机与机器人控制器、末端执行器和移动平台等设备之间的网络通信连接，通过相应的通信接口，将上位机的控制指令和参数下发到底层控制设备，同时接收底层设备反馈的运行状态等实时信息，实现上位机与底层设备之间的数据通信以配合完成壁板加工操作。上位机与机器人控制器之间基于以太网和 TCP/IP 协议，采用 Windows Socket 技术建立网络通信接口子模块；

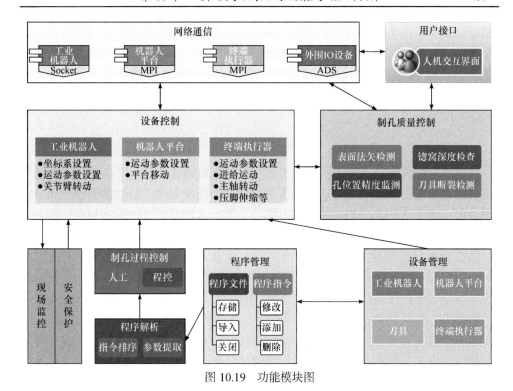

图 10.19　功能模块图

上位机与终端执行器和移动平台之间基于 SynqNet 现场总线协议,通过对 Danaher 提供的运动控制编程接口 MPI 的二次封装,建立网络通信接口子模块,实现控制指令的发送及设备反馈信息的接收。

上位机与机器人控制器之间的通信模块包括 Socket 客户端模块、Socket 服务端模块和自定义通信协议模块,如图 10.20 所示。自定义通信协议模块定义了控

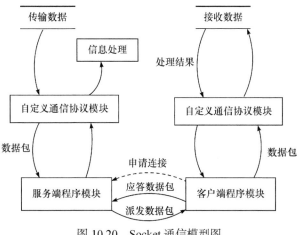

图 10.20　Socket 通信模型图

制系统和机器人系统之间的数据通信协议，用于规范两个系统之间网络传输的数据类型、数据内容和数据格式。实际应用过程中，作为服务器端控制系统建立一个 Socket 通信端口，并通过这个端口等待具有 Socket 接口的客户端机器人系统的连接，一旦建立连接，则两个系统在网络上传输和接收的数据信息都通过这个 Socket 接口实现。

### 2. 设备控制模块

设备控制模块负责将上位机的控制指令和参数转化为移动平台、终端执行器、机器人等设备能够接收和处理的特殊命令格式，驱动上述设备的伺服轴运动，实现设备运动控制功能，如机器人平台移动、终端执行器的进给运动和主轴转动、机器人的六个关节臂转动等[21]。

移动平台和终端执行器的运动控制模块是基于美国 Danaher 公司提供的 MPI，通过 SynqNet 网络实时现场总线，实现装配现场伺服电机控制、I/O 设备信号读写等基本操作。该模块通过对 MPI 函数的二次封装，构建 MEI 数据类、运动控制类、驱动轴类、I/O 口类、平台类、终端执行器类等高级对象，实现 MEI 对象的创建和管理、I/O 数据读写、驱动轴自检、单/多轴运动开启/暂停/终止等复杂操作。机器人的运动控制是通过网络通信将坐标系、运动参数、运动方式等信息按照通信协议定下的格式传输给机器人控制器，控制器按照解析的目标位置自动进行路径规划、机器人位姿调整。

### 3. 制孔质量控制模块

制孔质量控制模块主要包括孔位修正功能和工件表面法向检测、修正功能。该模块采集位移、力、电流等传感器信号和工业摄像机的图像信号等数据，通过信号数据处理、计算和分析，获取制孔质量信息，实现孔表面法矢检测、孔位置精度检测、锪窝深度检查、刀具断裂和磨损检测等功能，确保机器人制孔精度和表面质量。

### 4. 程序管理模块

程序管理模块负责管理自动化制孔离线编程系统输出的 XML 格式的制孔程序文件，文件以孔为单位进行组织和排序，形成序列化的操作指令列表。制孔程序文件的打开、保存和关闭以及制孔程序步骤的添加、修改和删除等编辑功能均在此模块中实现。该模块维持原始制孔程序文件的唯一性，如果程序文件内容变动，则针对当前加工文件另存为一份新的制孔程序文件。

### 5. 现场监控及安全保护模块

现场监控主要是通过采集和分析处理布置在系统设备上的各类传感器信号和

网络通信数据实现的，这些传感器主要包括位移传感器、限位开关等。通过实时采集上述传感器的信号，并将传感器读数与其阈值进行比较，可以了解制孔系统的环境条件、机器人空间位置等情况，从而全面监控现场设备运行状况。例如在机器人运动过程中，软件系统通过位移传感器、光栅尺、限位开关等 I/O 设备，可以获取机器人空间位置、进给轴位置和限位事件触发状态等实时数据，再通过人机界面的方式，方便用户查询并了解制孔设备实时工作状况。

安全保护模块是在现场监控模块的基础上，对采集到的传感器信号作进一步地分析与处理，及时发现环境变化和设备运行故障，并根据预定的故障排除措施迅速作出响应或提示现场操作人员采取相应防护操作。在平台移动过程中，通过开启蜂鸣和灯光安全警示，系统提示用户注意现场安全，注意避让；在驱动轴移动过程中，若驱动轴出现触发正或负限位事件、因电机错误或警告引起使能错误等异常状况，则软件系统立刻终止当前装配任务操作，急停相关驱动轴，打开蜂鸣和灯光安全警示，并给出报警或错误提示信息。

6. 用户接口模块

用户接口模块主要功能是通过图形化的方式向用户提供简洁、易用的人机交互操作界面，便于用户灵活地管理制孔程序和操控自动化制孔设备。同时向操作人员显示加工过程中设备当前位置、运行状态和报警信息等数据，方便用户掌控整个制孔加工过程。如图 10.21 所示，机器人自动制孔控制系统软件界面主要由标题区、操作面板区、系统信息区和操作日志区等几个部分组成。标题区显示自动化制孔控制系统名称；操作面板区通过面板按键的方式可以切换到不同的界面，方便用户根据工艺流程操作现场设备；系统信息区显示系统时间、系统 Logo 信息；操作日志区显示用户的操作步骤，设备运行过程中产生的警告、错误等信息。

图 10.21　软件主界面图

### 10.6.3 操作流程模块设计

1. 初始化

初始化模块主要完成系统配置和设备自检两项操作。

机器人自动化制孔控制软件是在 SynqNet 现场总线网络上搭建的，因此控制系统软件开始运行时，需要执行由 ZMP 控制卡、运动控制节点、逻辑控制节点组成的 SynqNet 网络配置操作。读取 XML 配置文件，根据设计的 ZMP 控制卡数量、运动轴数量、控制节点数量创建 MEI 对象，实现诸如 I/O 设备类型、运动参数、运动轴反馈类型等参数的配置。如果系统配置出错，控制系统给出错误提示信息，如找不到某控制卡、某控制节点无法识别等。SynqNet 网络初始化出错，系统则给出必要的错误修复操作提示信息，如提示操作人员进行 SynqNet 网络线路连接检查等设备维护信息。待网络修复后，再重新配置。

在系统配置完成后，需要进行设备自检操作；自检操作的主要内容是各驱动轴找到并运动至零点位置。软件驱动机器人移动平台轴运动，以半闭环零位开关找零方式，通过触发零位开关确定各轴的零点位置所在，并移动到零点位置；对于终端执行器的进给轴，由于采用绝对光栅，已确定零点位置，只需使其回到零点位置即可。

2. 平台移动

在平台移动阶段，软件根据移动平台目标位置，以给定速度驱动移动平台运动到指定的站位，使制孔区域处于机器人较优的工作范围内。对于平台移动，既可实现在 Socket 通信方式与机器人连接情况下，由机器人发出运动指令、实现自动控制，又能够人工输入参数，灵活控制其运动。

3. 机器人精确定位

自动化制孔控制系统初始化后，通信模块中的服务器端处于侦听状态，运行在机器人系统(客户端)中的连接程序，即可以 Socket 通信方式建立控制系统与机器人的连接。将机器人控制系统切换至自动模式，在接收到上位机发送的运动指令后即可自动运动到目标位置，并向控制系统返回运行结果。

建立连接之后，载入建站文件，利用视觉测量模块测量在工件上布置的参考孔，通过参考孔在飞机坐标系和机器人基坐标系下坐标值匹配计算出机器人基坐标系在飞机坐标系下的位姿，即建站。平台未移动情况下，建站在一个制孔区域只需执行一次。载入加工文件，利用视觉测量模块测量参考孔实际坐标值，根据参考孔理论坐标与测量坐标的差值，对所有待加工孔位进行孔位修正，并将补偿位置保存至加工文件中。机器人运动到修正后的孔位，利用激光位移传感器测量待加工壁板表面法向，控制系统根据测量值控制机器人绕工具坐标系 $x$ 轴、$y$ 轴转动，保证孔位位置不变的情况下修正法向，使得刀具轴线与壁板表面垂直，实现孔位的精确定位。

### 4. 制孔

制孔模块主要包括电主轴、进给轴及相应的辅助 I/O 控制。进给轴的控制主要是驱动进给轴以指定的速度移动到指定的位置。对进给轴的控制操作分为进给轴移动和制孔两种：前者为单步操作，只需要输入目标位置、目标速度，控制系统驱动进给轴以给定速度移动至目标位置；后者为多步操作，解析工艺过程，获取到快进速度、钻孔速度、安全距离、最终位置等参数后，依次完成进给轴快速进给、低速钻锪、快速回退等操作。

## 10.7　工艺集成管理软件设计

集成管理系统是飞机数字化装配系统的数据处理中心和任务管理中心，实现对系统的数据集成和任务集成[22]。在飞机数字化装配过程中首先要保证工艺流程严格依照设定的步骤执行，通过调度调姿对接控制系统、数字化测量系统、机器人系统、站位移动系统和精加工系统等底层系统中的一个或几个，协同完成部件入位、部件调姿、部件对接、测量点打制、制孔、飞机移动和交点精加工等装配任务。在集成管理系统设计中，需要考虑具体装配任务，调度各底层系统完成相关装配操作，并提供调姿路径仿真分析、部件位姿计算、检测点误差计算及部件姿态评价分析等功能[23]。

集成管理系统同时还需要承担飞机数字化装配系统数据处理中心的角色，集成管理系统将从数据库中读取任务执行的配置信息，启动相应的装配任务。在装配任务执行过程中，集成管理系统通过底层系统从设备实时采集现场数据，如温度、湿度、设备位置和运行状态及部件受力状态等；通过处理现场数据可以对将要执行的装配步骤进行仿真，评估机身、机翼的可装配性；监控某些重要的现场数据，当数值超过正常范围，需要给出警告或者停止操作。

集成管理系统记录装配过程中产生的事件、操作和数据到数据库中，以便在装配过程中查看前续操作的结果，为后续操作提供参考；在装配完成后分析、评估装配质量，为优化装配过程提供基础。集成管理系统需要具有清晰友好的用户界面，并为现场操作人员提供文字和图形结合的提示信息，使现场操作人员通过简便的操作方式，实时掌控现场情况，控制整个装配过程。集成管理系统软件需要具有较高的安全性，通过验证机制，保证任务流程严格按照设定工艺流程执行，有效防止误操作。此外，对于需要与企业 ERP 系统集成的情况，要求集成管理系统可以通过接口数据库软件建立数据通信通道，实现双方数据的读写、信息互换。例如，集成管理系统可以通过数据库的接口程序，读取数据库已存储的 AO 状态信息，并在操作完成后，将操作结束信息和相关数据存入接口数据库软件，待企业 ERP 系统查询后，记录操作结果或测量数据，更新自身 AO 状态。

### 10.7.1 功能模块划分

根据集成管理系统软件的功能需求分析，将软件划分为如下几个功能模块：工艺流程管理模块、过程数据采集模块、现场过程监控模块、计算分析仿真模块、事件记录分析模块、异常处理模块、用户接口模块、通信接口模块和历史记录查询模块，见图 10.22。

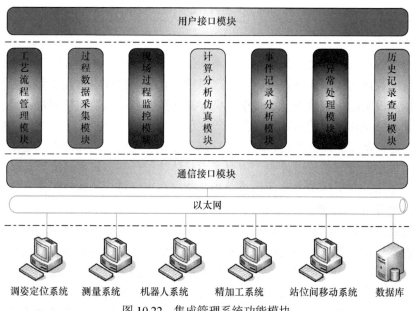

图 10.22　集成管理系统功能模块

### 10.7.2 功能模块设计

1. 工艺流程管理模块

工艺流程管理模块是集成管理系统软件中对应于装配任务的服务管理模块，负责任务流程图显示、工作任务验证、任务组织协同以及任务派发等基本任务管理功能。

任务流程图显示功能显示飞机数字化装配系统的任务流程图并以图形化的方式显示系统当前已完成的操作以及实际进行的路线流程。根据任务划分的等级，为用户提供方便的交互操作方式，可逐级查询各个任务进行的详细操作流程。在装配系统的任何功能操作开始之前，都需要工作任务验证功能对当前任务开始的软件、硬件条件及任务流程关系进行验证，以保障总体系统的稳定性及安全性。任务组织协同功能用于实现系统在多任务多操作情况下对资源的有效配置。任务派发功能则是在任务进行过程中，将各个操作及操作需要的信息派发到相应的底层工作站进行执行。

按照飞机装配工艺流程的特点，为便于工艺过程的细分、流程的控制以及任务的回滚，系统以嵌套结构对工艺任务进行组织和管理。嵌套结构将系统的工艺任务组织成为一颗任务树，子树既可以是嵌套的，也可以是扁平的任务；处在叶节点的任务是扁平任务；位于根节点的任务称为顶层任务，其他任务称为子任务。任务的前驱为父(任务)，任务的后继为子(任务)；子任务既可以提交，也可以回滚；树中的任意一个任务的回滚会引起它的所有子任务一同回滚。

在嵌套结构的任务管理模型中，主要存在两种任务间的关系，父子关系和前/后继关系，如图 10.23 所示。父子关系是指可以把任务分解为不同的子任务，不同的子任务之间可以是并行关系，也可以是串行关系。前/后继关系是指对任务执

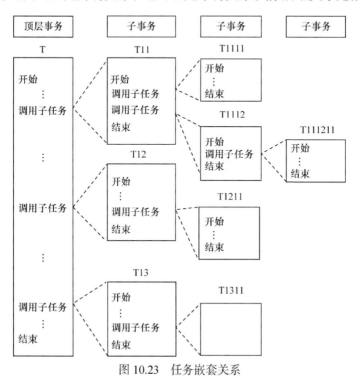

图 10.23　任务嵌套关系

行的先后顺序的限制，任务之间在创建了前/后继关系后就有了串行关系。

启动具体任务时，需要进行以下两个方面的验证，如图 10.24 所示。待所有条件都满足后，方可执行，具体步骤如下。

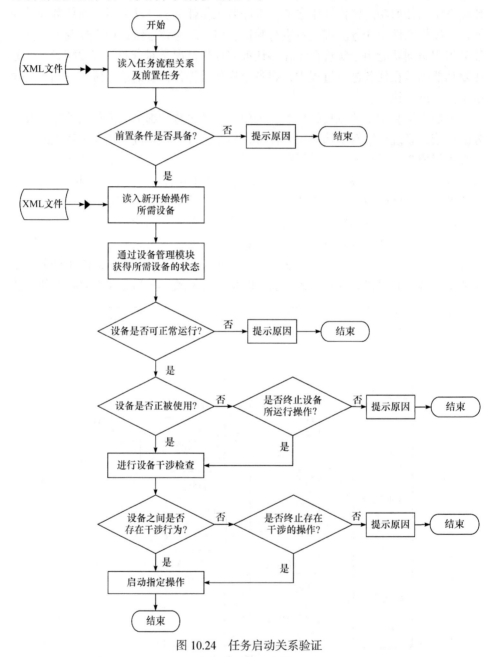

图 10.24　任务启动关系验证

1) 满足系统设定的任务顺序关系

系统根据设定工艺流程，验证当前任务执行的条件是否具备，即其前置任务是否已经完成，若前置操作完成方可执行当前任务。

2) 设备运行状态的验证

根据操作任务对设备及轨道平台的使用情况，验证新开始任务是否可以与装配系统正在进行的操作并行在系统中运行，是否存在设备使用冲突和平台位置的空间干涉。

## 2. 过程数据采集模块

过程数据采集模块通过底层系统间接获得现场数据，飞机数字化装配的过程数据主要包括激光跟踪仪测量数据、定位器运动过程数据、机器人操作产生的动态数据等[24]。如激光跟踪仪测量所得的检测点三坐标值、定位器位置信息、机器人的状态信息等。

数据采集过程首先是由底层系统实时获取现场原始数据并进行处理，再将处理后的数据通过通信接口模块传送给集成管理系统。集成管理系统对接收到的过程数据进行分析、计算和评价，并分类管理。因此，该模块由工艺过程数据模型、工艺过程数据获取和工艺过程数据管理模块三个子模块组成。工艺过程数据模型定义需要获取工艺过程数据的性质、来源、数据结构、物理含义、获取方式、获取频率等内容。工艺过程数据获取实现从子系统请求数据、收集数据并作初步处理。工艺过程数据管理负责组织和管理从底层子系统中获取的工艺过程数据，提供给系统中其他模块使用。

设备坐标系是一类重要的现场过程数据，表达了设备在现场中的位姿。建立设备坐标系有利于对设备状态进行监控，有利于灵活配置设备参数。

对于机器人，设备坐标系的位移和转角用$(P_{D\_o}, Q_{D\_o})$表示，令设备上某一点在设备坐标系下的姿态为$(P_{A\_D}, Q_{A\_D})$，则其在现场坐标系下的位姿为

$$\begin{cases} P_{A\_o} = P_{D\_o} + \text{quat2Dcm}(Q_{D\_o})P_{A\_D} \\ Q_{A\_o} = \text{quatMultiply}(Q_{D\_o}, Q_{A\_D}) \end{cases} \tag{10-1}$$

式中，quat2Dcm(Quat)表示把四元数 Quat 转换为一个 3×3 的矩阵；quatMultiply(Quat1, Quat2)表示四元数 Quat1、Quat2 相乘。

对于数控定位器，理想状态下，三个坐标轴相互垂直，且与现场坐标系重合。各轴的位置通过光栅读数，各轴相对其零位的读数为$D_g = (x_g, y_g, z_g)$，则定位器执行其在现场坐标系下的位置为

$$\begin{cases} P_{A\_o} = P_{D\_o} + D_g \\ Q_{A\_o} = Q_{D\_o} \end{cases} \tag{10-2}$$

通常设备坐标系表达设备在装配现场的位置，在设备层叠情况下，上层设备坐标系定义在它所依赖的下层设备上，构成了设备对象的层次模型。在这个模型下，已知上层设备上某点在自身设备坐标系下的位姿，以及各层设备的设备坐标系，可把下层设备坐标系当作装配坐标系，循环计算该点在装配现场的位姿。

### 3. 现场过程监控模块

为保证飞机的安全，根据现场采集所得数据对装配过程进行现场监控，特别是对飞机吊装、调姿、对接以及站位间移动等关键工艺。

在部件吊装过程中，通过读取柔性工装中压力表读数监控是否已实现对机身的支撑；在部件调姿过程中，通过读取数控定位器光栅尺读数，监控数控定位器的协同运动；根据位姿调整过程中支承点间空间相对位置不变原理，从控制层 I/O 口读取数控定位器的位移量并计算出相互位置的变化量，将变化量限制在一个合理的参数范围之内，从而确保数控定位器对部件不会产生拉扯。在部件对接过程中，实时监控对接力变化和数控定位器的移动量变化的比值，若出现变化，曲线急剧上升，立即停止对接操作，并且系统报警。当飞机处在两站位间移动过程中，通过移动系统反馈数据，监控传送链之间的协同运动，使支撑飞机移动两条传送链在限定容差内同步运动。

### 4. 计算分析仿真模块

计算分析主要包括飞机部件的位姿计算评价、对接协调性评价、对接质量评价等[25]；仿真分析主要包括对飞机部件调姿过程和对接过程等运动过程的仿真。

计算分析的核心是通过对飞机部件上检测点实际位置坐标与其理论位置坐标进行匹配计算，建立部件实际位姿与理论位姿之间的转换关系。飞机部件位姿用坐标标架来表示，首先建立飞机部件的局部坐标系，一般将局部坐标系建立在其几何中心位置，然后将所有检测点变换到该局部坐标系下，该局部坐标系在全局的装配坐标系下的位姿六元组就表示了该部件在装配坐标系下的位姿。对飞机部件的位姿计算就是根据部件上检测点的实测数据，计算其实际局部坐标系的位姿。

### 5. 事件记录分析模块

事件记录与分析模块详细记录集成管理系统运行后的任务调度信息(各级任务的启动和结束信息)、执行状态信息(信息传递、错误、警告、成功等信息)，供用户查看软件系统的运行状况。以文本的形式将日志在系统中显示，并将其记录填入日志表，存入数据库系统。每条记录具体包括日志序号、发生时间、操作用户、分类(错误、报警、正常操作、任务派发等)、事件等。

一方面，集成管理系统出现警告或错误信息时，通过人机界面实时显示给操作人员，以进行下一步决策；另一方面，集成管理系统将这些信息存入事件查看器，事件查看器记录了系统各个操作执行情况，通过事件查看器可以查看这些信息，进而分析和改善整个系统。

集成管理系统事件处理模块分为两部分：事件实时显示及录入、事件查看。事件由类别、级别、事件 ID、内容、时间五部分组成。类别，事件所属类别，系统登录、系统自检等；级别，提示、警告、错误或者确认；事件 ID，Long 型，每一个事件对应一个具体 ID，实时显示和事件录入就通过该 ID 来执行具体工作；内容，每个事件的具体描述，一句话即可；时间，事件产生的时间。

由于事件种类繁多，如果把每个可能发生的事件写入对应的函数的话，不仅烦琐，增加了工作量，也使代码紊乱、不便管理。所以，可以在可能产生事件的函数处给出该事件 ID 及类别(类别主要是为了方便寻找该事件)，然后通过 ID 寻找对应的事件，最后进行实时显示和事件录入工作。

6. 异常处理模块

异常处理模块对当前不当操作或不可预测的外力所产生的影响进行快速反应，避免对总体系统产生破坏性影响。工艺集成管理系统采用如图 10.25 所示处理模式，保障系统工艺流程的正常运行和数据的完整性。

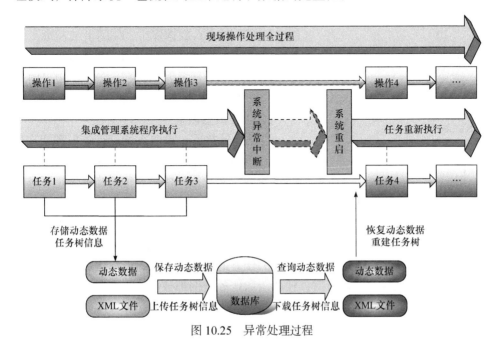

图 10.25　异常处理过程

1) 异常可能原因

异常产生的可能原因包括：因断电等不可控外部条件所造成的计算机关机；因操作系统不稳定而引起的系统关闭；因操作不当而造成的系统关闭；系统自身程序错误；网络连接故障，数据不能传输。

2) 任务信息备份

在系统设计中采用定点备份机制，将系统运行状态和采集数据等信息在本地硬盘和数据库中进行备份，一旦系统出现异常，导致系统关闭或重启，在系统重启后可以恢复到系统关闭前的某个状态。系统在采集现场数据的同时便将该数据存入数据库中，发生异常后便能从数据库中重新获取这些数据，用以恢复发生异常之前的状态，流程如图 10.26 所示。

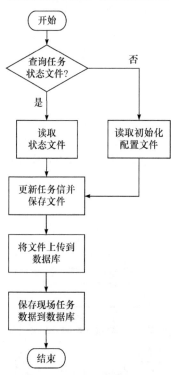

图 10.26　任务信息备份流程

一旦系统发生异常，可以关闭并重启系统，集成管理系统启动后，将从数据库中查询异常发生前数据库中保存的任务状态信息和动态数据，下载数据库中的 XML 文件重新建立任务树，并配置已完成的任务所对应的动态数据，这样，任务进度和数据都恢复到异常发生前的状态，操作任务可以继续进行异常发生前的操作。

任务流程的备份则通过 XML 技术实现，在任务执行期间，将各步骤的任务执行状态、相关数据存入 XML 文件之中，并且将 XML 文件以二进制文件的形式存入数据库中，如图 10.27 所示。

以机身入位工艺流程为例，当任务流程执行至"姿态评价"子任务时，各层任务状态如图 10.28 所示，各个任务的状态和数据都保存在数据库中。

3) 任务信息恢复

当发生异常后，重启系统，首先根据架次信息从数据库中查找是否存在对应的装配任务 XML 文件，从数据库中读取记录当前装配任务进展的 XML 文件，系统根据该文件恢复任务执行状态及部分数据，然后从数据库中读取现场任务数据，恢复发生异常之前的装配状态，流程如图 10.29 所示。这里所谓恢复异常之前的装配状态不包括最后正在执行的子任务，这是由于最后正在执行的任务的信息不完整，所以无法恢复。

集成管理系统重新运行后，任务树和任务数据都被恢复，可以继续执行当前装配任务。

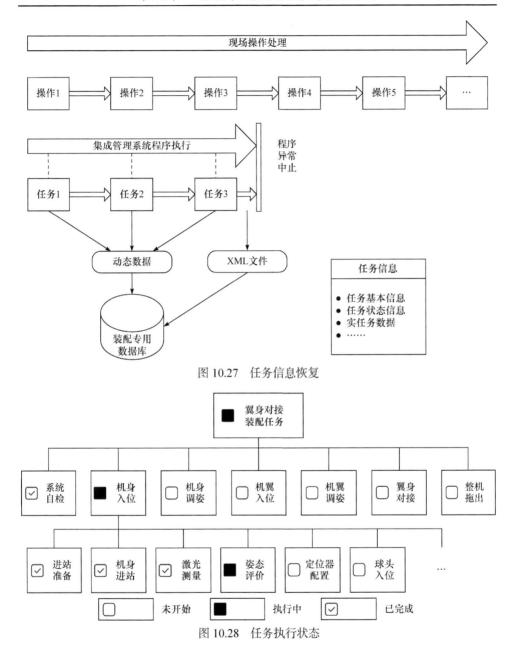

图 10.27　任务信息恢复

图 10.28　任务执行状态

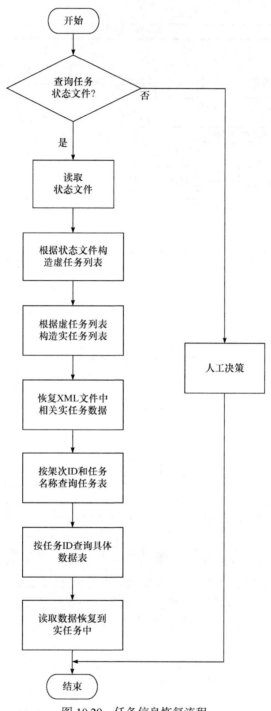

图 10.29　任务信息恢复流程

当装配任务执行至姿态评价过程中时，如图 10.28 所示，此时刻发生异常，系统重启恢复后，原来正在执行但未完成的"姿态评价"任务无法恢复，状态由原来的"执行中"重置为"未开始"。恢复后的任务状态，如图 10.30 所示。

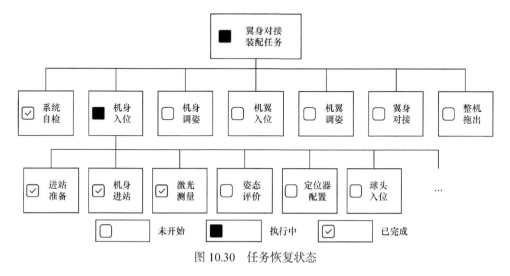

图 10.30　任务恢复状态

### 7. 用户接口模块

用户接口模块提供了一个现场操作人员与集成管理系统交互的环境。该环境包括了用户操作界面与音频报警单元。用户操作界面为主要的交互接口，操作人员通过输入设备，如键盘、鼠标等输入命令，执行命令后结果反馈则从操作界面显示出来，计算分析、仿真结果、异常情况、日志系统与现场实时数据等都可以通过操作界面获取。软件设计中避免人员在操作时因软件界面不明确引起的误操作，实现在一个操作过程中对其他功能键进行锁定。对于影响飞机安全的重要操作，在操作时弹出警告对话框。音频报警单元为单向交互单元，集成管理系统通过该单元刺激操作人员的听觉系统达到警告的目的，该单元同时控制电脑硬件系统的音频输出与蜂鸣器。

### 8. 通信接口模块

通信接口模块包括接口管理和通信接口两个部分，如图 10.31 所示。接口管理起到通信代理的作用，目的是隔离业务模块与具体的通信协议，以便于集成管理系统对底层子系统变化的适应性。接口模块用于集成管理系统与其他软件系统的数据交互，包括通信过程控制和通信协议两个部分。对于每一个子系统，建立相应的接口模块，该模块基于 TCP/IP 协议和 Windows Socket 建立，是一系列 API 函数、接口类以及通信内容的格式规定，它是负责将集成管理系统发出的信息转化为底层系统的具体操作，同时负责将收到的底层系统的信息汇总，并将其转化为集成管理系统所认可的数据结构。

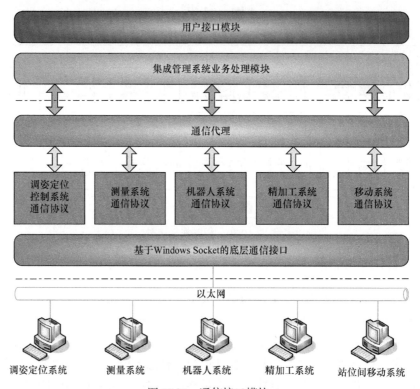

图 10.31 通信接口模块

### 9. 历史记录查询模块

集成管理系统历史记录查询模块通过对装配过程中保存的实时数据的有效组织及分类显示，提供给操作者一个查询某架次装配记录的友好界面，使操作者方便高效地了解装配进度和装配过程中实时保存的各种重要数据，不但能及时地作出现场决策，也为以后的装配工作提供了很好的借鉴。

历史记录查询模块采用多层树状分类方式，如图 10.32 所示，将当前架次装配任务，依次按照"任务类型-任务对象-子任务"进行分类，使操作人员可以快速查看所需数据。

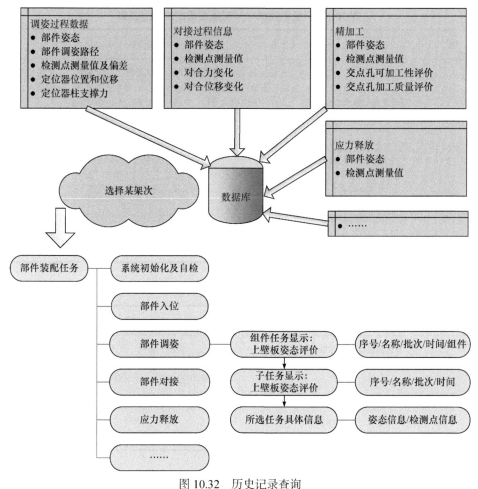

图 10.32　历史记录查询

# 10.8　基于数据和任务驱动的自动化装配系统集成

### 10.8.1　系统数据集成

数字化装配的关键在于以数字量为装配基准和评价依据贯穿飞机装配的全过程，建立飞机数字化装配大系统集成可打通各装配子系统之间的数据壁垒，保证各装配子系统之间数字量来源的统一性和唯一性，建立飞机装配精度评价的唯一性判据，同时便于从各底层子系统采集设备位置、设备状态以及检测点空间位置等数据信息，统一分析、决策，保障飞机装配过程的安全性。根据数字化装配的需要，不同系统之间传递数据总结如表 10.1～表 10.10 所示[26]。

### 表 10.1　测量系统软件与测量设备控制器通信表

| 序号 | 名称 | 涵盖内容 |
|---|---|---|
| 1 | 测量设备参数获取和设定 | 坐标系和单位；环境参数；ADM 参数；搜索参数；站位和变换参数；测量模式选择；系统参数选择；设定光线捕捉，反射镜位置发送，是否使用水平仪、T-Cam 等附件，T-Probe 按键提示，音量等；各种测量模式的参数；设定球形测量区域的球心和半径；T-Probe 参数设定 |
| 2 | 获取现场环境参数 | 温度、湿度、气压 |
| 3 | 发送动作指令 | 回鸟巢；指向目标位置等 |
| 4 | 发送测量目标 | 测量目标位置；跟踪仪搜索范围 |
| 5 | 获取测量结果 | 检测点的空间位置，测量时的温度、湿度与气压 |

### 表 10.2　集成管理系统通信表

| 序号 | 名称 | 涵盖内容 |
|---|---|---|
| 1 | 发送现场环境参数 | 温度、湿度、气压 |
| 2 | 发送设备状态 | 测量设备初始化状态、测量设备的工作状态 |
| 3 | 接收测量任务 | 测量点目标位置及所使用的跟踪仪编号、靶球类型 |
| 4 | 发送测量结果 | 检测点的空间位置，测量时的温度、湿度与气压 |

### 表 10.3　调姿定位系统软件与数控定位器组控制器通信表

| 序号 | 名称 | 涵盖内容 |
|---|---|---|
| 1 | 配置参数 | SynqNet 网络拓扑参数，Control、Motor、Filter、Axis、SqNode 等 MEI 对象配置参数 |
| 2 | IO 设备参数 | 获取 IO 设备采集的温度、位移、力等传感器读数 |
| 3 | 驱动设备参数 | 发送定位器各驱动轴的位移、速度、加速度等运动控制参数，获取定位器各驱动轴的当前运动参数 |
| 4 | 网络状态参数 | 获取 SynqNet 总线网络拓扑状态信息 |

**表 10.4　集成管理系统通信表**

| 序号 | 名称 | 涵盖内容 |
|------|------|----------|
| 1 | 系统初始化信息 | 接收装配机型、装配架次等机型参数，接收装配现场数字化工装设备的零位位置参数 |
| 2 | 吊装工作配置位置 | 接收在装配坐标系下部件吊装入位的理论位置信息 |
| 3 | 设备位置信息 | 发送设备在自身局部坐标系下的位置 |
| 4 | 设备状态信息 | 发送装配现场温度、设备锁紧状态、工艺球头锁紧状态、数控定位器 $z$ 向承载力等传感器读数 |
| 5 | 操作任务 | 接收装配操作任务指令，反馈任务指令执行结果 |

**表 10.5　机器人自动化制孔软件与机器人控制器通信表**

| 序号 | 名称 | 涵盖内容 |
|------|------|----------|
| 1 | 发送机器人程序 | 调试编辑好的机器人程序 |
| 2 | 获取机器人状态信息 | 机器人关节角度、机器人当前使用的坐标系、末端执行器状态 |
| 3 | 发送机器人通信指令 | 让机器人运动到指定位置的指令 |
| 4 | 获取机器人执行结果 | 机器人运动到指定位置的执行结果 |
| 5 | 发送机器人姿态偏差 | 根据测量结果计算的机器人姿态偏差 |

**表 10.6　集成管理系统通信表**

| 序号 | 名称 | 涵盖内容 |
|------|------|----------|
| 1 | 发送机器人程序 | 数据库中的机器人程序 |
| 2 | 获取机器人状态信息 | 机器人的关节角度，末端执行器状态 |
| 3 | 获取任务执行状态 | 自动化制孔系统执行机器人程序的状态 |
| 4 | 机器人测量结果 | 机器人末端执行器测量结果 |

**表 10.7　集成管理系统软件与数字化测量系统通信表**

| 序号 | 名称 | 涵盖内容 |
|---|---|---|
| 1 | 获取现场环境参数 | 温度、湿度、气压 |
| 2 | 获取跟踪仪初始化状态 | 跟踪仪是否完成初始化 |
| 3 | 发送点测量任务 | 检测点目标位置、测量用跟踪仪编号、测量用靶球型号 |
| 4 | 获取检测点位置 | 检测点实测位置、测量时的环境参数(温度、湿度、气压) |
| 5 | 发送支撑球头测量任务 | 支撑球头的目标位置、测量用激光跟踪仪编号、支撑球头对应的支撑定位器名称及编号 |
| 6 | 获取支撑球头位置 | 支撑球头球心在装配坐标系下的当前位置 |

**表 10.8　调姿对接控制系统软件通信表**

| 序号 | 名称 | 涵盖内容 |
|---|---|---|
| 1 | 发送机型信息 | 装配机型、装配架次 |
| 2 | 发送设备零点位置 | 设备标架在装配坐标系下的位姿、设备自身标架的仿射变换关系 |
| 3 | 发送飞机部件吊装工作配置位置 | 支撑飞机部件吊装的设备在装配坐标系下的位置信息 |
| 4 | 获取设备位置信息 | 设备在自身坐标系下的局部位置信息 |
| 5 | 获取设备状态信息 | 设备锁紧状态、支撑球头锁紧状态、数控定位器 $z$ 向力传感器读数 |
| 6 | 获取待测支撑球头 | 支撑球头对应的支撑定位器名称及编号 |
| 7 | 发送支撑球头位置 | 支撑球头在装配坐标系下的当前位置 |
| 8 | 发送校形壁板命令 | 待校形壁板的支撑球头在飞机坐标系下的理论位置 |
| 9 | 发送部件调姿任务 | 部件当前姿态和调姿目标姿态 |
| 10 | 获取部件调姿路径 | 部件由当前姿态调姿到目标姿态的定位器组协同运动路径 |
| 11 | 发送部件对接任务 | 部件当前姿态和对接目标姿态 |
| 12 | 发送飞机部件吊离工作配置位置 | 飞机部件吊离装配系统时各个装备的撤离位置 |

## 表 10.9　机器人自动化制孔软件通信表

| 序号 | 名称 | 涵盖内容 |
|---|---|---|
| 1 | 发送机型信息 | 装配机型、装配架次 |
| 2 | 发送设备零点位置 | 设备标架在装配坐标系下的位姿 |
| 3 | 发送飞机姿态信息 | 飞机部件的当前姿态 |
| 4 | 发送设备工作位置 | 设备标架在装配坐标系下的工作位置 |
| 5 | 发送自动制孔命令 | 制孔区域名称及编号、自动化制孔目标位姿、机器人运动路径 |
| 6 | 发送自动制孔信息 | 末端执行器当前位姿和目标位姿 |
| 7 | 发送测量点打制信息 | 待打制测量点名称及编号、测量点打制的机器人运动路径 |

## 表 10.10　装配数据库通信表

| 序号 | 名称 | 涵盖内容 |
|---|---|---|
| 1 | 读取机型信息 | 装配机型、装配架次 |
| 2 | 读取设备信息 | 设备的装配位置关系 |
| 3 | 读取设备零点位置 | 设备标架在装配坐标系下的位姿、设备自身标架的仿射变换关系 |
| 4 | 读取部件信息 | 系统待装配部件的基本信息(名称、编号、装配关系) |
| 5 | 读取支撑球头位置 | 部件支撑球头在飞机坐标系下的理论位置 |
| 6 | 读取检测点信息 | 飞机部件的所有检测点及检测点在飞机坐标系下的理论位置 |
| 7 | 读取飞机部件吊装工作配置位置 | 支撑飞机部件吊装的设备在装配坐标系下的位置信息 |
| 8 | 写入部件入位的实际位置 | 飞机部件吊装入位后数控定位器在空间坐标系下的实际位置 |
| 9 | 读取部件调姿信息 | 部件执行调姿操作的目标位姿、相关测量检测点以及检测点的调姿容差 |
| 10 | 写入检测点检测信息 | 检测点的实测位置及其在飞机坐标系下的理论位置 |
| 11 | 写入部件调姿信息 | 部件调姿操作的开始姿态和结束姿态、部件调姿前定位器位置和调姿完成后定位器位置 |
| 12 | 读取对接信息 | 执行对接操作的部件及部件对接路径、每一步对接的部件开始姿态和目标姿态 |

续表

| 序号 | 名称 | 涵盖内容 |
|------|------|----------|
| 13 | 写入对接信息 | 执行对接操作部件的实际对接路径 |
| 14 | 读取飞机部件吊离工作配置位置 | 飞机部件吊离装配系统时各个装备的撤离位置 |

以飞机大部件数字化调姿对接过程为例，系统数据集成如图 10.33 所示。

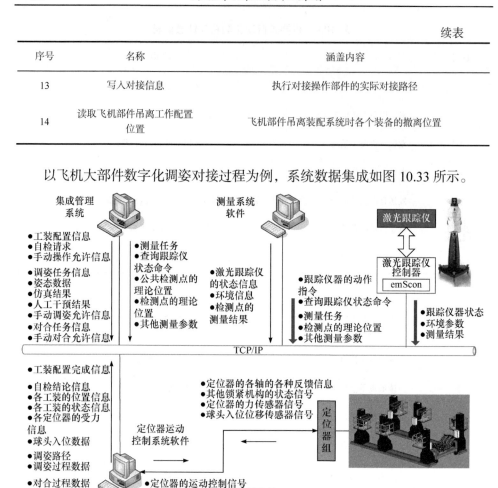

图 10.33　软件系统数据集成

### 10.8.2　系统任务集成

为保证飞机数字化装配系统中各子系统能够按照设定工艺流程有序、高效地执行各自的装配任务，由集成管理系统实现对数字化装配系统各底层系统的任务调度。操作人员由集成管理系统启动任务，如调姿操作，集成管理系统进行任务验证和设备验证，保证当前飞机装配状态和执行设备等都能够满足任务执行的要求，验证通过后集成管理系统方可开始执行该操作，将任务命令和工艺参数发送给任务相关的底层系统。任务执行过程中，集成管理系统监控装配过程，监控设备状态，采集过程数据，并将信息显示给操作人员，操作人员可以人工中断工艺过程。待任务执行完成后，集成管理系统接收底层系统返回的任务执行结果，进行任务结果验证，通过验证后，提示操作人员结束任务，否则提示操作人员进行人工决策[27]。飞机部件调姿过程的任务调度及数据传输如图 10.34 和图 10.35 所示。

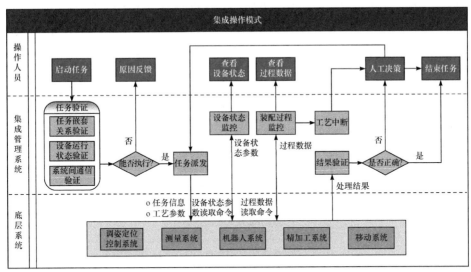

图 10.34　系统操作任务集成模式

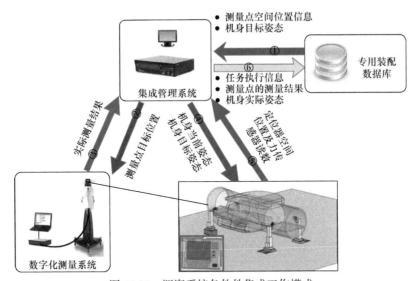

图 10.35　调姿系统各软件集成工作模式

# 10.9　飞机数字化装配系统数据集成技术

## 10.9.1　数字化装配数据分析

飞机数字化装配数据是飞机数字化装配顺利进行的必要数据集合，根据装配对象、装配系统和装配工艺路线归纳而来。按其性质可以分为工装设备相关数据、装配对象相关数据和装配任务相关数据[28]。工装设备是飞机产品测量、调整、加工的终端，由独立的数字化子系统控制，工装设备数据与坐标相关，包括坐标系统、辅助测量点等数据；装配对象是装配的飞机产品，可以是不同尺寸、数量及外形的组件、段件、部件及大部件，装配对象数据包括产品关键特性和装配工艺参数；装配任务是装配车间进行装配的行为指令，它控制了飞机的装配顺序及工艺路线，任务需要配置相关工艺参数，并在执行过程中产生实时运行数据[29]。数字化装配数据的组成与分类如图 10.36 所示。

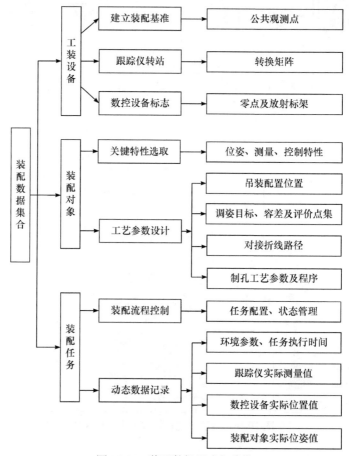

图 10.36　装配数据组成与分类

### 1. 工装设备数据

工装设备的位置数据是产品模型数字量向实物传递的中间媒介，为了统一各类设备数据的度量基准，首先建立飞机装配全局坐标系，再将设备局部坐标系向该装配坐标系转换。这一过程包括激光跟踪仪建站、数控设备及钻铆机器人标定等。因为装配全局坐标系是由坐标原点和坐标轴组成的坐标系统，不便于直接测量，在坐标系所定义的装配空间布置公共观测点 $D_c(x,y,z)$，并将其作为装配坐标系的可测数据集中管理。

激光跟踪仪转站时根据共线、共面、对称等原则选择一定数量的公共观测点，用其测量值 $\{D_c^m\}$ 和装配坐标系下的理论值 $\{D_c^t\}$ 作综合误差最小匹配，优化求解测量坐标系与装配坐标系的位姿关系 $T_m$，记录该关系参数，测量子系统据此获得几何要素的装配坐标值。其中，坐标系位姿参数用六元组 $(\theta_x, \theta_y, \theta_z, t_x, t_y, t_z)$ 来表示，其矩阵形式为

$$T = \begin{bmatrix} \boldsymbol{\omega} & t \end{bmatrix} = \begin{bmatrix} \boldsymbol{R}(\boldsymbol{\omega}) & t \\ 0 & 1 \end{bmatrix} \tag{10-3}$$

式中，$t=[t_x, t_y, t_z]$ 为坐标原点的平移向量；$\boldsymbol{\omega}=[\theta_x, \theta_y, \theta_z]$ 为坐标轴间的偏角向量；$\boldsymbol{R}$ 为关于 $\boldsymbol{\omega}$ 的变换矩阵。

伺服定位设备的标定是由跟踪仪精确测量零点位姿 $T_d$ 和仿射坐标向量 $V_d$ 的过程，标定后设备在局部坐标系的相对位移和转角能够转换到装配坐标系下，实现工装的全局定位与跟踪。$T_d$ 的定义如式(10-3)，仿射坐标向量由起点 $D_s(x_s,y_s,z_s)$ 和终点 $D_e(x_e,y_e,z_e)$ 定义，向量形式为

$$V = (x_e - x_s, y_e - y_s, z_e - z_s)/|\boldsymbol{D_s D_e}| \tag{10-4}$$

钻铆机器人借助跟踪仪实现制孔位置全闭环控制，原理是利用机器人 {base} 坐标系位姿 $T_b$、工具坐标系位姿 $T_t$ 及模型孔位信息，反求出机器人各个关节的偏转角度，从而精确控制机器人的刀具位姿。对机器人坐标位姿 $T_b$、$T_t$ 集中管理，其参数由式(10-3)定义。

根据以上分析，工装设备集成管理的数据与坐标系统相关，组成的数据集合如下：

$$
\begin{aligned}
D &= \left\{ D_{\text{code}}, x, y, z \right\} \\
V &= \left\{ V_{\text{code}}, V_{\text{axis}}, x_s, y_s, z_s, x_e, y_e, z_e \right\} \\
T &= \left\{ T_{\text{code}}, T_{\text{type}}, \theta_x, \theta_y, \theta_z, t_x, t_y, t_z \right\}
\end{aligned}
\tag{10-5}
$$

式中，$D$ 为辅助点集合；$V$ 为仿射向量集合；$T$ 为坐标位姿集合。

## 2. 装配对象数据

飞机产品是数字化装配的对象，为了对装配质量进行监测和控制，从产品模型中选取飞机结构和外形的主要几何特征参数，比如交点孔、中心轴、对接

面等参数，作为飞机的关键特性在装配过程中进行跟踪评价，关键特性包括位姿特性(posture characteristics, PC)、测量特性(measure characteristic, MC)和控制特性(control characteristic, CC)。其中，PC 用来综合评价飞机零部件间相对位姿，是确定同轴度、外形阶差等装配关系的三维位姿尺寸，一般由零部件几何中心和中心线所确定的局部坐标系参数来表达，如图 10.37 所示，其参数为六元组($\theta_x$, $\theta_y$, $\theta_z$,$t_x$,$t_y$,$t_z$)。

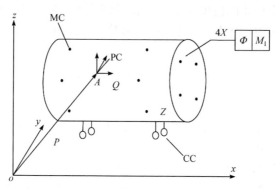

图 10.37　装配对象关键特性

MC 是能代表飞机外形准确度的型面、轴线、交点、叉耳、接头、孔等关键几何特征，因为实际装配过程中采用基于坐标测量的方法来监测量特性，因此常将测量特性分解为关键测点，由测点对复杂几何要素间接评价。对接面的孔位若超差将会影响装配协调度，除了采取修配或加垫的补偿工艺来协调装配，也可将孔位作为测量特性，重新调姿匀化容差，端面孔测点参数是关于坐标及容差的九元组($x,y,z,x_u,x_d,y_u,y_d,z_u,z_d$)，下标 $u$、$d$ 分别表示坐标位置的上下极限偏差。

CC 是实现工装与飞机柔性连接的部位，一般指工艺球头或者工艺耳片。数控设备通过改变控制特性的位置，来调整飞机位姿特性，从而达到控制飞机定位精度和外形准确度的目的。控制特性参数选取球头或耳片的几何中心位置，用三元组($x,y,z$)表示。

飞机的关键特性与产品几何模型相关，是数字化装配过程中监测控制的直接目标，关键特性数据如下：

$$P = \left\{ P_{\text{code}}, O_{\text{flag}}, \theta_x, \theta_y, \theta_z, t_x, t_y, t_z \right\}$$
$$M = \left\{ M_{\text{code}}, O_{\text{flag}}, x, y, z, x_u, x_d, y_u, y_d, z_u, z_d \right\} \tag{10-6}$$
$$C = \left\{ C_{\text{code}}, O_{\text{flag}}, E_{\text{flag}}, x, y, z \right\}$$

式中，$P$ 为位姿特性集合；$M$ 为测量特性集合；$C$ 为控制特性集合。

飞机的装配工艺参数则与工艺规程相关，是用来指导相关设备初始化和位置配置，并规定相关工艺精度和条件的数据。按照工艺内容的不同，将工艺参数分为吊装配置参数 $H$、调姿位姿参数 $A$、姿态评价参数 $E$、对接路径参数 $J$ 和制孔程序及工艺参数 $K$。

装配对象吊装入位前，数控定位设备在装配坐标系下所处的位置是该装配对象的吊装配置参数。该参数根据装配对象下架后控制特性的实测值来设计，一般将飞机组部件的工艺球头中心坐标作为吊装配置的参数记作 $(x_b, y_b, z_b)$；装配对象入位后，指导多个数控设备多轴协调运动实现路径规划的数据，包括装配对象位姿特性的目标值 $(\theta_x, \theta_y, \theta_z, t_x, t_y, t_z)$、位姿容差范围 $\boldsymbol{T_\theta}$ 以及对位姿评价的测量特性列表 $L_d$，是调姿位姿参数；处于任意装配阶段的装配对象，其姿态评价参数除容差 $\boldsymbol{T_\theta}$ 外与调姿一致；对接路径参数是指导多个装配对象协同运动完成对合插配的数据，由多条移动记录组成，每条移动记录包括移动次序 $S_s$、装配对象 $S_o$、移动方向 $S_d$、移动步距 $S_i$；制孔程序及工艺参数以文件形式存在，机器人根据设计的程序 $F_p$ 以规定的工艺参数 $F_c$ 对装配对象制孔或加工。装配对象的工艺参数是 $H, A, J, E, K$ 的集合如下：

$$
\begin{aligned}
H &= \left\{ H_{\text{code}}, O_{\text{flag}}, E_{\text{flag}}, x_b, y_b, z_b \right\} \\
A &= \left\{ A_{\text{code}}, O_{\text{flag}}, \theta_x, \theta_y, \theta_z, t_x, t_y, t_z, T_\theta, L_d \right\} \\
J &= \left\{ E_{\text{code}}, O_{\text{flag}1\ldots n}, P_{1\ldots n}, S_s, S_o, S_d, S_i \right\} \\
E &= \left\{ E_{\text{code}}, O_{\text{flag}}, \theta_x, \theta_y, \theta_z, t_x, t_y, t_z, L_d \right\} \\
K &= \left\{ K_{\text{code}}, O_{\text{flag}}, F_c, F_p \right\}
\end{aligned}
\tag{10-7}
$$

式中，$H$ 为吊装参数集合；$A$ 为调姿参数结集合；$J$ 为对接参数集合；$E$ 为评价参数集合；$K$ 为制孔参数集合。

### 3. 装配任务数据

飞机的装配以流程为主进行生产组织，装配工艺流程是由串并联混合而成的装配任务组成。装配任务是指导数控设备或人员执行的一道道工序，它规定了飞机对象的装配顺序、规程及工艺路线，体现了设计者的装配意图和计划。以是否产生新数据，将装配任务分为配置任务和动态任务。

配置任务是对具体任务内容的描述记为 $T^s$，它包含了任务标记、执行对象标记、任务结构、执行状态、传输协议。其中，任务标记 $T_{\text{flag}}$ 是某一任务区别于其他任务的特征标志，每个任务都有一个独立的任务标记，同时根据执行对象标记 $O_{\text{flag}}$，确定一套装配对象数据与之对应，装配任务的唯一性保证了装配过程以预定的计划进行生产、组织和控制。任务结构 $T_a^s$ 是任务的组织形式，大任务可以分解为多个小任务，小任务又可以分为更小的任务，形成父子、兄弟关系并存的嵌套结构，便于将复杂装配流程划分为较小粒度的单元进行控制。执行状态 $T_s^s$ 是对任务完成效果的描述，包括新建、就绪、执行、挂起、回滚和完成状态。传输协议 $T_p^s$ 是指参与本任务的相关子系统互传数据和命令的一种约定，它定义了数据包文中各数据段所代表的意义。

动态任务 $T^d$ 是配置任务的运行实例，将测量、调姿等任务派发至相应子系统后，需要以动态任务来建立各种设备运行数据的关系，比如姿态评价值与哪些测量点坐标值相关。还需要记录执行装配任务时的车间工装环境，比如温度 $A_t$、压强 $A_p$ 及始末时间 $A_{st}$、$A_{et}$ 等。动态任务数据管理的是与装配架次相关的飞机测量值 $M^d$、装配质量评价值 $P^d$ 及设备位置值 $C^d$ 等，在积累多架次动态任务数据后，可以对历史数据统计分析，支持设计、工艺技术和产品质量的持续改进。装配任务数据如式(10-8)所示。

$$T^s = \left\{ T_{\text{code}}^s, T_{\text{flag}}, O_{\text{flag}}, T_a^s, T_s^s, T_p^s \right\}$$
$$T^d = \left\{ T_{\text{code}}^d, T_{\text{flag}}, A_t, A_p, A_{st}, A_{et} \right\}$$
$$M^d = \left\{ D_{\text{code}}, T_{\text{step}}, x_r, y_r, z_r \right\} \tag{10-8}$$
$$P^d = \left\{ O_{\text{code}}, T_{\text{step}}, \theta_{xr}, \theta_{yr}, \theta_{zr}, t_{xr}, t_{yr}, t_{zr} \right\}$$
$$C^d = \left\{ E_{\text{code}}, T_{\text{step}}, x_r, y_r, z_r \right\}$$

式中，$T^s$ 为配置任务集合；$T^d$ 为动态任务集合；$M^d$ 为测量值集合；$P^d$ 为位姿评价值集合；$C^d$ 为设备位置集合。

### 10.9.2 装配数据多重结构定义

上一小节结合数字化装配的工艺背景和需求，对装配数据的具体内容包括数据项、数据意义进行了详细的分析，并将其分为工装、产品、任务 3 类领域数据，一定程度上将离散数据有序化。为了对同领域数据间的组成关系和不同领域数据间的关联关系更全面地描述、管理和存储，还需要对装配数据进一步分析并进行结构化处理。数据结构包括线性结构、树形结构和图形结构，充分利用产品设计时形成的结构树，基于层次关系将装配数据细分为多重关联的任务结构树、产品结构树和设备结构树，以便数据结构的重用和扩展。图 10.38 为任务、产品及设备结构树为装配数据的树结构及其互相间的引用关系。

(1) 任务结构树从工艺流程角度对装配活动进行描述，将配置任务数据和动态任务数据层次化组织，反映产品结构的装配路线和工程实际运行数据。

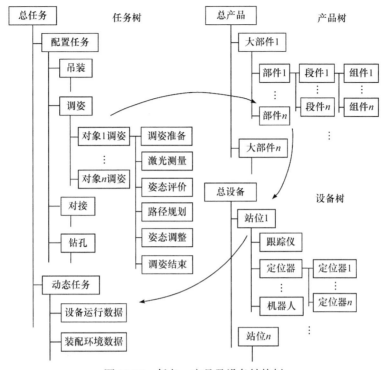

图 10.38　任务、产品及设备结构树

(2) 产品结构树按照设计分离面将飞机产品逐级分解，从而形成一棵完整的结构树。树的根节点是最终产品，过渡节点是中间装配体，叶节点是零组件，体现产品的包含和装配关系。树节点属性由关键特性和工艺参数组成。

(3) 设备结构树以装配过程中所处的工位对工装资源进行组织，规定指定装配产品所需要的一套设备，如测量跟踪仪、调姿定位器组和钻铆机器人等，设备树节点属性是与坐标系相关的参数。

同时，任务树、产品树与设备树彼此之间的节点互相关联，以保证数据的关联性和一致性，构成完整的工艺信息。由此，装配数据全局结构为

$$S = T_m \bigcup R_{mo} \bigcup T_o \bigcup R_{od} \bigcup T_d \bigcup R_{dm} \tag{10-9}$$

式中，$T_m, T_o, T_d$ 分别为任务、产品及设备结构树代表的局部结构；$R_{mo}, R_{od}, R_{dm}$ 分别表示任务与产品、产品与设备、设备与任务数据结构间的相互关系。

1. 局部树结构定义

对式(10-9)中的局部树结构及其相互关系分别定义,定义局部树结构是由节点属性 $A$、节点关系 Re 和结构约束 $C$ 的集合如下：

$$T_i = \left\{ A_i \langle t, a, v \rangle, \mathrm{Re}_i \langle b, p \rangle, C_i \right\}, \quad i \in (m, o, d) \tag{10-10}$$

式中，$m$、$o$、$d$ 分别表示任务、产品及设备局部树，其中：

(1) 节点属性 $A(t,a,v)$。属性是节点所包含全部种类数据的集合，节点属性 $A_i \subset \{D,V,T,P,M,C,H,A,J,E,K,T^s,T^d,M^d,P^d,C^d\}$。每类属性数据又是由多个数据项组成的子集合，数据项是对属性内容的具体描述，包括类型 $t$、名称 $a$ 和取值 $v$。比如设备树节点属性 $A_d \subset \{D,V,T\}$，其中子集 $D$ 有数据项<字符,点编号,LU#1ERS>，<实数,$x$ 坐标,100>，<实数,$y$ 坐标,$-300$>，<实数,$z$ 坐标,400>。

(2) 节点关系 $\mathrm{Re}(b,p)$。树结构节点的有两种关系，一是兄弟关系 $b$，表达同层节点间的并列关系；二是父子关系 $p$，表达上层节点与次级节点间的包含关系。比如任务树的调姿节点分解出准备、测量、评价、规划、调整等几个子节点，子任务按一定的次序执行，体现装配工艺顺序。

(3) 结构约束 $C$。树结构的约束是对节点关系的一种强化，即一个子节点只能有一个父节点，一个父节点可以拥有多个子节点，树结构只能有一个根节点，父节点必须先于子节点而存在。

2. 树结构间关系定义

式(10-9)中树结构间的关系 $R_i$, $i \in (mo, od, dm)$ 与树内的层次结构关系不同，描述的是不同领域数据节点的引用关系，通过这种关系来确保装配数据的完整性和关联性。数字化装配过程按照装配任务，集中调度指定站位设备工作，来完成特定装配对象的装配工艺，所以树结构之间的关系是一一对应的关系。以某型飞机中机身前下壁板姿态调整为例，展示多重结构数据如何互相参引来形成完整的装配数据。

在任务树 $T_m$ 中，姿态调整节点拥有属性子集 $T^s$，$T^s$ 包含数据项执行对象标记，记作为<枚举,前下壁板,PA_PART_FB>；在产品树 $T_o$ 中搜索标记为 PA_PART_FB 的装配对象，其节点为前下壁板，获取前下壁板的调姿工艺参数子集 $A$，包括目标位姿和调姿容差等；根据 PA_PART_FB 标记在设备树 $T_d$ 中搜索相对应工位的定位器组节点，将目标位姿和调姿容差发送至指定控制系统，控制数控定位器多轴协同运动完成对前下壁板的位姿调整。

### 10.9.3　多重结构数据的关系模型

数据结构是对树形结构符号化的定义描述，不利于装配数据在计算机中的结构化存储。基于此，借鉴关系理论的相关知识，对多重结构数据的定义进行细化表达，以符合关系理论对离散数据的描述规范，从而将装配数据转化为易被理解和存储的形式。

数据属性子集是具有相同类型和性质的数据集合，用关系理论的弱实体来表达这类子集，而结构中节点组成的集合则用强实体来表达，弱实体高度依赖于强实体，体现出节点集对属性子集的包含关系。如装配对象是强实体，关键检测点是弱实体，若装配对象消失了，则关键检测点变得没有意义；属性子集中的数据项则由实体属性来表达，实体属性是对实体所具有的某一性质特性的描述；节点间的层次和引用关系用实体彼此之间的联系来表达[30]。

由分析可知，任务树包含配置任务和动态任务两类节点，其节点属性是不相同的，因此为了避免数据冗余，以符合关系理论的第三范式要求，设计配置任务和动态任务两个强实体来描述任务树节点集合，其中配置任务强实体属性由 $T^c$ 定义，动态任务强实体属性由 $T^r$ 定义。为了将设备运行数据与动态任务关联起来，设计检测点实测值，定位器位置值和装配对象位姿评价值等弱实体。设计任务结构树的实体-关系模型如图 10.39 所示，为了使模型清晰简单，只列出了具有代表性的实体属性。

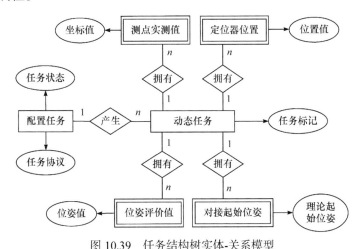

图 10.39　任务结构树实体-关系模型

产品树中的节点拥有相同的属性，即产品关键特性和工艺参数。将产品树的节点集合用装配对象强实体来表达，其实体属性包括对象、对象标记等唯一性属性。而节点的属性子集合分别用测量特性、控制特性、位姿特性、吊装参数、调姿参数、对接参数和制孔参数等弱实体表达，这些弱实体依赖于装配对象强实体。弱实体属性、设计产品结构树的实体-关系模型如图 10.40 所示。

设备树中的节点属性子集由设备类型来确定，根据不同的设备类型，分别设计激光跟踪仪参数、数控定位器参数、移动平台参数和制孔设备参数弱实体来描述设备属性集。设备树节点组成的集合由工装设备强实体表达，其实体属性包括设备所属工位、设备类别和设备标记等简单类型数据，所定义的弱实体隶属于工装设备强实体。基于此，设计设备结构树的实体-关系模型如图 10.41。

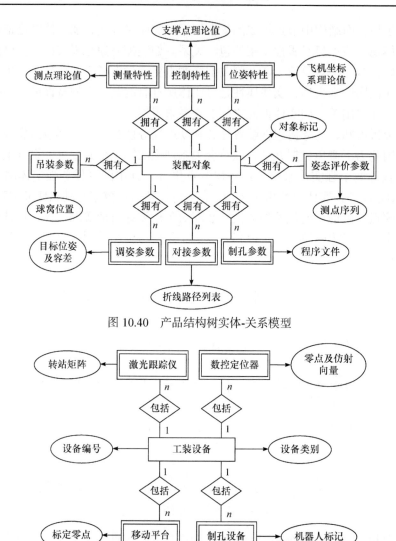

图 10.40　产品结构树实体-关系模型

图 10.41　设备结构树实体-关系模型

　　图 10.39～图 10.41 是用关系理论的实体概念对树结构节点集和属性子集的细分描述，并没有对树结构的节点关系、结构约束和树节点之间的关系进行表达，因此，还需要为上文中的相关强实体创建特殊的实体属性，来确定实体内以及实体间的联系。由于树节点关系包含两层意义，一是同级节点的兄弟关系；二是上下级节点的父子关系。因此为配置任务强实体、装配对象强实体和工装设备强实体添加主键属性和非空属性，用"相同"来表达兄弟关系，用"与相等"来表达父子关系。其中，根节点的值必须比较小，且唯一根节点的为 0。由于树节点彼此之间的关系是一对一的关系，在配置任务强实体中增加装配对象标记，在装配

对象强实体中添加关联工位标记,通过标记的唯一性来实现树与树之间一一对应的联系。基于此,设计任务树、产品树和设备树之间实体-关系模型,如图 10.42 所示。

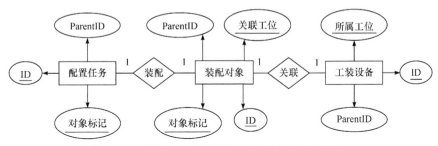

图 10.42 任务树、产品树和设备树实体-关系模型

图 10.39~图 10.42 创建了符合关系理论的多重树结构数据的实体-关系模型,将其组合起来则构成完整的装配数据关系模型,根据关系理论对关系型数据库的设计原则,设计装配数据的完整表结构。将配置任务、装配对象和工装设备强实体分别用 3 张主结构表来存储,主结构表的属性列由主键、外联键及一般属性构成。而与强实体相关联的弱实体则用数据表来存储,数据表存储树结构节点的实际属性和数值,如点的坐标、部件的位姿等。

## 参 考 文 献

[1] 赵丹. 卧式双机联合自动钻铆系统空间定位精度保障技术研究[D]. 杭州: 浙江大学, 2018.

[2] 窦亚冬. 飞机装配间隙协调及数字化加垫补偿技术研究[D]. 杭州: 浙江大学, 2018.

[3] 郑守国. 基于激光扫描数据的机翼壁板孔位修正及切边技术研究[D]. 杭州: 浙江大学, 2015.

[4] 余小光. 可移动数控定位器坐标标架快速标定方法研究[D]. 杭州: 浙江大学, 2016.

[5] 江一行. 环形轨自动化制孔系统开发及其定位精度分析[D]. 杭州: 浙江大学, 2014.

[6] 方垒. 环形轨道制孔系统动、静态特性的有限元分析[D]. 杭州: 浙江大学, 2014.

[7] 罗涛. 非均匀温度场中激光跟踪仪转站热变形误差补偿技术研究[D]. 杭州: 浙江大学, 2017.

[8] 张洪双. 机翼数字化调姿精加工系统若干关键技术研究[D]. 杭州: 浙江大学, 2017.

[9] 刘雪锋. 机器人制孔压紧力研究[D]. 杭州: 浙江大学, 2017.

[10] 马小丽. 飞机总装配生产线优化设计研究[D]. 杭州: 浙江大学, 2017.

[11] 丛培源. 数字化测量技术在型架装配中的应用研究[D]. 杭州: 浙江大学, 2015.

[12] 金涨军. 飞机装配中大尺寸测量场的建立与优化技术[D]. 杭州: 浙江大学, 2016.

[13] 袁菲菲. 基于激光跟踪仪的飞机机翼自动化扫描测量系统设计[D]. 杭州: 浙江大学, 2014.

[14] 胡宝海. 基于 EMSCON 的多激光跟踪仪协同测量关键技术研究[D]. 杭州: 浙江大学, 2012.

[15] 魏明哲. 机器人自动制孔控制系统软件开发[D]. 杭州: 浙江大学, 2012.

[16] 刘楚辉, 姚宝国, 柯映林. 工业机器人切削加工离线编程研究[J]. 浙江大学学报(工学版), 2010, 44(3): 426-431.

[17] 毕运波, 李永超, 顾金伟, 等. 机器人自动化制孔系统[J]. 浙江大学学报(工学版), 2014, 48(8): 1427-1433.

[18] 李博林. 双机器人自动制孔系统研究[D]. 杭州: 浙江大学, 2018.

[19] 张斌, 方强, 柯映林. 大型刚体调姿系统最优时间轨迹规划[J]. 机械工程学报, 2008, 44(8): 248-252.

[20] 李裕超. 飞机部件轴孔柔顺装配系统设计研究[D]. 杭州: 浙江大学, 2016.

[21] 顾金伟. 飞机壁板机器人自动化制孔控制系统开发[D]. 杭州: 浙江大学, 2013.

[22] 郑思渊, 王青, 李江雄, 等. 飞机翼身交点精加工通信系统设计与集成技术[J]. 浙江大学学报(工学版), 2013, 47(7): 1274-1280.

[23] 郑思渊. 基于任务调度的飞机翼身交点孔、面精加工系统集成[D]. 杭州: 浙江大学, 2012.

[24] 余锋杰, 王青, 李江雄, 等. 飞机自动化装配过程数据集成与实现[J]. 浙江大学学报(工学版), 2009, 43(2): 207-212.

[25] 梁琴. 飞机数字化装配机翼位姿评价及水平姿态调整方法研究[D]. 杭州: 浙江大学, 2013.

[26] 黎蛰鳌. 飞机数字化装配过程数据管理及误差数据统计分析[D]. 杭州: 浙江大学, 2013.

[27] 程志彬. 基于容差约束的飞机部件位姿评价方法研究[D]. 杭州: 浙江大学, 2014.

[28] 应征, 王青, 李江雄, 等. 飞机数字化装配系统运动数据集成及监控技术[J]. 浙江大学学报(工学版), 2013, 47(5): 761-767.

[29] 窦亚冬, 王青, 李江雄, 等. 飞机数字化装配系统数据集成技术[J]. 浙江大学学报(工学版), 2015, 49(5): 858-865.

[30] 余锋杰, 柯映林, 方强. 基于飞机自动化对接装配实例的工艺选优[J]. 机械工程学报, 2010, 46(1): 175-181.

# 第 11 章　飞机数字化装配典型应用系统

## 11.1　组件装配典型应用系统

### 11.1.1　大型运输机活动翼面机器人自动制孔系统

大型运输机活动翼面机器人自动制孔系统主要用于飞机的内襟翼(包括前、主、后内襟翼)、外襟翼(包括前、主、后外襟翼)、副翼等活动翼面复合材料壁板与内部骨架的制孔,系统布局见图 11.1。各活动翼面以蒙皮外形为定位基准,沿用传统工装定位各梁、肋和接头,采用移动式机器人制孔方案。

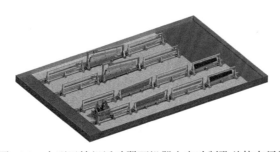

图 11.1　大型运输机活动翼面机器人自动制孔总体布局图

移动式机器人制孔设备的结构及组成如图 11.2 所示,包括工业机器人、制孔末端执行器、真空吸屑装置、刀库、试切台和气垫移动车。移动式机器人制孔系统可以在车间地面移动、定位,机器人带动末端执行器对活动翼面进行制孔。

图 11.2　移动式机器人制孔设备

该制孔系统主要特点有如下几点。

(1) 配备相应的末端执行器，如图 11.3 所示，可一次完成制孔、锪窝等操作，窝深误差<0.05mm，复材无分层，出口无毛刺。

图 11.3　活动翼面制孔执行器

(2) 配有专用刀库，机器人可自动换刀，满足不同孔径制孔需要。

(3) 配有快换法兰，实现了机器人与制孔末端执行器的快速更换。

(4) 机器人离线编程软件生成制孔加工程序。

(5) 具有定位孔自动找正功能，精度 0.1mm，并能够根据孔位偏差自动补偿孔位误差。

(6) 具有法向自动调整功能，保证制孔与蒙皮外表面垂直，法向精度 0.25°。

(7) 制孔效率为 6 孔/分钟。

(8) 一机多用，单台设备可以满足所有 14 个活动翼面制孔要求，亦能应用于其他飞机组件装配制孔，机器人通过气浮 AGV 的方式实现全向运动。

该项目为国内首次采用移动式机器人进行制孔。

### 11.1.2　C919/A321 飞机壁板双机器人自动制孔系统

飞机壁板双机器人自动制孔系统按照生产线布局规划，一个加工站位对应多个人工装配站位，采用自动助力车搭载装配对象在本地和异地搬运，实现人工装配站位和自动化制孔站位之间产品的转运。系统的两侧各布置一台可在导轨上移动的机器人制孔系统，分别用于壁板外侧、内部骨架的制孔加工。系统整体布局如图 11.4 所示。单侧机器人系统又由机器人移动平台、工业机器人、制孔末端执行器、除尘器、刀库、冷却系统、试切台等设备组成，如图 11.5 所示。

图 11.4　轨道移动式民机壁板双机器人自动制孔系统

图 11.5　单侧机器人制孔系统

该机器人制孔系统主要用于 C919 驾驶舱组件与 A321 飞机蒙皮壁板组件中连接件孔加工(包括锪窝)，末端执行器是加工的动力部件。根据加工位置的不同，分为蒙皮制孔末端执行器和角片制孔末端执行器，如图 11.6 所示。

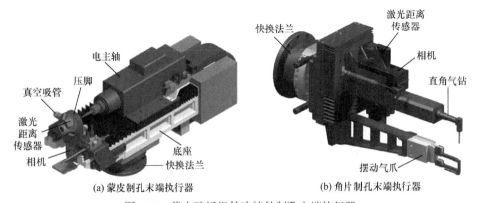

(a) 蒙皮制孔末端执行器　　　　　　　(b) 角片制孔末端执行器

图 11.6　蒙皮壁板组件连接件制孔末端执行器

蒙皮制孔末端执行器主要组成包括快换法兰、电主轴、进给系统、刀具系统、压力脚装置、法向检测单元、视觉检测单元、排屑装置等，通过法兰结构与机器人末端连接。蒙皮制孔末端执行器的功能包括：自进给运动完成钻孔和锪窝加工；结合压脚装置和位移传感器进行窝深控制；应用视觉测量系统对基准孔位置进行测量；由法向检测装置对零件表面法向进行测量；对制孔刀具进行油雾润滑和真空排屑；根据需要能够实现孔位标记功能，对蒙皮进行修切。

角片制孔末端执行器，主要组成包括快换法兰、底座、制孔进给单元、视觉测量单元、激光距离传感器、直角气钻、摆动气爪、压脚等。通过快换法兰结构与机器人末端连接，可实现特殊区域钻孔加工，主要用于制长桁/支架连接孔、角片/隔框连接孔。

## 11.2　部件装配典型应用系统

### 11.2.1　大型运输机机头数字化装配系统

大型运输机机头装配的关键是实现机头前段和机头后段下部、上部、左部、右部壁极的自动化对接，对接过程要求准确、安全、高效，并完成机头前段和后段对接区域的自动化制孔。图 11.7 所示为整套大型运输机机头柔性化装配系统。

图 11.7　大型运输机机头柔性化装配系统

大型运输机飞机机头数字化总装配系统涉及如下关键技术。

1. 激光测量技术

通过建立现场装配坐标系，测量安装在飞机组件上的调姿测量点，计算得到飞机组件在装配坐标系下的空间位姿，为调姿路径规划、组件位姿评价提供依据，并在机头下架前对重要控制点进行测量和评价。

2. 数字化定位技术

三坐标数控定位器是飞机组件数字化定位的执行机构，定位器除支撑飞机头组件外，还需完成调姿和干涉插配等工作。机头前段由四个数控调节定位器组成的定位单元进行支撑和定位，机头后段上壁板、左侧壁板、右侧壁板、下壁板各采用四个数控定位器组成的调姿定位单元进行支撑、调姿和定位；机头后段下壁板与机头前段的对接由机头后段下壁板调姿定位单元的同步向前运动实现；机头后段左、右侧壁板与机头前段及后段下壁板的对接由左、右侧壁板调姿定位单元向下同步协调运动实现；机头后段上壁板与机头前段及机头后段左、右侧壁板的对接由机头后段上壁板调姿定位单元向下同步协调运动实现。

### 3. 后段下部壁板和后段上部壁板保形技术

通过工艺接头局部加强了壁板组件的刚度，实现了对壁板的保形，提高了装配精度。

### 4. 非等值段环形轨自动制孔技术

机头前段/机头后段对接区型面为非圆弧非等值段，前后段曲率变化大，该区域有大量的铆钉孔和螺栓孔，人工制孔工序复杂，且工人难以到达，制孔质量难以保证。根据机头组件的特点，设计了一套锥形环形轨道制孔系统，结构如图 11.8 所示，由上部轨道组件、底部轨道组件、左侧轨道组件、右侧轨道组件、侧固定支架、等距连接装置、制孔执行器、底部移动框架等组成。等距连接装置安装在轨道组件的内侧，更好地保持了两条轨道的等距性，也增强了制孔系统的刚性。

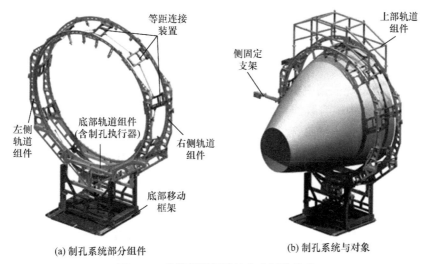

(a) 制孔系统部分组件　　　　　　(b) 制孔系统与对象

图 11.8　非等值段环形轨自动制孔技术

利用该自动化装配系统，机头蒙皮阶差由 1.0mm 量级提高到 0.1mm 量级。非等值段环形轨道制孔系统实现了机头前段与后段非等直、双曲环形对接区的自动化制孔，孔位精度达到±0.4mm，法向精度优于 0.25°。装配效率提高近 3 倍，异地装配工作量减少 1 倍。

### 11.2.2　大型运输机中机身自动化装配系统

大型运输机中机身由机身前段和机身中段组成，其基本结构包括前机身上壁板、中机身上壁板、前机身侧壁板、中机身侧壁板、前机身下壁板、中机身下壁板、主起交点框和起落架纵梁、翼身对接加强框和纵悬梁。其结构装配难点在于壁板数量多、结构长度长、交点多，承力框多，结构复杂。图 11.9 为中机身数字化装配系统，用于中机身 13 块壁板组件的数字化调姿对接和飞机起落架交点孔的精加工。

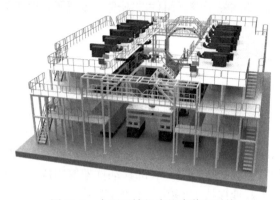

图 11.9　大型运输机中机身装配系统

中机身自动化装配系统涉及如下关键技术。

1. 数字化调姿技术

调姿定位系统根据中机身结构的特点，由多个数控定位器组成，用于壁板的调姿和定位。在中机身装配系统中，根据功能、支撑位置、承载和结构等的不同，把数控定位器分为下壁板定位器、侧壁板定位器、上壁板和翼身对接框定位器、主起交点框定位器，如图 11.10 所示。下壁板定位器共 10 台，完成前、中机身下壁板的支撑和位姿调整，根据下壁板的结构尺寸以及部件装配后存在较大变形的特点，下壁板定位器按照前部分 4 台一组、后部分 6 台一组的方式布置；侧壁板定位器共 20 台，对中机身侧壁板进行支撑和位姿调整，在机身两侧呈对称布置，根据侧壁板的结构尺寸，每侧的侧壁板定位器按照前部分 4 台一组、后部分 6 台一组的方式布置；上壁板和翼身对接框定位器共 12 台，4 台一组，对中机身前段上壁板、中机身上壁板、翼身对接框组件进行支撑和位姿调整；主起交点框定位器共 8 台，4 台一组对称布置在中机身两侧，对中机身主起落架交点框进行支撑和位姿调整。

(a) 中机身侧壁板定位器　　　　　(b) 中机身下壁板定位器　　　　(c) 中机身主起交点框定位器

图 11.10　大型运输机中机身自动化装配调姿定位

### 2. 机器人现场精密镗削加工

交点孔位于主起承力框上，主起承力框则安装于机身中段。机身单侧共有 8 个交点孔，按一定位置关系排列，且分布范围较广。这些交点孔孔径大小不等，待加工的衬套材料为高强度合金钢。交点孔的位姿精度直接影响飞机机身与起落架之间的互换协调性和飞机整机的装配质量。为了消除中机身装配过程中由于定位、装配变形等原因形成的累积误差，保证交点孔位姿精度要求，提出了一种基于工业机器人的交点孔精镗加工方法，孔径精度达到 $H8$，表面粗糙度 $<R_a1.6$。机器人镗孔技术在本书第 8 章里有详细介绍。机器人系统除了用于起落架交点孔的镗孔加工外，还用于系统件、工艺接头的安装。

### 11.2.3　大型运输机后机身数字化装配系统

后机身部件主要由前部、边大梁、框、前后侧壁板、上壁板、尾段壁板等组件组成。在大型运输机后机身数字化装配中，前部组件、垂尾对接区壁板组件要求采用数字化调姿定位，边大梁和框采用传统固定式工装定位方案，侧壁板、上壁板依赖前部、边大梁、框组件定位，如图 11.11 所示。

图 11.11　大型运输机后机身装配系统

　　在大型运输机后机身数字化装配中采用了激光测量、数字化定位、机器人制孔、集成工艺管理、协同控制等先进技术，构建了组件数字化定位和组件对接区域的机器人制孔系统。后机身前部调姿对接系统主要完成对后机身前部的支撑、位姿调整、实现对合运动和固持功能。图 11.12(a)为后机身前部调姿定位系统，采用 4 台数控定位器布置形式。图 11.12(b)为垂尾对接区壁板调姿对接系统，采用 4 台数控定位器布置形式，主要完成对垂尾对接区壁板的支撑、位姿调整、实现对合运动和固持功能。

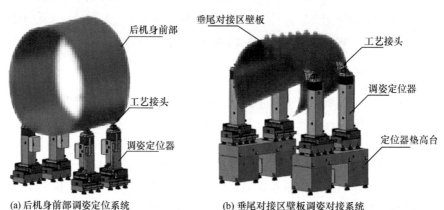

(a) 后机身前部调姿定位系统　　　　　　(b) 垂尾对接区壁板调姿对接系统

图 11.12　后机身前部调姿定位系统和垂尾对接区壁板调姿对接系统

　　在后机身的左右两侧各布置有 1 套机器人制孔系统，且沿着航向对称布置，如图 11.13 所示。机器人制孔系统由机器人、制孔末端执行器、机器人移动平台组成。机器人的底座平台与水平面呈 5°斜度放置。前部与侧壁板对接区、侧壁板与边大梁对接区、侧壁板与上壁板对接区、框与侧壁板对接区都采用机器人实现自动化制孔。

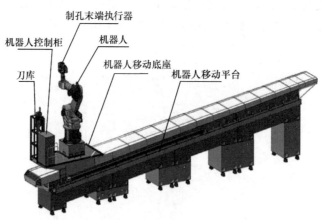

图 11.13　大型运输机后机身机器人制孔系统

该系统实现了数字化装配系统与传统装配系统的融合，在国内首次实现结构装配阶段的机器人自动化制孔，制孔效率达到 6 孔/分钟。

### 11.2.4 大型运输机外翼翼盒数字化装配系统

大型运输机外翼翼盒装配要实现 35 条肋、前后缘、上下壁板的定位、制孔和连接，难点在于其尺寸大、零件数量多、位置准确性要求高、组件协调难度大、装配变形难以控制、制孔与连接质量要求高。大型运输机翼盒数字化装配系统主要由调姿定位系统、自动化制孔系统、集成控制系统、数字化测量系统、操作平台及辅助设施等组成，左外翼翼盒和右外翼翼盒装配系统形成对称布局，如图 11.14 所示。系统充分运用数字化定位、数字化测量、数字量协调、自动化制孔等先进技术，实现了后缘组件、前缘组件、上下壁板数字化调姿定位，壁板与骨架的自动化制孔及吊挂接头交点精加工等功能，确保高质量、高效率地完成外翼翼盒装配任务，大幅度减轻工人劳动强度。

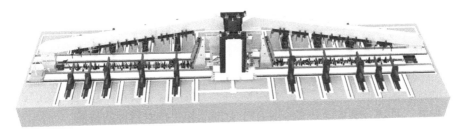

图 11.14 大型运输机飞机外翼翼盒数字化装配系统总体布局

采用数字化定位技术实现翼盒各个组件的入位、调姿和对接。数控定位器支撑架安装在移动滑台上，综合数控定位器的协同运动和移动滑台的前后运动，可以实现壁板与骨架的对接、分离、避让机床制孔加工空间。

采用数字量测量与协调技术，建立大尺寸装配空间精度场，实现装配基准的统一，以数字量为传递量，进行组件间的位姿协调。定位工装具有温度适应性，可实现组件与工装变形协调，提高定位精度。

采用大尺寸装配空间热变形协调方法，通过一系列技术措施以抑制产品组件及工装结构的受力变形维持装配系统的稳定性；通过采用铝合金结构的工装框架、通过设计框架的约束形式等技术手段，使产品组件的热变形与工装的热变形一致，抑制了由热变形引起的产品组件与其定位装置的不协调性；设计不同组件测量时 ERS 点布置及组件位置和姿态计算模型，抑制热变形引起的测量坐标系与定位系统坐标系的偏差以及测量点位置变化带来的姿态计算和评价误差。

采用数控机床自动化制孔技术，实现零组件自动制孔、锪窝、预紧固件自动安装，关键接头交点孔精镗技术，保证大型壁板与骨架装配协调性，如图 11.15 所示。

通过在定位工装上布置的参考点，修正制孔加工坐标系统与定位工装坐标系的误差，抑制工装热胀系数与机床底座热胀系数不同带来的机床热补偿误差。

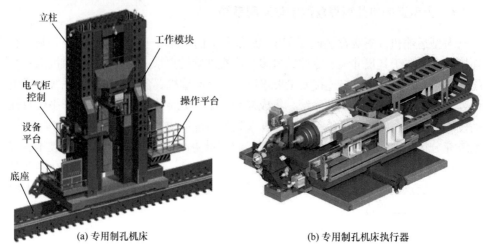

(a) 专用制孔机床　　　　　　　　　　(b) 专用制孔机床执行器

图 11.15　专用制孔机床和执行器

### 11.2.5　中型运输机中机身数字化装配系统

中型运输机中机身数字化装配系统用于飞机机身中段各产品组件的定位、安装、制孔、连接。装配完成后，还用于对产品相关技术指标的检测、评价，充分体现了自动化、数字化、机械化的现代飞机装配理念。

中型运输机中机身数字化装配系统包括组件调姿定位支撑设备、配套工艺装备、对接集成控制系统、测量设备等部分，整体布局如图 11.16 所示。

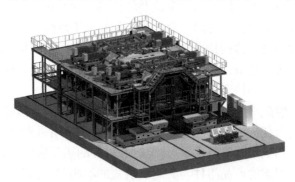

图 11.16　中型运输机中机身数字化装配系统总体布局

组件定位支撑设备主要用于实现机身中段各组件的定位，主要包括各数控定位单元、41 框定位工装、吊车梁吊环隔板定位装置等。其中，中机身 10 个组件由数控定位器实现支撑定位，41 框定位工装实现 41 框的准确定位。配套工艺装置主要包括 17 框端框保形工艺装置、中段前段蒙皮切割装置、中段运输装备 AGV 小车及托架、壁板组件保形工装、左/右数控定位器支撑架和操作平台等。其中，在 17 框后 250mm 端框保形工装上安装自动切边设备，实现蒙皮切边，如图 11.17 所示。

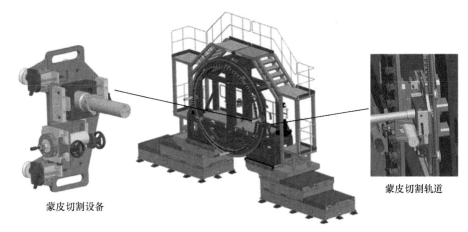

蒙皮切割设备

蒙皮切割轨道

图 11.17　17 框后 250mm 蒙皮切边精加工设备

蒙皮切割设备沿着轨道圆周运动，气动马达带动链轮旋转，通过固定于轨道上的链条，带动蒙皮切割设备沿着轨道圆周运动。对接集成控制系统主要包括集成控制操作台、控制系统硬件以及集成控制软件。测量设备包括激光跟踪仪及其控制系统、iGPS 及其控制系统。可见，该系统的主要特点在于可实现壁板及交点框组件数字化定位、端框定位及自动化蒙皮切边和站位 AGV 同步运输。

该系统实现了中机身组件"入位-测量-调姿-对接"全过程自动化，机身中段外形偏差小于±1.5mm、对接部位外形偏差小于±0.5mm、长桁轴线间距离偏差小于±1.0mm，优于产品设计要求，产品装配周期从 35 天缩短至 14 天。

### 11.2.6　某型飞机机翼部件数字化装配系统

某型机翼部件数字化装配系统用于碳纤维复合材料机翼的自动化装配与加工。该系统可在保证装配工艺和技术要求的前提下，实现骨架的可靠定位，上下壁板的姿态调整、对合，壁板与骨架连接孔的自动化加工。根据产能和生产节拍需求，整个系统分两个区域，分别负责机翼的装配和壁板的自动化制孔，工艺装备总体布局如图 11.18 所示。

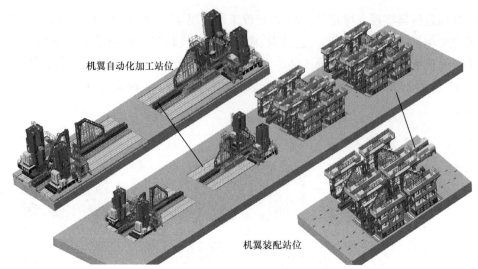

图 11.18　某型飞机机翼自动化装配系统总体布局

该系统的主要功能如下。

**1. 上下壁板调姿定位及其与骨架自动化对接**

壁板与保形工装通过工艺孔实现定位和连接。壁板保形工装周边位置装有 4 个工艺球头，数控定位器与工艺球头形成铰接以支撑整个机翼壁板。4 台数控定位器组成机翼壁板调姿、定位单元，通过定位器对壁板进行调姿，完成左右机翼上/下壁板的数字化调姿、定位及壁板与骨架对合功能。

**2. AGV 自动转站运输**

采用 AGV 运输车实现壁板装配站位和加工站位之间自动转运，并实现机翼壁板的保姿态离位、复位。

**3. 激光扫描测量、壁板外形评价及数字化加垫**

通过激光跟踪仪对骨架外表面、壁板内/外表面扫描测量；基于扫描数据的贴合间隙评价、壁板外形轮廓评价、壁板姿态优化、加垫量/修配量计算等功能，解决了复合材料壁板的外形评价和数字化垫片设计。

**4. 碳纤维复合材料与钛合金叠层自动化制孔**

所采用的螺旋铣末端执行器是一种复合多功能的新型制孔末端执行器，即可实现螺旋铣孔，又可完成椭圆窝加工。图 11.19 为螺旋铣末端执行器结构，主要包括刀具自转机构、公转机构、孔径调整机构和轴向进给机构四个部分。为了提高制孔稳定性，保证制孔位置精度和孔轴线与工件表面的垂直度等，螺旋铣孔执行器还集成了压脚机构、激光测距传感器、工业相机及快换法兰等制孔辅助装置，切屑、粉尘通过真空排屑装置吸收。

| (a) 第一代 | (b) 第二代 | (c) 第三代 |

图 11.19　螺旋铣末端执行器

该系统解决了复材-钛合金、复材-复材、复材-铝合金等多种材料叠层的自动化制孔及椭圆锪窝加工难题，可以进行不同厚度复合材料双曲面壁板与不同夹层结构的内部骨架的自动化制孔，可以实现螺母孔自动化制孔、无耳托板螺母孔自动化锪椭圆窝，并且有效地抑制了复材分层和加工毛刺，孔径精度达到 $H9$，表面粗糙度≤$R_a1.6$。

## 11.3　大部件对接装配系统典型应用

### 11.3.1　某型飞机部件柔性对合及精加工系统

某型飞机部件柔性对合及精加工系统需要完成前机身、中机身、后机身数字化调姿、对合，机翼数字化调姿，机身、机翼的翼身对合交点孔精加工，机身鸭翼内外支座交点孔精加工，机翼交点孔衬套凸肩端面精加工，加工精度在线测量，机身/机翼水平测量点确定及测量，鸭翼内外支座、校靶夹具定位，雷达罩安装等功能。针对该需求，研制了飞机大部件柔性对合及精加工系统。该系统总体布局包括了 3 个站位，如图 11.20 所示，分别为机身段对合站位、机身段精加工站位和机翼精加工站位。

该系统具体组成及主要功能包括以下几个方面。

(1) 定位系统：主要实现部件的数字化姿态调整和定位、部件之间或部件与产品之间的协调对接和重要部件的保姿态移位和复位功能。

(2) 阵列式柔性工装、辅助压紧工装：在机翼调姿完成后，实现对机翼的固持。

(3) 数控精加工系统：数控精加工机床及其系统如图 11.21 所示，实现对机翼翼身交点孔、机身翼身交点孔、机身鸭翼支座、机翼交点孔衬套凸肩的精加工。

(4) 站位运输车：作为一体化站位运输车，实现整体机身在站位间的保姿态运输。

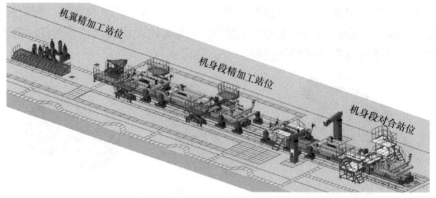

图 11.20　某型飞机部件柔性对合及精加工系统总体布局

图 11.21　专用精加工机床

(5) 测量系统：为三个站位共用，包括激光跟踪仪和数字化测量软件，完成机身姿态测量、水平测量点测量、雷达罩安装测量、系统件安装测量等装配测量任务。

(6) 集成管理系统：包括装配工艺集成管理软件和装配数据库管理系统两部分，用于按照装配工艺流程基于任务驱动完成机翼入位、机翼调姿、机身入位、机身调姿、机身对接、整机入位和整机调姿等工艺过程。装配数据库为其提供工艺数据支持和动态装配过程数据的存储。

该系统布局的特点包括以下几个方面。

(1) 机身装配按照对合和精加工两个站位布局，将对合与精加工分离，以满足产能要求，并降低系统复杂性。

(2) 站位之间产品的转运与三段机身定位支撑采用相同的机身支撑托架，保证机身支撑状态的一致性。

(3) 专用转站运输车实现机身在对合站位和精加工站位间的安全、稳定运输。

该系统保障了机身-机翼无余量精准对接，按照生产节拍站位式布局，充分利用数控装备的效能，大幅提升了飞机装配效率和质量。

### 11.3.2　大型运输机三段对接数字化装配系统

大型飞机三段对接数字化装配系统能够实现机头、中机身和后机身的自适应支撑、数字化调姿、自动化对接，能够实现机头与中机身对接处、中机身与后机身对接处自动化制孔。该系统包括大部件数控定位器、环形轨自动制孔装置、自动化对接集成控制系统、配套工艺装备四个组成部分，如图 11.22 所示。

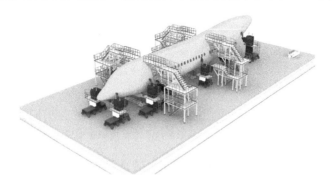

图 11.22　大型运输机机身三段对接数字化装配系统

机头、中机身、后机身各用 4 个数控定位器进行支撑、调姿，并实现机头与中机身对接、后机身与中机身对接。考虑到飞机出站、起落架整流罩安装及设计改型等因素，机头、中机身调姿定位器设计为可轻便移动并快速定位的结构，后机身定位器采用固定式结构。每段机身安装 4 个工艺接头，用于机身与数控定位器的过渡连接。工艺接头与数控定位器的配合为球头对球窝形式。

机身段对接区采用环形轨道制孔装置进行机头与中机身、中机身与后机身对接区域的自动制孔，解决了机身对接区域人工制孔难度大、精度差、质量一致性难以保证等问题。如图 11.23 所示，环形轨道由 4 段弧形轨道拼接而成，轨道通过支撑杆与机身段外表面接触，支撑杆高度可调，能同时适应产品轴向、周向曲率变化。

图 11.23　环形轨道制孔装置

### 11.3.3　大型运输机中央翼外翼数字化对接系统

大型运输机中央翼外翼对接系统要求实现左、右外翼翼盒的支撑，调姿定位，左、右外翼翼盒与中央翼翼盒的对接和翼盒对接完成后的水平测量。针对该需求设计的机翼自动对接系统包括机翼定位支撑设备、对接集成控制系统、柔性支撑托架、襟副翼装配工装、测量设备和操作平台等。其中，机翼定位支撑设备主要包括左侧外翼和右侧外翼的数控定位器；对接控制系统则由集成电器系统硬件、装配系统数据库、对接工艺集成管理软件、调姿定位控制系统软件、自动化调姿测量系统、视频监控系统等几个部分组成。该系统的总体布局如图 11.24 所示。

图 11.24　大型运输机中央翼外翼数字化对接系统

根据左、右外翼翼盒对称的结构特点，装配设备采用对称式布局；通过合理布局测量系统建立大范围空间测量场，保障各组件间装配协调数据准确、可靠；利用光栅反馈的闭环控制三轴联动数控定位器和采用真空托盘的支撑托架充分体现调姿定位柔性化的特点；通过调姿定位控制系统调控多台数控设备同步协调运动实现机翼姿态调整。

该系统充分运用数字化定位、数字化测量和数字量协调技术，通过数控定位器、激光跟踪仪和相关测量控制以及工艺任务管理软件的集成，实现了外翼与中央翼的数字化调姿与定位、自动化对接等功能，解决了外翼翼盒的快速定位、调姿，提高了装配效率及质量。机翼全数字化自动测量为后续翼身大部件对接提供了数字化依据。

### 11.3.4　大型运输机翼身对接装配系统

大型运输机翼身数字化对接系统能够实现机身入位及调姿、机翼入位及调姿、翼身对接和整机下架等功能，充分应用了数字化激光测量技术、数字化定位技术、工艺调度及集成管理等关键技术。

大型运输机翼身数字化对接装配系统由数控定位器实现机身、机翼的数字化调姿与对接，总布局图如图 11.25 所示。机身由 4 台机身数控定位器实现支撑与定位，2 台机身辅助支撑定位器进行辅助支撑；机翼由 4 台机翼数控定位器实现支撑与定位，2 台机翼辅助支撑定位器进行辅助支撑。定位器布局图如图 11.26

所示。

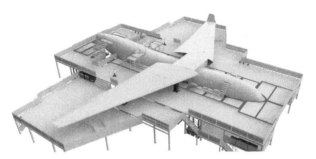

图 11.25　大型运输机翼身对接装配系统

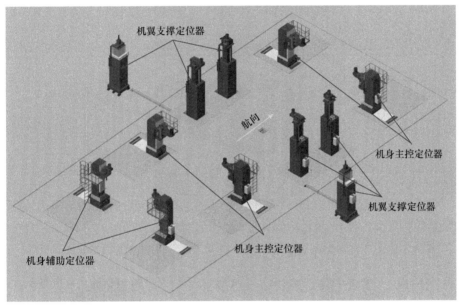

图 11.26　定位器布局图

　　该系统采用数字化激光测量技术，通过合理布局测量系统建立大范围空间测量场，保证装配系统的测量精度，从而保障翼身装配协调数据的准确、可靠；同时也实现了重载定位器的设计，保证单个定位器可承载 50 吨，能够实现重载的移动和精准定位；机身主定位器采用柔性化设计，能够适应加长型机身共线生产的需求。

　　该系统实现了大飞机十字自动化对接，保证了机翼与机身的无应力装配，大大提高了飞机装配质量及飞机使用寿命。

### 11.3.5　ARJ21 机身数字化对接系统

ARJ21 机身数字化对接系统是为实现我国国产支线客机 ARJ21 飞机机身段数字化定位、调姿、自动化对接及人工制孔功能而研制的，关键技术包括多定位器协同运动控制技术、部件测量点布置及姿态协调优化技术、基于分散布局的大系统集成技术、适度刚度的高精度定位器设计等。

该系统的总体布局如图 11.27 所示。ARJ 机身数字化对接系统共采用 14 台相对独立的三坐标数控定位器，包括支撑机头/前机身组件的 4 台可移动式数控定位器、支撑中机身/外翼组件的 4 台移动式数控定位器和 2 台移动式辅助支撑数控定位器、支撑中后机身/尾段组件的 4 台固定式数控定位器。

图 11.27　ARJ21 机身数字化对接系统

根据支撑对象的不同，数控定位器的结构也有所不同。该系统所采用的数控定位器结构可分为立柱-滑板结构和伸缩柱-滑台结构，如图 11.28 所示。立柱-滑板结构用于机头/前机身组件、中后机身/尾段组件支撑和调姿；伸缩柱-滑台结构

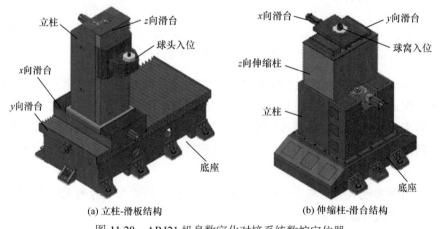

(a) 立柱-滑板结构　　　　　　　　　(b) 伸缩柱-滑台结构

图 11.28　ARJ21 机身数字化对接系统数控定位器

用于中机身/外翼组件支撑和调姿。移动式数控定位器底部装有移动底座，一旦完成定位任务，可以根据工艺需要移开相关的数控定位器，为其余组件安装让开空间。

　　该系统实现了 ARJ21 飞机机头/前机身组件、中机身/外翼组件、中后机身/尾段组件的数字化定位、调姿和自动化对接，数控定位器定位精度 0.08mm，重复定位精度 0.05mm，在 ARJ21 飞机全机身对接装配中完成应用验证，是国内民用飞机首次采用自主研制的自动化装配系统，实现了飞机机身三段大部件的完全精准对接。

# 11.4　飞机总装配生产线典型应用

　　飞机总装配是飞机制造装配的最后环节，涵盖大部件对接、导管安装、电缆敷设、成品安装、气密抗压试验、电缆检测、系统集成检测等一系列复杂的系统工作。飞机总装配有严格限定的工艺次序和工艺状态要求，工作区域几乎覆盖全机，全机线缆检测及系统测试等部分工作繁重，目前固定站位式总装配难以满足现代飞机对装配质量的高要求，必须建设脉动式总装配精益生产线，打通飞机生产装配的瓶颈。

## 11.4.1　某型飞机脉动式总装配生产线

　　脉动式装配生产线作为航空制造领域的新理念，是一种全新的飞机生产模式。具体来说，就是飞机以固有的节拍移动，工人则在固定的区域内进行装配操作，当一个站位的飞机装配工作全部完成时，生产线就脉动一次。

　　在脉动式装配生产线应用之前，传统的飞机装配通常采用固定式装配。这种装配方式存在很多缺点，如生产周期长、占用生产面积大以及库存量大等。而脉动式装配生产线借鉴了先进高效的流水线作业方式，可以对现有生产资源进行合理规划和整合，图 11.29 所示为该飞机的脉动式总装配生产线，总共包括4 个站位。

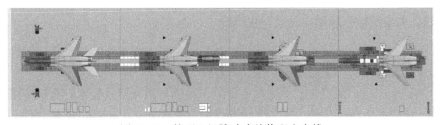

图 11.29　某型飞机脉动式总装配生产线

**1. 第一站位：对接及导管、电缆、起落架安装站位**

该站位的主要安装工作包括大部件的接收检查、大部件对接、前后舱导管安装、起落架安装及电缆敷设等。主要试验工作是液压导管分段清洗和起落架的调试。

**2. 第二站位：电缆导通、附件安装及网络供电站位**

该站位的主要安装工作包括机身电气电缆敷设、雷达电缆敷设、电缆收头、上设备舱配电盒安装接线、操纵台/断路器板安装以及中央仪表板等附件的安装。主要的试验工作包括电缆导通绝缘和全机网络供电试验。

**3. 第三站位：成品附件安装及系统试验站位**

该站位的重点是系统的试验和检测，主要试验工作包括系统打火、全机供压、燃油系统气密、舵面调整、起落架联合收放、座舱气密及性能试验、特设非航电系统通电、综合航电通电、外挂系统通电等。此外，该站位还要完成发动机安装、平尾安装和成品安装等工作。

**4. 第四站位：总检交付站位**

该站位是飞机的交付站位，主要安装工作包括航炮安装、雷达罩安装、驾驶座安装、座舱盖安装等。此外，该站位还包含一系列检查工作，如总检、试飞站接收检查、移交飞机等。

脉动式总装配生产线由埋入式轨道、输送链传输的全封闭轨道移动系统实现飞机在站位之间的平稳移动，飞机主起和前起由 V 型托架托起，V 型托架落在输送链上，输送链能够在轨道上滚动，由变频电机驱动链轮，实现两条传输链同步稳定传动。根据不同站位和不同装配任务选择不同的手推移动式工作平台。脉动式总装配生产线可有效提高飞机装配质量，降低生产周期，提高装配效率，满足飞机连续、均衡生产的要求。

## 11.4.2　大型运输机脉动式总装配生产线

大型运输机总装配生产线是我国首条具有世界一流水平的自动化、柔性化和高集成的大型飞机总装脉动生产线，其总体布局如图 11.30 所示。

该条生产线实现了全数字化调姿定位、数字化激光测量技术、全机线缆集成检测、全机系统在线检测、工作平台高度集成化模块化、现场可视化管理、零件工具成品准时化配送、"人、机、料、法、环"全面精益管理等功能，包括如下 4 个站位。

图 11.30  大型运输机脉动式总装配生产线总体布局图

1. 对接站位

主要完成机身机翼对接、左右纵弦梁安装、翼身整流罩安装等工作。该站位的整体工作平台呈左右对称式布局，平台上布置零件柜和标准件柜若干，左右各布置登机操作梯 1 台；工作平台前部护栏可翻转，便于飞机出站，后部护栏可侧移，便于物流配送。

2. 安装站位

主要完成驾驶舱及货舱抗压试验、全机电缆机上固定及收头、机械系统成品安装、液压管路清洗等工作。该站位设计了整体式工作梯，左右对称式布局，左右各布置 1 台机翼登机操作梯和机身登机操作梯；工作平台前部和后部护栏可翻转，便于飞机出站；零件柜布置在工作平台后部，便于物流配送。

3. 检测站位

主要完成垂尾安装、平尾安装、发动机安装、短舱安装、全机线缆集成测试、全机系统在线检测等工作。该站位在飞机左右各布置 1 台垂平尾工作平台、前机身工作平台和 2 台发动机安装车；集成工作平台沿嵌入式轨道移动。

4. 交付站位

主要完成驾驶舱及货舱气密试验、装饰系统恢复安装、淋雨试验、雷达罩安装、系统交联、全机水平测量、总检交付等工作。该站位在飞机左右两侧布置机翼登机工作梯，机身后部工作梯、中机身工作梯和前登机门工作梯各 1 台；工作梯为可移动式并配备测距传感器，保护工作梯移动时飞机的安全。

大型运输机飞机的脉动式总装配生产线采用 AGV 运输车实现飞机站位间移动，同时实现进入下一站位时飞机保持航向。大型运输机脉动式总装配生产线还配有装配生产线管理系统，是包括生产计划调度安排、物料准时化配送、现场工装设备管理、现场人员管理、装配过程控制和装配质量管理的集成化、一体化的系统。它结合了脉动式总装配生产线硬件设备和企业级管理系统(ERP、PDM、CAPP 系统、仓储管理系统)。通过生产线集成管理系统、站位装配设备控制系统、布置在各站位的数据自动化采集工具和人机交互界面、可视化面板以及装配数据库实现从生产计划到产品下线整个装配生产过程的全过程数字化管理、调度与控制，彻底打通从底层数据信息采集到企业 ERP 系统的数据信息通道，建立了飞机全过程装配的履历数据和质量管理档案。